国家科学技术学术著作出版基金资助出版

随机动力学引论

INTRODUCTION TO STOCHASTIC DYNAMICS

朱位秋　〔美〕蔡国强　著

科学出版社
北　京

内 容 简 介

经过半个多世纪的发展，随机动力学已成为一个比较成熟的学科，在土木、机械、航空航天、海洋等工程，在物理、化学、生物、生态、气象等自然科学，在经济与金融等社会科学中都得到了应用，成为广大科技工作者必备的知识. 本书系统地论述了随机动力学的基本理论方法，重点是非线性系统随机响应的预测、随机稳定性与随机分岔，以及首次穿越损坏。本书论述较为浅显易懂，推导较为详尽，配有许多应用例子，并较为详尽地叙述了随机动力学的基础——随机变量与随机过程的理论与数值模拟方法，还提供了相当多数量的习题(其解答另成书出版).

本书可供力学与上述随机动力学应用领域的科技人员与高校师生阅读。对研究过确定性动力学而想引入随机因素的读者，本书可作入门读物。对随机动力学领域的研究人员，本书可提供一些专题知识. 也可作为力学及相关专业的研究生教材或参考书.

图书在版编目(CIP)数据

随机动力学引论/朱位秋, (美)蔡国强著. —北京：科学出版社, 2017.3
ISBN 978-7-03-052420-1

I.①随… II. ①朱… ②蔡… III. ①随机变量-动力学 IV. ①O313

中国版本图书馆 CIP 数据核字 (2017) 第 055476 号

责任编辑: 刘信力／责任校对: 彭　涛
责任印制: 赵　博／封面设计: 耕者设计

科学出版社 出版
北京东黄城根北街 16 号
邮政编码: 100717
http://www.sciencep.com

北京建宏印刷有限公司印刷
科学出版社发行　各地新华书店经销
*
2017 年 3 月第　一　版　开本: 787 × 1092　1/16
2023 年 4 月第三次印刷　印张: 23
字数: 449 000

定价: 128.00 元

(如有印装质量问题, 我社负责调换)

前　言

随机动力学经历数十载的发展, 今已成为一个比较成熟的科学领域. 随机动力学有两个要素: 一个是研究对象为动力学系统, 其输入与输出随时间变化; 另一个是系统性质、初始状态, 和/或输入存在不确定性, 因而输出是不确定的, 它们可模型化为随机变量或随机过程. 随机动力学课题包括: 随机激励按其特性的建模, 获取随机激励系统响应的方法与步骤、随机稳定性、随机分岔及随机系统的损坏与可靠性. 简而言之, 随机动力学研究随机激励的动力学系统的定性与定量性态. 在许多不确定性起重要作用, 同时又有足够数据可作概率与/或统计分析的领域, 随机动力学知识越来越必不可少了. 它在许多工程分支, 如土木、机械、化学、航空航天, 在物理、化学、生物、生态、气象, 在社会科学、经济与金融等方面都得到了应用.

本书乃为较大范围的读者而写, 有三个主要目的. 第一，对那些在确定性动力学系统做过研究又想将随机因素引入其研究中的研究人员, 他们没有或少有随机动力学知识, 本书可作为入门书. 第二，本书也可为已在随机动力学领域的研究人员提供一些高等知识, 诸如非线性系统随机响应预测、随机稳定性、随机分岔、首次穿越损坏等专题. 第三，是为相关领域的研究生提供教材或参考书.

为达成上述目的, 本书尽可能写成自洽的. 阅读本书的基础是大学本科的概率与统计课程. 概率论的较深知识与随机过程的知识对学习本书会有所帮助, 但非必要. 第 2 ~ 4 章给出随机变量与随机过程的基础. 对本领域新手与研究生, 透彻地学习这几章, 理解概念并做习题是重要的. 关于随机过程的更全面知识与应用已在许多著作中给出, 包括 Stratonovich (1963, 1967), Soong (1973), Karlin 与 Taylor (1975, 1981), Arnold (1974, 1998), Khasminskii (1980) 及 Gardiner (1986).

为使内容广泛的随机动力学更集中, 本书只考虑激励 (输入) 与响应 (输出) 为随机, 而假定动力学系统性质为确定性的. 在此, 不考虑系统性质与初始条件的随机性, 这是因为对大多数实际问题, 系统性质与初始条件的不确定性可忽略, 主要关心激励的不确定性. 典型的例子包括地震中的结构系统、受海浪作用的离岸结构与船舶、受大气紊流扰动的飞机、受地面不平作用的车辆等.

正如书名所指出的, 本书不是一本包含随机动力学所有方面的书, 它只提供研究随机动力学所必要的基础知识与某些特定专题的有限研究成果. 该领域优秀著作的不完全清单包括 Crandall (1958), Crandall 与 Mark (1963), Lin (1967), Bolotin (1969), Elishakoff (1983), Ibrahim (1985), Dimentberg (1988), 朱位秋 (1992), Soong

与 Grigoriu (1993), Lin 与 Cai (1995), Roberts 与 Spanos (1999), 朱位秋 (2003) 及 Sun (2006) 等.

本书有几个特点. 首先, 本书包含了若干近期研究成果: ① 无界与有界、高斯与非高斯、窄带与宽带随机过程的建模; ② 非线性随机系统的求解方法; ③随机激励的耗散哈密顿系统; ④随机生态系统. 其次, 它提供了随机过程基于其概率与统计特性的各种模拟方法. 由于只有受随机激励的线性系统与有限个数非线性系统可取得解析解, 蒙特卡罗模拟成为普遍甚至不可或缺的研究手段. 本书提供的模拟方法对进一步研究随机动力学是非常有用的. 本书不仅通俗易懂而且提供了大量例子说明所述理论方法, 使读者更易理解与掌握书中内容. 由于这一领域各问题的性质与困难, 大多数著作没有足够的习题, 这造成教授相关课程的老师的困难, 也使自学者难以确定是否已理解与掌握书中的理论方法. 本书试图通过提供大量的习题来改进这一情况. 本书详细地给出随机变量与随机过程的基本概念与理论, 因此, 只需一些概率论的初步知识, 不要求预先学习很深的数学课程, 这是没有纯数学背景的学生与研究者所希望的. 最后, 由于预设的读者主要是除数学专业外各领域的研究者与研究生, 而且重点放在应用上, 所以本书没有用严格的数学术语来撰写.

本书部分内容是第二作者在浙江大学做客座教授期间完成的, 他非常感谢浙江大学的资助.

最后, 我们特别感谢 S. H. Crandall 教授与 Y. K. Lin 教授, 他们带领我们进入随机振动与随机动力学领域, 并指导我们对该领域各种问题的研究.

朱位秋　中国科学院院士
浙江大学教授

蔡国强　美国佛罗里达
大西洋大学教授

目　　录

第 1 章　绪　　论

在几乎所有领域, 如物理、化学、生物、气象、生态、经济、金融及许多工程分支, 包括机械、航空航天、海洋、土木、生物及地震工程中, 动力学系统的建模与分析都是一个关键性任务. 在建模过程中, 鉴于各种原因, 如系统参数的可能变化、激励的变化、建模方案的误差等, 不确定性是不可避免的. 为更精确地计及不确定性, 通常会进行观察与测量以尽可能得到更多的数据. 若对某一不确定性有足够大量数据, 就可用概率与统计描述该不确定性. 具体地说, 若不确定物理量不随时间变化, 就可用随机变量表示它, 若该物理量随时间变化, 则它可模型化为随机过程.

随机动力学的最早研究是爱因斯坦 (Einstein, 1956) 在 1905 年为布朗运动 (即漂浮在水面的微小粒子的杂乱运动) 发展了一个随机模型. 在机械与土木工程中广为使用的 "随机振动" 术语, 最早由瑞利 (Lord Rayleigh, 1919) 为一个声学问题提出. 对随机振动的研究始于 20 世纪 50 年代三个航空宇航问题: 大气紊流引起的飞机振动、喷气噪声引起的飞机声疲劳及火箭推进的空间飞行器有效载荷的可靠性. 这三个问题的共同因素是激励的随机性. 从那以后, 对随机激励下的系统作了进一步研究以解决航空、航天、机械及土木工程中的问题. 系统从线性引申到非线性, 激励从外激引申到参激. 随机振动前三十年的快速发展可参阅综述论文 (Crandall 与 Zhu, 1983). 随着计算技术的快速发展, 各领域中含多自由度与强非线性的更多实际问题可用数值模拟技术来解决.

注意, "随机振动" 这一专业名词已广泛应用于研究随机系统响应与可靠性之场合. 因此, 其主要目标是发展求解方法. 若除响应与可靠性外, 研究目标还包括随机系统的定性性态, 如稳定性与分岔, 则通常用随机动力学这一名词, 它包含比随机振动更多的专题.

一个随机动力学系统可用下列随机微分方程描述

$$\frac{\mathrm{d}}{\mathrm{d}t}X_j(t)=f_j[\boldsymbol{X}(t),t]+\sum_{l=1}^{m}g_{jl}[\boldsymbol{X}(t),t]\xi_l(t),\quad j=1,2,\cdots,n,\tag{1.0.1}$$

式中 $\boldsymbol{X}(t)=[X_1(t),X_2(t),\cdots,X_n(t)]^{\mathrm{T}}$ 是系统响应矢量, 也称为状态矢量, 上标 T 表示矩阵转置, $\xi_l(t)$ 为激励, 其中至少有一个激励是随机过程. 请注意, 方程 (1.0.1) 中的大写字母表示随机量. 函数 f_j 与 g_{jl} 表示系统性质, 可以是也可以不是明显依赖于时间. 若函数 g_{jl} 依赖于 $\boldsymbol{X}$, 则称相应的 $\xi_l(t)$ 为参激或乘性激励; 否则, 称为外激或加性激励.

若所有 f_j 都是 $\boldsymbol{X}$ 的线性函数, 所有 g_{jl} 为常数, 则系统是线性的. 若所有 f_j 与 g_{jl} 是 $\boldsymbol{X}$ 的线性函数, 则称系统为参激线性系统, 这类系统本质是非线性的, 因为叠加原理不适用. 若 f_j 与 g_{jl} 之中至少有一个是 $\boldsymbol{X}$ 的非线性函数, 则称系统为非线性的. 对 $n=1$ 情形, 系统是一维的. 否则, 称为多维系统. 偏微分方程描述的连续系统可用如有限元法离散化为多维系统.

随机性可出现在系统性质里, 此时函数 f_j 与 g_{jl} 中某些参数为随机变量. 随机性也可出现在激励里, 即 (1.0.1) 中某些激励 $\xi_l(t)$ 为随机过程. 本书中, 只考虑后一情形. 而假定函数 f_j 与 g_{jl} 所表示的系统性质是确定性的.

按系统的物理性质, 许多机械与结构系统通常用牛顿第二定律或拉格朗日方程建模, 其支配方程常具有如下形式

$$\ddot{Z}_j + h_j(\boldsymbol{Z}, \dot{\boldsymbol{Z}}) + u_j(\boldsymbol{Z}) = \sum_{l=1}^{m} g_{jl}(\boldsymbol{Z}, \dot{\boldsymbol{Z}})\xi_l(t), \quad j = 1, 2, \cdots, n, \tag{1.0.2}$$

式中, $\boldsymbol{Z} = [Z_1, Z_2, \cdots, Z_n]^{\mathrm{T}}$, $\dot{\boldsymbol{Z}} = [\dot{Z}_1, \dot{Z}_2, \cdots, \dot{Z}_n]^{\mathrm{T}}$ 分别为位移矢量与速度矢量, $h_j(\boldsymbol{Z}, \dot{\boldsymbol{Z}})$ 与 $u_j(\boldsymbol{Z})$ 分别表示阻尼力与恢复力. 令 $X_{2j-1} = Z_j$, $X_{2j} = \dot{Z}_j$, $\boldsymbol{X} = [X_1, X_2, \cdots, X_{2n}]^{\mathrm{T}}$, 系统 (1.0.2) 变换为

$$\dot{X}_{2j-1} = X_{2j}, \quad \dot{X}_{2j} = -h_j(\boldsymbol{X}) - u_j(\boldsymbol{X}) + \sum_{l=1}^{m} g_{jl}(\boldsymbol{X})\xi_l(t). \tag{1.0.3}$$

比较 (1.0.3) 和 (1.0.1) 知, 系统 (1.0.2) 是系统 (1.0.1) 的特殊情形. 通常, (1.0.2) 称为 n 自由度系统, 等价于 $2n$ 维系统 (1.0.1). 本书中用两个术语: “自由度” 用于二阶系统, “维数” 用于一阶系统. 例如, 单自由度系统是二维系统, n 自由度系统是 $2n$ 维系统.

随机动力学系统还可表示为随机激励的耗散的哈密顿系统, 其支配方程为

$$\dot{Q}_j = \frac{\partial H}{\partial P_j}, \quad \dot{P}_j = -\frac{\partial H}{\partial Q_j} - \sum_{k=1}^{n} c_{jk}(\boldsymbol{Q}, \boldsymbol{P})\frac{\partial H}{\partial P_k} + \sum_{l=1}^{m} g_{jl}(\boldsymbol{Q}, \boldsymbol{P})\xi_l(t), \tag{1.0.4}$$

式中, Q_j 与 P_j 分别称为广义位移与广义动量, $\boldsymbol{Q} = [Q_1, Q_2, \cdots, Q_n]^{\mathrm{T}}, \boldsymbol{P} = [P_1, P_2, \cdots, P_n]^{\mathrm{T}}, H = H(\boldsymbol{Q}, \boldsymbol{P})$ 为哈密顿函数. 方程组 (1.0.2) 可用 Legendre 变换转化为 (1.0.4) 形式. 可见, 随机激励的耗散的哈密顿系统 (1.0.4) 也是 (1.0.1) 的特殊情形.

从数学上看, 运动方程 (1.0.1) 比 (1.0.2) 与 (1.0.4) 更一般, 因为后者可变换成前者. 然而, 对许多工程系统, 方程 (1.0.2) 通常直接从拉格朗日方程导出, 然后, 变换成 (1.0.4). 它们描述了不同自由度之间的关系. 本书中引入的方法与步骤虽然适用于一般系统 (1.0.1), 但特别适用于系统 (1.0.2) 与 (1.0.4).

系统 (1.0.1) 中的矢量 $\boldsymbol{X}(t)=[X_1(t),X_2(t),\cdots,X_n(t)]^{\mathrm{T}}$, 系统 (1.0.2) 中的矢量 $\boldsymbol{Z}=[Z_1,Z_2,\cdots,Z_n]^{\mathrm{T}}$ 和 $\dot{\boldsymbol{Z}}=[\dot{Z}_1,\dot{Z}_2,\cdots,\dot{Z}_n]^{\mathrm{T}}$, 以及系统 (1.0.4) 中的矢量 $\boldsymbol{Q}=[Q_1,Q_2,\cdots,Q_n]^{\mathrm{T}}$ 和 $\boldsymbol{P}=[P_1,P_2,\cdots,P_n]^{\mathrm{T}}$ 称为系统响应. 此外, 它们的函数, 如系统的哈密顿函数、单个响应的幅值、系统总能量等也属于系统响应. 虽然本书中考虑的系统是确定性的, 但由于激励是随机的, 所以系统响应是随机过程, 如图 1.0.1 所示.

图 1.0.1　随机动力学系统的激励与响应

建立系统模型之后, 另一个重要的要素是随机激励, 必须基于所涉及物理问题中激励的特性恰当地建立它们的模型. 要用一个已知统计与 (或) 概率性质的随机过程来代表一个实际的物理激励, 需要从实验或实测中获取大量的数据. 在统计特性中, 最重要的是均值、均方值或方差, 以及相关函数或谱密度. 在有些实际问题中, 概率分布也很重要 (Wu 与 Cai, 2004). 如果概率分布可以从现有的数据中获取, 均值和均方值则可以计算得到. 一般地说, 在随机过程建模中, 概率密度和谱密度是最重要的.

随机过程的分类取决于所用准则. 按其概率分布, 随机过程可称为高斯过程、瑞利过程、泊松过程等. 高斯过程是用得最普遍的, 这是由于以下三个原因: ①高斯概率密度的钟形形状符合许多实际概率密度; ②只需要两个参数 (均值和均方值) 就可以完全定义高斯概率密度; ③高斯随机过程的数学处理相当简单. 高斯概率密度的一个缺点是对应的随机过程是无界的. 为了克服这个缺点, 本书介绍了不同类型的有界随机过程的模型. 若随机过程的分类准则为其谱密度的带宽, 有窄带过程和宽带过程. 一个谐和过程具有无限窄的带宽, 是窄带过程的极限情况. 另一方面, 有广泛应用的白噪声具有无穷带宽, 它的谱密度是常数, 是宽带过程的极限情况. 虽然白噪声是实际宽带过程的理想化, 由于数学处理的简单以及系统响应在高频段迅速衰减, 它应用于许多问题中. 另一个随机过程的分类准则是按其随时间演化性质, 如果一个过程的概率密度和谱密度不随时间变化, 它是平稳过程. 相反则是非平稳过程 (其准确定义在第 3 章中给出). 许多实际激励持续相当长时间, 如海浪作用力、风力、道路不平对车辆的作用力等, 在一定场合下, 它们可以考虑为平稳过程. 然而持续时间短的过程, 如地震时地面加速度一般是非平稳过程. 还可有其他分类方案. 本书将论述不同随机过程的各种数学模型. 对不同的激励过程, 系统响应的性质与求解方法可能不同.

研究动力学系统的一个主要目的是获得系统响应的性质, 它可包含或构成系统重要或关键的量. 在确定性问题中, 动力学系统的响应可分为瞬态响应与稳态响应. 瞬态响应是指紧接在加上激励之后的系统响应, 此时初始条件起重要作用. 稳态响应是指在加上激励足够长时间之后系统的响应, 此时初始条件无影响. 在随机系统中, 类似地也有瞬态响应. 但相应于确定性系统的稳态响应, 称为平稳响应. 对给定系统, 可能有也可能没有平稳响应, 取决于激励是平稳过程还是非平稳过程. 本书中, 大部分解法乃针对平稳激励的平稳响应.

由于激励与系统响应为随机过程, 它们的性质必须用概率与统计术语描述. 一个随机过程可看作是一个不同时刻上相关的一系列随机变量. 所以, 随机变量的描述, 作为随机过程的先导, 先在第 2 章中引入. 该章中定义并描述了单个随机变量的特性, 包括概率分布、特征函数、统计特性如矩与累积量. 对多个相关随机变量, 定义并描述了联合概率分布、条件概率密度及联合统计特性. 该章还推导了随机变量函数的概率密度函数与统计矩. 最后, 给出了单个随机变量基于其概率分布与两个相关随机变量基于它们的联合概率分布的模拟方法.

第 3 章给出了随机过程的基础知识. 为确定一个随机过程, 一个时刻上的一阶性质与两个不同时刻上的二阶性质是最重要与实用的. 典型的一阶性质包括概率密度函数与统计矩, 如均值与方差, 而最重要与最有用的二阶性质是相关函数或协方差函数和功率谱密度. 众所周知, 功率谱密度, 作为相关函数的傅里叶变换, 具有实际意义, 因为它描述了过程能量在整个频带上的分布. 与确定性过程不同, 随机过程的收敛、微分及积分, 可用不同模式来定义. 其中最有用与最实际的定义是所谓 L_2 收敛, 它将在全书中采用. 许多实际随机过程是平稳过程, 它们的一阶性质与时间无关, 二阶性质只取决于时差. 该章中描述了这类过程的特性. 该章还详细地描述了若干常用的随机过程, 如高斯过程、泊松过程及与之有关的过程和演化过程.

马尔可夫扩散过程的基本理论与有关问题在第 4 章中给出. 在随机动力学中, 马尔可夫扩散过程特别重要, 这是因为它们可用作许多实际随机过程的模型, 而且建立了严格的数学理论. 马尔可夫扩散过程的重要性质在该章中给出. 它们包括: ①其概率密度受著名的福克–普朗克–柯尔莫哥洛夫方程支配; ②最简单的扩散过程是维纳过程 (布朗运动), 高斯白噪声是其形式导数; ③系统对高斯白噪声的响应是马尔可夫扩散过程, 受斯特拉多诺维奇型随机微分方程支配, 它可转换成伊藤型随机微分方程, 数学上更易处理. 该章对作为一维伊藤随机方程之解的扩散过程作了详细研究. 如该章所述, 它的动力学性态可通过鉴别其两个边界上的性质进行分析. 维纳过程可用于产生若干实际随机过程, 包括用非线性系统滤波产生的过程与随机化谐和过程, 这些将在该章中叙述. 随机过程的模拟比随机变量模拟复杂得多. 与随机变量不同, 一阶概率分布知识不足以产生随机过程的样本. 为模拟随机过程,还需要作为二阶性质的功率谱密度. 模拟高斯与非高斯随机过程的方法在该章中给出.

第 2~4 章论述了随机变量与随机过程的基本理论, 是研究随机动力学的基础. 在这方面有很好知识的读者可跳过这几章, 或简单地复习一下. 否则, 建议读者在进入其后章节前了解与透彻理解这几章描述的概念与数学处理.

在系统动力学中, 术语 "线性系统" 乃定义为具有线性性质并只受外激的系统. 对线性系统, 能否得到系统响应某种性质的精确解取决于所给激励过程的知识. 第 5 章给出了若干求线性系统响应的方法. 若激励为平稳过程, 且只关心平稳响应, 则可作时域分析或频域分析. 若激励为高斯过程, 则系统响应也是高斯过程. 另一方面, 若激励不是高斯的, 即使系统是线性的, 响应概率分布一般也得不到. 在高斯白噪声激励情形, 可用伊藤随机微分方程推导出相应的方程, 用于求出矩和相关函数的精确解.

若系统是非线性与/或出现参激, 只在特殊情形才有精确解. 第 6 章提供了求精确平稳解的若干方法: 平稳势法、详细平衡法及广义平稳势法. 其中最后一种方法更一般. 为得到精确平稳解, 在系统参数与激励强度之间要满足相当严厉的条件. 一类特殊系统是系统性质是线性的, 而参数激励出现在系统响应的线性项上. 这类系统本质上是非线性的, 因为叠加原理不适用, 因此, 第 5 章中的方法不能用. 这类系统如受高斯白噪声激励, 可用伊藤微分规则得到矩、相关函数及谱密度的精确解.

非线性随机系统一般得不到精确平稳解, 因为所要求的条件不满足, 特别是对实际系统, 所以需要发展近似方法. 第 7 章给出了求解非线性随机系统概率与/或统计量的若干近似方法. 等效线性化是最常用的近似方法, 已广为应用. 作为引申, 还引入部分线性化与参激系统线性化方法. 本书的重点是随机平均法. 对机械与结构系统, 推导了随机平均法的两种形式: 幅值包线与能量包线的平均方程. 事实上, 只要在随机动力学系统中出现一个或多个慢变响应过程, 随机平均法就有效. 作为该法在非工程问题中的应用的一个例子, 该章研究了非线性随机生态系统.

第 6 章和第 7 章, 重点集中在运动方程 (1.0.2) 描述的机械与结构系统. 对更一般的随机动力学系统, 由 (1.0.4) 支配的随机激励的耗散的哈密顿系统更适合. 哈密顿形式特别适合于处理多自由度强非线性随机动力学系统. 然而, 鉴于哈密顿形式的复杂性, 本书只包含基本原理与较为简单的解法.

第 8 章论述系统的定性性态，主要是随机稳定性与分岔, 这对随机动力学很重要. 众所周知, 当动力学系统受参激时或有负阻尼时就出现稳定性问题. 本书给出了不同意义上随机稳定性的定义, 并对线性系统和可简化为一维系统的非线性系统作了稳定性分析. 对分岔问题, 该章简短介绍了确定性分岔, 然后描述了两类随机分岔, D 分岔与 P 分岔, 并用例子作了说明.

随机激励的动力学系统的损坏可分成不同类型. 一种最重要的损坏模式是系统的关键物理量首次超过规定的安全边界, 称为首次穿越损坏. 第 9 章研究了随机激励系统与首次穿越损坏相关的可靠性. 所涉及的系统受高斯白噪声激励. 对这种系统, 支配可靠性函数的是后向柯尔莫哥洛夫方程, 支配首次穿越时间矩的是广义庞德辽金方程. 虽然一般来说需要用数值解法, 该章给出了若干解析解. 最后, 作为一个典型的首次穿越问题, 研究了材料中裂纹长度达到临界极限而导致的断裂. 这属于疲劳损坏. 先将确定性疲劳模型随机化, 然后用随机平均法求解该问题.

在第 2~9 章中, 每章给出大量习题. 通过做习题, 读者会对本书中的概念与方法有更好的理解与更透彻的领悟. 这些习题虽不复杂, 但在将来处理更复杂问题时可作引子或提供有用的提示.

第2章 随机变量

2.1 引　　言

考虑一个随机现象. 对该现象的单次观察称为一次试验. 鉴于随机性, 不可能预先知道试验的结果, 但总可以知道包括试验所有可能结果的集合. 该集合称为上述随机现象的样本空间. 例如, 掷骰子的样本空间为集合{1, 2, 3, 4, 5, 6}, 而测量喷气式飞机加速度的样本空间是某范围内的所有实数, 如 $(-A, A)$, 其中 A 是喷气式飞机加速度的极限. 一个随机现象的样本空间中的每个元素称为样本点, 它表示一个可能结果. 以 Ω 表示样本空间, 而以 ω 表示样本点, 则 $\omega\in \Omega$.

任一事件是样本空间的一个子集. 如果该子集与包含所有样本点的样本空间相同, 它就是一个肯定事件. 相反, 如果该子集不含样本点, 它就是一个不可能事件. 以掷骰子为例, 事件可以是ⓐ结果为 3, ⓑ结果为小于 3, ⓒ结果为小于或等于 6, ⓓ结果为大于 6, 等等. 显然, 结果ⓒ是肯定事件, 结果ⓓ是不可能事件. 给每一个事件赋以一个出现的概率, 它称为事件的概率测度.

对大多数随机物理现象, 观察的结果是数值, 如作用于建筑物的风速、地震中地面加速度, 等等. 对非数值形式的结果, 也可以通过适当的选取赋予每个结果一个数值. 因此, 我们可以用一个随机数, 如 X, 表示随机现象. 由于 X 的值取决于以样本点 ω 表示的试验结果, X 是定义于样本空间 Ω 的 ω 的函数, 即 $X = X(\omega)$, $\omega\in \Omega$. 于是, 有下述定义: 随机变量 $X(\omega)$, $\omega\in \Omega$ 是定义于样本空间 Ω 的 ω 的函数, 使得对每一个实数 x, 存在一个 $X(\omega)\leqslant x$ 的概率, 记以 $\mathrm{Prob}[\omega\colon X(\omega)\leqslant x]$. 为简化, 随机变量 $X(\omega)$ 中的自变量 ω 常省略, 而概率则写成 $\mathrm{Prob}[X \leqslant x]$.

随机变量可分成离散与连续两类. 离散随机变量只取有限或无限可计数之值. 而连续随机变量的样本空间是一个不可计数的连续空间. 随机变量可为标量, 也可为 n 维矢量. 除非有特别指出, 否则本章后续部分假定随机变量为标量.

2.2 概率分布

由于随机变量是不确定的, 只能用概率测度描述它. 对一个离散随机变量, 最简单而直接的描述方式是给出取可能的离散值的概率, 记以

$$P_X(x) = \mathrm{Prob}[X = x], \tag{2.2.1}$$

式中 X 是随机变量, x 是状态变量, 即 X 的可能值. 本书中规定, 用大写字母表示随机量, 用小写字母表示相应的状态变量.

描述随机变量的另一个概率测度是概率分布, 记以 $F_X(x)$. 这是一个随机变量其值小于或等于某一个状态量的概率, 即

$$F_X(x) = \text{Prob}[X \leqslant x]. \tag{2.2.2}$$

方程 (2.2.2) 意味着, $F_X(x)$ 是一非减函数. 对一离散随机变量

$$F_X(x) = \text{Prob}[X \leqslant x] = \sum_{x_i \leqslant x} P_X(x_i), \tag{2.2.3}$$

式中 x_i 是 X 的所有可能值. 假定该随机变量代表一个实的物理量, 则所有状态量为实数, 且

$$F_X(-\infty) = 0, \quad F_X(\infty) = 1. \tag{2.2.4}$$

作为一个例子, 以 X 表示掷骰子的结果, 其概率函数是 $P_X(x) = 1/6$, $x = 1, 2, 3, 4, 5, 6$, 其概率分布函数 $F_X(x)$ 如图 2.2.1 所示.

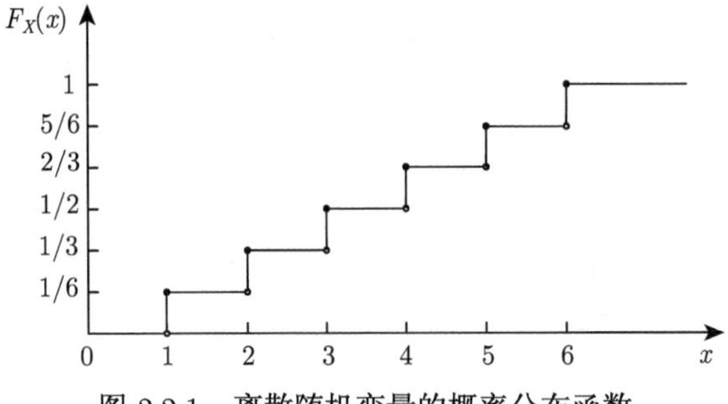

图 2.2.1　离散随机变量的概率分布函数

对于一个与不可计数的样本空间相应的连续随机变量, 取一定值的概率一般为零, 不宜用概率函数来描述. 然而, 仍可用 (2.2.2) 中定义的概率分布函数来描述. 更重要且更有用的是概率密度函数, 它定义为如下概率分布函数的导数

$$p_X(x) = \frac{\mathrm{d}F_X(x)}{\mathrm{d}x} = \lim_{\Delta x \to 0} \frac{F_X(x + \Delta x) - F_X(x)}{\Delta x}, \tag{2.2.5}$$

如果导数存在的话. 方程 (2.2.5) 意味着

$$p_X(x)\mathrm{d}x = F_X(x + \mathrm{d}x) - F_X(x) = \text{Prob}[x \leqslant X \leqslant x + \mathrm{d}x]. \tag{2.2.6}$$

虽然连续随机变量取某一确定值的概率为零, 它在 x 邻域的概率可用概率密度 $p_X(x)$ 度量. 一个较大的 $p_X(x)$ 值表示随机变量取 x 附近值的概率较大.

给定概率密度函数 $p_X(x)$, 随机变量在一样本子空间, 如 $[a,\ b]$ 上的概率可得如下:

$$\text{Prob}[a \leqslant X \leqslant b] = \int_a^b p_X(x)\mathrm{d}x = F(b) - F(a). \tag{2.2.7}$$

从方程 (2.2.4) 与 (2.2.5) 可得

$$F_X(x) = \int_{-\infty}^{x} p_X(x')\mathrm{d}x', \tag{2.2.8}$$

$$F_X(\infty) = \int_{-\infty}^{\infty} p_X(x)\mathrm{d}x = 1. \tag{2.2.9}$$

方程 (2.2.9) 表明, 概率密度函数曲线下的总面积为 1, 这称为概率密度函数的归一化条件. 图 2.2.2 表示定义在 $[0, +\infty)$ 上的连续随机变量的概率密度函数与概率分布函数.

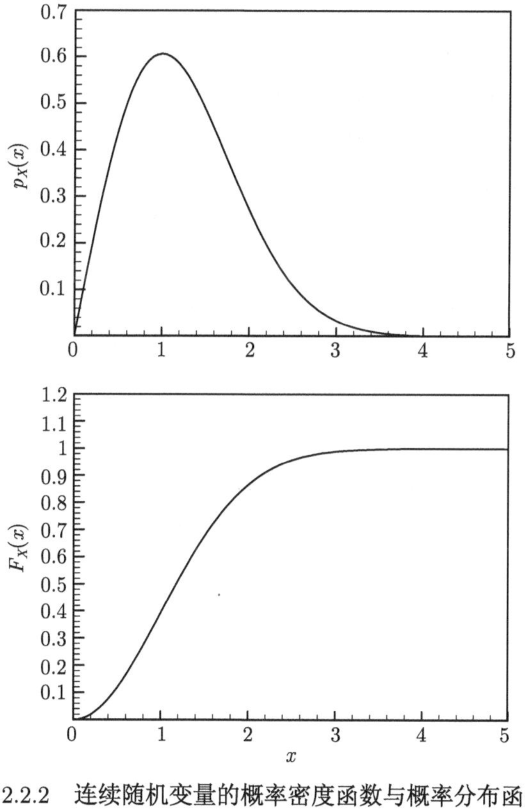

图 2.2.2 连续随机变量的概率密度函数与概率分布函数

对离散随机变量, 概率密度函数可用狄拉克 (Dirac)δ 函数表示, 即

$$p_X(x) = \sum P_X(x_i)\delta(x - x_i). \tag{2.2.10}$$

它也满足归一化条件 (2.2.9) , 因为

$$\int_{-\infty}^{\infty} \delta(x - x_i)\mathrm{d}x = 1. \tag{2.2.11}$$

注意, 概率分布函数 $F_X(x)$ 与概率密度函数 $p_X(x)$ 中的 "函数" 二字与下标 "X" 常可省略.

2.3 统 计 矩

随机变量也可用统计矩描述. 随机变量 X 的 n 阶统计矩定义为

$$m_n[X] = E[X^n] = \int_{-\infty}^{\infty} x^n p_X(x)\mathrm{d}x, \tag{2.3.1}$$

式中符号 $E[\cdot]$ 表示以概率密度为权函数的积分, 称为集合平均, 统计平均或数学期望. 为简化, $m_n[X]$ 中的自变量 X 可省略.

一阶矩 $E[X]$ 是随机变量 X 的均值. 二阶矩 $E[X^2]$ 是 X 的均方值. 方程 (2.3.1) 表明, 只要已知概率密度, 随机变量 X 的任意阶矩都可计算得到. 基于此, 称概率密度 $p(x)$ 是随机变量 X 的完全描述. 反之, 有限数量的矩一般不是随机变量的完全描述. 尽管如此, 均值与均方值在表征随机变量中还是很重要的.

以 μ_X 表示均值, $\mu_X = m_1 = E[X]$, n 阶中心矩定义为 $E[(X - \mu_X)^n]$, 其中最重要的是二阶中心矩, 称为方差, 以 σ_X^2 表示, 即

$$\sigma_X^2 = E[(X - \mu_X)^2] = E[X^2] - \mu_X^2 = m_2 - m_1^2. \tag{2.3.2}$$

方差的二次方根, 即 σ_X, 称为标准差, 它给出了随机变量偏离其均值散布的定量描述. 较小的 σ_X 表示接近均值 μ_X 的概率较大, 随 σ_X 增大, 远离 μ_X 的概率增加, 如图 2.3.1 所示.

除方差外, 再引进两个与中心矩有关的参数, 歪斜系数 γ_1 与峰态系数 γ_2, 用以描述概率密度的几何形状. 它们定义为

$$\gamma_1 = \frac{E[(X - \mu_X)^3]}{\sigma_X^3}, \quad \gamma_2 = \frac{E[(X - \mu_X)^4]}{\sigma_X^4}. \tag{2.3.3}$$

歪斜系数是概率密度不对称性的度量. 若 $\gamma_1 = 0$, 则概率密度关于均值对称. 峰态系数反映概率密度峰的形状, 较大的 γ_2 相应于一个较尖锐的峰. 2.5.1 节将指

出, 对高斯分布的随机变量, $\gamma_1=0$, $\gamma_2=3$. 可用歪斜系数与峰态系数鉴定概率分布的非高斯性.

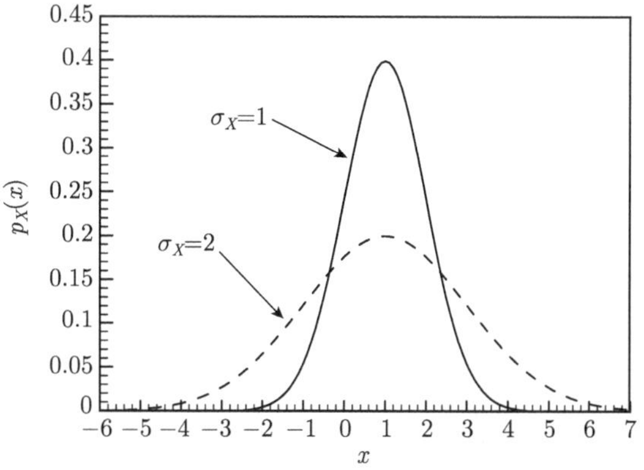

图 2.3.1 具有不同标准差的随机变量的概率密度

2.4 特征函数与累积量

2.4.1 特征函数

随机变量的特征函数定义为随机变量的指数函数的集合平均, 即

$$M_X(\theta)=E[\mathrm{e}^{\mathrm{i}\theta X}]=\int_{-\infty}^{\infty}\mathrm{e}^{\mathrm{i}\theta x}p_X(x)\mathrm{d}x, \tag{2.4.1}$$

式中 $\mathrm{i}=\sqrt{-1}$. 方程 (2.4.1) 表明, 特征函数是概率密度函数的傅里叶变换. 因此, 它可完全描述随机变量. (2.4.1) 的逆为

$$p_X(x)=\frac{1}{2\pi}\int_{-\infty}^{\infty}M_X(\theta)\mathrm{e}^{-\mathrm{i}\theta x}\mathrm{d}\theta. \tag{2.4.2}$$

特征函数 $M_X(\theta)$ 是复变函数, 它的存在性由概率密度的非负性与归一化条件 (2.2.9) 保证.

随机变量 X 的矩, 若存在, 可从 (2.4.1) 中特征函数对 θ 求导得到, 即

$$m_n=E[X^n]=\frac{1}{\mathrm{i}^n}\left[\frac{\mathrm{d}^n M_X(\theta)}{\mathrm{d}\theta^n}\right]_{\theta=0}. \tag{2.4.3}$$

方程 (2.4.1) 中的特征函数可展成如下麦克劳林 (Maclaurin) 级数

$$M_X(\theta)=1+\sum_{n=1}^{\infty}\frac{m_n}{n!}(\mathrm{i}\theta)^n. \tag{2.4.4}$$

方程 (2.4.4) 表明, 要完全描述随机变量一般需要所有阶矩.

2.4.2　累积量

取特征函数的对数, 再将它展成麦克劳林级数, 得

$$\ln M_X(\theta) = \sum_{n=1}^{\infty} \frac{\kappa_n[X]}{n!}(\mathrm{i}\theta)^n, \tag{2.4.5}$$

式中

$$\kappa_n[X] = \frac{1}{\mathrm{i}^n}\left[\frac{\mathrm{d}^n}{\mathrm{d}\theta^n}\ln M_X(\theta)\right]_{\theta=0} \tag{2.4.6}$$

称为 X 的 n 阶累积量或半不变量. 类似于矩, 为简化, $\kappa_n[X]$ 中的 X 可省略.

取 (2.4.4) 的对数, 并将其右边展成幂级数, 得

$$\begin{aligned} \ln M_X(\theta) &= \ln\left\{1 + \sum_{n=1}^{\infty}\frac{m_n}{n!}(\mathrm{i}\theta)^n\right\} \\ &= \sum_{n=1}^{\infty}\frac{m_n}{n!}(\mathrm{i}\theta)^n - \frac{1}{2}\left\{\sum_{n=1}^{\infty}\frac{m_n}{n!}(\mathrm{i}\theta)^n\right\}^2 + \frac{1}{3}\left\{\sum_{n=1}^{\infty}\frac{m_n}{n!}(\mathrm{i}\theta)^n\right\}^3 - \cdots \\ &= m_1(\mathrm{i}\theta) + \frac{1}{2!}(m_2 - m_1^2)(\mathrm{i}\theta)^2 + \frac{1}{3!}(m_3 - 3m_1m_2 + 2m_1^3)(\mathrm{i}\theta)^3 - \cdots. \end{aligned} \tag{2.4.7}$$

比较 (2.4.5) 与 (2.4.7), 可得到矩与累积量之间的关系. 前 n 个关系为

$$\begin{aligned} \kappa_1 &= m_1 = \mu_X, \\ \kappa_2 &= m_2 - m_1^2 = \sigma_X^2, \\ \kappa_3 &= m_3 - 3m_1m_2 + 2m_1^3, \\ \kappa_4 &= m_4 - 3m_2^2 - 4m_1m_3 + 12m_1^2m_2 - 6m_1^4. \end{aligned} \tag{2.4.8}$$

借用中心矩, (2.4.8) 变为

$$\begin{aligned} \kappa_1 &= m_1 = \mu_X, \\ \kappa_2 &= E[(X-\mu_X)^2] = \sigma_X^2, \\ \kappa_3 &= E[(X-\mu_X)^3], \\ \kappa_4 &= E[(X-\mu_X)^4] - 3\left\{E[(X-\mu_X)^2]\right\}^2. \end{aligned} \tag{2.4.9}$$

2.5　常用概率分布

通常, 随机变量以其概率分布来分类. 本节给出本书中常用到的若干概率分布. 为简化, 在不致引起混淆情形下, 将略去概率密度函数中用以标识随机变量的下标.

2.5.1 高斯 (正态) 分布

高斯 (Gaussian) 分布的概率密度为

$$p(x)=\frac{1}{\sqrt{2\pi}\sigma}\mathrm{e}^{-\frac{(x-\mu)^2}{2\sigma^2}},\quad -\infty<x<\infty,\quad \sigma>0. \tag{2.5.1}$$

可证, 其均值与方差为

$$\mu_X=\mu,\quad \sigma_X^2=\sigma^2. \tag{2.5.2}$$

这两个常数完全规定了概率密度与所有其他矩. 记号 $N(\mu,\sigma)$ 表示高斯分布, 记号 $X\sim N(\mu,\sigma)$ 表示 X 是高斯随机变量. $N(0,1)$ 称为标准 (或单位) 高斯分布, 标准高斯随机变量常记以 $U\sim N(0,1)$. 图 2.5.1 示出了具有不同均值与标准差的高斯概率密度.

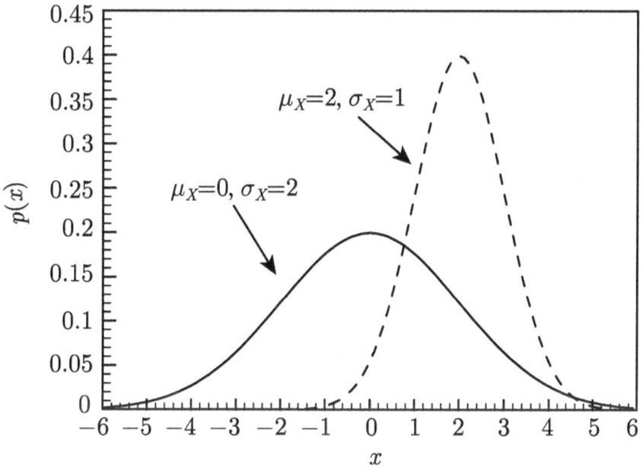

图 2.5.1 具有不同均值与标准差的高斯概率密度

高斯随机变量 $X\sim N(\mu,\sigma)$ 的特征函数为

$$M_X(\theta)=\mathrm{e}^{\mathrm{i}\mu\theta-\frac{1}{2}\sigma^2\theta^2}. \tag{2.5.3}$$

方程 (2.5.1) 与 (2.5.3) 组成傅里叶变换对. (2.5.3) 连同 (2.4.5) 意味着, 所有高于二阶的累积量为零, 这可作为高斯分布的另一个定义.

许多物理量假定为高斯分布的一个理由是中心极限定理. 假定随机变量 X_i, $i=1,2,\cdots,n$ 独立, 具有零均值与单位标准差, 中心极限定理说, 不管 X_i 各自分布如何, 它们的和 $S_n=\sum\limits_{i=1}^{n}X_i$ 随 n 趋于无穷而趋向于标准高斯随机变量. 该定理意味着, 若一随机现象是由大量随机因素造成的, 且无一因素占优势, 则可假定它为高斯分布.

高斯分布流行的另一个理由是它的简单数学性质, 其中最重要的性质是它由均值与均方值完全确定, 另一个重要性质是高斯随机变量的线性函数仍为高斯随机变量. 例如, 若 X 与 Y 是两个高斯随机变量, 则 $(aX+bY)$ 仍是高斯随机变量. 此外各阶矩之间存在简单关系. 由 (2.5.1) 与 (2.4.3), 可得如下迭代关系

$$E[X^n] = \mu E[X^{n-1}] + (n-1)\sigma^2 E[X^{n-2}], \quad n = 2, 3, \cdots . \tag{2.5.4}$$

对标准高斯随机变量 $U \sim N(0, 1)$, (2.5.4) 演化为

$$E[U^n] = \begin{cases} 0, & n\text{为奇数}, \\ 1 \times 3 \times \cdots \times (n-1), & n\text{为偶数}. \end{cases} \tag{2.5.5}$$

运用 (2.5.4) 与 (2.5.5), 高阶矩可简单地用低阶矩算得.

高斯随机变量总是可用标准高斯随机变量表示, 即

$$X = \sigma U + \mu. \tag{2.5.6}$$

运用 (2.5.6), X 的中心矩可用下式算得

$$E[(X-\mu)^n] = \sigma^n E[U^n]. \tag{2.5.7}$$

方程 (2.5.5) 与 (2.5.7) 表明高斯随机变量的歪斜系数 $\gamma_1 = 0$, 峰态系数 $\gamma_2 = 3$.

2.5.2　均匀分布

均匀分布的概率密度、均值及方差为

$$p(x) = \frac{1}{b-a}, \quad a \leqslant x \leqslant b; \quad \mu_X = \frac{1}{2}(a+b), \quad \sigma_X^2 = \frac{1}{12}(b-a)^2. \tag{2.5.8}$$

均匀分布由区间的上、下限控制.

2.5.3　瑞利分布

瑞利 (Rayleigh) 分布的概率密度、均值及方差为

$$p(x) = \frac{x}{\sigma^2}\mathrm{e}^{-\frac{x^2}{2\sigma^2}}, \quad x \geqslant 0; \quad \mu_X = \sqrt{\frac{\pi}{2}}\sigma, \quad \sigma_X^2 = \frac{4-\pi}{2}\sigma^2. \tag{2.5.9}$$

瑞利分布只含一个参数 σ. 图 2.5.2 中出示了三个不同 σ 值的瑞利分布的概率密度.

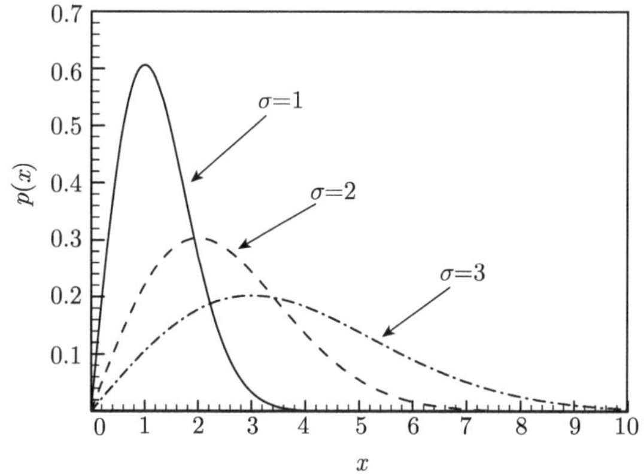

图 2.5.2 具有不同 σ 值的瑞利分布的概率密度

2.5.4 指数分布

指数分布的概率密度、均值及方差为

$$p(x)=\lambda \mathrm{e}^{-\lambda x},\quad x\geqslant 0,\quad \lambda>0;\quad \mu_X=\frac{1}{\lambda},\quad \sigma_X^2=\frac{1}{\lambda^2}. \tag{2.5.10}$$

指数分布中只含一个参数 λ. 图 2.5.3 显示了三个不同 λ 值的指数分布的概率密度.

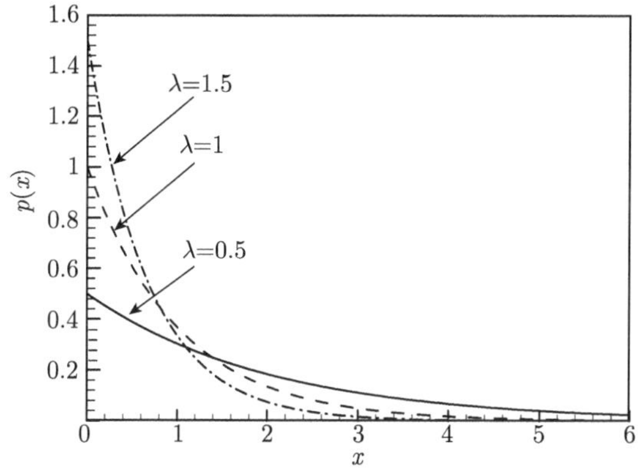

图 2.5.3 具有不同 λ 值的指数分布的概率密度

对 2.5.3 节与 2.5.4 节中给出的概率分布, 随机变量定义于 $[0,\infty)$. 只要在概率密度函数中以 $(x-x_0)$ 代替 x, 上述分布即可用来描述定义在 $[x_0,\infty)$ 上的随机变量.

2.5.5 λ–分布

λ–分布的概率密度、均值及方差为

$$p(x)=\left[B\left(\frac{1}{2},\lambda+\frac{1}{2}\right)\right]^{-1}(1-x^2)^{\lambda-\frac{1}{2}}$$

$$\left(-1\leqslant x\leqslant 1 \text{ 对 } \lambda\geqslant\frac{1}{2};\ -1<x<1 \text{ 对 } -\frac{1}{2}<\lambda<\frac{1}{2}\right),$$

$$\mu_X=0,\quad \sigma_X^2=\frac{1}{2(\lambda+1)}. \tag{2.5.11}$$

式中 $B(\cdot,\cdot)$ 为贝塔 (Beta) 函数, 它定义为

$$B(u,v)=\int_0^1 t^{u-1}(1-t)^{v-1}\mathrm{d}t,\quad u,v>0. \tag{2.5.12}$$

λ–分布也只含一个参数 λ. λ–分布可用来描述定义在有限范围内的随机变量, 如图 2.5.4 所示. 通过选取不同的 λ 值, 它可包含很多不同形状的概率密度. 注意, 均匀分布是 $\lambda=0.5$ 时 λ–分布的特殊情形.

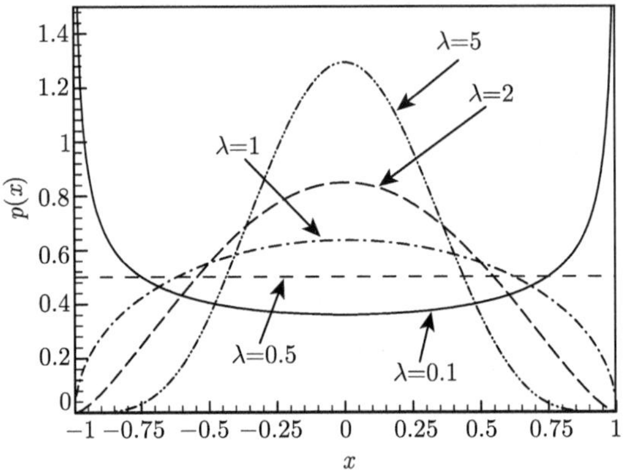

图 2.5.4　具有不同参数 λ 值的 λ–分布的概率密度

2.5.6　泊松分布

上述概率分布均用于描述连续随机变量. 下面给出一种可用于描述离散随机变量的概率分布——泊松 (Poisson) 分布.

泊松分布常用于处理某随机事件是否出现的问题. 假定随机事件的出现次数为 N, 它是一个离散随机数, 以所有非负整数为其样本空间. 若

$$P_N(n)=\mathrm{Prob}[N=n]=\frac{\mu^n}{n!}\mathrm{e}^{-\mu},\quad n=0,1,2,\cdots, \tag{2.5.13}$$

则称 N 服从泊松分布. 泊松分布的唯一参数是 μ. 由 (2.5.13) 得其 k 阶矩

$$E[N^k]=\sum_{n=0}^{\infty}n^kP_N(n)=\sum_{n=1}^{\infty}\frac{n^k\mu^n}{n!}\mathrm{e}^{-\mu}. \tag{2.5.14}$$

其均值、均方值及方差为

$$\mu_N=E[N]=\sum_{n=1}^{\infty}\frac{\mu^n}{(n-1)!}\mathrm{e}^{-\mu}=\mu\mathrm{e}^{-\mu}\sum_{n=1}^{\infty}\frac{\mu^{n-1}}{(n-1)!}=\mu, \tag{2.5.15}$$

$$E[N^2] = \sum_{n=1}^{\infty} \frac{n\mu^n}{(n-1)!}\mathrm{e}^{-\mu} = \mu^2\mathrm{e}^{-\mu}\sum_{n=2}^{\infty}\frac{\mu^{n-2}}{(n-2)!} + \mu\mathrm{e}^{-\mu}\sum_{n=1}^{\infty}\frac{\mu^{n-1}}{(n-1)!}$$
$$= \mu^2 + \mu, \tag{2.5.16}$$
$$\sigma_N^2 = E[N^2] - \mu_N^2 = \mu. \tag{2.5.17}$$

随均值 μ 趋于无穷, 离散随机变量 N 趋于连续随机变量, 而泊松分布趋于高斯分布. 其证明留给读者做练习 (习题 2.9).

2.6 随机矢量

在实际问题中, 可能需要处理两个或多个以某种概率方式相关联的随机变量, 称它们为联合分布的随机变量, 或随机矢量. 因此, 需将上述对单个随机变量的描述推广于随机矢量. 下面详细讨论二维随机矢量, 其结果可推广于任意 n 维随机矢量.

2.6.1 联合概率分布

设 $\boldsymbol{X} = [X_1, X_2]^{\mathrm{T}}$ 是二维随机矢量, 它可用下列联合概率分布描述

$$F_{X_1X_2}(x_1, x_2) = \mathrm{Prob}[(X_1 \leqslant x_1) \cap (X_2 \leqslant x_2)]. \tag{2.6.1}$$

式中 $\cap$ 表示布尔 (Boolean) 运算之交集. 类似于单个随机变量情形, $F_{X_1X_2}(x_1, x_2)$ 满足

$$F_{X_1X_2}(\infty, \infty) = 1,$$
$$F_{X_1X_2}(-\infty, x_2) = F_{X_1X_2}(x_1, -\infty) = 0,$$
$$F_{X_1X_2}(x_1, \infty) = F_{X_1}(x_1), \quad F_{X_1X_2}(\infty, x_2) = F_{X_2}(x_2). \tag{2.6.2}$$

联合概率密度是联合概率分布的混合偏导数, 即

$$p_{X_1X_2}(x_1, x_2) = \frac{\partial^2}{\partial x_1 \partial x_2} F_{X_1X_2}(x_1, x_2), \tag{2.6.3}$$

其逆为

$$F_{X_1X_2}(x_1, x_2) = \int_{-\infty}^{x_1}\int_{-\infty}^{x_2} p_{X_1X_2}(x_1', x_2')\mathrm{d}x_1'\mathrm{d}x_2'. \tag{2.6.4}$$

显然 $F_{X_1X_2}(x_1, x_2)$ 分别是关于 x_1 与 x_2 的非减函数, 而 $p_{X_1X_2}(x_1, x_2)$ 是满足如下归一化条件的非负函数:

$$\int_{-\infty}^{\infty}\int_{-\infty}^{\infty} p_{X_1X_2}(x_1, x_2)\mathrm{d}x_1\mathrm{d}x_2 = 1. \tag{2.6.5}$$

X_1 与 X_2 各自的概率密度函数 $p_{X_1}(x_1)$, $p_{X_2}(x_2)$ 称为边缘概率密度函数, 它们可按下式由联合概率密度得到:

$$p_{X_1}(x_1) = \int_{-\infty}^{\infty} p_{X_1X_2}(x_1, x_2)\mathrm{d}x_2, \tag{2.6.6}$$

$$p_{X_2}(x_2) = \int_{-\infty}^{\infty} p_{X_1X_2}(x_1, x_2)\mathrm{d}x_1. \tag{2.6.7}$$

若两个随机变量的概率密度满足如下条件

$$p_{X_1X_2}(x_1, x_2) = p_{X_1}(x_1)p_{X_2}(x_2), \tag{2.6.8}$$

则称它们是相互独立的.

2.6.2　条件分布

在固定 $X_2 = x_2$ 的条件下 X_1 的概率分布称为条件概率分布, 记 $F_{X_1|X_2}(x_1|x_2)$, 它由下式给出:

$$F_{X_1|X_2}(x_1|x_2) = \frac{F_{X_1X_2}(x_1, x_2)}{F_{X_2}(x_2)}. \tag{2.6.9}$$

(2.6.9) 式的更具物理意义的表达式为

$$\mathrm{Prob}[X_1 \leqslant x_1 \,|X_2 \leqslant x_2] = \frac{\mathrm{Prob}[(X_1 \leqslant x_1) \cap (X_2 \leqslant x_2)]}{\mathrm{Prob}[X_2 \leqslant x_2]}. \tag{2.6.10}$$

用概率密度函数表示, 则为

$$p_{X_1|X_2}(x_1 \,|x_2\,) = \frac{p_{X_1X_2}(x_1, x_2)}{p_{X_2}(x_2)} = \frac{p_{X_1X_2}(x_1, x_2)}{\displaystyle\int_{-\infty}^{\infty} p_{X_1X_2}(x_1, x_2)\mathrm{d}x_1}. \tag{2.6.11}$$

(2.6.11) 式表明, 条件概率密度就是将 X_2 固定在 x_2 时 X_1 的概率密度. 两个随机变量 X_1 与 X_2 独立就意味着条件概率密度 $p_{X_1|X_2}(x_1|x_2)$ 与边缘概率密度 $p_{X_1}(x_1)$ 相同, 于是 (2.6.11) 导致 (2.6.8).

在 n 维随机矢量情形, 由 (2.6.11) 可得

$$\begin{aligned} &p_{X_1X_2\cdots X_n}(x_1, x_2, \cdots, x_n) \\ =&p_{X_1\cdots X_k|X_{k+1}\cdots X_n}(x_1, \cdots, x_k|x_{k+1}, \cdots, x_n)p_{X_{k+1}\cdots X_n}(x_{k+1}, \cdots, x_n). \end{aligned} \tag{2.6.12}$$

2.6.3　统计矩

两个随机变量 X_1 与 X_2 的联合矩定义为

$$m_{nk}[X_1,X_2] = E[X_1^n X_2^k] = \int_{-\infty}^{\infty}\int_{-\infty}^{\infty} x_1^n x_2^k p_{X_1X_2}(x_1, x_2)\mathrm{d}x_1\mathrm{d}x_2, \quad n, k = 0,\ 1,\ 2, \cdots. \tag{2.6.13}$$

$m_{nk}[X_1, X_2]$ 中的 X_1 与 X_2 可省略, 下标 n 与 k 表明它是两个随机变量的联合矩. 若 n 或 k 为零, 则它退化为单个随机变量的矩. 联合中心矩为 $E[(X_1-\mu_{X_1})^n(X_2-\mu_{X_2})^k]$, 它在 n=1, $k=1$ 时特别有用, 称为协方差, 记以 $\kappa_{X_1X_2}$, 即

$$\kappa_{X_1X_2} = E[(X_1-\mu_{X_1})(X_2-\mu_{X_2})] = E[X_1X_2] - \mu_{X_1}\mu_{X_2} = m_{11} - m_{10}m_{01}. \tag{2.6.14}$$

相关系数是归一化的协方差, 定义为

$$\rho_{X_1X_2} = \frac{\kappa_{X_1X_2}}{\sigma_{X_1}\sigma_{X_2}}. \tag{2.6.15}$$

应用以下施瓦茨 (Schwarz) 不等式

$$E\left[|UV|\right] \leqslant \left\{E[U^2]E[V^2]\right\}^{\frac{1}{2}}, \tag{2.6.16}$$

可证 $|\rho_{X_1X_2}| \leqslant 1$ (习题 2.23). 若两个随机变量独立, 则从 (2.6.8) 可知

$$\kappa_{X_1X_2} = E[X_1]E[X_2] - \mu_{X_1}\mu_{X_2} = 0, \tag{2.6.17}$$

$$m_{nk} = E[X_1^nX_2^k] = E[X_1^n]E[X_2^k] = m_{n0}m_{0k}. \tag{2.6.18}$$

两个随机变量的协方差为零, 则称这两个随机变量不相关. 由 (2.6.17) 知, 独立的随机变量是不相关的. 其逆则不一定成立, 即两个不相关的随机变量不一定是独立的.

考虑 n 维随机矢量 $\boldsymbol{X} = [X_1, X_2, \cdots, X_n]^{\mathrm{T}}$. 其均值矢量为 $\boldsymbol{\mu}_X = [\mu_{X_1}, \mu_{X_2}, \cdots, \mu_{X_n}]^{\mathrm{T}}$, 协方差矩阵为

$$\boldsymbol{C}_{\boldsymbol{XX}} = E[(\boldsymbol{X}-\boldsymbol{\mu}_{\boldsymbol{X}})(\boldsymbol{X}-\boldsymbol{\mu}_{\boldsymbol{X}})^{\mathrm{T}}] = \begin{bmatrix} \sigma_{X_1}^2 & \kappa_{X_1X_2} & \cdots & \kappa_{X_1X_n} \\ \kappa_{X_2X_1} & \sigma_{X_2}^2 & \cdots & \kappa_{X_2X_n} \\ \vdots & \vdots & & \vdots \\ \kappa_{X_nX_1} & \kappa_{X_nX_2} & \cdots & \sigma_{X_n}^2 \end{bmatrix}. \tag{2.6.19}$$

可证 $\boldsymbol{C}_{\boldsymbol{XX}}$ 是正定矩阵.

2.6.4 特征函数和累积量

两个联合分布的随机变量的特征函数定义为

$$M_{X_1X_2}(\theta_1,\theta_2) = E[\mathrm{e}^{\mathrm{i}(\theta_1X_1+\theta_2X_2)}] = \int_{-\infty}^{\infty}\int_{-\infty}^{\infty} \mathrm{e}^{\mathrm{i}(\theta_1x_1+\theta_2x_2)} p_{X_1X_2}(x_1,x_2)\mathrm{d}x_1x_2. \tag{2.6.20}$$

其麦克劳林级数为

$$M_{X_1X_2}(\theta_1,\theta_2) = \sum_{n,k=0}^{\infty} \frac{m_{nk}}{(n+k)!}(\mathrm{i}\theta_1)^n(\mathrm{i}\theta_2)^k, \tag{2.6.21}$$

式中 m_{nk} 是 (2.6.13) 中的联合矩, 它也可从特征函数按下式得到

$$m_{nk} = E[X_1^n X_2^k] = \frac{1}{\mathrm{i}^{n+k}} \left[\frac{\partial^{n+k}}{\partial \theta_1^n \partial \theta_2^k} M_{X_1X_2}(\theta_1, \theta_1) \right]_{\theta_1=\theta_2=0} . \tag{2.6.22}$$

对数特征函数的展式为

$$\begin{aligned}\ln M_{X_1X_2}(\theta_1,\theta_2) =& \sum_{j=1}^{2} \kappa_1[X_j](\mathrm{i}\theta_j) + \frac{1}{2!} \sum_{j,k=1}^{2} \kappa_2[X_jX_k](\mathrm{i}\theta_j)(\mathrm{i}\theta_k) \\ &+ \frac{1}{3!} \sum_{j,k,l=1}^{2} \kappa_3[X_jX_kX_l](\mathrm{i}\theta_j)(\mathrm{i}\theta_k)(\mathrm{i}\theta_l) + \cdots ,\end{aligned} \tag{2.6.23}$$

式中 κ_n 是 n 阶联合累计量. 三阶联合累计量的表达式为

$$\kappa_3[X_jX_kX_l] = \frac{1}{\mathrm{i}^3} \left[\frac{\partial^3}{\partial\theta_j \partial\theta_k \partial\theta_l} \ln M_{X_1X_2}(\theta_1,\theta_2) \right]_{\theta_1=\theta_2=0}, \quad j,k,l=1,2. \tag{2.6.24}$$

类似于单个随机变量情形, 前 n 阶联合累积量与联合矩之间的关系为

$$\begin{aligned}
&E[X_j] = \kappa_1[X_j],\\
&E[X_jX_k] = \kappa_2[X_jX_k] + \kappa_1[X_j]\kappa_1[X_k],\\
&E[X_jX_kX_l] = \kappa_3[X_jX_kX_l] + 3\left\{\kappa_1[X_j]\kappa_2[X_kX_l]\right\}_s\\
&\qquad + \kappa_1[X_j]\kappa_1[X_k]\kappa_1[X_l],\\
&E[X_jX_kX_lX_m] = \kappa_4[X_jX_kX_lX_m] + 3\left\{\kappa_2[X_jX_k]\kappa_2[X_lX_m]\right\}_s\\
&\qquad + 4\left\{\kappa_1[X_j]\kappa_3[X_kX_lX_m]\right\}_s + 6\left\{\kappa_1[X_j]\kappa_1[X_k]\kappa_2[X_lX_m]\right\}_s\\
&\qquad + \kappa_1[X_j]\kappa_1[X_k]\kappa_1[X_l]\kappa_1[X_m].
\end{aligned} \tag{2.6.25}$$

式中 $\{\cdot\}_s$ 表示关于所有自变量的对称运算, 即取括号内不同置换项的算术平均, 例如

$$\left\{\kappa_1[X_j]\kappa_2[X_kX_l]\right\}_s = \frac{1}{3}\left\{\kappa_1[X_j]\kappa_2[X_kX_l] + \kappa_1[X_k]\kappa_2[X_lX_j] + \kappa_1[X_l]\kappa_2[X_jX_k]\right\}. \tag{2.6.26}$$

若 X_1 与 X_2 的均值为零, 则 (2.6.25) 简化为

$$\begin{aligned}
&E[X_jX_k] = \kappa_2[X_jX_k],\\
&E[X_jX_kX_l] = \kappa_3[X_jX_kX_l],\\
&E[X_jX_kX_lX_m] = \kappa_4[X_jX_kX_lX_m] + 3\left\{\kappa_2[X_jX_k]\kappa_2[X_lX_m]\right\}_s,\\
&E[X_jX_kX_lX_mX_p] = \kappa_5[X_jX_kX_lX_mX_p] + 10\left\{\kappa_2[X_jX_k]\kappa_3[X_lX_mX_p]\right\}_s,
\end{aligned}$$

$$
\begin{aligned}
E[X_jX_kX_lX_mX_pX_r] = & \kappa_6[X_jX_kX_lX_mX_pX_r] \\
& + 15\left\{\kappa_2[X_jX_k]\kappa_4[X_lX_mX_pX_r]\right\}_s \\
& + 15\left\{\kappa_2[X_jX_k]\kappa_2[X_lX_m]\kappa_2[X_pX_r]\right\}_s \\
& + 10\left\{\kappa_3[X_jX_kX_l]\kappa_3[X_mX_pX_r]\right\}_s .
\end{aligned} \tag{2.6.27}
$$

虽然 (2.6.25) 与 (2.6.27) 只列出二维随机矢量情形, 即 $j, k, l, m, p, r = 1, 2$; 它们也适用于 n 维随机矢量.

2.6.5 高斯随机矢量

鉴于高斯分布特别重要, 下面论述高斯随机矢量的性质. 二维高斯随机矢量 $\boldsymbol{X} = [X_1, X_2]^{\mathrm{T}}$ 的概率密度为

$$
\begin{aligned}
& p(x_1, x_2) \\
= & \frac{1}{2\pi\sigma_{X_1}\sigma_{X_2}\sqrt{1-\rho_{X_1X_2}^2}} \\
& \times \exp\left[-\frac{\sigma_{X_2}^2(x_1-\mu_{X_1})^2-2\sigma_{X_1}\sigma_{X_2}\rho_{X_1X_2}(x_1-\mu_{X_1})(x_2-\mu_{X_2})+\sigma_{X_1}^2(x_2-\mu_{X_2})^2}{2\sigma_{X_1}^2\sigma_{X_2}^2(1-\rho_{X_1X_2}^2)}\right].
\end{aligned} \tag{2.6.28}
$$

方程 (2.6.28) 表明, 为确定二维随机矢量的高斯分布需五个参数, 即均值 μ_{X_1} 与 μ_{X_2}, 标准差 σ_{X_1} 与 σ_{X_2}, 及 (2.6.15) 中定义的相关系数 $\rho_{X_1X_2}$. 若相关系数为零, 则 (2.6.28) 给出 $p_{X_1X_2}(x_1, x_2) = p_{X_1}(x_1)p_{X_2}(x_2)$, 这表明随机变量 X_1 与 X_2 是独立的. 所以, 对高斯随机变量, 独立与不相关是等价的.

n 维高斯随机矢量 $\boldsymbol{X} = [X_1, X_2, \cdots, X_n]^{\mathrm{T}}$ 的概率密度为

$$
\begin{aligned}
& p(x_1, x_2, \cdots, x_n) \\
= & \frac{1}{(2\pi)^{\frac{n}{2}}\left|\boldsymbol{C}_{XX}\right|^{\frac{1}{2}}}\exp\left[-\frac{1}{2\left|\boldsymbol{C}_{XX}\right|}\sum_{j,k=1}^{n}\left|\boldsymbol{C}_{XX}\right|_{jk}(x_j-\mu_{X_j})(x_k-\mu_{X_k})\right],
\end{aligned} \tag{2.6.29}
$$

式中 $\boldsymbol{C}_{XX}$ 是 (2.6.19) 给出的协方差矩阵, $|\boldsymbol{C}_{XX}|$ 是其行列式, 而 $|\boldsymbol{C}_{XX}|_{jk}$ 则是该行列式中 (j, k) 元素的余因子. 方程 (2.6.29) 可改写成如下矩阵形式:

$$
p(\boldsymbol{x}) = \frac{1}{(2\pi)^{\frac{n}{2}}\left|\boldsymbol{C}_{XX}\right|^{\frac{1}{2}}}\exp\left[-\frac{1}{2}(\boldsymbol{x}-\boldsymbol{\mu}_{\boldsymbol{X}})^{\mathrm{T}}\boldsymbol{C}_{XX}^{-1}(\boldsymbol{x}-\boldsymbol{\mu}_X)\right]. \tag{2.6.30}
$$

与 (2.6.30) 相应的特征函数为

$$
M_X(\boldsymbol{\theta}) = \exp\left[\mathrm{i}\boldsymbol{\mu}_X^{\mathrm{T}}\boldsymbol{\theta} - \frac{1}{2}\boldsymbol{\theta}^{\mathrm{T}}\boldsymbol{C}_{XX}\boldsymbol{\theta}\right]. \tag{2.6.31}
$$

其分量形式为

$$M_{X_1X_1\cdots X_n}(\theta_1,\theta_2,\cdots,\theta_n)=\exp\left[\mathrm{i}\sum_{j=1}^{n}\mu_{X_j}\theta_j-\frac{1}{2}\sum_{j,k=1}^{n}\kappa_{X_jX_k}\theta_j\theta_k\right]. \tag{2.6.32}$$

如 (2.6.30)~(2.6.32) 所示, 高斯分布随机变量的最重要特性之一是它们完全由一阶矩与二阶矩规定. 因此, 高于二阶的矩可从一阶矩与二阶矩算得. 考虑一组高斯分布的随机变量 X_1, X_2, $\cdots$, 假定所有均值为零, 则有 (Lin, 1967)

$$E[X_1X_2\cdots X_{2m+1}]=0, \tag{2.6.33}$$

$$E[X_1X_2\cdots X_{2m}]=\sum E[X_nX_l]E[X_jX_k]. \tag{2.6.34}$$

方程 (2.6.34) 右边乃是将 $2m$ 对元素分成 m 对的所有不同方式求和, 求和的项数为 $N=(2m)!/(m!2^m)$. $m=2$ 时,

$$E[X_1X_2X_3X_4]=E[X_1X_2]E[X_3X_4]+E[X_1X_3]E[X_2X_4]+E[X_1X_4]E[X_2X_3], \tag{2.6.35}$$

$$E[X_1^2X_2X_3]=E[X_1^2]E[X_2X_3]+2E[X_1X_2]E[X_1X_3]. \tag{2.6.36}$$

由 (2.6.32) 也可知, 所有高于二阶的累积量为零, 这是联合高斯分布随机变量的另一个重要特性.

可证, 高斯随机变量的任意线性运算、包括代数运算、微分与积分, 仍给出高斯随机变量 (Lin, 1967).

2.7 随机变量的函数

随机变量 X 的函数 $Y=f(X)$ 也是随机变量, 其概率与统计性质可从 X 的概率与统计性质导得.

2.7.1 矩

Y 的 n 阶矩可按下式算得

$$E[Y^n]=E[f^n(X)]=\int_{-\infty}^{\infty}f^n(x)p_X(x)\mathrm{d}x. \tag{2.7.1}$$

若 Y 是多个随机变量的函数, 即 $Y=f(X_1, X_2, \cdots, X_n)$, 则有

$$E[Y^n]=\int_{-\infty}^{\infty}\int_{-\infty}^{\infty}\cdots\int_{-\infty}^{\infty}f^n(x_1,x_2,\cdots,x_n)\times p_{X_1X_2\cdots X_n}(x_1,x_2,\cdots,x_n)\mathrm{d}x_1\mathrm{d}x_2\cdots\mathrm{d}x_n. \tag{2.7.2}$$

2.7.2 概率分布

若 Y 是 X 的单调函数, 即 Y 与 X 构成一对一映射, 则 Y 的概率密度可按下式导得

$$F_Y(y) = \text{Prob}[Y \leqslant y] = \text{Prob}[f(X) \leqslant y] = \text{Prob}[X \leqslant g(y)] = F_X[g(y)], \qquad (2.7.3)$$

式中 $X = g(Y)$ 是 $Y = f(X)$ 的反函数. Y 的概率密度则可按下式导得

$$p_Y(y) = \frac{\mathrm{d}}{\mathrm{d}y}F_Y(y) = p_X[g(y)]\left|\frac{\mathrm{d}x}{\mathrm{d}y}\right|. \qquad (2.7.4)$$

若函数关系为非单调, 则问题较复杂. 此时需将函数的定义域分成若干区域, 使得每个区域上函数是单调的.

设 X_1 与 X_2 为联合分布随机变量. 考虑两个与它们有函数关系的随机变量 Y_1 与 Y_2, 即 $Y_1 = f_1(X_1, X_2)$, $Y_2 = f_2(X_1, X_2)$. 假定 f_1 与 f_2 为一对一映射, 则 Y_1 与 Y_2 的联合概率分布为

$$\begin{aligned} F_{Y_1Y_2}(y_1, y_2) &= \text{Prob}\left[(Y_1 \leqslant y_1) \cap (Y_2 \leqslant y_2)\right] \\ &= \text{Prob}\left[\{f_1(X_1, X_2) \leqslant y_1\} \cap \{f_2(X_1, X_2) \leqslant y_2\}\right] \\ &= \text{Prob}\left[\{X_1 \leqslant g_1(y_1, y_2)\} \cap \{X_2 \leqslant g_2(y_1, y_2)\}\right] \\ &= F_{X_1X_2}[g_1(y_1, y_2), g_2(y_1, y_2)]. \end{aligned} \qquad (2.7.5)$$

式中 $x_1 = g_1(y_1, y_2)$ 与 $x_2 = g_2(y_1, y_2)$ 分别为 $y_1 = f_1(x_1, x_2)$ 与 $y_2 = f_2(x_1, x_2)$ 的反函数. 将 $F_{Y_1Y_2}(y_1, y_2)$ 对 y_1 与 y_2 求导得

$$p_{Y_1Y_2}(y_1, y_2) = p_{X_1X_2}[g_1(y_1, y_2), g_2(y_1, y_2)]\,|\boldsymbol{J}_2|\,, \qquad (2.7.6)$$

式中

$$\boldsymbol{J}_2 = \begin{bmatrix} \dfrac{\partial x_1}{\partial y_1} & \dfrac{\partial x_1}{\partial y_2} \\ \dfrac{\partial x_2}{\partial y_1} & \dfrac{\partial x_2}{\partial y_2} \end{bmatrix} \qquad (2.7.7)$$

是变换的二阶雅可比 (Jacobi) 矩阵, 而 $|\boldsymbol{J}_2|$ 是它的行列式.

考虑作为两个随机变量函数的随机变量, 即 $Y = f\ (X_1, X_2)$, 有

$$\begin{aligned} F_Y(y) &= \text{Prob}[Y \leqslant y] = \text{Prob}[f(X_1, X_2) \leqslant y] \\ &= \iint\limits_{f(x_1, x_2) \leqslant y} p_{X_1X_2}(x_1, x_2)\mathrm{d}x_1\mathrm{d}x_2 \end{aligned}$$

$$= \int_{a_1}^{a_2} \left[\int_{b_1}^{g_1(y,x_2)} p_{X_1X_2}(x_1, x_2) \mathrm{d}x_1 \right] \mathrm{d}x_2, \tag{2.7.8}$$

式中积分限 a_1, a_2 和 b_1 由 $f\ (x_1,\ x_2) \leqslant y$ 确定, $x_1 = g_1(y,\ x_2)$ 则是 $y = f\ (x_1,\ x_2)$ 的反函数. 将 (2.7.8) 对 y 求导, 得如下 Y 的概率密度

$$p_Y(y) = \int_{a_1}^{a_2} p_{X_1X_2}\left[g_1(y, x_2), x_2\right] |J_1| \mathrm{d}x_2, \tag{2.7.9}$$

式中

$$J_1 = \frac{\partial g_1(y, x_2)}{\partial y} = \frac{\partial x_1}{\partial y}. \tag{2.7.10}$$

上述论述可推广于多个随机变量. 设 X_i, $i = 1,\ 2,\ \cdots,\ n$ 为随机变量, 且

$$Y_k = f_k(X_1, X_2, \cdots, X_n), \quad k = 1, 2, \cdots, m; \quad m \leqslant n. \tag{2.7.11}$$

$m = n$ 时有

$$p_{Y_1Y_2\cdots Y_n}(y_1, y_2, \cdots, y_n) = p_{X_1X_2\cdots X_n}(x_1, x_2, \cdots, x_n)\left|\boldsymbol{J}_n\right|, \tag{2.7.12}$$

式中

$$\boldsymbol{J}_n = \begin{bmatrix} \dfrac{\partial x_1}{\partial y_1} & \dfrac{\partial x_1}{\partial y_2} & \cdots & \dfrac{\partial x_1}{\partial y_n} \\ \dfrac{\partial x_2}{\partial y_1} & \dfrac{\partial x_2}{\partial y_2} & \cdots & \dfrac{\partial x_2}{\partial y_n} \\ \vdots & \vdots & & \vdots \\ \dfrac{\partial x_n}{\partial y_1} & \dfrac{\partial x_n}{\partial y_2} & \cdots & \dfrac{\partial x_n}{\partial y_n} \end{bmatrix} \tag{2.7.13}$$

为 n 阶雅可比矩阵. 在方程 (2.7.12) 中, 右边之状态变量 x_1, x_2, $\cdots$, x_n 可借关系 (2.7.11) 用 y_1, y_2, $\cdots$, y_n 表示. 在计算 (2.7.12) 与 (2.7.13) 时, 需满足一些条件, 对大多数实际问题, 常作此假设.

对 $m < n$ 之情形, 除 (2.7.11) 之外, 令

$$y_{m+1} = x_{m+1}, \quad y_{m+2} = x_{m+2}, \quad \cdots, \quad y_n = x_n. \tag{2.7.14}$$

由于 $|\boldsymbol{J}_m| = |\boldsymbol{J}_n|$, 有

$$\begin{aligned} & p_{Y_1Y_2\cdots Y_m}(y_1, y_2, \cdots, y_m) \\ = & \int \cdots \int p_{Y_1Y_2\cdots Y_n}(y_1, y_2, \cdots, y_n) \mathrm{d}y_{m+1} \mathrm{d}y_{m+2} \cdots \mathrm{d}y_n \\ = & \int \cdots \int p_{X_1X_2\cdots X_n}(x_1, x_2, \cdots, x_n)\left|J_m\right| \mathrm{d}x_{m+1} \mathrm{d}x_{m+2} \cdots \mathrm{d}x_n. \end{aligned} \tag{2.7.15}$$

(2.7.15) 右边之 $x_1,\ x_2,\ \cdots,\ x_m$ 可借关系 (2.7.11) 用 $y_1,\ y_2,\ \cdots,\ y_m,\ x_{m+1},\ x_{m+2},\ \cdots,\ x_n$ 表示.

对 $m=1$ 之情形, 即 $Y=f\ (X_1,\ X_2,\ \cdots,\ X_n)$, 有

$$p_Y(y)=\int\cdots\int p_{X_1X_2\cdots X_n}[x_1=g(y,x_2,x_3,\cdots,x_n),x_2,\cdots,x_n]\,|J_1|\,\mathrm{d}x_2\mathrm{d}x_3\cdots\mathrm{d}x_n, \tag{2.7.16}$$

式中 $x_1=g(y,x_2,x_3,\cdots,x_n)$ 由 $y=f\ (x_1,\ x_2,\ \cdots,\ x_n)$ 得到, 而

$$J_1=\frac{\partial x_1}{\partial y}=\frac{\partial g(y,x_2,x_3,\cdots,x_n)}{\partial y}. \tag{2.7.17}$$

例 2.7.1 给定 X 的概率密度, 以及函数关系 $Y=X^2$, 有

$$\begin{aligned}F_Y(y)&=\mathrm{Prob}[Y\leqslant y]=\mathrm{Prob}[X^2\leqslant y]\\&=\mathrm{Prob}[-\sqrt{y}\leqslant X\leqslant\sqrt{y}]=F_X[\sqrt{y}]-F_X[-\sqrt{y}],\end{aligned} \tag{2.7.18}$$

$$p_Y(y)=\frac{\mathrm{d}}{\mathrm{d}y}F_Y(y)=\frac{1}{2\sqrt{y}}\left[p_X\left(\sqrt{y}\right)+p_X\left(-\sqrt{y}\right)\right]. \tag{2.7.19}$$

或用另一方法得

$$\begin{aligned}\int_{-\infty}^{\infty}p_X(x)\mathrm{d}x&=\int_{-\infty}^{0}p_X(x)\mathrm{d}x+\int_{0}^{\infty}p_X(x)\mathrm{d}x\\&=\int_{\infty}^{0}p_X\left(-\sqrt{y}\right)\left(-\frac{1}{2\sqrt{y}}\right)\mathrm{d}y+\int_{0}^{\infty}p_X\left(\sqrt{y}\right)\left(\frac{1}{2\sqrt{y}}\right)\mathrm{d}y\\&=\int_{0}^{\infty}\frac{1}{2\sqrt{y}}\left[p_X\left(\sqrt{y}\right)+p_X\left(-\sqrt{y}\right)\right]\mathrm{d}y.\end{aligned} \tag{2.7.20}$$

这表明 Y 的概率密度由 (2.7.19) 给出.

例 2.7.2 设已知 X_1 与 X_2 的联合概率密度, 求 $Y=X_1+X_2$ 的概率密度. 应用 (2.7.15) 得

$$p_Y(y)=\int_{-\infty}^{\infty}p_{X_1X_2}(x_1,y-x_1)\mathrm{d}x_1=\int_{-\infty}^{\infty}p_{X_1X_2}(y-x_2,x_2)\mathrm{d}x_2. \tag{2.7.21}$$

2.8 随机变量的模拟

模拟是没有解析方法时求解随机问题的一种数值手段. 其主要思想是将随机问题转换成确定性问题. 第一步是产生随机变量或随机过程的样本. 对每一样本, 问题变成确定性的, 可用已有的方法解决. 因此, 只要算得足够数量的解的样本, 就可得该问题的概率解或统计解. 涉及随机性的模拟称为蒙特卡罗 (Monte Carlo) 模拟. 图 2.8.1 说明蒙特卡罗模拟的一般步骤.

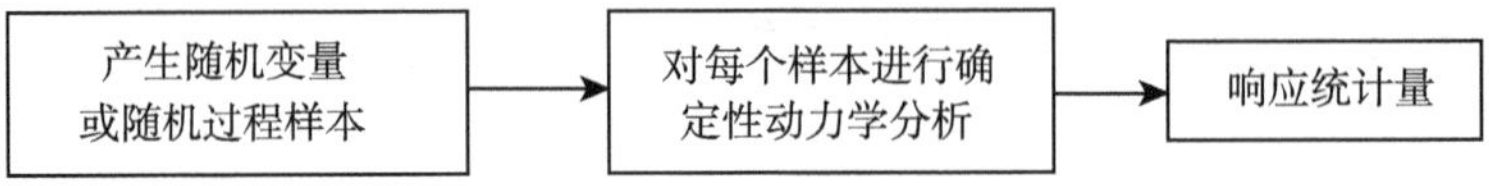

图 2.8.1 模拟方法

模拟方法是进行随机动力学分析的最一般方法. 只要对每个样本可用解析或数值方法作确定性分析, 它可应用于任何随机系统. 显然, 其统计结果的精度取决于样本数. 因此, 模拟方法的主要缺点是, 对庞大而复杂的系统, 计算时间过长. 然而, 随着计算技术的快速发展, 该缺点越来越不严重.

2.8.1 随机数

为模拟已知概率分布的随机变量 X, 即产生 X 的样本, 首先应产生在区间 [0, 1] 上均匀分布的随机变量样本. 设 ξ 是这样一个随机变量, 即

$$p(\xi) = 1, \quad 0 \leqslant \xi \leqslant 1. \tag{2.8.1}$$

ξ 的样本称为随机数, 记为 ξ_k, $k = 1, 2, \cdots$. 现已有产生随机数 ξ_k 的数学算法. 虽然它们服从均匀概率分布 (2.8.1), 它们不是真正随机的, 因为它们可重复地产生, 因此它们称为伪随机数. 几乎所有的程序语言与工程软件都提供产生在区间 [0, 1] 上均匀分布的随机数的功能.

2.8.2 离散随机变量

设离散随机变量 X 的样本空间为 x_i $(i = 1, 2, \cdots, n)$, 样本点 x_i 的相应概率为 P_i, 即

$$P_i = P_X(x_i) = \text{Prob}[X = x_i], \quad \sum_{i=1}^{n} P_i = 1. \tag{2.8.2}$$

令 ξ 是在 [0, 1] 上均匀分布的随机变量, 且 $0 \leqslant a \leqslant 1$, 有

$$\text{Prob}[\xi \leqslant a] = \int_0^a p(\xi)\mathrm{d}\xi = a. \tag{2.8.3}$$

于是

$$P_i = \text{Prob}[X = x_i] = \sum_{j=1}^{i} P_j - \sum_{j=1}^{i-1} P_j = \text{Prob}\left[\sum_{j=1}^{i-1} P_j \leqslant \xi < \sum_{j=1}^{i} P_j\right]. \tag{2.8.4}$$

产生 X 的一个样本 X_k 的步骤是: ①产生随机数 ξ_k, ②按 $\sum\limits_{j=1}^{i-1} P_j \leqslant \xi_k < \sum\limits_{j=1}^{i} P_j$ 确定 i, ③取 $X_k = x_i$.

在等概率情形, 即

$$P_1 = P_2 = \cdots = P_n = \frac{1}{n}, \tag{2.8.5}$$

X 的样本可按下式得到

$$X_k = x_i, \quad i = [n\xi_k] + 1, \tag{2.8.6}$$

式中 $[\cdot]$ 表示括号内实数的整数部分.

2.8.3 单个连续随机变量

设 ξ 是 [0, 1] 上均匀分布的随机变量, 而 X 是一个具有概率分布 $F_X(x)$ 的连续随机变量. 由于 $0 \leqslant F_X(x) \leqslant 1$, 由 (2.8.3) 得

$$F(x) = \text{Prob}[\xi \leqslant F(x)] = \text{Prob}[F_X^{-1}(\xi) \leqslant x]. \tag{2.8.7}$$

比较 (2.2.2) 与 (2.8.7) 知 $X = F_X^{-1}(\xi)$, 而 X 的样本可按下式产生

$$X_k = F_X^{-1}(\xi_k), \quad k = 1, 2, \cdots, \tag{2.8.8}$$

式中 ξ_k 是随机数, 即在 [0, 1] 上均匀分布的随机变量 ξ 的样本.

考虑在 $[a, b]$ 上均匀分布的随机变量 X, 有

$$p(x) = \begin{cases} \dfrac{1}{b-a}, & a \leqslant x \leqslant b, \\ 0, & \text{其他 } x \text{ 值}, \end{cases} \quad F_X(x) = \frac{x-a}{b-a}, \quad X_k = a + (b-a)\xi_k. \tag{2.8.9}$$

对指数分布

$$p(x) = \begin{cases} \lambda \mathrm{e}^{-\lambda x}, & x \geqslant 0, \\ 0, & x < 0, \end{cases} \quad F_x(x) = 1 - \mathrm{e}^{-\lambda x}, \quad X_k = -\frac{1}{\lambda} \ln(1 - \xi_k). \tag{2.8.10}$$

对瑞利分布

$$p(x) = \begin{cases} \dfrac{x}{\sigma^2} \mathrm{e}^{-\frac{x^2}{2\sigma^2}}, & x \geqslant 0, \\ 0, & x < 0, \end{cases}$$

$$F_X(x) = 1 - \mathrm{e}^{-\frac{x^2}{2\sigma^2}}, \quad X_k = \sigma \sqrt{-2 \ln(1 - \xi_k)}. \tag{2.8.11}$$

对标准正态分布 $N(0, 1)$

$$p(x) = \frac{1}{\sqrt{2\pi}} \mathrm{e}^{-\frac{1}{2}x^2}, \quad F_X(x) = \frac{1}{\sqrt{2\pi}} \int_{-\infty}^{x} \mathrm{e}^{-\frac{1}{2}x^2} \mathrm{d}x. \tag{2.8.12}$$

此时, 不能解析地表示 $X_k = F_X^{-1}(\xi_k)$, 只能数值计算. 事实上, 所有程序语言与工程软件都有产生 $N(0, 1)$ 分布随机变量样本的功能.

2.8.4　多个连续随机变量

考虑具有联合概率密度函数 $p_{X_1X_2}(x_1,x_2)$ 的两个随机变量. 由 (2.6.11) 可得

$$p_{X_1X_2}(x_1,x_2)=p_{X_1|X_2}(x_1\,|x_2)p_{X_2}(x_2). \tag{2.8.13}$$

产生样本点 (X_{1k},X_{2k}) 的步骤是: ①按 (2.6.7) 计算边缘概率密度 $p_{X_2}(x_2)$, ②由 $p_{X_2}(x_2)$ 产生 X_{2k}, ③按由 (2.8.13) 计算的 $p_{X_1|X_2}(x_1\,|X_{2k})$ 产生 X_{1k}.

图 2.8.2 表示两个随机变量 (X, Y) 在不同样本数时的样本点. 假定 X 与 Y 独立, 各自在 [0, 1] 均匀分布. 显然, 样本数越多, 模拟越准确.

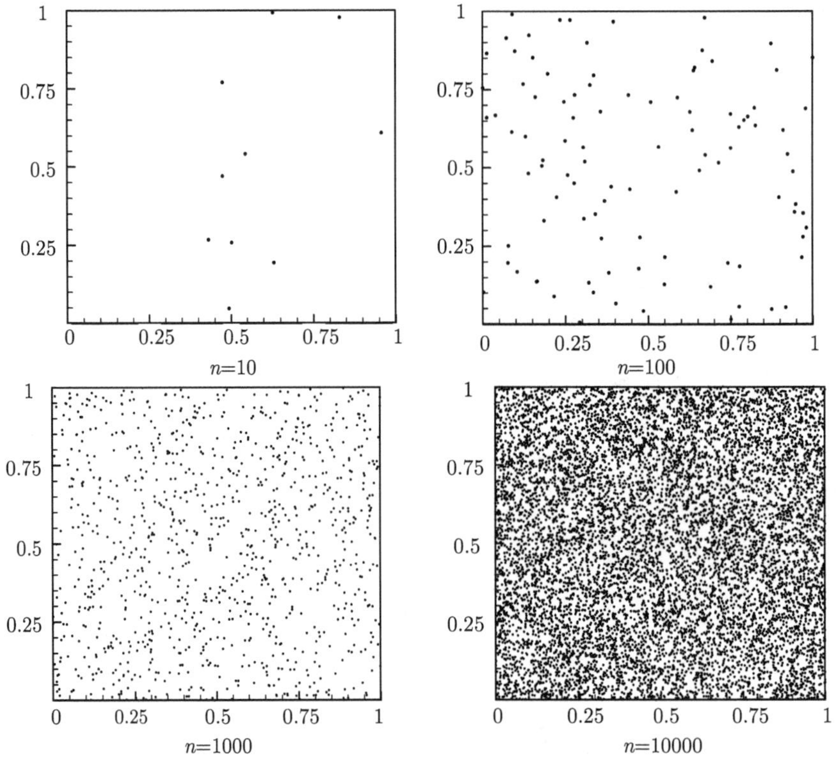

图 2.8.2　二维均匀分布随机变量的样本点

只要有它们的联合概率分布, 上述步骤可以推广到更多个随机变量的情况.

2.8.5　两个相关的高斯随机变量

若 X 与 Y 是相关的标准高斯随机变量, 即它们服从 N(0,1) 分布, 则从 (2.6.28) 可得它们的联合概率分布

$$p(x,y)=\frac{1}{2\pi\sqrt{1-\rho^2}}\exp\left[-\frac{x^2-2\rho xy+y^2}{2(1-\rho^2)}\right], \tag{2.8.14}$$

式中 ρ 是相关系数, 即 $E[XY]=\rho$. 按 2.8.4 节给出的步骤可产生随机变量 X 与 Y 的样本. 但此处给出一个简单的步骤.

设 X_1 是与 X 独立的另一个随机变量. 令

$$Y=\rho X+\sqrt{1-\rho^2}X_1. \tag{2.8.15}$$

可知

$$E[Y]=0,\quad E[Y^2]=1,\quad E[XY]=\rho. \tag{2.8.16}$$

这表明 Y 也是 $N(0,1)$ 分布的随机变量, X 与 Y 的相关系数为 ρ. 鉴于每个程序与计算机语言都提供产生 $N(0,1)$ 随机数的指令, 产生两个相关 $N(0,1)$ 随机数序列是简单的.

对不相关 $(\rho=0)$ 与相关 $(\rho=0.8)$ 两种情形, 用 (2.8.15) 产生的两个 $N(0,1)$ 随机变量 (X, Y) 的样本点表示于图 2.8.3. 由图可见相关性的效应.

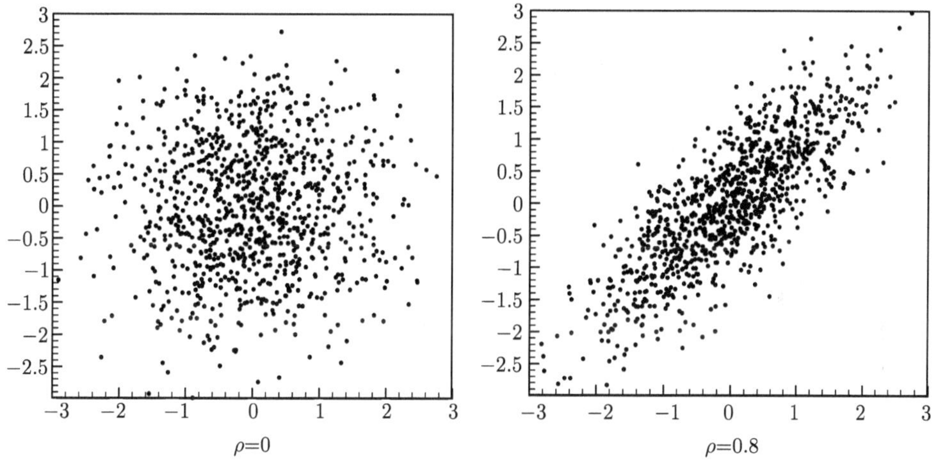

图 2.8.3 不相关 $(\rho=0)$ 与相关 $(\rho=0.8)$ 情形, 二维标准高斯随机矢量的样本点

2.8.6 变换方法

假定 X 是一个具有概率密度 $p_X(x)$ 的随机变量, Y 是按 $Y=f(X)$ 变换而来的另一个随机变量. 若 X 的样本 X_k 可由 $p_X(x)$ 产生, 则 Y 的样本 Y_k 可从 $Y_k=f(X_k)$ 算得. 例如, 若程序语言或软件中有产生标准正态分布 $N(0,1)$ 的样本的功能, 则随机变量 $Y\sim N(\mu,\sigma)$ 的样本可从变换 $Y_k=\mu+\sigma U_k$ 算得.

变换方法可用于产生两个独立标准高斯分布 $N(0,1)$ 的随机变量 X_1 与 X_2 的样本. 此时 X_1 与 X_2 的联合概率密度为

$$p_{X_1X_2}(x_1,x_2)=p_{X_1}(x_1)p_{X_2}(x_2)=\frac{1}{2\pi}\mathrm{e}^{-\frac{1}{2}(x_1^2+x_2^2)}. \tag{2.8.17}$$

以 R 与 $\varPhi$ 表示下列变换产生的两个新随机变量

$$\begin{cases} X_1 = R\cos\varPhi, \\ X_2 = R\sin\varPhi. \end{cases} \tag{2.8.18}$$

应用 (2.7.12), 可得 R 与 $\varPhi$ 的联合概率密度

$$p_{R\varPhi}(r,\phi) = \frac{1}{2\pi} r\mathrm{e}^{-\frac{1}{2}r^2}. \tag{2.8.19}$$

方程 (2.8.19) 表明, R 与 $\varPhi$ 是独立的, 它们的边缘概率密度是

$$p_R(r) = r\mathrm{e}^{-\frac{1}{2}r^2}, \quad 0 \leqslant r < \infty; \quad p_\varPhi(\phi) = \frac{1}{2\pi}, \quad 0 \leqslant \phi < 2\pi. \tag{2.8.20}$$

(2.8.20) 显示, $\varPhi$ 在 $[0,\ 2\pi)$ 上均匀分布, R 是瑞利分布. $\varPhi$ 与 R 的样本可分别由 (2.8.9) 与 (2.8.11) 产生. 从而, X_1 与 X_2 的样本可以由 (2.8.18) 算得, 即

$$X_{1k} = \sqrt{-2\ln(\xi_{1k})}\cos(2\pi\xi_{2k}), \quad X_{2k} = \sqrt{-2\ln(\xi_{1k})}\sin(2\pi\xi_{2k}), \tag{2.8.21}$$

式中 ξ_{1k} 与 ξ_{2k} 是独立的均匀分布随机数.

假定已产生 n 维标准高斯随机矢量 $\boldsymbol{X} = [X_1, X_2, \cdots, X_n]^{\mathrm{T}}$ 的样本, 则可得均值矢量为 $\boldsymbol{\mu_Y}$, 协方差矩阵为 $\boldsymbol{C_{YY}}$ 的 n 维高斯随机矢量 $\boldsymbol{Y} = [Y_1, Y_2, \cdots, Y_n]^{\mathrm{T}}$ 的样本. 假定变换

$$\boldsymbol{Y} = \boldsymbol{A} + \boldsymbol{B}\boldsymbol{X}, \tag{2.8.22}$$

其中 $\boldsymbol{A}$ 是矢量, $\boldsymbol{B}$ 是矩阵, 都已确定. 取 (2.8.22) 的集合平均, 得

$$\boldsymbol{\mu_Y} = \boldsymbol{A} + \boldsymbol{B}\boldsymbol{\mu_X} = \boldsymbol{A}. \tag{2.8.23}$$

取 (2.8.22) 的协方差矩阵得

$$\boldsymbol{C_{YY}} = E[(\boldsymbol{Y} - \boldsymbol{\mu_Y})(\boldsymbol{Y} - \boldsymbol{\mu_Y})^{\mathrm{T}}] = E[\boldsymbol{B}\boldsymbol{X}\boldsymbol{X}^{\mathrm{T}}\boldsymbol{B}^{\mathrm{T}}] = \boldsymbol{B}\boldsymbol{C_{XX}}\boldsymbol{B}^{\mathrm{T}} = \boldsymbol{B}\boldsymbol{B}^{\mathrm{T}}. \tag{2.8.24}$$

在推导 (2.8.23) 与 (2.8.24) 时, 用了 $\boldsymbol{\mu_X} = \boldsymbol{0}$ 与 $\boldsymbol{C_{XX}} = \boldsymbol{I}$. 于是协方差矩阵 $\boldsymbol{C_{YY}}$ 可表示为

$$\boldsymbol{C_{YY}} = \boldsymbol{\varPhi} \begin{bmatrix} \lambda_1 & & & \\ & \lambda_2 & & \\ & & \ddots & \\ & & & \lambda_n \end{bmatrix} \boldsymbol{\varPhi}^{\mathrm{T}}, \tag{2.8.25}$$

式中 $\lambda_1, \lambda_2, \cdots, \lambda_n$ 是 $\boldsymbol{C_{YY}}$ 的特征值, $\boldsymbol{\Phi}$是其特征矩阵. 由于 $\boldsymbol{C_{YY}}$ 正定, 所有特征值非负, (2.8.25) 可改写为

$$\boldsymbol{C_{YY}} = \boldsymbol{\Phi} \begin{bmatrix} \sqrt{\lambda_1} & & & \\ & \sqrt{\lambda_2} & & \\ & & \ddots & \\ & & & \sqrt{\lambda_n} \end{bmatrix} \begin{bmatrix} \sqrt{\lambda_1} & & & \\ & \sqrt{\lambda_2} & & \\ & & \ddots & \\ & & & \sqrt{\lambda_n} \end{bmatrix} \boldsymbol{\Phi}^{\mathrm{T}}. \tag{2.8.26}$$

比较 (2.8.24) 与 (2.8.26) 给出

$$\boldsymbol{B} = \boldsymbol{\Phi} \begin{bmatrix} \sqrt{\lambda_1} & & & \\ & \sqrt{\lambda_2} & & \\ & & \ddots & \\ & & & \sqrt{\lambda_n} \end{bmatrix}. \tag{2.8.27}$$

给定 $\boldsymbol{A}$ 与 $\boldsymbol{B}$, $\boldsymbol{Y}$ 的样本可按 (2.8.22) 从 $\boldsymbol{X}$ 的样本算得.

例 2.8.1 用上述方法模拟具有相关系数 ρ 的两个 $N(0,1)$ 随机变量 Y_1 与 Y_2. 协方差矩阵为

$$\boldsymbol{C_{YY}} = \begin{bmatrix} 1 & \rho \\ \rho & 1 \end{bmatrix}. \tag{2.8.28}$$

其特征值与特征矩阵为

$$\lambda_1 = 1+\rho, \quad \lambda_2 = 1-\rho, \quad \boldsymbol{\Phi} = \frac{1}{\sqrt{2}} \begin{bmatrix} 1 & 1 \\ 1 & -1 \end{bmatrix}. \tag{2.8.29}$$

由 (2.8.27) 得

$$\boldsymbol{B} = \frac{1}{\sqrt{2}} \begin{bmatrix} \sqrt{1+\rho} & \sqrt{1-\rho} \\ \sqrt{1+\rho} & -\sqrt{1-\rho} \end{bmatrix}. \tag{2.8.30}$$

由 (2.8.22) 得

$$Y_1 = \frac{1}{\sqrt{2}}\left(\sqrt{1+\rho}X_1 + \sqrt{1-\rho}X_2\right), \quad Y_2 = \frac{1}{\sqrt{2}}\left(\sqrt{1+\rho}X_1 - \sqrt{1-\rho}X_2\right), \tag{2.8.31}$$

式中 X_1 与 X_2 是两个独立 $N(0,1)$ 随机变量. 可用 (2.8.31) 或 (2.8.15) 产生两个相关高斯随机变量的样本.

习　题　2

2.1　帕累托 (Pareto) 分布的随机变量的概率密度为

$$p(x)=\begin{cases} rA^r x^{-(r+1)}, & x\geqslant A>0,\\ 0, & x<A.\end{cases}$$

式中 $r>0$. 求 X 的 n 阶矩及其存在的条件.

2.2　随机变量 X 服从伽马 (Gamma) 分布, 即

$$p_X(x)=\frac{\beta^\alpha}{\Gamma(\alpha)}x^{\alpha-1}\mathrm{e}^{-\beta x},\quad x\geqslant 0,\quad \beta>0.$$

证明其均值和方差为

$$\mu_X=\frac{\alpha}{\beta},\quad \sigma_X^2=\frac{\alpha}{\beta^2}.$$

2.3　求具有下列概率密度函数的随机变量的特征函数.

(1) 狄拉克 δ 函数分布

$$p(x)=\delta(x-a);$$

(2) 均匀分布

$$p(x)=\frac{1}{2a},\quad -a\leqslant x\leqslant a,\quad a>0;$$

(3) 指数分布

$$p(x)=\lambda\mathrm{e}^{-\lambda x},\quad x\geqslant 0,\quad \lambda>0;$$

(4) 柯西分布

$$p(x)=\frac{a}{\pi(a^2+x^2)},\quad a>0.$$

如可能, 从特征函数求均值和均方值.

2.4　令 $X\sim N(\mu,\sigma)$, 试导出 (2.5.4), 即

$$E[X^n]=\mu E[X^{n-1}]+(n-1)\sigma^2E[X^{n-2}],\quad n=2,3,\cdots.$$

2.5　令 $X\sim N(\mu_X,\sigma_X)$, 证明

$$E[(X-\mu_X)^n]=\begin{cases} 1\cdot 3\cdot 5\cdot\ \cdots\ \cdot(n-1)\sigma_X^n, & n\text{为偶数},\\ 0, & n\text{为奇数}.\end{cases}$$

2.6　计算随机变量 X 的歪斜系数 γ_1 和峰态系数 γ_2, 其概率密度为

$$p(x)=C\mathrm{e}^{-x^2-ax^4},\quad -\infty<x<\infty,$$

式中 C 为归一化常数. 画出这两个系数随参数 α 变化的曲线.

2.7　求习题 2.2 中定义的随机变量 X 的特征函数, 然后用特征函数计算 n 阶矩.

2.8　式 (2.5.13) 给出的泊松分布的概率密度函数可表示为

$$p_X(x)=\mathrm{e}^{-\mu}\sum_{n=0}^{\infty}\frac{\mu^n}{n!}\delta(x-n).$$

求它的特征函数, 并从特征函数得到 n 阶矩.

2.9　证明当参数 μ 趋于无穷时, 式 (2.5.13) 给出的泊松分布趋近高斯分布.

2.10　随机变量 X 的特征函数为

$$M_X(\theta)=\frac{1}{1+\theta^2}.$$

求 X 的概率密度函数, 并计算其 n 阶矩.

2.11　导出用矩和中心矩表达的 5 阶和 6 阶累积量的公式.

2.12　X 和 Y 是两个随机变量, 定义如下概念:

X 与 Y 的内积: $<X,Y>=E[XY]$;

X 的模: $\| X \|=\sqrt{<X,X>}=\sqrt{E[X^2]}$;

X 与 Y 的距离: $d(X,Y)=\| X-Y \|$.

证明:

(1) $d(X,Y)\geqslant 0$;

(2) $d(X,Y)=0$ 当且仅当 $X=Y$;

(3) $d(X,Y)=d(Y,X)$;

(4) $d(X,Y)\leqslant d(X,Z)+d(Z,Y)$.

2.13　两个随机变量 X 与 Y 的联合概率密度为

(1) $p(x,y)=\dfrac{1}{x^2y^2},\quad 1\leqslant x,y<\infty$;

(2) $p(x,y)=\dfrac{1}{\pi},\quad x^2+y^2\leqslant 1$;

(3) $p(x,y)=y^2\mathrm{e}^{-y(1+x)},\quad x,y>0$.

对以上几种情形, 求 X 和 Y 的边缘概率密度函数, 并判断 X 和 Y 是否不相关和独立.

2.14　X 和 Y 是两个具有相同概率分布的高斯随机变量, 证明 $(X+Y)$ 与 $(X-Y)$ 是独立的.

2.15　X_1 和 X_2 是两个具有零均值的高斯随机变量, 并有如下矩

$$E[X_1^2]=4,\quad E[X_1X_2]=2,\quad E[X_2^2]=9.$$

(1) 求 X_1 与 X_2 的联合概率密度函数与各自的边缘概率密度, 以及 $X_1|X_2$ 的条件概率密度;

(2) 定义变量

$$Y_1=2X_1-X_2,\quad Y_2=3X_1-aX_2,$$

确定 a 取何值时, Y_1 与 Y_2 是独立的.

2.16　设随机变量 X 与 Y 的联合概率密度为

$$p_{XY}(x,y)=C\mathrm{e}^{-(x+3y)},\quad x,y\geqslant 0.$$

试问 X 与 Y 是否独立, 并求 $X>Y$ 的概率.

2.17　随机变量 X 与 Y 的联合概率密度为

$$p_{XY}(x,y)=C\mathrm{e}^{-\frac{1}{2}x^2+\sqrt{3}xy-4y^2},\quad -\infty<x,y<\infty.$$

分别求 X 和 Y 的边缘概率密度, 并计算它们的协方差和相关系数.

2.18　随机变量 X_1 与 X_2 的联合概率密度函数为

$$p_{X_1X_2}(x_1,x_2)=C(\varDelta^2-x_1^2-kx_2^2)^{\delta-\frac{1}{2}},\quad x_1^2+kx_2^2<\varDelta^2,\quad \delta>-\frac{1}{2}.$$

求 X_1 的边缘概率密度.

2.19　随机变量 X 与 Y 的联合概率密度函数为

$$p_{XY}(x,y)=C\mathrm{e}^{-(x+3y)},\quad 0\leqslant x<y<\infty.$$

试问 X 与 Y 是否独立.

2.20　随机变量 X 与 Y 的联合概率密度函数为

$$p_{XY}(x,y)=\frac{x}{\pi a^2},\quad 0\leqslant x\leqslant a,\quad 0\leqslant y\leqslant 2\pi.$$

求条件概率密度 $p_{X|Y}(x|y)$ 与 $p_{Y|X}(y|x)$ 并判断 X 与 Y 是否独立.

2.21　随机变量 X 与 Y 的联合概率密度函数为

$$p_{XY}(x,y)=C(1-x^{2n}+y^{2n}),\quad -1\leqslant x,y\leqslant 1.$$

式中 n 是正整数. 证明 X 与 Y 不相关但不独立.

2.22　随机变量 X_1 与 X_2 的联合概率密度函数为

$$p(x_1,x_2)=C(a\lambda+b)^{\delta},\quad \lambda=\frac{1}{2}\omega_0^2x_1^2+\frac{1}{2}x_2^2,\quad -\infty<x_1,x_2<\infty,\quad a,b>0.$$

(1) 计算归一化常数 C, 并写出 $p(x_1,x_2)$ 作为有效概率密度的条件;

(2) 计算 $E[X_1^2]$, 并确定 $E[X_1^2]$ 存在的条件.

2.23　应用如下非负期望

$$E[(aX-Y)^2]=a^2E[X^2]-2aE[XY]+E[Y^2]\geqslant 0,$$

证明:

(1) $\sqrt{E[X^2]E[Y^2]}\geqslant E[XY]$;

(2) 相关系数 $|\rho_{XY}|\leqslant 1$.

2.24　X 是具有期望 μ_X 和标准差 σ_X 的高斯分布的随机变量, 即 $X\sim N(\mu_X,\sigma_X)$, 求下列变量的概率密度函数:

(1) $Y=a+bX,\quad b\neq 0$;

(2) $Y=\mathrm{e}^{aX}$.

2.25　设 $p_X(x)=\dfrac{1}{\pi}, 0\leqslant x\leqslant\pi$ 和 $Y=\sin X$, 试证

$$p_Y(y)=\begin{cases}\dfrac{2}{\pi\sqrt{1-y^2}}, & 0\leqslant y<1,\\ 0, & \text{其他}.\end{cases}$$

2.26 令 X 为零均值高斯随机变量和 $Y=X^2$. 求 Y 的概率密度函数和 X 与 Y 的联合概率密度函数, 并判断 X 与 Y 是否不相关和独立.

2.27 X 是标准高斯随机变量, 即 $X\sim N(0,1)$, 求下列变量的概率密度函数:

(1) $Y=|X|$;

(2) $Y=aX+bX^2$ $(b>0)$.

2.28 令 N 为泊松分布的随机变量

$$P_N(n)=\text{Prob}[N=n]=\frac{\mu^n}{n!}\mathrm{e}^{-\mu},\quad n=0,1,2,\cdots.$$

求随机变量 $X=(N-\mu)\mu^{-1/2}$ 的均值与方差.

2.29 X 和 Y 是两个随机变量, 且 $Y=X-\mu_X$, 式中 μ_X 是 X 的期望, 试证 X 的累积量可用 Y 的累积量表示, 即

$$\kappa_1[X]=\kappa_1[Y]+\mu_X;\quad \kappa_n[X]=\kappa_n[Y],\quad n=2,3,\cdots,$$

式中 $\kappa_n[X]$ 和 $\kappa_n[Y]$ 分别是 X 和 Y 的 n 阶累积量.

2.30 令 X 和 Y 是两个独立的随机变量,

$$p_X(x)=\frac{1}{\pi\sqrt{1-x^2}},\ -1<x<1;\quad p_Y(y)=y\mathrm{e}^{-y^2/2},\quad 0\leqslant y<\infty.$$

试证: $Z=XY$ 的概率密度函数为

$$p_Z(z)=\frac{1}{\sqrt{2\pi}}\mathrm{e}^{-z^2/2},\quad -\infty<z<\infty.$$

2.31 随机变量 X 与 Y 的联合概率密度函数为

$$p_{XY}(x,y)=1,\quad 0\leqslant x,y\leqslant 1.$$

求 $Z=X+Y$ 的概率密度函数.

2.32 随机变量 X 和 Y 独立, 分别在 $[0,2]$ 和 $[0,1]$ 均匀分布. 计算 $Z=X+Y$ 的概率密度函数 $p_Z(z)$ 和概率分布函数 $F_Z(z)$.

2.33 设随机变量 X 与 Y 的联合概率密度函数为

$$p_{XY}(x,y)=\frac{1}{x^2y^2},\quad 1\leqslant x,y<\infty.$$

令 $U=XY$ 和 $V=X/Y$, 试证

$$p_{UV}(u,v)=\frac{1}{2u^2v},\quad 1\leqslant u<\infty,\quad \frac{1}{u}\leqslant v\leqslant u.$$

2.34 随机变量 X 与 Y 的联合概率密度函数为 $p_{XY}(x,y)$. 令 $U=X+Y$ 和 $V=X-Y$. 试证

$$p_{UV}(u,v)=\frac{1}{2}p_{XY}\left(\frac{u+v}{2},\frac{u-v}{2}\right).$$

并应用以上结果, 导出边缘概率密度 $p_U(u)$ 和 $p_V(v)$ 的表达式.

2.35 考虑变换 $X=R\cos\varPhi, Y=R\sin\varPhi$.

(1) 若 R 和 $\varPhi$ 分别呈瑞利分布和均匀分布, 即

$$\begin{aligned}p_R(r)&=r\mathrm{e}^{-r^2/2}, \quad &0\leqslant r<\infty,\\ p_{\varPhi}(\phi)&=\frac{1}{2\pi}, &0\leqslant \phi<2\pi.\end{aligned}$$

试证: X 与 Y 是相互独立的标准高斯随机变量.

(2) 若 $X\sim N(0,1)$, $Y\sim N(0,1)$, X 与 Y 是独立的, 试证明正如 (1) 中给出, R 和 $\varPhi$ 分别符合瑞利分布和均匀分布.

2.36 U 和 V 是两个在 (0, 1] 上均匀分布的独立随机变量, 若

$$X=\sqrt{-2\ln(U)}\cos(2\pi V),\quad Y=\sqrt{-2\ln(U)}\sin(2\pi V),$$

试证: X 与 Y 是两个独立的标准高斯分布的随机变量.

2.37 令 $X_1, X_2, \cdots, X_n$ 是 $N(0,1)$ 的同分布独立标准高斯随机变量, 求由下式定义的 Y 的概率密度函数

$$Y=\sum_{i=1}^{n}X_i.$$

2.38 设随机变量 X 与 Y 为联合高斯分布, 其联合概率密度由式 (2.6.28) 给出. 以 X 和 Y 的线性变换找到两个新的随机变量 U 和 V, 使得 U 和 V 独立, 并求出 U 和 V 的期望与方差.

2.39 令 $X_1, X_2, \cdots, X_n$ 是 $N(0,1)$ 的同分布独立标准高斯随机变量. 定义 Y 为

$$Y=\sum_{i=1}^{n}X_1^2.$$

试证: Y 的概率密度函数为

$$p(y)=\frac{1}{2^{n/2}\varGamma(n/2)}y^{n/2-1}\mathrm{e}^{-y/2},\quad 0\leqslant y<\infty.$$

2.40 对下列情形用蒙特卡罗模拟产生样本点, 计算均值、标准差及概率密度函数, 并与精确解比较.

(1) 相角 $\varTheta$ 在 $[0, 2\pi)$ 上均匀分布;

(2) $X=\sin\varTheta$, 其中 $\varTheta$ 由 (1) 定义;

(3) X 服从指数分布, 即

$$p(x)=\begin{cases}\lambda\mathrm{e}^{-\lambda x}, & x\geqslant 0,\\ 0, & x<0.\end{cases}$$

分别考虑 $\lambda=0.5,\ 1.0,\ 1.5$ 的情形.

2.41 对两个相关的随机变量 $X\sim N(2,0.5)$, $Y\sim N(2,0.5)$ 用蒙特卡罗模拟产生样本点, 其相关系数分别为 $\rho_{XY}=-1,-0.5,0,0.5,1$.

第3章 随机过程

3.1 引 言

考虑一个随时间随机演化的物理现象, 如地震中建筑物的振动、海洋上船舶的运动等. 以 $X(t)$ 表示随机现象中所要研究的物理量, 则 $X(t_1)$, $X(t_2)$, $\cdots$ 是随机变量. 这种随机现象可通过引进随机过程这一概念来研究, 它的定义如下.

随机过程 $X(t)$ 是以 t 为参数的一族随机变量, 参数 t 归属于参数集合 T, 以$\{X(t), t \in T\}$表示.

虽然参数可为各种类型, 通常情况下, 以及在本书中, 只有当参数集为时间时才称 $X(t)$ 为随机过程. 另一种常见的情形是参数 t 为空间变量, 称 $X(t)$ 为随机场, 本书不涉及.

严格地说, 随机过程是两个自变量的函数, $\{X(t, \omega);\ t \in T,\ \omega \in \Omega\}$, 其中 Ω 是样本空间. 对一固定时间 t, $X(t,\omega)$ 是定义在样本空间 Ω 上的随机变量; 每一个可能的关于 t 的函数 $X(t,\omega)$ 称为样本函数.

一般地说, 参数集 T 可以离散或者连续, 样本空间 Ω 也可为离散或者连续. 当参数集为时间时, "离散" 或 "连续" 一般是指样本空间. 例如, 连续随机过程意为具有连续样本空间的随机过程. 除非另有指定, 下面只考虑具有连续参数集 T 与连续样本空间 Ω 的随机过程.

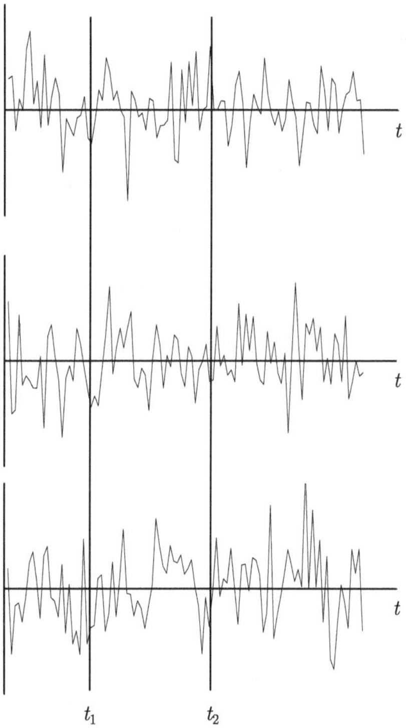

图 3.1.1 一个随机过程的样本函数

图 3.1.1 中给出了一个随机过程的三个样本函数的示意图. 在一固定的时刻, 例如 t_1 或 t_2, 样本函数之值构成一个随机变量.

3.2　随机过程的描述

按定义, 随机过程是一族随机变量, 所以可用描述联合分布的随机变量的方法描述, 只是随机变量的数目可能是无限或不可计数. 因此, 只有在十分有限的实际情况下才能对随机过程作完全描述. 在大多数情形下, 最重要的一些特征, 虽然不完全, 对诸如工程、生物、生态、金融等应用中的分析已足够.

3.2.1　概率分布

如同随机变量, 概率函数只对离散随机过程有意义, 而概率分布函数则可同时适用于离散与连续随机过程. 更重要的是概率密度函数, 只要引进狄拉克 δ 函数, 它便可用于描述离散与连续随机过程.

考虑随机过程 $X(t)$. 它的一维、二维直至 n 维概率密度函数为

$$p(x,t),\ p(x_1,t_1;x_2,t_2),\ \cdots,\ p(x_1,t_1;x_2,t_2;\cdots;x_n,t_n). \tag{3.2.1}$$

由于低维概率密度可以从高维概率密度积分得到, 高维概率密度比低维概率密度包含更多的信息.

除概率分布外, 随机过程也可用相应的特征函数表征

$$\begin{aligned}
&M_X(\theta,t)=E[\mathrm{e}^{\mathrm{i}\theta X(t)}],\\
&M_X(\theta_1,t_1;\theta_2,t_2)=E\left\{\mathrm{e}^{\mathrm{i}[\theta_1 X(t_1)+\theta_2 X(t_2)]}\right\},\\
&\cdots\\
&M_X(\theta_1,t_1;\theta_2,t_2;\cdots;\theta_n,t_n)=E\left\{\mathrm{e}^{\mathrm{i}[\theta_1 X(t_1)+\theta_2 X(t_2)+\cdots+\theta_n X(t_n)]}\right\}.
\end{aligned} \tag{3.2.2}$$

3.2.2　矩函数

随机过程也可用下列矩函数描述

$$\begin{aligned}
&E[X(t)]=\int xp(x,t)\mathrm{d}x,\\
&E[X(t_1)X(t_2)]=\int\int x_1x_2p(x_1,t_1;x_2,t_2)\mathrm{d}x_1\mathrm{d}x_2,\\
&E[X(t_1)X(t_2)\cdots X(t_n)]=\int\cdots\int x_1x_2\cdots x_np(x_1,t_1;x_2,t_2;\cdots;x_n,t_n)\mathrm{d}x_1\mathrm{d}x_2\cdots\mathrm{d}x_n.
\end{aligned} \tag{3.2.3}$$

矩函数与特征函数关系如下:

$$M_X(\theta_1,t_1;\theta_2,t_2;\cdots;\theta_n,t_n)=1+\sum_{j=1}^{n}\mathrm{i}\theta_jE[X(t_j)]$$

$$+\frac{1}{2!}\sum_{j,k=1}^{n}(\mathrm{i}\theta_j)(\mathrm{i}\theta_k)E[X(t_j)X(t_k)]+\cdots. \tag{3.2.4}$$

一阶与二阶矩函数分别称为均值函数与自相关函数

$$\mu_X(t)=E[X(t)],\quad R_{XX}(t_1,t_2)=E[X(t_1)X(t_2)]. \tag{3.2.5}$$

自相关函数是非负定的, 即满足

$$R_{XX}(t_1,t_2)h(t_1)h^*(t_2)\geqslant 0,\quad t_1\ \text{和}\ t_2\ \text{为任意时刻}, \tag{3.2.6}$$

式中 $h(t)$ 是任一函数, 星号 * 表示复共轭, 其证明见 (Lin, 1967).

自协方差函数定义为二阶中心矩函数, 即

$$\kappa_{XX}(t_1,t_2)=E\left\{[X(t_1)-\mu_X(t_1)][X(t_2)-\mu_X(t_2)]\right\}=R_{XX}(t_1,t_2)-\mu_X(t_1)\mu_X(t_2). \tag{3.2.7}$$

方差函数是 $t_1=t_2$ 时特殊情形的自协方差函数, 即

$$\sigma_X^2(t)=E\left\{[X(t)-\mu_X(t)]^2\right\}. \tag{3.2.8}$$

自相关系数函数定义为

$$\rho_{XX}(t_1,t_2)=\frac{\kappa_{XX}(t_1,t_2)}{\sigma_X(t_1)\sigma_X(t_2)}. \tag{3.2.9}$$

由于 $\rho_{XX}(t_1,t_2)$ 事实上是两个随机变量 $X(t_1)$ 与 $X(t_2)$ 的相关函数, 由 2.6.3 节知, 对任何 t_1 与 t_2, $\rho_{XX}(t_1,t_2)\leqslant 1$.

自相关或自协方差函数是随机过程在两个不同时刻上相关性的度量. 较大的自相关函数值意味着该过程在这两个不同时刻上紧密相关.

均值与方差函数是随机过程的一阶统计性质, 因为它只与一个时刻 t 上的一维概率分布有关. 自相关、自协方差、自相关系数函数则是涉及两个不同时刻 t_1 与 t_2 的二阶统计性质, 它们从二维概率分布 (密度) 导得. 虽然一阶、二阶统计量也许不能完全描述一个随机过程, 在实际应用中它们却是最重要的统计量.

3.2.3 累积量函数

类似于矩函数, 累积量函数也可用于描述随机过程. 各阶累积量函数记以

$$\kappa_1[X(t)],\quad \kappa_2[X(t_1)X(t_2)],\quad \cdots,\quad \kappa_n[X(t_1)X(t_2)\cdots X(t_n)]. \tag{3.2.10}$$

累积量函数是下列对数特征函数的麦克劳林展式的系数

$$\ln M_X(\theta_1,t_1;\theta_2,t_2;\cdots;\theta_n,t_n)=\sum_{j=1}^{n}(\mathrm{i}\theta_j)\kappa_1[X(t_j)]$$

$$+\frac{1}{2!}\sum_{j,k=1}^{n}(\mathrm{i}\theta_j)(\mathrm{i}\theta_k)\kappa_2[X(t_j)X(t_k)]+\cdots. \quad (3.2.11)$$

如 2.4.2 节与 2.6.4 节所述, 一阶累积量函数与一阶矩函数相同, 即均值函数, 二阶、三阶累积量函数等同于二阶、三阶中心矩函数, 即

$$\begin{aligned}
&\kappa_1[X(t)]=E[X(t)]=\mu_X(t),\\
&\kappa_2[X(t_1)X(t_2)]=E\{[X(t_1)-\mu_X(t_1)][X(t_2)-\mu_X(t_2)]\},\\
&\kappa_3[X(t_1)X(t_2)X(t_3)]=E\{[X(t_1)-\mu_X(t_1)][X(t_2)-\mu_X(t_2)][X(t_3)-\mu_X(t_3)]\}.
\end{aligned} \quad (3.2.12)$$

2.6.4 节中关于多个随机变量的公式可用于计算随机过程各阶累积量函数.

3.2.4 两个联合分布的随机过程

考虑两个随机过程 $X_1(t)$ 与 $X_2(t)$. 类似于单个随机过程情形, 可定义如下互相关、互协方差、互相关系数函数以描述两个过程在两个时刻的关系

$$R_{X_1X_2}(t_1,t_2)=E[X_1(t_1)X_2(t_2)], \quad (3.2.13)$$

$$\begin{aligned}
\kappa_{X_1X_2}(t_1,t_2)&=E\{[X_1(t_1)-\mu_{X_1}(t_1)][X_2(t_2)-\mu_{X_2}(t_2)]\}\\
&=R_{X_1X_2}(t_1,t_2)-\mu_{X_1}(t_1)\mu_{X_2}(t_2),
\end{aligned} \quad (3.2.14)$$

$$\rho_{X_1X_2}(t_1,t_2)=\frac{\kappa_{X_1X_2}(t_1,t_2)}{\sigma_{X_1}(t_1)\sigma_{X_2}(t_2)}. \quad (3.2.15)$$

显然, 自相关与互相关函数具有如下对称性

$$R_{XX}(t_1,t_2)=R_{XX}(t_2,t_1),\quad R_{X_1X_2}(t_1,t_2)=R_{X_2X_1}(t_2,t_1). \quad (3.2.16)$$

3.3 平稳随机过程

随机过程可按不同的准则进行分类. 一个准则是其概率与统计性质是否独立于时间的平移 $t\to t+\tau$. 一个随机过程称为强平稳或严格意义上平稳, 若它的全部概率结构在时间平移下不变, 即下式成立

$$\begin{aligned}
&p(x_1,t_1;x_2,t_2;\cdots;x_n,t_n)\\
&=p(x_1,t_1+\tau;x_2,t_2+\tau;\cdots;x_n,t_n+\tau),\quad n=1,\ 2,\cdots.
\end{aligned} \quad (3.3.1)$$

方程 (3.3.1) 意味着一维概率密度与时间无关, 即 $p(x,t+\tau)=p(x,t)=p(x)$, 高阶概率密度只取决于 τ. 当 (3.3.1) 只对 $n=1,2$ 成立时, 该随机过程称为弱平稳、广

义平稳或弱意义上平稳. 在大多数实际问题中, 只涉及弱平稳. 因此, 为简化, 常省略“弱”字.

对弱平稳随机过程, 一阶特性与时间无关, 从而 $E[X^n(t)] = E[X^n]$, $\mu_X(t) = \mu_X$, $\sigma_X^2(t) = \sigma_X^2$. 二阶特性只依赖于时差, 即

$$R_{XX}(t_1,t_2) = R_{XX}(\tau), \quad \kappa_{XX}(t_1,t_2) = \kappa_{XX}(\tau), \quad \rho_{XX}(\tau) = \frac{\kappa_{XX}(\tau)}{\sigma_X^2}; \quad \tau = t_2 - t_1, \tag{3.3.2}$$

$$R_{XX}(0) = E[X^2(t)] = E[X^2], \quad \kappa_{XX}(0) = \sigma_X^2. \tag{3.3.3}$$

对平稳随机过程, 自相关或自协方差函数的物理意义更明显. 对一给定的时差, 较大的自相关函数值意味着该过程在两个不同时刻上关系更紧密. 反之, 较小的自相关意味着该过程的随机变化更快. 随时差的增大, 自相关函数一般变小.

两个随机过程称为联合平稳, 若各自平稳, 且对任意 t_1 与 t_2, 下式成立

$$R_{X_1X_2}(t_1,t_2) = R_{X_1X_2}(t_2 - t_1) = R_{X_1X_2}(\tau). \tag{3.3.4}$$

由自相关与互相关定义可得

$$R_{XX}(\tau) = R_{XX}(-\tau), \quad R_{X_1X_2}(\tau) = R_{X_2X_1}(-\tau). \tag{3.3.5}$$

利用下列不等式

$$E\left\{\left[\frac{X_1(t_1)}{\sqrt{R_{X_1X_1}(0)}} \pm \frac{X_2(t_2)}{\sqrt{R_{X_2X_2}(0)}}\right]^2\right\} = 2 \pm 2\frac{R_{X_1X_2}(\tau)}{\sqrt{R_{X_1X_1}(0)R_{X_2X_2}(0)}} \geqslant 0, \tag{3.3.6}$$

可得

$$|R_{X_1X_2}(\tau)| \leqslant \sqrt{R_{X_1X_1}(0)R_{X_2X_2}(0)} = \sqrt{E[X_1^2]E[X_2^2]}, \tag{3.3.7}$$

$$|R_{XX}(\tau)| \leqslant R_{XX}(0) = E[X^2]. \tag{3.3.8}$$

不等式 (3.3.8) 表明, 自相关函数在 $\tau = 0$ 时达最大值. 直观上这是容易理解的, 因为一个随机变量与它自身的相关性自然是最强的. 自协方差与互协方差函数的类似性质为

$$|\kappa_{XX}(\tau)| \leqslant \sigma_X^2, \quad |\kappa_{X_1X_2}(\tau)| \leqslant \sqrt{\kappa_{X_1X_1}(0)\kappa_{X_2X_2}(0)} = \sigma_{X_1}\sigma_{X_2}. \tag{3.3.9}$$

作为一个平稳随机过程的相关性的定量度量, 定义如下相关时间

$$\tau_0 = \int_0^\infty |\rho_{XX}(\tau)|\,\mathrm{d}\tau, \tag{3.3.10}$$

式中 $\rho_{XX}(\tau)$ 是 (3.3.2) 中给出的自相关系数函数. 当过程完全不相关时, 即 $\rho_{XX}(0) = 1$, $\rho_{XX}(\tau \neq 0) = 0$, 相关时间 $\tau_0 = 0$. 若 $\tau \to \infty$ 时 $\rho_{XX}(\tau) \neq 0$, 则 τ_0 为无限, 表明相关时间很长.

3.4 遍历过程

在实际应用中, 要分析一个随机过程, 需找到它的概率与/或统计特性, 至少需要求得它的均值与相关函数. 假定已从测量中得到 N 个样本 $x_i(t)$ $(i = 1, 2, \cdots, N)$, 则该过程的均值与相关函数可从如下集合平均算得

$$\mu_X(t) = E[X(t)] \approx \frac{1}{N}\sum_{i=1}^{N} x_i(t), \tag{3.4.1}$$

$$R_{XX}(t_1, t_2) = E[X(t_1)X(t_2)] \approx \frac{1}{N}\sum_{i=1}^{N} x_i(t_1)x_i(t_2). \tag{3.4.2}$$

上述估计的精度取决于样本函数的数目, 样本函数越多, 估计越可靠. 然而, 对许多物理过程, 从测量中得到的样本数目往往不足以提供可靠的估计.

对平稳过程, 其一阶性质与时间无关、高阶性质只取决于时差, 上述困难可以克服. 此时, 单个样本只要时间足够长即可得到随机过程的特性. 考虑随机过程 $X(t)$ 在时段 $[0, T]$ (T 足够大) 的一个记录, 即样本函数 $x(t)$, $X(t)$ 的时间平均定义为

$$\langle X(t)\rangle_t = \lim_{T\to\infty}\frac{1}{T}\int_0^T x(t)\mathrm{d}t. \tag{3.4.3}$$

若对所有样本, 时间平均相同, 且与集合平均相同, 即 $\langle X(t)\rangle_t = E[X(t)] = \mu_X$, 就称该过程在均值意义上遍历.

随机过程的遍历性可在不同水平上定义. 一个随机过程在均方意义上遍历, 若它满足下式

$$\left\langle X^2(t)\right\rangle_t = \lim_{T\to\infty}\frac{1}{T}\int_0^T x^2(t)\mathrm{d}t = E[X^2(t)]. \tag{3.4.4}$$

在相关意义上遍历则定义为

$$\langle X(t)X(t+\tau)\rangle_t = \lim_{T\to\infty}\frac{1}{T}\int_0^T x(t)x(t+\tau)\mathrm{d}t = E[X(t)X(t+\tau)] = R_{XX}(\tau). \tag{3.4.5}$$

它等价于下列在协方差意义上遍历

$$\begin{aligned}\langle [X(t)-\mu_X][X(t+\tau)-\mu_X]\rangle_t &= \lim_{T\to\infty}\frac{1}{T}\int_0^T [x(t)x(t+\tau)]\mathrm{d}t - [\langle X(t)\rangle_t]^2\\ &= E\left\{[X(t)-\mu_X][X(t+\tau)-\mu_X]\right\} = \kappa_{XX}(\tau).\end{aligned} \tag{3.4.6}$$

显然, 较高阶统计意义上的遍历意味着较低阶统计意义上遍历, 在相关与协方差意义上遍历意味着弱平稳. 然而, 上述两个结论之逆未必成立.

对物理平稳过程常作在相关意义上遍历的假设, 从而均值、均方值及相关函数可用时间平均 (3.4.3)~(3.4.5) 作出估计. 这大大地减少了解析与数值研究的时间与努力.

3.5 随机微积分

与确定性函数情形不同, 随机过程的微积分可在不同意义上定义.

3.5.1 收敛模式

在确定性函数的微积分中, 涉及函数的收敛性, 即极限 $\lim\limits_{t\to t_0} X(t)$. 随 t 趋于 t_0, 可计算一个函数值序列, 若该序列收敛于一确定值, 则极限存在. 现 $X(t)$ 是一个随机过程, 序列由随机变量组成. 若该序列在某种意义上收敛于某随机变量, 则该极限存在. 以 X_n 表示随机变量序列, 以 X 表示随机变量, 下列是若干不同的收敛模式:

概率为 1 收敛: $\text{Prob}\,[\lim\limits_{n\to\infty} X_n = X] = 1,$ (3.5.1)

概率意义上收敛: $\lim\limits_{n\to\infty} \text{Prob}[|X_n - X| \geqslant \varepsilon] = 0$ 对每个 $\varepsilon > 0,$ (3.5.2)

分布意义上收敛: $\lim\limits_{n\to\infty} F_{X_n}(x) = F_X(x),$ (3.5.3)

均方收敛: $\lim\limits_{n\to\infty} E[(X_n - X)^2] = 0.$ (3.5.4)

定义 (3.5.1) 中以概率为 1 收敛也称几乎肯定收敛. 如图 3.5.1 所示, 分布意义上收敛最弱, 概率为 1 收敛或均方收敛意味着其余两种收敛 (Lin, 1967). 然而, 概率为 1 收敛与均方收敛之间并非一者意味着另一者.

图 3.5.1 不同收敛模式之间的关系

均方收敛也称 L_2 意义上收敛, 它是实际问题中最有用的, 本书下面将采用它, 除非另有指明.

3.5.2 二阶随机过程

L_2 意义上收敛常表示为

$$\underset{n\to\infty}{\text{l.i.m.}}\, X_n = X, \tag{3.5.5}$$

式中符号 l.i.m. 读作均值意义上极限 (limit in mean), 极限 X 是一个随机变量. 为使 L_2 收敛 (3.5.4) 有意义, 序列 X_n 与极限 X 的均方必须为有限值, 即

$$E[X_n^2] < \infty, \quad E[X^2] < \infty. \tag{3.5.6}$$

这种随机变量称为二阶随机变量. 一个随机过程是二阶过程, 若下式成立

$$\mathrm{E}[X^2(t)] < \infty, \quad t \text{ 为任意时刻}. \tag{3.5.7}$$

根据 (3.5.7) 和施瓦兹不等式 (2.6.16), 可得

$$|E[X(t)]| \leqslant E[|X(t) \times 1|] \leqslant \left\{E[X^2(t)]E[1^2]\right\}^{\frac{1}{2}} < \infty, \tag{3.5.8}$$

$$|E[X(t_1)X(t_2)]| \leqslant E[|X(t_1)X(t_2)|] \leqslant \left\{E[X^2(t_1)]E[X^2(t_2)]\right\}^{\frac{1}{2}} < \infty. \tag{3.5.9}$$

不等式 (3.5.8) 与 (3.5.9) 意味着, 二阶随机过程有下列性质

$$-\infty < E[X(t)] < \infty, \tag{3.5.10}$$

$$-\infty < R_{XX}(t_1, t_2) < \infty. \tag{3.5.11}$$

由于 $R_{XX}(t,t) = E[X^2(t)]$, (3.5.11) 与 (3.5.7) 等价.

若 $X(t)$ 与 $Y(s)$ 是两个二阶过程, 且 $\underset{t\to t_0}{\mathrm{l.i.m.}}\, X(t) = X$, $\underset{s\to s_0}{\mathrm{l.i.m.}}\, Y(s) = Y$, 则有

$$\begin{aligned} E[X(t)Y(s) - XY] = &E\left\{[X(t) - X][Y(s) - Y]\right\} \\ &+ E\left\{Y[X(t) - X]\right\} + E\left\{X[Y(s) - Y]\right\}. \end{aligned} \tag{3.5.12}$$

按均方收敛定义与施瓦兹不等式, (3.5.12) 右边随 $t \to t_0$ 和 $s \to s_0$ 而趋于零, 于是有

$$\lim_{t\to t_0,\ s\to s_0} E[X(t)Y(s)] = E[XY]. \tag{3.5.13}$$

取 $Y(s) = 1$, (3.5.13) 给出

$$\lim_{t\to t_0} E[X(t)] = E[X] = E[\underset{t\to t_0}{\mathrm{l.i.m.}}\, X(t)]. \tag{3.5.14}$$

方程 (3.5.14) 表明, 期望与 l.i.m. 运算可交换.

一个重要定理, 称为 L_2 收敛准则, 指出一个二阶随机过程是均方收敛的, 当且仅当函数 $E[X(t_1)X(t_2)] = R_{XX}(t_1, t_2)$ 在 t_1, $t_2 \to t_0$ 时极限存在且有限, 而不管 t_1 与 t_2 以何种方式趋于 t_0. 其证明见专著 (Lin, 1967).

3.5.3 随机过程的微分

类似于确定性函数, 随机过程在 L_2 意义上的微分要求该过程在 L_2 意义上连续, 即

$$\underset{\Delta t\to 0}{\text{l.i.m.}}\, X(t+\Delta t) = X(t). \tag{3.5.15}$$

按 L_2 收敛准则, L_2 连续的充要条件是它的自相关函数 $R_{XX}(t_1,t_2)=E[X(t_1)X(t_2)]$ 在对角线 $t_1=t_2$ 上连续且有限.

随机过程的 L_2 导数也是随机过程, 它定义为

$$\frac{\mathrm{d}}{\mathrm{d}t}X(t) = \dot{X}(t) = \underset{\Delta t\to 0}{\text{l.i.m.}}\, \frac{X(t+\Delta t)-X(t)}{\Delta t}. \tag{3.5.16}$$

(3.5.16) 成立的充要条件是相关函数 $R_{XX}(t_1,t_2)$ 在 $t_1=t_2$ 上有连续混合偏导数, 即 $\dfrac{\partial^2 R_{XX}(t_1,t_2)}{\partial t_1\partial t_2}$ 在 $t_1=t_2$ 上存在且有限. 若 $X(t)$ 平稳, 则条件简化为 $\dfrac{\mathrm{d}^2 R_{XX}(\tau)}{\mathrm{d}\tau^2}$ 在 $\tau=0$ 上存在且有限.

3.5.4 导数过程的统计性质

(3.5.16) 中定义的导数过程 $\dot{X}(t)$ 的统计性质可从原过程 $X(t)$ 的统计性质导得. 对均值函数 $\mu_{\dot{X}}(t)$

$$\begin{aligned}\mu_{\dot{X}}(t) &= E[\dot{X}(t)] = E\left[\underset{\Delta t\to 0}{\text{l.i.m.}}\, \frac{X(t+\Delta t)-X(t)}{\Delta t}\right]\\ &= \lim_{\Delta t\to 0}\frac{E[X(t+\Delta t)]-E[X(t)]}{\Delta t} = \frac{\mathrm{d}\mu_X(t)}{\mathrm{d}t} = \dot{\mu}_X(t).\end{aligned} \tag{3.5.17}$$

在推导 (3.5.17) 时, 用到了 (3.5.14) 期望与均值极限运算的可交换性.

类似地, 有

$$R_{\dot{X}X}(t_1,t_2) = E[\dot{X}(t_1)X(t_2)] = \frac{\partial}{\partial t_1}R_{XX}(t_1,t_2), \tag{3.5.18}$$

$$R_{\dot{X}\dot{X}}(t_1,t_2) = E[\dot{X}(t_1)\dot{X}(t_2)] = \frac{\partial^2}{\partial t_1\partial t_2}R_{XX}(t_1,t_2). \tag{3.5.19}$$

更一般地, 有

$$\mu_{X^{(n)}}(t) = E[X^{(n)}(t)] = \frac{\mathrm{d}^n\mu_X(t)}{\mathrm{d}t^n}, \tag{3.5.20}$$

$$R_{X^{(n)}X^{(m)}}(t_1,t_2) = E[X^{(n)}(t_1)X^{(m)}(t_2)] = \frac{\partial^{n+m}}{\partial t_1^n\partial t_2^m}R_{XX}(t_1,t_2). \tag{3.5.21}$$

若过程 $X(t)$ 平稳, 则 (3.5.17)~(3.5.19) 化为

$$\mu_{\dot{X}}(t) = \frac{\mathrm{d}\mu_X(t)}{\mathrm{d}t} = 0, \tag{3.5.22}$$

$$R_{\dot{X}X}(t_1,t_2)=R_{\dot{X}X}(\tau)=-\frac{\mathrm{d}}{\mathrm{d}\tau}R_{XX}(\tau),\quad \tau=t_2-t_1,\tag{3.5.23}$$

$$R_{\dot{X}\dot{X}}(t_1,t_2)=R_{\dot{X}\dot{X}}(\tau)=-\frac{\mathrm{d}^2}{\mathrm{d}\tau^2}R_{XX}(\tau),\quad \tau=t_2-t_1.\tag{3.5.24}$$

由于 $R_{XX}(\tau)$ 是偶函数, 由 (3.5.23) 得

$$R_{\dot{X}X}(0)=E[X(t)\dot{X}(t)]=-\frac{\mathrm{d}}{\mathrm{d}\tau}R_{XX}(\tau)\bigg|_{\tau=0}=0\tag{3.5.25}$$

方程 (3.5.25) 表明, 平稳随机过程 $X(t)$ 与其导数过程 $\dot{X}(t)$ 是不相关的.

3.5.5　随机过程 L_2 黎曼积分

考虑随机过程 $X(t)$ 的积分

$$Y=\int_a^b X(t)\mathrm{d}t.\tag{3.5.26}$$

显然, Y 是一个随机变量, 它可用如下黎曼 (Riemann) 和近似

$$Y_n=\sum_{j=1}^{n}X(t'_j)(t_{j+1}-t_j);\quad t_j\leqslant t'_j\leqslant t_{j+1},\quad a=t_1<t_2<\cdots<t_{n+1}=b.\tag{3.5.27}$$

式 (3.5.27) 表明, Y_n 也是一个随机变量. 若序列 Y_n 在 L_2 意义上收敛于 Y, 则称积分 (3.5.26) 在 L_2 意义上存在, 即

$$\underset{\substack{n\to\infty\\ \varDelta_n\to 0}}{\mathrm{l.i.m.}}\,Y_n=Y,\tag{3.5.28}$$

式中 $\varDelta_n=\max(t_{j+1}-t_j)$. 可证, (3.5.28) 成立的充要条件是相关函数可积, 即

$$\left|\int_a^b\int_a^b R_{XX}(t_1,t_2)\mathrm{d}t_1\mathrm{d}t_2\right|<\infty.\tag{3.5.29}$$

在此条件下, 期望与 L_2 积分运算可交换, 可求得 (3.5.26) 中积分 Y 的统计性质为

$$\mu_Y=E[Y]=E\left[\int_a^b X(t)\mathrm{d}t\right]=\int_a^b E[X(t)]\mathrm{d}t=\int_a^b \mu_X(t)\mathrm{d}t,\tag{3.5.30}$$

$$\begin{aligned}R_{YY}(t_1,t_2)=E[Y(t_1)Y(t_2)]&=\int_a^b\int_a^b E[X(t_1)X(t_2)]\mathrm{d}t_1\mathrm{d}t_2\\&=\int_a^b\int_a^b R_{XX}(t_1,t_2)\mathrm{d}t_1\mathrm{d}t_2.\end{aligned}\tag{3.5.31}$$

更有用的是在随机过程的积分中包含一个权函数 $h(t,\tau)$,

$$Y(t)=\int_a^b X(\tau)h(t,\tau)\mathrm{d}\tau, \tag{3.5.32}$$

式中 h 是一个有界的确定性函数. 积分 (3.5.32) 是下列随机黎曼和序列的 L_2 极限

$$Y_n(t)=\sum_{j=1}^{n}X(\tau_j')h(t,\tau_j')(\tau_{j+1}-\tau_j);\quad \tau_j\leqslant\tau_j'\leqslant\tau_{j+1},\quad a=\tau_1<\tau_2<\cdots<\tau_{n+1}=b, \tag{3.5.33}$$

亦即

$$\underset{\substack{n\to\infty\\ \Delta_n\to 0}}{\mathrm{l.i.m.}}\,Y_n(t)=Y(t). \tag{3.5.34}$$

积分 (3.5.32) 在 L_2 意义上存在, 当且仅当

$$\left|\int_a^b\int_a^b R_{XX}(\tau_1,\tau_2)h(t,\tau_1)h(t,\tau_2)\mathrm{d}\tau_1\mathrm{d}\tau_2\right|<\infty\ , \tag{3.5.35}$$

对所有 t 成立. 此时, 可得 $Y(t)$ 的均值与自相关函数

$$\mu_Y(t)=E\left[\int_a^b X(\tau)h(t,\tau)\mathrm{d}\tau\right]=\int_a^b\mu_X(\tau)h(t,\tau)\mathrm{d}\tau, \tag{3.5.36}$$

$$R_{YY}(t_1,t_2)=\int_a^b\int_a^b R_{XX}(\tau_1,\tau_2)h(t_1,\tau_1)h(t_2,\tau_2)\mathrm{d}\tau_1\mathrm{d}\tau_2. \tag{3.5.37}$$

3.5.6 随机过程的 L_2 斯蒂尔切斯积分

随机过程更一般的 L_2 斯蒂尔切斯 (Stieltjes) 积分定义为

$$Y(t)=\int_a^b h(t,\tau)\mathrm{d}Z(\tau)=\underset{\substack{n\to\infty\\ \Delta_n\to 0}}{\mathrm{l.i.m.}}\sum_{j=1}^{n}h(t,\tau'_j)[Z(\tau_{j+1})-Z(\tau_j)], \tag{3.5.38}$$

式中, $Z(\tau)$ 是一随机过程. 若 $Z(t)$ 可微, 从而 $\mathrm{d}Z(\tau)=X(\tau)\mathrm{d}\tau$, (3.5.38) 则简化为 (3.5.32) . 然而, 即使 $Z(t)$ 不可微, (3.5.38) 仍有意义. L_2 斯蒂尔切斯积分 (3.5.38) 存在的充要条件是

$$\left|\int_a^b\int_a^b h(t,\tau_1)h(t,\tau_2)E[\mathrm{d}Z(\tau_1)\mathrm{d}Z(\tau_2)]\right|<\infty,\quad \text{对所有 } t \text{ 成立}. \tag{3.5.39}$$

3.6 谱 描 述

自相关函数是随机过程的二阶统计特性, 因为它涉及两个不同时刻, 需从二维概率密度导得. 与自相关函数等价的另一个二阶统计性质是功率谱密度, 实际中它是随机过程最重要的特征量之一.

本节只考虑零均值平稳随机过程, 此时, 自相关函数等同于自协方差函数, 只依赖于时差.

3.6.1　平稳过程的谱密度函数

考虑零均值平稳随机过程 $X(t)$. $X(t)$ 的功率谱密度函数定义为自相关函数的傅里叶变换, 即

$$\Phi_{XX}(\omega)=\frac{1}{2\pi}\int_{-\infty}^{\infty}R_{XX}(\tau)\mathrm{e}^{-\mathrm{i}\omega\tau}\mathrm{d}\tau. \tag{3.6.1}$$

如 (3.2.6) 所示, $R_{XX}(\tau)$ 为非负函数, 按 Bochner(1959), 其傅里叶变换 $\Phi_{XX}(\omega)$ 也是非负的. (3.6.1) 之逆为

$$R_{XX}(\tau)=\int_{-\infty}^{\infty}\Phi_{XX}(\omega)\mathrm{e}^{\mathrm{i}\omega\tau}\mathrm{d}\omega. \tag{3.6.2}$$

傅里叶变换对 (3.6.1) 与 (3.6.2) 称为著名的维纳–辛钦 (Wiener-Khintchine) 定理.

为揭示功率谱密度的物理意义, 在 (3.6.2) 中令 $\tau=0$ 得

$$R_{XX}(0)=E[X^2(t)]=\int_{-\infty}^{\infty}\Phi_{XX}(\omega)\mathrm{d}\omega. \tag{3.6.3}$$

方程 (3.6.3) 表明, $\Phi_{XX}(\omega)$ 描述了均方值在整个频率域上的分布. 许多情形中, 均方值是能量的度量, 例如, 若 $X(t)$ 为机械系统的位移, 则 $X^2(t)$ 就正比于势能. 在这种情形下, 功率谱密度 $\Phi_{XX}(\omega)$ 表示能量在频率域上的分布. 因此, 功率谱密度也称为均方谱密度.

对两个联合平稳随机过程 $X_1(t)$ 与 $X_2(t)$, 互谱密度为互相关函数的傅里叶变换, 即

$$\Phi_{X_1X_2}(\omega)=\frac{1}{2\pi}\int_{-\infty}^{\infty}R_{X_1X_2}(\tau)\mathrm{e}^{-\mathrm{i}\omega\tau}\mathrm{d}\tau, \tag{3.6.4}$$

$$R_{X_1X_2}(\tau)=\int_{-\infty}^{\infty}\Phi_{X_1X_2}(\omega)\mathrm{e}^{\mathrm{i}\omega\tau}\mathrm{d}\omega. \tag{3.6.5}$$

利用 (3.3.4) 中所示的自相关与互相关函数的对称性, 可得

$$\Phi_{XX}(\omega)=\Phi_{XX}(-\omega),\quad \Phi_{X_1X_2}(\omega)=\Phi_{X_2X_1}^{*}(\omega), \tag{3.6.6}$$

式中 $*$ 表示复共轭. (3.6.6) 表明, 功率谱密度是偶函数, 而互谱密度是埃尔米特 (Hermitian) 函数.

3.6.2　导数过程的谱密度函数

由 (3.6.2) 可得

$$\frac{\mathrm{d}^n}{\mathrm{d}\tau^n}R_{XX}(\tau)=\mathrm{i}^n\int_{-\infty}^{\infty}\omega^n\Phi_{XX}(\omega)\mathrm{e}^{\mathrm{i}\omega\tau}\mathrm{d}\omega. \tag{3.6.7}$$

利用 (3.6.7), 可由 (3.5.18) 与 (3.5.19) 导得

$$R_{\dot{X}X}(\tau) = -\frac{\mathrm{d}}{\mathrm{d}\tau}R_{XX}(\tau) = \int_{-\infty}^{\infty}(-\mathrm{i}\omega)\varPhi_{XX}(\omega)\mathrm{e}^{\mathrm{i}\omega\tau}\mathrm{d}\omega, \tag{3.6.8}$$

$$R_{\dot{X}\dot{X}}(\tau) = -\frac{\mathrm{d}^2}{\mathrm{d}\tau^2}R_{XX}(\tau) = \int_{-\infty}^{\infty}\omega^2\varPhi_{XX}(\omega)\mathrm{e}^{\mathrm{i}\omega\tau}\mathrm{d}\omega. \tag{3.6.9}$$

方程 (3.6.8) 与 (3.6.9) 意味着

$$\varPhi_{\dot{X}X}(\omega) = (-\mathrm{i}\omega)\varPhi_{XX}(\omega), \quad \varPhi_{\dot{X}\dot{X}}(\omega) = \omega^2\varPhi_{XX}(\omega). \tag{3.6.10}$$

更一般地, 有

$$\varPhi_{X^{(m)}X^{(n)}}(\omega) = (-1)^m\mathrm{i}^{m+n}\omega^{m+n}\varPhi_{XX}(\omega). \tag{3.6.11}$$

因此, 平稳过程与其导数过程的功率谱密度函数, 可从其一计算另一. 这一结论是十分有用的. 例如, 位移过程、速度过程及加速度过程, 已知其中任一过程的功率谱密度函数, 就可导得其余两过程的功率谱密度函数.

3.6.3 谱矩

能量在整个频率域上的分布是随机过程的一个重要特性. 某些过程的能量集中在一个窄的频带内, 称为窄带过程. 相反, 若一过程的功率谱密度在一个宽的频带上有显著值, 则称它为宽带过程. 图 3.6.1 示出了窄带与宽带随机过程的相关函数与谱密度函数. 图 3.6.2 与图 3.6.3 分别给出了窄带过程与宽带过程三个样本函数.

引入一个参数以度量随机过程的带宽是有意义的. 鉴于其非负性与可积性, 功率谱密度函数可类比于概率密度函数. 从概率密度可计算随机变量的矩, 包括均值与方差. 方差代表了随机过程相对于其均值的弥散程度. 方差越小, 在均值附近的概率越大. 类似地, 可定义谱矩

$$\lambda_n = \int_{-\infty}^{\infty}|\omega|^n\varPhi_{XX}(\omega)\mathrm{d}\omega = 2\int_0^{\infty}\omega^n\varPhi_{XX}(\omega)\mathrm{d}\omega. \tag{3.6.12}$$

再次重申, 只考虑零均值随机过程. 按 (3.6.3), $\lambda_0 = \sigma_X^2$. 类比于概率密度函数归一化, (3.6.12) 中定义的谱矩也需归一化以使其物理意义更明显. 具体地说, 用一阶谱矩定义中心频率

$$\gamma_1 = \frac{\lambda_1}{\lambda_0} = \frac{2}{\sigma_X^2}\int_0^{\infty}\omega\varPhi_{XX}(\omega)\mathrm{d}\omega. \tag{3.6.13}$$

它类比于均值. 为描述 $\varPhi_{XX}(\omega)$ 偏离中心频率的弥散, 定义谱方差参数

$$\delta = \frac{\sqrt{(\lambda_2/\lambda_0) - (\lambda_1/\lambda_0)^2}}{(\lambda_1/\lambda_0)} = \sqrt{\frac{\lambda_0\lambda_2}{\lambda_1^2} - 1}. \tag{3.6.14}$$

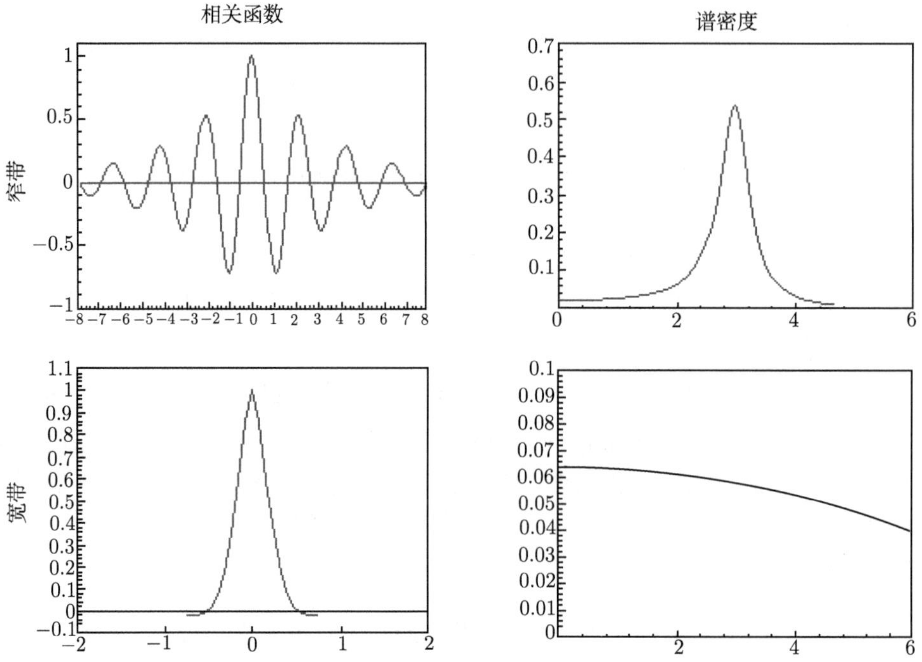

图 3.6.1　窄带与宽带过程的相关函数与谱密度函数

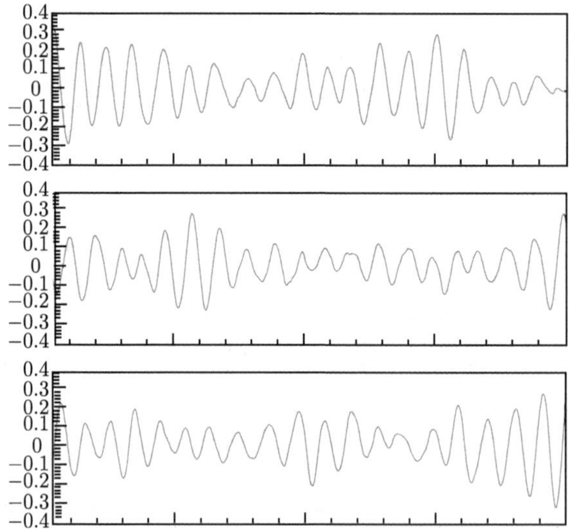

图 3.6.2　窄带过程的样本函数

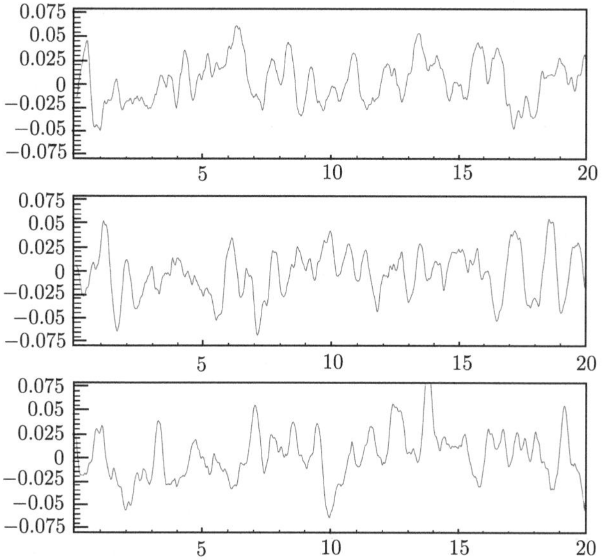

图 3.6.3 宽带过程的样本函数

(3.6.14) 式表明, δ 类比于方差系数. 用施瓦兹不等式可证, $\lambda_0\lambda_2 \geqslant \lambda_1^2$ 和 $0 \leqslant \delta < \infty$. 较大的 δ 值相应于较宽的频带. 另一个带宽参数 ε 定义为

$$\varepsilon = \sqrt{1 - \frac{\lambda_2^2}{\lambda_0\lambda_4}}. \tag{3.6.15}$$

用施瓦兹不等式可证, $\lambda_0\lambda_4 \geqslant \lambda_2^2$ 与 $0 \leqslant \varepsilon \leqslant 1$. 较大的 ε 对应于较宽的频带.

考虑一个具有随机初相位的谐和过程 $X(t) = A\sin(\omega_0 t + U)$, 其中 U 是一个在 $[0, 2\pi)$ 上均匀分布的随机变量. 式中包含随机初相位 U 是为了使 $X(t)$ 成为一个平稳过程. 可证 $R_{XX}(\tau) = \dfrac{1}{2}A^2\cos\omega_0\tau$ 和 $\varPhi_{XX}(\omega) = \dfrac{1}{4}A^2[\delta(\omega-\omega_0)+\delta(\omega+\omega_0)]$ (习题 3.8). 由 (3.6.12)~(3.6.15) 可得 $\gamma_1 = \omega_0$, $\delta = \varepsilon = 0$ (习题 3.23), 意即零带宽.

例 3.6.1 高斯白噪声.

一个随机过程, 若它高斯分布, 零均值, 且在全频域 $(-\infty, \infty)$ 上功率谱密度为常数, 则称它为高斯白噪声. 以 $W(t)$ 表示高斯白噪声, 它的功率谱密度与自相关函数分别为

$$\varPhi_{WW}(\omega) = K, \quad R_{WW}(\tau) = 2\pi K\delta(\tau). \tag{3.6.16}$$

方程 (3.6.16) 意味着 $\sigma_W^2 = R_{WW}(0) = \infty$, 而对任何 $\tau \neq 0$, $R_{WW}(\tau) = 0$. $\sigma_W^2 = \infty$ 表明高斯白噪声有无穷大能量. 对 $\tau \neq 0$, $R_{WW}(\tau) = 0$ 表明它变化极快, 所有谱矩皆不存在. 显然, 现实中并不存在这样的过程. 然而, 由于数学处理的简单性, 以及

在高频范围内系统对白噪声的响应迅速衰减, 它常用于近似许多具有宽频带的物理过程.

例 3.6.2　限带白噪声.

为使白噪声更实际, 引入限带白噪声, 它具有如下功率谱密度

$$\Phi_{XX}(\omega)=\begin{cases} S_0, & \omega_0-\dfrac{B}{2}\leqslant|\omega|\leqslant\omega_0+\dfrac{B}{2} \\ 0, & \text{其他 } \omega \text{ 值} \end{cases}, \tag{3.6.17}$$

及相应的相关函数

$$R_{XX}(\tau)=\frac{4S_0}{\tau}\cos(\omega_0\tau)\sin\left(\frac{1}{2}B\tau\right), \tag{3.6.18}$$

式中 ω_0 为中心频率, B 为带宽, 且 $B\leqslant 2\omega_0$. 谱矩为

$$\lambda_n=2S_0\int_{\omega_0-\frac{B}{2}}^{\omega_0+\frac{B}{2}}\omega^n\mathrm{d}\omega=\frac{2S_0}{n+1}\left[\left(\omega_0+\frac{B}{2}\right)^{n+1}-\left(\omega_0-\frac{B}{2}\right)^{n+1}\right]. \tag{3.6.19}$$

方差参数 δ 为

$$\delta=\frac{B}{2\sqrt{3}\omega_0}. \tag{3.6.20}$$

带宽参数 ε 为

$$\varepsilon=\sqrt{\frac{B^2(15\omega_0^2+B^2/4)}{9(5\omega_0^4+5\omega_0^2B^2/2+B^4/16)}}. \tag{3.6.21}$$

图 3.6.4 示出了 $\omega_0=1$, $B=0.05, 0.1, 0.5$ 的限带白噪声的谱密度与相关函数. 由图可知, 较宽频带情形, $B=0.5$, 相关函数在 $\tau=0$ 领域有较大值且衰减更快.

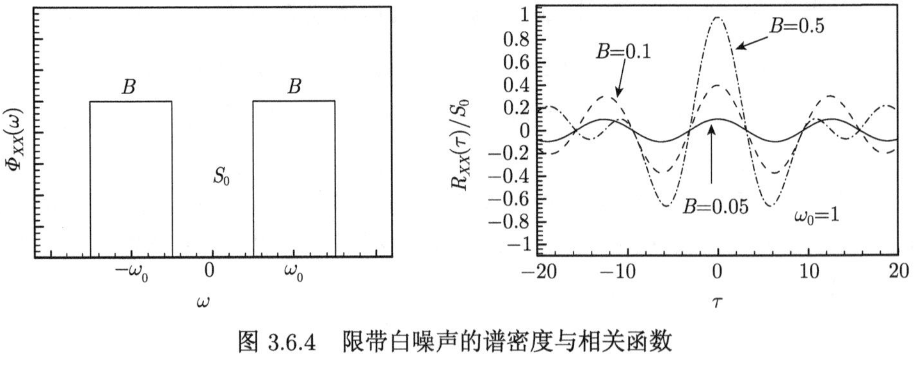

图 3.6.4　限带白噪声的谱密度与相关函数

例 3.6.3　考虑一个具有如下功率谱与自相关函数的弱平稳随机过程

$$\Phi_{XX}(\omega)=\frac{\sigma_X^2\alpha}{\pi(\omega^2+\alpha^2)},\quad R_{XX}(\tau)=\sigma_X^2\mathrm{e}^{-\alpha|\tau|}. \tag{3.6.22}$$

图 3.6.5 示出了三个不同 α 值的谱密度与相关函数. 较大的 α 值相应于较宽的谱频带. 由于中心频率为零, 称该过程为低通过程.

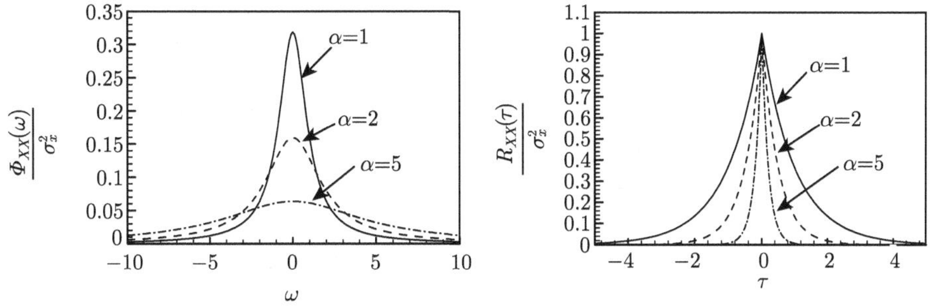

图 3.6.5 低通过程的谱密度与相关函数

注意, 对 $n \geqslant 1$, 谱矩 λ_n 不存在, 这是因为随 ω 增大谱密度衰减不够快. 然而, 现实中总存在一个截止频率, 高于此频率谱密度可忽略不计.

3.6.4 非平稳过程的谱密度函数

如 (3.2.5) 与 (3.2.13) 所示, 非平稳过程的相关函数取决于两个时刻, 而非它们之差. 有两种方法对非平稳随机过程作谱分析. 一种方法是定义功率谱密度与互谱密度为

$$\Phi_{XX}(\omega_1,\omega_2)=\frac{1}{(2\pi)^2}\int_{-\infty}^{\infty}\int_{-\infty}^{\infty}R_{XX}(t_1,t_2)\mathrm{e}^{-\mathrm{i}(\omega_1t_1-\omega_2t_2)}\mathrm{d}t_1\mathrm{d}t_2, \tag{3.6.23}$$

$$\Phi_{X_1X_2}(\omega_1,\omega_2)=\frac{1}{(2\pi)^2}\int_{-\infty}^{\infty}\int_{-\infty}^{\infty}R_{X_1X_2}(t_1,t_2)\mathrm{e}^{-\mathrm{i}(\omega_1t_1-\omega_2t_2)}\mathrm{d}t_1\mathrm{d}t_2. \tag{3.6.24}$$

相应于两个时刻 t_1 与 t_2, 用两个频率 ω_1 与 ω_2 描述随机过程的频域性质.

功率谱密度与互谱密度也可定义为

$$\Phi_{XX}(\omega,t)=\frac{1}{2\pi}\int_{-\infty}^{\infty}R_{XX}(t,t+\tau)\mathrm{e}^{-\mathrm{i}\omega\tau}\mathrm{d}\tau, \tag{3.6.25}$$

$$\Phi_{X_1X_2}(\omega,t)=\frac{1}{2\pi}\int_{-\infty}^{\infty}R_{X_1X_2}(t,t+\tau)\mathrm{e}^{-\mathrm{i}\omega\tau}\mathrm{d}\tau. \tag{3.6.26}$$

直观上, (3.6.25) 有更清楚的物理意义, 它描述频率域上随时间变化的能量分布. 由 (3.6.23)~(3.6.26) 定义的谱密度称为广义谱密度 (Lin, 1967).

3.7 高斯随机过程

随机过程 $X(t)$ 是以 t 为参数的一族随机变量. 若所有不同时刻上的随机变量是联合高斯分布, 就称随机过程为高斯分布. 如 2.5.1 节所述, 高斯分布的随机变量

可用概率密度函数或特征函数定义. 高斯随机过程也可用概率密度函数或特征函数来定义. 高斯随机过程 $X(t)$, $t \in T$ 的一个定义是用下述特征函数

$$M_X[\theta(t)] = \exp\left[\mathrm{i}\int_T \mu_X(t)\theta(t)\mathrm{d}t - \frac{1}{2}\iint_T \kappa_{XX}(t_1,t_2)\theta(t_1)\theta(t_2)\mathrm{d}t_1\mathrm{d}t_2\right], \quad (3.7.1)$$

式中 $\mu_X(t)$ 与 $\kappa_{XX}(t_1,t_2)$ 是 $X(t)$ 的均值与协方差函数. 定义 (3.7.1) 与联合高斯分布随机变量的定义 (2.6.32) 等价.

高斯随机过程的一维概率密度为

$$p(x,t) = \frac{1}{\sqrt{2\pi}\sigma_X(t)}\exp\left\{-\frac{[x-\mu_X(t)]^2}{2\sigma_X^2(t)}\right\}. \quad (3.7.2)$$

二维以上的概率与二阶以上统计性质可用 2.6.5 节中联合高斯分布随机变量的相应公式得到. 例如, 二维概率密度为

$$\begin{aligned} p(x_1,t_1;x_2,t_2) = &\frac{1}{2\pi\sigma_1\sigma_2\sqrt{1-\rho^2}} \\ &\times\exp\left[-\frac{\sigma_2^2(x_1-\mu_1)^2 - 2\sigma_1\sigma_2\rho(x_1-\mu_1)(x_2-\mu_2) + \sigma_1^2(x_2-\mu_2)^2}{2\sigma_1^2\sigma_2^2(1-\rho^2)}\right], \end{aligned} \quad (3.7.3)$$

式中 $\mu_1 = \mu_X(t_1), \mu_2 = \mu_X(t_2)$, $\sigma_1 = \sigma_X(t_1), \sigma_2 = \sigma_X(t_2)$, $\rho = \rho_{XX}(t_1,t_2)$.

若高斯随机过程是弱平稳的, 则均值函数 $\mu_X(t)$ 为常数, 协方差函数 $\kappa_{XX}(t_1, t_2)$ 只依赖于时差 $\tau = t_2 - t_1$. 因为高斯随机过程完全由均值函数与协方差函数确定, 弱平稳就意味着强平稳.

类似于高斯随机变量情形, 高斯随机过程的线性代数运算导得另一个高斯随机过程. 这一结论可推广至线性非代数运算, 包括微分和积分 (Lin, 1967).

3.8　泊松过程及与其有关的随机过程

3.8.1　齐次泊松过程

2.5.6 节中, 曾引入离散随机变量的泊松分布, 用于表示某随机事件是否出现, 其概率函数为

$$P_X(n) = \mathrm{Prob}[N=n] = \frac{\mu^n}{n!}\mathrm{e}^{-\mu}, \quad n = 0,1,2,\cdots, \quad (3.8.1)$$

式中随机变量 N 定义在非负整数域上. 实际问题中常需要一个计数过程来记录事件重复而随机地出现的次数, 例如, 到达机场或车站的旅客数目, 或海浪冲击力序列. 泊松过程就是为此而定义的.

以 $N(t)$ 表示在时间区间 $[0,\ t)$ 上到达 (发生) 的事件数, 以 $P_N(n,t)$ 表示 $N(t)=n$ 的概率, 此计数过程称为齐次泊松过程或具有平稳增量的泊松过程, 若下列条件成立:

(1) 独立到达. 每一事件的到达与过去事件的到达独立.

(2) 平稳到达. 在区间 $(t,\ t+\mathrm{d}t]$ 上到达一次的概率等于 $\lambda\mathrm{d}t$, 其中 λ 为正常数. 类似于平稳情形, 只依赖于区间长度 $\mathrm{d}t$.

(3) 孤立到达. 在无穷小区间 $(t,\ t+\mathrm{d}t]$ 上, 一次到达的概率是 $\lambda\mathrm{d}t$, 两次与多数到达的概率可忽略不计.

可证, 泊松过程的概率为 (Lin, 1967)

$$P_N(n,t)=\frac{(\lambda t)^n}{n!}\mathrm{e}^{-\lambda t}. \tag{3.8.2}$$

比较 (3.8.2) 与 (3.8.1) 知, (3.8.2) 是均值为 $\mu_N(t)=E[N(t)]=\lambda t$, 方差为 $\sigma_N^2(t)=E[N^2(t)]-\lambda^2t^2=\lambda t$ 的泊松分布. λ 具有平均到达率的物理意义. 泊松过程的相关函数与协方差函数 (Sun, 2006) 为

$$R_N(t_1,t_2)=\lambda\min(t_1,t_2)+\lambda^2t_1t_2,\quad \kappa_N(t_1,t_2)=\lambda\min(t_1,t_2). \tag{3.8.3}$$

泊松过程的均值随时间增大, 相关函数取决于两个时刻, 所以它是一个非平稳过程, 虽然它称作具有平稳增量的泊松过程.

3.8.2　非齐次泊松过程

如 3.8.1 节条件 (2) 所述, 泊松过程在区间 $(t,\ t+\mathrm{d}t]$ 上到达一次的概率是 $\lambda\mathrm{d}t$, 对齐次泊松过程, λ 是一常数. 若 λ 不是常数, 就称计数过程是非齐次泊松过程, 或具有非平稳增量的泊松过程. 此时, 概率可由 (3.8.2) 中 λt 代之以 $\int_0^t\lambda(\tau)\mathrm{d}\tau$ 得到如下:

$$P_N(n,t)=\frac{1}{n!}\left[\int_0^t\lambda(\tau)\mathrm{d}\tau\right]^n\exp\left[-\int_0^t\lambda(\tau)\mathrm{d}\tau\right], \tag{3.8.4}$$

此处到达率 $\lambda(t)$ 是 t 的函数.

3.8.3　复合泊松过程

泊松过程是一个计数过程, 它描述事件随机到达的次数. 与这类随机事件相关的物理量, 如随机波的撞击力, 可能会引起兴趣. 为表示这样一个随机过程, 定义复合随机过程

$$X(t)=\sum_{j=1}^{N(t)}Y_j, \tag{3.8.5}$$

式中 $N(t)$ 是齐次泊松过程, Y_j, $j=1,2,\cdots$, 是独立而同分布的随机变量, $N(t)$ 与 Y_j 独立. $X(t)$ 的均值函数、相关函数及协方差函数为

$$\mu_X(t)=E[X(t)]=E\left\{E[X(t)|N(t)]\right\}=E[N(t)\mu_Y]=\lambda t\mu_Y, \tag{3.8.6}$$

$$\begin{aligned}R_{XX}(t_1,t_2)&=E[X(t_1)X(t_2)]=E\left\{E[X(t_1)X(t_2)|N(t_1)N(t_2)]\right\}\\&=E\{\min[N(t_1),N(t_2)]E[Y^2]\}=\lambda\min(t_1,t_2)E[Y^2],\end{aligned} \tag{3.8.7}$$

$$\kappa_{XX}(t_1,t_2)=R_{XX}(t_1,t_2)-\mu_X(t_1)\mu_X(t_2)=\lambda\min(t_1,t_2)E[Y^2]-\lambda^2t_1t_2\mu_Y^2. \tag{3.8.8}$$

3.8.4 脉冲噪声过程

比复合泊松过程更一般的是下式定义的随机脉冲列

$$X(t)=\sum_{j=1}^{N(T)}Y_jw\left(t-\tau_j\right),\quad 0<t\leqslant T, \tag{3.8.9}$$

式中 $N(T)$ 是计数过程, 描述在时间区间 $(0,T]$ 上到达的脉冲总数, τ_j 是第 j 个脉冲的随机起始时间 (以后称为脉冲到达时间), $w(t-\tau)$ 表示确定性的脉冲形状, 对 $\tau>t$, $w(t-\tau)=0$, Y_j 是在 τ_j 时刻到达的第 j 个脉冲的幅值. 此外, 假定 $N(T)$ 为脉冲平均到达率为常数 λ 的齐次泊松过程, 对不同 j, Y_j 是独立且同分布的零均值随机变量, Y_j 与脉冲到达时间 τ_j 独立.

$X(t)$ 的 m 阶累积量函数为 (Lin, 1967)

$$\begin{aligned}&\kappa_m[X(t_1),X(t_2),\cdots,X(t_m)]\\&=\lambda E[Y^m]\int_0^{\min(t_1,t_2,\cdots,t_m)}w(t_1-\tau)w(t_2-\tau)\cdots w(t_m-\tau)\mathrm{d}\tau,\end{aligned} \tag{3.8.10}$$

式中 $E[Y^m]$ 是 Y_j 的 m 阶矩. $X(t)$ 的均值、方差及协方差函数可由 (3.8.10) 得到

$$\mu_X(t)=\kappa_1[X(t)]=\lambda\mu_Y\int_0^t w(t-\tau)\mathrm{d}\tau, \tag{3.8.11}$$

$$\sigma_X^2(t)=\kappa_2[X(t),X(t)]=\lambda E[Y^2]\int_0^t w^2(t-\tau)\mathrm{d}\tau, \tag{3.8.12}$$

$$\kappa_{XX}(t_1,t_2)=\kappa_2[X(t_1),X(t_2)]=\lambda E[Y^2]\int_0^{\min(t_1,t_2)}w(t_1-\tau)w(t_2-\tau)\mathrm{d}\tau. \tag{3.8.13}$$

可证 (Lin, 1967), 改变时间起点并不改变累积量函数 (3.8.10) . 因此, $X(t)$ 是一个平稳过程. 假定 $X(t)$ 是一个二阶过程, 即二阶累积量有界, 则 $\lambda E[Y^2]$ 有限. 考虑平均到达率 λ 趋于无穷之情形, $E[Y^2]$ 为 λ^{-1} 阶, $E[Y^m]$ 最多为 $\lambda^{-m/2}$ 阶. 此时, 高于二阶的累积量为零, 则过程 $X(t)$ 为高斯分布.

事实上, 上述随机脉冲列过程 (3.8.9) 是下述更为一般的随机脉冲列过程的一个特殊类型: 计数过程 $N(t)$ 可为非齐次泊松过程或更一般计数过程, 不同脉冲的脉冲形状可不相同, 即不是 $w(t-\tau)$, 而是 $w(t,\tau)$.

脉冲噪声过程是一类特殊的随机脉冲列过程, 其脉冲形状函数为单位脉冲, 即

$$X(t)=\sum_{j=1}^{N(T)} Y_j\delta\left(t-\tau_j\right). \tag{3.8.14}$$

其 M 阶累积量方程 (3.8.10) 变成

$$\kappa_m[X(t_1),X(t_2),\cdots,X(t_m)]=\lambda E[Y^m]\delta(t_2-t_1)\delta(t_3-t_1)\cdots\delta(t_m-t_1). \tag{3.8.15}$$

方程 (3.8.15) 表明, 脉冲噪声为白噪声. 若计数泊松过程 $N(t)$ 的平均到达率 λ 较低, 则它是一种非高斯白噪声 (泊松白噪声). 随 λ 趋于无穷, 脉冲噪声变成高斯白噪声.

脉冲噪声过程 (3.8.14) 是真实随机过程的数学理想化, 如果该真实过程的脉冲形状函数 $w(t-\tau)$ 的持续时间比所研究的动态系统的松弛时间 (7.4 节) 短得多.

3.9 演化随机过程

令 $Z(\omega)$ 是一个样本空间为频率域的复值随机过程, 且满足条件

$$E[|Z(\omega_2)-Z(\omega_1)|^2]<\infty. \tag{3.9.1}$$

称 $Z(\omega)$ 为具有正交增量的过程, 若对任一对非重叠区间 $(\omega_1,\omega_2]$ 与 $(\omega_3,\omega_4]$, 其中 $\omega_1<\omega_2\leqslant\omega_3<\omega_4$,

$$E\left\{[Z(\omega_2)-Z(\omega_1)][Z^*(\omega_4)-Z^*(\omega_3)]\right\}=E[Z(\omega_2)-Z(\omega_1)]E[Z^*(\omega_4)-Z^*(\omega_3)]=0. \tag{3.9.2}$$

可证, $Z(\omega)$ 为具有正交增量随机过程的充要条件 (Lin 与 Cai, 1995) 是

$$E[\mathrm{d}Z(\omega_1)\mathrm{d}Z^*(\omega_2)]=\begin{cases}\mathrm{d}\Psi(\omega), & \omega_1=\omega_2,\\ 0, & \omega_1\neq\omega_2,\end{cases} \tag{3.9.3}$$

式中 $\Psi(\omega)$ 是一个确定性函数. (3.9.3) 也可用作具有正交增量随机过程的另一个定义. 正交增量随机过程可用于构造一类随机过程.

3.9.1 用正交增量过程构造弱平稳过程

设 $X(t)$ 是一个实值随机过程, $E[X(t)]=0$, 并有一个傅里叶–斯蒂尔切斯表示

$$X(t)=\int_{-\infty}^{\infty}\mathrm{e}^{\mathrm{i}\omega t}\mathrm{d}Z(\omega), \tag{3.9.4}$$

式中 $Z(\omega)$ 是正交增量过程. 由于 $X(t)$ 是实的, 它共轭后不变, 于是有

$$X(t-\tau)=\int_{-\infty}^{\infty}\mathrm{e}^{\mathrm{i}\omega(t-\tau)}\mathrm{d}Z(\omega)=\int_{-\infty}^{\infty}\mathrm{e}^{-\mathrm{i}\omega'(t-\tau)}\mathrm{d}Z^*(\omega'). \tag{3.9.5}$$

可计算 $X(t)$ 的相关函数为

$$E[X(t)X(t-\tau)]=\int_{-\infty}^{\infty}\int_{-\infty}^{\infty}\mathrm{e}^{\mathrm{i}(\omega-\omega')t+\mathrm{i}\omega'\tau}E[\mathrm{d}Z(\omega)\mathrm{d}Z^*(\omega')]=\int_{-\infty}^{\infty}\mathrm{e}^{\mathrm{i}\omega\tau}\mathrm{d}\varPsi(\omega). \tag{3.9.6}$$

在推导 (3.9.6) 中, 用到 (3.9.3). (3.9.6) 表明, $X(t)$ 的相关函数只取决于时差 τ. 因此, $X(t)$ 是弱平稳过程.

函数 $\varPsi(\omega)$ 可以可微也可以不可微的. 若可微, 令 $\varPhi_{XX}(\omega)=\dfrac{\mathrm{d}\varPsi(\omega)}{\mathrm{d}\omega}$, 则 (3.9.6) 可写成

$$R_{XX}(\tau)=E[X(t)X(t-\tau)]=\int_{-\infty}^{\infty}\mathrm{e}^{\mathrm{i}\omega\tau}\varPhi_{XX}(\omega)\mathrm{d}\omega. \tag{3.9.7}$$

此与 (3.6.2) 相同, $\varPhi_{XX}(\omega)$ 为功率谱密度函数. (3.9.6) 比 (3.9.7) 更一般, 因为前者包括 $\varPsi(\omega)$ 不可微的情况. 由于功率谱密度 $\varPhi_{XX}(\omega)$ 非负, $\varPsi(\omega)$ 为非减函数, 称为谱分布函数, 记以 $\varPsi_{XX}(\omega)$. 若在 $\varPhi_{XX}(\omega)$ 中可包含狄拉克 δ 函数, 则有

$$\varPsi_{XX}(\omega)=\int_{-\infty}^{\omega}\varPhi_{XX}(\omega')\mathrm{d}\omega' \tag{3.9.8}$$

与

$$E[X^2(t)]=\varPsi_{XX}(\infty)=\int_{-\infty}^{\infty}\varPhi_{XX}(\omega)\mathrm{d}\omega. \tag{3.9.9}$$

图 3.9.1 与图 3.9.2 示出了两种情形的功率谱密度与谱分布函数. 图 3.9.1 中, $\varPsi_{XX}(\omega)$ 是可微的, $\varPhi_{XX}(\omega)$ 是连续的. 而图 3.9.2 中, $\varPsi_{XX}(\omega)$ 是不可微的, $\varPhi_{XX}(\omega)$ 包含狄拉克 δ 函数. 注意, 功率谱密度中所含某频率上的狄拉克 δ 函数表示在该频率上的一个谐和分量.

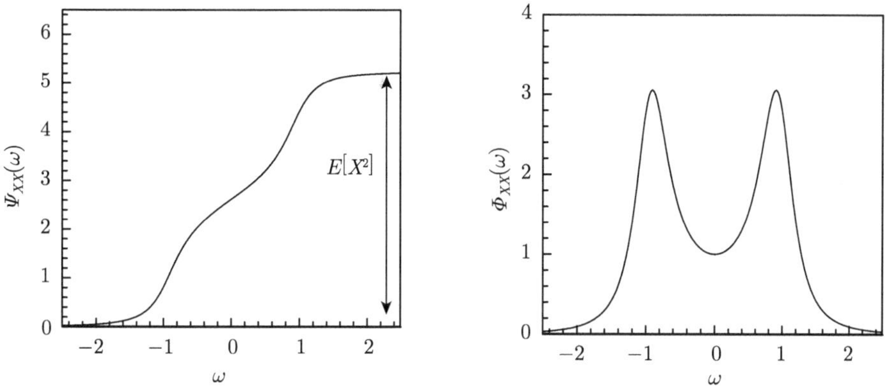

图 3.9.1 连续谱密度与可微谱分布函数

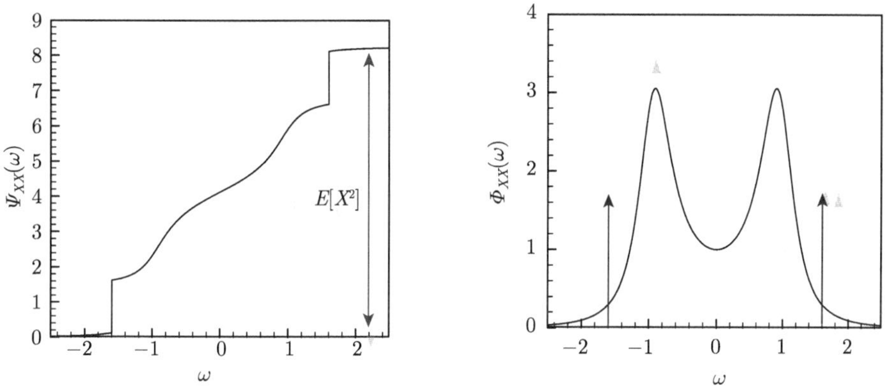

图 3.9.2 不连续谱密度与不可微谱分布函数

3.9.2 演化随机过程

正交增量过程也可用于构造一类非平稳随机过程, 称为演化随机过程. 设零均值随机过程 $X(t)$ 可表为

$$X(t)=\int_{-\infty}^{\infty} a(t,\omega)\mathrm{e}^{\mathrm{i}\omega t}\mathrm{d}Z(\omega), \tag{3.9.10}$$

式中 $a(t,\omega)$ 是确定性函数. $X(t)$ 的相关函数为

$$\begin{aligned}E[X(t_1)X(t_2)]&=\int_{-\infty}^{\infty}\int_{-\infty}^{\infty} a(t_1,\omega_1)a^*(t_2,\omega_2)\mathrm{e}^{\mathrm{i}(\omega_1 t_1-\omega_2 t_2)}E[\mathrm{d}Z(\omega_1)\mathrm{d}Z^*(\omega_2)]\\&=\int_{-\infty}^{\infty} a(t_1,\omega)a^*(t_2,\omega)\mathrm{e}^{\mathrm{i}\omega(t_1-t_2)}\mathrm{d}\Psi(\omega).\end{aligned} \tag{3.9.11}$$

令 $t_1 = t_2 = t$, 得均方值

$$E[X^2(t)] = \int_{-\infty}^{\infty} |a(t,\omega)|^2 \, \mathrm{d}\Psi(\omega). \tag{3.9.12}$$

方程 (3.9.11) 与 (3.9.12) 表明, 均方值是时间的函数, 相关函数依赖于两个时刻, 而非时差. 因此, $X(t)$ 是一个非平稳随机过程. 若 $\Psi(\omega)$ 可微, $\mathrm{d}\Psi(\omega) = \Phi(\omega)\mathrm{d}\omega$, 则有

$$E[X(t_1)X(t_2)] = \int_{-\infty}^{\infty} a(t_1,\omega)a^*(t_2,\omega)\mathrm{e}^{\mathrm{i}\omega(t_1-t_2)}\Phi(\omega)\mathrm{d}\omega, \tag{3.9.13}$$

$$E[X^2(t)] = \int_{-\infty}^{\infty} |a(t,\omega)|^2 \, \Phi(\omega)\mathrm{d}\omega. \tag{3.9.14}$$

演化谱密度定义 (Priestly, 1965) 为

$$\Phi_{XX}(\omega,t) = |a(t,\omega)|^2 \, \Phi(\omega). \tag{3.9.15}$$

方程 (3.9.12) 与 (3.9.13) 中, $\Psi(\omega)$ 与 $\Phi(\omega)$ 可为某平稳过程的谱分布函数与谱密度函数, 函数 $a(t,\omega)$ 在时域与频域上都可改变谱密度 $\Phi(\omega)$. 若 $a(t,\omega) = a(t)$, 它均匀地改变谱密度 $\Phi(\omega)$, 即按比例改变 $\Phi(\omega)$ 的幅值而保持 $\Phi(\omega)$ 按频率的分布. 此时, (3.9.10) 变成

$$X(t) = a(t)\int_{-\infty}^{\infty} \mathrm{e}^{\mathrm{i}\omega t}\mathrm{d}Z(\omega). \tag{3.9.16}$$

$X(t)$ 称为调制平稳过程, 而 $a(t)$ 称为包络函数.

3.9.3　随机脉冲列——一类演化过程

考虑比 3.8.4 节中所描述的更一般之情形, 即假设 (3.8.9) 中 $N(t)$ 是一个非平稳随机过程, 以 $\Lambda(t)$ 表示. 可导出随机脉冲列 $X(t)$ 的自协方差函数 (Lin 与 Cai, 1995) 为

$$\begin{aligned}\kappa_{XX}(t_1,t_2) &= E[Y^2]\int_{-\infty}^{\infty} \mu_\Lambda(t)w(t_1-\tau)w(t_2-\tau)\mathrm{d}\tau \\ &= \frac{1}{2\pi}E[Y^2]\int_{-\infty}^{\infty} b(t_1,\omega)b^*(t_2,\omega)\mathrm{e}^{\mathrm{i}\omega(t_1-t_2)}\mathrm{d}\omega,\end{aligned} \tag{3.9.17}$$

式中 $\mu_\Lambda(t)$ 是脉冲到达率的均值函数, 而

$$b(t,\omega) = \int_{-\infty}^{\infty} \sqrt{\mu_\Lambda(t-u)}w(u)\mathrm{e}^{-\mathrm{i}\omega u}\mathrm{d}u. \tag{3.9.18}$$

比较 (3.9.17) 与 (3.9.13) 可知, (3.9.17) 中的 $b(t,\omega)$ 与 $\dfrac{1}{2\pi}E[Y^2]$ 分别起到了 (3.9.13)

中 $a(t,\omega)$ 与 $\Phi(\omega)$ 的作用. 因此, 随机脉冲列 $X(t)$ 是一个演化过程. 其演化谱密度为

$$\Phi_{XX}(\omega,t)=\frac{1}{2\pi}E[Y^2]\left|b(t,\omega)\right|^2. \tag{3.9.19}$$

若 (3.9.17) 中涉及的泊松过程 $N(t)$ 是齐次的, 则脉冲到达率 $\Lambda(t)$ 是一平稳过程, $\mu_\Lambda(t)=\mu_\Lambda$, $b(t,\omega)=b(\omega)$, $\Phi(\omega,t)=\Phi(\omega)$, 随机脉冲列 $X(t)$ 变成了 3.8.4 节中描述的平稳过程.

习　题　3

3.1　令 R 为服从瑞利分布 (2.5.9) 的随机变量, Θ 是在区间 $[0, 2\pi)$ 上均匀分布的随机变量, R 与 Θ 独立. 定义随机过程 $X(t)=R\cos(\omega t+\Theta)$.

(1) 求 $X(t)$ 的期望与方差;

(2) 求 $X(t)$ 的概率密度函数和特征函数;

(3) 判断 $X(t)$ 是否为平稳过程.

3.2　随机过程 $X(t)$ 定义为

$$X(t)=R\cos(\Omega t+\Theta),$$

式中 R, Θ, Ω 是独立随机变量, R 和 Θ 与习题 3.1 中的变量相同, Ω 有概率密度函数 $p_\Omega(\omega)$, $\omega>0$. 判断 $X(t)$ 是否平稳.

3.3　令 $Y_1(t), Y_2(t), \cdots, Y_n(t)$ 是独立的平稳随机过程. $X(t)$ 定义为

$$X(t)=\prod_{i=1}^{N}Y_i(t).$$

判断 $X(t)$ 是否为平稳过程.

3.4　$X_1(t), X_2(t),\cdots, X_n(t)$ 是联合平稳随机过程. 随机过程 $X(t)$ 定义如下

$$X(t)=\sum_{i=1}^{N}X_i(t).$$

求 $X(t)$ 的相关函数的一般表达式. 在 $X_i(t)$ 独立的特殊情形下, 简化该表达式.

3.5　确定下列自相关函数中参数的允许值, 使得相应的平稳随机过程在物理上可实现.

(1) $|\tau|^{-a}$;

(2) $\dfrac{\cosh(b\tau)}{\cosh(\pi\tau)}$;

(3) $\dfrac{\sinh(c\tau)}{\sinh(\pi\tau)}$.

3.6　下列自相关函数是否合理? 若不合理, 说明理由.

(1) $\dfrac{A^2}{1+\tau^4}$;

(2) $A^2(\cos\tau^2 \pm \sin\tau^2)$;

(3) $\begin{cases} A^2(1-\tau^2)^p, & -1<\tau<1, \quad p>-\dfrac{3}{2}, \\ 0, & \text{其余情况}; \end{cases}$

(4) $a(\cos\tau + \sin\tau),\ a>0$;

(5) $(1+|\tau|)\mathrm{e}^{-|\tau|}$;

(6) $|\tau|\,\mathrm{e}^{-|\tau|}$.

3.7　随机过程 $X(t)$ 定义为一组具有随机相位的余弦函数之和

$$X(t) = \sum_{j=1}^{N} \sqrt{2}\sigma_j \cos(\omega_j t + \theta_j),$$

式中 θ_j 是在 $[0, 2\pi)$ 上均匀分布的独立随机变量. 求 $X(t)$ 的自相关函数.

3.8　随机过程 $X(t)$ 定义为 $X(t) = A\sin(\omega_0 t + Y)$, 式中 A 和 ω_0 是常数, Y 是在 $[0, 2\pi)$ 上均匀分布的随机变量. 计算 $X(t)$ 的相关函数和谱密度函数, 并证明 $X(t)$ 在均值和相关意义上遍历.

3.9　一随机过程定义为

$$X(t) = A\sin(\omega t) + B\cos(\omega t),$$

式中 ω 是一常数, A 和 B 为相互独立的同分布随机变量, 都具有零均值和方差 σ^2, 判断

(1) $X(t)$ 是否平稳;

(2) $X(t)$ 是否遍历.

3.10　令 $X(t)$ 为一零均值平稳过程, 其相关函数为 $R_{XX}(\tau) = \mathrm{e}^{-\alpha|\tau|}$. 判断下列过程是否平稳:

(1) $Y(t) = X^2(t)$;

(2) $Z(t) = X^3(t)$.

如果是平稳的, 求其相关函数.

3.11　设 $\underset{t\to t_0}{\mathrm{l.i.m.}}\, X(t) = X$ 和 $\underset{t\to t_0}{\mathrm{l.i.m.}}\, X(t) = Y$, 试证随机变量 X 和 Y 在 $\mathrm{Prob}[X \neq Y] = 0$ 意义上是等价的.

3.12　若自相关函数 $R_{XX}(t_1,t_2)$, $t_1,t_2 \in T$ 在对角线 $t_1 = t_2$ 是连续的, 证明它在整个 $T \times T$ 空间上连续.

3.13　针对下列自相关函数, 分别判断随机过程的导数 $\dot{X}(t)$ 在均方意义上是否存在. 如果是, 求 $R_{\dot{X}\dot{X}}(\tau)$.

(1) $R_{XX}(\tau) = \left(1 - \dfrac{a}{2}|\tau|\right)\mathrm{e}^{-a|\tau|}, \quad a>0$;

(2) $R_{XX}(\tau) = \mathrm{e}^{-a\tau^2}, \quad a>0$;

(3) $R_{XX}(\tau) = \dfrac{\sin(b\tau)}{\tau}, \quad b>0$;

(4) $R_{XX}(\tau) = \dfrac{a^2}{a^2+\tau^2}$;

(5) $R_{XX}(\tau) = \mathrm{e}^{-\zeta\omega_0\tau}\left[\cos(\omega_d\tau) + \dfrac{\zeta\omega_0}{\omega_d}\sin(\omega_d\tau)\right]$, $\quad \omega_d = \omega_0\sqrt{1-\zeta^2}$.

3.14　令 $X(t)$ 为一零均值平稳过程, 其相关函数为

$$R_{XX}(\tau) = \mathrm{e}^{-a|\tau|}, \quad a > 0.$$

$Y(t)$ 定义为

$$Y(t) = \frac{1}{t}\int_0^t X(\tau)\mathrm{d}\tau.$$

求 $Y(t)$ 的相关函数.

3.15　对下列情形判断随机积分

$$Y(s) = \int_{-\infty}^{\infty} X(t)h(t,s)\mathrm{d}t$$

在均方意义上是否存在:

(1) $R_{XX}(\tau) = \dfrac{a^2}{a^2+\tau^2}$, $\quad h(t,s) = \begin{cases} s-t, & s>t, \\ 0, & s\leqslant t; \end{cases}$

(2) $R_{XX}(\tau) = \mathrm{e}^{-a|\tau|}$, $\quad a>0$, $\quad h(t,s) = \begin{cases} \sqrt{s-t}, & s>t, \\ 0, & s\leqslant t. \end{cases}$

3.16　令 $X(t)$ 为一随机过程, $Y(t) = \dfrac{\mathrm{d}X(t)}{\mathrm{d}t}$ 是 $X(t)$ 的均方导数, 试给出 $E[Y(t_1)Y(t_2)\cdots Y(t_n)]$ 存在的一般条件. 证明若 $X(t)$ 是高斯的, 上述条件退化为 $E[X(t_j)X(t_k)]$ 的混合二阶导数存在的条件.

3.17　计算习题 3.10 中定义的 $Y(t)$ 和 $Z(t)$ 的功率谱密度.

3.18　求与下列相关函数对应的功率谱密度:

(1) $R_{XX}(\tau) = \begin{cases} \sigma_X^2\left(1-\dfrac{|\tau|}{T}\right), & |\tau|\leqslant T, \\ 0, & |\tau|>T; \end{cases}$

(2) $R_{XX}(\tau) = \dfrac{\sigma_X^2\sin(\omega_0\tau)}{\pi\tau}$.

3.19　令随机过程 $Z(t)$ 为

$$Z(t) = aX(t) + bY(t),$$

式中, a 和 b 是常数, $X(t)$ 和 $Y(t)$ 是平稳随机过程. 用 $X(t)$ 和 $Y(t)$ 的谱密度求 $Z(t)$ 的功率谱密度.

3.20　设随机过程 $X(t)$ 和 $Y(t)$ 相互独立且弱平稳,

(1) 给定 $X(t)$ 和 $Y(t)$ 的谱密度, 求出 $Z(t) = X(t)Y(t)$ 的功率谱密度的一般表达式;

(2) 应用以上结果, 求以下特殊情形 $Z(t)$ 的谱密度

$$R_{XX}(\tau) = A^2\mathrm{e}^{-a|\tau|}, \quad a>0, \quad R_{YY}(\tau) = B^2\cos(b\tau).$$

3.21 $X(t)$ 是一限带白噪声, 其功率谱密度为

$$\Phi_{XX}(\omega) = \begin{cases} S_0, & |\omega| \leqslant \omega_0, \\ 0, & \text{其他}. \end{cases}$$

求它的自相关函数和均方值, 并计算中心频率 γ_1, 谱方差参数 δ 和带宽参数 ε.

3.22 随机过程 $X(t)$ 的功率谱密度为

$$\Phi_{XX}(\omega) = \begin{cases} S_0, & 0 \leqslant \omega_a \leqslant |\omega| \leqslant \omega_b, \\ 0, & \text{其他}. \end{cases}$$

求出该随机过程的相关函数和均方值, 并计算中心频率 γ_1, 谱方差参数 δ 和带宽参数 ε.

3.23 如习题 3.8 所述, 随机过程 $X(t) = \sin(\omega_0 t + Y)$ 是平稳的, 式中 ω_0 是常数, Y 是在 $[0, 2\pi)$ 上均匀分布的随机变量. 计算中心频率 γ_1, 谱方差参数 δ 和带宽参数 ε.

3.24 随机过程 $X(t)$ 的功率谱密度为

$$\Phi_{XX}(\omega) = \frac{\alpha\sigma_X^2}{\pi(\omega^2 + \alpha^2)}.$$

用留数定理求 $X(t)$ 的相关函数.

3.25 随机过程 $X(t)$ 的功率谱密度为

$$\Phi_{XX}(\omega) = \frac{K}{(\omega^2 - \omega_0^2)^2 + (2\zeta\omega\omega_0)^2},$$

用留数定理求 $X(t)$ 的均方值

$$E[X^2(t)] = \int_{-\infty}^{\infty} \Phi_{XX}(\omega)\mathrm{d}\omega.$$

3.26 平稳随机过程 $X(t)$ 的功率谱密度为

$$\Phi_{XX}(\omega) = \begin{cases} K, & |\omega| \leqslant \omega_b, \\ 0, & |\omega| > \omega_b. \end{cases}$$

求相关函数并证明当 $\omega_b \to \infty$ 时, $X(t)$ 趋于白噪声.

3.27 随机过程 $X(t)$ 的功率谱密度为

(1) $\Phi(\omega) = \dfrac{K}{(\omega^2 - \omega_0^2)^2 + (2\zeta\omega\omega_0)^2}$;

(2) $\Phi(\omega) = \dfrac{K\omega^2}{(\omega^2 - \omega_0^2)^2 + (2\zeta\omega\omega_0)^2}$.

用留数定理求 $X(t)$ 的相关函数.

3.28 以 T 表示具有平稳增量的泊松过程到达时间的间隔, 即两个相邻事件的时间间隔. 显然, T 是一随机变量, 求 T 的概率分布函数.

3.29 在式 (3.8.9) 给出的随机脉冲列过程中, 令形状函数为赫维赛德 (Heaviside) 单位阶跃函数

$$H(t) = \begin{cases} 1, & t > 0, \\ 0, & t < 0, \end{cases}$$

即 $w(t-\tau_j)=H(t-\tau_j)$. 求出该过程的相关函数.

3.30 求出式 (3.8.9) 给出的随机脉冲列过程的自相关函数, 其形状函数为

$$w(t-\tau_j)=\begin{cases}\dfrac{1}{\Delta}, & t\geqslant\tau_j\geqslant t-\Delta,\\ 0, & \text{其他}.\end{cases}$$

3.31 求下式中随机脉冲列的协方差函数和演化谱密度

$$X(t)=\sum_{j=1}^{N(T)}Y_j w(t-\tau_j),$$

式中, Y_j 相互独立且具有相同分布, 其概率密度为

$$p_Y(y)=\begin{cases}\dfrac{1}{2a}, & -a\leqslant y\leqslant a,\\ 0, & \text{其他},\end{cases}$$

τ_j 是随机脉冲到达时间, 其平均到达率为

$$\mu_\Lambda(\tau)=\mathrm{e}^{-\alpha\tau},\quad \alpha>0,$$

脉冲形状函数为

$$w(t-\tau)=\begin{cases}\mathrm{e}^{-\beta(t-\tau)}, & \beta>0,\quad t>\tau,\\ 0, & t<\tau.\end{cases}$$

3.32 随机脉冲列定义为

$$X(t)=\sum_{j=1}^{N(T)}Y_j h(t-\tau_j),\quad 0<t\leqslant T,$$

式中 Y_j 是相互独立的同分布随机变量, 并且都具有零均值和有限的均方值 $E[Y^2]$, 形状函数为

$$h(t)=\begin{cases}0, & t<0,\\ A\mathrm{e}^{-\zeta\omega_0 t}\sin(\omega_d t), & t\geqslant 0,\end{cases}$$

其中 $\omega_d=\sqrt{1-\zeta^2}\omega_0$, $\zeta<1$. 假设平均脉冲到达率为

$$\mu_\Lambda(\tau)=\mathrm{e}^{-\alpha\tau},\quad \beta>\alpha>0,$$

求 $X(t)$ 的协方差函数.

第 4 章　马尔可夫及与其有关的随机过程

4.1　引　　言

在随机动力学中, 马尔可夫 (Markov) 过程是一类特别重要的过程, 这是因为: ① 它能作为许多实际随机过程的模型; ② 可应用已有的马尔可夫过程数学理论解决各种困难的随机问题; ③ 它较易生成与模拟.

以 $X(t)$ 表示马尔可夫过程. 若过程 X 之值与参数 t 都是离散的, 则称它为马尔可夫链. 若 X 之值连续, 而 t 是离散的, 则称它为马尔可夫序列. 在许多应用中, X 之值与参数 t 都是连续的, 通常称之为马尔可夫过程. 本书只涉及这种过程.

4.2　马尔可夫过程

4.2.1　马尔可夫过程

若一个随机过程只有短暂记忆, 现时状态只受最近历史的影响, 这类过程统称为马尔可夫过程. 一个随机过程 $X(t)$ 称为马尔可夫过程, 若其条件概率满足

$$\begin{aligned}&\mathrm{Prob}[X(t_n)\leqslant x_n|X(t_{n-1})\leqslant x_{n-1},\cdots,X(t_1)\leqslant x_1]\\&\quad=\mathrm{Prob}[X(t_n)\leqslant x_n|X(t_{n-1})\leqslant x_{n-1}]\ ,\end{aligned}\tag{4.2.1}$$

式中 $t_1<t_2<\cdots<t_n$. 显然, 随机过程 $X(t)$ 为马尔可夫过程的充分条件是它在不重叠的两个时间区间上的增量独立. 即若 $t_1<t_2\leqslant t_3<t_4$, 则 $[X(t_2)-X(t_1)]$ 与 $[X(t_4)-X(t_3)]$ 独立. 若 $X(t)$ 是高斯过程, 则此充分条件为两个增量不相关, 即

$$E\{[X(t_2)-X(t_1)][X(t_4)-X(t_3)]\}=0,\quad t_1<t_2\leqslant t_3<t_4.\tag{4.2.2}$$

显然, 马尔可夫过程只是真实随机过程的数学理想化. 尽管如此, 许多随机过程仍可用马尔可夫过程表示. 物理中布朗运动是马尔可夫过程, 各种领域如工程、通信、生态、生物中, 许多噪声与信号过程常模型化为马尔可夫过程或借用马尔可夫过程.

对马尔可夫过程, 定义 (4.2.1) 可用下列概率密度函数表示:

$$p(x_n,t_n|x_{n-1},t_{n-1};\cdots;x_1,t_1)=p(x_n,t_n|x_{n-1},t_{n-1}).\tag{4.2.3}$$

利用 (4.2.3) 与 (2.6.12) 中条件概率密度的性质, 得

$$p(x_1,t_1;x_2,t_2;\cdots;x_n,t_n)=p(x_n,t_n|x_{n-1},t_{n-1})p(x_{n-1},t_{n-1}|x_{n-2},t_{n-2})\cdots p(x_1,t_1). \tag{4.2.4}$$

方程 (4.2.4) 表明, 高阶概率密度可从初始概率密度与条件概率密度得到. 换言之, 马尔可夫过程完全由其条件概率密度与初始概率密度表征. 后者包括初始状态为固定, 即初始概率密度为狄拉克 δ 函数之情形. 因此, 为量化马尔可夫过程 $X(t)$, 条件概率密度 $p(x_k,t_k|x_j,t_j)$ 是最重要的. 条件概率密度又称转移概率密度. 若其转移概率密度不随时间平移而变, 则称该马尔可夫过程为平稳, 即对任一时间平移 Δt,

$$p(x_k,t_k|x_j,t_j)=p(x_k,t_k+\Delta t|x_j,t_j+\Delta t)=p(x_\tau,\tau|x_0,0), \tag{4.2.5}$$

其中 $\tau=t_k-t_j$, x_τ 和 x_0 分别是 $X(\tau)$ 和 $X(0)$ 的状态变量. 此时, 平稳概率密度可令转移时间区间趋于无穷得到, 即

$$p(x)=\lim_{\tau\to\infty}p(x,\tau|x_0). \tag{4.2.6}$$

上述标量马尔可夫过程的概念易推广于矢量马尔可夫过程. 设 $\boldsymbol{X}(t)=[X_1(t), X_2(t),\cdots, X_n(t)]^{\mathrm{T}}$ 为 n 维矢量马尔可夫过程, 它满足

$$p(\boldsymbol{x}_n,t_n|\boldsymbol{x}_{n-1},t_{n-1};\cdots;\boldsymbol{x}_1,t_1)=p(\boldsymbol{x}_n,t_n|\boldsymbol{x}_{n-1},t_{n-1}). \tag{4.2.7}$$

注意, 矢量马尔可夫过程的分量可以是也可以不是标量马尔可夫过程.

4.2.2 福克–普朗克–柯尔莫哥洛夫方程

考虑三个时刻 $t_1<t<t_2$, 由 (4.2.7) 与 (4.2.4) 可得

$$p(\boldsymbol{x}_2,t_2|\boldsymbol{y},t;\boldsymbol{x}_1,t_1)=p(\boldsymbol{x}_2,t_2|\boldsymbol{y},t)p(\boldsymbol{y},t|\boldsymbol{x}_1,t_1). \tag{4.2.8}$$

在 (4.2.8) 中对 $\boldsymbol{y}$ 积分, 得

$$p(\boldsymbol{x}_2,t_2|\boldsymbol{x}_1,t_1)=\int p(\boldsymbol{x}_2,t_2|\boldsymbol{y},t)p(\boldsymbol{y},t|\boldsymbol{x}_1,t_1)\mathrm{d}\boldsymbol{y}. \tag{4.2.9}$$

(4.2.9) 是著名的查普曼–柯尔莫哥洛夫–斯莫拉伍斯基 (Chapman-Kolmogorov-Smoluwski) 方程, 它是支配转移概率密度的积分方程. 为便于分析, 积分方程 (4.2.9) 可转换成等价的微分方程, 即著名的福克–普朗克–柯尔莫哥洛夫 (Fokker-Planck-Kolmogorov, FPK) 方程

$$\frac{\partial}{\partial t}p+\sum_{j=1}^{n}\frac{\partial}{\partial x_j}(a_jp)-\frac{1}{2}\sum_{j,k=1}^{n}\frac{\partial^2}{\partial x_j\partial x_k}(b_{jk}p)+\frac{1}{3!}\sum_{j,k,l=1}^{n}\frac{\partial^3}{\partial x_j\partial x_k\partial x_l}(c_{jkl}p)-\cdots=0, \tag{4.2.10}$$

式中 $p = p(\boldsymbol{x}, t|\boldsymbol{x}_0, t_0)$ 是转移概率密度,

$$\begin{aligned}
a_j &= a_j(\boldsymbol{x}, t) = \lim_{\Delta t \to 0} \frac{1}{\Delta t} E[X_j(t+\Delta t) - X_j(t)|\boldsymbol{X}(t) = \boldsymbol{x}], \\
b_{jk} &= b_{jk}(\boldsymbol{x}, t) = \lim_{\Delta t \to 0} \frac{1}{\Delta t} E\{[X_j(t+\Delta t) - X_j(t)][X_k(t+\Delta t) - X_k(t)]|\boldsymbol{X}(t) = \boldsymbol{x}\}, \\
c_{jkl} &= c_{jkl}(\boldsymbol{x}, t) = \lim_{\Delta t \to 0} \frac{1}{\Delta t} E\{[X_j(t+\Delta t) - X_j(t)][X_k(t+\Delta t) - X_k(t)] \\
&\qquad \times [X_l(t+\Delta t) - X_l(t)]|\boldsymbol{X}(t) = \boldsymbol{x}\}, \\
&\cdots
\end{aligned} \tag{4.2.11}$$

函数 a_j, b_{jk}, c_{jkl}, $\cdots$ 称为导数矩, 它给出在 $\boldsymbol{X}(t) = \boldsymbol{x}$ 条件下, 在 t 时刻上 $\boldsymbol{X}(t)$ 的各增量矩的速率. 从查普曼–柯尔莫哥洛夫–斯莫拉伍斯基方程 (4.2.9) 推导 FPK 方程 (4.2.10) 的详细步骤可见专著 (Lin 与 Cai, 1995).

在许多实际问题中, 高于二阶的导数矩为零, 于是 (4.2.10) 化为

$$\frac{\partial}{\partial t} p + \sum_{j=1}^{n} \frac{\partial}{\partial x_j}(a_j p) - \frac{1}{2} \sum_{j,k=1}^{n} \frac{\partial^2}{\partial x_j \partial x_k}(b_{jk} p) = 0. \tag{4.2.12}$$

通常所说的 FPK 方程是指 (4.2.12), 此时, 马尔可夫过程 $\boldsymbol{X}(t)$ 称为马尔可夫扩散过程, 或简称扩散过程.

FPK 方程 (4.2.12) 可重写为

$$\frac{\partial}{\partial t} p + \sum_{j=1}^{n} \frac{\partial}{\partial x_j} G_j = 0, \tag{4.2.13}$$

式中

$$G_j = a_j p - \frac{1}{2} \sum_{k=1}^{n} \frac{\partial}{\partial x_k}(b_{jk} p). \tag{4.2.14}$$

方程 (4.2.13) 类比于流体力学中表示流体质量守恒的连续性方程, 因此, (4.2.13) 可解释为概率守恒方程, 而 G_j 为概率流矢量 $G(\boldsymbol{x}, t|\boldsymbol{x}_0, t_0)$ 的第 j 个分量.

方程 (4.2.12) 是关于时间 t 为一阶、关于状态变量 $\boldsymbol{x}$ 为二阶的偏微分方程. 对实际问题, 导数矩 $a_j(\boldsymbol{x},t)$ 与 $b_{jk}(\boldsymbol{x},t)$ 可由系统的运动方程确定. 此外, 为求解 FPK 方程, 尚需根据实际问题导出的恰当的初始条件与边界条件. 在许多问题中, 初始状态是固定的, 则初始条件为

$$p(\boldsymbol{x}, t_0|\boldsymbol{x}_0, t_0) = \delta(\boldsymbol{x} - \boldsymbol{x}_0) = \prod_{j=1}^{n} \delta(x_j - x_{j0}). \tag{4.2.15}$$

边界条件取决于系统的样本性态. 对非无穷远处边界, 有若干典型边界：反射边界、吸收边界及周期边界. 对许多工程问题, 无穷远处边界很重要. 在无穷远处边界, 概

率流为零, 即

$$\lim_{x_j \to \pm\infty} \boldsymbol{G}(\boldsymbol{x}, t|\boldsymbol{x}_0, t_0) = 0. \tag{4.2.16}$$

此外, 由于总概率有限, 有

$$\lim_{x_j \to \pm\infty} p(\boldsymbol{x}, t|\boldsymbol{x}_0, t_0) = 0. \tag{4.2.17}$$

而且它趋于零的速度至少快如 $|x_j|^{-\alpha}$, 其中 $\alpha > 1$, 由具体系统确定.

如 (4.2.6) 所示, 马尔可夫扩散过程到达平稳状态时, 其平稳概率密度为转移概率密度的极限. 此时, (4.2.12) 中时间导数为零, 从而得到所谓简化 FPK 方程

$$\sum_{j=1}^{n} \frac{\partial}{\partial x_j}(a_j p) - \frac{1}{2}\sum_{j,k=1}^{n} \frac{\partial^2}{\partial x_j \partial x_k}(b_{jk} p) = 0, \tag{4.2.18}$$

式中 $p = p(\boldsymbol{x})$ 为平稳概率密度, a_j 与 b_{jk} 与时间 t 无关. (4.2.18) 又可写为

$$\sum_{j=1}^{n} \frac{\partial}{\partial x_j} G_j = 0, \quad G_j = a_j p - \frac{1}{2}\sum_{k=1}^{n} \frac{\partial}{\partial x_k}(b_{jk} p). \tag{4.2.19}$$

4.2.3 柯尔莫哥洛夫后向方程

在 FPK 方程中, 未知函数 $p(\boldsymbol{x}, t|\boldsymbol{x}_0, t_0)$ 被当作 t 与 $\boldsymbol{x}$ 的函数, 而 t_0 与 $\boldsymbol{x}_0$ 被看作参数. FPK 方程又称为柯尔莫哥洛夫前向方程, 因为其中 $\dfrac{\partial p}{\partial t}$ 项是关于后一时间 t 的导数, 与后一时间 t 相应的状态变量 $\boldsymbol{x}$ 称为前向变量. 反之, $p(\boldsymbol{x}, t|\boldsymbol{x}_0, t_0)$ 也可当作 t_0 与 $\boldsymbol{x}_0$ 的函数, 而把 t 与 $\boldsymbol{x}$ 看作参数. 此时与 (4.2.10) 相应的另一方程为

$$\frac{\partial p}{\partial t_0} + \sum_{j=1}^{n} a_j \frac{\partial p}{\partial x_{j0}} + \frac{1}{2}\sum_{j,k=1}^{n} b_{jk} \frac{\partial^2 p}{\partial x_{j0} \partial x_{k0}} + \frac{1}{3!}\sum_{j,k,l=1}^{n} c_{jkl} \frac{\partial^3 p}{\partial x_{j0} \partial x_{k0} \partial x_{l0}} + \cdots = 0, \tag{4.2.20}$$

式中 a_j, b_{jk}, c_{jkl}, $\cdots$ 仍是导数矩, 只是它们是 $\boldsymbol{x}_0$ 与 t_0 的函数. 后向方程 (4.2.20) 的推导在专著 (Lin 与 Cai, 1995) 中给出.

对马尔可夫扩散过程, (4.2.20) 化为

$$\frac{\partial p}{\partial t_0} + \sum_{j=1}^{n} a_j(\boldsymbol{x}_0, t_0) \frac{\partial p}{\partial x_{j0}} + \frac{1}{2}\sum_{j,k=1}^{n} b_{jk}(\boldsymbol{x}_0, t_0) \frac{\partial^2 p}{\partial x_{j0} \partial x_{k0}} = 0. \tag{4.2.21}$$

方程 (4.2.20) 与 (4.2.21) 称为柯尔莫哥洛夫后向方程, $\boldsymbol{x}_0$ 为后向变量. FPK 方程 (前向方程) 通常用于求概率密度, 而后向方程可用于研究首次穿越问题 (见第 9 章).

后向方程的初始条件与前向方程的初始条件相同, 例如, 对一固定的状态, 初始条件为 (4.2.15). 显然, 初始状态变量 x_{j0}, $j = 1, 2, \cdots, n$, 不可能在无穷远处. 类似于前向方程, 后向方程的有限边界也可分为反射、吸收及周期边界.

4.2.4 维纳过程

最简单的马尔可夫扩散过程是维纳 (Wiener) 过程, 又称为布朗 (Brownian) 运动过程, 以 $B(t)$ 表示. 一个随机过程 $B(t)$ 称为维纳过程, 若下列条件满足: ① $B(t)$ 是高斯过程; ② $B(0)=0$; ③ $E[B(t)]=0$, 及④

$$E[B(t_1)B(t_2)]=\sigma^2\min(t_1,t_2), \tag{4.2.22}$$

式中 σ^2 称为维纳过程的强度. (4.2.22) 表明, 维纳过程不是平稳过程. 设 $t_1<t_2\leqslant t_3<t_4$, 由 (4.2.22) 得

$$\begin{aligned}&E\{[B(t_2)-B(t_1)][B(t_4)-B(t_3)]\}\\=&E[B(t_2)B(t_4)-B(t_1)B(t_4)-B(t_2)B(t_3)+B(t_1)B(t_3)]\\=&\sigma^2(t_2-t_1-t_2+t_1)=0.\end{aligned} \tag{4.2.23}$$

按充分条件 (4.2.2), $B(t)$ 是马尔可夫过程.

可导出维纳过程的更多性质. 首先, 如 (4.2.22) 所示, 其相关函数在对角线 $t_1=t_2$ 上连续, 因此 $B(t)$ 在 L_2 上连续. 此外, 用 (3.5.19) 可求得导数 $\dot{B}(t)$ 的相关函数

$$\begin{aligned}E[\dot{B}(t_1)\dot{B}(t_2)]&=\frac{\partial^2}{\partial t_1\partial t_2}E[B(t_1)B(t_2)]\\&=\sigma^2\frac{\partial^2}{\partial t_1\partial t_2}\min(t_1,t_2)=\sigma^2\frac{\partial H(t_2-t_1)}{\partial t_2}=\sigma^2\delta(t_2-t_1).\end{aligned} \tag{4.2.24}$$

式中 $H(t)$ 是赫维赛德单位阶跃函数

$$H(t)=\begin{cases}1, & t>0,\\0, & t<0.\end{cases} \tag{4.2.25}$$

在推导 (4.2.24) 时用到了

$$\frac{\partial}{\partial t_1}\min(t_1,t_2)=\begin{cases}1, & t_1<t_2,\\0, & t_1>t_2\end{cases}=H(t_2-t_1). \tag{4.2.26}$$

方程 (4.2.24) 表明, $B(t)$ 在 L_2 意义上不可微, 因为相关函数的混合偏导数在 $t_1=t_2$ 上无界.

$B(t)$ 的微分增量记为

$$\mathrm{d}B(t)=B(t+\mathrm{d}t)-B(t). \tag{4.2.27}$$

应用 (4.2.22), 得

$$E[\mathrm{d}B(t_1)\mathrm{d}B(t_2)] = \begin{cases} \sigma^2\mathrm{d}t, & t_1 = t_2, \\ 0, & t_1 \neq t_2, \end{cases} \tag{4.2.28}$$

从而

$$E[B(t+\mathrm{d}t) - B(t)] = 0, \quad E\{[B(t+\mathrm{d}t) - B(t)]^2\} = \sigma^2\mathrm{d}t. \tag{4.2.29}$$

按 (4.2.11), 一、二阶导数矩为

$$a = 0, \quad b = \sigma^2. \tag{4.2.30}$$

由于维纳过程 $B(t)$ 是高斯过程, 所有高于二阶的导数矩为零, 所以它是扩散过程, 其 FPK 方程为

$$\frac{\partial}{\partial t}p - \frac{1}{2}\sigma^2\frac{\partial^2 p}{\partial z^2} = 0, \tag{4.2.31}$$

式中 z 是 $B(t)$ 的状态变量, $p = p(z,t|z_0,t_0)$ 是转移概率密度. 在下列初始条件与边界条件下

$$\lim_{t\to t_0} p(z,t|z_0,t_0) = \delta(z-z_0), \quad \lim_{z\to\pm\infty}\frac{\partial}{\partial z}p(z,t|z_0,t_0) = 0, \tag{4.2.32}$$

(4.2.31) 的解为

$$p(z,t|z_0,t_0) = \frac{1}{\sqrt{2\pi(t-t_0)}\sigma}\exp\left[-\frac{(z-z_0)^2}{2\sigma^2(t-t_0)}\right]. \tag{4.2.33}$$

正如所预期的, $B(t)$ 为具有均值 z_0 与标准差 $\sigma\sqrt{t-t_0}$ 的高斯过程.

维纳过程的另一个重要性质是著名的列维振荡性 (Levy, 1948). 设 $B(t)$ 是定义在有限时间区间 $[a,\ b]$ 上的维纳过程, 将 $[a,\ b]$ 分成 n 个子区间 $a = t_0 < t_1 < \cdots < t_{n-1} < t_n = b$, 记 $\Delta t_j = t_j - t_{j-1}$, $\varDelta_n = \max\limits_{1\leqslant j\leqslant n}\Delta t_j$. 列维振荡性表示为

$$\underset{\substack{n\to\infty \\ \Delta_n\to 0}}{\text{l.i.m.}}\sum_{j=1}^{n}[B(t_j) - B(t_{j-1})]^2 = \sigma^2(b-a). \tag{4.2.34}$$

其证明在专著 (Lin 与 Cai, 1995) 中给出. 注意, (4.2.34) 中的收敛是在均方 (L_2) 意义上. 已知列维振荡性在几乎肯定, 即概率为 1 意义上亦有效 (Karlin 与 Taylor, 1975), 这意味着

$$\mathrm{d}B(t_1)\mathrm{d}B(t_2) = \begin{cases} \sigma^2\mathrm{d}t, & t_1 = t_2, \\ 0, & t_1 \neq t_2. \end{cases} \tag{4.2.35}$$

这是比 (4.2.28) 强得多的陈述. (4.2.35) 表明. $\mathrm{d}B(t)$ 具有 $(\mathrm{d}t)^{1/2}$ 量级. 因此, 再次证明, $\mathrm{d}B(t)/\mathrm{d}t$ 随 $\mathrm{d}t\to 0$ 变成无界, $B(t)$ 在 L_2 意义上不可微.

除了 $B(t)$ 在 L_2 意义上不可微外, 还可证 $B(t)$ 在任一有限时间区间内的变化是无界的. 因此, 维纳过程只是一类物理过程的理想化数学模型.

4.2.5　维纳过程与高斯白噪声之间的关系

考虑下列方程

$$\frac{\mathrm{d}X(t)}{\mathrm{d}t}=W(t),\quad X(0)=0,\tag{4.2.36}$$

式中 $W(t)$ 是具有谱密度 K 的高斯白噪声, 即

$$E[W(t)]=0,\quad E[W(t)W(t+\tau)]=2\pi K\delta(\tau).\tag{4.2.37}$$

借助 (4.2.36), $X(t)$ 可表示为

$$X(t)=\int_0^t W(u)\mathrm{d}u.\tag{4.2.38}$$

从而有

$$E[X(t)]=\int_0^t E[W(u)]\mathrm{d}u=0,\tag{4.2.39}$$

$$E[X(t_1)X(t_2)]=\int_0^{t_1}\int_0^{t_2}E[W(u)W(v)]\mathrm{d}u\mathrm{d}v=2\pi K\int_0^{t_1}\int_0^{t_2}\delta(u-v)\mathrm{d}u\mathrm{d}v.\tag{4.2.40}$$

不失一般性, 假定 $t_1<t_2$, (4.2.40) 中最后一个积分可按下式算出

$$\int_0^{t_1}\int_0^{t_2}\delta(u-v)\mathrm{d}u\mathrm{d}v=\int_0^{t_1}\int_0^{t_1}\delta(u-v)\mathrm{d}u\mathrm{d}v+\int_0^{t_1}\int_{t_1}^{t_2}\delta(u-v)\mathrm{d}u\mathrm{d}v=\int_0^{t_1}\mathrm{d}v=t_1.\tag{4.2.41}$$

于是有

$$E[X(t_1)X(t_2)]=2\pi K\min(t_1,t_2).\tag{4.2.42}$$

按维纳过程的定义, $X(t)$ 是维纳过程. (4.2.36) 可写成

$$\frac{\mathrm{d}B(t)}{\mathrm{d}t}=W(t).\tag{4.2.43}$$

而维纳过程的强度 σ^2 与高斯白噪声的谱密度之间的关系为

$$\sigma^2=2\pi K.\tag{4.2.44}$$

注意, (4.2.43) 只是一种形式上的关系, 因为维纳过程 $B(t)$ 在 L_2 意义上不可微.

(4.2.43) 也可从 (4.2.24) 与 (3.6.16) 的比较中得到, 这两个式子表明维纳过程的导数 $\dot{B}(t)$ 与高斯白噪声 $W(t)$ 的相关函数同为 δ 函数.

4.2.6 伊藤随机微分方程

作为最简单的马尔可夫扩散过程, 维纳过程 $B(t)$ 可通过随机微分方程用于构造其他马尔可夫扩散过程. 按照伊藤 (Ito, 1951a), 一个标量马尔可夫扩散过程可由下式产生:

$$\mathrm{d}X(t) = m(X,t)\mathrm{d}t + \sigma(X,t)\mathrm{d}B(t). \tag{4.2.45}$$

式中 $B(t)$ 是单位维纳过程, 即

$$E[B(t_1)B(t_2)] = \min(t_1,t_2), \quad E[\mathrm{d}B(t_1)\mathrm{d}B(t_2)] = \begin{cases} 0, & t_1 \neq t_2, \\ \mathrm{d}t, & t_1 = t_2 = t. \end{cases} \tag{4.2.46}$$

方程 (4.2.45) 中, 函数 m 与 σ 可依赖于 $X(t)$, 也可显含 t. 方程 (4.2.45) 有如下形式解

$$X(t) = X(0) + \int_0^t m(X,\tau)\mathrm{d}\tau + \int_0^t \sigma(X,\tau)\mathrm{d}B(\tau). \tag{4.2.47}$$

方程 (4.2.47) 中最后一项是 3.5.6 节中描述的斯蒂尔切斯积分, 即

$$\int_0^t \sigma[X(\tau),\tau]\mathrm{d}B(\tau) = \underset{\substack{n\to\infty \\ \Delta_n\to 0}}{\mathrm{l.i.m.}} \sum_{j=1}^{n} \sigma[X(\tau_j'),\tau_j'][B(\tau_{j+1}) - B(\tau_j)], \tag{4.2.48}$$

式中 $0 = \tau_1<\tau_2<\cdots<\tau_n<\tau_{n+1} = t$, $\Delta_n = \max(\tau_{j+1} - \tau_j)$, $\tau_j \leqslant \tau_j' \leqslant \tau_{j+1}$. 由于 $B(t)$ 是一个很不平常的随机过程, 它不可微, 在任一有限的时间区间上有无界变化, 所以这个斯蒂尔切斯积分必须做恰当的解释. 关键在于 τ_j' 的选取. 有两种选择, 一是伊藤型, 一是斯特拉多诺维奇 (Stratonovich) 型.

伊藤积分选取 $\tau_j' = \tau_j$, 斯蒂尔切斯积分 (4.2.48) 变成

$$\int_0^t \sigma[X(\tau),\tau]\mathrm{d}B(\tau) = \underset{\substack{n\to\infty \\ \Delta_n\to 0}}{\mathrm{l.i.m.}} \sum_{j=1}^{n} \sigma[X(\tau_j),\tau_j][B(\tau_{j+1}) - B(\tau_j)]. \tag{4.2.49}$$

借助伊藤积分, 微分方程 (4.2.45) 称为伊藤随机微分方程 (Ito, 1951a). 随机过程 $X(t)$ 为扩散过程, 函数 m 与 σ 分别称为漂移系数与扩散系数. 在伊藤积分 (4.2.49) 中, 差 $[B(\tau_{j+1}) - B(\tau_j)]$ 在 τ_j 的前向时间区间上取值, 而 $\sigma[X(\tau),\tau]$ 在 τ_j 上取值, 这保证了 (4.2.45) 中 $\mathrm{d}B(t)$ 独立于 $X(t)$.

为了得到一、二阶导数矩, 考虑一个很小 Δt, 记

$$\begin{aligned} X(t+\Delta t) - X(t) &= \int_t^{t+\Delta t} m[X(\tau),\tau]\mathrm{d}\tau + \int_t^{t+\Delta t} \sigma[X(\tau),\tau]\mathrm{d}B(\tau) \\ &\approx m[X(t),t]\Delta t + \sigma[X(t),t][B(t+\Delta t) - B(t)]. \end{aligned} \tag{4.2.50}$$

由 (4.2.11), 有

$$a(x,t)=\lim_{\Delta t\to 0}\frac{1}{\Delta t}E[X(t+\Delta t)-X(t)|X(t)=x]=m(x,t), \tag{4.2.51}$$

$$b(x,t)=\lim_{\Delta t\to 0}\frac{1}{\Delta t}E\{[X(t+\Delta t)-X(t)]^2|X(t)=x\}=\sigma^2(x,t). \tag{4.2.52}$$

因此, FPK 方程中一、二阶导数矩可分别从漂移系数与扩散系数直接得到. 不过要注意, 一、二阶导数矩是状态变量 x 的函数, 而漂移系数与扩散系数是随机过程 $X(t)$ 的函数.

上述分析可引申于 n 维情形. 一个 n 维矢量马尔可夫扩散过程由下列一组伊藤随机微分方程产生

$$\mathrm{d}X_j(t)=m_j(\boldsymbol{X},t)\mathrm{d}t+\sum_{l=1}^{m}\sigma_{jl}(\boldsymbol{X},t)\mathrm{d}B_l(t),\quad j=1,2,\cdots,n, \tag{4.2.53}$$

式中 $B_l(t)$, $l=1, 2, \cdots, m$ 为独立单位维纳过程, 相应 FPK 方程中的一、二阶导数矩由下式得到

$$a_j(\boldsymbol{x},t)=m_j(\boldsymbol{x},t),\quad b_{jk}(\boldsymbol{x},t)=\sum_{l=1}^{m}\sigma_{jl}(\boldsymbol{x},t)\sigma_{kl}(\boldsymbol{x},t). \tag{4.2.54}$$

它可写成矩阵形式

$$\boldsymbol{a}(\boldsymbol{x},t)=\boldsymbol{m}(\boldsymbol{x},t),\quad \boldsymbol{b}(\boldsymbol{x},t)=\boldsymbol{\sigma}(\boldsymbol{x},t)\boldsymbol{\sigma}^{\mathrm{T}}(\boldsymbol{x},t). \tag{4.2.55}$$

考虑矢量马尔可夫过程 $\boldsymbol{X}(t)$ 的一个函数 $F(\boldsymbol{X},t)$, 它对 t 可微, 对 $\boldsymbol{X}(t)$ 两次可微. $F(\boldsymbol{X},t)$ 的微分为

$$\mathrm{d}F(\boldsymbol{X},t)=\frac{\partial F}{\partial t}\mathrm{d}t+\sum_{j=1}^{n}\frac{\partial F}{\partial X_j}\mathrm{d}X_j+\frac{1}{2}\sum_{j,k=1}^{n}\frac{\partial^2 F}{\partial X_j\partial X_k}\mathrm{d}X_j\mathrm{d}X_k+\cdots. \tag{4.2.56}$$

将 (4.2.53) 代入 (4.2.56) 中的 $\mathrm{d}X_j$, 利用维纳过程的性质 (4.2.35), 保留 $\mathrm{d}t$ 与 $\mathrm{d}B_l(t)$ 的同阶量, 得

$$\begin{aligned}\mathrm{d}F(\boldsymbol{X},t)=&\left(\frac{\partial F}{\partial t}+\sum_{j=1}^{n}m_j\frac{\partial F}{\partial X_j}+\frac{1}{2}\sum_{j,k=1}^{n}\sum_{l=1}^{m}\sigma_{jl}\sigma_{kl}\frac{\partial^2 F}{\partial X_j\partial X_k}\right)\mathrm{d}t\\&+\sum_{j=1}^{n}\sum_{l=1}^{m}\sigma_{jl}\frac{\partial F}{\partial X_j}\mathrm{d}B_l.\end{aligned} \tag{4.2.57}$$

方程 (4.2.57) 称为伊藤微分规则或伊藤引理 (Ito, 1951b). 对含单个维纳过程的一维系统, (4.2.57) 简化为

$$\mathrm{d}F(X,t)=\left(\frac{\partial F}{\partial t}+m\frac{\partial F}{\partial X}+\frac{1}{2}\sigma^2\frac{\partial^2 F}{\partial X^2}\right)\mathrm{d}t+\sigma\frac{\partial F}{\partial X}\mathrm{d}B(t). \tag{4.2.58}$$

伊藤引理表明, 一个马尔可夫扩散过程的函数的伊藤方程可直接而简单地导得, 这一性质是用伊藤随机微分方程描述马尔可夫扩散过程的一个优点.

4.2.7 斯特拉多诺维奇随机微分方程

与伊藤积分和伊藤方程相对的是斯特拉多诺维奇积分与方程, 在斯蒂尔切斯积分 (4.2.48) 中取 $\tau'_j=\dfrac{1}{2}(\tau_j+\tau_{j+1})$, 记为 $\tau_{j+1/2}$, 即

$$\int_0^t \sigma[X(\tau),\tau]\circ \mathrm{d}B(\tau)=\underset{\substack{n\to\infty\\ \Delta_n\to 0}}{\mathrm{l.i.m.}}\sum_{j=1}^{n}\sigma[X(\tau_{j+1/2}),\tau_{j+1/2}][B(\tau_{j+1})-B(\tau_j)], \tag{4.2.59}$$

式中在 $\sigma[X(\tau),\tau]$ 与 $\mathrm{d}B(t)$ 之间插入一个小圆圈表示斯特拉多诺维奇积分. 相应地, 微分方程称为斯特拉多诺维奇随机微分方程, 记为

$$\mathrm{d}X(t)=\tilde{m}(X,t)\mathrm{d}t+\tilde{\sigma}(X,t)\circ\mathrm{d}B(t). \tag{4.2.60}$$

为找出伊藤与斯特拉多诺维奇随机微分方程之间的差别, 求斯特拉多诺维奇随机微分方程 (4.2.60) 相应的 FPK 方程中的一、二阶导数矩. 对很小的 Δt, 由 (4.2.60) 有

$$\begin{aligned}X(t+\Delta t)-X(t)&=\int_t^{t+\Delta t}\tilde{m}[X(\tau),\tau]\mathrm{d}\tau+\int_t^{t+\Delta t}\tilde{\sigma}[X(\tau),\tau]\circ\mathrm{d}B(\tau)\\&\approx\tilde{m}[X(t),t]\Delta t+\tilde{\sigma}\left[X\left(t+\frac{1}{2}\Delta t\right),t+\frac{1}{2}\Delta t\right][B(t+\Delta t)-B(t)].\end{aligned} \tag{4.2.61}$$

在时刻 t 展开 $\tilde{\sigma}$ 函数

$$\begin{aligned}\tilde{\sigma}\left[X\left(t+\frac{1}{2}\Delta t\right),t+\frac{1}{2}\Delta t\right]&\approx\tilde{\sigma}\left[\frac{1}{2}X(t+\Delta t)+\frac{1}{2}X(t),t+\frac{1}{2}\Delta t\right]\\&=\tilde{\sigma}_t+\frac{1}{2}\left(\frac{\partial\tilde{\sigma}}{\partial t}\right)_t\Delta t\\&\quad+\frac{1}{2}\left(\frac{\partial\tilde{\sigma}}{\partial X}\right)_t[X(t+\Delta t)-X(t)]+\cdots,\end{aligned} \tag{4.2.62}$$

式中下标 t 表示该项求值的时刻, 即

$$\begin{gathered}\tilde{m}_t=\tilde{m}[X(t),t],\quad \tilde{\sigma}_t=\tilde{\sigma}[X(t),t],\\\left(\frac{\partial\tilde{\sigma}}{\partial t}\right)_t=\frac{\partial\tilde{\sigma}[X(t),t]}{\partial t},\quad \left(\frac{\partial\tilde{\sigma}}{\partial X}\right)_t=\frac{\partial\tilde{\sigma}[X(t),t]}{\partial X}.\end{gathered} \tag{4.2.63}$$

将 (4.2.62) 代入 (4.2.61) 得到

$$X(t+\Delta t)-X(t)=\tilde{m}_t\Delta t+\tilde{\sigma}_t[B(t+\Delta t)-B(t)]$$

$$+\frac{1}{2}\tilde{\sigma}_t\left(\frac{\partial\tilde{\sigma}}{\partial X}\right)_t[B(t+\Delta t)-B(t)]^2+O(\Delta t^{3/2}), \tag{4.2.64}$$

式中 $O(\cdot)$ 表示该项值的量级. 一、二阶导数矩可按 (4.2.11) 求得为

$$\begin{aligned}a(x,t)=&\lim_{\Delta t\to 0}\frac{1}{\Delta t}E[X(t+\Delta t)-X(t)|X(t)=x]\\=&\tilde{m}(x,t)+\frac{1}{2}\tilde{\sigma}(x,t)\frac{\partial\tilde{\sigma}(x,t)}{\partial x},\end{aligned} \tag{4.2.65}$$

$$b(x,t)=\lim_{\Delta t\to 0}\frac{1}{\Delta t}E\{[X(t+\Delta t)-X(t)]^2|X(t)=x\}=\tilde{\sigma}^2(x,t). \tag{4.2.66}$$

于是, 伊藤与斯特拉多诺维奇方程之间的差别可从比较 (4.2.51) 与 (4.2.65) 中看出. 对相同形式的两类方程 (4.2.45) 与 (4.2.60), 二阶导数矩相同, 但若斯特拉多诺维奇方程中, $\tilde{\sigma}(X,t)$ 显含 $X(t)$, 则一阶导数矩不同, 可按下列关系在伊藤与斯特拉多诺维奇方程之间转换

$$m(X,t)=\tilde{m}(X,t)+\frac{1}{2}\tilde{\sigma}(X,t)\frac{\partial\tilde{\sigma}(X,t)}{\partial X},\quad \sigma(X,t)=\tilde{\sigma}(X,t), \tag{4.2.67}$$

式中$\frac{1}{2}\tilde{\sigma}(X,t)\frac{\partial\tilde{\sigma}(X,t)}{\partial X}$ 称为 Wong-Zakai 修正项 (Wong 与 Zakai, 1965). 换言之, 等价于斯特拉多诺维奇方程 (4.2.60) 的伊藤方程为

$$\mathrm{d}X(t)=\left[\tilde{m}(X,t)+\frac{1}{2}\tilde{\sigma}(X,t)\frac{\partial\tilde{\sigma}(X,t)}{\partial X}\right]\mathrm{d}t+\tilde{\sigma}(X,t)\mathrm{d}B(t). \tag{4.2.68}$$

对由斯特拉多诺维奇方程支配的 n 维矢量马尔可夫扩散过程,

$$\mathrm{d}X_j(t)=\tilde{m}_j(\boldsymbol{X},t)\mathrm{d}t+\sum_{l=1}^{m}\tilde{\sigma}_{jl}(\boldsymbol{X},t)\circ\mathrm{d}B_l(t),\quad j=1,2,\cdots,n, \tag{4.2.69}$$

式中 $B_l(t)$ 为独立单位维纳过程. 其一、二阶导数矩为

$$\begin{aligned}a_j(\boldsymbol{x},t)&=\tilde{m}_j(\boldsymbol{x},t)+\frac{1}{2}\sum_{k=1}^{n}\sum_{l=1}^{m}\tilde{\sigma}_{kl}(\boldsymbol{x},t)\frac{\partial\tilde{\sigma}_{jl}(\boldsymbol{x},t)}{\partial x_k},\\b_{jk}(\boldsymbol{x},t)&=\sum_{l=1}^{m}\tilde{\sigma}_{jl}(\boldsymbol{x},t)\tilde{\sigma}_{kl}(\boldsymbol{x},t).\end{aligned} \tag{4.2.70}$$

例 4.2.1　考虑下列伊藤积分

$$\begin{aligned}\int_a^b B(t)\mathrm{d}B(t)=&\underset{\substack{n\to\infty\\ \Delta_n\to 0}}{\mathrm{l.i.m.}}\sum_{j=1}^{n}B(t_j)[B(t_{j+1})-B(t_j)]\\=&\frac{1}{2}\underset{\substack{n\to\infty\\ \Delta_n\to 0}}{\mathrm{l.i.m.}}\sum_{j=1}^{n}\left\{B^2(t_{j+1})-B^2(t_j)-[B(t_{j+1})-B(t_j)]^2\right\}\end{aligned}$$

$$=\frac{1}{2}[B^2(b)-B^2(a)]-\frac{1}{2}\sigma^2(b-a), \tag{4.2.71}$$

式中 $a=t_1<t_2<\cdots<t_n<t_{n+1}=b$, $\Delta_n=\max(\tau_{j+1}-\tau_j)$. 在推导 (4.2.71) 中, 用到了列维振荡性 (4.2.34).

对斯特拉多诺维奇意义上的相同积分, 有

$$\begin{aligned}\int_a^b B(t)\circ \mathrm{d}B(t)&=\underset{\substack{n\to\infty\\ \Delta_n\to 0}}{\mathrm{l.i.m.}}\sum_{j=1}^{n}B\left(\frac{t_{j+1}+t_j}{2}\right)[B(t_{j+1})-B(t_j)]\\&=\frac{1}{2}\underset{\substack{n\to\infty\\ \Delta_n\to 0}}{\mathrm{l.i.m.}}\sum_{j=1}^{n}[B(t_{j+1})+B(t_j)][B(t_{j+1})-B(t_j)]\\&=\frac{1}{2}[B^2(b)-B^2(a)].\end{aligned} \tag{4.2.72}$$

上述两个积分有不同的结果. 斯特拉多诺维奇积分 (4.2.72) 有与普通积分相同的结果.

例 4.2.2 考虑伊藤随机微分方程

$$\mathrm{d}X(t)=KX(t)\mathrm{d}B(t), \tag{4.2.73}$$

式中 K 为常数, $B(t)$ 是单位维纳过程. 令 $Y(t)=\ln X(t)$, 按伊藤微分规则 (4.2.58), 有

$$\mathrm{d}Y(t)=-\frac{1}{2}K^2\mathrm{d}t+K\mathrm{d}B(t). \tag{4.2.74}$$

若将 (4.2.73) 当作普通微分方程, 就不可能从它导得 (4.2.74).

另外, 应用 (4.2.67) 可将 (4.2.73) 转换成斯特拉多诺维奇随机微分方程

$$\tilde{\sigma}(X,t)=\sigma(X,t)=KX(t), \tag{4.2.75}$$

$$\tilde{m}(X,t)=m(X,t)-\frac{1}{2}\sigma(X,t)\frac{\partial\tilde{\sigma}(X,t)}{\partial X}=-\frac{1}{2}K^2X(t) \tag{4.2.76}$$

及

$$\mathrm{d}X(t)=-\frac{1}{2}K^2X(t)\mathrm{d}t+KX(t)\circ\mathrm{d}B(t). \tag{4.2.77}$$

按照普通的微分规则, (4.2.77) 导致

$$\mathrm{d}Y(t)=-\frac{1}{2}K^2\mathrm{d}t+K\circ\mathrm{d}B(t). \tag{4.2.78}$$

(4.2.78) 与 (4.2.74) 相同, 因为扩散系数 K 是常数. 再次表明, 普通微分规则适用于斯特拉多诺维奇型积分与随机微分方程.

虽然 (4.2.67) 与 (4.2.70) 表明, 伊藤与斯特拉多诺维奇方程之间转换很直接, 两类方程各有其优点. 伊藤方程与 FPK 方程之间关系更直接, 而斯特拉多诺维奇方程可按普通微分方程处理.

4.3　受高斯白噪声激励的系统

许多工程系统中, 激励是高斯分布与宽频带的, 可模型化为高斯白噪声. 最简单的这类系统是一维系统, 由下述方程支配

$$\frac{\mathrm{d}}{\mathrm{d}t}X(t) = f(X,t) + g(X,t)W(t), \tag{4.3.1}$$

式中 f 与 g 是确定性函数, $W(t)$ 是高斯白噪声, 其谱密度为 K, 即 $E[W(t)W(t+\tau)]= 2\pi K\delta(\tau)$.

4.2 节曾指出, 斯特拉多诺维奇随机微分方程可按普通微分规则处理. 又如 4.2.5 节所述, 高斯白噪声可代之以维纳过程的导数. 于是, (4.3.1) 可代之以斯特拉多诺维奇方程

$$\mathrm{d}X(t) = f(X,t)\mathrm{d}t + \sqrt{2\pi K}g(X,t) \circ \mathrm{d}B(t), \tag{4.3.2}$$

式中 $B(t)$ 是单位维纳过程. 按 (4.2.67), (4.3.2) 等价于下列伊藤方程

$$\mathrm{d}X(t) = \left[f(X,t) + \pi K g(X,t)\frac{\partial}{\partial X}g(X,t)\right]\mathrm{d}t + \sqrt{2\pi K}g(X,t)\mathrm{d}B(t). \tag{4.3.3}$$

相应的 FPK 方程为

$$\frac{\partial}{\partial t}p + \frac{\partial}{\partial x}\left[\left(f + \pi K g\frac{\partial g}{\partial x}\right)p\right] - \pi K\frac{\partial^2}{\partial x^2}(g^2 p) = 0. \tag{4.3.4}$$

FPK 方程还可用另一种方法推导. 根据 (4.3.1), $X(t)$ 可表示为

$$X(t+\Delta t) - X(t) = \int_t^{t+\Delta t} f[X(u),u]\mathrm{d}u + \int_t^{t+\Delta t} g[X(u),u]W(u)\mathrm{d}u. \tag{4.3.5}$$

在 $u=t$ 上展开 $f[X(u),u]$ 与 $g[X(u),u]$

$$f[X(u),u] = f[X(t),t]+(u-t)\frac{\partial}{\partial t}f[X(t),t]+[X(u)-X(t)]\frac{\partial}{\partial X}f[X(t),t]+\cdots, \tag{4.3.6}$$

$$g[X(u),u] = g[X(t),t]+(u-t)\frac{\partial}{\partial t}g[X(t),t]+[X(u)-X(t)]\frac{\partial}{\partial X}g[X(t),t]+\cdots. \tag{4.3.7}$$

在 (4.3.6) 与 (4.3.7) 中, 用 (4.3.5) 代替 $[X(u)-X(t)]$, 即

$$X(u) - X(t) = \int_t^u f[X(v),v]\mathrm{d}v + \int_t^u g[X(v),v]W(v)\mathrm{d}v. \tag{4.3.8}$$

结合 (4.3.5)~(4.3.8), 只保留领头项, 得

$$X(t+\Delta t) - X(t) = f[X(t),t]\Delta t + g[X(t),t]\int_t^{t+\Delta t} W(u)\mathrm{d}u$$

$$
\begin{aligned}
&+\left[\frac{\partial}{\partial t}g[X(t),t]\right]\int_t^{t+\Delta t}(u-t)W(u)\mathrm{d}u \\
&+\left[\frac{\partial}{\partial X}g[X(t),t]\right]\int_t^{t+\Delta t}W(u)\mathrm{d}u\int_t^u g[X(v),v]W(v)\mathrm{d}v+\cdots.
\end{aligned} \tag{4.3.9}
$$

由于 $E[W(t)]=0$, $E[W(t)W(t+\tau)]=2\pi K\delta(\tau)$, 由 (4.3.9) 得

$$
\begin{aligned}
\lim_{\Delta t\to 0}\frac{1}{\Delta t}E[X(t+\Delta t)-X(t)]=f[X(t),t]+\frac{2\pi K}{\Delta t}\left[\frac{\partial}{\partial X}g[X(t),t]\right] \\
\times\int_t^{t+\Delta t}\mathrm{d}u\int_t^u g[X(v),v]\delta(u-v)\mathrm{d}v+O(\Delta t).
\end{aligned} \tag{4.3.10}
$$

为计算 (4.3.10) 中的积分, 令 $\tau=u-v$, 改变双重积分的顺序, 得

$$
\int_t^{t+\Delta t}\mathrm{d}u\int_t^u g[X(v),v]\delta(u-v)\mathrm{d}v=\int_0^{\Delta t}\delta(\tau)\mathrm{d}\tau\int_{t+\tau}^{t+\Delta t}g[X(u-\tau),u-\tau]\mathrm{d}u. \tag{4.3.11}
$$

将 (4.3.11) 代入 (4.3.10), 考虑到① 对 $\tau\neq 0$, $\delta(\tau)=0$; ② $\int_0^{\Delta t}\delta(\tau)\mathrm{d}\tau=\frac{1}{2}$, 式 (4.3.10) 化为

$$
\lim_{\Delta t\to 0}\frac{1}{\Delta t}E[X(t+\Delta t)-X(t)]=f(X,t)+\pi Kg(X,t)\frac{\partial}{\partial X}g(X,t). \tag{4.3.12}
$$

再用 (4.3.5), 得

$$
\begin{aligned}
&\lim_{\Delta t\to 0}\frac{1}{\Delta t}E\left\{[X(t+\Delta t)-X(t)]^2\right\} \\
&=\lim_{\Delta t\to 0}\frac{1}{\Delta t}\int_t^{t+\Delta t}\mathrm{d}u\int_t^{t+\Delta t}g[X(u),u]g[X(v),v]E[W(u)W(v)]\mathrm{d}v \\
&=2\pi K\lim_{\Delta t\to 0}\frac{1}{\Delta t}\int_t^{t+\Delta t}\mathrm{d}u\int_t^{t+\Delta t}g[X(u),u]g[X(v),v]\delta(u-v)\mathrm{d}v \\
&=2\pi Kg^2(X,t).
\end{aligned} \tag{4.3.13}
$$

然后从 (4.3.12) 与 (4.3.13) 得到一、二阶导数矩

$$
a=f(x,t)+\pi Kg(x,t)\frac{\partial}{\partial x}g(x,t),\quad b=2\pi Kg^2(x,t). \tag{4.3.14}
$$

此导致相同的 FPK 方程 (4.3.4). 从而再次证明了原物理方程 (4.3.1), 斯特拉多诺维奇方程 (4.3.2) 及伊藤方程 (4.3.3) 的等价性.

上述分析可引申于多维情形. 考虑由下列方程支配的矢量随机过程 $\boldsymbol{X}(t)=[X_1(t),X_2(t),\cdots,X_n(t)]^{\mathrm{T}}$.

$$
\frac{\mathrm{d}}{\mathrm{d}t}X_j(t)=f_j(\boldsymbol{X},t)+\sum_{l=1}^m g_{jl}(\boldsymbol{X},t)W_l(t),\quad j=1,\ 2,\cdots,n, \tag{4.3.15}
$$

式中 $W_l(t), l=1, 2, \cdots, m$ 是高斯白噪声, 其相关系数为

$$E[W_l(t)W_s(t+\tau)] = 2\pi K_{ls}\delta(\tau). \tag{4.3.16}$$

与 (4.3.15) 相应的 FPK 方程为

$$\frac{\partial}{\partial t}p + \sum_{j=1}^{n}\frac{\partial}{\partial x_j}(a_j p) - \frac{1}{2}\sum_{j,k=1}^{n}\frac{\partial^2}{\partial x_j \partial x_k}(b_{jk}p) = 0, \tag{4.3.17}$$

式中一、二阶导数矩为

$$a_j(\boldsymbol{x},t) = f_j(\boldsymbol{x},t) + \pi\sum_{r=1}^{n}\sum_{l,s=1}^{m}K_{ls}g_{rs}(\boldsymbol{x},t)\frac{\partial}{\partial x_r}g_{jl}(\boldsymbol{x},t), \tag{4.3.18}$$

$$b_{jk}(\boldsymbol{x},t) = 2\pi\sum_{l,s=1}^{m}K_{ls}g_{jl}(\boldsymbol{x},t)g_{ks}(\boldsymbol{x},t). \tag{4.3.19}$$

可直接写出与 (4.3.15) 等价的斯特拉多诺维奇方程

$$\mathrm{d}X_j(t) = f_j(\boldsymbol{X},t)\mathrm{d}t + \sum_{l=1}^{m}g_{jl}(\boldsymbol{X},t)\circ\mathrm{d}\tilde{B}_l(t), \tag{4.3.20}$$

式中 $\tilde{B}_l(t)$ 为维纳过程, 其增量相关函数为

$$E[\mathrm{d}\tilde{B}_l(t_1)\mathrm{d}\tilde{B}_s(t_2)] = \begin{cases} 2\pi K_{ls}\mathrm{d}t, & t_1 = t_2, \\ 0, & t_1 \neq t_2. \end{cases} \tag{4.3.21}$$

等价的伊藤方程可以从斯特拉多诺维奇方程加上 Wong-Zakai 修正项得到, 也可从一、二阶导数矩 (4.3.18) 与 (4.3.19) 得到

$$\mathrm{d}X_j(t) = a_j(\boldsymbol{X},t)\mathrm{d}t + \sum_{l=1}^{m}\sigma_{jl}(\boldsymbol{X},t)\mathrm{d}B_l(t), \tag{4.3.22}$$

式中 $B_l(t)$ 为独立单位维纳过程, 其增量相关函数为

$$E[\mathrm{d}B_l(t_1)\mathrm{d}B_s(t_2)] = \begin{cases} \delta_{ls}\mathrm{d}t, & t_1 = t_2, \\ 0, & t_1 \neq t_2, \end{cases} \tag{4.3.23}$$

式中 δ_{ls} 是克罗内克 (Kronecker) δ, 即 $\delta_{ls} = 1, l = s$; $\delta_{ls} = 0, l \neq s$. 扩散系数 $\sigma_{jl}(\boldsymbol{X},t)$ 由下式确定

$$\sum_{s=1}^{m}\sigma_{js}(\boldsymbol{X},t)\sigma_{ks}(\boldsymbol{X},t) = b_{jk}(\boldsymbol{X},t) = 2\pi\sum_{l,s=1}^{m}K_{ls}g_{jl}(\boldsymbol{X},t)g_{ks}(\boldsymbol{X},t). \tag{4.3.24}$$

方程 (4.3.24) 表明, 等价的伊藤方程不是唯一的, 只要扩散系数 σ_{jl} 满足 (4.3.24) 即可. 因此, 物理方程、斯特拉多诺维奇方程及伊藤方程的等价性乃是在它们导得相同 FPK 方程的意义上而言的.

例 4.3.1 考虑一个由下列方程支配的随机激励的单自由度振子

$$\ddot{X}+h(X,\dot{X})=XW_1(t)+\dot{X}W_2(t)+W_3(t), \tag{4.3.25}$$

式中 $h(X,\dot{X})$ 表示阻尼力与恢复力, $W_l(t)$, $l=1,2,3$ 是独立的高斯白噪声, 其相关函数为

$$E[W_l(t)W_s(t+\tau)]=2\pi K_{ls}\delta_{ls}\delta(\tau). \tag{4.3.26}$$

记 $X_1=X$, $X_2=\dot{X}$, (4.3.25) 可转换成状态空间的两个方程

$$\begin{aligned}&\dot{X}_1=X_2,\\&\dot{X}_2=-h(X_1,X_2)+X_1W_1(t)+X_2W_2(t)+W_3(t).\end{aligned} \tag{4.3.27}$$

利用 (4.3.18) 与 (4.3.19), 可得一、二阶导数矩

$$a_1=x_2,\quad a_2=-h(x_1,x_2)+\pi K_{22}x_2,$$

$$b_{11}=0,\quad b_{12}=0,\quad b_{21}=0,\quad b_{22}=2\pi K_{11}x_1^2+2\pi K_{22}x_2^2+2\pi K_{33}. \tag{4.3.28}$$

从而 FPK 方程为

$$\frac{\partial}{\partial t}p+\frac{\partial}{\partial x_1}(x_2p)+\frac{\partial}{\partial x_2}\{[(-h(x_1,x_2)+\pi K_{22}x_2]p\}-\pi\frac{\partial^2}{\partial x_2^2}[(K_{11}x_1^2+K_{22}x_2^2+K_{33})p]=0. \tag{4.3.29}$$

相应的斯特拉多诺维奇方程可直接从 (4.3.27) 写出为

$$\begin{aligned}\mathrm{d}X_1=&X_2\mathrm{d}t,\\\mathrm{d}X_2=&-h(X_1,X_2)\mathrm{d}t+\sqrt{2\pi K_{11}}X_1\circ\mathrm{d}B_1(t)+\sqrt{2\pi K_{22}}X_2\circ\mathrm{d}B_2(t)\\&+\sqrt{2\pi K_{33}}\circ\mathrm{d}B_3(t),\end{aligned} \tag{4.3.30}$$

式中 $B_l(t)$, $l=1,2,3$ 是独立的单位维纳过程.

利用 (4.3.24), 等价的伊藤方程可从 (4.3.28) 导出如下

$$\begin{aligned}\mathrm{d}X_1=&X_2\mathrm{d}t,\\\mathrm{d}X_2=&[-h(X_1,X_2)+\pi K_{22}X_2]\mathrm{d}t+\sqrt{2\pi K_{11}}X_1\mathrm{d}B_1(t)\\&+\sqrt{2\pi K_{22}}X_2\mathrm{d}B_2(t)+\sqrt{2\pi K_{33}}\mathrm{d}B_3(t).\end{aligned} \tag{4.3.31}$$

或

$$\begin{aligned}\mathrm{d}X_1 &= X_2\mathrm{d}t,\\ \mathrm{d}X_2 &= [-h(X_1,X_2)+\pi K_{22}X_2]\mathrm{d}t+\sqrt{2\pi(K_{11}X_1^2+K_{22}X_2^2)}\mathrm{d}B_1(t)\\ &\quad+\sqrt{2\pi K_{33}}\mathrm{d}B_2(t).\end{aligned} \tag{4.3.32}$$

或

$$\begin{aligned}\mathrm{d}X_1 &= X_2\mathrm{d}t,\\ \mathrm{d}X_2 &= [-h(X_1,X_2)+\pi K_{22}X_2]\mathrm{d}t\\ &\quad+\sqrt{2\pi(K_{11}X_1^2+K_{22}X_2^2+K_{33})}\mathrm{d}B(t).\end{aligned} \tag{4.3.33}$$

虽然 (4.3.31)~(4.3.33) 有不同的形式, 它们给出相同的 FPK 方程 (4.3.29).

4.4 一维扩散过程

科学与工程中许多物理现象可模型化为一维问题, 或简化为一维问题. 因此, 本节详细研究一维扩散过程.

考虑定义在左边界为 x_l、右边界为 x_r 区间上的一维扩散过程, 它由下列伊藤随机微分方程支配

$$\mathrm{d}X(t) = m(X)\mathrm{d}t + \sigma(X)\mathrm{d}B(t). \tag{4.4.1}$$

式中 $B(t)$ 是单位维纳过程, 漂移与扩散系数可依赖于 $X(t)$, 但不显含 t. 这样一个扩散过程称为时间域上的齐次扩散过程.

4.4.1 概率密度函数

支配转移概率密度 $p(x,t|x_0,t_0)$ 的 FPK 方程为

$$\frac{\partial}{\partial t}p+\frac{\partial}{\partial x}[m(x)p]-\frac{1}{2}\frac{\partial^2}{\partial x^2}[\sigma^2(x)p]=0. \tag{4.4.2}$$

方程 (4.4.2) 可连同适当的初始与边界条件一起求解. 只有线性系统与高斯白噪声外激下的某些简单非线性系统已知方程 (4.4.2) 的精确解. 但是, $X(t)$ 的与时间无关的平稳概率密度 $p(x)$, 如果存在, 则易解得. 该平稳概率密度满足简化 FPK 方程

$$\frac{\mathrm{d}}{\mathrm{d}x}G=\frac{\mathrm{d}}{\mathrm{d}x}\left\{m(x)p-\frac{1}{2}\frac{\mathrm{d}}{\mathrm{d}x}[\sigma^2(x)p]\right\}=0. \tag{4.4.3}$$

积分 (4.4.3) 一次, 得

$$G(x)=m(x)p-\frac{1}{2}\frac{\mathrm{d}}{\mathrm{d}x}[\sigma^2(x)p]=G_c. \tag{4.4.4}$$

方程 (4.4.4) 表明, 概率流在任何处均为一常数. 若平稳概率密度存在, 则可从 (4.4.4) 得到如下

$$p(x)=\frac{\psi(x)}{\sigma^2(x)}\left[C-2G_c\int_{x_l}^{x}\psi^{-1}(u)\mathrm{d}u\right]. \tag{4.4.5}$$

式中 C 为常数, 而

$$\psi(x)=\exp\left[\int\frac{2m(x)}{\sigma^2(x)}\mathrm{d}x\right]. \tag{4.4.6}$$

为确定两个积分常数 G_c 与 C, 需考察所涉及的物理现象. 为确保平稳概率密度存在, 对有限或无穷边界最通常的情形是概率流为零. 于是, (4.4.4) 意味着概率流在一维空间中必须到处为零, 而解 (4.4.5) 简化为

$$p(x)=C\frac{\psi(x)}{\sigma^2(x)}=\frac{C}{\sigma^2(x)}\exp\left[\int\frac{2m(x)}{\sigma^2(x)}\mathrm{d}x\right]. \tag{4.4.7}$$

另一种可能情形是状态空间 $[x_l, x_r)$ 是一个闭合回路, 漂移与扩散系数 $m(x)$ 与 $\sigma(x)$ 为周期函数

$$p(x_l)=p(x_r),\quad G(x_l)=G(x_r)=G_c. \tag{4.4.8}$$

利用 (4.4.8) 与 (4.4.5), 得到

$$G_c=\frac{C}{2}\left[1-\frac{\psi(x_l)}{\psi(x_r)}\right]\left[\int_{x_l}^{x_r}\psi^{-1}(u)\mathrm{d}u\right]^{-1}, \tag{4.4.9}$$

$$p(x)=C\frac{\psi(x)}{\sigma^2(x)}\left\{1-\left[1-\frac{\psi(x_l)}{\psi(x_r)}\right]\frac{\displaystyle\int_{x_l}^{x}\psi^{-1}(u)\mathrm{d}u}{\displaystyle\int_{x_l}^{x_r}\psi^{-1}(u)\mathrm{d}u}\right\}. \tag{4.4.10}$$

(4.4.7) 与 (4.4.10) 中的常数 C 可由概率密度函数的归一化条件确定.

4.4.2 边界分类

由 (4.4.1) 支配的一维扩散过程的定性性态取决于其漂移系数 $m(X)$ 与扩散系数 $\sigma(X)$ 在两边界上的特性. 由 Feller (1952, 1954) 提出, Lin 与 Cai (1995) 引申的扩散过程边界分类如下.

规则边界 过程可从内部点到达边界也可以从边界到达内部点.

越出边界 过程可从内部点到达边界然后停留在边界上.

进入边界 过程一旦到达边界就回到区间内部.

排斥自然边界 过程不能到达边界, 接近边界时受到排斥.

吸引自然边界 过程不能到达边界, 但可接近边界.

严格自然边界　过程不能到达边界, 接近于边界时性态不确定.

按上述分类, 可就扩散过程的性态得出如下结论.

(1) 若两边界为进入或排斥自然边界, 则在定义区间上存在非平凡平稳概率密度;

(2) 若另一边界为进入或排斥自然边界, 则在越出边界处存在一个单位 δ 函数形式的平凡平稳概率密度;

(3) 若两个边界为越出、吸引自然或严格自然, 则不存在平稳概率密度.

为识别边界类别, 引入如下若干函数 (Itô 与 McKean, 1965; Karlin 与 Taylor, 1981)

$$\begin{aligned} l(x) &= \int_{x_0}^{x} \psi^{-1}(u)\mathrm{d}u, \quad v(x) = \int_{x_0}^{x} \frac{\psi(u)}{\sigma^2(u)}\mathrm{d}u, \\ \Sigma(x) &= \int_{x_0}^{x} v(u)\mathrm{d}l(u), \quad N(x) = \int_{x_0}^{x} l(u)\mathrm{d}v(u), \end{aligned} \tag{4.4.11}$$

式中 $\psi(u)$ 由 (4.4.6) 定义. 边界 x_b 的类别可按这些函数的性态鉴别, 见 Karlin 与 Taylor (1981) 提出、Lin 与 Cai (1995) 引申的表 4.4.1.

表 4.4.1　边界分类

准则				分类	
$l(x_b)$	$v(x_b)$	$\Sigma(x_b)$	$N(x_b)$		
$<\infty^*$	$<\infty^*$	$<\infty$	$<\infty$	规则	可达到
$<\infty$	$=\infty^*$	$<\infty^*$	$=\infty$	越出	
$<\infty^*$	$=\infty^*$	$=\infty^*$	$=\infty$	吸引自然	不可达到
$=\infty^*$	$<\infty^*$	$=\infty$	$=\infty^*$	排斥自然	
$=\infty^*$	$=\infty^*$	$=\infty$	$=\infty$	严格自然	
$=\infty^*$	$<\infty$	$=\infty$	$<\infty^*$	进入	

∗ 表示每类边界的最少充分条件. 例如, 规则边界的最少充分条件是 $l(x_b)<\infty$ 与 $v(x_b)<\infty$.

4.4.3　奇异边界

表 4.4.1 与方程 (4.4.11) 表明, 边界类别取决于漂移与扩散系数在边界上的性态. 虽然 (4.4.11) 中的积分可能有困难, 但如表 4.4.1 所示, 边界分类只需这些积分的可积性. 按 (4.4.6), 只要当 x 趋于边界时, $m(x)$ 有限, $\sigma(x)$ 不趋于零, 就容易识别 (4.4.11) 中积分的可积性. 这种情形的边界为非奇异的. 反之, 若 $\sigma(x)$ 在边界上为零, 则称为第一类奇异边界, 若 $m(x)$ 在边界上为无穷, 称为第二类奇异边界. Kozin 与 Zhang (1990) 和 Lin 与 Cai (1995) 研究了奇异边界的分类, 现详细描述如下.

第一类奇异边界 令 x_s 为第一类奇异边界, $\sigma(x_s)=0$. 若 $m(x_s)\neq 0$, 则称边界为分流点 (shunt). 若 $m(x_s)=0$, 则称边界为奇点 (trap). 引入三个参数: 扩散指数 α, 漂移指数 β, 及特征标值 c, 它们按下式确定

$$\sigma^2(x)=O\left|x-x_s\right|^{\alpha},\quad x\to x_s, \tag{4.4.12}$$

$$m(x)=O\left|x-x_s\right|^{\beta},\quad x\to x_s, \tag{4.4.13}$$

$$c=\begin{cases}\lim\limits_{x\to x_s^+}\dfrac{2m(x)(x-x_s)^{\alpha-\beta}}{\sigma^2(x)}, & x_s\text{为左边界},\\ -\lim\limits_{x\to x_s^-}\dfrac{2m(x)(x_s-x)^{\alpha-\beta}}{\sigma^2(x)}, & x_s\text{为右边界}.\end{cases} \tag{4.4.14}$$

在 (4.4.12) 与 (4.4.13) 中, $O|\cdot|$ 表示 $|\cdot|$ 的量级. 表 4.4.2 中给出了如何由 α, β, c 值识别第一类奇异边界的类别.

非无穷远处的第二类奇异边界 此时, $|x_s|<\infty$, $m(x_s)=\infty$. 扩散指数 α, 漂移指数 β 及特征标值 c 定义为

$$\sigma^2(x)=O\left|x-x_s\right|^{-\alpha},\quad \text{随 } x\to x_s, \tag{4.4.15}$$

$$m(x)=O\left|x-x_s\right|^{-\beta},\quad \text{随 } x\to x_s, \tag{4.4.16}$$

$$c=\begin{cases}\lim\limits_{x\to x_s^+}\dfrac{2m(x)(x-x_s)^{\beta-\alpha}}{\sigma^2(x)}, & x_s\text{为左边界},\\ -\lim\limits_{x\to x_s^-}\dfrac{2m(x)(x_s-x)^{\beta-\alpha}}{\sigma^2(x)}, & x_s\text{为右边界}.\end{cases} \tag{4.4.17}$$

表 4.4.3 给出了如何由 α, β 及 c 值识别非无穷远处第二类奇异边界的类别.

无穷远处第二类奇异边界 此时, $|x_s|=\infty$, $m(x_s)=\infty$. 扩散指数 α, 漂移指数 β, 特征标值 c 定义为

$$\sigma^2(x)=O\left|x\right|^{\alpha},\quad \text{随 } |x|\to\infty, \tag{4.4.18}$$

$$m(x)=O\left|x\right|^{\beta},\quad \text{随 } |x|\to\infty, \tag{4.4.19}$$

$$c=\begin{cases}\lim\limits_{x\to-\infty}\dfrac{2m(x)\left|x\right|^{\alpha-\beta}}{\sigma^2(x)},\\ -\lim\limits_{x\to\infty}\dfrac{2m(x)\left|x\right|^{\alpha-\beta}}{\sigma^2(x)}.\end{cases} \tag{4.4.20}$$

表 4.4.4 给出了如何由 α, β 及 c 值识别无穷远处第二类奇异边界的类别.

表 4.4.2　第一类奇异边界的分类

<table>
<tr><th>状态</th><th colspan="3">条件</th><th>类别</th></tr>
<tr><td rowspan="6">$\sigma(x_s)=0$
$(\alpha>0)$
$m(x_s)\neq 0$
$(\beta=0)$
(shunt)</td><td colspan="3">$\alpha<1$</td><td>规则</td></tr>
<tr><td rowspan="3">$\alpha=1$</td><td colspan="2">$m(x_l)<0$ 或 $m(x_r)>0$</td><td>越出</td></tr>
<tr><td rowspan="2">$m(x_l)>0$ 或 $m(x_r)<0$</td><td>$0<c<1$</td><td>规则</td></tr>
<tr><td>$c\geqslant 1$</td><td>进入</td></tr>
<tr><td rowspan="2">$\alpha>1$</td><td colspan="2">$m(x_l)<0$ 或 $m(x_r)>0$</td><td>越出</td></tr>
<tr><td colspan="2">$m(x_l)>0$ 或 $m(x_r)<0$</td><td>进入</td></tr>
<tr><td rowspan="16">$\sigma(x_s)=0$
$(\alpha>0)$
$m(x_s)=0$
$(\beta>0)$
(trap)</td><td rowspan="3">$\alpha<1+\beta$</td><td colspan="2">$\alpha<1$</td><td>规则</td></tr>
<tr><td colspan="2">$1\leqslant\alpha<2$</td><td>越出</td></tr>
<tr><td colspan="2">$\alpha\geqslant 2$</td><td>吸引自然</td></tr>
<tr><td rowspan="4">$\alpha>1+\beta$</td><td rowspan="2">$\beta<1$</td><td>$m(x_l^+)<0$ 或 $m(x_r^-)>0$</td><td>越出</td></tr>
<tr><td>$m(x_l^+)>0$ 或 $m(x_r^-)<0$</td><td>进入</td></tr>
<tr><td rowspan="2">$\beta\geqslant 1$</td><td>$m(x_l^+)<0$ 或 $m(x_r^-)>0$</td><td>吸引自然</td></tr>
<tr><td>$m(x_l^+)>0$ 或 $m(x_r^-)<0$</td><td>排斥自然</td></tr>
<tr><td rowspan="9">$\alpha=1+\beta$</td><td rowspan="3">$\beta<1$</td><td>$c\geqslant 1$</td><td>进入</td></tr>
<tr><td>$\beta<c<1$</td><td>规则</td></tr>
<tr><td>$c\leqslant\beta$</td><td>越出</td></tr>
<tr><td rowspan="3">$\beta=1$</td><td>$c>1$</td><td>排斥自然</td></tr>
<tr><td>$c=1$</td><td>严格自然</td></tr>
<tr><td>$c<1$</td><td>吸引自然</td></tr>
<tr><td rowspan="3">$\beta>1$</td><td>$c>\beta$</td><td>排斥自然</td></tr>
<tr><td>$1\leqslant c\leqslant\beta$</td><td>严格自然</td></tr>
<tr><td>$c<1$</td><td>吸引自然</td></tr>
</table>

表 4.4.3　第二类边界的分类 ($|x_s|<\infty$)

<table>
<tr><th>状态</th><th colspan="3">条件</th><th>类别</th></tr>
<tr><td rowspan="6">$|m(x_s)|=\infty$
$(\beta>0)$
$\sigma(x_s)<\infty$
$(\alpha=0)$</td><td colspan="3">$\beta<1$</td><td>规则</td></tr>
<tr><td rowspan="3">$\beta=1$</td><td colspan="2">$c\leqslant -1$</td><td>越出</td></tr>
<tr><td colspan="2">$-1<c<1$</td><td>规则</td></tr>
<tr><td colspan="2">$c\geqslant 1$</td><td>进入</td></tr>
<tr><td rowspan="2">$\beta>1$</td><td colspan="2">$m(x_l^+)<0$ 或 $m(x_r^-)>0$</td><td>越出</td></tr>
<tr><td colspan="2">$m(x_l^+)>0$ 或 $m(x_r^-)<0$</td><td>进入</td></tr>
<tr><td rowspan="6">$|m(x_s)|=\infty$
$(\beta>0)$
$\sigma(x_s)=\infty$
$(\alpha>0)$</td><td colspan="3">$\beta<1+\alpha$</td><td>规则</td></tr>
<tr><td rowspan="2">$\beta>1+\alpha$</td><td colspan="2">$m(x_l^+)<0$ 或 $m(x_r^-)>0$</td><td>越出</td></tr>
<tr><td colspan="2">$m(x_l^+)>0$ 或 $m(x_r^-)<0$</td><td>进入</td></tr>
<tr><td rowspan="3">$\beta=1+\alpha$</td><td rowspan="2">$c\geqslant -\beta$</td><td>$c\geqslant 1$</td><td>进入</td></tr>
<tr><td>$c<1$</td><td>规则</td></tr>
<tr><td colspan="2">$c<-\beta$</td><td>越出</td></tr>
</table>

表 4.4.4 第二类边界的分类 ($|x_s| = \infty$)

<table>
<tr><th>状态</th><th colspan="4">条件</th><th>类别</th></tr>
<tr><td rowspan="4">$|m(\infty)| = \infty$
$(\beta > 0)$
$\sigma(\infty) < \infty$
$(\alpha = 0)$</td><td rowspan="2">$m(-\infty) < 0$ 或 $m(+\infty) > 0$</td><td colspan="3">$\beta > 1$</td><td>越出</td></tr>
<tr><td colspan="3">$\beta \leqslant 1$</td><td>吸引自然</td></tr>
<tr><td rowspan="2">$m(-\infty) > 0$ 或 $m(+\infty) < 0$</td><td colspan="3">$\beta > 1$</td><td>进入</td></tr>
<tr><td colspan="3">$\beta \leqslant 1$</td><td>排斥自然</td></tr>
<tr><td rowspan="10">$|m(\infty)| = \infty$
$(\beta > 0)$
$\sigma(\infty) = \infty$
$(\alpha > 0)$</td><td rowspan="4">$\beta>\alpha-1$</td><td rowspan="2">$m(-\infty) < 0$ 或 $m(+\infty) > 0$</td><td colspan="2">$\beta > 1$</td><td>越出</td></tr>
<tr><td colspan="2">$\beta \leqslant 1$</td><td>吸引自然</td></tr>
<tr><td rowspan="2">$m(-\infty) > 0$ 或 $m(+\infty) < 0$</td><td colspan="2">$\beta >1$</td><td>进入</td></tr>
<tr><td colspan="2">$\beta \leqslant 1$</td><td>排斥自然</td></tr>
<tr><td colspan="4">$\beta < \alpha-1$</td><td>规则</td></tr>
<tr><td rowspan="5">$\beta = \alpha-1$</td><td rowspan="3">$\beta \leqslant 1$</td><td colspan="2">$c > -\beta$</td><td>排斥自然</td></tr>
<tr><td rowspan="2">$c\leqslant-\beta$</td><td>$c \geqslant -1$</td><td>严格自然</td></tr>
<tr><td>$c < -1$</td><td>吸引自然</td></tr>
<tr><td rowspan="3">$\beta >1$</td><td rowspan="2">$c > -\beta$</td><td>$c \geqslant -1$</td><td>进入</td></tr>
<tr><td>$c < -1$</td><td>规则</td></tr>
<tr><td colspan="2">$c\leqslant-\beta$</td><td>越出</td></tr>
</table>

例 4.4.1 考虑定义在 $[0, \infty)$ 上且由伊藤方程 (4.4.1) 支配的一维扩散过程, 其漂移与扩散系数为

$$m(X) = (-2\zeta\omega_0 + \pi\omega_0^2 K_1)X + \pi K_2, \tag{4.4.21}$$

$$\sigma(X) = \sqrt{\pi\omega_0^2 K_1 X^2 + 2\pi K_2 X}, \tag{4.4.22}$$

式中 $K_1 \geqslant 0$, $K_2 \geqslant 0$, 但不包括 $K_1 = K_2 = 0$. 因 $\sigma(0) = 0$, 左边界 $x = 0$ 是第一类奇异边界, 可按表 4.4.2 识别. 由于 $m(\infty) = \infty$, 右边界 ∞ 是第二类奇异边界, 可按表 4.4.4 识别. 分别考虑三种情形.

(1) $K_1 = 0$, $K_2 > 0$.

左边界 $x = 0$, $\sigma(0) = 0$, $m(0) > 0$, $\alpha = 1$, $\beta = 0$, $c = 1$ 为进入边界. 右边界 $x = \infty$, $|m(\infty)| = \infty$, $\sigma(\infty) = \infty$, $m(\infty) < 0$, $\alpha = 1$, $\beta = 1$ 为排斥自然边界. 图 4.4.1 显示了样本函数接近于两个边界时的性态. 若样本点从内部出发, 均达不到两个边界, 因此, 存在非平凡平稳概率密度. 由 (4.4.7) 得平稳概率密度

$$p(x) = \frac{2\zeta\omega_0}{\pi K_2} \exp\left(-\frac{2\zeta\omega_0}{\pi K_2} x\right). \tag{4.4.23}$$

图 4.4.1 $K_1 = 0$, $K_2 >0$ 时边界性态

(2) $K_1 > 0, K_2 = 0$.

左边界 $x = 0, \sigma(0) = 0, m(0) = 0, \alpha = 2, \beta = 1, c = -\dfrac{4\zeta}{\pi\omega_0 K_1} + 2$, 这表明

$$x = 0是\begin{cases} 吸引自然, & \zeta > \dfrac{1}{4}\pi\omega_0 K_1, \\ 严格自然, & \zeta = \dfrac{1}{4}\pi\omega_0 K_1, \\ 排斥自然, & \zeta < \dfrac{1}{4}\pi\omega_0 K_1. \end{cases} \tag{4.4.24}$$

右边界 $x = \infty, m(\infty) = \infty, \sigma(\infty) = \infty, \alpha = 2, \beta = 1, c = \dfrac{4\zeta}{\pi\omega_0 K_1} - 2$, 这表明

$$x = \infty是\begin{cases} 排斥自然, & \zeta > \dfrac{1}{4}\pi\omega_0 K_1, \\ 严格自然, & \zeta = \dfrac{1}{4}\pi\omega_0 K_1, \\ 吸引自然, & \zeta < \dfrac{1}{4}\pi\omega_0 K_1. \end{cases} \tag{4.4.25}$$

其结果示意于图 4.4.2. 若 $\zeta > \dfrac{1}{4}\pi\omega_0 K_1$, 则所有样本函数最终趋于左边界 $x = 0$. 若 $\zeta < \dfrac{1}{4}\pi\omega_0 K_1$, 则所有样本趋于无穷, 不存在平稳概率密度. 若 $\zeta = \dfrac{1}{4}\pi\omega_0 K_1$, 则介于两者之间, 接近于两边界样本函数性态不确定.

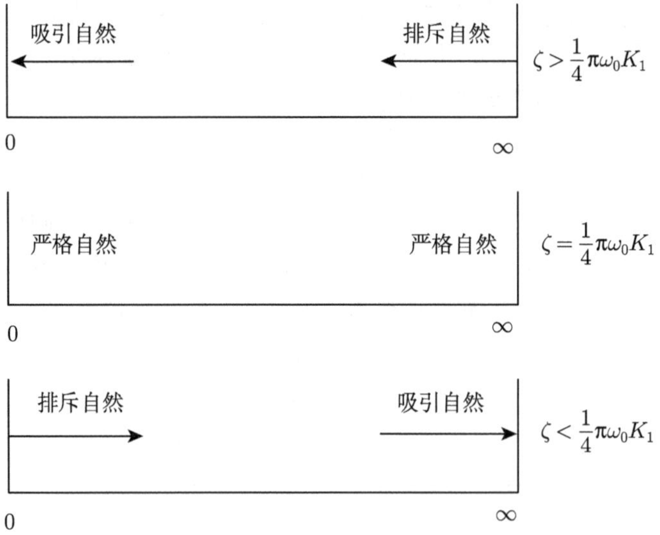

图 4.4.2 $K_1 > 0, K_2 = 0$ 时边界性态

(3) $K_1 > 0,\ K_2 > 0$.

左边界 $x = 0,\ \sigma(0) = 0,\ m(0) > 0,\ \alpha = 2,\ \beta = 0,\ c = 0$ 为进入边界. 右边界 $x = \infty$, 同情形 (2), 由 (4.4.25) 给出. 边界性态如图 4.4.3 所示. $\zeta > \dfrac{1}{4}\pi\omega_0 K_1$ 时, 平稳概率密度存在, 为

$$p(x) = \frac{\omega_0^2 K_1}{2K_2}\left(\frac{4\zeta}{\pi\omega_0 K_1} - 1\right)\left(1 + \frac{\omega_0^2 K_1}{2K_2}x\right)^{-\frac{4\zeta}{\pi\omega_0 K_1}}. \tag{4.4.26}$$

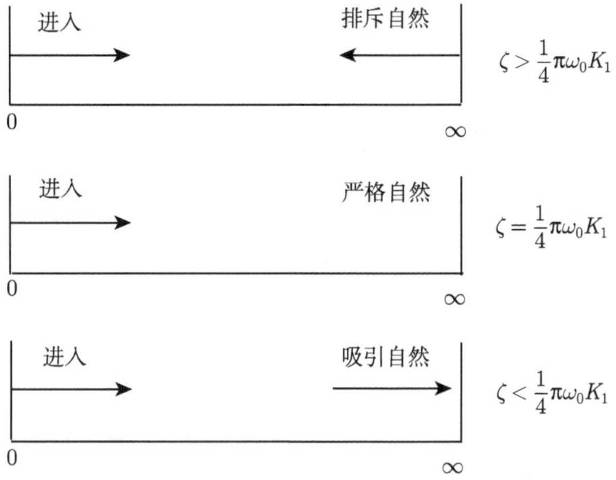

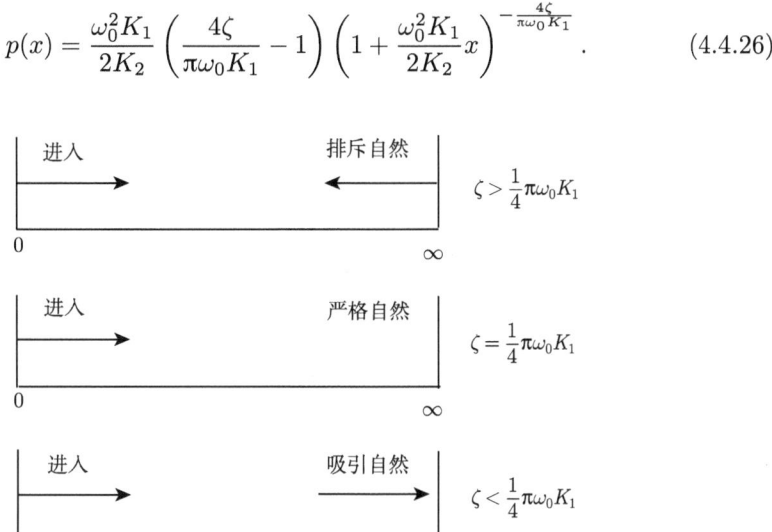

图 4.4.3　$K_1 > 0,\ K_2 > 0$ 时边界性态

正如所预期的, (4.4.26) 的成立要求 $\zeta > \dfrac{1}{4}\pi\omega_0 K_1$, 这与右无穷边界为排斥自然的条件相同. 在$\zeta < \dfrac{1}{4}\pi\omega_0 K_1$ 情形, 平稳概率密度不存在, 因为所有样本函数都趋向于无穷. 若 $\zeta = \dfrac{1}{4}\pi\omega_0 K_1$, 样本函数的性态在右无穷边界处不确定.

这个例子说明, 一维扩散过程的定性性态由其样本函数在两边界上的性态决定, 这由扩散过程所描述的物理现象决定. 对许多问题, 边界常常是奇异的. 因此, 边界条件不能随便加. 而奇异边界的类别则由漂移与扩散系数的极限性质决定.

4.5　由维纳过程产生的随机过程

4.5.1　用一阶滤波器产生的随机过程

考虑定义在 $[x_l,\ x_r]$ 上的扩散过程 $X(t)$, 由以下伊藤方程支配

$$\mathrm{d}X = -\alpha X\mathrm{d}t + D(X)\mathrm{d}B(t), \tag{4.5.1}$$

式中 α 是正常数, $B(t)$ 是单位维纳过程. 不失一般性, 假定 $X(t)$ 的均值为零, 从而 $x_l < 0$, 而 $x_r > 0$. (4.5.1) 表示一个一阶滤波器, 函数 $D(X)$ 可以是线性的或非线性的.

一个随机过程的两个最重要特性是概率密度与功率谱密度. (4.5.1) 两边乘以 $X(t-\tau)$, 然后求集合平均, 得

$$\frac{\mathrm{d}}{\mathrm{d}t}R_{XX}(\tau) = -\alpha R_{XX}(\tau), \tag{4.5.2}$$

式中 $R_{XX}(\tau)$ 是相关函数, 即 $R_{XX}(\tau) = E[X(t-\tau)X(t)]$. 在推导 (4.5.2) 中, 用到伊藤方程的性质, 即 $\mathrm{d}B(t)$ 与 $X(t)$ 及 $X(t-\tau)$ 独立. 方程 (4.5.2) 的初始条件是

$$R_{XX}(0) = \sigma_X^2, \tag{4.5.3}$$

式中 σ_X^2 是 $X(t)$ 的均方值. 求解 (4.5.2) 得相关函数

$$R_{XX}(\tau) = \sigma_X^2 \exp(-\alpha\,|\tau|). \tag{4.5.4}$$

$X(t)$ 的谱密度由 (4.5.4) 的傅里叶变换得到

$$\varPhi_{XX}(\omega) = \frac{\alpha\sigma_X^2}{\pi(\omega^2+\alpha^2)}. \tag{4.5.5}$$

对不同 α 值, 相关函数与谱密度示于图 3.6.5. 该过程称为低通过程, 因为谱密度峰值频率为零, (4.5.1) 亦称低通滤波器. 过程的带宽由参数 α 控制. 大的 α 值对应宽带过程. 注意, (4.5.1) 中的扩散系数 $D(X)$ 不直接影响谱密度.

支配 $X(t)$ 的平稳概率密度的简化 FPK 方程为

$$\frac{\mathrm{d}}{\mathrm{d}x}G = -\frac{\mathrm{d}}{\mathrm{d}x}\left\{\alpha x p(x) + \frac{1}{2}\frac{\mathrm{d}}{\mathrm{d}x}[D^2(x)p(x)]\right\} = 0, \tag{4.5.6}$$

式中 G 是概率流. 对一维情形, 两边界上 G 必须为零. 于是 (4.5.6) 简化为

$$\alpha x p(x) + \frac{1}{2}\frac{\mathrm{d}}{\mathrm{d}x}[D^2(x)p(x)] = 0. \tag{4.5.7}$$

将方程 (4.5.7) 积分得

$$D^2(x)p(x) = -2\alpha\int_{x_l}^{x} up(u)\mathrm{d}u + C, \tag{4.5.8}$$

式中 C 为积分常数. 为确定 C, 考虑若干情形. 若 $x_l = -\infty$, $p(-\infty) = 0$, 则 $C = 0$. 若 $x_r = \infty$, $p(\infty) = 0$, 由于假定 $X(t)$ 的均值为零, $C = 0$. 若 x_l 与 x_r 均为有限, 则漂移系数在 x_l, x_r 上非零, 即 $m(x_l) \neq 0$, $m(x_r) \neq 0$, 由于非平凡平稳概率密

度要求两边界为进入或排斥自然 (见 4.4 节), 两边界必须是第一类奇异, 即在两边界上 $D(X)$ 必须为零, 这导致 $C=0$, 从而由 (4.5.8) 有

$$D^2(x)=-\frac{2\alpha}{p(x)}\int_{x_l}^{x} up(u)\mathrm{d}u. \tag{4.5.9}$$

(4.5.9) 式中函数 $D^2(x)$ 为非负, 因为 $p(x)\geqslant 0$, 而 $X(t)$ 的均值为零. (4.5.9) 表明, 对任一有意义的概率密度 $p(x)$, 可决定相应的扩散系数 $D(X)$. 所以, 伊藤方程 (4.5.1) 可用于产生具有低通谱密度 (4.5.5) 与任意概率密度的随机过程.

例 4.5.1 考虑具有概率密度

$$p(x)=\frac{1}{\sqrt{2\pi}\sigma}\mathrm{e}^{-\frac{x^2}{2\sigma^2}},\quad -\infty<x<\infty \tag{4.5.10}$$

的高斯过程 $X(t)$. 将 (4.5.10) 代入 (4.5.9) 得

$$D^2(x)=2\alpha\sigma^2,\quad \mathrm{d}X=-\alpha X\mathrm{d}t+\sqrt{2\alpha}\sigma\mathrm{d}B(t). \tag{4.5.11}$$

正如所预期的, 相应伊藤方程是线性方程.

例 4.5.2 假定 $X(t)$ 均匀分布, 即

$$p(x)=\frac{1}{2\varDelta},\quad -\varDelta\leqslant x\leqslant\varDelta, \tag{4.5.12}$$

此时有

$$D^2(x)=\alpha(\varDelta^2-x^2),\quad \mathrm{d}X=-\alpha X\mathrm{d}t+\sqrt{\alpha(\varDelta^2-X^2)}\mathrm{d}B(t). \tag{4.5.13}$$

例 4.5.3 假定 $X(t)$ 具有概率密度

$$p(x)=C(\varDelta^2-x^2)^{\delta},\quad \begin{array}{l}-\varDelta\leqslant x\leqslant\varDelta\text{对}\delta\geqslant 0\ ,\\ -\varDelta<x<\varDelta\text{对}-1<\delta<0,\end{array} \tag{4.5.14}$$

式中 C 为归一化常数. 应用 (4.5.9) 得

$$D^2(x)=\frac{\alpha}{\delta+1}(\varDelta^2-x^2),\quad \mathrm{d}X=-\alpha X\mathrm{d}t+\sqrt{\frac{\alpha}{\delta+1}(\varDelta^2-X^2)}\mathrm{d}B(t). \tag{4.5.15}$$

对应于若干 δ 值, 图 4.5.1 描述了概率密度 (4.5.14). 该图表明, 对不同 δ, 概率密度的形状多种多样. $\delta=0$ 相应于均匀分布. 对一固定 α 值与不同 δ 值, 过程有不同的概率密度, 而有相似的谱密度 (4.5.5). 注意, (4.5.14) 实际上是 2.5.5 节中所述 λ–分布的概率密度.

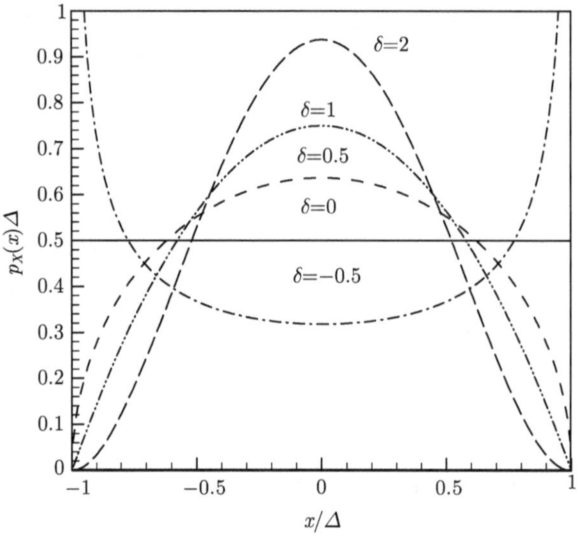

图 4.5.1　(4.5.14) 给出的 $X(t)$ 的平稳概率密度

例 4.5.4　设 $X(t)$ 具有 2.5.4 节中描述的指数分布

$$p(x)=\lambda\exp(-\lambda x),\quad \lambda>0,\quad 0\leqslant x<\infty. \tag{4.5.16}$$

由于其均值为 $1/\lambda$, 定义其中心化过程为 $Y(t)=X(t)-1/\lambda$. $Y(t)$ 的概率密度为

$$p(y)=\lambda\exp\left[-\lambda\left(y+\frac{1}{\lambda}\right)\right],\quad -\frac{1}{\lambda}\leqslant y<\infty. \tag{4.5.17}$$

由 (4.5.9),

$$D^2(y)=\frac{2\alpha}{\lambda}\left(y+\frac{1}{\lambda}\right). \tag{4.5.18}$$

于是支配 $Y(t)$ 的伊藤方程为

$$\mathrm{d}Y=-\alpha Y\mathrm{d}t+\frac{1}{\lambda}\sqrt{2\alpha(\lambda Y+1)}\mathrm{d}B(t). \tag{4.5.19}$$

而支配 $X(t)$ 的伊藤方程为

$$\mathrm{d}X=-\alpha\left(X-\frac{1}{\lambda}\right)\mathrm{d}t+\sqrt{\frac{2\alpha}{\lambda}X}\mathrm{d}B(t). \tag{4.5.20}$$

注意, 由于 $X(t)$ 有非零均值 $1/\lambda$, 它的谱密度包含一个 δ 函数 $(1/\lambda^2)\delta(\omega)$.

上述例子表明, 一阶滤波器可产生定义在有限或无穷区间上具有任意概率密度的低通随机过程.

4.5.2 用二阶滤波器产生的随机过程

为用二阶滤波器产生随机过程. 将 (4.5.1) 从一阶引申至二阶, 即

$$\begin{aligned}\mathrm{d}X_1 &=(-a_{11}X_1 - a_{12}X_2)\mathrm{d}t + D_1(X_1, X_2)\mathrm{d}B_1(t),\\ \mathrm{d}X_2 &=(-a_{21}X_1 - a_{22}X_2)\mathrm{d}t + D_2(X_1, X_2)\mathrm{d}B_2(t),\end{aligned} \tag{4.5.21}$$

式中 a_{ij} 是参数, $B_1(t)$ 与 $B_2(t)$ 是独立单位维纳过程. 将 (4.5.21) 中两方程两边同乘以 $X_1(t-\tau)$, 取集合平均, 记 $R_{ij}(\tau) = E[X_i(t-\tau)X_j(t)]$, 得

$$\frac{\mathrm{d}}{\mathrm{d}\tau}R_{11}(\tau) = -a_{11}R_{11}(\tau) - a_{12}R_{12}(\tau), \quad \frac{\mathrm{d}}{\mathrm{d}\tau}R_{12}(\tau) = -a_{21}R_{11}(\tau) - a_{22}R_{12}(\tau). \tag{4.5.22}$$

相应的初始条件为

$$R_{11}(0) = E[X_1^2] = \sigma^2, \quad R_{12}(0) = E[X_1X_2]. \tag{4.5.23}$$

求解方程组 (4.5.22) 可得相关函数. 在产生一个随机过程时, 通常感兴趣的是它的谱密度, 这可用傅里叶变换从相关函数计算得到. 不过, 也可用下面描述的另一步骤导得. 定义下列积分变换

$$\bar{\varPhi}_{ij}(\omega) = \Im\left[R_{ij}(\tau)\right] = \frac{1}{\pi}\int_{-\infty}^{\infty} R_{ij}(\tau)\,\mathrm{e}^{-\mathrm{i}\omega\tau}\mathrm{d}\tau. \tag{4.5.24}$$

谱密度函数可从 $\bar{\varPhi}_{ij}(\omega)$ 得到如下

$$\varPhi_{ii}(\omega) = \varPhi_{X_iX_i}(\omega) = \mathrm{Re}[\bar{\varPhi}_{ii}(\omega)], \quad \varPhi_{ij}(\omega) = \varPhi_{X_iX_j}(\omega) = \frac{1}{2}[\bar{\varPhi}_{ij}(\omega) + \bar{\varPhi}_{ji}^*(\omega)]. \tag{4.5.25}$$

由于随 $\tau\to\infty$, $R_{11}(\tau)\to 0$, 可用分部积分证明

$$\Im\left[\frac{\mathrm{d}R_{ij}(\tau)}{\mathrm{d}\tau}\right] = \mathrm{i}\omega\Im[R_{ij}(\tau)] - \frac{1}{\pi}R_{ij}(0) = \mathrm{i}\omega\bar{\varPhi}_{ij}(\omega) - \frac{1}{\pi}m_{ij}. \tag{4.5.26}$$

利用 (4.5.24) 与 (4.5.26), (4.5.22) 可变换为

$$\mathrm{i}\omega\bar{\varPhi}_{11} - \frac{1}{\pi}E[X_1^2] = -a_{11}\bar{\varPhi}_{11} - a_{12}\bar{\varPhi}_{12}, \quad \mathrm{i}\omega\bar{\varPhi}_{12} - \frac{1}{\pi}E[X_1X_2] = -a_{21}\bar{\varPhi}_{11} - a_{22}\bar{\varPhi}_{12}. \tag{4.5.27}$$

求解复线性代数方程组 (4.5.27), 再由 (4.5.25) 得

$$\varPhi_{11}(\omega) = \frac{(a_{11}\omega^2 + A_2a_{22})E[X_1^2] + a_{12}(\omega^2 - A_2)E[X_1X_2]}{\pi[(A_2-\omega^2)^2 + A_1^2\omega^2]}, \tag{4.5.28}$$

式中 $A_1 = a_{11} + a_{22}$, $A_2 = a_{11}a_{22} - a_{12}a_{21}$. 通过调节 a_{ij}, (4.5.28) 可表示峰值在指定位置与给定带宽的谱密度.

相应于 (4.5.21), 支配 $X_1(t)$ 与 $X_2(t)$ 的联合平稳概率密度 $p_{X_1X_2}(x_1,x_2)$ 的简化 FPK 方程为

$$\begin{aligned}&\frac{\partial}{\partial x_1}[(-a_{11}x_1-a_{12}x_2)p]+\frac{\partial}{\partial x_2}[(-a_{21}x_1-a_{22}x_2)p]\\&-\frac{1}{2}\frac{\partial^2}{\partial x_1^2}\left[D_1^2(x_1,x_2)p\right]-\frac{1}{2}\frac{\partial^2}{\partial x_2^2}\left[D_2^2(x_1,x_2)p\right]=0.\end{aligned}\tag{4.5.29}$$

若满足下列三个条件, 则方程 (4.5.29) 满足,

$$-a_{12}x_2\frac{\partial p}{\partial x_1}-a_{21}x_1\frac{\partial p}{\partial x_2}=0,\tag{4.5.30}$$

$$-a_{11}x_1p-\frac{1}{2}\frac{\partial}{\partial x_1}\left[D_1^2(x_1,x_2)p\right]=0,\tag{4.5.31}$$

$$-a_{22}x_2p-\frac{1}{2}\frac{\partial}{\partial x_2}\left[D_2^2(x_1,x_2)p\right]=0.\tag{4.5.32}$$

这表明, 系统属于详细平衡情形 (见第 6 章). 方程 (4.5.30) 的一般解为

$$p(x_1,x_2)=\rho(\lambda),\quad \lambda=k_1x_1^2+k_2x_2^2,\tag{4.5.33}$$

式中 ρ 为 λ 的任意函数, k_1 与 k_2 是满足下列条件的正常数

$$k_1a_{12}+k_2a_{21}=0.\tag{4.5.34}$$

将 (4.5.33) 代入 (4.5.31) 与 (4.5.32), 得

$$D_1^2(x_1,x_2)=-\frac{2a_{11}}{p_{X_1X_2}(x_1,x_2)}\int_{x_{1l}}^{x_1}up_{X_1X_2}(u,x_2)\mathrm{d}u=\frac{a_{11}}{k_1\rho(\lambda)}\int_{\lambda}^{\lambda_1}\rho(\lambda)\mathrm{d}\lambda,\tag{4.5.35}$$

$$D_2^2(x_1,x_2)=-\frac{2a_{22}}{p_{X_1X_2}(x_1,x_2)}\int_{x_{2l}}^{x_2}vp_{X_1X_2}(x_1,v)\mathrm{d}v=\frac{a_{22}}{k_2\rho(\lambda)}\int_{\lambda}^{\lambda_2}\rho(\lambda)\mathrm{d}\lambda,\tag{4.5.36}$$

式中 λ_1 是对应于 $x_1=x_{1l}$ 和一个确定 x_2 时的 λ 值, λ_2 是对应于 $x_2=x_{2l}$ 和一个确定 x_1 时的 λ 值. 方程 (4.5.33) 表明, 若随机过程 $X_1(t)$ 的概率密度形为 $p(x_1)=p(x_1^2)$, 则可构造 $\rho(\lambda)$, 函数 $D_1(x_1,x_2)$ 与 $D_2(x_1,x_2)$ 可由 (4.5.35) 与 (4.5.36) 计算, 而 (4.5.21) 可用于产生随机过程 $X_1(t)$. 二阶滤波器 (4.5.21) 既可在无穷区间 $(-\infty,\infty)$ 上也可在有限区间 $(-\varDelta,\varDelta)$ 上产生随机过程 $X_1(t)$.

例 4.5.5　假定高斯过程 $X_1(t)$ 具有概率密度

$$p(x_1)=\frac{1}{\sqrt{2\pi}\sigma}\mathrm{e}^{-\frac{x_1^2}{2\sigma^2}},\quad -\infty<x_1<\infty.\tag{4.5.37}$$

按 (4.5.33) 与 (4.5.34) 构造函数 $\rho(\lambda)$

$$\lambda = \frac{1}{2\sigma^2}\left(x_1^2 - \frac{a_{12}}{a_{21}}x_2^2\right). \tag{4.5.38}$$

则概率密度为

$$p(x_1, x_2) = \rho(\lambda) = C\exp(-\lambda) = C\exp\left[-\frac{1}{2\sigma^2}\left(x_1^2 - \frac{a_{12}}{a_{21}}x_2^2\right)\right]. \tag{4.5.39}$$

将 (4.5.39) 代入 (4.5.35) 与 (4.5.36), 得

$$D_1^2 = 2a_{11}\sigma^2, \quad D_2^2 = -2\sigma^2\frac{a_{21}a_{22}}{a_{12}}. \tag{4.5.40}$$

正如所预期的, 相应的伊藤方程是线性的, 通过选取不同 a_{ij} $(i, j = 1, 2)$ 值, 可得不同的谱密度. 下面是两个典型情形.

令 $a_{11} = 0$, $a_{12} = -1$, $a_{21} = \omega_0^2$, $a_{22} = 2\zeta\omega_0$, 则 $D_1^2 = 0$, $D_2^2 = 4\zeta\omega_0^3\sigma^2$

$$\Phi_{11}(\omega) = \frac{2\zeta\omega_0^3\,\sigma^2}{\pi[(-\omega^2 + \omega_0^2)^2 + 4\zeta^2\omega_0^2\omega^2]}. \tag{4.5.41}$$

于是系统为

$$\mathrm{d}X_1 = -X_2\mathrm{d}t, \quad \mathrm{d}X_2 = (-\omega_0^2X_1 - 2\zeta\omega_0X_2)\mathrm{d}t + \sqrt{4\zeta\omega_0^3\sigma^2}\mathrm{d}B_2(t). \tag{4.5.42}$$

与伊藤方程 (4.5.42) 对应的二阶线性滤波器为

$$\ddot{X}_1 + 2\zeta\omega_0\dot{X}_1 + \omega_0^2X_1 = W(t). \tag{4.5.43}$$

此处白噪声 $W(t)$ 的谱密度为 $K = 2\zeta\omega_0^3\,\sigma^2/\pi$.

令 $a_{11} = 2\varsigma\omega_0$, $a_{12} = \omega_0^2$, $a_{21} = -1$, $a_{22} = 0$, 则 $D_1^2 = 4\zeta\omega_0\sigma^2$, $D_2^2 = 0$,

$$\Phi_{11}(\omega) = \frac{2\zeta\omega_0\omega^2\,\sigma^2}{\pi[(-\omega^2 + \omega_0^2)^2 + 4\zeta^2\omega_0^2\omega^2]}. \tag{4.5.44}$$

二阶线性滤波器则是

$$\mathrm{d}X_1 = (-2\zeta\omega_0X_1 - \omega_0^2X_2)\mathrm{d}t + \sqrt{4\zeta\omega_0\sigma^2}\mathrm{d}B_1(t), \quad \mathrm{d}X_2 = -X_1\mathrm{d}t. \tag{4.5.45}$$

两种情形中, 可用 ζ 与 ω_0 调整谱密度, 用 σ^2 匹配概率密度. 图 4.5.2 与图 4.5.3 中示出了 ω_0=3 与若干不同 ζ 值时两种情形的谱密度. 由图可见, 两种情形给出不同的谱密度形状. 图 4.5.2 零频率处谱密度为非零, 而图 4.5.3 中则为零. 两种情形中, ω_0 决定谱密度峰值位置, ζ 控制带宽.

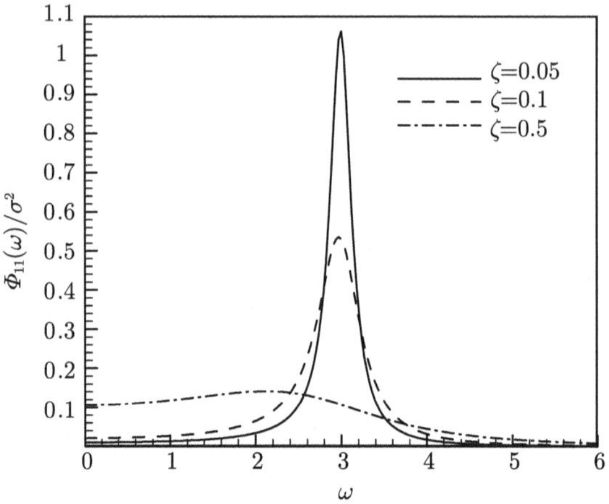

图 4.5.2　当 ω_0=3 时, 由 (4.5.42) 或 (4.5.43) 产生的 $X_1(t)$ 的谱密度

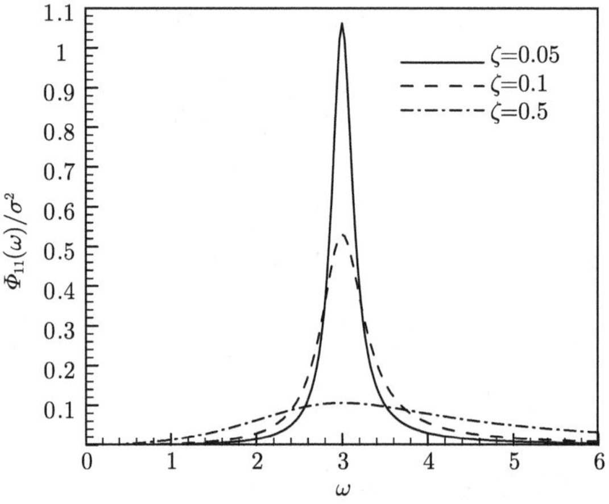

图 4.5.3　当 ω_0=3 时, 由 (4.5.45) 产生的 $X_1(t)$ 的谱密度

例 4.5.6　考虑 x_1 与 x_2 为有界情形

$$k_1x_1^2 + k_2x_2^2 \leqslant k_1\varDelta^2, \tag{4.5.46}$$

$$\rho(\lambda) = C(k_1\varDelta^2 - \lambda)^{\delta-\frac{1}{2}}, \quad \delta > -\frac{1}{2}. \tag{4.5.47}$$

联合概率密度为

$$p_{X_1X_2}(x_1, x_2) = C(k_1\varDelta^2 - k_1x_1^2 - k_2x_2^2)^{\delta-\frac{1}{2}}. \tag{4.5.48}$$

可得 X_1 的边缘概率密度 (习题 2.8)

$$p_{X_1}(x_1) = 2\int_0^{\sqrt{k_1(\varDelta^2-x_1^2)/k_2}} p_{X_1X_2}(x_1, x_2)\mathrm{d}x_2 = C_1(\varDelta^2 - x_1^2)^{\delta}, \tag{4.5.49}$$

式中 C_1 为归一化常数. 将 (4.5.48) 代入 (4.5.35) 与 (4.5.36), 得

$$D_1^2(x_1,x_2)=\frac{2a_{11}}{k_1(2\delta+1)}(k_1\varDelta^2-k_1x_1^2-k_2x_2^2), \tag{4.5.50}$$

$$D_2^2(x_1,x_2)=\frac{2a_{22}}{k_2(2\delta+1)}(k_1\varDelta^2-k_1x_1^2-k_2x_2^2). \tag{4.5.51}$$

概率密度 (4.5.49) 形同 (4.5.14), 但由于联合概率密度 (4.5.48) 的有效性与 (4.5.50) 及 (4.5.51) 为正的要求, 参数 δ 范围更局限. 于是方程组 (4.5.21) 连同 (4.5.50) 与 (4.5.51) 所给出的 $D_1(X_1,X_2)$ 与 $D_2(X_1,X_2)$, 可用来产生具有谱密度 (4.5.28) 与概率密度 (4.5.49) 的随机过程 $X_1(t)$. 参数 a_{ij} $(i,\ j=1,\ 2)$ 用于调整谱密度, Δ 由过程 $X_1(t)$ 的允许范围确定, δ 则用于匹配概率密度形状.

对 (4.5.41) 所给的谱密度, 参数为

$$\begin{aligned}&a_{11}=0,\quad a_{12}=-1,\quad a_{21}=\omega_0^2,\quad a_{22}=2\zeta\omega_0,\\&D_1^2=0,\quad D_2^2=\frac{4\zeta\omega_0^3}{2\delta+1}\left(\varDelta^2-X_1^2-\frac{1}{\omega_0^2}X_2^2\right).\end{aligned}$$

对 (4.5.44) 所给的谱密度, 参数为

$$\begin{aligned}&a_{11}=2\varsigma\omega_0,\quad a_{12}=\omega_0^2,\quad a_{21}=-1,\quad a_{22}=0,\\&D_1^2=\frac{4\zeta\omega_0}{2\delta+1}(\varDelta^2-X_1^2-\omega_0^2X_2^2),\quad D_2^2=0.\end{aligned}$$

两种情形中, ζ 与 ω_0 可用于调整谱密度, $\varDelta$ 与 δ 用于匹配概率密度.

4.5.3 随机化谐和过程

一类称为随机化谐和过程的数学表达式为

$$X(t)=A\sin[\omega_0t+\sigma B(t)+U], \tag{4.5.52}$$

式中 A 为正常数, 表示过程的强度, ω_0 与 σ 亦是正常数, 分别表示平均频率与相位的随机化程度, $B(t)$ 是单位维纳过程, U 是在 $[0, 2\pi]$ 上均匀分布且与 $B(t)$ 独立的随机变量. 物理上, 在 (4.5.52) 中引入随机变量 U 意味着初始相位是随机的. 这一随机化谐和过程乃由 Dimentberg (1988) 与 Wedig (1989) 独立提出, 已在各种工程问题中获得应用.

鉴于 $X(t)$ 对变量 U 的周期性, 有

$$E[X(t)]=\int_{-\infty}^{\infty}p_B(b)\mathrm{d}b\int_0^{2\pi}\frac{A}{2\pi}\sin(\omega_0t+\sigma b+u)\mathrm{d}u=0, \tag{4.5.53}$$

$$E[X^2(t)]=\int_{-\infty}^{\infty}p_B(b)\mathrm{d}b\int_0^{2\pi}\frac{A^2}{2\pi}\sin^2(\omega_0t+\sigma b+u)\mathrm{d}u=\frac{1}{2}A^2, \tag{4.5.54}$$

$$E[X(t_1)X(t_2)] = A^2E\left\{\sin[\omega_0t_1 + \sigma B(t_1) + U]\sin[\omega_0t_2 + \sigma B(t_2) + U]\right\}$$
$$= \frac{A^2}{2}E\left\{\cos[\omega_0(t_2 - t_1) + \sigma B(t_2) - \sigma B(t_1)]\right\}. \tag{4.5.55}$$

记 $B(t)$ 的增量为

$$Z(t_1, t_2) = B(t_2) - B(t_1). \tag{4.5.56}$$

按 (4.2.29), 其均值与方差为

$$E[Z(t_1, t_2)] = 0, \quad E[Z^2(t_1, t_2)] = E\{[B(t_2) - B(t_1)]^2\} = t_2 - t_1, \quad t_2 \geqslant t_1. \tag{4.5.57}$$

由于维纳过程 $B(t)$ 为高斯分布, 其增量过程亦是高斯分布, 概率密度为

$$p_Z(z) = \frac{1}{\sqrt{2\pi(t_2 - t_1)}}\exp\left[-\frac{z^2}{2(t_2 - t_1)}\right]. \tag{4.5.58}$$

(4.5.55) 可进一步推导如下

$$E[X(t_1)X(t_2)] = \frac{A^2}{2}E\left\{\cos[\omega_0(t_2 - t_1)]\cos(\sigma Z) - \sin[\omega_0(t_2 - t_1)]\sin(\sigma Z)\right\}$$
$$= \frac{1}{2}A^2\cos[\omega_0(t_2 - t_1)]\int_{-\infty}^{\infty}\frac{\cos(\sigma z)}{\sqrt{2\pi(t_2 - t_1)}}\exp\left[-\frac{z^2}{2(t_2 - t_1)}\right]\mathrm{d}z$$
$$= \frac{1}{2}A^2\cos(\omega_0\tau)\exp\left(-\frac{1}{2}\sigma^2\tau\right), \quad \tau = t_2 - t_1 \geqslant 0. \tag{4.5.59}$$

(4.5.59) 表明, $X(t)$ 是弱平稳过程, 其相关函数为

$$R_{XX}(\tau) = \frac{1}{2}A^2\cos(\omega_0\tau)\exp\left(-\frac{1}{2}\sigma^2|\tau|\right). \tag{4.5.60}$$

对它作傅里叶变换, 得功率谱密度

$$\Phi_{XX}(\omega) = \frac{A^2\sigma^2(\omega^2 + \omega_0^2 + \sigma^4/4)}{4\pi[(\omega^2 - \omega_0^2 - \sigma^4/4)^2 + \sigma^4\omega^2]}. \tag{4.5.61}$$

还有另一种推导相关函数的方法. 令

$$X_1(t) = X(t) = A\sin\Theta(t), \quad X_2(t) = A\cos\Theta(t), \quad \mathrm{d}\Theta = \omega_0\mathrm{d}t + \sigma\mathrm{d}B(t). \tag{4.5.62}$$

利用伊藤微分规则 (4.2.58), 得

$$\mathrm{d}X_1 = \left(-\frac{1}{2}\sigma^2X_1 + \omega_0X_2\right)\mathrm{d}t + \sigma X_2\mathrm{d}B(t), \tag{4.5.63}$$

$$\mathrm{d}X_2 = \left(-\omega_0X_1 - \frac{1}{2}\sigma^2X_2\right)\mathrm{d}t - \sigma X_1\mathrm{d}B(t). \tag{4.5.64}$$

在 (4.5.63) 与 (4.5.64) 两边同乘以 $X_1(t-\tau)$, 再取集合平均, 得

$$\frac{\mathrm{d}}{\mathrm{d}\tau}R_{11}(\tau)=-\frac{1}{2}\sigma^2R_{11}(\tau)+\omega_0R_{12}(\tau), \tag{4.5.65}$$

$$\frac{\mathrm{d}}{\mathrm{d}\tau}R_{12}(\tau)=-\omega_0R_{11}(\tau)-\frac{1}{2}\sigma^2R_{12}(\tau), \tag{4.5.66}$$

式中

$$R_{11}(\tau)=R_{X_1X_1}(\tau)=E[X_1(t-\tau)X_1(t)],\quad R_{12}(\tau)=R_{X_1X_2}(\tau)=E[X_1(t-\tau)X_2(t)]. \tag{4.5.67}$$

相应的初始条件为

$$R_{11}(0)=E[X_1^2(t)]=\frac{1}{2}A^2,\quad R_{12}(0)=E[X_1(t)X_2(t)]=0. \tag{4.5.68}$$

求解常系数常微分方程 (4.5.65) 与 (4.5.66), 得

$$R_{11}(\tau)=\frac{1}{2}A^2\cos(\omega_0\tau)\exp\left(-\frac{1}{2}\sigma^2\tau\right),\quad \tau\geqslant 0. \tag{4.5.69}$$

它与 (4.5.60) 相同. 图 4.5.4 描述了在 $\omega_0=3$ 和四个不同 σ 值时随机化谐和过程的谱密度. 可以看到谱密度在 $\omega=\omega_0$ 附近达到峰值, 对不同的 σ 值呈现不同的带宽. 该随机过程 $X(t)$ 在 $\sigma=0$ 时化为具有随机初相位的纯谐和过程. 随 σ 增大, 过程带宽增大, 表示随机性增大.

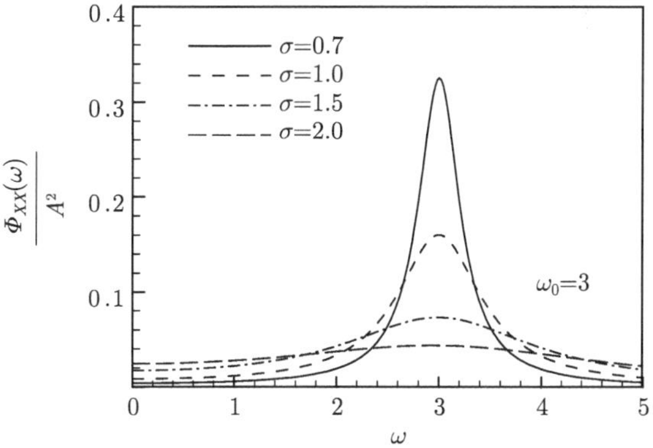

图 4.5.4 $\omega_0=3$ 与不同 σ 值时随机化谐和过程谱密度

作为一种特殊情形, $\omega_0=0$, 相关函数与谱密度为

$$R_{XX}(\tau)=\frac{1}{2}A^2\exp\left(-\frac{1}{2}\sigma^2|\tau|\right), \tag{4.5.70}$$

$$\varPhi_{XX}(\omega)=\frac{A^2\sigma^2}{4\pi(\omega^2+\sigma^4/4)}. \tag{4.5.71}$$

注意 (4.5.70) 与 (4.5.71) 分别形同 (4.5.4) 与 (4.5.5), 该过程称为低通过程. 然而, 如下所示, 随机化谐和过程的概率密度与低通滤波器产生的不同.

为求 $X(t)$ 的概率密度, 记

$$X(t)=A\sin\Theta(t),\quad \Theta=Y+U,\quad Y=\omega_0 t+\sigma B(t). \tag{4.5.72}$$

由于 Y 与 U 独立, 且

$$p_U(u)=\frac{1}{2\pi},\quad 0\leqslant u<2\pi. \tag{4.5.73}$$

利用 (2.7.21), 得 Θ 的概率密度

$$p_\Theta(\theta)=\int_{-\infty}^{\infty}p_U(u)p_Y(\theta-u)\mathrm{d}u=\frac{1}{2\pi}\int_0^{2\pi}p_Y(\theta-u)\mathrm{d}u=\frac{1}{2\pi}\int_{\theta-2\pi}^{\theta}p_Y(y)\mathrm{d}y. \tag{4.5.74}$$

注意, 按 (4.5.62), $\Theta\in(-\infty,\infty)$. 由于 (4.5.72) 中正弦函数是以 2π 为周期的周期函数, 角度可限制在 $[0, 2\pi)$ 内, 记以 Θ_1, 转换 $X(t)$ 从 $A\sin\Theta$ 到 $A\sin\Theta_1$, 即

$$X(t)=A\sin\Theta_1(t),\quad 0\leqslant\Theta_1<2\pi. \tag{4.5.75}$$

$p_{\Theta_1}(\theta_1)$ 在 $\theta_1\in[0, 2\pi)$ 上的概率密度值应由 $p_\Theta(\theta)$ 在 $(\theta_1+2K\pi)$ (K 为所有整数) 上所有值之和得到. 因此

$$\begin{aligned}p_{\Theta_1}(\theta_1)&=\sum_{\substack{k=-\infty\\ k\text{ 为整数}}}^{\infty}p_\Theta(\theta_1+2k\pi)=\frac{1}{2\pi}\sum_{\substack{k=-\infty\\ k\text{ 为整数}}}^{\infty}\int_{\theta_1+2(k-1)\pi}^{\theta_1+2k\pi}p_Y(y)\mathrm{d}y\\&=\frac{1}{2\pi}\int_{-\infty}^{\infty}p_Y(y)\mathrm{d}y=\frac{1}{2\pi}.\end{aligned} \tag{4.5.76}$$

在推导 (4.5.76) 时, 用到了 (4.5.74). (4.5.76) 表明, Θ_1 在 $[0, 2\pi)$ 上均匀分布. 按变换规则 (2.7.4)

$$p_X(x)=p_{\Theta_1}(\theta_1)\left|\frac{\mathrm{d}\theta_1}{\mathrm{d}x}\right|=\frac{1}{\pi\sqrt{A^2-x^2}},\quad -A<x<A. \tag{4.5.77}$$

图 4.5.5 表示出了 $X(t)$ 的概率密度. 它在两端有很大值. 注意, 概率密度只取决于 A, 即由所涉及的物理现象的边界决定. 参数 ω_0 与 σ 对概率密度无影响, 但可通过调整它们的值使之与所模拟的 $X(t)$ 的谱密度相匹配.

用随机化谐和过程 (4.5.52) 作实际随机过程的模型有两个优点：① 由于它有界, 更切合实际; ② 可按谱密度峰值、峰的位置及带宽调整 ω_0 与 σ 使谱密度更匹配.

有界随机过程建模的更多选择, 可参看文献 (Zhu 与 Cai, 2013).

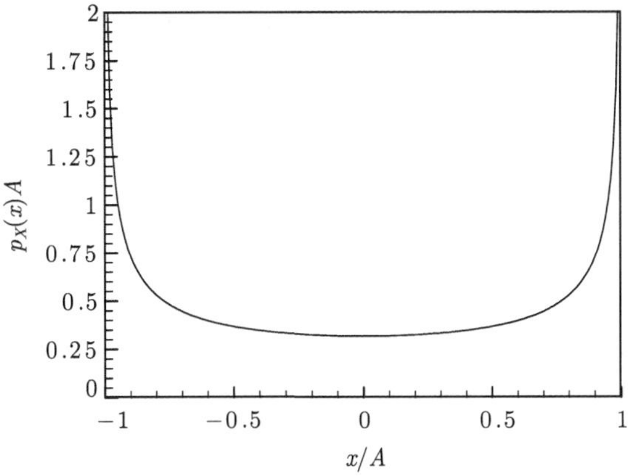

图 4.5.5　随机化谐和过程 $X(t)$ 的概率密度

4.6 模　　拟

随机过程的模拟就是按该过程的特性产生样本函数, 而最重要的特性就是功率谱密度与概率密度. 在平稳和遍历过程激励下的系统, 只要有一个时间足够长的系统响应样本, 便可从这个样本中获得系统响应的统计量.

4.6.1　高斯白噪声的模拟

数学上理想白噪声 $W(t)$ 在全频带上有常数谱密度, 即 $\Phi_{WW}(\omega)=K, -\infty<\omega<+\infty$. 如 4.2.5 节中 (4.2.43) 所示, 高斯白噪声是强度为 $\sigma^2=2\pi K$ 的维纳过程的形式导数. 因此, 对小时间步长 Δt, 可将白噪声离散化为

$$W(t_i)=\frac{\Delta B(t_i)}{\Delta t}=\sqrt{\frac{2\pi K}{\Delta t}}U_i, \tag{4.6.1}$$

式中 U_i 是服从 $N(0,1)$ 的同分布随机变量, 对不同 i, U_i 独立. 由 (4.6.1),

$$E[W(t_i)]=0,\quad E[W^2(t_i)]=\frac{2\pi K}{\Delta t},\quad E[W(t_i)W(t_j)]=0,\quad i\neq j. \tag{4.6.2}$$

考虑两个时刻 t_i 与 $(t_i+\tau)$, $\tau>0$. 若 $\tau\leqslant\Delta t$, $(t_i+\tau)$ 上随机变量可由 $W(t_i)$ 与 $W(t_{i+1})$ 线性内插得到

$$W(t_i+\tau)=W(t_i)+[W(t_{i+1})-W(t_i)]\frac{\tau}{\Delta t}. \tag{4.6.3}$$

于是相关函数可按下式得到

$$R_{WW}(\tau)=E[W(t_i)W(t_i+\tau)]$$

$$= E\left\{W(t_i)\left(W(t_i) + [W(t_{i+1}) - W(t_i)]\frac{\tau}{\Delta t}\right)\right\} = \frac{2\pi K}{\Delta t}\left(1 - \frac{\tau}{\Delta t}\right). \quad (4.6.4)$$

对 $\tau > \Delta t$, 线性内插可在不同于 $[W(t_i), W(t_{i+1})]$ 的区间上进行, 导致

$$W(t_i + \tau) = W(t_j) + [W(t_{j+1}) - W(t_j)]\frac{\tau}{\Delta t}, \quad j > i. \quad (4.6.5)$$

而相关函数则按下式得到

$$R_{WW}(\tau) = E[W(t_i)W(t_i+\tau)] = E\left\{W(t_i)\left[W(t_j) + [W(t_{j+1}) - W(t_j)]\frac{\tau}{\Delta t}\right]\right\} = 0. \quad (4.6.6)$$

注意, (4.6.4) 与 (4.6.6) 只适用于 $\tau > 0$, 相关函数为偶函数, 而功率谱密度则为

$$\begin{aligned}\varPhi_{WW}(\omega) &= \frac{1}{2\pi}\int_{-\infty}^{\infty} R_{WW}(\tau)\mathrm{e}^{-\mathrm{j}\omega\tau}\mathrm{d}\tau = \frac{1}{\pi}\int_0^{\infty} R_{WW}(\tau)\cos(\omega\tau)\mathrm{d}\tau \\ &= \frac{1}{\pi}\int_0^{\Delta t} \frac{2\pi K}{\Delta t}\left(1 - \frac{\tau}{\Delta t}\right)\cos(\omega\tau)\mathrm{d}\tau = \frac{2K}{(\omega\Delta t)^2}[1 - \cos(\omega\Delta t)]. \quad (4.6.7)\end{aligned}$$

式 (4.6.7) 表明, 由 (4.6.1) 所模拟过程的谱密度不是常数, 但可证

$$\lim_{\omega\Delta t\to 0}\frac{2K}{(\omega\Delta t)^2}[1 - \cos(\omega\Delta t)] = K. \quad (4.6.8)$$

这表明, 若 $\omega\Delta t$ 很小, 谱密度近似为常数. 对一固定 $\omega\Delta t$ 值, 较小的 Δt 允许较大的 ω, 即较宽的频带. 图 4.6.1 示出了若干不同 Δt 值时正频率上谱密度. 在 $\Delta t = 0.01$ 情形, 谱密度在一很宽频带上近似为常数. 随 Δt 增大, 谱密度近似为常数的频带变窄.

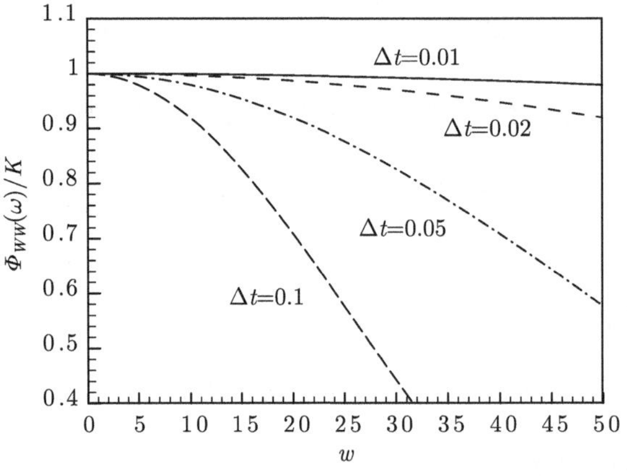

图 4.6.1　对不同 Δt 值所模拟白噪声 (4.6.1) 的功率谱密度

众所周知, 理想白噪声并不存在, 因为它的均方值为无穷大, 意味着无穷大的能量. 理想白噪声在模拟中也不能实现, 因为 (4.6.1) 中 Δt 必须取非零值. 显然, 在用 (4.6.1) 模拟白噪声时, 时间步长 Δt 是最重要的参数, 较小的 Δt 导致在较宽的频带上谱密度为常数. 在涉及振动系统时, 模拟的白噪声的带宽应比系统重要固有频率大得多. 因此, Δt 应比所有重要的系统固有周期短得多. 一般地, Δt 应不大于系统最小固有周期的 1/20.

设要产生具有下列相关函数的两个相关高斯白噪声,

$$E[W_j(t)W_k(t+\tau)] = K_{jk}\delta(\tau), \quad j,k=1,2. \tag{4.6.9}$$

考虑两个具有下列相关系数的同按 $N(0,\ 1)$ 分布的随机变量 U 与 V,

$$\rho = \frac{K_{12}}{\sqrt{K_{11}K_{22}}}. \tag{4.6.10}$$

首先, 用 2.8.5 节与 2.8.6 节中的方法产生两个相关随机变量序列 U_i 与 V_i, 对不同 i 保持每个 U_i 与 V_i 序列独立, 且对 $i \neq j$, U_i 与 V_j 独立. 然后, 两个白噪声过程可模拟如下:

$$W_1(t_i) = \sqrt{\frac{2\pi K_{11}}{\Delta t}}U_i, \quad W_2(t_i) = \sqrt{\frac{2\pi K_{22}}{\Delta t}}V_i. \tag{4.6.11}$$

4.6.2 伊藤方程的模拟

考虑一维伊藤方程的最简单情形

$$\mathrm{d}X(t) = m(X,t)\mathrm{d}t + \sigma(X,t)\mathrm{d}B(t). \tag{4.6.12}$$

求解常微分方程的常用数值方法是有限差分法. 鉴于 4.2.6 节中描述的伊藤方程的特殊性质, 有限差分方程为

$$X(t_i+\Delta t) = X(t_i) + m[X(t_i),t_i]\Delta t + \sigma[X(t_i),t_i]\mathrm{d}B(t_i), \tag{4.6.13}$$

式中 $\mathrm{d}B(t_i) = B(t_i+\Delta t) - B(t_i)$ 服从 $N(0,\sigma\sqrt{\Delta t})$, 即具有零均值与 $\sigma^2\Delta t$ 方差的高斯分布, 且 $\mathrm{d}B(t_i)$ 对不同 i 独立. (4.6.13) 的一个重要特点是增量 $\mathrm{d}B(t_i)$ 与 $X(t_i)$ 独立.

伊藤方程 (4.6.12) 可按 (4.2.67) 转换成斯特拉多诺维奇方程

$$\mathrm{d}X(t) = \left[m(X,t) - \frac{1}{2}\sigma(X,t)\frac{\partial\sigma(X,t)}{\partial X}\right]\mathrm{d}t + \sigma(X,t)\circ\mathrm{d}B(t). \tag{4.6.14}$$

它等价于具有高斯白噪声激励的常规的常微分方程

$$\frac{\mathrm{d}}{\mathrm{d}t}X(t) = m(X,t) - \frac{1}{2}\sigma(X,t)\frac{\partial\sigma(X,t)}{\partial X} + \sigma(X,t)W(t), \tag{4.6.15}$$

式中白噪声 $W(t)$ 有谱密度 $K=1/(2\pi)$. 代替伊藤方程 (4.6.12) , 差分方程 (4.6.13) 与 (4.6.15) 可用于模拟. 由于可将 (4.6.15) 看作规则常微分方程, 各种数值算法如龙格–库塔法, 可用于在较高精度下加速计算.

4.6.3 平稳高斯过程的模拟

考虑具有零均值与谱密度 $\Phi_{XX}(\omega)$ 的平稳高斯过程 $X(t)$. 对实际随机过程总存在一个频带, 在此频带内 $\Phi_{XX}(\omega)$ 有显著值. 设 ω_l 与 ω_r 是在正 ω 值上该频带的左、右边界, 在 $0\leqslant\omega<\omega_l$ 与 $\omega>\omega_r$ 内 $\Phi_{XX}(\omega)$ 可忽略不计. 将 $[\omega_l,\omega_r]$ 分成 N 个区间, 记

$$\Delta\omega=\frac{1}{N}(\omega_r-\omega_l),\quad \omega_j=\omega_l+\left(j-\frac{1}{2}\right)\Delta\omega,\quad \sigma_j^2=2\Phi_{XX}(\omega_j)\Delta\omega,\quad j=1,2,\cdots,N, \tag{4.6.16}$$

式中 $\Delta\omega$ 是区间的长度, ω_j 是第 j 个区间的中心频率, σ_j^2 是第 j 个区间上谱密度对 $X(t)$ 总均方值的贡献, 如图 4.6.2 所示. 注意, $\Phi_{XX}(\omega)$ 曲线下的总面积为 $X(t)$ 的均方值. (4.6.16) 最后一式中, 因子 2 是由于频率 ω 有正负. 下列三种算法可用于模拟给定谱密度 $\Phi_{XX}(\omega)$ 的平稳高斯过程.

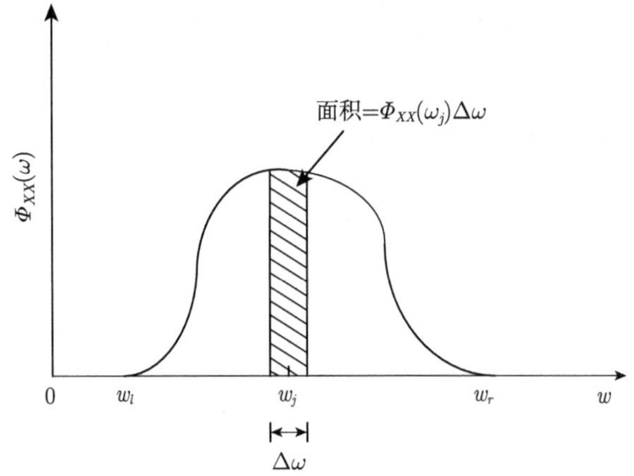

图 4.6.2　在第 j 个区间上谱密度对 $X(t)$ 的总均方值的贡献

随机幅值表示　产生 $X(t)$ 样本函数的方程为

$$X_1(t)=\sum_{j=1}^{N}\sigma_j[U_j\cos(\omega_j t)+V_j\sin(\omega_j t)], \tag{4.6.17}$$

式中 U_j 与 V_j 是互相独立的 $N(0,1)$ 随机变量, 它们对不同 j 也独立. $X_1(t)$ 的相关函数为

$$R_{X_1X_1}(\tau)=E[X_1(t)X_1(t+\tau)]$$

$$
\begin{aligned}
&= \sum_{j,k=1}^{N} E\{\sigma_j\sigma_k(U_j\cos\omega_j t + V_j\sin\omega_j t) \\
&\quad \times [U_k\cos\omega_k(t+\tau) + V_k\sin\omega_k(t+\tau)]\} \\
&= \sum_{j=1}^{N} \sigma_j^2\cos(\omega_j\tau).
\end{aligned} \tag{4.6.18}
$$

相应的谱密度为

$$
\begin{aligned}
\Phi_{X_1X_1}(\omega) &= \frac{1}{2\pi}\int_{-\infty}^{\infty} R_{X_1X_1}(\tau)\exp(-\mathrm{i}\omega\tau)\mathrm{d}\tau \\
&= \frac{1}{2\pi}\int_{-\infty}^{\infty}\sum_{j=1}^{N}\sigma_j^2\cos(\omega_j\tau)\exp(-\mathrm{i}\omega\tau)\mathrm{d}\tau \\
&= \frac{1}{2}\sum_{j=1}^{N}\sigma_j^2[\delta(\omega-\omega_j)+\delta(\omega+\omega_j)] \\
&= \sum_{j=1}^{N}[\Phi_{XX}(\omega_j)\delta(\omega-\omega_j)+\Phi_{XX}(-\omega_j)\delta(\omega+\omega_j)]\Delta\omega.
\end{aligned} \tag{4.6.19}
$$

在推导 (4.6.19) 中, 用到了下式

$$
\int_{-\infty}^{\infty}\exp(\mathrm{i}x\tau)\mathrm{d}\tau = 2\pi\delta(x). \tag{4.6.20}
$$

当 $N\to\infty$, $\Delta\omega\to 0$ 时, (4.6.19) 中和式变成积分, 导致

$$
\lim_{N\to\infty}\Phi_{X_1X_1}(\omega) = \Phi_{XX}(\omega). \tag{4.6.21}
$$

因此, 当区间长度 $\Delta\omega$ 趋于零时, 模拟方程 (4.6.17) 的谱密度趋向于所模拟过程 $X(t)$ 的谱密度.

由于 U_j 与 V_j 同为高斯分布, $X_1(t)$ 是它们的线性变换, 也服从高斯分布. 其均值与均方值为

$$
E[X_1(t)] = 0,\quad E[X_1^2(t)] = \sum_{j=1}^{N}\sigma_j^2 = \sum_{j=1}^{N}2\Phi_{XX}(\omega_j)\Delta\omega. \tag{4.6.22}
$$

当 $\Delta\omega\to 0$,

$$
E[X_1^2(t)] = \sum_{j=1}^{N}2\Phi_{XX}(\omega_j)\Delta\omega \ \to\ \int_{-\infty}^{\infty}\Phi_{XX}(\omega)\mathrm{d}\omega. \tag{4.6.23}
$$

为使模拟表示式 (4.6.17) 的谱密度近似为 $\Phi_{XX}(\omega)$, 要求一个大的 N 值与一个小的 $\Delta\omega$ 值, 具体值取决于所研究的系统. 一般地, 对振动系统, $\Delta\omega$ 应小于最小固有频率的 1/20.

随机幅值与相位表示　$X(t)$ 的样本函数也可按下式产生

$$X_2(t)=\sum_{j=1}^{N}A_j\cos(\omega_j t+\theta_j), \tag{4.6.24}$$

式中 A_j 是瑞利分布的同分布随机变量, 即

$$p_{A_j}(a_j)=\frac{a_j}{\sigma_j^2}\exp\left(-\frac{a_j^2}{2\sigma_j^2}\right), \tag{4.6.25}$$

θ_j 是在 $[0, 2\pi)$ 上均匀分布的同分布随机变量, A_j 与 θ_j 相互独立, 对不同 j, 它们也独立. 由于瑞利分布的均值与均方值分别为 $\sigma_j\sqrt{\pi/2}$ 与 $2\sigma_j^2$, 可得如下 $X_2(t)$ 的相关函数

$$R_{X_2X_2}(\tau)=\sum_{j=1}^{N}\sigma_j^2\cos(\omega_j\tau). \tag{4.6.26}$$

此与 (4.6.18) 中给出的 $X_1(t)$ 的相关函数相同. 因此, $X_2(t)$ 的谱密度具有与 $X_1(t)$ 的谱密度相同的性态, 即随 $N\to\infty$, $\Delta\omega\to 0$, 它趋于给定的谱密度 $\varPhi_{XX}(\omega)$.

为证明 $X_2(t)$ 的概率分布也是高斯, 考虑和式 (4.6.24) 的一项, 并记

$$Y=A\cos\varPhi,\quad Z=A\sin\varPhi, \tag{4.6.27}$$

式中 $Y, Z, A, \varPhi$ 是随机变量, A 服从瑞利分布 (4.6.25), $\varPhi$ 在 2π 区间上均匀分布, A 与 $\varPhi$ 独立. 按 (2.7.12),

$$p_{YZ}(y,z)=p_{A\varPhi}(a,\varphi)|\boldsymbol{J}|=\frac{a}{2\pi\sigma^2}\exp\left(-\frac{a^2}{2\sigma^2}\right)|\boldsymbol{J}|, \tag{4.6.28}$$

式中

$$|\boldsymbol{J}|=\begin{vmatrix}\dfrac{\partial a}{\partial y} & \dfrac{\partial a}{\partial z}\\ \dfrac{\partial\varphi}{\partial y} & \dfrac{\partial\varphi}{\partial z}\end{vmatrix}=\frac{1}{a}. \tag{4.6.29}$$

将 (4.6.29) 代入 (4.6.28), 并令 $a^2=y^2+z^2$, 得

$$p_{YZ}(y,z)=\frac{1}{2\pi\sigma^2}\exp\left(-\frac{y^2+z^2}{2\sigma^2}\right). \tag{4.6.30}$$

(4.6.30) 式表明, Y 与 Z 独立, 它们都服从 $N(0,\sigma)$ 分布. 由于和式 (4.6.24) 中每一项都是高斯分布, $X_2(t)$ 也是高斯分布, 均值、均方值与 (4.6.22) 与 (4.6.23) 中给出的 $X_1(t)$ 的均值、均方值相同.

随机相位表示　$X(t)$ 的样本函数还可用下式产生

$$X_3(t)=\sum_{j=1}^{N}\sqrt{2}\sigma_j\cos(\omega_j t+\theta_j), \tag{4.6.31}$$

式中 θ_j 是在 $[0,\ 2\pi)$ 上均匀分布的独立随机变量. 考虑只有 θ_j 是随机的, 易算出 $X_3(t)$ 的相关函数与谱密度, 结果与 $X_1(t)$ 及 $X_2(t)$ 的相同 (习题 4.24). (4.6.31) 中和式的每一项, 即 $\cos(\omega_j t+\theta_j)$, 代表一个随机变量. 对不同 j, 这些随机变量独立, 且有相同概率分布, 按中心极限定理, 在项数 N 趋于无穷时, $X_3(t)$ 的概率分布趋于高斯分布.

模拟给定谱密度的非高斯分布随机过程要复杂得多 (Winterstein, 1988; Grigoriu, 1998; Deodatis 与 Micaletti, 2001).

4.6.4　随机化谐和过程的模拟

如前所述, 鉴于存在随机变量 U, 随机化谐和过程 (4.5.52) 是一个平稳过程. 但正是这个随机变量 U 使得该过程非遍历 (习题 4.21), 在蒙特卡罗模拟中需产生大量样本函数. 若所研究的系统为多自由度, 模拟计算时间可能极长. 为减少计算时间, 用其等价伊藤随机微分方程 (4.5.63) 与 (4.5.64) 表示是有利的. 另一个方法是将伊藤方程 (4.5.63) 与 (4.5.64) 加上 Wong-Zakai 修正项转换成斯特拉多诺维奇随机微分方程, 再写成普通随机微分方程

$$\dot{X}_1=\omega_0 X_2+X_2 W(t),\quad \dot{X}_2=-\omega_0 X_1-X_1 W(t), \tag{4.6.32}$$

式中 $W(t)$ 是谱密度为 $K=\sigma^2/2\pi$ 的高斯白噪声. 可证, (4.5.63) 与 (4.5.64) 中的和 (4.6.32) 中的随机过程 $X_1(t)$ 等价于 (4.5.52) 中的随机化谐和过程 $X(t)$, 它们有相同的概率密度与谱密度. 用 $X_1(t)$ 的优点是它是遍历的, 模拟中只需一个样本, 大大地减小计算时间.

4.6.5　由一阶非线性滤波器产生的有界过程模拟

考虑例 4.5.3 中一阶非线性滤波器 (4.5.15) 产生的有界过程

$$\mathrm{d}X=-\alpha X\mathrm{d}t+\sqrt{\frac{\alpha}{\delta+1}(\Delta^2-X^2)}\mathrm{d}B(t). \tag{4.6.33}$$

方程 (4.6.33) 不适合直接用于蒙特卡罗模拟, 因为在数值计算中 $X(t)$ 可超过它的边界 $\pm\Delta$. 为克服这一困难, 作变换

$$X(t)=\Delta\sin\varphi(t) \tag{4.6.34}$$

得到

$$\frac{\mathrm{d}\varphi}{\mathrm{d}X}=\frac{1}{\varDelta\cos\varphi},\quad \frac{\mathrm{d}^2\varphi}{\mathrm{d}X^2}=\frac{\sin\varphi}{\varDelta^2\cos^3\varphi}. \tag{4.6.35}$$

应用伊藤微分规则 (4.2.58) 并运用 (4.6.33), 得到新变量 φ 的伊藤方程

$$\mathrm{d}\varphi=-\frac{2\delta+1}{2(\delta+1)}\alpha\tan\varphi\mathrm{d}t+\sqrt{\frac{\alpha}{\delta+1}}\mathrm{sgn}(\cos\varphi)\mathrm{d}B(t), \tag{4.6.36}$$

式中 $\mathrm{sgn}(\cdot)$ 表示符号函数.

伊藤方程 (4.6.33) 等价于随机微分方程

$$\dot{X}=-\frac{2\delta+1}{2(\delta+1)}\alpha X+\sqrt{(\varDelta^2-X^2)}W(t), \tag{4.6.37}$$

式中 $W(t)$ 是谱密度为 $\alpha/2\pi(\delta+1)$ 的高斯白噪声. 于是从 (4.6.37) 有

$$\dot{\varphi}=-\frac{2\delta+1}{2(\delta+1)}\alpha\tan\varphi+\mathrm{sgn}(\cos\varphi)W(t). \tag{4.6.38}$$

方程 (4.6.36) 或 (4.6.38) 可方便而有效地用于模拟.

4.6.6 由二阶非线性滤波器产生的有界过程模拟

对例 4.5.6 由二阶非线性滤波器产生的有界过程, 其伊藤方程为

$$\begin{aligned}
&\mathrm{d}X_1=X_2\mathrm{d}t,\\
&\mathrm{d}X_2=(-\omega_0^2X_1-2\zeta\omega_0X_2)\mathrm{d}t+\sqrt{\frac{4\zeta\omega_0^3}{2\delta+1}\left(\varDelta^2-X_1^2-\frac{1}{\omega_0^2}X_2^2\right)}\mathrm{d}B(t).
\end{aligned} \tag{4.6.39}$$

考虑变换

$$X_1=\varDelta\sin\varphi\cos\theta,\quad X_2=-\varDelta\omega_0\sin\varphi\sin\theta. \tag{4.6.40}$$

由 (4.6.39) 与 (4.6.40) 可得如下偏导数

$$\begin{aligned}
&\frac{\partial\varphi}{\partial X_1}=\frac{\cos\theta}{\varDelta\cos\varphi},\quad \frac{\partial\varphi}{\partial X_2}=-\frac{\sin\theta}{\varDelta\omega_0\cos\varphi},\quad \frac{\partial\theta}{\partial X_1}=-\frac{\sin\theta}{\varDelta\sin\varphi},\quad \frac{\partial\theta}{\partial X_2}=-\frac{\cos\theta}{\varDelta\omega_0\sin\varphi},\\
&\frac{\partial^2\varphi}{\partial X_2^2}=\frac{1}{\varDelta^2\omega_0^2}\left(\frac{\cos^2\theta}{\sin\varphi\cos\varphi}+\frac{\sin\varphi\sin^2\theta}{\cos^3\varphi}\right),\quad \frac{\partial^2\theta}{\partial X_2^2}=-\frac{2\sin\theta\cos\theta}{\varDelta^2\omega_0^2\sin^2\varphi}.
\end{aligned} \tag{4.6.41}$$

应用伊藤微分规则可导出 $\varphi(t)$ 与 $\theta(t)$ 的伊藤随机微分方程

$$\mathrm{d}\varphi=[-(2\zeta\omega_0-h)\tan\varphi\sin^2\theta+h\cot\varphi\cos^2\theta]\mathrm{d}t-\sqrt{2h}\mathrm{sgn}(\cos\varphi)\sin\theta\,\mathrm{d}B(t), \tag{4.6.42}$$

$$\mathrm{d}\theta=[\omega_0-2\zeta\omega_0\sin\theta\cos\theta-2h\cot^2\varphi\sin\theta\cos\theta]\mathrm{d}t-\sqrt{2h}\frac{|\cos\varphi|}{\sin\varphi}\cos\theta\,\mathrm{d}B(t), \tag{4.6.43}$$

式中 $h = 2\zeta\omega_0/(2\delta+1)$. 另一方面, 考虑到 Wong-Zakai 修正项, 伊藤方程 (4.6.39) 等价于下列随机微分方程

$$\dot{X}_1 = X_2, \quad \dot{X}_2 = -\omega_0^2 X_1 - (2\zeta\omega_0 - h)X_2 + \sqrt{\Delta^2 - X_1^2 - \frac{1}{\omega_0^2}X_2^2}\,W(t), \tag{4.6.44}$$

式中 $W(t)$ 是谱密度为 $K = \omega_0^2 h/\pi$ 的高斯白噪声. 相应的新变量方程为

$$\dot{\varphi} = -(2\zeta\omega_0 - h)\tan\varphi\sin^2\theta - \frac{1}{\omega_0}\mathrm{sgn}(\cos\varphi)\sin\theta\,W(t), \tag{4.6.45}$$

$$\dot{\theta} = \omega_0 - (2\zeta\omega_0 - h)\sin\theta\cos\theta - \frac{|\cos\varphi|}{\omega_0\sin\varphi}\cos\theta\,W(t). \tag{4.6.46}$$

伊藤方程组 (4.6.42) 与 (4.6.43) 或方程组 (4.6.45) 与 (4.6.46) 皆可用于模拟.

习　题　4

4.1　习题 3.30 中过程 $X(t)$ 具有下列相关函数,

$$R_{XX}(\tau) = \begin{cases} \lambda E[Y^2]\dfrac{\Delta - \tau}{\Delta^2}, & \tau \leqslant \Delta, \\ 0, & \tau > \Delta. \end{cases}$$

试证随 $\Delta \to 0$ 它趋于白噪声.

4.2　令维纳过程 $B(t)$ 具有如下相关函数

$$E[B(t_1)B(t_2)] = \sigma^2 \min(t_1, t_2).$$

其均方导数过程为 $\dot{B}(t) = \mathrm{d}B(t)/\mathrm{d}t$. 试证 $\dot{B}(t)$ 的相关函数为

$$E[\dot{B}(t_1)\dot{B}(t_2)] = \sigma^2\delta(t_1 - t_2).$$

4.3　令 $B(t)$ 为定义在 $[a, b]$ 上的单位维纳过程. 试证积分 $I = \int_a^b B(t)\mathrm{d}B(t)$ 可导至下列三种不同结果:

$$\begin{aligned}(1)\ I_1 &= \int_a^b B(t)\mathrm{d}B(t) = \underset{\substack{n\to\infty\\ \Delta_n\to 0}}{\mathrm{l.i.m.}} \sum_{j=1}^{n} B(t_j)[B(t_{j+1}) - B(t_j)] \\ &= \frac{1}{2}[B^2(b) - B^2(a)] - \frac{1}{2}(b-a);\end{aligned}$$

$$\begin{aligned}(2)\ I_2 &= \int_a^b B(t)\mathrm{d}B(t) = \underset{\substack{n\to\infty\\ \Delta_n\to 0}}{\mathrm{l.i.m.}} \sum_{j=1}^{n} B(t_{j+1})[B(t_{j+1}) - B(t_j)] \\ &= \frac{1}{2}[B^2(b) - B^2(a)] + \frac{1}{2}(b-a);\end{aligned}$$

$$(3)\ I_3 = \int_a^b B(t)\mathrm{d}B(t) = \underset{\substack{n\to\infty\\ \Delta_n\to 0}}{\mathrm{l.i.m.}} \sum_{j=1}^{n} B[rt_{j+1} + (1-r)t_j][B(t_{j+1}) - B(t_j)]$$

$$= \frac{1}{2}[B^2(b) - B^2(a)] + \left(r - \frac{1}{2}\right)(b-a), \quad 0 \leqslant r \leqslant 1;$$

式中 $a = t_1 < t_2 < \cdots < t_n < t_{n+1} = b$, $\varDelta_n = \max(\tau_{j+1} - \tau_j)$.

4.4　随机过程 $X(t)$ 定义为

$$X(t) = A\sin[\omega_0 t + \sigma B(t)],$$

式中 A, ω_0 及 σ 为正常数, $B(t)$ 为单位维纳过程. 试证 $X(t)$ 不是平稳过程.

4.5　著名的 Ornstein-Uhlenbeck 过程 $X(t)$ 是一平稳马尔可夫扩散过程, 其概率密度函数为

$$p(x,t) = \frac{1}{\sqrt{2\pi}\sigma}\mathrm{e}^{-\frac{x^2}{2\sigma^2}}.$$

转移概率密度函数为

$$p(x_2,t_2|x_1,t_1) = \frac{1}{\sqrt{2\pi(1-\mathrm{e}^{-2\alpha\tau})}\sigma}\exp\left[-\frac{(x_2 - x_1\mathrm{e}^{-\alpha\tau})^2}{2\sigma^2(1-\mathrm{e}^{-2\alpha\tau})}\right], \quad \tau = t_2 - t_1.$$

试确定 $X(t)$ 的漂移与扩散系数, 并写出伊藤与福克–普朗克–柯尔莫哥洛夫方程.

4.6　Ornstein-Uhlenbeck 过程 $X(t)$ 受下列伊藤微分方程支配

$$\mathrm{d}X = -\alpha X\mathrm{d}t + \sqrt{2\alpha}\sigma\mathrm{d}B(t).$$

假定 $X(0) = x_0$, 试用伊藤微分规则确定其均值与方差.

4.7　角度过程 $\varTheta(t)$ 的方程为

$$\ddot{\varTheta} + P[1 + W_1(t)]\varTheta = PW_2(t).$$

写出支配 $\varTheta(t)$ 的伊藤随机微分方程.

4.8　支配相位过程 $\varTheta(t)$ 的伊藤随机微分方程为

$$\mathrm{d}\varTheta = \omega_0\mathrm{d}t + \sigma\mathrm{d}B(t).$$

$X_1(t)$ 与 $X_2(t)$ 定义如下:

$$X_1(t) = A\sin\varTheta(t), \quad X_2(t) = A\cos\varTheta(t),$$

式中 A 是一个常数. 运用伊藤微分规则, 导出支配 $X_1(t)$ 与 $X_2(t)$ 的伊藤随机微分方程.

4.9　一个随机过程 $X(t)$ 的伊藤微分方程为

$$\mathrm{d}X = -\alpha X\mathrm{d}t + \sqrt{\frac{\alpha}{\delta+1}(\varDelta^2 - X^2)}\mathrm{d}B(t).$$

令 $X(t) = \varDelta\sin\varphi(t)$, 运用伊藤微分规则, 求支配 $\varphi(t)$ 的伊藤随机微分方程.

4.10　从下列伊藤随机微分方程导得斯特拉多诺维奇随机微分方程:

(1) $\mathrm{d}X = -\alpha\left(X - \frac{1}{\lambda}\right)\mathrm{d}t + \sqrt{\frac{2\alpha}{\lambda}X}\mathrm{d}B(t), \quad \lambda > 0, \quad X \geqslant 0;$

(2) $\mathrm{d}X = -\alpha\left(X - \dfrac{2}{\gamma}\right)\mathrm{d}t + \sqrt{\dfrac{2\alpha}{\gamma}X}\mathrm{d}B(t), \quad \gamma > 0, \quad X \geqslant 0;$

(3) $\mathrm{d}X = -\alpha X\mathrm{d}t + \sqrt{\dfrac{\alpha}{\gamma(\sigma-1)}(1+\gamma X^2)}\mathrm{d}B(t), \quad \gamma > 0, \quad \sigma > 1.$

4.11 马尔可夫向量过程 $[X_1(t), X_2(t)]$ 由下列伊藤随机微分方程支配

$$\mathrm{d}X_1 = X_2\mathrm{d}t, \quad \mathrm{d}X_2 = -\omega_0^2 - h(X_1, X_2)\mathrm{d}t + g(X_1, X_2)\mathrm{d}B(t).$$

幅值 $A(t)$ 与相角 $\Theta(t)$ 定义为

$$X_1 = A\cos\Theta, \quad X_2 = -A\omega_0\sin\Theta.$$

试求得支配 $A(t)$ 与 $\Theta(t)$ 的伊藤随机微分方程.

4.12 能量过程 $\Lambda(t)$ 和相角过程 $\Theta(t)$ 由下式定义

$$X_1 = \frac{\sqrt{2\Lambda}}{\omega_0}\cos\Theta, \quad X_2 = -\sqrt{2\Lambda}\sin\Theta,$$

式中 $[X_1(t), X_2(t)]$ 是与习题 4.11 定义的一样的矢量马尔可夫过程. 导出支配 $\Lambda(t)$ 和 $\Theta(t)$ 的伊藤随机微分方程.

4.13 习题 4.11 中的幅值过程 $A(t)$ 与题 4.12 中的能量过程 $\Lambda(t)$ 有如下关系式

$$\Lambda = \frac{1}{2}\omega_0^2 A^2.$$

运用伊藤微分规则, 从习题 4.11 中支配 $A(t)$ 的伊藤随机微分方程直接导得支配 $\Lambda(t)$ 的伊藤随机微分方程.

4.14 一运动方程为

$$\dot{\varphi} = -\frac{2\delta+1}{2(\delta+1)}\alpha\tan\varphi + \mathrm{sgn}(\cos\varphi)W(t),$$

式中 $\mathrm{sgn}(\cdot)$ 表示符号函数, $\delta > -1$, $W(t)$ 是谱密度为 $K = \dfrac{\alpha}{2\pi(\delta+1)}$ 的高斯白噪声. 试写出其相对应的伊藤随机微分方程.

4.15 考虑如下系统

$$\dot{X}_1 = a_{11}X_1 + a_{12}X_2 + W_1(t), \quad \dot{X}_2 = a_{21}X_1 + a_{22}X_2 + W_2(t),$$

式中 $W_1(t)$ 与 $W_2(t)$ 是高斯白噪声, 并有如下相关函数

$$E[W_l(t)W_s(t+\tau)] = 2\pi K_{ls}\delta(\tau), \quad l, s = 1,\ 2.$$

(1) 导出该系统的 FPK 方程;

(2) 写出相对应的伊藤随机微分方程.

4.16 仍考虑习题 4.15 中的系统, 写出下列形式的伊藤随机微分方程

$$\mathrm{d}X_1 = (a_{11}X_1 + a_{12}X_2)\mathrm{d}t + \sigma_{11}\mathrm{d}B_1(t) + \sigma_{12}\mathrm{d}B_2(t),$$

$$\mathrm{d}X_2 = (a_{21}X_1 + a_{22}X_2)\mathrm{d}t + \sigma_{21}\mathrm{d}B_1(t) + \sigma_{22}\mathrm{d}B_2(t),$$

式中 $B_1(t)$ 与 $B_2(t)$ 是两个独立维纳过程.

4.17　捕食型生态系统的一个随机模型为

$$\dot{X}_1 = X_1\left[a - bX_2 - \frac{s}{f}(-c + fX_1) + W_1(t)\right],$$
$$\dot{X}_2 = X_2[-c + fX_1 + W_2(t)],$$

式中 X_1 与 X_2 分别是被捕食者和捕食者的数量密度, a, b, c 与 f 为正常数, $W_1(t)$ 与 $W_2(t)$ 是两个独立的高斯白噪声. 函数 $R(X_1, X_2)$ 定义为

$$R(X_1, X_2) = fX_1 - c - c\ln\frac{fX_1}{c} + bX_2 - a - a\ln\frac{bX_2}{a}.$$

试导出 X_1, X_2 和函数 $R(X_1, X_2)$ 的伊藤随机微分方程.

4.18　在习题 4.17 中, 令 $Y_1 = \ln X_1$, $Y_2 = \ln X_2$. 分别导出 Y_1 与 Y_2 的斯特拉多诺维奇随机微分方程与伊藤随机微分方程.

4.19　求出习题 4.10 中给出的下列随机过程 $X(t)$ 的平稳概率密度:

(1) $\mathrm{d}X = -\alpha\left(X - \dfrac{1}{\lambda}\right)\mathrm{d}t + \sqrt{\dfrac{2\alpha}{\lambda}X}\mathrm{d}B(t), \quad \lambda > 0, \quad X \geqslant 0;$

(2) $\mathrm{d}X = -\alpha\left(X - \dfrac{2}{\gamma}\right)\mathrm{d}t + \sqrt{\dfrac{2\alpha}{\gamma}X}\mathrm{d}B(t), \quad \gamma > 0, \quad X \geqslant 0;$

(3) $\mathrm{d}X = -\alpha X\mathrm{d}t + \sqrt{\dfrac{\alpha}{\gamma(\sigma-1)}(1 + \gamma X^2)}\mathrm{d}B(t), \quad \gamma > 0, \quad \sigma > 1.$

4.20　一维扩散过程 $X(t)$ 定义于 $[0, \infty)$, 由下列伊藤随机微分方程支配

$$\mathrm{d}X = \left[\left(-\zeta\omega_0 + \frac{3\pi}{8}\omega_0^2K_1\right)X + \frac{\pi K_2}{2\omega_0^2X} - \delta X^3\right]\mathrm{d}t + \sqrt{\frac{\pi}{4}\omega_0^2K_1X^2 + \frac{\pi K_2}{\omega_0^2}}\mathrm{d}B(t),$$

式中 ζ, $\delta > 0$. 假定左边界在 $x = 0$, 右边界在 $x = \infty$, 考虑如下三种情形:

(1) $K_1 = 0$ 与 $K_2 > 0$;

(2) $K_1 > 0$ 与 $K_2 = 0$;

(3) $K_1 > 0$ 与 $K_2 > 0$.

试分别求平稳概率密度, 如果存在的话.

4.21　试确定以下随机化谐和过程 $X(t)$ 是否具有遍历性

$$X(t) = A\sin[\omega_0 t + \sigma B(t) + U],$$

式中 A, ω_0, σ 是正常数, $B(t)$ 是一个单位维纳过程. U 是在 $[0, 2\pi)$ 上呈均匀分布的随机变量, 并且与 $B(t)$ 独立.

4.22 在 4.5.2 节中, 定义了如下积分变换:

$$\bar{\varPhi}_{ij}(\omega)=\Im[R_{ij}(\tau)]=\frac{1}{\pi}\int_{-\infty}^{\infty}R_{X_iX_j}(\tau)\mathrm{e}^{-\mathrm{i}\omega\tau}\mathrm{d}\tau,$$

试证谱密度函数可从下式得到

$$\varPhi_{X_iX_i}(\omega)=\mathrm{Re}[\bar{\varPhi}_{ii}(\omega)],\quad \varPhi_{X_iX_j}(\omega)=\frac{1}{2}[\bar{\varPhi}_{ij}(\omega)+\bar{\varPhi}_{ij}^{*}(\omega)].$$

4.23 Ornstein-Uhlenbeck 过程 $X(t)$ 由以下伊藤随机微分方程支配

$$\mathrm{d}X=-\alpha X\mathrm{d}t+\sqrt{2\alpha}\sigma\mathrm{d}B(t).$$

运用 4.5 节中的方法求出 $X(t)$ 的相关函数和谱密度函数.

4.24 计算由式 (4.6.31) 定义的下列随机过程 $X_3(t)$ 的相关函数和谱密度函数,

$$X_3(t)=\sum_{j=1}^{N}\sqrt{2}\sigma_j\cos(\omega_j t+\theta_j),$$

式中 θ_j 是在 $[0,2\pi)$ 上均匀分布的独立随机变量, σ_j 与 ω_j 在式 (4.6.16) 中给出.

4.25 一随机过程有低通谱密度式 (4.5.5), 有下列 4 种概率密度分布

(1) $p(x)=Cx^2\exp(-ax^2),\quad a>0;$

(2) $p(x)=Cx\exp(-\gamma x),\quad \gamma>0,\quad x\geqslant 0;$

(3) $p(x)=C\exp(-ax^2-bx^4),\quad b>0;$

(4) $p(x)=C(1+\gamma x^2)^{-\sigma},\quad \infty<x<+\infty,\quad \gamma>0.$

试导出上述四种情形的非线性滤波器, 即支配 $X(t)$ 的伊藤随机微分方程.

4.26 试模拟高斯白噪声, 取时间间隔为 $\Delta t=0.005$, 0.01 和 0.02. 分别计算并画出概率密度函数和功率谱密度函数.

4.27 运用式 (4.6.17), (4.6.24) 和 (4.6.31) 三种不同的算法来模拟高斯过程, 其功率谱密度为

$$\varPhi_{XX}(\omega)=\frac{\alpha\sigma_X^2}{\pi(\omega^2+\alpha^2)}.$$

分别计算三种算法下的概率密度函数和功率谱密度函数.

4.28 用式 (4.2.43) 中的关系式模拟维纳过程 $B(t)$, 即

$$\frac{\mathrm{d}B(t)}{\mathrm{d}t}=W(t).$$

计算转移概率密度, 并与式 (4.2.33) 比较.

4.29 试模拟由下列方程支配的随机过程

$$\mathrm{d}X=-\alpha X\mathrm{d}t+\sqrt{\frac{\alpha}{\delta+1}(\varDelta^2-X^2)}\mathrm{d}B(t).$$

分别计算 $\delta=-0.5$, 0, 0.5, 1 和 2 时的概率密度函数和功率谱密度函数.

4.30 对具有式 (2.5.10) 中指数分布的随机过程 $X(t)$, 在习题 4.10(1) 已分别导出了其斯特拉多诺维奇随机微分方程和伊藤微分方程. 试用这两个方程分别模拟 $X(t)$, 并计算其概率密度函数.

4.31 试产生如下随机谐和过程的样本

$$X(t) = A\sin[\omega_0 t + \sigma B(t) + U].$$

并证明该过程在相关意义上不是遍历的.

4.32 对随机化谐和过程 $X(t)$, 试分别从以下两组方程产生一个样本函数并计算平稳相关函数:

(1) $X_1(t) = X(t) = A\sin\Theta(t), \quad X_2(t) = A\cos\Theta(t), \quad \mathrm{d}\Theta = \omega_0\mathrm{d}t + \sigma\mathrm{d}B(t);$

(2) $\dot{X}_1 = \omega_0 X_2 + X_2 W(t), \quad \dot{X}_2 = -\omega_0 X_1 - X_1 W(t).$

再比较两者所得到的结果.

第 5 章　线性系统对随机激励的响应

有了上述随机变量与随机过程的基本知识, 就可探究它在工程、生物、经济、生态、物理等各领域的动力学系统中的应用. 对许多实际问题, 当系统运动小, 系统性质仍在线性范围内, 动力学系统可模型化为线性系统, 或近似为线性系统. 对确定性线性系统, 若已知系统性质与激励, 其响应可解析地或数值地精确得到. 由于随机激励的系统的响应是随机过程, 只能获得它们的概率与/或统计性质. 一个随机过程是无穷多个样本的集合, 对每个样本, 系统变成确定性的. 若已知系统对各确定性样本的响应, 对它们作统计分析就可得系统对随机激励的响应, 这是求线性系统对随机激励的响应的基本思路. 因此, 在论述线性系统对随机激励的响应之前, 宜简单回顾一下确定性线性系统理论.

5.1　确定性线性系统理论回顾

考虑下列线性常微分方程

$$m\ddot{x} + c\dot{x} + kx = f(t). \tag{5.1.1}$$

它表示一个典型的质量–弹簧–阻尼器机械系统. (5.1.1) 也可描述如电阻–电感–电容电路等各种单自由度动力学系统. 可将 (5.1.1) 写成无量纲形式

$$\ddot{x} + 2\zeta\omega_0\dot{x} + \omega_0^2 x = \frac{1}{m}f(t), \tag{5.1.2}$$

式中

$$\omega_0 = \sqrt{\frac{k}{m}}, \quad \zeta = \frac{c}{2\omega_0 m} = \frac{c}{2\sqrt{km}}. \tag{5.1.3}$$

系统参数 ω_0 与 ζ 分别为无阻尼固有频率与阻尼比. 这里只考虑了 $\zeta < 1$ 情形, 即亚阻尼系统, 对大多数工程问题这是真实情况. 为研究系统对一般力 $f(t)$ 的响应 $x(t)$, 先找出此系统对正弦力与脉冲力这两种典型力的响应特性是有益的.

对确定性多自由度线性系统, 支配方程为

$$\boldsymbol{M}\ddot{\boldsymbol{x}} + \boldsymbol{C}\dot{\boldsymbol{x}} + \boldsymbol{K}\boldsymbol{x} = \boldsymbol{f}(t), \tag{5.1.4}$$

式中 $\boldsymbol{x} = [x_1(t), x_2(t), \cdots, x_n(t)]^{\mathrm{T}}$ 为响应矢量, 它表示一组独立的物理量, $\boldsymbol{f}(t) = [f_1(t), f_2(t), \cdots, f_n(t)]^{\mathrm{T}}$ 是力矢量, $\boldsymbol{M}$, $\boldsymbol{C}$, $\boldsymbol{K}$ 分别表示质量矩阵、阻尼矩阵及刚度

矩阵. 按其本性, $\boldsymbol{M}$ 是对称、正定矩阵, 若刚体运动已被消去, 则矩阵 $\boldsymbol{K}$ 为对称、正定矩阵, $\boldsymbol{C}$ 为正定矩阵. 对多自由度系统, 也希望获得当所有 $\boldsymbol{f}(t)$ 的分量分别为正弦力与脉冲力时系统的响应特性.

5.1.1　频率响应函数

考虑一个单位幅值的正弦力

$$f(t) = \mathrm{e}^{\mathrm{i}\omega t}. \tag{5.1.5}$$

系统 (5.1.1) 的响应由两部分组成: 其相应齐次方程的通解与特解, 如下所示

$$x(t) = C\mathrm{e}^{-\zeta\omega_0 t + \mathrm{i}\omega_d t} + H(\omega)\mathrm{e}^{\mathrm{i}\omega t}, \tag{5.1.6}$$

式中 C 为由初始条件确定的复常数, ω_d 称为阻尼固有频率, 由下式给出

$$\omega_d = \sqrt{1-\zeta^2}\omega_0, \tag{5.1.7}$$

而

$$H(\omega) = \frac{1}{m(\omega_0^2 - \omega^2 + 2\mathrm{i}\zeta\omega_0\omega)}. \tag{5.1.8}$$

其特解, 即 (5.1.6) 右边第二项, 称为系统的稳态响应, 即 $t \to \infty$ 时的解. $H(\omega)$ 称为系统 (5.1.1) 的频率响应函数. 在实际问题中, 只有 (5.1.5) 的实部表示实际力, 相应地, 只有 (5.1.6) 的实部才是系统的响应.

5.1.2　脉冲响应函数

另一种典型激励是由下列狄拉克 δ 函数表示的单位脉冲力

$$f(t) = \delta(t). \tag{5.1.9}$$

式 (5.1.9) 表明, 力很大但作用时间很短, 总脉冲为一个单位. 假定系统在脉冲激励之前为静止, 则可用下列方程与初始条件描述

$$\ddot{x} + 2\zeta\omega_0\dot{x} + \omega_0^2 x = \frac{1}{m}\delta(t); \quad x(0) = 0, \quad \dot{x}(0) = 0. \tag{5.1.10}$$

按牛顿第二定律, 一个力脉冲等于系统动量的变化. 因此, 单位脉冲力 $\delta(t)$ 的净效应是系统动量, 也就是初始速度的一个增量. 从而 (5.1.9) 可代之以

$$\ddot{x} + 2\zeta\omega_0\dot{x} + \omega_0^2 x = 0; \quad x(0) = 0, \quad \dot{x}(0) = \frac{1}{m}. \tag{5.1.11}$$

方程 (5.1.10) 之解称为系统 (5.1.1) 的脉冲响应函数, 记以 $h(t)$. 它可得如下

$$h(t) = \begin{cases} \dfrac{1}{m\omega_d}\mathrm{e}^{-\zeta\omega_0 t}\sin(\omega_d t), & t \geqslant 0, \\ 0, & t < 0, \end{cases} \tag{5.1.12}$$

从 $t=0$ 开始作用的一个任意力可用脉冲列构造, 即

$$f(t)=\int_{0}^{\infty} f(\tau)\delta(t-\tau)\mathrm{d}\tau. \tag{5.1.13}$$

由于叠加原理适用于线性系统, 初始静止的系统 (5.1.1) 之解可表示为

$$x(t)=\int_{0}^{\infty} f(\tau)h(t-\tau)\mathrm{d}\tau=\int_{0}^{t} f(\tau)h(t-\tau)\mathrm{d}\tau. \tag{5.1.14}$$

将积分上限由 ∞ 改成 t 是因为 $t<0$ 时 $h(t)=0$. (5.1.14) 中的积分称为杜哈美 (Duhamel) 积分.

注意, (5.1.14) 不是稳态解, 而是零初始条件下系统 (5.1.1) 的全解. 在初始条件 $x(0)=x_0$, $\dot{x}(0)=\dot{x}_0$ 下, 系统 (5.1.1) 的全解为

$$x(t)=x_i(t)+\int_{0}^{t} f(\tau)h(t-\tau)\mathrm{d}\tau, \tag{5.1.15}$$

式中第一项 $x_i(t)$ 乃由初始条件引起, 为 (Sun, 2006)

$$x_i(t)=[2m\zeta w_0 h(t)+m\dot{h}(t)]x_0+mh(t)\dot{x}_0. \tag{5.1.16}$$

稳态解可从 (5.1.14) 或 (5.1.15) 令 $t\to\infty$ 得到. 然而, 若假定激励力从无穷过去开始, 即从 $t=-\infty$ 开始, 则稳态解可从 (5.1.15) 得到为

$$x_{\text{steady}}(t)=\int_{-\infty}^{\infty} f(\tau)h(t-\tau)\mathrm{d}\tau, \quad t\geqslant 0. \tag{5.1.17}$$

5.1.3 频率响应函数与脉冲响应函数之间的关系

假定一个任意激励力 $f(t)$ 从 $t=-\infty$ 开始. 它可用具有不同频率的无穷小正弦力的叠加表示

$$f(t)=\int_{-\infty}^{\infty} F(\omega)\mathrm{e}^{\mathrm{i}\omega t}\mathrm{d}\omega, \tag{5.1.18}$$

式中

$$F(\omega)=\frac{1}{2\pi}\int_{-\infty}^{\infty} f(t)\mathrm{e}^{-\mathrm{i}\omega t}\mathrm{d}t \tag{5.1.19}$$

是 $f(t)$ 的傅里叶变换, 若存在的话. 运用叠加原理与方程 (5.1.6) 及 (5.1.18), 得稳态解

$$x_{\text{steady}}(t)=\int_{-\infty}^{\infty} H(\omega)F(\omega)\mathrm{e}^{\mathrm{i}\omega t}\mathrm{d}\omega. \tag{5.1.20}$$

将 (5.1.19) 代入 (5.1.20) 得到

$$x_{\text{steady}}(t)=\int_{-\infty}^{\infty} H(\omega)\left[\frac{1}{2\pi}\int_{-\infty}^{\infty} f(\tau)\mathrm{e}^{-\mathrm{i}\omega\tau}\mathrm{d}\tau\right]\mathrm{e}^{\mathrm{i}\omega t}\mathrm{d}\omega. \tag{5.1.21}$$

交换 (5.1.21) 中积分的次序, 得

$$x_{\text{steady}}(t)=\int_{-\infty}^{\infty}f(\tau)\left[\frac{1}{2\pi}\int_{-\infty}^{\infty}H(\omega)e^{i\omega(t-\tau)}d\omega\right]d\tau. \tag{5.1.22}$$

比较 (5.1.22) 与 (5.1.17) , 并考虑到 $f(t)$ 是任意函数, 有

$$h(t)=\frac{1}{2\pi}\int_{-\infty}^{\infty}H(\omega)e^{i\omega t}d\omega. \tag{5.1.23}$$

(5.1.23) 是 $H(\omega)$ 的傅里叶变换, 其逆为

$$H(\omega)=\int_{-\infty}^{\infty}h(t)e^{-i\omega t}dt. \tag{5.1.24}$$

因此, 频率响应函数 $H(\omega)$ 与脉冲响应函数 $h(t)$ 构成傅里叶变换对.

5.1.4　多自由度系统

将单自由度线性系统的确定性分析引申于多自由度线性系统是简单易行的. 先考虑 (5.1.4) 支配的多自由度线性系统频率响应. 令 $f_k(t)=e^{i\omega t}$ 及对 $l\neq k$, $f_l(t)=0$, (5.1.4) 的稳态解可表示为

$$\boldsymbol{X}=[H_{1k}(\omega),H_{2k}(\omega),\cdots,H_{nk}(\omega)]^{T}e^{i\omega t}, \tag{5.1.25}$$

式中 $H_{jk}(\omega)$ 可从将 (5.1.25) 代入 (5.1.4) 得到的复线性代数方程组导出. (5.1.25) 表明, 每个 $H_{jk}(\omega)$ 是第 j 个坐标的稳态响应与作用在第 k 个坐标上的谐和激励之比值. 因此, 代替单自由度系统的单个频率响应函数的是多自由度系统的频率响应矩阵 $\boldsymbol{H}(\omega)=[H_{jk}(\omega)]$. 可证

$$\boldsymbol{H}(\omega)=(-\omega^2\boldsymbol{M}+i\omega\boldsymbol{C}+\boldsymbol{K})^{-1}. \tag{5.1.26}$$

对单个频率的谐和力矢量, $\boldsymbol{f}(t)=\boldsymbol{F}e^{i\omega t}$, 其中 $\boldsymbol{F}=[F_1, F_2, \cdots, F_n]^{T}$, 表示力的幅值, 系统稳态解是

$$x_j(t)=\sum_{k=1}^{n}H_{jk}(\omega)F_ke^{i\omega t},\quad j=1,2,\cdots,n. \tag{5.1.27}$$

其矩阵形式为

$$\boldsymbol{x}=\boldsymbol{H}(\omega)\boldsymbol{F}e^{i\omega t}. \tag{5.1.28}$$

类似地, 对多自由度系统, 脉冲响应函数代之以脉冲响应矩阵 $\boldsymbol{h}(t)=[h_{jk}(t)]$. 每个元素 $h_{jk}(t)$ 是 j 坐标对作用在 k 坐标上的单位脉冲激励的响应, 即 $f_k(t)=$

$\delta(t)$, 对 $l \neq k$, $f_l(t) = 0$ 的脉冲响应 (零初始条件下的瞬态响应). 在零初始条件下系统对一般力矢量 $\boldsymbol{f}(t)$ 的响应由矩阵形式的杜哈美积分得到

$$\boldsymbol{x}(t) = \int_0^t \boldsymbol{h}(t-\tau)\boldsymbol{f}(\tau)\mathrm{d}\tau. \tag{5.1.29}$$

再次强调在激励作用之前, 即 $t = 0$ 之前系统是静止的. 对每个响应分量, 有

$$x_j(t) = \sum_{k=1}^{n} \int_0^t h_{jk}(t-\tau) f_k(\tau)\mathrm{d}\tau. \tag{5.1.30}$$

类比于 (5.1.23) 与 (5.1.24), 频率响应矩阵与脉冲响应矩阵之间关系为

$$\boldsymbol{h}(t) = \frac{1}{2\pi}\int_{-\infty}^{\infty} \boldsymbol{H}(\omega)\mathrm{e}^{\mathrm{i}\omega t}\mathrm{d}\omega, \tag{5.1.31}$$

$$\boldsymbol{H}(\omega) = \int_{-\infty}^{\infty} \boldsymbol{h}(t)\mathrm{e}^{-\mathrm{i}\omega t}\mathrm{d}t. \tag{5.1.32}$$

式 (5.1.31) 与 (5.1.32) 表明, $\boldsymbol{h}(t)$ 与 $\boldsymbol{H}(\omega)$ 的 $(j,\, k)$ 元素是傅里叶变换对.

理论上说, 上述分析步骤适用于任意多自由度系统. 但是, 即使要得到两个或三个自由度系统的频率响应矩阵或脉冲响应矩阵也是冗长的. 下节将引入广泛用于处理多自由度线性系统的正交模态分析法.

例 5.1.1 图 5.1.1 所示的是一个两自由度系统, 其运动方程为

$$\begin{aligned} &m_1\ddot{x}_1 + (c_1+c_2)\dot{x}_1 - c_2\dot{x}_2 + (k_1+k_2)x_1 - k_2x_2 = f_1(t), \\ &m_2\ddot{x}_2 - c_2\dot{x}_1 + (c_2+c_3)\dot{x}_2 - k_2x_1 + (k_2+k_3)x_2 = f_2(t). \end{aligned} \tag{5.1.33}$$

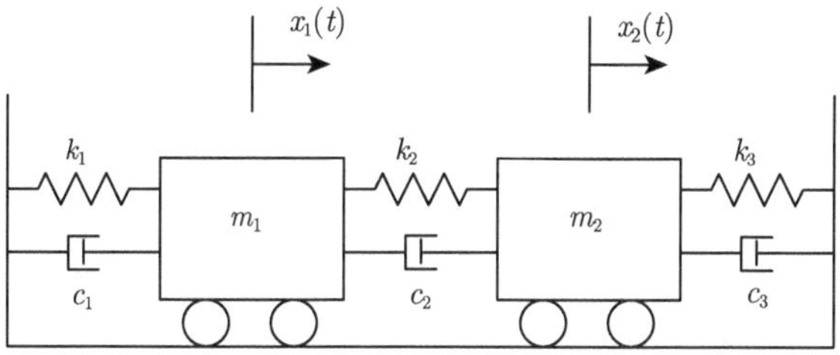

图 5.1.1 一个两自由度系统

在 (5.1.33) 中令 $f_1(t) = \mathrm{e}^{\mathrm{i}\omega t}$, $f_2(t) = 0$, $x_1 = H_{11}(\omega)\mathrm{e}^{\mathrm{i}\omega t}$, 及 $x_2 = H_{21}(\omega)\mathrm{e}^{\mathrm{i}\omega t}$, 得

$$H_{11}(\omega) = \frac{1}{\varDelta}[-m_2\omega^2 + \mathrm{i}(c_2+c_3)\omega + (k_2+k_3)], \tag{5.1.34}$$

$$H_{21}(\omega) = \frac{1}{\varDelta}(\mathrm{i}c_2\omega + k_2), \tag{5.1.35}$$

式中

$$\Delta=[-m_1\omega^2+\mathrm{i}(c_1+c_2)\omega+(k_1+k_2)][-m_2\omega^2+\mathrm{i}(c_2+c_3)\omega+(k_2+k_3)]-(\mathrm{i}c_2\omega+k_2)^2. \tag{5.1.36}$$

接着在 (5.1.33) 中, 令 $f_1(t)=0$, $f_2(t)=\mathrm{e}^{\mathrm{i}\omega t}$, $x_1=H_{12}(\omega)\mathrm{e}^{\mathrm{i}\omega t}$, 及 $x_2=H_{22}(\omega)\mathrm{e}^{\mathrm{i}\omega t}$, 得

$$H_{12}(\omega)=\frac{1}{\Delta}(\mathrm{i}c_2\omega+k_2), \tag{5.1.37}$$

$$H_{22}(\omega)=\frac{1}{\Delta}[-m_1\omega^2+\mathrm{i}(c_1+c_2)\omega+(k_1+k_2)]. \tag{5.1.38}$$

对 $m_1=m_2=m$, $c_1=c_2=c_3=c$, $k_1=k_2=k_3=k$ 情形

$$H_{11}(\omega)=H_{22}(\omega)=\frac{1}{m\Delta_1}(-\omega^2+4\mathrm{i}\zeta_0\omega_0\omega+2\omega_0^2), \tag{5.1.39}$$

$$H_{12}(\omega)=H_{21}(\omega)=\frac{1}{m\Delta_1}(2\mathrm{i}\zeta_0\omega_0\omega+\omega_0^2), \tag{5.1.40}$$

式中

$$\Delta_1=(-\omega^2+2\mathrm{i}\zeta_1\omega_1\omega+\omega_1^2)(-\omega^2+2\mathrm{i}\zeta_2\omega_2\omega+\omega_2^2), \tag{5.1.41}$$

与

$$\omega_0=\sqrt{\frac{k}{m}},\quad \zeta_0=\frac{c}{2m\omega_0},\quad \omega_1=\omega_0,\quad \omega_2=\sqrt{3}\omega_0,\quad \zeta_1=\zeta_0,\quad \zeta_2=\sqrt{3}\zeta_0. \tag{5.1.42}$$

脉冲响应函数可从傅里叶变换得到

$$h_{11}(t)=\frac{1}{2\pi}\int_{-\infty}^{\infty}H_{11}(\omega)\mathrm{e}^{\mathrm{i}\omega t}\mathrm{d}\omega=\frac{1}{2\pi m}\int_{-\infty}^{\infty}\frac{2\omega_0^2-\omega^2+4\mathrm{i}\zeta\omega_0\omega}{\Delta_1}\mathrm{e}^{\mathrm{i}\omega t}\mathrm{d}\omega. \tag{5.1.43}$$

考虑复函数

$$F(z)=\frac{(2\omega_0^2-z^2+4\mathrm{i}\zeta_0\omega_0 z)\mathrm{e}^{\mathrm{i}zt}}{(z^2-\omega_1^2-2\mathrm{i}\zeta_1\omega_1 z)(z^2-\omega_2^2-2\mathrm{i}\zeta_2\omega_2 z)}. \tag{5.1.44}$$

它有 4 个极点

$$z_{1,2}=\pm\omega_{d1}+\mathrm{i}\zeta_1\omega_1,\quad z_{3,4}=\pm\omega_{d2}+\mathrm{i}\zeta_2\omega_2, \tag{5.1.45}$$

式中

$$\omega_{di}=\omega_i\sqrt{1-\zeta_i^2},\quad i=1,2. \tag{5.1.46}$$

所有四个极点都在上半平面, 它们的留数可从下式得到

$$\operatorname*{Res}_{z=z_j}F(z)=[(z-z_j)F(z)]_{z\to z_j}. \tag{5.1.47}$$

按留数理论

$$\begin{aligned}h_{11}(t)=&h_{22}(t)=\frac{1}{m}\mathrm{i}\sum_{j=1}^{4}\mathrm{Res}[F(z)]\\=&\frac{1}{2m}\left[\frac{1}{\omega_{d1}}\mathrm{e}^{-\zeta_1\omega_1 t}\sin(\omega_{d1}t)+\frac{1}{\omega_{d2}}\mathrm{e}^{-\zeta_2\omega_2 t}\sin(\omega_{d2}t)\right],\quad t>0. \quad (5.1.48)\end{aligned}$$

由于下半平面无极点, $t<0$ 时 $h_{11}(t)=0$. 类似地

$$h_{12}(t)=h_{21}(t)=\frac{1}{2m}\left[\frac{1}{\omega_{d1}}\mathrm{e}^{-\zeta_1\omega_1 t}\sin(\omega_{d1}t)-\frac{1}{\omega_{d2}}\mathrm{e}^{-\zeta_2\omega_2 t}\sin(\omega_{d2}t)\right],\quad t>0. \tag{5.1.49}$$

得到脉冲响应函数的另一种方法是用拉普拉斯变换. 在 (5.1.33) 中令 $f_1(t)=\delta(t)$, $f_2(t)=0$, 取拉普拉斯变换, 以 $X_1(s)$ 与 $X_2(s)$ 分别表示 $x_1(t)$ 与 $x_2(t)$ 的拉普拉斯变换, 有

$$\begin{aligned}&[ms^2+(c_1+c_2)s+(k_1+k_2)]X_1(s)-(c_2s+k_2)X_2(s)=1,\\&-(c_2s+k_2)X_1(s)+[ms^2+(c_1+c_2)s+(k_1+k_2)]X_2(s)=0.\end{aligned} \tag{5.1.50}$$

然后 $X_1(s)$ 与 $X_2(s)$ 可从 (5.1.50) 解得, 而 $x_1(t)=h_{11}(t)$ 与 $x_2(t)=h_{21}(t)$ 可以通过拉普拉斯逆变换得到.

对 $m_1=m_2=m$, $c_1=c_2=c_3=c$, $k_1=k_2=k_3=k$ 特殊情形, 有

$$X_1(s)=\frac{1}{m\varDelta}(s^2+4\zeta_0\omega_0 s+2\omega_0^2), \tag{5.1.51}$$

$$X_2(s)=\frac{1}{m\varDelta}(2\zeta_0\omega_0 s+\omega_0^2), \tag{5.1.52}$$

式中

$$\varDelta=(s^2+2\zeta_1\omega_1 s+\omega_1^2)(s^2+2\zeta_2\omega_2 s+\omega_2^2). \tag{5.1.53}$$

用部分分式展开法, 假定

$$X_1(s)=\frac{1}{m}\left(\frac{A_1s+B_1}{s^2+2\zeta_1\omega_1 s+\omega_1^2}+\frac{A_2s+B_2}{s^2+6\zeta_2\omega_2 s+3\omega_2^2}\right), \tag{5.1.54}$$

令 (5.1.54) 与 (5.1.51) 相等, 得

$$A_1=A_2=0,\quad B_1=B_2=\frac{1}{2}. \tag{5.1.55}$$

用下列公式

$$L^{-1}\left[\frac{1}{s^2+2\zeta_j\omega_j s+\omega_j^2}\right]=\frac{1}{\omega_{dj}}\mathrm{e}^{-\zeta_j\omega_j t}\sin(\omega_{dj}t), \tag{5.1.56}$$

得到脉冲响应函数

$$\begin{aligned} h_{11}(t) &= x_1(t) = L^{-1}[X_1(s)] \\ &= \frac{1}{2m}\left[\frac{1}{\omega_{d1}}\mathrm{e}^{-\zeta_1\omega_1 t}\sin(\omega_{d1}t) + \frac{1}{\omega_{d2}}\mathrm{e}^{-\zeta_2\omega_2 t}\sin(\omega_{d2}t)\right]. \end{aligned} \tag{5.1.57}$$

用类似步骤, 得

$$\begin{aligned} h_{21}(t) &= x_2(t) = L^{-1}[X_2(s)] \\ &= \frac{1}{2m}\left[\frac{1}{\omega_{d1}}\mathrm{e}^{-\zeta_1\omega_1 t}\sin(\omega_{d1}t) - \frac{1}{\omega_{d2}}\mathrm{e}^{-\zeta_2\omega_2 t}\sin(\omega_{d2}t)\right]. \end{aligned} \tag{5.1.58}$$

由对称性知 $h_{12}(t) = h_{21}(t), h_{11}(t) = h_{22}(t)$.

5.1.5　正交模态分析

处理多自由度线性系统的一个常用方法是正交模态分析. 考虑一个没有阻尼与激励的多自由度系统的自由振动, 它由下列线性齐次方程与初始条件支配

$$\boldsymbol{M}\ddot{\boldsymbol{x}} + \boldsymbol{K}\boldsymbol{x} = \boldsymbol{0}; \quad \boldsymbol{x}(0) = \boldsymbol{x}_0, \quad \dot{\boldsymbol{x}}(0) = \dot{\boldsymbol{x}}_0. \tag{5.1.59}$$

假定其解形式为

$$\boldsymbol{x}(t) = \boldsymbol{A}\cos(\omega t + \phi). \tag{5.1.60}$$

将 (5.1.60) 代入 (5.1.59) 导致

$$(\boldsymbol{K} - \omega^2\boldsymbol{M})\boldsymbol{A} = \boldsymbol{0}. \tag{5.1.61}$$

对非平凡解 $\boldsymbol{A} \neq \boldsymbol{0}$, 系数矩阵的行列式必须为零, 即

$$\left|\boldsymbol{K} - \omega^2\boldsymbol{M}\right| = 0. \tag{5.1.62}$$

方程 (5.1.62) 称之为特征方程. 可证, 由于 $\boldsymbol{M}$ 与 $\boldsymbol{K}$ 对称、正定, (5.1.62) 的所有解 (根) ω_j^2 为正. ω_j 称为系统的固有频率. 将 ω_j 按大小排列, $\omega_1 \leqslant \omega_2 \leqslant \cdots \leqslant \omega_n$, 最小频率 ω_1 称为基频.

对每个 ω_j, 可从 (5.1.61) 找到归一化矢量 $\boldsymbol{A}_j$, 它称为固有模态或正交模态. 固有模态在下列意义上关于质量矩阵与刚度矩阵正交,

$$\boldsymbol{A}_j^{\mathrm{T}}\boldsymbol{M}\boldsymbol{A}_k = \delta_{jk} = \begin{cases} 1, & j = k, \\ 0, & j \neq k, \end{cases} \qquad \boldsymbol{A}_j^{\mathrm{T}}\boldsymbol{K}\boldsymbol{A}_k = \omega_j^2\delta_{jk} = \begin{cases} \omega_j^2, & j = k, \\ 0, & j \neq k. \end{cases} \tag{5.1.63}$$

虽然相应于每个 ω_j, (5.1.61) 之解 $\boldsymbol{A}_j$ 并非唯一, 正交性 (5.1.63) 建立了 $\boldsymbol{A}_j$ 的归一化条件

$$\boldsymbol{A}_j^{\mathrm{T}}\boldsymbol{M}\boldsymbol{A}_j = 1. \tag{5.1.64}$$

模态矩阵 $\boldsymbol{\Psi}$ 由固有模态形成如下

$$\boldsymbol{\Psi}=[\boldsymbol{A}_1,\boldsymbol{A}_2,\cdots,\boldsymbol{A}_n]. \tag{5.1.65}$$

于是 (5.1.63) 可重写成矩阵形式

$$\boldsymbol{\Psi}^{\mathrm{T}}\boldsymbol{M}\boldsymbol{\Psi}=\boldsymbol{I},\quad \boldsymbol{\Psi}^{\mathrm{T}}\boldsymbol{K}\boldsymbol{\Psi}=\boldsymbol{\Omega}, \tag{5.1.66}$$

式中 $\boldsymbol{I}$ 为单位矩阵, $\boldsymbol{\Omega}=\mathrm{diag}(\omega_j^2)$. 在 (5.1.59) 中, 令

$$\boldsymbol{x}=\boldsymbol{\Psi}\boldsymbol{q}, \tag{5.1.67}$$

然后前乘 $\boldsymbol{\Psi}^{\mathrm{T}}$, 得

$$\ddot{\boldsymbol{q}}+\boldsymbol{\Omega}\boldsymbol{q}=\boldsymbol{0};\quad \boldsymbol{q}(0)=\boldsymbol{\Psi}^{\mathrm{T}}\boldsymbol{M}\boldsymbol{x}_0,\quad \dot{\boldsymbol{q}}(0)=\boldsymbol{\Psi}^{\mathrm{T}}\boldsymbol{M}\dot{\boldsymbol{x}}_0, \tag{5.1.68}$$

式中 $\boldsymbol{q}=[q_1(t),\ q_2(t),\ \cdots,\ q_n(t)]^{\mathrm{T}}$ 为模态坐标矢量. 在推导 (5.1.68) 中, 用到了 (5.1.66) 中前一方程, 该方程意味着

$$\boldsymbol{\Psi}^{-1}=\boldsymbol{\Psi}^{\mathrm{T}}\boldsymbol{M}, \tag{5.1.69}$$

而变换 (5.1.67) 导致

$$\boldsymbol{q}=\boldsymbol{\Psi}^{-1}\boldsymbol{x}=\boldsymbol{\Psi}^{\mathrm{T}}\boldsymbol{M}\boldsymbol{x}. \tag{5.1.70}$$

(5.1.68) 中各方程是非耦合的, 每一个都是一个单自由度线性系统. 有了初始条件, 每个 $q_j(t)$ 可分别解得, 而原物理量 $x_j(t)$ 可由变换 (5.1.67) 得到.

现考虑由 (5.1.4) 支配的外激下多自由度线性阻尼系统. 应用模态变换得到

$$\ddot{\boldsymbol{q}}+\boldsymbol{\Psi}^{\mathrm{T}}\boldsymbol{C}\boldsymbol{\Psi}\dot{\boldsymbol{q}}+\boldsymbol{\Omega}\boldsymbol{q}=\boldsymbol{g}(t)=\boldsymbol{\Psi}^{\mathrm{T}}\boldsymbol{f}(t). \tag{5.1.71}$$

若 (5.1.71) 中阻尼项 $\boldsymbol{\Psi}^{\mathrm{T}}\boldsymbol{C}\boldsymbol{\Psi}$ 是对角的, 该系统阻尼称为经典阻尼. 虽然这是一种特殊情形, 在某些实际问题中 $\boldsymbol{\Psi}^{\mathrm{T}}\boldsymbol{C}\boldsymbol{\Psi}$ 可近似为对角的. 在这些情况下, (5.1.71) 变成非耦合的, 可写成标量形式

$$\ddot{q}_j+2\zeta_j\omega_j\dot{q}_j+\omega_j^2q_j=g_j(t). \tag{5.1.72}$$

有了如 (5.1.68) 给出的初始条件, 可首先得模态坐标 $q_j(t)$ 的瞬态解或稳态解, 然后变换为原坐标 $x_j(t)$.

考虑零初始条件情形, 每个模态坐标 q_j 之解为

$$q_j(t)=\int_0^{\infty}g_j(\tau)h_{q,j}(t-\tau)\mathrm{d}\tau=\int_0^{t}g_j(\tau)h_{q,j}(t-\tau)\mathrm{d}\tau, \tag{5.1.73}$$

式中 $h_{q,j}(t)$ 是第 j 个模态脉冲响应函数

$$h_{q,j}(t)=\begin{cases}\dfrac{1}{\omega_{d,j}}\mathrm{e}^{-\zeta_j\omega_j t}\sin(\omega_{d,j}t), & t\geqslant 0,\\ 0, & t<0,\end{cases}\tag{5.1.74}$$

$$\omega_{d,j}=\sqrt{1-\zeta_j^2}\omega_j.\tag{5.1.75}$$

(5.1.73) 可写成矩阵形式

$$\boldsymbol{q}(t)=\int_0^t \boldsymbol{h_q}(t-\tau)\boldsymbol{g}(\tau)\mathrm{d}\tau,\tag{5.1.76}$$

式中 $\boldsymbol{h_q}(t)$ 是由下式给出的对角的模态脉冲响应矩阵

$$\boldsymbol{h_q}(t)=\mathrm{diag}[h_{q,j}(t)].\tag{5.1.77}$$

而原物理坐标的解为

$$\boldsymbol{x}(t)=\boldsymbol{\varPsi}\boldsymbol{q}(t)=\int_0^t \boldsymbol{\varPsi}\boldsymbol{h_q}(t-\tau)\boldsymbol{\varPsi}^{\mathrm{T}}\boldsymbol{f}(\tau)\mathrm{d}\tau.\tag{5.1.78}$$

比较 (5.1.29) 与 (5.1.78) 可知, 模态坐标与原坐标的脉冲响应矩阵之间的关系为

$$\boldsymbol{h}(t)=\boldsymbol{\varPsi}\boldsymbol{h_q}(t)\boldsymbol{\varPsi}^{\mathrm{T}}.\tag{5.1.79}$$

模态频率响应矩阵 $\boldsymbol{H_q}(\omega)$ 是模态脉冲响应矩阵 $\boldsymbol{h_q}(t)$ 的傅里叶变换

$$\boldsymbol{H_q}(\omega)=\int_{-\infty}^{\infty}\boldsymbol{h_q}(\tau)\mathrm{e}^{\mathrm{i}\omega\tau}\mathrm{d}\tau,\tag{5.1.80}$$

式中 $\boldsymbol{H_q}(\omega)$ 也是对角阵, 其对角元素是模态频率响应函数

$$H_{q,j}(\omega)=\frac{1}{\omega_j^2-\omega^2+2\mathrm{i}\zeta_j\omega_j\omega}.\tag{5.1.81}$$

模态坐标与原坐标的频率响应矩阵之间的关系为

$$\boldsymbol{H}(\omega)=\int_{-\infty}^{\infty}\boldsymbol{h}(\tau)\mathrm{e}^{\mathrm{i}\omega\tau}\mathrm{d}\tau=\int_{-\infty}^{\infty}\boldsymbol{\varPsi}\boldsymbol{h_q}(\tau)\boldsymbol{\varPsi}^{\mathrm{T}}\mathrm{e}^{\mathrm{i}\omega\tau}\mathrm{d}\tau=\boldsymbol{\varPsi}\boldsymbol{H_q}(\omega)\boldsymbol{\varPsi}^{\mathrm{T}}.\tag{5.1.82}$$

再次强调, 上述分析只适用于阻尼矩阵可精确或近似地对角化的情形.

例 5.1.2　对例 5.1.1 之系统, 也可用正交模态分析方法求得脉冲与频率响应函数. 下面就 $m_1=m_2=m$, $c_1=c_2=c_3=c$, $k_1=k_2=k_3=k$ 的特殊情形说明其步骤.

从 (5.1.33) 得到的质量、阻尼及刚度矩阵分别为

$$\boldsymbol{M}=\begin{bmatrix}1&0\\0&1\end{bmatrix}m,\quad \boldsymbol{C}=\begin{bmatrix}2&-1\\-1&2\end{bmatrix}c,\quad \boldsymbol{K}=\begin{bmatrix}2&-1\\-1&2\end{bmatrix}k. \tag{5.1.83}$$

由于阻尼矩阵 $\boldsymbol{C}$ 与刚度矩阵 $\boldsymbol{K}$ 具有相同形式, 系统属经典阻尼情形. 特征方程为

$$\left|\boldsymbol{K}-\omega^2\boldsymbol{M}\right|=\begin{vmatrix}2k-\omega^2 m&-k\\-k&2k-\omega^2 m\end{vmatrix}=0. \tag{5.1.84}$$

由 (5.1.84) 可解出两个固有频率

$$\omega_1=\omega_0,\quad \omega_2=\sqrt{3}\omega_0. \tag{5.1.85}$$

可从正交模态得归一化模态矩阵如下

$$\boldsymbol{\varPsi}=\frac{1}{\sqrt{2m}}\begin{bmatrix}1&1\\1&-1\end{bmatrix}. \tag{5.1.86}$$

然后, 算出

$$\boldsymbol{\varPsi}^{\mathrm{T}}\boldsymbol{M}\boldsymbol{\varPsi}=\begin{bmatrix}1&0\\0&1\end{bmatrix},\quad \boldsymbol{\varPsi}^{\mathrm{T}}\boldsymbol{C}\boldsymbol{\varPsi}=\frac{c}{m}\begin{bmatrix}1&0\\0&3\end{bmatrix},\quad \boldsymbol{\varPsi}^{\mathrm{T}}\boldsymbol{K}\boldsymbol{\varPsi}=\frac{k}{m}\begin{bmatrix}1&0\\0&3\end{bmatrix}. \tag{5.1.87}$$

在运动方程 (5.1.33) 中令

$$\begin{Bmatrix}x_1\\x_2\end{Bmatrix}=\boldsymbol{\varPsi}\begin{Bmatrix}q_1\\q_2\end{Bmatrix}, \tag{5.1.88}$$

然后前乘 $\boldsymbol{\varPsi}^{\mathrm{T}}$, 得到

$$\ddot{q}_1+2\zeta_1\omega_1\dot{q}_1+\omega_1^2 q_1=g_1(t), \tag{5.1.89}$$

$$\ddot{q}_2+2\zeta_2\omega_2\dot{q}_2+\omega_2^2 q_2=g_2(t), \tag{5.1.90}$$

式中

$$g_1(t)=\frac{1}{\sqrt{2m}}[f_1(t)+f_2(t)],\quad g_2(t)=\frac{1}{\sqrt{2m}}[f_1(t)-f_2(t)]. \tag{5.1.91}$$

模态脉冲响应函数为

$$h_{q1}(t)=\frac{1}{\omega_{d1}}\mathrm{e}^{-\zeta_1\omega_1 t}\sin(\omega_{d1}t), \tag{5.1.92}$$

$$h_{q2}(t)=\frac{1}{\omega_{d2}}\mathrm{e}^{-\zeta_2\omega_2 t}\sin(\omega_{d2}t). \tag{5.1.93}$$

按 (5.1.79), 有

$$
\begin{aligned}
h_{11}(t)=h_{22}(t)&=\frac{1}{2m}[h_{q1}(t)+h_{q2}(t)]\\
&=\frac{1}{2m}\left[\frac{1}{\omega_{d1}}\mathrm{e}^{-\zeta_1\omega_1 t}\sin(\omega_{d1}t)+\frac{1}{\omega_{d2}}\mathrm{e}^{-\zeta_2\omega_2 t}\sin(\omega_{d2}t)\right],
\end{aligned}\tag{5.1.94}
$$

$$
\begin{aligned}
h_{12}(t)=h_{21}(t)&=\frac{1}{2m}[h_{q1}(t)-h_{q2}(t)]\\
&=\frac{1}{2m}\left[\frac{1}{\omega_{d1}}\mathrm{e}^{-\zeta_1\omega_1 t}\sin(\omega_{d1}t)-\frac{1}{\omega_{d2}}\mathrm{e}^{-\zeta_2\omega_2 t}\sin(\omega_{d2}t)\right].
\end{aligned}\tag{5.1.95}
$$

正如所预期的, 结果与例 5.1.1 中得到的相同.

相应于 (5.1.89), (5.1.90) 的模态频率响应函数分别为

$$H_{q1}(\omega)=\frac{1}{\omega_1^2-\omega^2+2\mathrm{i}\zeta_1\omega_1\omega},\tag{5.1.96}$$

$$H_{q2}(\omega)=\frac{1}{\omega_2^2-\omega^2+2\mathrm{i}\zeta_2\omega_2\omega}.\tag{5.1.97}$$

然后, 由 (5.1.82), 得

$$H_{11}(\omega)=H_{22}(\omega)=\frac{1}{2m}[H_{q1}(\omega)+H_{q2}(\omega)]=\frac{1}{m\Delta_1}(-\omega^2+4\mathrm{i}\zeta_0\omega_0\omega+2\omega_0^2),\tag{5.1.98}$$

$$H_{12}(\omega)=H_{21}(\omega)=\frac{1}{2m}[H_{q1}(\omega)-H_{q2}(\omega)]=\frac{1}{m\Delta_1}(2\mathrm{i}\zeta_0\omega_0\omega+\omega_0^2),\tag{5.1.99}$$

式中 Δ_1 在 (5.1.41) 中给出. 同样, (5.1.98) 和 (5.1.99) 中的结果与例 5.1.1 中的结果相同.

5.2 线性系统对随机激励的响应

在确定性单自由度线性系统 (5.1.1) 中系统参数如质量 m, 阻尼系数 c, 刚度 k 是已知的, 激励是已知的时间函数, 初始条件也是给定的, 这样系统对激励的响应是确定性函数, 可以解析或数值地求出. 若系统参数、激励及初始状态中任一项是随机的, 则系统响应也是随机的. 在许多实际工程问题中, 系统参数与初始状态可合理地认为是确定性的, 而激励在性质上是随机的. 下面将限于论述这种情形.

将 (5.1.1) 中力 $f(t)$ 代之以随机过程 $F(t)$, 运动 $x(t)$ 代之以随机运动 $X(t)$, 得到如下随机微分方程

$$m\ddot{X}+c\dot{X}+kX=F(t),\tag{5.2.1}$$

连同初始条件

$$X(0)=x_0,\quad \dot{X}(0)=\dot{x}_0.\tag{5.2.2}$$

在写方程 (5.2.1) 时, 意味着 $X(t)$ 的导数在 3.5.3 节定义的某种意义上存在. 如前所说, 本书中所有微分都是在 L_2 意义上, 即在均方意义上的.

在初始条件 (5.2.2) 下, (5.2.1) 之解可从 (5.1.14) 得到如下

$$X(t)=x_i(t)+\int_0^t F(\tau)h(t-\tau)\mathrm{d}\tau, \tag{5.2.3}$$

式中

$$x_i(t)=[ch(t)+m\dot{h}(t)]x_0+mh(t)\dot{x}_0. \tag{5.2.4}$$

类似于 L_2 意义上微分, (5.2.3) 中随机积分及本书后续中的积分也都是在 L_2 意义上的. 虽然 $x_i(t)$ 在瞬态响应中是重要的, 但它最终会衰减掉. 在本章后面将令 $x_0=0$, $\dot{x}_0=0$ 而忽略这一项.

响应 $X(t)$ 的均值由取 (5.2.3) 的集合平均得到

$$\mu_X(t)=\int_0^t \mu_F(\tau)h(t-\tau)\mathrm{d}\tau=\int_0^t \mu_F(t-\tau)h(\tau)\mathrm{d}\tau. \tag{5.2.5}$$

$X(t)$ 的协方差为

$$\begin{aligned}\kappa_{XX}(t_1,t_2)=&E\left\{[X(t_1)-\mu_X(t_1)][X(t_2)-\mu_X(t_2)]\right\}\\=&E\left\{\int_0^{t_1}[F(\tau_1)-\mu_F(\tau_1)]h(t_1-\tau_1)\mathrm{d}\tau_1\int_0^{t_2}[F(\tau_2)-\mu_F(\tau_2)]h(t_2-\tau_2)\mathrm{d}\tau_2\right\}\\=&\int_0^{t_1}\int_0^{t_2}\kappa_{FF}(\tau_1,\tau_2)h(t_1-\tau_1)h(t_2-\tau_2)\mathrm{d}\tau_1\mathrm{d}\tau_2\\=&\int_0^{t_1}\int_0^{t_2}\kappa_{FF}(t_1-\tau_1,t_2-\tau_2)h(\tau_1)h(\tau_2)\mathrm{d}\tau_1\mathrm{d}\tau_2.\end{aligned} \tag{5.2.6}$$

高阶矩与累积量可类似地得到如下

$$\begin{aligned}&E[X(t_1)X(t_2)\cdots X(t_n)]\\=&\int_0^{t_1}\int_0^{t_2}\cdots\int_0^{t_n}E[F(\tau_1)F(\tau_2)\cdots F(\tau_n)]h(t_1-\tau_1)h(t_2-\tau_2)\cdots\\&\times h(t_n-\tau_n)\mathrm{d}\tau_1\mathrm{d}\tau_2\cdots\mathrm{d}\tau_n,\end{aligned} \tag{5.2.7}$$

$$\begin{aligned}&\kappa_n[X(t_1)X(t_2)\cdots X(t_n)]\\=&\int_0^{t_1}\int_0^{t_2}\cdots\int_0^{t_n}\kappa_n[F(\tau_1)F(\tau_2)\cdots F(\tau_n)]h(t_1-\tau_1)h(t_2-\tau_2)\cdots\\&\times h(t_n-\tau_n)\mathrm{d}\tau_1\mathrm{d}\tau_2\cdots\mathrm{d}\tau_n.\end{aligned} \tag{5.2.8}$$

式 (5.2.7) 与 (5.2.8) 表明, 能得到的响应过程 $X(t)$ 的信息取决于已知激励过程 $F(t)$ 的信息. 许多情形下, 只知激励过程的二阶特性, 如相关函数, 从而只能得到响应过程的二阶特性.

若激励 $F(t)$ 是高斯过程, 所有高于二阶的累积量为零. (5.2.8) 表明, 此时响应 $X(t)$ 也是高斯过程, 前两阶矩, 均值与方差函数完全规定了过程的性质. 然而, 若 $F(t)$ 是非高斯过程, 响应过程一般也是非高斯的.

现将确定性多自由度线性系统的确定性分析应用于下列随机激励系统

$$\boldsymbol{M}\ddot{\boldsymbol{X}}+\boldsymbol{C}\dot{\boldsymbol{X}}+\boldsymbol{K}\boldsymbol{X}=\boldsymbol{F}(t). \tag{5.2.9}$$

假定系统初始静止, 即 $\boldsymbol{X}(0)=\dot{\boldsymbol{X}}(0)=\boldsymbol{0}$, 应用 (5.1.30) 与 (5.1.29), 可分别得到分量形式与矢量形式的响应均值

$$\mu_{X_j}(t)=\sum_{k=1}^{n}\int_0^t h_{jk}(t-\tau)\mu_{F_k}(\tau)\mathrm{d}\tau, \tag{5.2.10}$$

$$\boldsymbol{\mu}_{\boldsymbol{x}}(t)=\int_0^t \boldsymbol{h}(t-\tau)\boldsymbol{\mu}_{\boldsymbol{F}}(\tau)\mathrm{d}\tau. \tag{5.2.11}$$

响应协方差函数则为

$$\begin{aligned}
&\kappa_{X_iX_j}(t_1,t_2)\\
=&E\left\{[X_i(t_1)-\mu_{X_i}(t_1)][X_j(t_2)-\mu_{X_j}(t_2)]\right\}\\
=&E\left\{\sum_{k=1}^{n}\int_0^{t_1}[F_k(\tau_1)-\mu_{F_k}(\tau_1)]h_{ik}(t_1-\tau_1)\mathrm{d}\tau_1\sum_{l=1}^{n}\int_0^{t_2}[F_l(\tau_2)-\mu_{F_l}(\tau_2)]h_{jl}(t_2-\tau_2)\mathrm{d}\tau_2\right\}\\
=&\sum_{l,k=1}^{n}\int_0^{t_1}\int_0^{t_2}\kappa_{F_kF_l}(\tau_1,\tau_2)h_{ik}(t_1-\tau_1)h_{jl}(t_2-\tau_2)\mathrm{d}\tau_1\mathrm{d}\tau_2.
\end{aligned} \tag{5.2.12}$$

(5.2.12) 的矩阵形式为

$$\begin{aligned}
\boldsymbol{\kappa}_{\boldsymbol{XX}}(t_1,t_2)&=\int_0^{t_1}\int_0^{t_2}\boldsymbol{h}(t_1-\tau_1)\boldsymbol{\kappa}_{\boldsymbol{FF}}(\tau_1,\tau_2)\boldsymbol{h}^{\mathrm{T}}(t_2-\tau_2)\mathrm{d}\tau_1\mathrm{d}\tau_2\\
&=\int_0^{t_1}\int_0^{t_2}\boldsymbol{h}(\tau_1)\boldsymbol{\kappa}_{\boldsymbol{FF}}(t_1-\tau_1,t_2-\tau_2)\boldsymbol{h}^{\mathrm{T}}(\tau_2)\mathrm{d}\tau_1\mathrm{d}\tau_2.
\end{aligned} \tag{5.2.13}$$

虽然响应的均值与协方差函数可表为 (5.2.10)~(5.2.13), 脉冲响应矩阵 $h(t)$ 很难计算. 但若运用正交模态分析法, 则更易计算. 此时, 均值与协方差可由 (5.1.78) 算出为

$$\boldsymbol{\mu}_{\boldsymbol{x}}(t)=\int_0^t \boldsymbol{\Psi}\boldsymbol{h}_{\boldsymbol{q}}(t-\tau)\boldsymbol{\Psi}^{\mathrm{T}}\boldsymbol{\mu}_{\boldsymbol{F}}(\tau)\mathrm{d}\tau, \tag{5.2.14}$$

$$\boldsymbol{\kappa}_{\boldsymbol{XX}}(t_1,t_2)=\int_0^{t_1}\int_0^{t_2}\boldsymbol{\Psi}\boldsymbol{h}_{\boldsymbol{q}}(t_1-\tau_1)\boldsymbol{\Psi}^{\mathrm{T}}\boldsymbol{\kappa}_{\boldsymbol{FF}}(\tau_1,\tau_2)\boldsymbol{\Psi}\boldsymbol{h}_{\boldsymbol{q}}(t_2-\tau_2)\boldsymbol{\Psi}^{\mathrm{T}}\mathrm{d}\tau_1\mathrm{d}\tau_2. \tag{5.2.15}$$

注意, 模态脉冲响应矩阵 $\boldsymbol{h}_{\boldsymbol{q}}(t)$ 是对角的, 其元素由 (5.1.74) 给出.

5.3 对平稳随机激励的响应

考虑激励 $\boldsymbol{F}(t)$ 为矢量平稳随机过程情形. 其均值为常数矢量 $\boldsymbol{\mu_F}$, 协方差矩阵只取决于时差, 即

$$\boldsymbol{\kappa_{FF}}(t_1,t_2)=\boldsymbol{\kappa_{FF}}(\tau),\quad \tau=t_2-t_1. \tag{5.3.1}$$

此时, 在激励施加于系统很长时间之后, 系统响应也是平稳的. 在平稳阶段, 所有一阶统计量, 如均值、方差及高阶矩均为常数, 二阶统计量如相关函数, 只取决于时差. (5.2.5)~(5.2.15) 在时间趋于无穷时给出了平稳响应统计量.

5.3.1 时域分析

方程 (5.2.5)~(5.2.15) 给出了零初始条件下时域瞬态响应统计量.

例 5.3.1 考虑零均值与相关函数为 $R_{FF}(\tau)=2\pi K\delta(\tau)$ 的高斯白噪声激励. 由 (5.2.6) 得协方差函数的瞬态解

$$\kappa_{XX}(t_1,t_2)=\int_0^{t_1}\int_0^{t_2}2\pi K\delta(\tau_2-\tau_1)h(t_1-\tau_1)h(t_2-\tau_2)\mathrm{d}\tau_1\mathrm{d}\tau_2. \tag{5.3.2}$$

不失一般性, 假定 $t_1\leqslant t_2$, 有

$$\begin{aligned}\int_0^{t_2}\delta(\tau_2-\tau_1)h(t_2-\tau_2)\mathrm{d}\tau_2&=\int_0^{t_1}\delta(\tau_2-\tau_1)h(t_2-\tau_2)\mathrm{d}\tau_2\\&\quad+\int_{t_1}^{t_2}\delta(\tau_2-\tau_1)h(t_2-\tau_2)\mathrm{d}\tau_2\\&=h(t_2-\tau_1).\end{aligned} \tag{5.3.3}$$

将 (5.3.3) 代入 (5.3.2) 并应用 (5.1.11), 得瞬态自协方差函数

$$\begin{aligned}\kappa_{XX}(t_1,t_2)&=2\pi K\int_0^{t_1}h(t_1-\tau_1)h(t_2-\tau_1)\mathrm{d}\tau_1\\&=\frac{2\pi K}{m^2\omega_d^2}\int_0^{t_1}\mathrm{e}^{-\zeta\omega_0(t_1+t_2-2\tau_1)}\sin[\omega_d(t_1-\tau_1)]\sin[\omega_d(t_2-\tau_1)]\mathrm{d}\tau_1\\&=\frac{\pi K}{2m^2\zeta\omega_0^3}\left\{\mathrm{e}^{-\zeta\omega_0(t_2-t_1)}\left[\cos[\omega_d(t_2-t_1)]+\frac{\zeta\omega_0}{\omega_d}\sin[\omega_d(t_2-t_1)]\right]\right.\\&\quad-\mathrm{e}^{-\zeta\omega_0(t_2+t_1)}\left[\frac{\omega_0^2}{\omega_d^2}\cos[\omega_d(t_2-t_1)]-\frac{\zeta^2\omega_0^2}{\omega_d^2}\cos[\omega_d(t_2+t_1)]\right.\\&\quad\left.\left.+\frac{\zeta\omega_0}{\omega_d}\sin[\omega_d(t_2+t_1)]\right]\right\}.\end{aligned} \tag{5.3.4}$$

令 $t=t_1=t_2$, 得瞬态均方响应

$$\sigma_X^2(t)=\frac{\pi K}{2m^2\zeta\omega_0^3}\left\{1-\mathrm{e}^{-2\zeta\omega_0 t}\left[\frac{\omega_0^2}{\omega_d^2}-\frac{\zeta^2\omega_0^2}{\omega_d^2}\cos(2\omega_d t)+\frac{\zeta\omega_0}{\omega_d}\sin(2\omega_d t)\right]\right\}. \tag{5.3.5}$$

随 $t_1, t_2 \to \infty$, 得平稳均方值与自协方差函数

$$\sigma_X^2 = \frac{\pi K}{2m^2\zeta\omega_0^3}, \tag{5.3.6}$$

$$\kappa_{XX}(\tau) = \frac{\pi K}{2m^2\zeta\omega_0^3}\left\{\mathrm{e}^{-\zeta\omega_0\tau}\left[\cos(\omega_d\tau) + \frac{\zeta\omega_0}{\omega_d}\sin(\omega_d\tau)\right]\right\}, \tag{5.3.7}$$

式中 $\tau = t_2 - t_1 \geqslant 0$. $X(t)$ 与 $\dot{X}(t)$ 的互协方差函数与 $\dot{X}(t)$ 的自协方差函数可从 (3.5.23) 与 (3.5.24) 得到如下

$$\kappa_{\dot{X}X}(\tau) = -\frac{\mathrm{d}}{\mathrm{d}\tau}\kappa_{XX}(\tau), \quad \kappa_{\dot{X}\dot{X}}(\tau) = -\frac{\mathrm{d}^2}{\mathrm{d}\tau^2}\kappa_{XX}(\tau). \tag{5.3.8}$$

还有, 由 (3.5.25), 有 $R_{\dot{X}X}(0) = 0$, 表明位移 $X(t)$ 与速度 $\dot{X}(t)$ 不相关.

数学上, 初始条件影响的消失与响应到达平稳要求无穷长时间, 但实际上, 足够长时间之后就可认为响应已达到平稳. 从 (5.3.4) 与 (5.3.5) 可看出, 所需时间要满足 $t \gg \tau_{\mathrm{rel}} = 1/(\zeta\omega_0)$, 此处 τ_{rel} 称为系统松弛时间, 定义为响应幅值衰减到乘数因子 e^{-1} 所需要的时间.

对多自由度线性系统, 只考虑阻尼矩阵在模态变换后为对角之情形. 从 (5.2.14) 与 (5.2.15), 有

$$\lim_{t\to\infty}\boldsymbol{\mu}_{\boldsymbol{X}}(t) = \boldsymbol{\mu}_{\boldsymbol{F}}\int_0^\infty \boldsymbol{h}(\tau)\mathrm{d}\tau = \boldsymbol{\mu}_{\boldsymbol{F}}\int_0^\infty \boldsymbol{\Psi}\boldsymbol{h}_{\boldsymbol{q}}(\tau)\boldsymbol{\Psi}^{\mathrm{T}}\mathrm{d}\tau, \tag{5.3.9}$$

$$\begin{aligned}
&\lim_{t_1,t_2\to\infty}\boldsymbol{\kappa}_{\boldsymbol{XX}}(t_1,t_2)\\
&= \boldsymbol{\kappa}_{\boldsymbol{XX}}(\tau) = \int_0^\infty\int_0^\infty \boldsymbol{h}(\tau_1)\boldsymbol{\kappa}_{\boldsymbol{FF}}(\tau+\tau_1-\tau_2)\boldsymbol{h}^{\mathrm{T}}(\tau_2)\mathrm{d}\tau_1\mathrm{d}\tau_2\\
&= \int_0^\infty\int_0^\infty \boldsymbol{\Psi}\boldsymbol{h}_{\boldsymbol{q}}(\tau_1)\boldsymbol{\Psi}^{\mathrm{T}}\boldsymbol{\kappa}_{\boldsymbol{FF}}(\tau+\tau_1-\tau_2)\boldsymbol{\Psi}\boldsymbol{h}_{\boldsymbol{q}}(\tau_2)\boldsymbol{\Psi}^{\mathrm{T}}\mathrm{d}\tau_1\mathrm{d}\tau_2, \quad \tau = t_2 - t_1.
\end{aligned} \tag{5.3.10}$$

例 5.3.2 考虑例 5.1.1 与例 5.1.2 中系统 $m_1 = m_2 = m$, $c_1 = c_2 = c_3 = c$, $k_1 = k_2 = k_3 = k$ 的特殊情形. 假定 $f_1(t)$ 是谱密度为 K 的高斯白噪声及 $f_2(t) = 0$. 从例 5.1.2 得

$$h_{11}(t) = \frac{1}{2m}[h_{q1}(t) + h_{q2}(t)], \tag{5.3.11}$$

$$h_{21}(t) = \frac{1}{2m}[h_{q1}(t) - h_{q2}(t)], \tag{5.3.12}$$

式中 $h_{q1}(t)$ 与 $h_{q2}(t)$ 由 (5.1.92) 与 (5.1.93) 给出. 遵循与例 5.3.1 中相同步骤, 得

$$\kappa_{X_1X_1}(t_1,t_2) = 2\pi K\int_0^{t_1} h_{11}(t_1-\tau_1)h_{11}(t_2-\tau_1)\mathrm{d}\tau_1$$

$$
\begin{aligned}
&=\frac{\pi K}{2m^2}\int_0^{t_1}[h_{q1}(t_1-\tau_1)+h_{q2}(t_1-\tau_1)][h_{q1}(t_2-\tau_1)\\
&\quad+h_{q2}(t_2-\tau_1)]\mathrm{d}\tau_1,
\end{aligned}\tag{5.3.13}
$$

$$
\begin{aligned}
\kappa_{X_2X_2}(t_1,t_2)&=2\pi K\int_0^{t_1}h_{21}(t_1-\tau_1)h_{21}(t_2-\tau_1)\mathrm{d}\tau_1\\
&=\frac{\pi K}{2m^2}\int_0^{t_1}[h_{q1}(t_1-\tau_1)-h_{q2}(t_1-\tau_1)][h_{q1}(t_2-\tau_1)\\
&\quad-h_{q2}(t_2-\tau_1)]\mathrm{d}\tau_1.
\end{aligned}\tag{5.3.14}
$$

将 $h_{q1}(t)$, $h_{q2}(t)$ 代入 (5.3.13) 与 (5.3.14), 分别得响应 $X_1(t)$ 与 $X_2(t)$ 的瞬态自协方差函数, 令 $t=t_1=t_2$ 得瞬态均方响应.

对平稳响应, 则令 t_1, $t_2\to\infty$, 得自协方差函数

$$
\kappa_{X_1X_1}(\tau)=\frac{\pi K}{2m^2}[h_1(\tau)+h_2(\tau)+h_3(\tau)+h_4(\tau)],\tag{5.3.15}
$$

$$
\kappa_{X_2X_2}(\tau)=\frac{\pi K}{2m^2}[h_1(\tau)-h_2(\tau)-h_3(\tau)+h_4(\tau)],\tag{5.3.16}
$$

式中 $\tau=t_2-t_1$,

$$
\begin{aligned}
h_1(\tau)&=\lim_{t_1,\ t_2\to\infty}\int_0^{t_1}h_{q1}(t_1-\tau_1)h_{q1}(t_2-\tau_1)\mathrm{d}\tau_1\\
&=\frac{1}{4\zeta_1\omega_1^3}\left\{\mathrm{e}^{-\zeta_1\omega_1\tau}\left[\cos(\omega_{d1}\tau)+\frac{\zeta_1\omega_1}{\omega_{d1}}\sin(\omega_{d1}\tau)\right]\right\},
\end{aligned}\tag{5.3.17}
$$

$$
\begin{aligned}
h_2(\tau)&=\lim_{t_1,t_2\to\infty}\int_0^{t_1}h_{q1}(t_1-\tau_1)h_{q2}(t_2-\tau_1)\mathrm{d}\tau_1\\
&=\frac{2}{\varDelta_1\varDelta_2}\left\{\mathrm{e}^{-\zeta_2\omega_2\tau}\left[(\zeta_1\omega_1+\zeta_2\omega_2)\cos(\omega_{d2}\tau)\right.\right.\\
&\quad\left.\left.+\frac{1}{\omega_{d1}}\left[\omega_{d1}^2-\frac{1}{4}(\varDelta_1+\varDelta_2)\right]\sin(\omega_{d2}\tau)\right]\right\},
\end{aligned}\tag{5.3.18}
$$

$$
\begin{aligned}
h_3(\tau)&=\lim_{t_1,t_2\to\infty}\int_0^{t_1}h_{q2}(t_1-\tau_1)h_{q1}(t_2-\tau_1)\mathrm{d}\tau_1\\
&=\frac{2}{\varDelta_1\varDelta_2}\left\{\mathrm{e}^{-\zeta_1\omega_1\tau}\left[(\zeta_1\omega_1+\zeta_2\omega_2)\cos(\omega_{d1}\tau)\right.\right.\\
&\quad\left.\left.+\frac{1}{\omega_{d2}}\left[\omega_{d2}^2-\frac{1}{4}(\varDelta_1+\varDelta_2)\right]\sin(\omega_{d1}\tau)\right]\right\},
\end{aligned}\tag{5.3.19}
$$

$$
\begin{aligned}
h_4(\tau)&=\lim_{t_1,t_2\to\infty}\int_0^{t_1}h_{q2}(t_1-\tau_1)h_{q2}(t_2-\tau_1)\mathrm{d}\tau_1\\
&=\frac{1}{4\zeta_2\omega_2^3}\left\{\mathrm{e}^{-\zeta_2\omega_2\tau}\left[\cos(\omega_{d2}\tau)+\frac{\zeta_2\omega_2}{\omega_{d2}}\sin(\omega_{d2}\tau)\right]\right\},
\end{aligned}\tag{5.3.20}
$$

式中 ζ_1, ζ_2, ω_1, ω_2, ω_{d1}, ω_{d2} 在 (5.1.42) 与 (5.1.46) 中给出, 而

$$\Delta_1 = (\zeta_1\omega_1 + \zeta_2\omega_2)^2 + (\omega_{d2} - \omega_{d1})^2,$$

$$\Delta_2 = (\zeta_1\omega_1 + \zeta_2\omega_2)^2 + (\omega_{d2} + \omega_{d1})^2. \tag{5.3.21}$$

平稳均方值由 (5.3.15) 与 (5.3.16) 令 $\tau = 0$ 得到为

$$\sigma_{X_1}^2 = \frac{\pi K}{2m^2}\left[\frac{1}{4\zeta_1\omega_1^3} + \frac{4(\zeta_1\omega_1 + \zeta_2\omega_2)}{\Delta_1\Delta_2} + \frac{1}{4\zeta_2\omega_2^3}\right], \tag{5.3.22}$$

$$\sigma_{X_2}^2 = \frac{\pi K}{2m^2}\left[\frac{1}{4\zeta_1\omega_1^3} - \frac{4(\zeta_1\omega_1 + \zeta_2\omega_2)}{\Delta_1\Delta_2} + \frac{1}{4\zeta_2\omega_2^3}\right]. \tag{5.3.23}$$

5.3.2 频域分析

假定激励力 $F(t)$ 是一零均值平稳过程. 令 $\tau = t_2 - t_1$, 考虑到 $t < 0$ 时 $h(t) = 0$, 在平稳响应状态 (5.2.6) 可写成

$$\kappa_{XX}(\tau) = \int_{-\infty}^{\infty}\int_{-\infty}^{\infty} \kappa_{FF}(\tau + \tau_1 - \tau_2)h(\tau_1)h(\tau_2)\mathrm{d}\tau_1\mathrm{d}\tau_2. \tag{5.3.24}$$

功率谱密度 $\Phi_{XX}(\omega)$, 作为协方差函数的傅里叶变换, 可从 (5.3.24) 得到为

$$\begin{aligned}\Phi_{XX}(\omega) &= \frac{1}{2\pi}\int_{-\infty}^{\infty} \kappa_{XX}(\tau)\mathrm{e}^{-\mathrm{i}\omega\tau}\mathrm{d}\tau \\ &= \frac{1}{2\pi}\int_{-\infty}^{\infty}\left[\int_{-\infty}^{\infty}\int_{-\infty}^{\infty} \kappa_{FF}(\tau + \tau_1 - \tau_2)h(\tau_1)h(\tau_2)\mathrm{d}\tau_1\mathrm{d}\tau_2\right]\mathrm{e}^{-\mathrm{i}\omega\tau}\mathrm{d}\tau \\ &= \frac{1}{2\pi}\int_{-\infty}^{\infty} \kappa_{FF}(\tau + \tau_1 - \tau_2)\mathrm{e}^{-\mathrm{i}\omega(\tau+\tau_1-\tau_2)}\mathrm{d}\tau \\ &\quad \times \left[\int_{-\infty}^{\infty} h(\tau_1)\mathrm{e}^{\mathrm{i}\omega\tau_1}\mathrm{d}\tau_1\right]\left[\int_{-\infty}^{\infty} h(\tau_2)\mathrm{e}^{-\mathrm{i}\omega\tau_2}\mathrm{d}\tau_2\right].\end{aligned} \tag{5.3.25}$$

注意, 脉冲响应函数 $h(t)$ 的傅里叶变换为频率响应函数 $H(\omega)$, 由 (5.1.23) 给出, 力 $F(t)$ 的协方差函数的傅里叶变换是它的功率谱密度, 即

$$\Phi_{FF}(\omega) = \frac{1}{2\pi}\int_{-\infty}^{\infty} \kappa_{FF}(\tau)\mathrm{e}^{-\mathrm{i}\omega\tau}\mathrm{d}\tau. \tag{5.3.26}$$

因此, (5.3.25) 可写成

$$\Phi_{XX}(\omega) = |H(\omega)|^2\,\Phi_{FF}(\omega), \tag{5.3.27}$$

式中 $|H(\omega)|^2$ 可从 (5.1.8) 得出为

$$|H(\omega)|^2 = \frac{1}{m^2[(\omega_0^2 - \omega^2)^2 + 4\zeta^2\omega^2\omega_0^2]}. \tag{5.3.28}$$

按 (3.6.3), $X(t)$ 的平稳均方值可从它的功率谱密度函数 (5.3.27) 得到如下:

$$\sigma_X^2 = \int_{-\infty}^{\infty} \Phi_{XX}(\omega)\mathrm{d}\omega = \int_{-\infty}^{\infty} |H(\omega)|^2\,\Phi_{FF}(\omega)\mathrm{d}\omega. \tag{5.3.29}$$

速度 $\dot{X}(t)$ 与加速度 $\ddot{X}(t)$ 的功率谱密度可按 (3.6.11) 得到如下:

$$\Phi_{\dot{X}\dot{X}}(\omega) = \omega^2 \left|H(\omega)\right|^2 \Phi_{FF}(\omega), \quad \Phi_{\ddot{X}\ddot{X}}(\omega) = \omega^4 \left|H(\omega)\right|^2 \Phi_{FF}(\omega). \tag{5.3.30}$$

$\dot{X}(t)$ 与 $\ddot{X}(t)$ 的均方值可类似地从其谱密度得到.

例 5.3.3 同例 5.3.1, 激励是零均值、谱密度为 K 的高斯白噪声, 响应谱密度为

$$\Phi_{XX}(\omega) = \frac{K}{m^2[(\omega_0^2 - \omega^2)^2 + 4\zeta^2\omega^2\omega_0^2]}. \tag{5.3.31}$$

平稳均方值由 (5.3.31) 计算得

$$\sigma_X^2 = \int_{-\infty}^{\infty} \frac{K}{m^2[(\omega_0^2 - \omega^2)^2 + 4\zeta^2\omega^2\omega_0^2]} \mathrm{d}\omega. \tag{5.3.32}$$

(5.3.32) 中的积分可用留数法计算. 用复变量 z 代替 ω, 将被积函数当作复变函数 $g(z)$, 即

$$g(z) = \frac{K}{m^2[(\omega_0^2 - z^2)^2 + 4\zeta^2\omega_0^2 z^2]}. \tag{5.3.33}$$

在上半复平面它有两个极点

$$z_{1,2} = \pm\sqrt{1-\zeta^2}\omega_0 + \mathrm{i}\zeta\omega_0. \tag{5.3.34}$$

应用留数法, 得

$$\begin{aligned}\sigma_X^2 &= 2\pi\mathrm{i}\left\{\sum \text{上半复平面的所有留数}\right\} \\ &= 2\pi\mathrm{i}\{[(z-z_1)g(z)]_{z=z_1} + [(z-z_2)g(z)]_{z=z_2}\} \\ &= \frac{\pi K}{2m^2\zeta\omega_0^3}.\end{aligned} \tag{5.3.35}$$

此与用时域分析得到的 (5.3.6) 相同.

已知高斯白噪声是一个在宽频带上有扁平谱密度的真实噪声的数学理想化. 由于其能量无穷大, 其均方值为无限. 然而, 只要存在某种阻尼机理, 单自由度线性系统对它的位移响应的均方值则为有限. 这是因为系统的位移响应随频率增加很快地衰减. 虽然速度响应 $\dot{X}(t)$ 的均方值亦有限, 但加速度响应 $\ddot{X}(t)$ 则有无限均方值, 这可从 (5.3.28) 与 (5.3.30) 看出.

对多自由度线性系统, 作为协方差矩阵的傅里叶变换的功率谱密度矩阵 $\boldsymbol{\Phi}_{\boldsymbol{XX}}(\omega)$ 由 (5.3.10) 得到为

$$\boldsymbol{\Phi}_{\boldsymbol{XX}}(\omega) = \frac{1}{2\pi}\int_{-\infty}^{\infty} \boldsymbol{\kappa}_{\boldsymbol{XX}}(\tau)\mathrm{e}^{-\mathrm{i}\omega\tau}\mathrm{d}\tau$$

$$
\begin{aligned}
&= \frac{1}{2\pi}\int_{-\infty}^{\infty}\left[\int_{0}^{\infty}\int_{0}^{\infty}\boldsymbol{h}(\tau_1)\boldsymbol{\kappa}_{\boldsymbol{FF}}(\tau+\tau_1-\tau_2)\boldsymbol{h}^{\mathrm{T}}(\tau_2)\mathrm{d}\tau_1\mathrm{d}\tau_2\right]\mathrm{e}^{-\mathrm{i}\omega\tau}\mathrm{d}\tau \\
&= \left[\int_{-\infty}^{\infty}\boldsymbol{h}(\tau_1)\mathrm{e}^{\mathrm{i}\omega\tau_1}\mathrm{d}\tau_1\right]\left[\frac{1}{2\pi}\int_{-\infty}^{\infty}\boldsymbol{\kappa}_{\boldsymbol{FF}}(\tau+\tau_1-\tau_2)\mathrm{e}^{-\mathrm{i}\omega(\tau+\tau_1-\tau_2)}\mathrm{d}\tau\right] \\
&\quad\times\left[\int_{-\infty}^{\infty}\boldsymbol{h}^{\mathrm{T}}(\tau_2)\mathrm{e}^{-\mathrm{i}\omega\tau_2}\mathrm{d}\tau_2\right] \\
&= \boldsymbol{H}^*(\omega)\boldsymbol{\Phi}_{\boldsymbol{FF}}(\omega)\boldsymbol{H}^{\mathrm{T}}(\omega).
\end{aligned}
\tag{5.3.36}
$$

式中 “*” 表示复共轭, $\boldsymbol{H}(\omega)$ 可按 (5.1.82) 从模态频率响应矩阵算得.

例 5.3.4　对例 5.3.2, 响应的平稳均方值也可用频率响应函数算得. 频率响应函数在 (5.1.39) 与 (5.1.40) 中给出, 即

$$H_{11}(\omega) = \frac{1}{m\Delta_1}(-\omega^2 + 4\mathrm{i}\zeta_0\omega_0\omega + 2\omega_0^2), \tag{5.3.37}$$

$$H_{12}(\omega) = \frac{1}{m\Delta_1}(2\mathrm{i}\zeta_0\omega_0\omega + \omega_0^2], \tag{5.3.38}$$

式中

$$\Delta_1 = (-\omega^2 + 2\mathrm{i}\zeta_1\omega_1\omega + \omega_1^2)(-\omega^2 + 2\mathrm{i}\zeta_2\omega_2\omega + \omega_2^2). \tag{5.3.39}$$

平稳均方值可按下式计算

$$
\begin{aligned}
\sigma_{X_1}^2 =& K\int_{-\infty}^{\infty}|H_{11}(\omega)|^2\mathrm{d}\omega \\
=& \int_{-\infty}^{\infty}\frac{K(\omega^2-2\omega_0^2)+(4\zeta_0\omega_0\omega)^2}{m^2[(\omega^2-\omega_1^2)^2+(2\zeta_1\omega_1\omega)^2][(\omega^2-\omega_2^2)^2+(2\zeta_2\omega_2\omega)^2]}\mathrm{d}\omega,
\end{aligned}
\tag{5.3.40}
$$

$$
\begin{aligned}
\sigma_{X_2}^2 =& K\int_{-\infty}^{\infty}|H_{21}(\omega)|^2\mathrm{d}\omega \\
=& K\int_{-\infty}^{\infty}\frac{\omega_0^4+(2\zeta_0\omega_0\omega)^2}{m^2[(\omega^2-\omega_1^2)^2+(2\zeta_1\omega_1\omega)^2][(\omega^2-\omega_2^2)^2+(2\zeta_2\omega_2\omega)^2]}\mathrm{d}\omega.
\end{aligned}
\tag{5.3.41}
$$

应用留数法, 可得平稳响应均方值, 尽管它的计算过程冗长. 所得结果与例 5.3.2 得出的结果应该是一样的.

5.4　对非平稳随机激励的响应

对非平稳激励 $F(t)$, 系统响应 $X(t)$ 也是非平稳的, 它的协方差函数可从 (5.2.6) 算出, 响应谱密度由下式得到

$$\Phi_{XX}(\omega_1,\omega_2) = \frac{1}{(2\pi)^2}\int_{-\infty}^{\infty}\int_{-\infty}^{\infty}\kappa_{XX}(t_1,t_2)\mathrm{e}^{-\mathrm{i}(\omega_1 t_1-\omega_2 t_2)}\mathrm{d}t_1\mathrm{d}t_2$$

$$
\begin{aligned}
&= \frac{1}{2\pi}\int_{-\infty}^{\infty}\int_{-\infty}^{\infty}\left[\int_{-\infty}^{\infty}\int_{-\infty}^{\infty}\kappa_{FF}(\tau_1,\tau_2)h(t_1-\tau_1)h(t_2-\tau_2)\mathrm{d}\tau_1\mathrm{d}\tau_2\right] \\
&\quad \times \mathrm{e}^{-\mathrm{i}(\omega_1 t_1-\omega_2 t_2)}\mathrm{d}t_1\mathrm{d}t_2 \\
&= \varPhi_{FF}(\omega_1,\omega_2)H(\omega_1)H^*(\omega_2).
\end{aligned} \tag{5.4.1}
$$

给定激励的谱密度, 就可按 (5.4.1) 计算响应谱密度.

一类有用的非平稳随机过程是 3.9.3 节中引入的演化随机过程. 假定激励是一个由 (3.9.10) 定义的零均值演化过程, 即

$$
F(t) = \int_{-\infty}^{\infty} a(t,\omega)\mathrm{e}^{\mathrm{i}\omega t}\mathrm{d}Z(\omega), \tag{5.4.2}
$$

式中 $a(t, \omega)$ 是一确定性函数, $Z(\omega)$ 是正交增量过程, 即

$$
E[\mathrm{d}Z(\omega_1)\mathrm{d}Z^*(\omega_2)] = \begin{cases} \mathrm{d}\varPsi(\omega) = \varPhi(\omega)\mathrm{d}\omega, & \omega_1 = \omega_2, \\ 0, & \omega_1 \neq \omega_2, \end{cases} \tag{5.4.3}
$$

从 3.9.3 节知, $F(t)$ 的演化谱密度与协方差函数为

$$
\varPhi_{FF}(t,\omega) = |a(t,\omega)|^2\varPhi(\omega), \tag{5.4.4}
$$

$$
\kappa_{FF}(t_1,t_2) = \int_{-\infty}^{\infty} a(t_1,\omega)a^*(t_2,\omega)\mathrm{e}^{\mathrm{i}\omega(t_1-t_2)}\varPhi(\omega)\mathrm{d}\omega. \tag{5.4.5}
$$

将 (5.4.5) 代入 (5.2.6) 导致

$$
\begin{aligned}
\kappa_{XX}(t_1,t_2) &= \int_0^{t_1}\int_0^{t_2}\kappa_{FF}(t_1-\tau_1,t_2-\tau_2)h(\tau_1)h(\tau_2)\mathrm{d}\tau_1\mathrm{d}\tau_2 \\
&= \int_0^{t_1}\int_0^{t_2}\left[\int_{-\infty}^{\infty}a(t_1-\tau_1,\omega)a^*(t_2-\tau_2,\omega)\mathrm{e}^{\mathrm{i}\omega(t_1-\tau_1-t_2+\tau_2)}\varPhi(\omega)\mathrm{d}\omega\right] \\
&\quad \times h(\tau_1)h(\tau_2)\mathrm{d}\tau_1\mathrm{d}\tau_2.
\end{aligned} \tag{5.4.6}
$$

交换积分次序, 并记

$$
\hat{H}(t,\omega) = \int_0^t a(t-u,\omega)h(u)\mathrm{e}^{-\mathrm{i}\omega u}\mathrm{d}u, \tag{5.4.7}
$$

有

$$
\kappa_{XX}(t_1,t_2) = \int_{-\infty}^{\infty}\hat{H}(t_1,\omega)\hat{H}^*(t_2,\omega)\mathrm{e}^{\mathrm{i}\omega(t_1-t_2)}\varPhi(\omega)\mathrm{d}\omega. \tag{5.4.8}
$$

令 $t_1 = t_2 = t$, 得 $X(t)$ 的均方值

$$
E[X^2(t)] = \int_{-\infty}^{\infty}\left|\hat{H}(t,\omega)\right|^2\varPhi(\omega)\mathrm{d}\omega \tag{5.4.9}
$$

因此, 响应也是一个演化过程, 其谱密度为

$$\Phi_{XX}(t,\omega)=\left|\hat{H}(t,\omega)\right|^2\Phi(\omega). \tag{5.4.10}$$

在 $a(t,\,\omega)$ 只取决于 ω 的特殊情形, 激励过程 $F(t)$ 退化为平稳过程, 则响应过程 $X(t)$ 随 $t\to\infty$ 而趋于平稳.

例 5.4.1　一类演化随机过程是定义在 (3.8.9) 中的随机脉冲列

$$F(t)=\sum_{j=1}^{N(T)}Y_j w\left(t-\tau_j\right),\quad 0<t\leqslant T, \tag{5.4.11}$$

式中 $N(T)$ 是随机到达率为 $\Lambda(t)$ 的泊松过程, τ_j 为随机到达时间, $w(t-\tau)$ 表示确定性脉冲形状, Y_j 是幅值, 它们是零均值相互独立随机变量. $F(t)$ 的协方差函数在 (3.9.17) 中给出为

$$\kappa_{FF}(t_1,t_2)=\frac{1}{2\pi}E[Y^2]\int_{-\infty}^{\infty}a(t_1,\omega)a^*(t_2,\omega)\mathrm{e}^{\mathrm{i}\omega(t_1-t_2)}\mathrm{d}\omega, \tag{5.4.12}$$

式中

$$a(t,\omega)=\int_{-\infty}^{\infty}\sqrt{\mu_\Lambda(t-u)}w(u)\mathrm{e}^{-\mathrm{i}\omega u}\mathrm{d}u, \tag{5.4.13}$$

而 $\mu_\Lambda(t)$ 是平均脉冲到达率. (5.4.12) 表明, $\Phi(\omega)=E[Y^2]/(2\pi)$. $F(t)$ 的演化谱密度为

$$\Phi_{FF}(t,\omega)=\frac{1}{2\pi}E[Y^2]\left|a(t,\omega)\right|^2. \tag{5.4.14}$$

给定形状函数 $w(t)$ 与平均脉冲到达率 $\mu_\Lambda(t)$, 响应过程 $X(t)$ 的协方差函数与均方函数可从 (5.4.8) 和 (5.4.9) 算得.

若 (5.4.11) 中泊松过程是齐次的, 则脉冲到达率 $\Lambda(t)$ 是一平稳过程, $\mu_\Lambda(t)=\mu_\Lambda$, $a(t,\,\omega)=a(\omega)$, $\Phi_{FF}(t,\omega)=\Phi_{FF}(\omega)$, 而随机脉冲列 $F(t)$ 变成平稳过程.

5.5　扩散过程方法

考虑 (5.2.1) 支配的单自由度线性系统, 激励为高斯白噪声. 记 $X_1(t)=X(t)$, $X_2(t)=\dot{X}(t)$, 系统 (5.2.1) 可改写为状态方程

$$\begin{aligned}\dot{X}_1&=X_2,\\ \dot{X}_2&=-\omega_0^2X_1-2\zeta\omega_0X_2+\frac{1}{m}W(t),\end{aligned} \tag{5.5.1}$$

式中 $W(t)$ 是谱密度为 K 的高斯白噪声. 如 4.2 节中所述, $\boldsymbol{X}(t)=[X_1(t),\,X_2(t)]^{\mathrm{T}}$ 是矢量扩散过程, 可应用第 4 章中叙述的扩散过程理论. 相应于 (5.5.1) 的伊藤随机

微分方程为

$$\begin{aligned} \mathrm{d}X_1 &= X_2\mathrm{d}t, \\ \mathrm{d}X_2 &= (-\omega_0^2 X_1 - 2\zeta\omega_0 X_2)\mathrm{d}t + \sigma\mathrm{d}B(t), \end{aligned} \tag{5.5.2}$$

式中 $B(t)$ 是单位维纳过程, 而

$$\sigma = \frac{1}{m}\sqrt{2\pi K}. \tag{5.5.3}$$

考虑高斯白噪声激励的多自由度线性系统, 即在 (5.2.9) 中 $\boldsymbol{F}(t) = \boldsymbol{W}(t)$, 而 $\boldsymbol{W}(t)$ 满足

$$E[\boldsymbol{W}(t)] = \boldsymbol{0}, \quad E[\boldsymbol{W}(t)\boldsymbol{W}^{\mathrm{T}}(t+\tau)] = 2\pi\boldsymbol{K}\delta(\tau), \tag{5.5.4}$$

式中 $\boldsymbol{K}$ 是 $\boldsymbol{W}(t)$ 的谱密度矩阵. 此时, $\boldsymbol{X}(t)$ 与其导数 $\dot{\boldsymbol{X}}(t)$ 构成一个矢量扩散过程. 类似于单自由度情形, 可应用扩散过程方法. 将 (5.2.9) 写成状态方程

$$\frac{\mathrm{d}}{\mathrm{d}t}\boldsymbol{Y} = \boldsymbol{A}\boldsymbol{Y} + \boldsymbol{G}\boldsymbol{W}(t), \tag{5.5.5}$$

式中

$$\boldsymbol{Y} = \begin{bmatrix} \boldsymbol{X} \\ \dot{\boldsymbol{X}} \end{bmatrix}, \quad \boldsymbol{A} = \begin{bmatrix} \boldsymbol{0} & \boldsymbol{I} \\ -\boldsymbol{M}^{-1}\boldsymbol{K} & -\boldsymbol{M}^{-1}\boldsymbol{C} \end{bmatrix}, \quad \boldsymbol{G} = \begin{bmatrix} \boldsymbol{0} \\ \boldsymbol{M}^{-1} \end{bmatrix}. \tag{5.5.6}$$

方程 (5.5.5) 可写成矢量形式的伊藤随机微分方程

$$\mathrm{d}\boldsymbol{Y}(t) = \boldsymbol{A}\boldsymbol{Y}(t)\mathrm{d}t + \boldsymbol{\sigma}\mathrm{d}\boldsymbol{B}(t), \tag{5.5.7}$$

式中 $\boldsymbol{\sigma}$ 是矩阵, 根据 $\boldsymbol{G}$ 和 $\boldsymbol{K}$ 算得, 矢量单位维纳过程的各分量是独立的, 即

$$E[\mathrm{d}\boldsymbol{B}(t)] = \boldsymbol{0}, \quad E[\mathrm{d}\boldsymbol{B}(t_1)\mathrm{d}\boldsymbol{B}^{\mathrm{T}}(t_2)] = \begin{cases} \boldsymbol{I}\mathrm{d}t, & t_1 = t_2, \\ \boldsymbol{0}, & t_1 \neq t_2. \end{cases} \tag{5.5.8}$$

5.5.1 矩方程

首先考虑单自由度线性系统 (5.5.1) 或 (5.5.2). 记

$$M(X_1, X_2) = X_1^i X_2^j. \tag{5.5.9}$$

应用伊藤微分规则得到 $M(X_1, X_2)$ 的伊藤随机微分方程

$$\frac{\mathrm{d}M}{\mathrm{d}t} = X_2\frac{\partial M}{\partial X_1} + (-\omega_0^2 X_1 - 2\zeta\omega_0 X_2)\frac{\partial M}{\partial X_2} + \sigma\frac{\partial M}{\partial X_2}\frac{\mathrm{d}B(t)}{\mathrm{d}t} + \frac{1}{2}\sigma^2\frac{\partial^2 M}{\partial X_2^2}. \tag{5.5.10}$$

取 (5.5.10) 的集合平均, 并记

$$m_{ij}=E[X_1^iX_2^j], \tag{5.5.11}$$

有

$$\frac{\mathrm{d}}{\mathrm{d}t}m_{ij}=im_{i-1,j+1}-j\omega_0^2m_{i+1,j-1}-2j\zeta\omega_0m_{i,j}+\frac{1}{2}j(j-1)\sigma^2m_{i,j-2}. \tag{5.5.12}$$

在推导 (5.5.12) 时, 用到在 4.2.6 节中叙述的伊藤随机微分方程的特性, 即激励的增量 $\mathrm{d}B(t)$ 与响应 $X(t)$ 独立. (5.5.12) 的左边是 n $(n=i+j)$ 阶矩的时间导数, 而右边只含 n 阶及低于 n 阶矩. 因此, n 阶矩方程是闭合的, 从而可按从低阶到高阶顺序解出.

考虑一阶与二阶情形, 令 $M=X_1,X_2,X_1^2,X_1X_2$, 及 X_2^2. 从 (5.5.12) 得

$$\begin{aligned}&\frac{\mathrm{d}m_{10}}{\mathrm{d}t}=m_{01},\\&\frac{\mathrm{d}m_{01}}{\mathrm{d}t}=-\omega_0^2m_{10}-2\zeta\omega_0m_{01},\end{aligned} \tag{5.5.13}$$

$$\begin{aligned}&\frac{\mathrm{d}m_{20}}{\mathrm{d}t}=2m_{11},\\&\frac{\mathrm{d}m_{11}}{\mathrm{d}t}=m_{02}-\omega_0^2m_{20}-2\zeta\omega_0m_{11},\\&\frac{\mathrm{d}m_{02}}{\mathrm{d}t}=-2\omega_0^2m_{11}-4\zeta\omega_0m_{02}+\sigma^2.\end{aligned} \tag{5.5.14}$$

方程 (5.5.13) 与 (5.5.14) 是常系数线性常微分方程, 给定初始条件即可解出. 对 (5.5.13), 零初始条件下的平稳解与瞬态解为零, 即 $m_{10}(t)=0$, $m_{01}(t)=0$. (5.5.14) 的平稳解可由令所有导数项为零得到

$$m_{20}=D,\quad m_{11}=0,\quad m_{02}=\omega_0^2D,\quad D=\frac{\sigma^2}{4\zeta\omega_0^3}=\frac{\pi K}{2m^2\zeta\omega_0^3}. \tag{5.5.15}$$

对瞬态解, 仍考虑初始静止情形, 即 $m_{20}(0)=0$, $m_{11}(0)=0$, $m_{02}(0)=0$. 记

$$\boldsymbol{m}=\left\{\begin{matrix}m_{20}(t)\\m_{11}(t)\\m_{02}(t)\end{matrix}\right\},\quad \boldsymbol{A}=\begin{bmatrix}0&2&0\\-\omega_0^2&-2\zeta\omega_0&1\\0&-2\omega_0^2&-4\zeta\omega_0\end{bmatrix}. \tag{5.5.16}$$

相应于 (5.5.14) 的齐次方程组可写成矩阵形式

$$\frac{\mathrm{d}}{\mathrm{d}t}\boldsymbol{m}=\boldsymbol{A}\boldsymbol{m}. \tag{5.5.17}$$

可找到矩阵 $\boldsymbol{A}$ 的特征值与特征矢量如下

$$\lambda_1=-2\zeta\omega_0,\quad \lambda_{2,3}=-2\zeta\omega_0\pm2\omega_d\mathrm{i}, \tag{5.5.18}$$

$$\boldsymbol{V}_1=\left\{\begin{array}{c}1\\-\zeta\omega_0\\\omega_0^2\end{array}\right\},\quad \boldsymbol{V}_2=\left\{\begin{array}{c}1\\-\zeta\omega_0+\omega_d\mathrm{i}\\(2\zeta^2-1)\omega_0^2-2\mathrm{i}\zeta\omega_0\omega_d\end{array}\right\},$$

$$\boldsymbol{V}_3=\left\{\begin{array}{c}1\\-\zeta\omega_0-\omega_d\mathrm{i}\\(2\zeta^2-1)\omega_0^2+2\mathrm{i}\zeta\omega_0\omega_d\end{array}\right\}. \tag{5.5.19}$$

构造变换矩阵为 $\boldsymbol{D}=[\boldsymbol{V}_1\boldsymbol{V}_2\boldsymbol{V}_3]$，有

$$\boldsymbol{D}^{-1}\boldsymbol{A}\boldsymbol{D}=\boldsymbol{\Lambda}=\begin{bmatrix}\lambda_1&0&0\\0&\lambda_2&0\\0&0&\lambda_3\end{bmatrix}. \tag{5.5.20}$$

在 (5.5.17) 中, 作变换

$$\boldsymbol{m}=\boldsymbol{D}\boldsymbol{x}=\begin{bmatrix}1&1&1\\-\zeta\omega_0&-\zeta\omega_0+\omega_d\mathrm{i}&-\zeta\omega_0-\omega_d\mathrm{i}\\\omega_0^2&(2\zeta^2-1)\omega_0^2-2\mathrm{i}\zeta\omega_0\omega_d&(2\zeta^2-1)\omega_0^2+2\mathrm{i}\zeta\omega_0\omega_d\end{bmatrix}\left\{\begin{array}{c}x_1\\x_2\\x_3\end{array}\right\}, \tag{5.5.21}$$

再前乘 $\boldsymbol{D}^{-1}$, 得一组解耦方程

$$\frac{\mathrm{d}}{\mathrm{d}t}\boldsymbol{x}=\boldsymbol{\Lambda}\boldsymbol{x}. \tag{5.5.22}$$

方程 (5.5.22) 之解为

$$x_1(t)=C_1\mathrm{e}^{-2\zeta\omega_0t},\quad x_2(t)=C_2\mathrm{e}^{(-2\zeta\omega_0+2\omega_d\mathrm{i})t},\quad x_3(t)=C_3\mathrm{e}^{(-2\zeta\omega_0-2\omega_d\mathrm{i})t}. \tag{5.5.23}$$

将 (5.5.23) 代入 (5.5.21), 得齐次方程 (5.5.17) 的一般解

$$\begin{aligned}m_{20g}(t)&=x_1(t)+x_2(t)+x_3(t),\\m_{11g}(t)&=-\zeta\omega_0x_1(t)+(-\zeta\omega_0+\omega_d\mathrm{i})x_2(t)+(-\zeta\omega_0-\omega_d\mathrm{i})x_3(t),\\m_{02g}(t)&=\omega_0^2x_1(t)+[(2\zeta^2-1)\omega_0^2-2\mathrm{i}\zeta\omega_0\omega_d]x_2(t)\\&\quad+[(2\zeta^2-1)\omega_0^2+2\mathrm{i}\zeta\omega_0\omega_d]x_3(t).\end{aligned} \tag{5.5.24}$$

由于随 $t\to\infty$ 所有 m_{20g}, m_{11g}, m_{02g} 趋于零, 特解必为由 (5.5.15) 给出的平稳解, 于是

$$\begin{aligned}m_{20}(t)&=x_1(t)+x_2(t)+x_3(t)+D,\\m_{11}(t)&=-\zeta\omega_0x_1(t)+(-\zeta\omega_0+\omega_d\mathrm{i})x_2(t)+(-\zeta\omega_0-\omega_d\mathrm{i})x_3(t),\end{aligned}$$

$$
\begin{aligned}
m_{02}(t) &= \omega_0^2 x_1(t) + [(2\zeta^2-1)\omega_0^2 - 2\mathrm{i}\zeta\omega_0\omega_d]x_2(t) \\
&\quad + [(2\zeta^2-1)\omega_0^2 + 2\mathrm{i}\zeta\omega_0\omega_d]x_3(t) + \omega_0^2 D.
\end{aligned} \tag{5.5.25}
$$

由零初始条件得到下列确定三个常数的方程

$$
\begin{aligned}
& C_1 + C_2 + C_3 + D = 0, \\
& -\zeta\omega_0 C_1 - \zeta\omega_0(C_2+C_3) + \omega_d\mathrm{i}(C_2 - C_3) = 0, \\
& -\omega_0^2 C_1 + (2\zeta^2-1)\omega_0^2(C_2+C_3) - 2\mathrm{i}\zeta\omega_0\omega_d(C_2-C_3) + \omega_0^2 D = 0.
\end{aligned} \tag{5.5.26}
$$

(5.5.26) 之解为

$$
C_1 = -\frac{\omega_0^2}{\omega_d^2}D, \quad C_2 + C_3 = \frac{\zeta^2\omega_0^2}{\omega_d^2}D, \quad C_2 - C_3 = \mathrm{i}\frac{\zeta\omega_0}{\omega_d}D. \tag{5.5.27}
$$

将 (5.5.27) 代入 (5.5.23) 与 (5.5.25) 得最后解

$$
\begin{aligned}
m_{20}(t) &= \sigma_X^2(t) \\
&= \frac{\pi K}{2m^2\zeta\omega_0^3}\left\{1 - \mathrm{e}^{-2\zeta\omega_0 t}\left[\frac{\omega_0^2}{\omega_d^2} - \frac{\zeta^2\omega_0^2}{\omega_d^2}\cos(2\omega_d t) + \frac{\zeta\omega_0}{\omega_d}\sin(2\omega_d t)\right]\right\},
\end{aligned} \tag{5.5.28}
$$

$$
m_{11}(t) = E[X(t)\dot{X}(t)] = \frac{\pi K}{2m^2\omega_d^2}\mathrm{e}^{-2\zeta\omega_0 t}[1 - \cos(2\omega_d t)], \tag{5.5.29}
$$

$$
\begin{aligned}
m_{02}(t) &= \sigma_{\dot{X}}^2(t) \\
&= \frac{\pi K}{2m^2\zeta\omega_0}\left\{1 - \mathrm{e}^{-2\zeta\omega_0 t}\left[\frac{\omega_0^2}{\omega_d^2} - \frac{\zeta^2\omega_0^2}{\omega_d^2}\cos(2\omega_d t) - \frac{\zeta\omega_0}{\omega_d}\sin(2\omega_d t)\right]\right\}.
\end{aligned} \tag{5.5.30}
$$

如所预期的, (5.5.28) 与 (5.3.5) 相同.

高阶矩可按同样的方法计算. 然而, 由于响应为高斯, 高阶矩可从一、二阶矩算得. 因此, 不必用 (5.5.12) 确定高阶矩.

注意, 矩函数, 不管是瞬态还是平稳, 都是响应的一阶特性, 因为它们只涉及一个时刻.

对多自由度线性系统, 取 (5.5.7) 的集合平均得

$$
\frac{\mathrm{d}}{\mathrm{d}t}\boldsymbol{\mu}_{\boldsymbol{Y}} = \boldsymbol{A}\boldsymbol{\mu}_{\boldsymbol{Y}}, \tag{5.5.31}
$$

式中 $\boldsymbol{\mu}_{\boldsymbol{Y}} = [\mu_{Y_1}, \mu_{Y_1}, \cdots, \mu_{Y_{2n}}]^{\mathrm{T}}$ 为均值矢量. 应用伊藤微分规则 (4.2.57), 得

$$
\mathrm{d}(\boldsymbol{Y}\boldsymbol{Y}^{\mathrm{T}}) = (\mathrm{d}\boldsymbol{Y})\boldsymbol{Y}^{\mathrm{T}} + \boldsymbol{Y}(\mathrm{d}\boldsymbol{Y}^{\mathrm{T}}) + (\mathrm{d}\boldsymbol{Y})(\mathrm{d}\boldsymbol{Y}^{\mathrm{T}}). \tag{5.5.32}
$$

将 (5.5.7) 代入 (5.5.32) 并取集合平均, 得

$$
\frac{d}{\mathrm{d}t}\boldsymbol{m}_{\boldsymbol{YY}} = \boldsymbol{A}\boldsymbol{m}_{\boldsymbol{YY}} + \boldsymbol{m}_{\boldsymbol{YY}}\boldsymbol{A}^{\mathrm{T}} + \boldsymbol{\sigma}\boldsymbol{\sigma}^{\mathrm{T}}, \tag{5.5.33}
$$

式中 $\boldsymbol{m_{YY}}$ 为二阶矩矩阵, 其元素为

$$(\boldsymbol{m_{YY}})_{i,j} = m_{Y_iY_j} = E[Y_i(t)Y_j(t)]. \tag{5.5.34}$$

(5.5.31) 与 (5.5.33) 是常系数线性常微分方程, 给定初始条件可解析或数值求解. 注意, $\boldsymbol{m_{YY}}$ 对称, 只含 $n(2n+1)$ 个独立元素.

令 (5.5.31) 与 (5.5.33) 中所有导数项为零, 平稳一、二阶矩可从以下线性代数方程组解出,

$$\boldsymbol{\mu_Y} = \boldsymbol{0}, \quad \boldsymbol{A}\boldsymbol{m_{YY}} + \boldsymbol{m_{YY}}\boldsymbol{A}^{\mathrm{T}} + \boldsymbol{\sigma}\boldsymbol{\sigma}^{\mathrm{T}} = \boldsymbol{0}. \tag{5.5.35}$$

对多自由度线性系统, 响应矩的解析解, 特别是瞬态解, 即使能解得, 求解也是个冗长的过程. 然而, 若给出所有系统参数, 数值解是简单易行的.

5.5.2 相关函数与谱密度函数

相关函数与谱密度函数是随机过程二阶性质的典型统计量. 此处只考虑平稳响应. 应用与 4.5.2 节中相同的方法, 将 (5.5.2) 的两方程乘以 $X_1(t-\tau)$ 再取集合平均, 得

$$\begin{aligned}\frac{\mathrm{d}}{\mathrm{d}\tau}R_{11}(\tau) &= R_{12}(\tau),\\ \frac{\mathrm{d}}{\mathrm{d}\tau}R_{12}(\tau) &= -\omega_0^2 R_{11}(\tau) - 2\zeta\omega_0 R_{12}(\tau),\end{aligned} \tag{5.5.36}$$

式中 $R_{ij}(\tau) = R_{X_iX_j}(\tau) = E[X_i(t-\tau)X_j(t)]$ 为相关函数. 其初始条件为

$$R_{11}(0) = E[X_1^2] = \frac{\pi K}{2m^2\zeta\omega_0^3}, \quad R_{12}(0) = E[X_1X_2] = 0.$$

可从 (5.5.36) 解得

$$R_{11}(\tau) = \frac{\pi K}{2m^2\zeta\omega_0^3}\left\{\mathrm{e}^{-\zeta\omega_0\tau}\left[\cos(\omega_d\tau) + \frac{\zeta\omega_0}{\omega_d}(\sin\omega_d\tau)\right]\right\}. \tag{5.5.37}$$

(5.5.37) 中的结果与 (5.3.7) 中结果相同.

$X_1(t)$ 的功率谱密度可从对相关函数 (5.5.37) 作傅里叶变换得到. 然而, 也可用 4.5.2 节中方法直接得到. 为方便计算, 将积分变换 (4.5.24) 重写为

$$\bar{\Phi}_{ij}(\omega) = \Im[R_{ij}(\tau)] = \frac{1}{\pi}\int_0^{\infty} R_{ij}(\tau)\mathrm{e}^{-\mathrm{i}\omega\tau}\mathrm{d}\tau. \tag{5.5.38}$$

而将性质 (4.5.26) 重表示为

$$\Im\left[\frac{\mathrm{d}R_{ij}(\tau)}{\mathrm{d}\tau}\right] = \mathrm{i}\omega\bar{\Phi}_{ij}(\omega) - \frac{1}{\pi}m_{ij}. \tag{5.5.39}$$

应用 (5.5.38) 与 (5.5.39), (5.5.36) 变为

$$\begin{aligned}&\mathrm{i}\omega\bar{\Phi}_{11}-\frac{1}{\pi}m_{20}=\bar{\Phi}_{12},\\&\mathrm{i}\omega\bar{\Phi}_{12}-\frac{1}{\pi}m_{11}=-\omega_0^2\bar{\Phi}_{11}-2\zeta\omega_0\bar{\Phi}_{12}.\end{aligned}\tag{5.5.40}$$

(5.5.40) 是一组复代数方程, 可从它解得

$$\bar{\Phi}_{11}(\omega)=\frac{(\mathrm{i}\omega+2\zeta\omega_0)m_{20}}{\pi(-\omega^2+\omega_0^2-2\mathrm{i}\zeta\omega_0\omega)}.\tag{5.5.41}$$

取其实部, 就得到如 (5.3.31) 所示功率谱密度 $\Phi_{11}(\omega)=\Phi_{XX}(\omega)$.

遵循与单自由度线性系统相同的想法与步骤, 也可计算平稳状态多自由度线性系统的相关函数与谱密度. 由于一般多自由度线性系统步骤冗长, 所以此处以两自由度线性系统为例说明. 考虑下列含耦合阻尼项的系统

$$\begin{aligned}&\ddot{X}_1+c_{11}\dot{X}_1+c_{12}\dot{X}_2+\omega_1^2X_1=W_1(t),\\&\ddot{X}_2+c_{21}\dot{X}_1+c_{22}\dot{X}_2+\omega_2^2X_2=W_2(t),\end{aligned}\tag{5.5.42}$$

式中 $W_1(t)$ 与 $W_2(t)$ 是两个独立的高斯白噪声. 其相应的伊藤随机微分方程为

$$\begin{aligned}&\mathrm{d}Z_1=Z_2\mathrm{d}t,\\&\mathrm{d}Z_2=(-\omega_1^2Z_1-c_{11}Z_2-c_{12}Z_4)\mathrm{d}t+\sigma_1\mathrm{d}B_1(t),\\&\mathrm{d}Z_3=Z_4\mathrm{d}t,\\&\mathrm{d}Z_4=(-\omega_2^2Z_3-c_{21}Z_2-c_{22}Z_4)\mathrm{d}t+\sigma_2\mathrm{d}B_2(t),\end{aligned}\tag{5.5.43}$$

式中 $Z_1=X_1,Z_2=\dot{X}_1,Z_3=X_2,Z_4=\dot{X}_2$, $B_1(t)$ 与 $B_2(t)$ 是独立单位维纳过程. 将 (5.5.43) 中各方程乘以 $Z_1(t-\tau)$ 并取集合平均, 得

$$\begin{aligned}&\frac{\mathrm{d}}{\mathrm{d}\tau}R_{11}(\tau)=R_{12}(\tau),\\&\frac{\mathrm{d}}{\mathrm{d}\tau}R_{12}(\tau)=-\omega_1^2R_{11}(\tau)-c_{11}R_{12}(\tau)-c_{12}R_{14}(\tau),\\&\frac{\mathrm{d}}{\mathrm{d}\tau}R_{13}(\tau)=R_{14}(\tau),\\&\frac{\mathrm{d}}{\mathrm{d}\tau}R_{14}(\tau)=-\omega_2^2R_{13}(\tau)-c_{21}R_{12}(\tau)-c_{22}R_{14}(\tau),\end{aligned}\tag{5.5.44}$$

式中 $R_{1j}(\tau)=R_{Z_1Z_j}(\tau)=E[Z_1(t-\tau)Z_j(t)]$ 为相关函数. (5.5.44) 的初始条件为

$$R_{1j}(0)=E[X_1X_j],\quad j=1,2,3,4,\tag{5.5.45}$$

假定它们已用矩方程法求得. (5.5.44) 是一组常系数线性常微分方程, 可用解析或数值方法求解. 注意, $R_{11}(\tau)$ 是 $X_1(t)$ 的自相关函数.

$Z_1(t)$ 的功率谱密度可从相关函数 $R_{11}(\tau)$ 作傅里叶变换得到. 然而, 也可用变换 (5.5.38) 与性质 (5.5.39) 直接得到如下方程

$$\begin{aligned}
&\mathrm{i}\omega\bar{\varPhi}_{11}-\frac{1}{\pi}E[Z_1^2]=\bar{\varPhi}_{12},\\
&\mathrm{i}\omega\bar{\varPhi}_{12}-\frac{1}{\pi}E[Z_1Z_2]=-\omega_1^2\bar{\varPhi}_{11}-c_{11}\bar{\varPhi}_{12}-c_{12}\bar{\varPhi}_{14},\\
&\mathrm{i}\omega\bar{\varPhi}_{13}-\frac{1}{\pi}E[Z_1Z_3]=\bar{\varPhi}_{14},\\
&\mathrm{i}\omega\bar{\varPhi}_{14}-\frac{1}{\pi}E[Z_1Z_4]=-\omega_2^2\bar{\varPhi}_{13}-c_{21}\bar{\varPhi}_{12}-c_{22}\bar{\varPhi}_{14}.
\end{aligned}\tag{5.5.46}$$

(5.5.46) 是一组复代数方程. 可用解析或数值方法求解. 按 (4.5.25), $Z_1(t)$ 的功率谱密度 $\varPhi_{XX}(\omega)=\varPhi_{11}(\omega)$ 是 $\bar{\varPhi}_{11}(\omega)$ 的实部.

如果需要, 其他状态过程的相关函数与谱密度可用同样方法计算.

5.5.3 福克–普朗克–柯尔莫哥洛夫 (FPK) 方程

如 4.3 节所述, 系统 (5.5.1) 响应的概率密度函数由如下 FPK 方程支配

$$\frac{\partial}{\partial t}p+\frac{\partial}{\partial x_1}(x_2p)+\frac{\partial}{\partial x_2}[(-\omega_0^2x_1-2\zeta\omega_0x_2)p]-\frac{\pi K}{m^2}\frac{\partial^2 p}{\partial x_2^2}=0,\tag{5.5.47}$$

式中 $p=p(\boldsymbol{x},t|\boldsymbol{x}_0,t_0)$. 对固定的初始状态, 初始条件为

$$p(\boldsymbol{x},t_0|\boldsymbol{x}_0,t_0)=\delta(\boldsymbol{x}-\boldsymbol{x}_0)=\delta(x_1-x_{10})\delta(x_2-x_{20}).\tag{5.5.48}$$

数学上 (5.5.47) 可解. 然而, 由于响应 $X_1(t)$ 与 $X_2(t)$ 为联合高斯分布, 概率密度函数可按 (2.6.28) 表为

$$\begin{aligned}
p(x_1,x_2)=&\frac{1}{2\pi\sigma_{X_1}\sigma_{X_2}\sqrt{1-\rho_{X_1X_2}^2}}\\
&\times\exp\left[-\frac{\sigma_{X_2}^2(x_1-\mu_{X_1})^2-2\sigma_{X_1}\sigma_{X_2}\rho_{X_1X_2}(x_1-\mu_{X_1})(x_2-\mu_{X_2})+\sigma_{X_1}^2(x_2-\mu_{X_2})^2}{2\sigma_{X_1}^2\sigma_{X_2}^2(1-\rho_{X_1X_2}^2)}\right].
\end{aligned}\tag{5.5.49}$$

对给定初始条件, (5.5.49) 中五个参数可更容易从矩方程 (5.5.13) 与 (5.5.14) 确定.

虽然 (5.5.47) 的瞬态解是冗长的, 其平稳解 $p(x_1,\,x_2)$ 可相对容易得到. 它由简化 FPK 方程, 即由下列无时间导数项 $\partial p/\partial t$ 的 (5.5.47) 支配

$$x_2\frac{\partial p}{\partial x_1}+\frac{\partial}{\partial x_2}[(-\omega_0^2x_1-2\zeta\omega_0x_2)p]-\frac{\pi K}{m^2}\frac{\partial^2 p}{\partial x_2^2}=0.\tag{5.5.50}$$

鉴于概率密度 $p(x_1, x_2)$ 的非负与可归一化性质, 可将 $p(x_1, x_2)$ 表为

$$p(x_1,x_2)=C\exp[-\phi(x_1,x_2)]. \tag{5.5.51}$$

如果下列两方程成立, 则方程 (5.5.50) 将满足

$$x_2\frac{\partial\phi}{\partial x_1}-\omega_0^2x_1\frac{\partial\phi}{\partial x_2}=0, \tag{5.5.52}$$

$$-2\zeta\omega_0x_2-\frac{\pi K}{m^2}\frac{\partial\phi}{\partial x_2}=0. \tag{5.5.53}$$

从 (5.5.52) 与 (5.5.53) 解出 $\phi(x_1, x_2)$ 并代入 (5.5.51), 得

$$p(x_1,x_2)=C\exp\left[-\frac{m^2\xi\omega_0}{\pi K}(\omega_0^2x_1^2+x_2^2)\right]. \tag{5.5.54}$$

数学上, 方程组 (5.5.52) 与 (5.5.53) 是 (5.5.50) 的充分条件, 不一定与 (5.5.50) 等价. 然而, 对本情况它们确实等价, 称系统 (5.5.1) 属详细平衡情形 (见 6.2 节).

习　题　5

5.1　用拉普拉斯变换法导出下列单自由度线性系统的脉冲响应函数:

$$m\ddot{x}+c\dot{x}+kx=\delta(t).$$

5.2　令一个单自由度线性系统受到外力 $f(t)$ 的激励. 用拉普拉斯变换法证明, 在零初始条件下, 系统响应可用下列卷积积分表示

$$x(t)=\int_0^t f(\tau)\,h(t-\tau)\mathrm{d}\tau=\frac{1}{m\omega_d}\int_0^t f(\tau)\,\mathrm{e}^{-\zeta\omega_0(t-\tau)}\sin[\omega_d(t-\tau)]\mathrm{d}\tau.$$

5.3　令一个单自由度线性系统受到外力 $f(t)$ 的激励. 用拉普拉斯变换法证明其完全解可用式 (5.1.15) 与式 (5.1.16) 表示, 即

$$x(t)=[2m\zeta\omega_0h(t)+m\dot{h}(t)]x_0+mh(t)\dot{x}_0+\int_0^t f(\tau)h(t-\tau)\mathrm{d}\tau.$$

5.4　已知一个单自由度线性系统的脉冲响应函数和频率响应函数为

$$h(t)=\begin{cases}\dfrac{1}{m\omega_d}\mathrm{e}^{-\zeta\omega_0t}\sin(\omega_dt), & t\geqslant 0,\\ 0, & t<0,\end{cases}$$

$$H(\omega)=\frac{1}{m(\omega_0^2-\omega^2+2\mathrm{i}\zeta\omega_0\omega)}.$$

用傅里叶变换计算:

(1) 从 $h(t)$ 得到 $H(\omega)$;

(2) 从 $H(\omega)$ 得到 $h(t)$.

5.5 描述地震地面运动的著名 Kanai-Tajimi 模型为

$$\ddot{G}+2\zeta\omega_0\dot{G}+\omega_0^2G=2\zeta\omega_0\dot{R}+\omega_0^2R,$$

式中 G 和 R 分别为地面和基座的位移. 求在激励 R 作用下响应 G 的频率响应函数和脉冲响应函数.

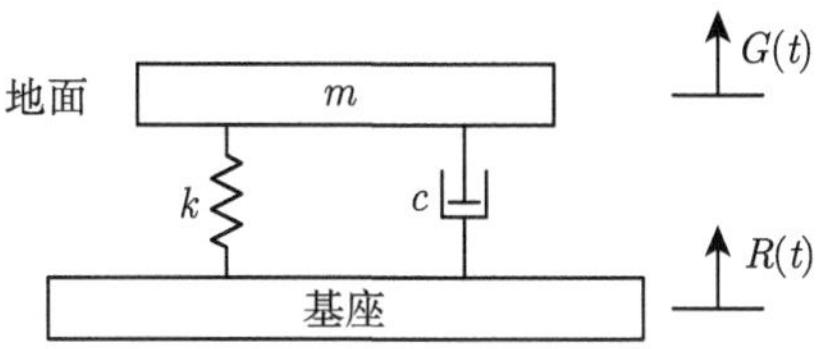

5.6 一个改进版的 Kanai-Tajimi 地震模型可以表示为一个随机脉冲列

$$G(t)=\sum_{j=1}^{N(T)}Y_jw\left(t-\tau_j\right),\quad 0<t\leqslant T.$$

式中的形状函数是图示系统输出的脉冲响应函数. 输入和输出分别为基座位移 x_0 和地面位移 x_2. 用拉普拉斯变换法求脉冲响应函数.

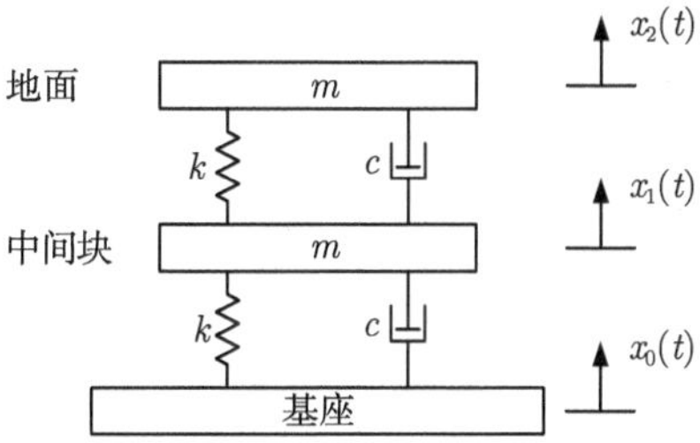

5.7 习题 5.6 中, 用拉普拉斯变换法求出频率响应函数.

5.8 用正交模态分析法求习题 5.6 和 5.7 中系统的

(1) 脉冲响应函数;

(2) 频率响应函数.

5.9 一个单自由度线性系统受到具有零均值与下列自协方差函数的平稳过程 $F(t)$ 的激励,

$$\kappa_{FF}(\tau)=\sigma_F^2\mathrm{e}^{-\alpha|\tau|},\quad D,\alpha>0.$$

求系统响应的平稳均方值.

5.10 一个单自由度线性系统受到具有零均值与下列谱密度的平稳过程 $F(t)$ 的激励,

$$\varPhi_{FF}(\omega)=\frac{\sigma_F^2\alpha}{\pi(\omega^2+\alpha^2)}.$$

试用留数法计算系统平稳响应的均方值.

5.11 白噪声激励下单自由度线性系统的瞬态均方响应由式 (5.3.5) 给出, 即

$$\sigma_X^2(t)=\frac{\pi K}{2m^2\zeta\omega_0^3}\left\{1-\mathrm{e}^{-2\zeta\omega_0 t}\left[\frac{\omega_0^2}{\omega_d^2}-\frac{\zeta^2\omega_0^2}{\omega_d^2}\cos(2\omega_d t)+\frac{\zeta\omega_0}{\omega_d}\sin(2\omega_d t)\right]\right\}.$$

试证：当 $\zeta\to 0$ 时，它将退化为

$$\sigma_X^2(t)=\frac{\pi K}{2m^2\omega_0^3}[2\omega_0 t-\sin(2\omega_0 t)].$$

5.12　高斯白噪声激励下单自由度线性系统响应的瞬态协方差函数 $\kappa_{XX}(t_1,t_2)$ 由式 (5.3.4) 给出. 求出瞬态协方差函数 $\kappa_{\dot{X}X}(t_1,t_2)$，并证明系统达到平稳状态后，$X(t)$ 与 $\dot{X}(t)$ 不相关的.

5.13　求出高斯白噪声激励下单自由度线性系统响应的瞬态协方差函数 $\kappa_{\dot{X}\dot{X}}(t_1,t_2)$、平稳协方差函数 $\kappa_{\dot{X}\dot{X}}(\tau)$ 和 $\dot{X}(t)$ 的瞬态均方值.

5.14　考虑一个受具有下列功率谱密度的限带白噪声 $F(t)$ 激励的单自由度线性系统,

$$\varPhi_{FF}(\omega)=\begin{cases}K, & |\omega|\leqslant\omega_b,\\ 0, & |\omega|>\omega_b.\end{cases}$$

试导出系统平稳响应的功率谱密度函数和相关函数. 用数值方法考察带宽 ω_b 对于相关函数的影响，即对特定系统用几个 ω_b 值计算响应的相关函数，并证明当 ω_b 增大时，相关函数趋于式 (5.3.7).

5.15　考虑如下系统

$$\dot{X}_1+\alpha_1X_1=W_1(t),\quad \dot{X}_2+\alpha_2X_2=W_2(t),$$

式中 $W_1(t)$ 和 $W_2(t)$ 是高斯白噪声，其相关函数为

$$E[W_l(t)W_s(t+\tau)]=2\pi K_{ls}\delta(\tau),\quad l,s=1,2.$$

分别求出 $X_1(t)$ 与 $X_2(t)$ 的瞬态和平稳协方差函数.

5.16　一栋二层楼可建模成如下图所示的二自由度线性系统. 激励力 $f(t)$ 作用在二层楼上. 现考虑二层楼的响应 $x_2(t)$. 用正交模态分析法求出它的

(1) 脉冲响应函数;

(2) 频率响应函数.

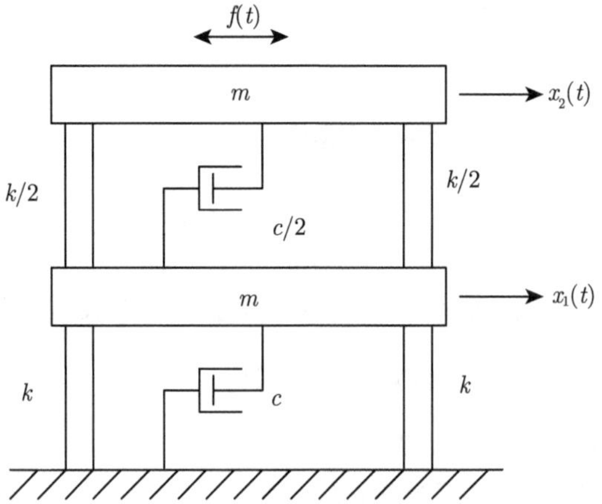

5.17 习题 5.16 中, 令 $f(t)$ 为高斯白噪声, 求出系统达到平稳状态时, $X_2(t)$ 的自相关函数和均方值.

5.18 设运动方程由下式给出

$$\ddot{X}+2\zeta\omega_0\dot{X}+\omega_0^2X=a(t)W(t),$$

式中 $a(t)$ 是确定性函数, $W(t)$ 是谱密度为 K 的高斯白噪声. 在如下两种情形下, 求出系统响应 $X(t)$ 的自相关函数:

(1) $a(t)=\mathrm{e}^{-\alpha t},\quad \alpha>0$;

(2) $a(t)=\mathrm{e}^{-\alpha t}-\mathrm{e}^{-\beta t},\quad \beta>\alpha>0$.

5.19 给定运动方程

$$\ddot{X}+2\zeta\omega_0\dot{X}+\omega_0^2X=\mathrm{e}^{-\alpha t}S(t),$$

式中 $S(t)$ 是一零均值平稳过程, 其谱密度为

$$\Phi_{SS}(\omega)=\frac{c}{\pi(c^2+\omega^2)}.$$

计算响应 $X(t)$ 均方值.

5.20 令 $F(t)$ 为一个演化过程, 其表达式为

$$F(t)=\int_{-\infty}^{\infty}a(t,\omega)\mathrm{e}^{\mathrm{i}\omega t}\mathrm{d}Z(\omega),$$

式中

$$a(t,\omega)=\exp(-\left|\omega^2-\omega_1^2\right|t),$$

$$E[\mathrm{d}Z(\omega_1)\mathrm{d}Z^*(\omega_2)]=\begin{cases}K\mathrm{d}\omega, & \omega_1=\omega_2,\\ 0, & \omega_1\neq\omega_2.\end{cases}$$

设 $X(t)$ 由下列方程支配

$$\ddot{X}+2\zeta\omega_0\dot{X}+\omega_0^2X=F(t).$$

求 $X(t)$ 的演化谱密度.

5.21 在 3.8.4 节中定义的随机脉冲列可作为演化的 Kanai-Tajimi 地震模型, 它可表为

$$G(t)=\sum_{j=1}^{N(T)}Y_jh\left(t-\tau_j\right),\quad 0<t\leqslant T.$$

式中 Y_j 是独立的、具有相同分布的零均值随机变量, 并有有限的均方值 $E[Y^2]$, 形状函数是在习题 5.5 中给出的线性 Kanai-Tajimi 模型, 即

$$h(t)=\omega_0\mathrm{e}^{-\zeta\omega_0 t}\left[\frac{1-2\zeta^2}{\sqrt{1-\zeta^2}}\sin(\omega_d t)+2\zeta\cos(\omega_d t)\right].$$

假定平均脉冲到达率为

$$\mu_\Lambda(t) = \mathrm{e}^{-\alpha t} - \mathrm{e}^{-\beta t}, \quad \beta > \alpha > 0,$$

求 $G(t)$ 的协方差函数.

5.22　用 5.5.1 节描述的矩方程法求出受高斯白噪声激励的单自由度线性系统的位移响应和速度响应的瞬态均方函数, 假设初始位移和初始速度为零.

5.23　用 5.5.2 节中的方法求出受高斯白噪声激励的单自由度线性系统的速度响应的平稳相关函数和谱密度函数.

5.24　一个单自由度线性系统受到随机过程 $F(t)$ 的激励, $F(t)$ 由下列一阶滤波器产生:

$$\dot{F} + \alpha F = W(t),$$

式中 $W(t)$ 是一高斯白噪声. 用 5.5.1 节中的矩方程法求出系统响应的平稳均方值.

5.25　与习题 5.24 中同样的系统和激励, 用 5.5.2 节中的方法求出系统达到平稳状态时 $X(t)$ 的相关函数.

5.26　与习题 5.25 中同样的系统和激励, 用 5.5.2 节中的方法求出系统达到平稳状态时 $X(t)$ 的谱密度函数.

5.27　考虑如下线性系统

$$\dot{X}_1 = -\omega_1 X_1 + \gamma X_2 + W_1(t), \quad \dot{X}_2 = \gamma X_1 - \omega_2 X_2 + W_2(t),$$

式中 ω_1,ω_2 和 γ 是正常数, $W_1(t)$ 和 $W_2(t)$ 是具有相同谱密度的独立高斯白噪声.

(1) 导出系统简化 FPK 方程;

(2) 用 5.5.3 节中的方法求解 FPK 方程并得到平稳概率密度;

(3) 写出概率密度存在的条件;

(4) 从概率密度函数求出 $X_1(t)$ 和 $X_2(t)$ 的均方值以及它们的相关系数.

5.28　与习题 5.27 中同样的系统, 用 5.5.1 节和 5.5.2 节中的方法求出系统达到平稳状态时,

(1) $X_1(t)$ 和 $X_2(t)$ 的均方值以及它们的相关系数;

(2) $X_1(t)$ 的自协方差函数;

(3) $X_1(t)$ 的功率谱密度.

5.29　考虑如下线性系统

$$\dot{X}_1 = a_{11} X_1 + a_{12} X_2 + W_1(t), \quad \dot{X}_2 = a_{21} X_1 + a_{22} X_2 + W_2(t),$$

式中 $W_1(t)$ 和 $W_2(t)$ 是高斯白噪声, 并有如下相关函数

$$E[W_l(t) W_s(t+\tau)] = 2\pi K_{ls} \delta(\tau), \quad l, s = 1, 2.$$

(1) 导出系统的简化 FPK 方程;

(2) 用 5.5.3 节中的方法求解 FPK 方程得到平稳概率密度.

5.30 考虑如下线性系统

$$\dot{X}_1+\alpha_1X_1=W_1(t),\quad \dot{X}_2+\alpha_2X_2=W_2(t),$$

式中 $W_1(t)$ 和 $W_2(t)$ 是具有如下相关函数的高斯白噪声,

$$E[W_l(t)W_s(t+\tau)]=2\pi K_{ls}\delta(\tau),\quad l,s=1,2.$$

(1) 导出系统的简化 FPK 方程, 并求解该方程;

(2) 用 5.5.1 节中的方法求出二阶矩;

(3) 用 5.5.2 节中的方法求出 $X_1(t)$ 和 $X_2(t)$ 的互相关函数和互谱密度.

5.31 考虑一单自由度线性系统

$$\ddot{X}+2\zeta\omega_0\dot{X}+\omega_0^2X=F(t),$$

式中 $F(t)$ 是由如下一阶滤波器产生的平稳过程

$$\mathrm{d}F=-\alpha F\mathrm{d}t+\sqrt{\frac{\alpha}{\delta+1}(\Delta^2-F^2)}\mathrm{d}B(t).$$

分别设

(1) $\delta=1$;

(2) $\delta=0$;

(3) $\delta=-0.5$.

假定在 δ 取不同值时 $F(t)$ 有相同的均方值. 模拟该系统, 计算 $X(t)$ 的平稳概率密度和平稳均方值.

第 6 章　非线性随机系统的精确平稳解

第 5 章表明, 基于给定激励的信息, 可得线性系统对随机外激的响应的某些概率与/或统计量. 然而, 许多实际动力学系统是非线性的, 不能近似为线性系统, 所以第 5 章所述方法不适用.

得到随机激励的非线性系统的精确解是困难的. 然而, 当随机激励可理想化为高斯白噪声, 系统响应为马尔可夫扩散过程时, 确实存在得到精确解的可能性. 马尔可夫扩散过程的概率密度由 FPK 方程支配, 该方程可由系统运动方程导出. 但是, 仍然只能对非常特殊的一阶系统得到 FPK 方程的完全解, 它表示概率结构如何随时间演化, 此时系统响应是标量扩散过程 (Caughey 与 Dienes, 1961).

在许多实际情形中, 只需要平稳解. 对受高斯白噪声激励的非线性系统, 若存在平稳概率密度, 它由简化 FPK 方程即无时间导数项的 FPK 方程支配. 本章将讨论若干类可得精确平稳解的非线性系统.

当激励只作为齐次项出现在运动方程右边时, 称为外激或加性激励. 若激励在运动方程中作为未知量的系数, 则称为参数激励或乘性激励. 参激的存在破坏了叠加原理, 所以, 线性系统只允许有外激. 即使系统性质如阻尼力与恢复力是线性的, 含参激的系统本质上也是非线性的. 最后将叙述如何得到受随机参激线性系统的精确平稳一、二阶统计量.

6.1　平　稳　势

一个在高斯白噪声激励下的动力学系统在状态空间中可用如下运动方程描述:

$$\frac{\mathrm{d}}{\mathrm{d}t}X_j = f_j(\boldsymbol{X}) + \sum_{l=1}^{m} g_{jl}(\boldsymbol{X})W_l(t), \quad j = 1, 2, \cdots, n, \tag{6.1.1}$$

式中 $\boldsymbol{X} = [X_1,\, X_2,\, \cdots,\, X_n]^{\mathrm{T}}$, $W_j(t)$ 为高斯白噪声, 其相关函数为

$$E[W_l(t)W_s(t+\tau)] = 2\pi K_{ls}\delta(\tau), \quad l, s = 1, 2, \cdots, m. \tag{6.1.2}$$

方程 (6.1.1) 意味着系统的性质是不变的. 系统响应是一个矢量马尔可夫扩散过程, 若存在平稳概率密度, 则由下列简化 FPK 方程支配:

$$\sum_{j=1}^{n} \frac{\partial}{\partial x_j} G_j = 0, \tag{6.1.3}$$

式中 G_j 是第 j 个方向的概率流, 由下式给出

$$G_j = a_j(\boldsymbol{x})p - \frac{1}{2}\sum_{k=1}^{n}\frac{\partial}{\partial x_k}[b_{jk}(\boldsymbol{x})p], \tag{6.1.4}$$

式中一、二阶导数矩 a_j 与 b_{jk} 由运动方程 (6.1.1) 导出为

$$a_j(\boldsymbol{x}) = f_j(\boldsymbol{x}) + \pi\sum_{k=1}^{n}\sum_{l,s=1}^{m}K_{ls}g_{ks}(\boldsymbol{x})\frac{\partial}{\partial x_k}g_{jl}(\boldsymbol{x}), \tag{6.1.5}$$

$$b_{jk}(\boldsymbol{x}) = 2\pi\sum_{l,s=1}^{m}K_{ls}g_{jl}(\boldsymbol{x})g_{ks}(\boldsymbol{x}). \tag{6.1.6}$$

对实际情况, 边界为反射或自然, 表明边界上概率流为零, 即

$$G_j = 0, \quad \text{在边界上}. \tag{6.1.7}$$

考虑 (6.1.3) 的一组充分条件, 对每个 j 概率流不仅在边界上, 而且到处为零, 即

$$G_j = a_j(\boldsymbol{x})p - \frac{1}{2}\sum_{k=1}^{n}\frac{\partial}{\partial x_k}[b_{jk}(\boldsymbol{x})p] = 0. \tag{6.1.8}$$

在这种情况下, 称系统 (6.1.1) 属于平稳势类. 可将平稳概率密度表示为

$$p(\boldsymbol{x}) = C\exp[-\phi(\boldsymbol{x})], \tag{6.1.9}$$

式中 C 为归一化常数, $\phi(\boldsymbol{x})$ 称为概率势函数. 将概率密度函数 $p(x)$ 表示成负指数泛函形式乃基于概率密度函数 $p(x)$ 的两个特性：非负性与可归一化. 将 (6.1.9) 代入 (6.1.8), 得

$$\sum_{k=1}^{n}b_{jk}(\boldsymbol{x})\frac{\partial\phi(\boldsymbol{x})}{\partial x_k} = \sum_{k=1}^{n}\frac{\partial}{\partial x_k}b_{jk}(\boldsymbol{x}) - 2a_j(\boldsymbol{x}). \tag{6.1.10}$$

在 (6.1.10) 中有 n 个方程. 若系统 (6.1.1) 属于平稳势类, 则能找到一个 $\phi(\boldsymbol{x})$ 函数满足所有 n 个过程.

考虑二阶导数矩矩阵 $\boldsymbol{B} = [b_{jk}]$ 为非奇异情形, 记 $\boldsymbol{B}^{-1} = \boldsymbol{D} = [d_{jk}]$. 则 (6.1.10) 可改写为

$$\frac{\partial\phi(\boldsymbol{x})}{\partial x_l} = \sum_{j=1}^{n}d_{lj}(\boldsymbol{x})\sum_{k=1}^{n}\left[\frac{\partial}{\partial x_k}b_{jk}(\boldsymbol{x}) - 2a_j(\boldsymbol{x})\right]. \tag{6.1.11}$$

一个特殊情形称为各向同性扩散 (Stratonovich, 1963), 定义为

$$b_{ij}(\boldsymbol{x}) = \begin{cases} K(\boldsymbol{x}), & i = j, \\ 0, & i \neq j. \end{cases} \tag{6.1.12}$$

将 (6.1.12) 代入 (6.1.11) 导致

$$\frac{\partial \phi(\boldsymbol{x})}{\partial x_l}=\frac{1}{K(\boldsymbol{x})}\left[\frac{\partial K(\boldsymbol{x})}{\partial x_l}-2a_l(\boldsymbol{x})\right]. \tag{6.1.13}$$

若满足下列相容性条件

$$\frac{\partial}{\partial x_m}\left[\frac{a_l(\boldsymbol{x})}{K(\boldsymbol{x})}\right]=\frac{\partial}{\partial x_l}\left[\frac{a_m(\boldsymbol{x})}{K(\boldsymbol{x})}\right], \tag{6.1.14}$$

则可从 (6.1.13) 解得一个 $\phi(\boldsymbol{x})$, 而平稳概率密度为

$$p(\boldsymbol{x})=\frac{C}{K(\boldsymbol{x})}\exp\left[\sum_{i=1}^{n}\int\frac{2a_i(\boldsymbol{x})}{K(\boldsymbol{x})}\mathrm{d}x_i\right]. \tag{6.1.15}$$

一维扩散过程是各向同性扩散的一个特殊情形, 此时 $K(\boldsymbol{x})=b(x)$. 从 (6.1.15) 可得平稳概率密度为

$$p(x)=\frac{C}{b(x)}\exp\int\frac{2a(x)}{b(x)}\mathrm{d}x. \tag{6.1.16}$$

此时, 从 (6.1.3) 有

$$G=a(x)p-\frac{1}{2}\frac{\partial}{\partial x}[b(x)p]=G_c=\text{常数}. \tag{6.1.17}$$

按 (6.1.7), $G_c=0$, 表明概率流到处为零.

考虑由下式支配的单自由度振动系统

$$\ddot{X}+h(X,\dot{X})+u(X)=W(t), \tag{6.1.18}$$

式中 $h(X,\dot{X})$ 与 $u(X)$ 分别表示阻尼力与恢复力, $W(t)$ 是高斯白噪声. 记 $X_1=X, X_2=\dot{X}$, 在状态空间中, 方程 (6.1.18) 可表示为

$$\begin{aligned}\dot{X}_1&=X_2,\\ \dot{X}_2&=-h(X_1,X_2)-u(X_1)+W(t).\end{aligned} \tag{6.1.19}$$

于是, 概率流为

$$G_1=x_2p,\quad G_2=-[h(x_1,x_2)+u(x_1)]p-\pi K\frac{\partial p}{\partial x_2}. \tag{6.1.20}$$

式 (6.1.20) 表明, 概率流并不是到处为零; 因此, 单自由度振动系统不属于平稳势类. 这一结论可引申于多自由度振动系统.

例 6.1.1　考虑系统

$$\dot{X}_1=-\alpha_1X_1-\beta_1X_1^3+\gamma X_2+W_1(t),$$

$$\dot{X}_2 = \gamma X_1 - \alpha_2 X_2 - \beta_2 X_2^3 + W_2(t), \tag{6.1.21}$$

式中 α_1, β_1, α_2, β_2, γ 是正常数, $W_1(t)$ 与 $W_2(t)$ 为独立高斯白噪声, 有相同谱密度. 一、二阶导数矩为

$$\begin{aligned} &a_1 = -\alpha_1 x_1 - \beta_1 x_1^3 + \gamma x_2, \quad a_2 = \gamma x_1 - \alpha_2 x_2 - \beta_2 x_2^3, \\ &b_{11} = b_{22} = 2\pi K, \quad b_{12} = b_{21} = 0. \end{aligned} \tag{6.1.22}$$

从 (6.1.10) 得

$$\pi K \frac{\partial \phi}{\partial x_1} = \alpha_1 x_1 + \beta_1 x_1^3 - \gamma x_2, \tag{6.1.23}$$

$$\pi K \frac{\partial \phi}{\partial x_2} = -\gamma x_1 + \alpha_2 x_2 + \beta_2 x_2^3. \tag{6.1.24}$$

可解得如下函数 ϕ 同时满足方程 (6.1.23) 和 (6.1.24)

$$\phi(x_1, x_2) = \frac{1}{\pi K}\left(\frac{1}{2}\alpha_1 x_1^2 + \frac{1}{4}\beta_1 x_1^4 - \gamma x_1 x_2 + \frac{1}{2}\alpha_2 x_2^2 + \frac{1}{4}\beta_2 x_2^4\right). \tag{6.1.25}$$

因此, 系统 (6.1.21) 属于平稳势类.

6.2 详细平衡

显然, 系统 (6.1.1) 一般不属于平稳势类. 然而, 为满足 FPK 方程, 可将一阶导数矩分成如下两部分:

$$a_j(\boldsymbol{x}) = a_j^R(\boldsymbol{x}) + a_j^I(\boldsymbol{x}), \tag{6.2.1}$$

式中 $a_j^R(\boldsymbol{x})$ 与 $a_j^I(\boldsymbol{x})$ 分别称为可逆与不可逆分量. 术语 "可逆" 与 "不可逆" 乃源于文献 (Graham 与 Haken, 1971) 从数学观点的划分. 将 (6.2.1) 代入简化 FPK 方程 (6.1.3) 与 (6.1.4), 得

$$\sum_{j=1}^{n} \frac{\partial}{\partial x_j} G_j = \sum_{j=1}^{n} \frac{\partial}{\partial x_j} a_j^R(\boldsymbol{x}) p + \sum_{j=1}^{n} \frac{\partial}{\partial x_j}\left\{a_j^I(\boldsymbol{x}) p - \frac{1}{2}\sum_{k=1}^{n} \frac{\partial}{\partial x_k}[b_{jk}(\boldsymbol{x}) p]\right\} = 0. \tag{6.2.2}$$

使简化 FPK 方程 (6.2.2) 满足的一组充分条件是

$$a_j^I(\boldsymbol{x}) p - \frac{1}{2}\sum_{k=1}^{n} \frac{\partial}{\partial x_k} b_{jk}(\boldsymbol{x}) p = 0, \quad j = 1, 2, \cdots, n, \tag{6.2.3}$$

$$\sum_{j=1}^{n} \frac{\partial}{\partial x_j} a_j^R(\boldsymbol{x}) p = 0. \tag{6.2.4}$$

在方程 (6.2.3) 与 (6.2.4) 中共有 $(n+1)$ 个方程. 若能找到一个概率密度函数满足所有这 $(n+1)$ 个方程, 则称该系统属于详细平衡类. van Kampen (1957) 首先应用详细平衡这一概念, 而该概念的数学含义和推导, 以及应用于解 FPK 方程则归于 Graham 与 Haken (1971) 及 Yong 与 Lin (1987).

方程 (6.2.3) 类似于 (6.1.8). (6.2.3) 左边称为第 j 个方向概率流的势流分量. (6.2.3) 表明, 详细平衡情形的每个势流分量为零. 另外, (6.2.4) 中和式的每一项称为概率流的环流分量, 而 (6.2.4) 表示所有概率环流分量的平衡. 所以, 漂移系数 a_j 的可逆部分 a_j^R 对概率环流做贡献, 而不可逆部分 a_j^I 用于平衡扩散, 使得第 j 个方向的概率势流为零.

注意, 平稳势是详细平衡的一个特殊情形：$a_j^I(\boldsymbol{x}) = a_j(\boldsymbol{x})$ 与 $a_j^R(\boldsymbol{x}) = 0$. 概率环流的平衡自然得到保证.

用 (6.1.9) 中定义的概率势函数, (6.2.3) 与 (6.2.4) 可写成

$$a_j^I(\boldsymbol{x}) = \frac{1}{2}\sum_{k=1}^{n}\left[\frac{\partial}{\partial x_k}b_{jk}(\boldsymbol{x}) - b_{jk}(\boldsymbol{x})\frac{\partial \phi}{\partial x_k}\right], \tag{6.2.5}$$

$$\sum_{j=1}^{n}\frac{\partial}{\partial x_j}a_j^R(\boldsymbol{x}) = \sum_{j=1}^{n}a_j^R(\boldsymbol{x})\frac{\partial \phi}{\partial x_j}. \tag{6.2.6}$$

若系统属于详细平衡类, 则存在一个 $\phi(\boldsymbol{x})$ 满足所有这些方程.

6.2.1 节 ~6.2.5 节将说明如何将一阶导数矩分成可逆与不可逆部分以及如何用方程 (6.2.5) 与 (6.2.6) 得到若干不同类别的非线性随机系统的精确平稳解.

6.2.1　外激单自由度系统

考虑系统

$$\ddot{X} + h(\Lambda)\dot{X} + u(X) = W(t), \tag{6.2.7}$$

式中 $u(X)$ 是恢复力, $W(t)$ 是谱密度为 K 的高斯白噪声, Λ 是系统的总能量

$$\Lambda = \frac{1}{2}\dot{X}^2 + \int_0^X u(z)\mathrm{d}z. \tag{6.2.8}$$

方程 (6.2.7) 表明阻尼力依赖于能量.

令 $X_1 = X$, $X_2 = \dot{X}$, 相应于 (6.2.7) 的伊藤方程为

$$\begin{aligned}\mathrm{d}X_1 &= X_2\mathrm{d}t,\\ \mathrm{d}X_2 &= -[h(\Lambda)X_2 + u(X_1)]\mathrm{d}t + \sqrt{2\pi K}\mathrm{d}B(t).\end{aligned} \tag{6.2.9}$$

一、二阶导数矩为

$$a_1 = x_2, \quad a_2 = -h(\lambda)x_2 - u(x_1), \quad b_{11} = b_{12} = b_{21} = 0, \quad b_{22} = 2\pi K. \tag{6.2.10}$$

一阶导数矩的可逆与不可逆部分为

$$a_1^R = x_2, \quad a_1^I = 0, \quad a_2^R = -u(x_1), \quad a_2^I = -h(\lambda)x_2. \tag{6.2.11}$$

(6.2.11) 式表明, 不可逆部分与阻尼力相应, 而可逆部分与惯性力和恢复力相应. 这在拉格朗日提法 (1.0.2) 中与哈密顿提法 (1.0.4) 中皆如此. 将 (6.2.10) 与 (6.2.11) 代入 (6.2.5) 与 (6.2.6), 得

$$\pi K \frac{\partial \phi}{\partial x_2} = h(\lambda)x_2, \tag{6.2.12}$$

$$x_2 \frac{\partial \phi}{\partial x_1} = u(x_1)\frac{\partial \phi}{\partial x_2}. \tag{6.2.13}$$

方程 (6.2.12) 的一般解为

$$\phi = \frac{1}{\pi K}\int_0^{\lambda} h(z)\mathrm{d}z + g(x_1). \tag{6.2.14}$$

将 (6.2.14) 代入 (6.2.13), 发现 $g(x_1)$ 必为常数. 于是

$$p(x_1, x_2) = C\exp\left[-\frac{1}{\pi K}\int_0^{\lambda} h(z)\mathrm{d}z\right], \quad \lambda = \frac{1}{2}x_2^2 + \int_0^{x_1} u(z)\mathrm{d}z. \tag{6.2.15}$$

因此, 系统 (6.2.7) 属详细平衡类. 对线性阻尼力情形, $h(\Lambda)\dot{X} = \alpha\dot{X}$,

$$p(x_1, x_2) = C\exp\left\{-\frac{\alpha}{\pi K}\left[\int_0^{x_1} u(z)\mathrm{d}z + \frac{1}{2}x_2^2\right]\right\}. \tag{6.2.16}$$

6.2.2 同受外激与参激的单自由度系统

考虑同受外激与参激的非线性系统

$$\ddot{X} + (\alpha + \beta X^2)\dot{X} + \omega_0^2 X = XW_1(t) + W_2(t), \tag{6.2.17}$$

式中 $W_1(t)$ 与 $W_2(t)$ 是谱密度分别为 K_{11} 与 K_{22} 的独立高斯白噪声. 以 X_1 记 X, X_2 记 $\dot{X}$, 其伊藤方程为

$$\begin{aligned} \mathrm{d}X_1 &= X_2\mathrm{d}t, \\ \mathrm{d}X_2 &= -[(\alpha + \beta X_1^2)X_2 + \omega_0^2 X_1]\mathrm{d}t + \sqrt{2\pi(K_{11}X_1^2 + K_{22})}\mathrm{d}B(t). \end{aligned} \tag{6.2.18}$$

一、二阶导数矩为

$$\begin{aligned} &a_1 = x_2, \quad a_2 = -(\alpha + \beta x_1^2)x_2 - \omega_0^2 x_1, \\ &b_{11} = b_{12} = b_{21} = 0, \quad b_{22} = 2\pi(K_{11}x_1^2 + K_{22}). \end{aligned} \tag{6.2.19}$$

将一阶导数矩分成

$$a_1^R = x_2, \quad a_1^I = 0, \quad a_2^R = -\omega_0^2 x_1, \quad a_2^I = -(\alpha + \beta x_1^2)x_2, \tag{6.2.20}$$

方程 (6.2.5) 与 (6.2.6) 变成

$$\pi(K_{11}x_1^2 + K_{22})\frac{\partial \phi}{\partial x_2} = (\alpha + \beta x_1^2)x_2, \tag{6.2.21}$$

$$x_2\frac{\partial \phi}{\partial x_1} = \omega_0^2 x_1 \frac{\partial \phi}{\partial x_2}. \tag{6.2.22}$$

方程 (6.2.22) 的一般解为

$$\phi(x_1, x_2) = \phi(\lambda), \quad \lambda = \frac{1}{2}\omega_0^2 x_1^2 + \frac{1}{2}x_2^2. \tag{6.2.23}$$

将 (6.2.23) 代入 (6.2.21), 得

$$\frac{\mathrm{d}\phi}{\mathrm{d}\lambda} = \frac{\alpha + \beta x_1^2}{\pi(K_{22} + K_{11}x_1^2)}. \tag{6.2.24}$$

由于 ϕ 是 λ 的函数, (6.2.24) 右边也应该是 λ 的函数, 这导致

$$\frac{\alpha}{\beta} = \frac{K_{22}}{K_{11}}. \tag{6.2.25}$$

当条件 (6.2.25) 满足时

$$\phi = \frac{\alpha}{\pi K_{22}}\lambda, \tag{6.2.26}$$

与

$$p(x_1, x_2) = C\exp\left[-\frac{\alpha}{2\pi K_{22}}(\omega_0^2 x_1^2 + x_2^2)\right]. \tag{6.2.27}$$

等式 (6.2.25) 是系统属于详细平衡类并有精确平稳解的条件. 该条件将系统性质 α, β 与激励谱密度关联起来. 对实际问题, 这种条件并不满足.

注意, (6.2.27) 是高斯分布, 在系统 (6.2.17) 中去掉非线性阻尼与参激所得线性系统也可得到.

6.2.3　阻尼与恢复力项同受参激的单自由度系统

一个更复杂的非线性系统是

$$\ddot{X} + f(X, \dot{X})\dot{X} + \omega_0^2 X = XW_1(t) + \dot{X}W_2(t) + W_3(t), \tag{6.2.28}$$

式中 $W_1(t)$, $W_2(t)$, $W_3(t)$ 是谱密度分别为 K_{11}, K_{22}, K_{33} 的独立的高斯白噪声. 记 X 为 X_1, $\dot{X}$ 为 X_2, 其伊藤方程为

$$\mathrm{d}X_1 = X_2\mathrm{d}t,$$

$$\mathrm{d}X_2 = \{[-f(X_1, X_2) + \pi K_{22}]X_2 - \omega_0^2 X_1\}\mathrm{d}t + \sqrt{2\pi(K_{11}X_1^2 + K_{22}X_2^2 + K_{33})}\mathrm{d}B(t), \tag{6.2.29}$$

式中 $\pi K_{22}X_2$ 为 Wong-Zakai 修正项. 将一阶导数矩分成可逆与不可逆部分

$$a_1^R = x_2, \quad a_1^I = 0, \quad a_2^R = -\omega_0^2 x_1, \quad a_2^I = [-f(x_1, x_2) + \pi K_{22}]x_2. \tag{6.2.30}$$

二阶导数矩为

$$b_{11} = b_{12} = b_{21} = 0, \quad b_{22} = 2\pi(K_{11}x_1^2 + K_{22}x_2^2 + K_{33}). \tag{6.2.31}$$

方程 (6.2.5) 与 (6.2.6) 现变成

$$\pi(K_{11}x_1^2 + K_{22}x_2^2 + K_{33})\frac{\partial \phi}{\partial x_2} = [f(x_1, x_2) + \pi K_{22}]x_2, \tag{6.2.32}$$

$$x_2\frac{\partial \phi}{\partial x_1} = \omega_0^2 x_1 \frac{\partial \phi}{\partial x_2}. \tag{6.2.33}$$

方程 (6.2.33) 的一般解与 6.2.2 节中的系统相同, 由 (6.2.23) 给出. 将 (6.2.23) 代入 (6.2.32) 得

$$\frac{\mathrm{d}\phi}{\mathrm{d}\lambda} = \frac{f(x_1, x_2) + \pi K_{22}}{\pi(K_{11}x_1^2 + K_{22}x_2^2 + K_{33})}. \tag{6.2.34}$$

(6.2.34) 右边必须为 λ 的函数. 这里排除 6.2.2 节中已讨论的无阻尼力参激项, 即 $K_{22}= 0$ 的特殊情形. 为使 (6.2.34) 式成立, 要求

$$f(x_1, x_2) = f(\lambda) \quad 和 \quad K_{11} = \omega_0^2 K_{22}. \tag{6.2.35}$$

这时 (6.2.34) 可表示为

$$\frac{\mathrm{d}\phi}{\mathrm{d}\lambda} = \frac{f(\lambda) + \pi K_{22}}{\pi(2K_{22}\lambda + K_{33})}. \tag{6.2.36}$$

积分 (6.2.36) 得到 $\phi(\lambda)$, 从而得到平稳概率密度

$$p(x_1, x_2) = C(2K_{22}\lambda + K_{33})^{-\frac{1}{2}} \exp\left[-\int_0^\lambda \frac{f(z)}{\pi(2K_{22}z + K_{33})}\mathrm{d}z\right]. \tag{6.2.37}$$

若 $f(\lambda)$ 为常数 α, 则系统阻尼为线性, (6.2.37) 简化为

$$p(x_1, x_2) = C(2K_{22}\lambda + K_{33})^{-\gamma_1}, \tag{6.2.38}$$

式中

$$\gamma_1 = \frac{1}{2}\left(1 + \frac{\alpha}{\pi K_{22}}\right). \tag{6.2.39}$$

平稳概率密度 (6.2.38) 只在 $\gamma_1 > 1$, 即 $\alpha > \pi K_{22}$ 时可积. 这表明系统阻尼必须足够大, 使得当 x_1 与/或 x_2 趋于无穷时系统不发散.

若 $f(\lambda)$ 为线性函数, 即 $f(\lambda) = \alpha + \beta\lambda$ $(\beta > 0)$, (6.2.37) 化为

$$p(x_1, x_2) = C(2K_{22}\lambda + K_{33})^{-\gamma_2} \exp\left(-\frac{\beta\lambda}{2\pi K_{22}}\right), \tag{6.2.40}$$

式中

$$\gamma_2 = \frac{1}{2}\left(1 + \frac{\alpha}{\pi K_{22}} - \frac{\beta K_{33}}{2\pi K_{22}^2}\right). \tag{6.2.41}$$

可证, 只要有外激, 即 $K_{33} \neq 0$, (6.2.40) 总是可积的. 此时, 外激将使系统从平凡解 (0, 0) 离开, 而强阻尼防止系统向无穷边界发散. 若没有外激, 只在 $\gamma_2 < 1$, 即 $\alpha < \pi K_{22}$ 时, (6.2.40) 可积. 否则, 由于强阻尼, 系统将趋于原点, 即平凡解.

类似地, 可讨论 $f(\lambda)$ 为不同的能量函数时的更多情形.

6.2.4　具有耦合恢复力的两自由度系统

现考虑下列具有耦合恢复力的两自由度系统

$$\begin{aligned}
&\ddot{Z}_1 + \alpha_1\dot{Z}_1 + \frac{\partial U(Z_1, Z_2)}{\partial Z_1} = W_1(t),\\
&\ddot{Z}_2 + \alpha_2\dot{Z}_2 + \frac{\partial U(Z_1, Z_2)}{\partial Z_2} = W_2(t).
\end{aligned} \tag{6.2.42}$$

式中 $U(Z_1, Z_2)$ 是整个系统的势能, $W_1(t)$ 与 $W_2(t)$ 是谱密度分别为 K_{11} 与 K_{22} 的独立高斯白噪声. 令 $X_1 = Z_1$, $X_2 = \dot{Z}_1$, $X_3 = Z_2$, $X_4 = \dot{Z}_2$. 一阶导数矩的可逆与不可逆部分及二阶导数矩为

$$\begin{aligned}
&a_1^R = x_2, \quad a_1^I = 0, \quad a_2^R = -\frac{\partial U(x_1, x_3)}{\partial x_1}, \quad a_2^I = -\alpha_1 x_2,\\
&a_3^R = x_4, \quad a_3^I = 0, \quad a_4^R = -\frac{\partial U(x_1, x_3)}{\partial x_3}, \quad a_4^I = -\alpha_2 x_4,
\end{aligned} \tag{6.2.43}$$

$$b_{11} = 2\pi K_{11}, \quad b_{12} = b_{21} = 0, \quad b_{22} = 2\pi K_{22}. \tag{6.2.44}$$

将 (6.2.43) 与 (6.2.44) 代入 (6.2.5) 与 (6.2.6) 得

$$\pi K_{11}\frac{\partial\phi}{\partial x_2} = \alpha_1 x_2, \quad \pi K_{22}\frac{\partial\phi}{\partial x_4} = \alpha_2 x_4, \tag{6.2.45}$$

$$x_2\frac{\partial\phi}{\partial x_1} - \frac{\partial U(x_1, x_3)}{\partial x_1}\frac{\partial\phi}{\partial x_2} + x_4\frac{\partial\phi}{\partial x_3} - \frac{\partial U(x_1, x_3)}{\partial x_3}\frac{\partial\phi}{\partial x_4} = 0. \tag{6.2.46}$$

方程 (6.2.46) 的一般解为

$$\phi(x_1, x_2, x_3, x_4) = \phi(\lambda), \quad \lambda = U(x_1, x_3) + \frac{1}{2}x_2^2 + \frac{1}{2}x_4^2. \tag{6.2.47}$$

将 (6.2.47) 代入 (6.2.45), 得

$$\frac{\mathrm{d}\phi}{\mathrm{d}\lambda}=\frac{\alpha_1}{\pi K_{11}},\quad \frac{\mathrm{d}\phi}{\mathrm{d}\lambda}=\frac{\alpha_2}{\pi K_{22}}. \tag{6.2.48}$$

为使 (6.2.48) 中两方程相容, 必须施加下列条件

$$\frac{\alpha_1}{K_{11}}=\frac{\alpha_2}{K_{22}}. \tag{6.2.49}$$

在该限制下, 平稳概率密度为

$$p(x_1,x_2,x_3,x_4)=C\exp\left\{-\frac{\alpha_1}{\pi K_{11}}\left[\frac{1}{2}x_2^2+\frac{1}{2}x_4^2+U(x_1,x_3)\right]\right\}. \tag{6.2.50}$$

式 (6.2.50) 表明, 各坐标的动能等同分配, 称 (6.2.50) 为能量等分精确平稳解 (Lin, 1967). 上述求解步骤可推广于更多自由度情形.

6.2.5 有耦合阻尼力的两自由度系统

考虑由下列方程支配的有耦合阻尼力的两自由度系统

$$\begin{aligned}&\ddot{Z}_1+\alpha_{11}\dot{Z}_1+\alpha_{12}\dot{Z}_2+u_1(Z_1)=W_1(t),\\&\ddot{Z}_2+\alpha_{21}\dot{Z}_1+\alpha_{22}\dot{Z}_2+u_2(Z_2)=W_2(t),\end{aligned} \tag{6.2.51}$$

式中 $W_1(t)$ 与 $W_2(t)$ 是高斯白噪声, 其相关函数为

$$E[W_i(t)W_j(t+\tau)]=2\pi K_{ij}\delta(\tau),\quad i,j=1,2. \tag{6.2.52}$$

令 $X_1=Z_1$, $X_2=\dot{Z}_1$, $X_3=Z_2$, $X_4=\dot{Z}_2$, 一阶导数矩的可逆与不可逆部分及非零二阶导数矩为

$$\begin{aligned}&a_1^R=x_2,\quad a_1^I=0,\quad a_2^R=-u_1(x_1),\quad a_2^I=-\alpha_{11}x_2-\alpha_{12}x_4,\\&a_3^R=x_4,\quad a_3^I=0,\quad a_4^R=-u_2(x_3),\quad a_4^I=-\alpha_{21}x_2-\alpha_{22}x_4,\end{aligned} \tag{6.2.53}$$

$$b_{22}=2\pi K_{11},\quad b_{24}=b_{42}=2\pi K_{12},\quad b_{44}=2\pi K_{22}. \tag{6.2.54}$$

对本例, (6.2.5) 与 (6.2.6) 变成

$$\begin{aligned}&\pi K_{11}\frac{\partial\phi}{\partial x_2}+\pi K_{12}\frac{\partial\phi}{\partial x_4}=\alpha_{11}x_2+\alpha_{12}x_4,\\&\pi K_{12}\frac{\partial\phi}{\partial x_2}+\pi K_{22}\frac{\partial\phi}{\partial x_4}=\alpha_{21}x_2+\alpha_{22}x_4,\end{aligned} \tag{6.2.55}$$

$$x_2\frac{\partial\phi}{\partial x_1}-u_1(x_1)\frac{\partial\phi}{\partial x_2}+x_4\frac{\partial\phi}{\partial x_3}-u_2(x_3)\frac{\partial\phi}{\partial x_4}=0. \tag{6.2.56}$$

方程 (6.2.56) 的一般解为

$$\begin{aligned}&\phi(x_1,x_2,x_3,x_4)=\phi(\lambda_1,\lambda_2),\\&\lambda_1=\frac{1}{2}x_2^2+\int u_1(x_1)\mathrm{d}x_1,\quad \lambda_2=\frac{1}{2}x_4^2+\int u_2(x_3)\mathrm{d}x_3.\end{aligned}\tag{6.2.57}$$

将 (6.2.57) 代入 (6.2.55) 并解出

$$\frac{\partial\phi}{\partial\lambda_1}=\frac{(\alpha_{11}K_{22}-\alpha_{21}K_{12})x_2+(\alpha_{12}K_{22}-\alpha_{22}K_{12})x_4}{\pi(K_{11}K_{22}-K_{12}^2)x_2},\tag{6.2.58}$$

$$\frac{\partial\phi}{\partial\lambda_2}=\frac{(\alpha_{21}K_{11}-\alpha_{11}K_{12})x_2+(\alpha_{22}K_{11}-\alpha_{12}K_{12})x_4}{\pi(K_{11}K_{22}-K_{12}^2)x_4}.\tag{6.2.59}$$

使 (6.2.58) 和 (6.2.59) 成立的条件是

$$\frac{\alpha_{21}}{\alpha_{11}}K_{11}=\frac{\alpha_{12}}{\alpha_{22}}K_{22}=K_{12}.\tag{6.2.60}$$

条件 (6.2.60) 是系统 (6.2.51) 属于详细平衡类的充分条件. 在此条件下, 响应的精确平稳概率密度为

$$\begin{aligned}p(x_1,x_2,x_3,x_4)=C\exp\Bigg\{&-\frac{\alpha_{11}}{\pi K_{11}}\left[\frac{1}{2}x_2^2+\int u_1(x_1)\mathrm{d}x_1\right]\\&-\frac{\alpha_{22}}{\pi K_{22}}\left[\frac{1}{2}x_4^2+\int u_2(x_3)\mathrm{d}x_3\right]\Bigg\}.\end{aligned}\tag{6.2.61}$$

与 (6.2.50) 对比发现, (6.2.61) 中不同坐标的动能并非等同分配, 称 (6.2.61) 为能量非等分精确平稳解. 这是因为系统 (6.2.42) 中恢复力耦合, 而系统 (6.2.51) 中恢复力非耦合. 按下面 6.4 节中哈密顿提法, (6.2.42) 属于随机激励的耗散的完全不可积哈密顿系统, 而 (6.2.51) 则属于随机激励的耗散的完全可积哈密顿系统. 按 6.4 节中理论, 前者有能量等分精确平稳解, 而后者有能量非等分精确平稳解.

6.3 广义平稳势

6.2 节表明, 将一阶导数矩分成两部分, 可使精确可解类从平稳势扩展到详细平衡. 按类似想法, 同时将一阶与二阶导数矩分成两部分, 将会使精确可解类进一步扩展 (Lin 与 Cai, 1988), 令

$$a_j(\boldsymbol{x})=a_j^{(1)}(\boldsymbol{x})+a_j^{(2)}(\boldsymbol{x}),\tag{6.3.1}$$

$$b_{jk}(\boldsymbol{x})=b_{jk}^{(j)}(\boldsymbol{x})+b_{kj}^{(k)}(\boldsymbol{x}).\tag{6.3.2}$$

(6.3.1) 式中, 上标 (1) 与 (2) 表示一阶导数矩的划分不局限于可逆与不可逆部分. (6.3.2) 式中的划分保持了二阶导数矩的对称性, 即 $b_{jk}=b_{kj}$. 将 (6.3.1) 与 (6.3.2) 代入简化 FPK 方程 (6.1.3), 得

$$\sum_{j=1}^{n}\frac{\partial}{\partial x_j}\left[a_j^{(1)}p-\sum_{k=1}^{n}\frac{\partial}{\partial x_k}b_{jk}^{(j)}p\right]+\sum_{j=1}^{n}\frac{\partial}{\partial x_j}a_j^{(2)}p=0. \tag{6.3.3}$$

若下列限制性更强的条件满足, 方程 (6.3.3) 将满足

$$\sum_{j=1}^{n}\frac{\partial}{\partial x_j}a_j^{(2)}p=0, \tag{6.3.4}$$

$$a_j^{(1)}p-\sum_{k=1}^{n}\frac{\partial}{\partial x_k}b_{jk}^{(j)}p=0,\quad j=1,2,\cdots,n \tag{6.3.5}$$

类似于详细平衡中 (6.2.4), (6.3.4) 描述由漂移系数的一部分 $a_j^{(2)}$ 导致的平稳概率环流的平衡. 而如 (6.3.5) 所示, 漂移系数的其余部分 $a_j^{(1)}$ 用于平衡概率流的扩散, 使第 j 个方向的概率势流为零. 注意到, 划分二阶导数矩提供了额外的灵活性来构成概率势流, 如方程 (6.3.5) 所示.

借用概率势函数 $\phi(\boldsymbol{x})$, (6.3.4) 与 (6.3.5) 可代之以

$$\sum_{j=1}^{n}\frac{\partial}{\partial x_j}a_j^{(2)}(\boldsymbol{x})=\sum_{j=1}^{n}a_j^{(2)}(\boldsymbol{x})\frac{\partial\phi(\boldsymbol{x})}{\partial x_j}, \tag{6.3.6}$$

$$a_j^{(1)}(\boldsymbol{x})=\sum_{k=1}^{n}\left[\frac{\partial}{\partial x_k}b_{jk}^{(j)}(\boldsymbol{x})-b_{jk}^{(j)}(\boldsymbol{x})\frac{\partial\phi(\boldsymbol{x})}{\partial x_k}\right],\quad j=1,2,\cdots,n. \tag{6.3.7}$$

若可找到一个函数 ϕ 使 (6.3.6) 与 (6.3.7) 中所有 $(n+1)$ 个方程都得到满足, 它将是本问题的精确平稳解, 而称系统属于广义平稳势类.

详细平衡是广义平稳势的一种特殊情形, 即

$$a_j^{(1)}=a_j^I,\quad a_j^{(2)}=a_j^R,\quad b_{jk}^{(j)}=b_{kj}^{(k)}=\frac{1}{2}b_{jk}. \tag{6.3.8}$$

可证, 任何二维线性系统属于广义平稳势类 (习题 6.4). 6.3.1 节和 6.3.2 节将用例子说明如何应用广义平稳势得到非线性随机系统的精确平稳解.

6.3.1 单自由度非线性系统

单自由度非线性随机系统的一般形式可表示为

$$\ddot{X}+h(X,\dot{X})+v(X)=\sum_{l=1}^{m}g_l(X,\dot{X})W_l(t), \tag{6.3.9}$$

式中 $W_l(t)$ 是具有相关函数 (6.1.2) 的高斯白噪声, 函数 $h(X,\dot{X})$ 与 $v(X)$ 分别表示阻尼力与恢复力. 以 X_1 记 X, 以 X_2 记 $\dot{X}$, 系统 (6.3.9) 的伊藤方程为

$$\begin{aligned}
\mathrm{d}X_1 &= X_2\mathrm{d}t,\\
\mathrm{d}X_2 &= \left[-h(X_1,X_2)-v(X_1)+\sum_{l,s=1}^{m}\pi K_{ls}g_l(X_1,X_2)\frac{\partial}{\partial X_2}g_s(X_1,X_2)\right]\mathrm{d}t\\
&\quad+\sqrt{2\pi\sum_{l,s=1}^{m}K_{ls}g_l(X_1,X_2)g_s(X_1,X_2)}\mathrm{d}B(t).
\end{aligned}\tag{6.3.10}$$

注意, 漂移系数中附加项为 Wong-Zakai 修正项. 一、二阶导数矩为

$$a_1=x_2,\quad a_2=-h(x_1,x_2)-v(x_1)+\sum_{l,s=1}^{m}\pi K_{ls}g_l(x_1,x_2)\frac{\partial}{\partial x_2}g_s(x_1,x_2),\tag{6.3.11}$$

$$b_{11}=b_{12}=b_{21}=0,\quad b_{22}=2\pi\sum_{l,s=1}^{m}K_{ls}g_l(x_1,x_2)g_s(x_1,x_2).\tag{6.3.12}$$

对应的简化 FPK 方程为

$$\begin{aligned}
&x_2\frac{\partial p}{\partial x_1}+\frac{\partial}{\partial x_2}\left\{\left[-h(x_1,x_2)-v(x_1)+\sum_{l,s=1}^{m}\pi K_{ls}g_l(x_1,x_2)\frac{\partial}{\partial x_2}g_s(x_1,x_2)\right]p\right\}\\
&-\frac{\partial^2}{\partial x_2^2}\left\{\left[\sum_{l,s=1}^{m}\pi K_{ls}g_l(x_1,x_2)g_s(x_1,x_2)\right]p\right\}=0.
\end{aligned}\tag{6.3.13}$$

左边的最后一项可表示为

$$\begin{aligned}
&\frac{\partial^2}{\partial x_2^2}\left\{\left[\sum_{l,s=1}^{m}\pi K_{ls}g_l(x_1,x_2)g_s(x_1,x_2)\right]p\right\}\\
=&\frac{\partial}{\partial x_2}\left\{\left[\sum_{l,s=1}^{m}2\pi K_{ls}g_l(x_1,x_2)\frac{\partial}{\partial x_2}g_s(x_1,x_2)\right]p\right\}\\
&+\frac{\partial}{\partial x_2}\left\{\left[\sum_{l,s=1}^{m}\pi K_{ls}g_l(x_1,x_2)g_s(x_1,x_2)\right]\frac{\partial p}{\partial x_2}\right\}.
\end{aligned}\tag{6.3.14}$$

将 (6.3.14) 代入 (6.3.13) 得

$$x_2\frac{\partial p}{\partial x_1}+\frac{\partial}{\partial x_2}\left\{\left[-h(x_1,x_2)-v(x_1)-\pi\sum_{l,s=1}^{m}K_{ls}g_l(x_1,x_2)\frac{\partial}{\partial x_2}g_s(x_1,x_2)\right]p\right\}$$

$$-\frac{\partial}{\partial x_2}\left\{\left[\sum_{l,s=1}^{m}\pi K_{ls}g_l(x_1,x_2)g_s(x_1,x_2)\right]\frac{\partial p}{\partial x_2}\right\}=0. \tag{6.3.15}$$

方程 (6.3.15) 中的 Wong-Zakai 修正项可分成两部分

$$\pi\sum_{l,s=1}^{m}K_{ls}g_l(x_1,x_2)\frac{\partial}{\partial x_2}g_s(x_1,x_2)=u^*(x_1)+h^*(x_1,x_2). \tag{6.3.16}$$

右边 $u^*(x_1)$ 与 $h^*(x_1,x_2)$ 分别称为附加恢复力与附加阻尼力. 这两项是 Wong-Zakai 修正项的贡献. 因此, 当出现参激时, 可能的 Wong-Zakai 修正项可产生两种不同效应: 改变恢复力与阻尼力. 定义有效恢复力为

$$u(x_1)=v(x_1)+u^*(x_1). \tag{6.3.17}$$

现将 FPK 方程写成

$$\begin{aligned}&x_2\frac{\partial p}{\partial x_1}-[u(x_1)]\frac{\partial p}{\partial x_2}-\frac{\partial}{\partial x_2}\{[h(x_1,x_2)+h^*(x_1,x_2)]p\}\\&-\frac{\partial}{\partial x_2}\left\{\left[\sum_{l,s=1}^{m}\pi K_{ls}g_l(x_1,x_2)g_s(x_1,x_2)\right]\frac{\partial p}{\partial x_2}\right\}=0.\end{aligned} \tag{6.3.18}$$

若下列充分条件满足

$$x_2\frac{\partial p}{\partial x_1}-u(x_1)\frac{\partial p}{\partial x_2}=0 \tag{6.3.19}$$

$$[h(x_1,x_2)+h^*(x_1,x_2)]p+\left[\sum_{l,s=1}^{m}\pi K_{ls}g_l(x_1,x_2)g_s(x_1,x_2)\right]\frac{\partial p}{\partial x_2}=0 \tag{6.3.20}$$

则方程 (6.3.18) 满足. 借用概率势函数 ϕ, (6.3.19) 与 (6.3.20) 等价于

$$x_2\frac{\partial \phi}{\partial x_1}-u(x_1)\frac{\partial \phi}{\partial x_2}=0, \tag{6.3.21}$$

$$[h(x_1,x_2)+h^*(x_1,x_2)]-\left[\sum_{l,s=1}^{m}\pi K_{ls}g_l(x_1,x_2)g_s(x_1,x_2)\right]\frac{\partial \phi}{\partial x_2}=0. \tag{6.3.22}$$

方程 (6.3.21) 的一般解为

$$\phi(x_1,x_2)=\phi(\lambda), \tag{6.3.23}$$

此处 ϕ 为待定函数, 而

$$\lambda=\frac{1}{2}x_2^2+\int u(x_1)\mathrm{d}x_1. \tag{6.3.24}$$

由 (6.3.24) 知, λ 是系统的有效总能量. 将 (6.3.23) 代入 (6.3.22), 得

$$h(x_1,x_2)=\left[\pi x_2\sum_{l,s=1}^{m}K_{ls}g_lg_s\right]\frac{\mathrm{d}\phi}{\mathrm{d}\lambda}-h^*(x_1,x_2). \tag{6.3.25}$$

若函数 h 可表示为 (6.3.25) 形式, 则称系统 (6.3.9) 属于广义平稳势类. 此时, 可得到系统的精确平稳概率密度. (6.3.25) 也可解释为, 为使单自由度非线性随机系统具有精确平稳概率密度, 在系统性质 $h(x_1,\ x_2)$, $g_l(x_1,\ x_2)$ 与激励谱密度 K_{js} 之间要存在一个限制条件.

例 6.3.1　考虑下列系统

$$\ddot{X}+[\delta+(\alpha X+\beta\dot{X})^2]\dot{X}+v(X)=(aX+b\dot{X})W_1(t)+W_2(t), \tag{6.3.26}$$

式中 $W_1(t)$ 与 $W_2(t)$ 分别为具有谱密度 K_{11} 与 K_{22} 的独立高斯白噪声. 以 X_1 记 X, X_2 记 $\dot{X}$, 将 (6.3.26) 与标准形式 (6.3.9) 作比较, 得

$$\begin{gathered}h(X_1,X_2)=[\delta+(\alpha X_1+\beta X_2)^2]X_2,\\ g_1(X_1,X_2)=aX_1+bX_2,\quad g_2(X_1,X_2)=1.\end{gathered} \tag{6.3.27}$$

首先需要识别附加的恢复力与附加的阻尼力. 对本问题, 应用 (6.3.16) 导至

$$\pi\sum_{l,s=1}^{m}K_{ls}g_l(x_1,x_2)\frac{\partial}{\partial x_2}g_s(x_1,x_2)=\pi K_{11}abx_1+\pi K_{11}b^2x_2. \tag{6.3.28}$$

所以

$$u^*(x_1)=\pi K_{11}abx_1,\quad h^*(x_1,x_2)=\pi K_{11}b^2x_2. \tag{6.3.29}$$

有效恢复力与有效总能量为

$$u(x_1)=v(x_1)+\pi K_{11}abx_1,\quad \lambda=\frac{1}{2}x_2^2+\int v(x_1)\mathrm{d}x_1+\frac{1}{2}\pi K_{11}abx_1^2. \tag{6.3.30}$$

将 (6.3.30) 代入 (6.3.25), 得

$$\pi[K_{11}(ax_1+bx_2)^2+K_{22}]\frac{\mathrm{d}\phi}{\mathrm{d}\lambda}=\delta+\pi K_{11}b^2+(\alpha x_1+\beta x_2)^2. \tag{6.3.31}$$

为满足 (6.3.31), 必须施加下列条件

$$\beta=\alpha\frac{b}{a},\quad \alpha^2=\frac{a^2K_{11}}{K_{22}}(\delta+\pi K_{11}b^2). \tag{6.3.32}$$

在条件 (6.3.32) 下, 系统属于广义平稳势类, 并可得精确平稳解

$$p(x_1,x_2)=C\exp\left\{-\frac{\delta+\pi K_{11}b^2}{2\pi K_{22}}\left[x_2^2+\pi K_{11}abx_1^2+2\int_0^{x_1}v(z)\mathrm{d}z\right]\right\}. \tag{6.3.33}$$

式 (6.3.33) 表明, 由于 Wong-Zakai 修正项, 参激 $W_1(t)$ 的出现给系统增加了额外的线性阻尼力 $\pi K_{11}b^2X_2$ 和额外的线性恢复力 $\pi K_{11}abX_1$. 阻尼总是正的, 而刚度则取决于 a 与 b 的正负. 可证, 系统不属于详细平衡类 (Cai 与 Lin, 1988).

6.3.2 多自由度非线性系统

现将上述方法引申于多自由度系统. 考虑如下 N 自由度随机振动系统

$$\ddot{Z}_j + h_j(\boldsymbol{Z},\dot{\boldsymbol{Z}}) + v_j(\boldsymbol{X}) = \sum_{l=1}^{m} g_{jl}(\boldsymbol{Z},\dot{\boldsymbol{Z}})W_l(t), \quad j=1,2,\cdots,n, \tag{6.3.34}$$

式中 $\boldsymbol{Z}=[Z_1,\ Z_2,\ \cdots,\ Z_n]^{\mathrm{T}}$ 与 $\dot{\boldsymbol{Z}}=[\dot{Z}_1,\dot{Z}_2,\cdots,\dot{Z}_n]^{\mathrm{T}}$ 分别为位移与速度矢量, $W_l\ (t)$ 为具有相关函数 (6.1.2) 的高斯白噪声. 令 $X_{2j-1}=Z_j, X_{2j}=\dot{Z}_j, \boldsymbol{X}=[X_1,X_2,\cdots,X_{2n}]^{\mathrm{T}}$, 其简化 FPK 方程由 (6.1.3) 与 (6.1.4) 给出. 其一、二阶导数矩从 (6.1.5) 与 (6.1.6) 得到为

$$a_{2j-1}=x_{2j}, \quad a_{2j}=-h_j(\boldsymbol{x})-v_j(\boldsymbol{x}_d)+\sum_{k=1}^{n}\sum_{l,s=1}^{m}\pi K_{ls}g_{ks}(\boldsymbol{x})\frac{\partial}{\partial x_{2k}}g_{jl}(\boldsymbol{x}), \tag{6.3.35}$$

$$b_{2j-1,k}=b_{k,2j-1}=0, \quad b_{2j,2k}=2\pi\sum_{l,s=1}^{m}K_{ls}g_{ks}(\boldsymbol{x})g_{jl}(\boldsymbol{x}), \tag{6.3.36}$$

式中 $\boldsymbol{x}_d=[x_1,x_3,\cdots,x_{2n-1}]^{\mathrm{T}}$ 是位移矢量. 将二阶导数矩划分如下

$$b_{2j-1,k}^{(2j-1)}=b_{k,2j-1}^{(k)}=0, \quad b_{2j,2k}=b_{2j,2k}^{(2j)}+b_{2k,2j}^{(2k)}. \tag{6.3.37}$$

将 (6.3.37) 代入 FPK 方程 (6.1.3), 得

$$\begin{aligned}&\sum_{j=1}^{n}\left(x_{2j}\frac{\partial p}{\partial x_{2j-1}}\right)+\sum_{j=1}^{n}\frac{\partial}{\partial x_{2j}}\left[\left(-h_j-v_j+\pi\sum_{k=1}^{n}\sum_{l,s=1}^{m}K_{ls}g_{ks}\frac{\partial}{\partial x_{2k}}g_{jl}\right)p\right]\\&-\sum_{j,k=1}^{n}\frac{\partial^2}{\partial x_{2j}\partial x_{2k}}\left[b_{2j,2k}^{(2j)}p\right]=0.\end{aligned} \tag{6.3.38}$$

左边最后一项可写为

$$\sum_{j,k=1}^{n}\frac{\partial^2}{\partial x_{2j}\partial x_{2k}}\left[b_{2j,2k}^{(2j)}p\right]=\sum_{j,k=1}^{n}\frac{\partial}{\partial x_{2j}}\left[p\frac{\partial}{\partial x_{2k}}b_{2j,2k}^{(2j)}\right]+\sum_{j,k=1}^{n}\frac{\partial}{\partial x_{2j}}\left[b_{2j,2k}^{(2j)}\frac{\partial p}{\partial x_{2k}}\right]. \tag{6.3.39}$$

可证

$$\frac{\partial}{\partial x_{2k}}b_{2j,2k}^{(2j)}=2\pi\sum_{l,s=1}^{m}K_{ls}g_{ks}\frac{\partial}{\partial x_{2k}}g_{jl}. \tag{6.3.40}$$

将 (6.3.39) 代入 (6.3.38) 并用 (6.3.40) 得

$$\sum_{j=1}^{n}\left(x_{2j}\frac{\partial p}{\partial x_{2j-1}}\right)+\sum_{j=1}^{n}\frac{\partial}{\partial x_{2j}}\left[\left(-h_j-v_j-\pi\sum_{k=1}^{n}\sum_{l,s=1}^{m}K_{ls}g_{ks}\frac{\partial}{\partial x_{2k}}g_{jl}\right)p\right]$$
$$-\sum_{k=1}^{n}\left[b_{2j,2k}^{(2j)}\frac{\partial p}{\partial x_{2k}}\right]=0. \tag{6.3.41}$$

现考虑如下情形

$$\pi\sum_{k=1}^{n}\sum_{l,s=1}^{m}K_{ls}g_{ks}\frac{\partial}{\partial x_{2k}}g_{jl}=u_j^*(\boldsymbol{x}_d)+h_j^*(\boldsymbol{x}). \tag{6.3.42}$$

右边第一项只依赖于位移矢量 $\boldsymbol{x}_d$, 它是第 j 个坐标的附加恢复力, 而第二项是附加阻尼力. 于是第 j 个坐标的有效恢复力为

$$u_j(\boldsymbol{x}_d)=v_j(\boldsymbol{x}_d)+u_j^*(\boldsymbol{x}_d). \tag{6.3.43}$$

此时, (6.3.41) 可写成

$$\sum_{j=1}^{n}\left(x_{2j}\frac{\partial p}{\partial x_{2j-1}}\right)-\sum_{j=1}^{n}u_j\frac{\partial p}{\partial x_{2j}}-\sum_{j=1}^{n}\frac{\partial}{\partial x_{2j}}\left\{(h_j+h_j^*)p+\sum_{k=1}^{n}\left[b_{2j,2k}^{(2j)}\frac{\partial p}{\partial x_{2k}}\right]\right\}=0. \tag{6.3.44}$$

若满足下列充分条件

$$\sum_{j=1}^{n}\left(x_{2j}\frac{\partial p}{\partial x_{2j-1}}\right)-\sum_{j=1}^{n}u_j\frac{\partial p}{\partial x_{2j}}=0, \tag{6.3.45}$$

$$(h_j+h_j^*)p+\sum_{k=1}^{n}\left[b_{2j,2k}^{(2j)}\frac{\partial p}{\partial x_{2k}}\right]=0,\quad j=1,2,\cdots,n, \tag{6.3.46}$$

则 (6.3.44) 满足. 借用概率势函数 ϕ, (6.3.45) 与 (6.3.46) 可表示为

$$\sum_{j=1}^{n}\left(x_{2j}\frac{\partial \phi}{\partial x_{2j-1}}\right)-\sum_{j=1}^{n}u_j\frac{\partial \phi}{\partial x_{2j}}=0, \tag{6.3.47}$$

$$h_j+h_j^*-\sum_{k=1}^{n}\left[b_{2j,2k}^{(2j)}\frac{\partial \phi}{\partial x_{2k}}\right]=0,\quad j=1,2,\cdots,n. \tag{6.3.48}$$

考虑两种情形. 第一种情形是 u_j 只取决于 x_{2j-1}, 表明恢复力是不耦合的, 即每个坐标上的恢复力与其他坐标无关, 则方程 (6.3.47) 的一般解为

$$\phi(\boldsymbol{x})=\phi(\lambda_1,\lambda_2,\cdots,\lambda_n),\quad \lambda_j=\frac{1}{2}x_{2j}^2+\int_0^{x_{2j-1}}u_j(z)\mathrm{d}z, \tag{6.3.49}$$

式中 λ_j 是系统第 j 个坐标的有效总能量. 将 (6.3.49) 代入 (6.3.48), 得

$$h_j + h_j^* - \sum_{k=1}^{n} \left[x_{2k} b_{2j,2k}^{(2j)} \frac{\partial \phi}{\partial \lambda_k} \right] = 0, \quad j = 1, 2, \cdots, n. \tag{6.3.50}$$

式 (6.3.50) 提供了 n 个系统阻尼与激励谱密度之间的约束. 若能找到一个概率势函数 ϕ 满足 (6.3.50) 中所有 n 个方程, 则系统属于广义平稳势类, 而精确平稳解为

$$p(\boldsymbol{x}) = C \exp[-\phi(\lambda_1, \lambda_2, \cdots, \lambda_n)]. \tag{6.3.51}$$

另一情形是函数 u_j 可表示为

$$u_j(\boldsymbol{x}_d) = \frac{\partial U(\boldsymbol{x}_d)}{\partial x_{2j-1}}. \tag{6.3.52}$$

式 (6.3.52) 意味着 $U(\boldsymbol{x}_d)$ 是系统的有效总势能. 此时, (6.3.47) 的一般解为

$$\phi(\boldsymbol{x}) = \phi(\lambda), \quad \lambda = \sum_{j=1}^{n} \frac{1}{2} x_{2j}^2 + U(\boldsymbol{x}_d), \tag{6.3.53}$$

式中 λ 是系统有效总能量. 将 (6.3.53) 代入 (6.3.48), 得

$$h_j + h_j^* - \sum_{k=1}^{n} \left[x_{2k} b_{2j,2k}^{(2j)} \right] \frac{\mathrm{d}\phi}{\mathrm{d}\lambda} = 0, \quad j = 1, 2, \cdots, n. \tag{6.3.54}$$

若能找到一个概率势函数 ϕ 满足 (6.3.54) 中所有 n 个方程, 则精确平稳解为

$$p(\boldsymbol{x}) = C \exp[-\phi(\lambda)]. \tag{6.3.55}$$

式 (6.3.49) 表明能量可以是非等量分配的, 而式 (6.3.53) 表明不同坐标的动能是等量分配的. 按 6.4 节中哈密顿提法, 第一种情形是完全可积的, 第二种情形是完全不可积的.

将用下列例子说明上述方法.

例 6.3.2 考虑两自由度非线性随机系统

$$\begin{aligned} &\ddot{Z}_1 + \alpha_{11} \dot{Z}_1 + \alpha_{12} \dot{Z}_2 + u_1(Z_1, Z_2) = W_1(t), \\ &\ddot{Z}_2 + \alpha_{21} \dot{Z}_1 + \alpha_{22} \dot{Z}_2 + u_2(Z_1, Z_2) = W_2(t). \end{aligned} \tag{6.3.56}$$

令 $X_1 = Z_1, X_2 = \dot{Z}_1, X_3 = Z_2, X_4 = \dot{Z}_2$. 非零二阶导数矩为

$$b_{22} = 2\pi K_{11}, \quad b_{24} = b_{42} = 2\pi K_{12}, \quad b_{44} = 2\pi K_{22}. \tag{6.3.57}$$

将它们分成

$$b_{22}^{(2)} = \pi K_{11}, \quad b_{24}^{(2)} = \pi K_{12} - D, \quad b_{42}^{(4)} = \pi K_{12} + D, \quad b_{44}^{(4)} = \pi K_{22}. \tag{6.3.58}$$

式中 D 是任意常数. 因为无参激, 没有 Wong-Zakai 修正项. 相应于上述两种情形, 有两种可能性. 若 $u_1(X_1, X_3) = u_1(X_1)$, $u_2(X_1, X_3) = u_2(X_3)$, 则由 (6.3.49) 得概率势函数为

$$\begin{aligned} &\phi(x_1, x_2, x_3, x_4) = \phi_1(\lambda_1) + \phi_2(\lambda_2), \\ &\lambda_1 = \frac{1}{2}x_2^2 + \int u_1(x_1)\mathrm{d}x_1, \quad \lambda_2 = \frac{1}{2}x_4^2 + \int u_2(x_3)\mathrm{d}x_3. \end{aligned} \tag{6.3.59}$$

(6.3.50) 中两方程变成

$$\begin{aligned} &\pi K_{11}x_2\frac{\partial\phi}{\partial\lambda_1} + (\pi K_{12} - D)x_4\frac{\partial\phi}{\partial\lambda_2} = \alpha_{11}x_2 + \alpha_{12}x_4, \\ &(\pi K_{12} + D)x_2\frac{\partial\phi}{\partial\lambda_1} + \pi K_{22}x_4\frac{\partial\phi}{\partial\lambda_2} = \alpha_{21}x_2 + \alpha_{22}x_4. \end{aligned} \tag{6.3.60}$$

从 (6.3.60) 解出

$$\frac{\partial\phi}{\partial\lambda_1} = \frac{[\alpha_{11}K_{22} - \alpha_{21}(K_{12} - D)]x_2 + [\alpha_{12}K_{22} - \alpha_{22}(K_{12} - D)]x_4}{\pi(K_{11}K_{22} - K_{12}^2 + D^2)x_2}, \tag{6.3.61}$$

$$\frac{\partial\phi}{\partial\lambda_2} = \frac{[\alpha_{21}K_{11} - \alpha_{11}(K_{12} + D)]x_2 + [\alpha_{22}K_{11} - \alpha_{12}(K_{12} + D)]x_4}{\pi(K_{11}K_{22} - K_{12}^2 + D^2)x_4}. \tag{6.3.62}$$

为使 (6.3.61) 与 (6.3.62) 的右边分别为只是 λ_1 与 λ_2 的函数, 必须有

$$\alpha_{12}K_{22} - \alpha_{22}(K_{12} - D) = 0, \quad \alpha_{21}K_{11} - \alpha_{11}(K_{12} + D) = 0. \tag{6.3.63}$$

由于 D 是任意的, 从 (6.3.63) 的两方程中消去 D 而得

$$\frac{\alpha_{21}}{\alpha_{11}}K_{11} + \frac{\alpha_{12}}{\alpha_{22}}K_{22} = 2K_{12}. \tag{6.3.64}$$

在条件 (6.3.64) 下, 精确平稳概率密度为

$$\begin{aligned} p(x_1, x_2, x_3, x_4) = C\exp\Bigg\{&-\frac{\alpha_{11}}{\pi K_{11}}\left[\frac{1}{2}x_2^2 + \int u_1(x_1)\mathrm{d}x_1\right] \\ &-\frac{\alpha_{22}}{\pi K_{22}}\left[\frac{1}{2}x_4^2 + \int u_2(x_3)\mathrm{d}x_3\right]\Bigg\}. \end{aligned} \tag{6.3.65}$$

注意, 解 (6.3.65) 和 (6.2.61) 相同, 显然条件 (6.3.64) 不如详细平衡情形的条件 (6.2.60) 严格, 表明广义平稳势类比详细平衡类更宽.

若 (6.3.56) 中两恢复力可表示为

$$u_1(x_1,x_3)=\frac{\partial U(x_1,x_3)}{\partial x_1},\quad u_3(x_1,x_3)=\frac{\partial U(x_1,x_3)}{\partial x_3}, \tag{6.3.66}$$

则 (6.3.54) 中两方程变成

$$\begin{aligned}&[\pi K_{11}x_2+(\pi K_{12}-D)x_4]\frac{\mathrm{d}\phi}{\mathrm{d}\lambda}=\alpha_{11}x_2+\alpha_{12}x_4,\\&[(\pi K_{12}+D)x_2+\pi K_{22}x_4]\frac{\mathrm{d}\phi}{\mathrm{d}\lambda}=\alpha_{21}x_2+\alpha_{22}x_4.\end{aligned} \tag{6.3.67}$$

为满足 (6.3.67) 中两方程, 需要

$$\frac{\alpha_{12}+\alpha_{21}}{2\alpha_{11}}K_{11}=\frac{\alpha_{12}+\alpha_{21}}{2\alpha_{22}}K_{22}=K_{12}. \tag{6.3.68}$$

在条件 (6.3.68) 下, 精确平稳概率密度为

$$p(x_1,x_2,x_3,x_4)=C\exp\left\{-\frac{\alpha_{11}}{\pi K_{11}}\left[\frac{1}{2}x_2^2+\frac{1}{2}x_4^2+U(x_1,x_3)\right]\right\}. \tag{6.3.69}$$

注意, (6.3.69) 中的平稳概率密度与 (6.3.65) 中的不同, 条件 (6.3.68) 与 (6.2.60) 和 (6.3.64) 都不同.

6.4 随机激励的耗散的哈密顿系统

第 1 章中曾提到, 非线性随机动力学系统可表示为随机激励的耗散的哈密顿系统, 它特别适合于处理多自由度强非线性随机动力学系统. 已研究出获得随机激励的耗散的哈密顿系统的精确平稳解的系统步骤 (Zhu et al., 1990; Zhu 与 Yang, 1996; Ying 与 Zhu, 2000; Huang 与 Zhu, 2000; Zhu 与 Huang, 2001).

6.4.1 哈密顿系统及其分类

n 自由度哈密顿系统的运动方程形为

$$\dot{q}_j=\frac{\partial H}{\partial p_j},\quad \dot{p}_j=-\frac{\partial H}{\partial q_j},\quad i=1,2,\cdots,n, \tag{6.4.1}$$

式中 q_j 与 p_j 分别为广义坐标与广义动量, $H=H(\boldsymbol{q},\boldsymbol{p})$ 是一个具有一阶偏导数的哈密顿函数. 哈密顿系统可分成完全可积、部分可积及完全不可积三类. 分类的准则很难应用 (Arnold, 1989; Tabor, 1989; Zhu 与 Huang, 2001). 本书中, 只讨论简单而实用的三类.

考虑一个 n 自由度哈密顿系统, 若存在 n 个独立的运动积分 $H_1, H_2, \cdots, H_n$, 使哈密顿函数可表示为

$$H(\boldsymbol{q},\boldsymbol{p}) = \sum_{j=1}^{n} H_j(q_j, p_j), \tag{6.4.2}$$

则该哈密顿系统属完全可积类. 若存在 $(r+1)$ $(r+1<n)$ 个独立运动积分, 使哈密顿函数可表示为

$$H(\boldsymbol{q},\boldsymbol{p}) = \sum_{j=1}^{r} H_j(q_j, p_j) + \tilde{H}(q_{r+1},q_{r+2},\cdots,q_n;p_{r+1},p_{r+2},\cdots,p_n), \tag{6.4.3}$$

则该哈密顿系统属于部分可积类. 极端情形, 只有哈密顿函数这个运动积分, 即 $r = 0$, 则该哈密顿系统属于完全不可积类.

对完全或部分可积哈密顿系统, 若两个自由度的频率之间存在有理关系, 如两个频率相等或一个频率是另一个频率的 2 倍等, 则两个自由度之间可能出现内共振. 所以, 这两类哈密顿系统的每一类又可分成非共振与共振两个子类. 这样, 哈密顿系统可分成五类: 完全不可积、完全可积非共振、完全可积共振、部分可积非共振、部分可积共振. 注意, 完全不可积情形不会出现内共振, 因为只涉及所有自由度的一种运动.

6.4.2 随机激励的耗散的哈密顿系统的精确平稳解

现考虑受高斯白噪声激励的耗散的哈密顿系统, 其运动方程为

$$\begin{aligned}
\dot{Q}_j &= \frac{\partial H'}{\partial P_j}, \\
\dot{P}_j &= -\frac{\partial H'}{\partial Q_j} - \sum_{k=1}^{n} c_{jk}(\boldsymbol{Q},\boldsymbol{P})\frac{\partial H'}{\partial P_k} + \sum_{l=1}^{m} g_{jl}(\boldsymbol{Q},\boldsymbol{P})W_l(t),
\end{aligned} \tag{6.4.4}$$

式中第二个方程中的 $\sum_{k=1}^{n} c_{jk}(\boldsymbol{Q},\boldsymbol{P})\frac{\partial H'}{\partial P_k}$ 项表示能量耗散机理, $W_l(t)$ 为高斯白噪声, $c_{jk}(\boldsymbol{Q}, \boldsymbol{P})$ 与 $g_{jl}(\boldsymbol{Q}, \boldsymbol{P})$ 为可微函数.

方程 (6.4.4) 形同 (6.1.1) , Q_j 与 P_j 分别对应于 X_{2j-1} 与 X_{2j}. 由 (6.1.5) 与 (6.1.6) 可得系统 (6.4.4) 如下一、二阶导数矩

$$a_{2j-1} = \frac{\partial H'}{\partial p_j}, \quad a_{2j} = -\frac{\partial H'}{\partial q_j} - \sum_{k=1}^{n} c_{jk}\frac{\partial H'}{\partial p_k} + \pi\sum_{k=1}^{n}\sum_{l,s=1}^{m} K_{ls}g_{ks}\frac{\partial}{\partial p_k}g_{jl}, \tag{6.4.5}$$

$$b_{2j-1,k} = b_{k,2j-1} = 0, \quad b_{2j,2k} = B_{jk} = 2\pi\sum_{l,s=1}^{m} K_{ls}g_{jl}g_{ks}. \tag{6.4.6}$$

(6.4.5) 中的最后一项为 Wong-Zakai 修正项. 将二阶导数矩分为

$$b_{2j-1,k}^{(2j-1)} = b_{k,2j-1}^{(k)} = 0, \quad b_{2j,2k} = b_{2j,2k}^{(2j)} + b_{2k,2j}^{(2k)} = B_{jk}^{(j)} + B_{kj}^{(k)}. \tag{6.4.7}$$

将 (6.4.7) 代入简化 FPK 方程 (6.1.3) 得

$$\sum_{j=1}^{n} \frac{\partial}{\partial q_j}\left(\frac{\partial H'}{\partial p_j} p\right) + \sum_{j=1}^{n} \frac{\partial}{\partial p_j}\left[\left(-\frac{\partial H'}{\partial q_j} - \sum_{k=1}^{n} c_{jk}\frac{\partial H'}{\partial p_k} + \pi \sum_{k=1}^{n}\sum_{l,s=1}^{m} K_{ls} g_{ks} \frac{\partial}{\partial p_k} g_{jl}\right) p\right] \\ - \sum_{j,k=1}^{n} \frac{\partial^2}{\partial p_j \partial p_k}\left[B_{jk}^{(j)} p\right] = 0. \tag{6.4.8}$$

左边最后一项可表示为

$$\sum_{j,k=1}^{n} \frac{\partial^2}{\partial p_j \partial p_k}\left[B_{jk}^{(j)} p\right] = \sum_{j,k=1}^{n} \frac{\partial}{\partial p_j}\left[p \frac{\partial}{\partial p_k} B_{jk}^{(j)}\right] + \sum_{j,k=1}^{n} \frac{\partial}{\partial p_j}\left[B_{jk}^{(j)} \frac{\partial p}{\partial p_k}\right]. \tag{6.4.9}$$

将 (6.4.9) 代入 (6.4.8), 并注意

$$\frac{\partial}{\partial p_k} B_{jk}^{(j)} = 2\pi \sum_{l,s=1}^{m} K_{ls} g_{ks} \frac{\partial}{\partial p_k} g_{jl}. \tag{6.4.10}$$

有

$$\sum_{j=1}^{n} \frac{\partial}{\partial q_j}\left(\frac{\partial H'}{\partial p_j} p\right) + \sum_{j=1}^{n} \frac{\partial}{\partial p_j}\left[\left(-\frac{\partial H'}{\partial q_j} - \sum_{k=1}^{n} c_{jk}\frac{\partial H'}{\partial p_k} - \pi \sum_{k=1}^{n}\sum_{l,s=1}^{m} K_{ls} g_{ks} \frac{\partial}{\partial p_k} g_{jl}\right) p\right] \\ - \sum_{j,k=1}^{n} \frac{\partial}{\partial p_j}\left[B_{jk}^{(j)} \frac{\partial p}{\partial p_k}\right] = 0. \tag{6.4.11}$$

将 (6.4.11) 中 $\pi \sum_{l,s=1}^{m} K_{ls} g_{ks} \frac{\partial}{\partial p_k} g_{jl}$ 分成两部分; 一为附加保守力, 一为附加阻尼力, 这两部分与原保守力及阻尼力合并, (6.4.11) 可写成

$$\sum_{j=1}^{n} \frac{\partial}{\partial q_j}\left(\frac{\partial H}{\partial p_j} p\right) + \sum_{j=1}^{n} \frac{\partial}{\partial p_j}\left[\left(-\frac{\partial H}{\partial q_j} - \sum_{k=1}^{n} m_{jk}\frac{\partial H}{\partial p_k}\right) p\right] - \sum_{j,k=1}^{n} \frac{\partial}{\partial p_j}\left[B_{jk}^{(j)} \frac{\partial p}{\partial p_k}\right] = 0, \tag{6.4.12}$$

式中 H 为计及附加保守力后的新哈密顿函数, 而 m_{jk} 是包含附加阻尼力的阻尼系数.

现将一阶导数矩分为

$$a_{2j-1}^{(1)} = 0, \quad a_{2j-1}^{(2)} = \frac{\partial H}{\partial p_j},$$

$$a_{2j}^{(1)}=-\sum_{k=1}^{n}m_{jk}\frac{\partial H}{\partial p_k},\quad a_{2j}^{(2)}=-\frac{\partial H}{\partial q_j}. \tag{6.4.13}$$

将 (6.4.7) 与 (6.4.13) 代入 (6.3.6) 与 (6.3.7) 得

$$\sum_{j=1}^{n}\left(\frac{\partial H}{\partial p_j}\frac{\partial \phi}{\partial q_j}-\frac{\partial H}{\partial q_j}\frac{\partial \phi}{\partial p_j}\right)=0, \tag{6.4.14}$$

$$\sum_{k=1}^{n}B_{jk}^{(j)}\frac{\partial \phi}{\partial p_k}=\sum_{k=1}^{n}\frac{\partial}{\partial p_k}B_{jk}^{(j)}+\sum_{k=1}^{n}m_{jk}\frac{\partial H}{\partial p_k},\quad j=1,2,\cdots,n, \tag{6.4.15}$$

式中 ϕ 为 (6.1.9) 中定义的概率势函数. 若能找到一个函数 $\phi(\boldsymbol{q},\boldsymbol{p})$ 满足 (6.4.14) 与 (6.4.15) 中所有 $(n+1)$ 个方程, 则该系统属于广义平稳势类, 可求得精确平稳概率密度. 然而对五类哈密顿系统, 精确平稳概率密度的形式是不同的. 为更清晰地说明求解步骤, 此处只考虑完全不可积、完全可积非共振及部分可积非共振三种情形. 更完全与深入的研究可参考文献 (Zhu et al., 1990; Zhu 与 Yang, 1996; Ying 与 Zhu, 2000; Huang 与 Zhu, 2000; Zhu 与 Huang, 2001).

6.4.3　完全不可积情形

如前所述, 这种情形不会出现内共振. 已证, 这种情形 (6.4.14) 的一般解形为 (Zhu et al., 1990)

$$\phi=\phi\left[H(\boldsymbol{q},\boldsymbol{p})\right]. \tag{6.4.16}$$

将 (6.4.16) 代入 (6.4.15), 得

$$\frac{\mathrm{d}\phi}{\mathrm{d}H}\sum_{k=1}^{n}B_{jk}^{(j)}\frac{\partial H}{\partial p_k}=\sum_{k=1}^{n}\frac{\partial}{\partial p_k}B_{jk}^{(j)}+\sum_{k=1}^{n}m_{jk}\frac{\partial H}{\partial p_k},\quad j=1,2,\cdots,n. \tag{6.4.17}$$

(6.4.17) 中有 n 个含有 ϕ 的方程. 若能找到一个函数 ϕ 满足所有 n 个方程, 则精确平稳解为

$$p(\boldsymbol{q},\boldsymbol{p})=C\exp\left\{-\phi\left[H(\boldsymbol{q},\boldsymbol{p})\right]\right\}. \tag{6.4.18}$$

若干特殊情形讨论如下.

若在系统方程 (6.4.4) 中 c_{jk} 与 g_{jl} 只是 $\boldsymbol{q}$ 的函数, 即 $c_{jk}=c_{jk}(\boldsymbol{q})$, $g_{jl}=g_{jl}(\boldsymbol{q})$, 则不存在附加恢复力与阻尼力, 从而 $H=H'$, $m_{jk}=c_{jk}$, (6.4.17) 简化为

$$\frac{\mathrm{d}\phi}{\mathrm{d}H}\sum_{k=1}^{n}B_{jk}^{(j)}\frac{\partial H}{\partial p_k}=\sum_{k=1}^{n}c_{jk}\frac{\partial H}{\partial p_k},\quad j=1,2,\cdots,n. \tag{6.4.19}$$

若下列条件满足

$$c_{jk}=\eta B_{jk}^{(j)}$$

或等价地

$$c_{jk}+c_{kj}=\eta B_{jk},\quad j=1,2,\cdots,n, \tag{6.4.20}$$

式中 η 是一常数, 则

$$\phi=\eta H,\quad p(\boldsymbol{q},\boldsymbol{p})=C\exp\left[-\eta H(\boldsymbol{q},\boldsymbol{p})\right]. \tag{6.4.21}$$

一个更一般的情形是 $c_{jk}=c(H)\bar{c}_{jk}(\boldsymbol{q})$, $g_{jl}=g(H)\bar{g}_{jl}(\boldsymbol{q})$, 也不存在附加保守力与阻尼力, $H=H'$, 则 (6.4.17) 可表示为

$$\frac{\mathrm{d}\phi}{\mathrm{d}H}g^2(H)\sum_{k=1}^{n}\bar{B}_{jk}^{(j)}\frac{\partial H}{\partial p_k}=g(H)\frac{\mathrm{d}g(H)}{\mathrm{d}H}\sum_{k=1}^{n}\bar{B}_{jk}\frac{\partial H}{\partial p_k}+c(H)\sum_{k=1}^{n}\bar{c}_{jk}\frac{\partial H}{\partial p_k},\quad j=1,2,\cdots,n, \tag{6.4.22}$$

式中

$$\bar{B}_{jk}^{(j)}+\bar{B}_{kj}^{(k)}=2\pi\sum_{l,s=1}^{m}K_{ls}\bar{g}_{jl}\bar{g}_{ks}. \tag{6.4.23}$$

若满足下列条件

$$\bar{c}_{jk}=\bar{c}_{kj}=\frac{1}{2}\eta\bar{B}_{jk},\quad j=1,2,\cdots,n, \tag{6.4.24}$$

则 (6.4.22) 简化为

$$\frac{\mathrm{d}\phi}{\mathrm{d}H}=\frac{1}{g(H)}\frac{\mathrm{d}g(H)}{\mathrm{d}H}+\frac{\eta c(H)}{g^2(H)}. \tag{6.4.25}$$

而概率势函数与平稳概率密度为

$$\phi=\ln g(H)+\eta\int_0^H\frac{c(u)}{g^2(u)}\mathrm{d}u, \tag{6.4.26}$$

$$p(\boldsymbol{q},\boldsymbol{p})=\frac{C}{g(H)}\exp\left[-\eta\int_0^H\frac{c(u)}{g^2(u)}\mathrm{d}u\right]. \tag{6.4.27}$$

6.4.4　完全可积非共振情形

此时假定哈密顿函数形如 (6.4.2). 可证, 此时 (6.4.14) 的一般解形为 (Zhu 与 Yang, 1996)

$$\phi(\boldsymbol{q},\boldsymbol{p})=\phi(H_1,H_2,\cdots,H_n),\quad H_j=H_j(q_j,p_j). \tag{6.4.28}$$

将 (6.4.28) 代入 (6.4.15) 得

$$\sum_{k=1}^{n}B_{jk}^{(j)}\frac{\partial H_k}{\partial p_k}\frac{\partial\phi}{\partial H_k}=\sum_{k=1}^{n}\frac{\partial B_{jk}^{(j)}}{\partial p_k}+\sum_{k=1}^{n}m_{jk}\frac{\partial H_k}{\partial p_k}. \tag{6.4.29}$$

记

$$\alpha_{jk}=B_{jk}^{(j)}\frac{\partial H_k}{\partial p_k},\quad \beta_j=\sum_{k=1}^{n}\frac{\partial B_{jk}^{(j)}}{\partial p_k}+\sum_{k=1}^{n}m_{jk}\frac{\partial H_k}{\partial p_k}. \tag{6.4.30}$$

(6.4.29) 可重写成如下一组线性偏微分方程

$$\sum_{k=1}^{n} \alpha_{jk} \frac{\partial \phi}{\partial H_k} = \beta_j, \quad j = 1, 2, \cdots, n. \tag{6.4.31}$$

考虑矩阵 $\boldsymbol{A} = [\alpha_{jk}]$ 为非奇异情形, 此时 $\boldsymbol{A}^{-1} = \boldsymbol{D} = [d_{jk}]$ 存在. (6.4.31) 可简化为

$$\frac{\partial \phi}{\partial H_k} = \sum_{i=1}^{n} d_{ki} \beta_i, \quad k = 1, 2, \cdots, n. \tag{6.4.32}$$

若对每个 k, (6.4.32) 右边只是 H_k 的函数, 则可找到一个函数 ϕ 满足 (6.4.31) 中所有 n 个方程, 精确平稳概率密度存在. 另一情形是, 函数 ϕ 可从 (6.4.32) 解得, 若下列相容性条件满足

$$\frac{\partial}{\partial H_j}\left(\sum_{i=1}^{n} d_{ki} \beta_i\right) = \frac{\partial}{\partial H_k}\left(\sum_{i=1}^{n} d_{ji} \beta_i\right), \quad j, k = 1, 2, \cdots, n. \tag{6.4.33}$$

例 6.4.1　作为一个例子, 考虑如下哈密顿函数

$$\begin{aligned} &H = H_1 + H_2, \\ &H_1 = \frac{1}{2} P_1^2 + \int u_1(Q_1) \mathrm{d}Q_1, \quad H_2 = \frac{1}{2} P_2^2 + \int u_2(Q_2) \mathrm{d}Q_2. \end{aligned} \tag{6.4.34}$$

从 (6.4.34) 可得

$$\frac{\partial H}{\partial P_j} = P_j, \quad \frac{\partial H}{\partial Q_j} = u_j(Q_j), \quad i = 1,\ 2. \tag{6.4.35}$$

相应的随机激励的耗散的哈密顿系统由下列方程支配

$$\begin{aligned} &\dot{Q}_j = P_j, \\ &\dot{P}_j = -u_j(Q_j) - \sum_{k=1}^{2} c_{jk} P_k + W_j(t), \end{aligned} \quad j = 1,\ 2, \tag{6.4.36}$$

式中 c_{jk} 为常数, $W_1(t)$ 与 $W_2(t)$ 为高斯白噪声, 其相关函数为

$$E[W_l(t) W_s(t+\tau)] = 2\pi K_{ls} \delta(\tau), \quad l, s = 1, 2. \tag{6.4.37}$$

此时, (6.4.29) 可表示为

$$\begin{aligned} &\pi K_{11} p_1 \frac{\partial \phi}{\partial H_1} + \pi (K_{12} + D) p_2 \frac{\partial \phi}{\partial H_2} = c_{11} p_1 + c_{12} p_2, \\ &\pi (K_{12} - D) p_1 \frac{\partial \phi}{\partial H_1} + \pi K_{22} p_2 \frac{\partial \phi}{\partial H_2} = c_{21} p_1 + c_{22} p_2. \end{aligned} \tag{6.4.38}$$

在推导 (6.4.38) 中用到了 (6.4.6), 即

$$\begin{aligned} &B_{11}^{(1)}=\frac{1}{2}b_{22}=\pi K_{11}, \qquad B_{22}^{(2)}=\frac{1}{2}b_{44}=\pi K_{22},\\ &B_{12}^{(1)}=b_{24}^{(2)}=\pi(K_{12}+D), \quad B_{21}^{(2)}=b_{42}^{(4)}=\pi(K_{12}-D), \end{aligned} \tag{6.4.39}$$

式中 D 是任意常数. 可从 (6.4.38) 解出

$$\begin{aligned} \frac{\partial\phi}{\partial H_1}&=\frac{[c_{11}K_{22}-c_{21}(K_{12}+D)]p_1+[c_{12}K_{22}-c_{22}(K_{12}+D)]p_2}{\pi(K_{11}K_{22}-K_{12}^2+D^2)p_1},\\ \frac{\partial\phi}{\partial H_2}&=\frac{[c_{21}K_{11}-c_{11}(K_{12}-D)]p_1+[c_{22}K_{11}-c_{12}(K_{12}-D)]p_2}{\pi(K_{11}K_{22}-K_{12}^2+D^2)p_2}. \end{aligned} \tag{6.4.40}$$

为使 (6.4.40) 左右两边一致, 必须满足下列条件

$$c_{12}K_{22}-c_{22}(K_{12}+D)=0, \quad c_{21}K_{11}-c_{11}(K_{12}-D)=0. \tag{6.4.41}$$

由此消去 D 得

$$\frac{c_{21}}{c_{11}}K_{11}+\frac{c_{12}}{c_{22}}K_{22}=2K_{12}. \tag{6.4.42}$$

若条件 (6.4.42) 满足, 则精确平稳概率密度为

$$\begin{aligned} p(\boldsymbol{q},\boldsymbol{p})&=C\exp\left(-\frac{c_{11}H_1}{\pi K_{11}}-\frac{c_{22}H_2}{\pi K_{22}}\right)\\ &=C\exp\left\{-\frac{c_{11}}{\pi K_{11}}\left[\frac{1}{2}p_1^2+\int u_1(q_1)\mathrm{d}q_1\right]\right.\\ &\qquad\left.-\frac{c_{22}}{\pi K_{22}}\left[\frac{1}{2}p_2^2+\int u_2(q_2)\mathrm{d}q_2\right]\right\}. \end{aligned} \tag{6.4.43}$$

它和 (6.2.61) 有相同的形式.

6.4.5 部分可积非共振情形

此时, 哈密顿函数形式如 (6.4.3), 可证 (6.4.14) 的一般解形式为 (Zhu 与 Huang, 2001)

$$\phi(\boldsymbol{q},\boldsymbol{p})=\phi(H_1,H_2,\cdots,H_{r-1},H_r,\tilde{H}), \tag{6.4.44}$$

式中

$$\begin{aligned} &H_j=H_j(q_j,p_j), \quad j=1,2,\cdots,r,\\ &\tilde{H}=H(q_{r+1},q_{r+2},\cdots,q_n;p_{r+1},p_{r+2},\cdots,p_n). \end{aligned} \tag{6.4.45}$$

将 (6.4.44) 代入 (6.4.15), 得

$$\sum_{k=1}^{r}B_{jk}^{(j)}\frac{\partial H_k}{\partial p_k}\frac{\partial\phi}{\partial H_k}+\frac{\partial\phi}{\partial\tilde{H}}\sum_{k=r+1}^{n}B_{jk}^{(j)}\frac{\partial\tilde{H}}{\partial p_k}$$

$$=\sum_{k=1}^{n}\frac{\partial B_{jk}^{(j)}}{\partial p_k}+\sum_{k=1}^{r}m_{jk}\frac{\partial H_k}{\partial p_k}+\sum_{k=r+1}^{n}m_{jk}\frac{\partial \tilde{H}}{\partial p_k},\quad j=1,\,2,\cdots,n. \tag{6.4.46}$$

若能找到一个函数 ϕ 满足 (6.4.46) 中所有 n 个方程, 则系统具有精确平稳概率密度.

例 6.4.2 考虑如下系统 (Zhu 与 Huang, 2001)

$$\begin{aligned}&m_1\ddot{X}_1+c_{11}\dot{X}_1+c_{12}\dot{X}_2+c_{13}\dot{\varphi}+\frac{\partial U(X_1,X_2)}{\partial X_1}=W_1(t),\\&(m_2+m_3)\ddot{X}_2+c_{21}\dot{X}_1+c_{22}\dot{X}_2+c_{23}\dot{\varphi}+\frac{\partial U(X_1,X_2)}{\partial X_2}=W_2(t),\\&I\ddot{\varphi}+c_{31}\dot{X}_1+c_{32}\dot{X}_2+c_{33}\dot{\varphi}=W_3(t),\end{aligned} \tag{6.4.47}$$

式中 $W_l(t),\,l=1,2,3$ 为高斯白噪声, 其相关函数为

$$E[W_l(t)W_s(t+\tau)]=2\pi K_{ls}\delta(\tau),\quad l,s=1,\,2,\,3. \tag{6.4.48}$$

系统 (6.4.47) 的哈密顿函数是系统总能量

$$\begin{aligned}&H=H_1+\tilde{H},\quad H_1=\frac{1}{2}I\dot{\varphi}^2,\\&\tilde{H}=\frac{1}{2}m_1\dot{X}_1^2+\frac{1}{2}(m_2+m_3)\dot{X}_2^2+U(X_1,X_2).\end{aligned} \tag{6.4.49}$$

(6.4.49) 式表明相应哈密顿系统为部分可积的, 对此系统, 从 (6.4.6) 与 (6.4.7) 得到

$$\begin{aligned}&b_{2j,2k}=2\pi K_{jk},\quad B_{jj}^{(j)}=\pi K_{jj},\quad j,k=1,2,3,\\&B_{12}^{(1)}=\pi(K_{12}-D_{12}),\quad B_{21}^{(2)}=\pi(K_{12}+D_{12}),\\&B_{13}^{(1)}=\pi(K_{13}-D_{13}),\quad B_{31}^{(3)}=\pi(K_{13}+D_{13}),\\&B_{23}^{(2)}=\pi(K_{23}-D_{23}),\quad B_{32}^{(3)}=\pi(K_{23}+D_{23}),\end{aligned} \tag{6.4.50}$$

式中 D_{jk} 为常数, 将 (6.4.49) 与 (6.4.50) 代入 (6.4.46), 对 $j=1$ 得

$$\begin{aligned}&c_{11}m_1\dot{x}_1+c_{12}(m_2+m_3)\dot{x}_2+c_{13}I\dot{\varphi}\\&=\frac{\partial\phi}{\partial\tilde{H}}\left[\pi K_{11}m_1\dot{x}_1+\pi(K_{12}-D_{12})(m_2+m_3)\dot{x}_2\right]\\&\quad+\frac{\partial\phi}{\partial H_1}\left[\pi(K_{13}-D_{13})I\dot{\varphi}\right].\end{aligned} \tag{6.4.51}$$

为满足 (6.4.51), 下列条件必须满足

$$\frac{c_{11}}{\pi K_{11}}=\frac{c_{12}}{\pi(K_{12}-D_{12})}=\alpha_1,\quad \frac{c_{13}}{\pi(K_{13}-D_{13})}=\alpha_2. \tag{6.4.52}$$

对 (6.4.46) 应用同样的方法于 $j=2$ 与 3, 得

$$\frac{c_{21}}{\pi(K_{12}+D_{12})}=\frac{c_{22}}{\pi K_{22}}=\alpha_1,\quad \frac{c_{23}}{\pi(K_{23}-D_{23})}=\alpha_2, \tag{6.4.53}$$

$$\frac{c_{31}}{\pi(K_{13}+D_{13})}=\frac{c_{32}}{\pi(K_{23}+D_{23})}=\alpha_1,\quad \frac{c_{33}}{\pi K_{33}}=\alpha_2. \tag{6.4.54}$$

结合 (6.4.52), (6.4.53) 及 (6.4.54), 消去常数 D_{jk}, 得

$$\begin{aligned}&\frac{c_{11}}{\pi K_{11}}=\frac{c_{22}}{\pi K_{22}}=\frac{c_{12}+c_{21}}{2\pi K_{12}}=\alpha_1,\quad \frac{c_{33}}{\pi K_{33}}=\alpha_2,\\&\frac{c_{13}}{\alpha_2}+\frac{c_{31}}{\alpha_1}=2\pi K_{13},\quad \frac{c_{23}}{\alpha_2}+\frac{c_{32}}{\alpha_1}=2\pi K_{23}.\end{aligned} \tag{6.4.55}$$

若 (6.4.55) 满足, 则系统的精确平稳概率密度为

$$\begin{aligned}&p(x_1,\dot{x}_1,x_2,\dot{x}_2,\dot{\varphi})\\&=C\exp\left(-\alpha_1\tilde{H}-\alpha_2H_1\right)\\&=C\exp\left\{-\frac{c_{11}}{\pi K_{11}}\left[\frac{1}{2}m_1\dot{x}_1^2+\frac{1}{2}(m_2+m_3)\dot{x}_2^2+U(x_1,x_2)\right]-\frac{c_{33}}{2\pi K_{33}}I\dot{\varphi}^2\right\}.\end{aligned} \tag{6.4.56}$$

6.5 参激线性系统

如上所述, 参激下的系统本质上是非线性的, 即使系统本身是线性的, 即系统性质如恢复力与阻尼力是线性的, 这是因为作为线性标志的叠加原理不再有效. 尽管如此, 仍可得到这类系统若干统计量的精确解, 如统计矩、相关函数及谱密度.

考虑如下系统

$$\begin{aligned}&\ddot{Z}_j+\sum_{k=1}^{n}(\alpha_{jk}Z_k+\beta_{jk}\dot{Z}_k)\\&=\sum_{k=1}^{n}[a_{jk}Z_kW_{1k}(t)+b_{jk}\dot{Z}_kW_{2k}(t)]+W_{3j}(t),\quad j=1,2,\cdots,n,\end{aligned} \tag{6.5.1}$$

式中 $W_{1k}(t)$, $W_{2k}(t)$ 及 $W_{3j}(t)$ 为高斯白噪声. 系统 (6.5.1) 有如下特征: ① 系统恢复力与阻尼力是线性的; ② 参激乘在系统坐标线性项上; ③ 叠加原理不适用. 令 $X_{2j-1}=Z_j$, $X_{2j}=\dot{Z}_j$, 从 (6.5.1) 可导出如下伊藤随机微分方程

$$\begin{aligned}\mathrm{d}X_{2j-1}&=X_{2j}\mathrm{d}t,\\\mathrm{d}X_{2j}&=\sum_{k=1}^{2n}C_{jk}X_k\mathrm{d}t+\sigma_j(\boldsymbol{X})\mathrm{d}B_j(t),\end{aligned} \tag{6.5.2}$$

式中 $\boldsymbol{X}=[X_1,X_2,\cdots,X_{2n}]^{\mathrm{T}}$, $B_j(t)$ 是独立单位维纳过程, 考虑到可能的 Wong-Zakai 修正项后, C_{jk} 与 $\sigma_j(\boldsymbol{X})$ 可从 (6.5.1) 导出. 5.5.1 节与 5.5.2 节描述的求线性系统的矩、相关函数及谱密度的方法可应用系统 (6.5.2). 虽然出现参激, 但由于系统的性质, 即只有 X_j 的线性项有参激, 这些方程的每组都是封闭的. 可从这些方程求得解析解.

例 6.5.1　作为例子, 考虑下列系统

$$\ddot{X}+2\zeta\omega_0\dot{X}+\omega_0^2X=W_1(t)+\dot{X}W_2(t), \tag{6.5.3}$$

式中 $W_1(t)$ 与 $W_2(t)$ 是谱密度分别为 K_1 与 K_2 的独立高斯白噪声. 以 X_1 记 X, 以 X_2 记 $\dot{X}$, 系统 (6.5.3) 的伊藤方程为

$$\begin{aligned}&\mathrm{d}X_1=X_2\mathrm{d}t,\\&\mathrm{d}X_2=(-2\zeta\omega_0X_2+\pi K_2X_2-\omega_0^2X_1)\mathrm{d}t+\sqrt{2\pi K_1}\mathrm{d}B_1(t)+\sqrt{2\pi K_2}X_2\mathrm{d}B_2(t),\end{aligned} \tag{6.5.4}$$

式中 $B_1(t)$ 与 $B_2(t)$ 是独立单位维纳过程. 应用伊藤微分规则, 求得 $\mathrm{d}X_1^2$, $\mathrm{d}X_1X_2$, $\mathrm{d}X_2^2$ 的伊藤方程, 再取它们的集合平均, 得如下二阶矩方程

$$\begin{aligned}&\frac{\mathrm{d}m_{20}}{\mathrm{d}t}=2m_{11},\\&\frac{\mathrm{d}m_{11}}{\mathrm{d}t}=m_{02}-\omega_0^2m_{20}-(2\zeta\omega_0-\pi K_2)m_{11},\\&\frac{\mathrm{d}m_{02}}{\mathrm{d}t}=-2\omega_0^2m_{11}-2(2\zeta\omega_0-\pi K_2)m_{02}+2\pi(K_2m_{02}+K_1),\end{aligned} \tag{6.5.5}$$

式中 $m_{ij}=E[X_1^iX_2^j]$. (6.5.5) 是一组常系数线性常微分方程, 可在给定初始条件下精确求解. 特别是, (6.5.5) 的平稳解为

$$m_{20}=\frac{\pi K_1}{2\omega_0^2(\zeta\omega_0-\pi K_2)},\quad m_{02}=\omega_0^2m_{20},\quad m_{11}=0. \tag{6.5.6}$$

式 (6.5.6) 成立的条件是

$$\zeta\omega_0>\pi K_2. \tag{6.5.7}$$

这表明当阻尼足够大满足条件 (6.5.7) 时, 系统响应有界. 对 $K_1=0$ 的特殊情形, 即无外激时, 在条件 (6.5.7) 下, 只有二阶矩的平凡解, 表明系统最终趋于原点.

用类似步骤可得更高阶矩. 两个四阶矩给出如下：

$$m_{40}=\frac{3\pi K_1m_{20}}{\varDelta_m}[2\omega_0^2+3(\zeta\omega_0-2\pi K_2)(2\zeta\omega_0-3\pi K_2)], \tag{6.5.8}$$

$$m_{04}=\frac{3\pi K_1\omega_0^4m_{20}}{\varDelta_m}[2\omega_0^2+3(2\zeta\omega_0-3\pi K_2)(\zeta\omega_0-\pi K_2)], \tag{6.5.9}$$

式中

$$\varDelta_m=\omega_0^4(4\zeta\omega_0-7\pi K_2)+6\omega_0^2(\zeta\omega_0-\pi K_2)(\zeta\omega_0-2\pi K_2)(2\zeta\omega_0-3\pi K_2). \quad (6.5.10)$$

类似于二阶矩, 为使 (6.5.8) 与 (6.5.9) 成立, 必须满足一定条件.

将 (6.5.4) 中两方程乘以 $X_1(t-\tau)$, 再取集合平均, 得

$$\begin{aligned}&\frac{\mathrm{d}}{\mathrm{d}\tau}R_{11}(\tau)=R_{12}(\tau),\\&\frac{\mathrm{d}}{\mathrm{d}\tau}R_{12}(\tau)=-\omega_0^2R_{11}(\tau)-(2\zeta\omega_0-\pi K_2)R_{12}(\tau),\end{aligned} \quad (6.5.11)$$

式中 $R_{ij}(\tau)=R_{X_iX_j}(\tau)=E[X_i(t-\tau)X_j(t)]$ 为相关函数. 相应的初始条件为 $R_{11}(0)=m_{20}$ 与 $R_{12}(0)=m_{11}=0$. 记

$$\zeta_R=\frac{2\zeta\omega_0-\pi K_2}{2\omega_0}. \quad (6.5.12)$$

按 (6.5.7), ζ_R 为正. 对 ζ_R 的三个不同值情形, 可从 (6.5.11) 解得如下 $R_{11}(\tau), \tau\geqslant 0$

$$R_{11}(\tau)=m_{20}\mathrm{e}^{-\zeta_R\omega_0\tau}\left[\cos\left(\omega_0\sqrt{1-\zeta_R^2}\tau\right)+\frac{\zeta_R}{\sqrt{1-\zeta_R^2}}\sin\left(\omega_0\sqrt{1-\zeta_R^2}\,\tau\right)\right],\quad 0<\zeta_R<1, \quad (6.5.13)$$

$$R_{11}(\tau)=m_{20}\mathrm{e}^{-\xi_R\omega_0\tau}(1+\omega_0\tau),\quad \zeta_R=1, \quad (6.5.14)$$

$$R_{11}(\tau)=m_{20}\mathrm{e}^{-\zeta_R\omega_0\tau}\left[\cosh\left(\omega_0\sqrt{\zeta_R^2-1}\tau\right)+\frac{\zeta_R}{\sqrt{\zeta_R^2-1}}\sinh\left(\omega_0\sqrt{\zeta_R^2-1}\tau\right)\right],\quad \zeta_R>1, \quad (6.5.15)$$

式中 m_{20} 由 (6.5.6) 给出. 然后 $R_{12}(\tau)$ 可从 (6.5.11) 的第一个方程得到. 其他相关函数 $R_{21}(\tau)$ 和 $R_{22}(\tau)$, 可类似地导得. 对负值 τ, 可由 (3.3.5) 中的对称性得到, 即 $R_{ii}(\tau)=R_{ii}(-\tau)$, $R_{ij}(\tau)=R_{ji}(-\tau)$.

$X_1(t)$ 与 $X_2(t)$ 的谱密度可由对相关函数作傅里叶变换得到. 然而, 也可不作冗长的傅里叶变换而直接得到. 按 4.5.2 节与 5.5.2 节中描述步骤, (4.5.24) 或 (5.5.38) 中定义的 $\bar{\varPhi}_{ij}(\omega)$ 所满足的方程为

$$\begin{aligned}&\mathrm{i}\omega\bar{\varPhi}_{11}-\bar{\varPhi}_{12}=\frac{1}{\pi}m_{20},\\&\omega_0^2\bar{\varPhi}_{11}+(2\zeta\omega_0-\pi K_2+\mathrm{i}\omega)\bar{\varPhi}_{12}=0,\end{aligned} \quad (6.5.16)$$

$$\begin{aligned}&\mathrm{i}\omega\bar{\varPhi}_{12}-\bar{\varPhi}_{22}=0,\\&\omega_0^2\bar{\varPhi}_{12}+(2\zeta\omega_0-\pi K_2+\mathrm{i}\omega)\bar{\varPhi}_{22}=\frac{1}{\pi}m_{02}.\end{aligned} \quad (6.5.17)$$

复变函数 $\bar{\Phi}_{ij}(\omega)$ 可从 (6.5.16) 与 (6.5.17) 解得. 按 (4.5.25), 从 $\bar{\Phi}_{ij}(\omega)$ 得谱密度

$$\begin{aligned}
&\Phi_{11}(\omega)=\frac{\omega_0^2 m_{20}}{\pi\Delta_s}(2\zeta\omega_0-\pi K_2),\quad \Phi_{22}(\omega)=\omega^2\Phi_{11}(\omega),\\
&\Phi_{12}(\omega)=\frac{\omega_0^2 m_{20}}{\pi\Delta_s}(\omega_0^2-\omega^2),
\end{aligned}\tag{6.5.18}$$

式中

$$\Delta_s=(\omega^2-\omega_0^2)^2+\omega^2(2\zeta\omega_0-\pi K_2)^2.\tag{6.5.19}$$

方程 (6.5.13), (6.5.14), (6.5.15) 及 (6.5.18) 表明, 相关函数与谱密度的存在要求二阶矩存在.

习　题　6

6.1 考虑下列系统

$$\begin{aligned}
\dot{X}_1&=f_1(X_1)-\gamma X_2+W_1(t),\\
\dot{X}_2&=\gamma X_1+f_2(X_2)+W_2(t),
\end{aligned}$$

式中 $W_1(t)$ 与 $W_2(t)$ 是谱密度分别为 K_1 与 K_2 的独立高斯白噪声. 试确定系统属平稳势类的条件.

6.2 试找出下列系统属详细平衡类的条件

$$\begin{aligned}
\dot{X}_1&=f_1(X_1,X_2)-\gamma X_2+W_1(t),\\
\dot{X}_2&=\gamma X_1+f_2(X_1,X_2)+W_2(t),
\end{aligned}$$

式中 $\gamma\neq 0, W_1(t)$ 与 $W_2(t)$ 是谱密度分别为 K_1 与 K_2 的独立高斯白噪声.

6.3 一个由下列方程支配的二维系统

$$\begin{aligned}
\dot{X}_1&=\alpha X_1-\gamma X_2+W_1(t),\\
\dot{X}_2&=\gamma X_1+\beta X_2+W_2(t),
\end{aligned}$$

式中 $\gamma\neq 0$, $W_1(t)$ 与 $W_2(t)$ 为独立高斯白噪声. 试证

(1) 系统不属于平稳势类;

(2) 一般情况下, 系统不属于详细平衡类;

(3) 系统属于广义平稳势类.

6.4 试证如下所示的一般二维线性系统属于广义平稳势类

$$\begin{aligned}
\dot{X}_1&=a_{11}X_1+a_{12}X_2+W_1(t),\\
\dot{X}_2&=a_{21}X_1+a_{22}X_2+W_2(t),
\end{aligned}$$

式中 $W_1(t)$ 与 $W_2(t)$ 是两个高斯白噪声, 其相关函数为

$$E[W_i(t)W_j(t+\tau)]=2\pi K_{ij}\delta(\tau),\quad i,j=1,2.$$

6.5 考虑下列非线性系统

$$\ddot{X}+\alpha\dot{X}+\beta\dot{X}^3+\gamma X^2\dot{X}+X=W(t),$$

式中 $W(t)$ 是谱密度为 K 的高斯白噪声.

(1) 试求一、二阶导数矩并将一阶导数矩分成可逆与不可逆部分;

(2) 试确定系统属于详细平衡类的条件, 如果该条件满足, 求其平稳概率密度 $p(x,\dot{x})$.

6.6 考虑下列系统

$$\ddot{X}+2\zeta\omega_0\dot{X}+\omega_0^2[1+W_1(t)]X=W_2(t),$$

式中 $W_1(t)$ 与 $W_2(t)$ 是谱密度分别为 K_{11} 与 K_{22} 的独立高斯白噪声. 试确定系统属于广义平稳势类的条件.

6.7 考虑系统

$$\ddot{X}+\alpha\dot{X}+\beta\dot{X}^3+X=W_1(t)+W_2(t)\dot{X},$$

式中 $W_1(t)$ 与 $W_2(t)$ 是高斯白噪声, 相关函数为

$$E[W_i(t)W_j(t+\tau)]=2\pi K_{ij}\delta(\tau),\quad i,j=1,2.$$

(1) 令 $X=X_1$, $\dot{X}=X_2$. 试推导矢量扩散过程$\{X_1,\ X_2\}$的 FPK 方程;

(2) 确定系统属于广义平稳势类的条件;

(3) 当条件 (2) 满足时, 得到其精确平稳概率密度.

6.8 试确定下列系统属于广义平稳势类的条件,

(1) $\ddot{X}+2\zeta\omega_0\dot{X}(1+\alpha X^2)+\omega_0^2[1+W_1(t)]X+f(X)=W_2(t)$,

(2) $\ddot{X}+2\zeta\omega_0\dot{X}(1+\alpha X^2+\beta\dot{X}^2+\gamma\left|X^3\right|)+\omega_0^2(1+\delta\left|X\right|)X=W(t)$,

式中 $W_1(t)$, $W_2(t)$, $W(t)$ 是独立高斯白噪声. 并得到其精确平稳概率密度.

6.9 至少找到三个与下列系统有相同平稳概率密度的系统

$$\ddot{X}+\alpha\dot{X}+\beta(X^2+\dot{X}^2)\dot{X}+X=W(t).$$

6.10 考虑下列随机参激的非线性系统

$$\ddot{X}+X^2\left(\beta+\frac{\alpha}{X^2+\dot{X}^2}\right)\dot{X}+[1+W(t)]X=0,\quad \beta>0.$$

(1) 试证系统具有精确平稳解;

(2) 试求有非平凡平稳概率密度的条件.

6.11 考虑随机激励的单自由度线性系统

$$\ddot{X}+2\zeta\omega_0\dot{X}+\omega_0^2X=F(t),$$

式中 $F(t)$ 是一随机化谐和过程

$$F(t)=A\sin[\omega_F t+\sigma B(t)+U],$$

式中 $B(t)$ 是单位维纳过程, U 是在 $[0, 2\pi]$ 上均匀分布的随机变量, 并与 $B(t)$ 独立, 试用 6.5 节中方法找到系统的平稳二阶矩.

6.12　考虑下列系统

$$\ddot{X}+\alpha\dot{X}+\omega_0^2X=XW_1(t)+\dot{X}W_2(t)+W_3(t),$$

式中 $W_1(t)$, $W_2(t)$, $W_3(t)$ 是谱密度为 K_{ij} $(i, j=1, 2, 3)$ 的高斯白噪声. 试用 6.5 节中的方法找到一、二阶矩.

6.13　考虑下列系统

$$\ddot{X}+2\xi\omega_0\dot{X}+\omega_0^2X=XW_1(t)+W_2(t),$$

式中 $W_1(t)$ 与 $W_2(t)$ 是谱密度为 K_{ij} $(i, j=1, 2)$ 的高斯白噪声. 对平稳状态,

(1) 计算二阶矩;

(2) 计算四阶矩;

(3) 确定相关函数 $R_{ij}(\tau)$;

(4) 确定谱密度 $\varPhi_{ij}(\omega)$.

6.14　考虑下列系统

$$\ddot{X}+2\alpha\dot{X}+\omega_0^2X=XW_1(t)+\dot{X}W_2(t)+W_3(t),$$

式中 $W_1(t)$, $W_2(t)$ 及 $W_3(t)$ 是谱密度分别为 K_{11}, K_{22} 及 K_{33} 的独立高斯白噪声. 对平稳状态

(1) 计算二阶矩;

(2) 计算四阶矩;

(3) 确定相关函数 $R_{ij}(\tau)$;

(4) 确定谱密度 $\varPhi_{ij}(\omega)$.

6.15　考虑下列耦合参激的两自由度系统

$$\begin{aligned}
&\ddot{Z}_1+2\zeta_1\omega_1\dot{Z}_1+\omega_1^2Z_1=\omega_1\omega_2Z_2W_1(t)+W_2(t),\\
&\ddot{Z}_2+2\zeta_2\omega_2\dot{Z}_2+\omega_2^2Z_2=\omega_1\omega_2Z_1W_1(t),
\end{aligned}$$

式中 $W_1(t)$ 与 $W_2(t)$ 是谱密度分别为 K_{11} 与 K_{22} 的独立高斯白噪声. 试求系统的平稳二阶矩及 Z_1 与 Z_2 的功率谱密度.

第 7 章　非线性随机系统的近似解

第 5 章中已表明, 对受随机外激励的线性系统, 根据已知激励的性质, 可以求得响应的一定的概率与/或统计解. 对非线性随机系统, 只对某些特殊类型系统, 如具有线性阻尼力和非线性恢复力的单自由度系统受高斯白噪声激励, 才可得精确解. 一般来说, 如第 6 章所示, 只有当激励为高斯白噪声, 而且系统参数与激励谱密度之间满足很特定的关系时, 非线性系统才可能有精确平稳解. 实际上这些限制性条件很难满足, 因此, 需要发展非线性随机系统的近似解法.

本章给出了求非线性随机系统概率与/或统计解的若干近似方法. 对每种方法, 先引入单自由度系统的步骤, 若可行的话, 再引申于多自由度系统. 应指出的是, 本章叙述的近似方法绝非包括全部近似方法.

7.1　等效线性化

7.1.1　等效线性化

一个最常用的近似方法是等效线性化, 将原来的非线性随机系统代之以等效线性随机系统. 替代的线性系统的参数由非线性与线性随机系统之差在某统计意义上最小来确定. 最常用的准则是最小均方差. 为此, 该法亦称统计线性化. 考虑受随机外激的单自由度非线性振动系统的一般形式

$$\ddot{X} + g(X, \dot{X}) = F(t), \tag{7.1.1}$$

式中, $g(X, \dot{X})$ 是非线性函数, 表示阻尼力与恢复力; $F(t)$ 是随机外激. 现将 (7.1.1) 代之以线性随机系统

$$\ddot{X} + \alpha_e \dot{X} + k_e X = F(t). \tag{7.1.2}$$

方程 (7.1.1) 与 (7.1.2) 之差为

$$\delta = g(X, \dot{X}) - \alpha_e \dot{X} - k_e X. \tag{7.1.3}$$

最小均方差准则要求

$$\frac{\partial}{\partial \alpha_e} E[\delta^2] = 0, \quad \frac{\partial}{\partial k_e} E[\delta^2] = 0. \tag{7.1.4}$$

将 (7.1.3) 代入 (7.1.4), 交换微分与期望运算的次序, 对 α_e 与 k_e 求解得

$$\alpha_e = \frac{E[X^2]E[\dot{X}g(X,\dot{X})] - E[X\dot{X}]E[Xg(X,\dot{X})]}{E[X^2]E[\dot{X}^2] - (E[X\dot{X}])^2}, \tag{7.1.5}$$

$$k_e = \frac{E[\dot{X}^2]E[Xg(X,\dot{X})] - E[X\dot{X}]E[\dot{X}g(X,\dot{X})]}{E[X^2]E[\dot{X}^2] - (E[X\dot{X}])^2}. \tag{7.1.6}$$

右边集合平均可用替代的线性系统 (7.1.2) 的概率密度来计算. 由于替代系统 (7.1.2) 中包含 α_e 与 k_e, 所以 (7.1.5) 与 (7.1.6) 并非 α_e 与 k_e 的显式. 即使具有激励 $F(t)$ 的足够信息, 可以计算 (7.1.5) 与 (7.1.6) 中对给定 α_e 与 k_e 的所有期望值, 为解决问题迭代也是必须的.

为更清晰地说明线性化步骤的本质, 假定激励 $F(t)$ 是零均值平稳过程, 而且只关心平稳响应. 从 3.5.4 节知, 平稳响应 X 与 $\dot{X}$ 是不相关的, 即 $E[X\dot{X}]=0$, (7.1.5) 与 (7.1.6) 化为

$$\alpha_e = \frac{E[\dot{X}g(X,\dot{X})]}{E[\dot{X}^2]}, \quad k_e = \frac{E[Xg(X,\dot{X})]}{E[X^2]}. \tag{7.1.7}$$

进而, 如果 $F(t)$ 是谱密度为 K 的高斯白噪声, 线性随机系统 (7.1.2) 的平稳概率密度为

$$p(x,\dot{x}) = C\exp\left[-\frac{\alpha_e}{2\pi K}(\dot{x}^2 + k_e x^2)\right]. \tag{7.1.8}$$

将此作为原系统 (7.1.1) 的近似平稳解. (7.1.8) 表明

$$E[X^2] = \frac{\pi K}{\alpha_e k_e}, \quad E[\dot{X}^2] = \frac{\pi K}{\alpha_e}. \tag{7.1.9}$$

于是 (7.1.7) 可表示为

$$E[Xg(X,\dot{X})] = \frac{\pi K}{\alpha_e}, \quad E[\dot{X}g(X,\dot{X})] = \pi K. \tag{7.1.10}$$

(7.1.10) 左边的集合平均用 (7.1.8) 给出的近似平稳概率密度计算. 这导致

$$\int_{-\infty}^{\infty}\int_{-\infty}^{\infty} xg(x,\dot{x})\exp\left[-\frac{\alpha_e}{2\pi K}(\dot{x}^2 + k_e x^2)\right]\mathrm{d}x\mathrm{d}\dot{x} = \frac{\pi K}{\alpha_e}, \tag{7.1.11}$$

$$\int_{-\infty}^{\infty}\int_{-\infty}^{\infty} \dot{x}g(x,\dot{x})\exp\left[-\frac{\alpha_e}{2\pi K}(\dot{x}^2 + k_e x^2)\right]\mathrm{d}x\mathrm{d}\dot{x} = \pi K. \tag{7.1.12}$$

(7.1.11) 与 (7.1.12) 是关于 α_e 与 k_e 的非线性代数方程, 可解析或数值求解. 若 $g(x,\dot{x})$ 是 x 与 $\dot{x}$ 的多项式, 可由 (7.1.11) 与 (7.1.12) 得 α_e 与 k_e 的封闭解析式.

若阻尼力与恢复力可分离, 即

$$g(X,\dot{X}) = h(\dot{X}) + u(X), \tag{7.1.13}$$

且恢复力 $u(X)$ 是 X 的奇函数, 阻尼力是 $\dot{X}$ 的奇函数. 此时, (7.1.11) 与 (7.1.12) 简化为

$$\int_{-\infty}^{\infty} xu(x)\exp\left(-\frac{\alpha_e k_e}{2\pi K}x^2\right)\mathrm{d}x = \frac{\pi K}{\alpha_e}, \tag{7.1.14}$$

$$\int_{-\infty}^{\infty} \dot{x}h(\dot{x})\exp\left(-\frac{\alpha_e}{2\pi K}\dot{x}^2\right)\mathrm{d}\dot{x} = \pi K. \tag{7.1.15}$$

可先由 (7.1.15) 解得等效阻尼系数 α_e, 然后由 (7.1.14) 解得等效恢复力系数 k_e.

例 7.1.1 对受高斯白噪声激励的非线性系统 (7.1.1) , 设

$$g(X,\dot{X}) = \alpha\dot{X} + \beta\dot{X}^3 + kX + \delta X^3, \tag{7.1.16}$$

(7.1.10) 中两方程变成

$$kE[X^2] + \delta E[X^4] = \frac{\pi K}{\alpha_e}, \quad \alpha E[\dot{X}^2] + \beta E[\dot{X}^4] = \pi K. \tag{7.1.17}$$

由于 X 与 $\dot{X}$ 为高斯分布, $E[X^4] = 3\left(E[X^2]\right)^2$, $E[\dot{X}^4] = 3\left(E[\dot{X}^2]\right)^2$. 可由 (7.1.17) 与 (7.1.9) 解得 α_e 与 k_e 为

$$\alpha_e = \frac{1}{2}\left(\alpha + \sqrt{\alpha^2 + 12\pi\beta K}\right), \quad k_e = \frac{1}{2}\left(k + \sqrt{k^2 + \frac{12\pi\delta K}{\alpha_e}}\right). \tag{7.1.18}$$

(7.1.18) 表明, 等效线性化系数 α_e 与 k_e 不仅取决于系统参数 α, β, k, δ, 而且取决于激励强度 K. 激励强度越大, 呈现的系统非线性越强.

等效线性化法也可应用于随机外激多自由度非线性系统. 考虑下列多自由度非线性随机系统

$$\ddot{Z}_j + g_j(\boldsymbol{Z},\dot{\boldsymbol{Z}}) = \sum_{l=1}^{m} b_{jl}W_l(t), \quad j = 1,2,\cdots,n, \tag{7.1.19}$$

式中 b_{jl} 为常数, $\boldsymbol{Z} = [Z_1, Z_2, \cdots, Z_n]^{\mathrm{T}}$, $\dot{\boldsymbol{Z}} = [\dot{Z}_1, \dot{Z}_2, \cdots, \dot{Z}_n]^{\mathrm{T}}$, $W_l(t)$ 为高斯白噪声. 将系统 (7.1.19) 代之以等效线性随机系统

$$\ddot{Z}_j + \sum_{k=1}^{n}\alpha_{jk}\dot{Z}_k + \sum_{k=1}^{n}k_{jk}Z_k = \sum_{l=1}^{m} b_{jl}W_l(t), \quad j = 1,2,\cdots,n. \tag{7.1.20}$$

系统 (7.1.19) 与 (7.1.20) 之差为

$$\delta = \sum_{j=1}^{n}\left[g_j(\boldsymbol{Z},\dot{\boldsymbol{Z}}) - \sum_{k=1}^{n}\alpha_{jk}\dot{Z}_k - \sum_{k=1}^{n}k_{jk}Z_k\right]. \tag{7.1.21}$$

应用均方差系数最小准则, 即

$$\frac{\partial}{\partial k_{rs}}E[\delta^2]=0,\quad \frac{\partial}{\partial \alpha_{rs}}E[\delta^2]=0,\quad r,s=1,2,\cdots,n, \tag{7.1.22}$$

得

$$E\left\{Z_s\sum_{j=1}^{n}\left[g_j(\boldsymbol{Z},\dot{\boldsymbol{Z}})-\sum_{k=1}^{n}\alpha_{jk}\dot{Z}_k-\sum_{k=1}^{n}k_{jk}Z_k\right]\right\}=0, \tag{7.1.23}$$

$$E\left\{\dot{Z}_s\sum_{j=1}^{n}\left[g_j(\boldsymbol{Z},\dot{\boldsymbol{Z}})-\sum_{k=1}^{n}\alpha_{jk}\dot{Z}_k-\sum_{k=1}^{n}k_{jk}Z_k\right]\right\}=0. \tag{7.1.24}$$

(7.1.23) 与 (7.1.24) 可表示为紧凑的矩阵形式

$$E[\boldsymbol{X}\boldsymbol{X}^{\mathrm{T}}]\begin{bmatrix}\boldsymbol{k}^{\mathrm{T}}\\ \boldsymbol{\alpha}^{\mathrm{T}}\end{bmatrix}=E[\boldsymbol{X}\boldsymbol{g}^{\mathrm{T}}], \tag{7.1.25}$$

式中 $\boldsymbol{X}=[\boldsymbol{Z}^{\mathrm{T}},\dot{\boldsymbol{Z}}^{\mathrm{T}}]^{\mathrm{T}}=[Z_1,Z_2,\cdots,Z_n,\dot{Z}_1,\dot{Z}_2,\cdots,\dot{Z}_n]^{\mathrm{T}}$, $\boldsymbol{k}=[k_{jk}]$, $\boldsymbol{\alpha}=[\alpha_{jk}]$, $\boldsymbol{g}=[g_1,\ g_2,\ \cdots,\ g_n]^{\mathrm{T}}$. (7.1.25) 中有 $2n^2$ 个方程, 可用于计算 $2n^2$ 个未知 k_{jk} 与 α_{jk}, 以及系统响应 $\boldsymbol{X}$ 的二阶矩. 迭代步骤如下: ① 假定 k_{jk} 与 α_{jk} 之初值; ② 用等效线性系统 (7.1.20) 构造 $\boldsymbol{X}$ 的高斯概率密度; ③ 计算 (7.1.25) 中 $E[\boldsymbol{X}\boldsymbol{X}^{\mathrm{T}}]$ 与 $E[\boldsymbol{X}\boldsymbol{g}^{\mathrm{T}}]$; ④ 按 (7.1.25) 求一组新 k_{jk} 与 α_{jk} 值; ⑤ 迭代直至满足精度要求.

等效线性化法有若干缺点. 它只能用于外激, 不适用于参激. 此外, 若系统是强非线性, 原非线性随机系统与等效线性随机系统之差就大, 此时, 该法误差大.

7.1.2 部分线性化

考虑一个非线性阻尼力与非线性恢复力可分离的单自由度随机系统, 其运动方程为

$$\ddot{X}+h(X,\dot{X})+u(X)=W(t), \tag{7.1.26}$$

式中 $W(t)$ 是谱密度为 K 的高斯白噪声. 如 6.2.1 节所示, 系统

$$\ddot{X}+\alpha_e\dot{X}+u(X)=W(t) \tag{7.1.27}$$

具有精确平稳概率密度

$$p(x,\dot{x})=C\exp\left\{-\frac{\alpha_e}{\pi K}\left[\int_0^x u(z)\mathrm{d}z+\frac{1}{2}\dot{x}^2\right]\right\}. \tag{7.1.28}$$

因此, 恢复力线性化不必要. 只将非线性阻尼力线性化的步骤称为部分线性化 (Elishakoff 与 Cai, 1992). 应用均方差最小准则, 等效线性化阻尼参数 α_e 仍由 (7.1.7) 计算

$$\alpha_e=\frac{E[\dot{X}h(X,\dot{X})]}{E[\dot{X}^2]}. \tag{7.1.29}$$

(7.1.28) 表明, X 与 $\dot{X}$ 的边缘概率密度可分离, $\dot{X}$ 为高斯分布; 因此, (7.1.9) 中的 $E[\dot{X}^2]=\pi K/\alpha_e$ 仍有效, 而 (7.1.29) 可写为

$$\int_{-\infty}^{\infty}\int_{-\infty}^{\infty}\dot{x}h(x,\dot{x})\exp\left\{-\frac{\alpha_e}{\pi K}\left[\frac{1}{2}\dot{x}^2+\int_0^x u(x)\mathrm{d}x\right]\right\}\mathrm{d}x\mathrm{d}\dot{x}=\pi K. \tag{7.1.30}$$

线性化阻尼系数 α_e 可从非线性代数方程 (7.1.30) 解出. 如所预期的, 部分线性化比等效线性化更精确, 因为前者保持非线性恢复力不变.

然而, 应注意, 部分线性化只适用于高斯白噪声外激, 因为只在这种情形下部分线性化系统才有精确平稳解. 而等效线性化可用于激励为非高斯白噪声情形.

例 7.1.2 对例 7.1.1 中由 (7.1.16) 给出的相同的非线性随机系统, 应用部分线性化得近似平稳概率密度

$$p(x,\dot{x})=C\exp\left[-\frac{\alpha_e}{2\pi K}\left(\dot{x}^2+kx^2+\frac{1}{2}\delta x^4\right)\right], \tag{7.1.31}$$

式中 α_e 在 (7.1.18) 中给出. 该结果比例 7.1.1 中的结果更精确, 因为恢复力的非线性保持不变.

7.1.3 参激非线性系统的线性化

等效线性化与部分线性化只适用于外激系统, 因为替代的线性系统的响应概率密度可得到. 若还有参激, 这些方法可能会引起大的误差, 甚至引起系统定性性质的改变. 然而, 由 6.5 节知, 对受高斯白噪声外激与参激的线性系统, 可找到精确的统计矩、相关函数及谱密度. 基于此, 等效线性化法可引申于求同时受外激与参激的非线性随机系统的近似解 (Cai, 2003, 2004; Cai 与 Suzuki, 2005).

所论及的非线性随机系统由下述方程支配

$$\ddot{X}+g(X,\dot{X})=XW_1(t)+\dot{X}W_2(t)+W_3(t), \tag{7.1.32}$$

式中假定 $g(X,\dot{X})$ 是 X 与 $\dot{X}$ 的多项式函数, $W_1(t)$, $W_2(t)$ 及 $W_3(t)$ 为高斯白噪声, 其相关函数为

$$E[W_l(t)W_s(t+\tau)]=2\pi K_{ls}\delta(\tau),\quad l,s=1,\,2,\,3. \tag{7.1.33}$$

其等效线性系统形式为

$$\ddot{X}+\alpha_e\dot{X}+k_eX=XW_1(t)+\dot{X}W_2(t)+W_3(t). \tag{7.1.34}$$

注意, 在替代系统 (7.1.34) 中所有激励项不变. 若用最小均方误差准则, 且只关心平稳响应, 则从 (7.1.7) 可得确定 α_e 与 k_e 的方程, 即

$$\alpha_e=\frac{E[\dot{X}g(X,\dot{X})]}{E[\dot{X}^2]},\quad k_e=\frac{E[Xg(X,\dot{X})]}{E[X^2]}. \tag{7.1.35}$$

如 6.5 节所示, (7.1.35) 右边的集合平均可从等效系统 (7.1.34) 算出. 所以, 经典等效线性化法中响应为高斯分布的假定在此没必要. 但为计算 α_e 与 k_e, 迭代仍然是必要的.

由 6.5 节知, 对同时受外激与参激的等效线性系统, 除响应矩外, 相关函数与谱密度也可精确得到. 它们可作为原非线性随机系统近似相关函数与谱密度. 这是本线性化法的一个优点.

例 7.1.3　考虑如下同时有非线性阻尼与非线性恢复力并同受外激与参激的系统

$$\ddot{X}+\alpha\dot{X}+\beta\dot{X}^3+kX+\delta X^3=W_1(t)+\dot{X}W_2(t), \tag{7.1.36}$$

式中假定 $W_1(t)$ 与 $W_2(t)$ 为分别具有谱密度 K_1 与 K_2 的独立高斯白噪声. 现以如下线性系统近似

$$\ddot{X}+\alpha_e\dot{X}+k_eX=W_1(t)+\dot{X}W_2(t). \tag{7.1.37}$$

由 (7.1.35) 得如下线性化系数 α_e 与 k_e

$$\alpha_e=\alpha+\frac{\beta E[\dot{X}^4]}{E[\dot{X}^2]},\quad k_e=k+\frac{\delta E[X^4]}{E[X^2]}. \tag{7.1.38}$$

注意, 系统 (7.1.37) 与例 6.5.1 中系统 (6.5.3) 完全相同, 只是记号不一样. 在例 6.5.1 中已求出线性化系统的如下二阶矩与若干四阶矩:

$$m_{20}=\frac{\pi K_1}{k_e(\alpha_e-2\pi K_2)},\quad m_{02}=k_em_{20},\quad m_{11}=0, \tag{7.1.39}$$

$$m_{40}=\frac{3\pi K_1m_{20}}{\Delta}\left[2k_e+\frac{3}{2}(\alpha_e-4\pi K_2)(\alpha_e-3\pi K_2)\right], \tag{7.1.40}$$

$$m_{04}=\frac{3\pi K_1k_e^2m_{20}}{\Delta}\left[2k_e+\frac{3}{2}(\alpha_e-2\pi K_2)(\alpha_e-3\pi K_2)\right], \tag{7.1.41}$$

式中 $m_{ij}=E[X^i\dot{X}^j]$, 而

$$\Delta=k_e^2(2\alpha_e-7\pi K_2)+\frac{3}{2}k_e(\alpha_e-2\pi K_2)(\alpha_e-3\pi K_2)(\alpha_e-4\pi K_2). \tag{7.1.42}$$

由 (7.1.38)~(7.1.41) 可迭代解出线性化系数 α_e 与 k_e 及二、四阶矩.

由于 m_{20},m_{02},m_{40} 及 m_{04} 必须为非负, 式 (7.1.39)~(7.1.41) 的成立需要一定的条件, 事实上这些条件是线性系统 (7.1.37) 的二阶矩与四阶矩有界的条件. 然而, 对原系统, 由于有外激, 平凡解不稳定, 由于有非线性恢复力与阻尼力, 系统也不发散. 于是, 非平凡平稳概率密度的存在不需要任何条件. 由此得出结论, (7.1.39)~(7.1.41) 所要求的条件仅是由线性化法所引起的.

按例 6.5.1, $X(t)$ 的相关函数 $R(\tau)$ 在 $\tau\geqslant 0$ 时可得如下:

$$R(\tau)=m_{20}\mathrm{e}^{-\zeta_R\omega_0\tau}\left[\cos\left(\omega_0\sqrt{1-\zeta_R^2}\tau\right)+\frac{\zeta_R}{\sqrt{1-\zeta_R^2}}\sin\left(\omega_0\sqrt{1-\zeta_R^2}\tau\right)\right],\quad 0<\zeta_R<1, \tag{7.1.43}$$

$$R(\tau)=m_{20}\mathrm{e}^{-\xi_R\omega_0\tau}(1+\omega_0\tau),\quad \zeta_R=1, \tag{7.1.44}$$

$$R(\tau)=m_{20}\mathrm{e}^{-\zeta_R\omega_0\tau}\left[\cosh\left(\omega_0\sqrt{\zeta_R^2-1}\tau\right)+\frac{\zeta_R}{\sqrt{\zeta_R^2-1}}\sinh\left(\omega_0\sqrt{\zeta_R^2-1}\tau\right)\right],\quad \zeta_R>1, \tag{7.1.45}$$

式中

$$\omega_0=\sqrt{k_e},\quad \zeta=\frac{\alpha_e}{2\omega_0},\quad \zeta_R=\frac{2\zeta\omega_0-\pi K_2}{2\omega_0}. \tag{7.1.46}$$

而功率谱密度 $\Phi(\omega)$ 为

$$\Phi(\omega)=\frac{\omega_0^2(2\zeta\omega_0-\pi K_2)m_{20}}{\pi[(\omega^2-\omega_0^2)^2+\omega^2(2\zeta\omega_0-\pi K_2)^2]}. \tag{7.1.47}$$

数值研究 (Cai, 2003) 证实了该法的精度.

将本线性化法从单自由度引申到多自由度非线性随机系统是容易的. 考虑如下多自由度系统:

$$\ddot{Z}_j+g_j(\boldsymbol{Z},\dot{\boldsymbol{Z}})=\sum_{k=1}^{n}[a_{jk}Z_kW_{1k}(t)+b_{jk}\dot{Z}_kW_{2k}(t)]+W_{3j}(t),\quad j=1,2,\cdots,n. \tag{7.1.48}$$

式中 $\boldsymbol{Z}=[Z_1,Z_2,\cdots,Z_n]^{\mathrm{T}}$, $\dot{\boldsymbol{Z}}=[\dot{Z}_1,\dot{Z}_2,\cdots,\dot{Z}_n]^{\mathrm{T}}$, $W_{1k}(t)$, $W_{2k}(t)$ 及 $W_{3j}(t)$ 为高斯白噪声. 在系统 (7.1.48) 中, 阻尼力与恢复力可以是非线性的, 而参激只乘在 Z_k 与 $\dot{Z}_k$ 的线性项上. 假定非线性函数 g_j 是 Z_k 与 $\dot{Z}_k$ 的多项式. 现用如下线性系统代替非线性系统 (7.1.48)

$$\begin{aligned}&\ddot{Z}_j+\sum_{k=1}^{n}\alpha_{jk}\dot{Z}_k+\sum_{k=1}^{n}k_{jk}Z_k\\=&\sum_{k=1}^{n}[a_{jk}Z_kW_{1k}(t)+b_{jk}\dot{Z}_kW_{2k}(t)]+W_{3j}(t),\quad j=1,2,\cdots,n.\end{aligned} \tag{7.1.49}$$

等效阻尼与刚度系数 α_{jk} 与 k_{jk} 可用 (7.1.25) 计算. 本线性化法的优点是对给定的 α_{jk} 与 k_{jk}, (7.1.25) 中的 $E[\boldsymbol{X}\boldsymbol{X}^{\mathrm{T}}]$ 与 $E[\boldsymbol{X}\boldsymbol{g}^{\mathrm{T}}]$ 可用 6.5 节中描述的方法从 (7.1.49) 精确算得. 在求得线性化系数 α_{jk} 与 k_{jk} 后, 相关函数与谱密度可用 6.5 节中方法算得.

例 7.1.4 考虑一个非线性系统受到幅值与相位分别被两个独立噪声扰动的正弦激励 (Hou et al., 1996). 支配系统的方程为

$$\ddot{X}+\alpha\dot{X}+\beta\dot{X}^3+kX+\delta X^3=\xi(t), \tag{7.1.50}$$

式中

$$\xi(t)=[A+W_1(t)]\cos\theta(t), \quad \frac{\mathrm{d}\theta}{\mathrm{d}t}=\nu+W_2(t). \tag{7.1.51}$$

在噪声模型 (7.1.51) 中, 常数 A 与 ν 分别表示平均幅值与平均频率, $W_1(t)$ 与 $W_2(t)$ 是谱密度分别为 K_{11} 与 K_{22} 的独立高斯白噪声. $K_{11}=0$ 与 $K_{22}\neq 0$ 的情形相应于 4.5.3 节中描述的随机化谐和过程.

令 $X_1=X$, $X_2=\dot{X}$, $X_3=\cos\theta$, $X_4=\sin\theta$, 系统方程 (7.1.50) 可写成

$$\begin{aligned}
\dot{X}_1&=X_2,\\
\dot{X}_2&=-\alpha X_2-\beta X_2^3-kX_1-\delta X_1^3+AX_3+X_3W_1(t),\\
\dot{X}_3&=-\nu X_4-X_4W_2(t),\\
\dot{X}_4&=\nu X_3+X_3W_2(t).
\end{aligned} \tag{7.1.52}$$

注意单自由度系统 (7.1.50) 受非高斯随机外激, 变换后 (7.1.52) 是受高斯白噪声参激的系统. 从非高斯激励简化到高斯白噪声激励的代价是系统维数增加以及外激代之以参激. 虽如此, 变换的优点在于用参激系统的线性化法可能改善近似结果的精度.

完成线性化后得等效系统

$$\begin{aligned}
\dot{X}_1&=X_2,\\
\dot{X}_2&=-\alpha_e X_2-k_eX_1+AX_3+X_3W_1(t),\\
\dot{X}_3&=-\nu X_4-X_4W_2(t),\\
\dot{X}_4&=\nu X_3+X_3W_2(t).
\end{aligned} \tag{7.1.53}$$

式中线性系数如 (7.1.35) 所示. 为按 6.5 节方法求解 (7.1.53), 宜将 (7.1.53) 变换成如下伊藤方程:

$$\begin{aligned}
\mathrm{d}X_1&=X_2\mathrm{d}t,\\
\mathrm{d}X_2&=(-\alpha_eX_2-k_eX_1+AX_3)\mathrm{d}t+\sqrt{2\pi K_{11}}X_3\mathrm{d}B_1(t),\\
\mathrm{d}X_3&=(-\pi K_{22}-\nu X_4)\mathrm{d}t-\sqrt{2\pi K_{22}}X_4\mathrm{d}B_2(t),\\
\mathrm{d}X_4&=\nu X_3\mathrm{d}t+\sqrt{2\pi K_{22}}X_3\mathrm{d}B_2(t).
\end{aligned} \tag{7.1.54}$$

应用伊藤微分规则, 可推导并解出二、四阶矩的线性代数方程, 然后可用它们在 (7.1.35) 中计算线性化系数 α_e 与 k_e 以及原非线性系统近似平稳矩. 文献 (Cai 与 Suzuki, 2005) 中做了数值计算. 下面给出一些数值结果. 系统的参数为 $\alpha = 0.6$, $k = 36$, $A = 1$, $\nu = 6$. 图 7.1.1 示出了对应于两组 β 与 δ 值的位移 $X(t)$ 的平稳均方值. $W_1(t)$ 的谱密度固定在 $K_{11} = 0.1$, 而 $W_2(t)$ 的谱密度 K_{22} 则可改变, 以控制激励的带宽. 较大的 K_{22} 表示较宽的频带, 而 $K_{22} = 0$ 相应于随机幅值的谐和激励. 图 7.1.2 示出了计算所得 $X(t)$ 的谱密度. 在这些图中, 实线表示本方法的结果, 虚线表示通常线性化法直接应用于系统 (7.1.50) 的结果, 符号"o"表示蒙特卡罗模拟结果. 由图可知, 本线性化法给出比通常线性化法更精确的结果.

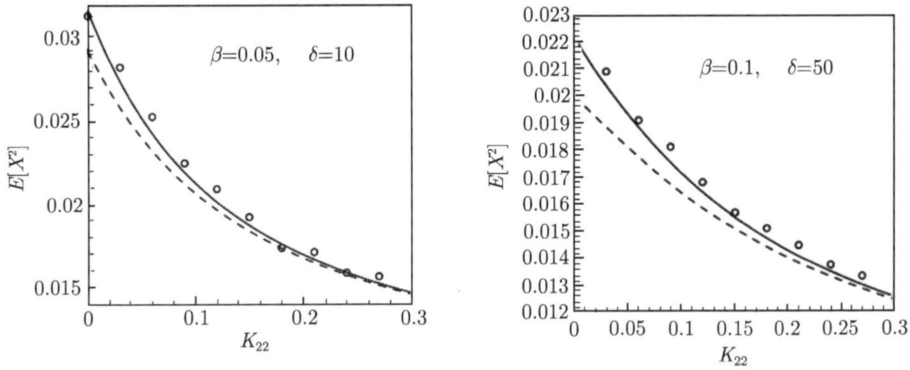

图 7.1.1 系统 (7.1.50) 位移 $X(t)$ 的平稳均方值 (Cai 与 Suzuki, 2005)

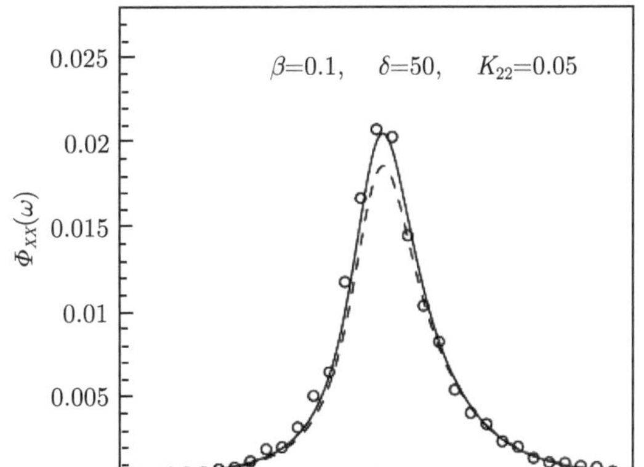

图 7.1.2 系统 (7.1.50) 位移 $X(t)$ 的谱密度 (Cai 与 Suzuki, 2005)

注意, 原系统 (7.1.50) 中只有外激, 通常等效线性化可直接应用于假定系统响应为高斯分布的情形. 然而, 由于激励 $\xi(t)$ 远非高斯分布以及系统的非线性, 系统的响应也远非高斯分布. 如图 7.1.1 与图 7.1.2 所示, 响应高斯分布的假定可引起大的误差. 本线性化法则提供了一个较精确的解法.

例 7.1.5　考虑有耦合参激的两自由度非线性系统, 其支配方程为

$$\begin{aligned}&\ddot{Z}_1+\alpha\dot{Z}_1+\beta\dot{Z}_1^3+\omega_1^2Z_1=\omega_1\omega_2Z_2W_1(t)+W_2(t),\\&\ddot{Z}_2+2\zeta_2\omega_2\dot{Z}_2+\omega_2^2Z_2=\omega_1\omega_2Z_1W_1(t),\end{aligned}\tag{7.1.55}$$

式中 $W_1(t)$ 与 $W_2(t)$ 是谱密度分别为 K_{11} 与 K_{22} 的独立高斯白噪声. 方程 (7.1.55) 描述了受随机横向力与端点力矩作用的窄截面简支梁的弯曲与扭转运动的基本模态 (Ariaratnam 与 Srikantaiah, 1978). 此处假定弯曲运动 Z_1 的阻尼力是非线性的.

应用参激系统线性化法, (7.1.55) 的第一个方程代之以

$$\ddot{Z}_1+2\zeta_1\omega_1\dot{Z}_1+\omega_1^2Z_1=\omega_1\omega_2Z_2W_1(t)+W_2(t).\tag{7.1.56}$$

令 $X_1=Z_1,\ X_2=\dot{Z}_1,\ X_3=Z_2,\ X_4=\dot{Z}_2$ 及 $m_{ijkl}=E[X_1^iX_2^jX_3^kX_4^l]$. 按 (7.1.35), 线性化阻尼比 ζ_1 由下式给出

$$\zeta_1=\frac{1}{2\omega_1}\left(\alpha+\frac{\beta m_{0400}}{m_{0200}}\right).\tag{7.1.57}$$

线性化系统的二阶矩为 (习题 6.15)

$$\begin{aligned}&E[Z_1^2]=E[X_1^2]=m_{2000}=\frac{2\pi\zeta_2K_{22}}{\omega_1^3\varDelta},\\&E[\dot{Z}_1^2]=E[X_2^2]=m_{0200}=\frac{2\pi\zeta_2K_{22}}{\omega_1\varDelta},\\&E[Z_2^2]=E[X_3^2]=m_{0020}=\frac{\pi^2K_{11}K_{22}}{\omega_1\omega_2\varDelta},\\&E[\dot{Z}_2^2]=E[X_4^2]=m_{0002}=\frac{\pi^2\omega_2K_{11}K_{22}}{\omega_1\varDelta},\end{aligned}\tag{7.1.58}$$

式中

$$\varDelta=4\zeta_1\zeta_2-\pi^2\omega_1\omega_2K_{11}^2.\tag{7.1.59}$$

其他二阶矩为零. (7.1.58) 的成立要求

$$4\zeta_1\zeta_2>\pi^2\omega_1\omega_2K_1^2.\tag{7.1.60}$$

类似地, 也可推导出四阶矩的精确解析表达式, 但步骤十分冗长. 然而, 数值解颇为简单. 应指出的是, (7.1.57) 中的线性化阻尼比 ζ_1 需迭代确定.

Z_1 与 Z_2 的谱密度得到如下:

$$\Phi_{11}(\omega)=\frac{2\zeta_1\omega_1^3 m_{2000}}{\pi[(\omega_1^2-\omega^2)^2+4\zeta_1^2\omega_1^2\omega^2]},$$
$$\Phi_{22}(\omega)=\frac{2\zeta_2\omega_2^3 m_{0020}}{\pi[(\omega_2^2-\omega^2)^2+4\zeta_2^2\omega_2^2\omega^2]}. \tag{7.1.61}$$

(7.1.61) 表明, 每个谱密度的表达式形同单自由度线性系统. 如 (7.1.58) 所示, 两模态之间的耦合效应在二阶矩中计及.

为显示参激系统线性化法的精度, 对本例进行了数值计算 (Cai, 2004). 计算中, 系统参数选为: $\alpha=1.2$, $\omega_1=6$, $\omega_2=20$, $\xi_2=0.1$, $K_{11}=0.004$, $Z_1(t)$ 的均方值与谱密度分别示于图 7.1.3 与图 7.1.4. 图中实线表示本线性化法计算结果, 符号 "□" 和 "○" 表示蒙特卡罗模拟结果. 由图可知, 与蒙特卡罗模拟结果相比, 解析结果颇为精确.

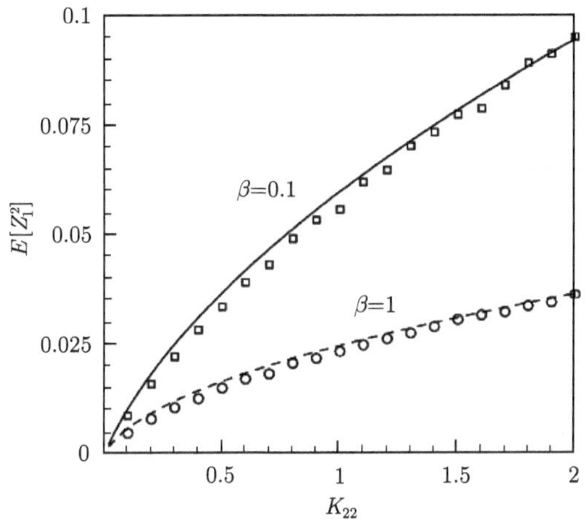

图 7.1.3 系统 (7.1.55) 中 $Z_1(t)$ 的平稳均方值 (Cai, 2004)

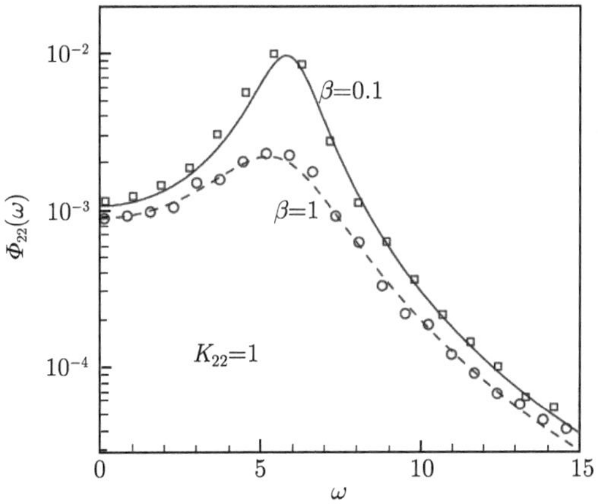

图 7.1.4 系统 (7.1.55) 中 $Z_1(t)$ 的谱密度 (Cai, 2004)

7.2　忽略高阶累积量截断

7.2.1　响应矩

考虑用两个一阶微分方程描述的二维非线性随机系统

$$
\begin{aligned}
\dot{X}_1 &= f_1(X_1,X_2)+\sum_{k=1}^{m} g_{1k}(X_1,X_2)W_k(t),\\
\dot{X}_2 &= f_2(X_1,X_2)+\sum_{k=1}^{m} g_{2k}(X_1,X_2)W_k(t),
\end{aligned}
\tag{7.2.1}
$$

式中 $W_k(t)$ 为高斯白噪声. 方程组 (7.2.1) 等价于下列伊藤随机微分方程组:

$$
\begin{aligned}
\mathrm{d}X_1 &= \left(f_1+\sum_{l,s=1}^{m}\pi K_{ls}\sum_{j=1}^{2} g_{js}\frac{\partial g_{1l}}{\partial X_j}\right)\mathrm{d}t+\left(\sum_{l,s=1}^{m}2\pi K_{ls}g_{1l}g_{1s}\right)^{\frac{1}{2}}\mathrm{d}B_1(t),\\
\mathrm{d}X_2 &= \left(f_2+\sum_{l,s=1}^{m}\pi K_{ls}\sum_{j=1}^{2} g_{js}\frac{\partial g_{2l}}{\partial X_j}\right)\mathrm{d}t+\left(\sum_{l,s=1}^{m}2\pi K_{ls}g_{2l}g_{2s}\right)^{\frac{1}{2}}\mathrm{d}B_2(t),
\end{aligned}
\tag{7.2.2}
$$

式中 $B_1(t)$ 与 $B_2(t)$ 是独立的单位维纳过程, K_{ls} 为 $W_l(t)$ 与 $W_s(t)$ 的互谱密度. 记 $M(X_1,X_2)=X_1^iX_2^j$, 用伊藤微分规则得到

$$
\begin{aligned}
\mathrm{d}M =& \left[\left(f_1+\sum_{l,s=1}^{m}\pi K_{ls}\sum_{k=1}^{2} g_{ks}\frac{\partial g_{1l}}{\partial X_k}\right)\frac{\partial M}{\partial X_1}+\left(f_2+\sum_{l,s=1}^{m}\pi K_{ls}\sum_{k=1}^{2} g_{ks}\frac{\partial g_{2l}}{\partial X_k}\right)\frac{\partial M}{\partial X_2}\right.\\
&\left.+\sum_{l,s=1}^{m}\pi K_{ls}\sum_{k,r=1}^{2} g_{kl}g_{rs}\frac{\partial^2 M}{\partial X_k\partial X_r}\right]\mathrm{d}t+\left(\sum_{l,s=1}^{m}2\pi K_{ls}\sum_{k=1}^{2}g_{1l}g_{ks}\right)^{\frac{1}{2}}\frac{\partial M}{\partial X_1}\mathrm{d}B_1(t)\\
&+\left(\sum_{l,s=1}^{m}2\pi K_{ls}\sum_{k=1}^{2}g_{2l}g_{ks}\right)^{\frac{1}{2}}\frac{\partial M}{\partial X_2}\mathrm{d}B_2(t).
\end{aligned}
\tag{7.2.3}
$$

取其集合平均得

$$
\frac{\mathrm{d}E[M]}{\mathrm{d}t}=E\left[\left(f_1+\sum_{l,s=1}^{m}\pi K_{ls}\sum_{k=1}^{2} g_{ks}\frac{\partial g_{1l}}{\partial X_k}\right)\frac{\partial M}{\partial X_1}\right.
$$

$$+\left(f_2+\sum_{l,s=1}^{m}\pi K_{ls}\sum_{k=1}^{2}g_{ks}\frac{\partial g_{2l}}{\partial X_k}\right)\frac{\partial M}{\partial X_2}\Bigg]$$

$$+E\left[\sum_{l,s=1}^{m}\pi K_{ls}\sum_{k,r=1}^{2}g_{kl}g_{rs}\frac{\partial^2 M}{\partial X_k\partial X_r}\right]. \tag{7.2.4}$$

(7.2.4) 的左边是 $N(=i+j)$ 阶统计矩的时间导数, 而右边依赖于函数 f_1, f_2 及 g_{ls} 的形式. 若这些函数是线性的, 右边只含 N 阶与低于 N 阶统计矩. 此时, 可从 $N=1$ 开始依次求解统计矩方程. 然而, 若 f_1, f_2, g_{ls} 中至少有一个是非线性的多项式, 则 (7.2.4) 的右边包含高于 N 阶的矩. 此时, 不再能得精确封闭解, 因为 $N=1, 2, \cdots$ 的矩方程构成无穷序列链.

2.5.1 节中指出, 对零均值高斯随机变量, 高于二阶的累积量皆为零. 对非高斯随机变量, 若它偏离高斯分布不太远, 预期其高阶累积量是小的. 基于这个推断, 提出了忽略高阶累积量的截断方案 (Beran, 1968; Wu 与 Lin, 1984; Ibrahim et al., 1985), 即令所有高于给定 N 阶的累积量为零. 按 2.6.4 节, 高于 N 的统计矩可用 N 阶及低于 N 阶的统计矩表示. 例如, 若随机变量 X_1, X_2, $\cdots$ 均值为零, 设定截断阶数为 $N=2$, 则从 (2.6.25) 与 (2.6.27) 可得

$$\begin{aligned}
&E[X_jX_kX_l]=0,\\
&E[X_jX_kX_lX_m]=3\left\{E[X_jX_k]E[X_lX_m]\right\}_s,\\
&E[X_jX_kX_lX_mX_p]=0,\\
&E[X_jX_kX_lX_mX_pX_r]=15\left\{E[X_jX_k]E[X_lX_m]E[X_pX_r]\right\}_s,\\
&\cdots
\end{aligned} \tag{7.2.5}$$

(7.2.5) 与高斯随机变量的矩之间的关系相同. 表明高于 $N=2$ 阶累积量截断等同于假定随机变量呈高斯分布. 因此, 它与高斯截断法 (Crandall, 1978) 相同. 但若令 $N=4$, 则有

$$\begin{aligned}
&E[X_jX_kX_lX_mX_p]=10\left\{E[X_jX_k]E[X_lX_mX_p]\right\}_s,\\
&E[X_jX_kX_lX_mX_pX_r]=15\left\{E[X_jX_k](E[X_jX_kX_pX_r]\right.\\
&\qquad\qquad+15\left\{E[X_jX_k]E[X_lX_m]E[X_pX_r]\right\}_s\\
&\qquad\qquad+10\left\{E[X_jX_kX_l]E[X_mX_pX_r]\right\}_s,\\
&\cdots
\end{aligned} \tag{7.2.6}$$

通过选取截断阶数 N, 为计算直到 N 阶的未知统计矩的形如 (7.2.4) 的方程总数为

有限个. 虽然这些方程可能是非线性的, 它们可数值求解. 若系统趋于统计平稳, 此时统计矩与时间无关, (7.2.4) 化为代数方程.

忽略高阶累积量截断法用下列例子说明.

例 7.2.1 考虑受高斯白噪声激励的杜芬振子

$$\ddot{X}+\alpha\dot{X}+X+\varepsilon X^3=W(t), \tag{7.2.7}$$

式中 $\alpha>0$, ε 是一个表示非线性强度的正的小参数, 已知 $X_1=X$ 与 $X_2=\dot{X}$ 的平稳概率密度为

$$p(x_1,x_2)=C\exp\left[-\frac{\alpha}{\pi K}\left(\frac{1}{2}x_2^2+\frac{1}{2}x_1^2+\frac{1}{4}\varepsilon x_1^4\right)\right]. \tag{7.2.8}$$

由于可从 (7.2.8) 计算任意阶统计矩, 本例仅用于说明忽略高阶累积量截断法以及校核该法的精度. 此时方程 (7.2.4) 为

$$\frac{\mathrm{d}E[M]}{\mathrm{d}t}=E\left[X_2\frac{\partial M}{\partial X_1}\right]-E\left[(\alpha X_2+X_1+\varepsilon X_1^3)\frac{\partial M}{\partial X_2}\right]+\pi KE\left[\frac{\partial^2 M}{\partial X_2^2}\right]. \tag{7.2.9}$$

令 $M=X_1^iX_2^j$, 并记 $m_{ij}=E[X_1^iX_2^j]$, 得 $i+j=1$ 的统计矩方程

$$\begin{aligned}\frac{\mathrm{d}m_{10}}{\mathrm{d}t}&=m_{01},\\ \frac{\mathrm{d}m_{01}}{\mathrm{d}t}&=-m_{10}-\alpha m_{01}-\varepsilon m_{30},\end{aligned} \tag{7.2.10}$$

$i+j=2$ 的方程

$$\begin{aligned}\frac{\mathrm{d}m_{20}}{\mathrm{d}t}&=2m_{11},\\ \frac{\mathrm{d}m_{11}}{\mathrm{d}t}&=m_{02}-m_{20}-\alpha m_{11}-\varepsilon m_{40},\\ \frac{\mathrm{d}m_{02}}{\mathrm{d}t}&=-2m_{11}-2\alpha m_{02}-2\varepsilon m_{31}+2\pi K.\end{aligned} \tag{7.2.11}$$

$i+j=3$ 的方程

$$\begin{aligned}\frac{\mathrm{d}m_{30}}{\mathrm{d}t}&=3m_{21},\\ \frac{\mathrm{d}m_{21}}{\mathrm{d}t}&=2m_{12}-\alpha m_{21}-m_{30}-\varepsilon m_{50}\\ \frac{\mathrm{d}m_{12}}{\mathrm{d}t}&=m_{03}-2\alpha m_{12}-2m_{21}-2\varepsilon m_{41}+2\pi Km_{10},\\ \frac{\mathrm{d}m_{03}}{\mathrm{d}t}&=-3\alpha m_{03}-3m_{12}-3\varepsilon m_{32}+6\pi Km_{01}.\end{aligned} \tag{7.2.12}$$

$i+j=4$ 的方程

$$\begin{aligned}\frac{\mathrm{d}m_{40}}{\mathrm{d}t}&=4m_{31},\\\frac{\mathrm{d}m_{31}}{\mathrm{d}t}&=3m_{22}-\alpha m_{31}-m_{40}-\varepsilon m_{60},\\\frac{\mathrm{d}m_{22}}{\mathrm{d}t}&=2m_{13}-2\alpha m_{22}-2m_{31}-2\varepsilon m_{51}+2\pi Km_{20},\\\frac{\mathrm{d}m_{13}}{\mathrm{d}t}&=m_{04}-3\alpha m_{13}-3m_{22}-3\varepsilon m_{42}+6\pi Km_{11},\\\frac{\mathrm{d}m_{04}}{\mathrm{d}t}&=-4\alpha m_{04}-4m_{13}-4\varepsilon m_{33}+12\pi Km_{02}.\end{aligned}\tag{7.2.13}$$

可见, 每组 $N=i+j$ 的方程中都含有高于 N 阶的矩, 方程无法求解. 现用忽略高于二阶累积量的截断法, 令所有高于二阶的累积量为零, 从 (2.6.27) 得

$$m_{30}=0,\quad m_{40}=3m_{20}^2,\quad m_{31}=3m_{20}m_{11}.\tag{7.2.14}$$

于是非零平稳二阶矩从方程组 (7.2.10) 与 (7.2.11) 解得如下:

$$E[X_1^2]=m_{20}=\frac{1}{6\varepsilon}\left(-1+\sqrt{1+\frac{12\pi K\varepsilon}{\alpha}}\right),\quad E[X_2^2]=m_{02}=\frac{\pi K}{\alpha}.\tag{7.2.15}$$

若截断阶数为 4, 则得

$$m_{60}=15m_{20}m_{40}-30m_{20}^3,\quad m_{42}=6m_{20}m_{22}+m_{02}m_{40}-6m_{20}^2m_{02}.\tag{7.2.16}$$

应用 (7.2.16), 非零二、四阶矩可从 (7.2.10)~(7.2.13) 解出, 其中 $E[X_1^2]=m_{20}$ 可从下列三次代数方程解出

$$30\varepsilon^2m_{20}^3+15m_{20}^2+\left(1-\frac{12\pi K\varepsilon}{\alpha}\right)m_{20}-\frac{\pi K}{\alpha}=0.\tag{7.2.17}$$

更高阶的累积量截断需更冗长的推导. $\alpha=0.1$, $\pi K=0.1$ 的系统 (7.2.7), 计算结果如图 7.2.1 所示 (Wu 与 Lin, 1984). 可见, 随着 ε 值减小, 由忽略高阶累积量法所得的结果有收敛于精确解的趋势, 且忽略更高阶累积量的截断更为精确.

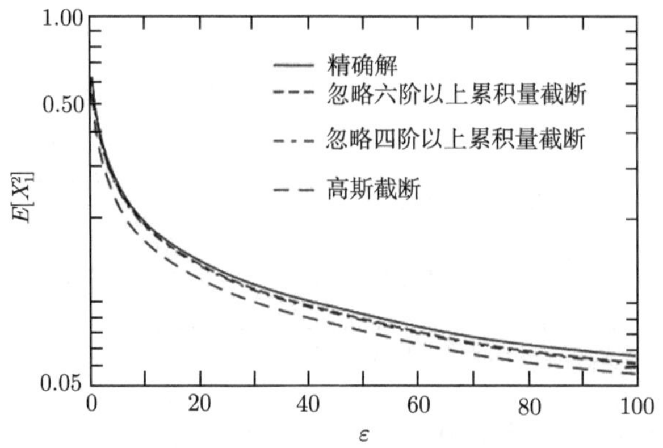

图 7.2.1　系统 (7.2.7) 中 $X_1(t)$ 的平稳均方值 (Wu 与 Lin, 1984)

应指出, 忽略高阶累积量截断法主要适用于受外激的系统. 当有参激时, 特别是当系统接近于稳定性边界时, 可能给出错误的结果 (Sun 与 Hsu, 1987; Bruckner 与 Lin, 1987).

现将该法应用于以下多自由度非线性随机系统

$$\dot{X}_j = f_j(\boldsymbol{X}) + \sum_{l=1}^{m} g_{jl}(\mathrm{X})W_l(t), \quad j = 1, 2, \cdots, n. \tag{7.2.18}$$

方程组 (7.2.18) 等价于下列伊藤随机微分方程组

$$\mathrm{d}X_j = \left(f_j + \sum_{k=1}^{n}\sum_{l,s=1}^{m} \pi K_{ls} g_{ks} \frac{\partial g_{jl}}{\partial X_k}\right)\mathrm{d}t + \left(\sum_{l,s=1}^{m} 2\pi K_{ls} g_{jl} g_{js}\right)^{\frac{1}{2}} \mathrm{d}B_j(t). \tag{7.2.19}$$

记 $M(\boldsymbol{X}) = X_1^{k_1} X_2^{k_2} \cdots X_n^{k_n}$, 式中 $k_1, k_2, \cdots, k_n$ 为非负整数. 按伊藤微分规则

$$\begin{aligned}\mathrm{d}M = &\left[\sum_{j=1}^{n}\left(f_j + \sum_{k=1}^{n}\sum_{l,s=1}^{m} \pi K_{ls} g_{ks} \frac{\partial g_{jl}}{\partial X_k}\right)\frac{\partial M}{\partial X_j}\right. \\ &\left. + \sum_{l,s=1}^{m}\sum_{k=1}^{n} \pi K_{ls} g_{kl} g_{ks} \frac{\partial^2 M}{\partial X_k^2}\right]\mathrm{d}t \\ &+ \left(\sum_{k=1}^{n}\sum_{l,s=1}^{m} 2\pi K_{ls} g_{kl} g_{ks}\right)^{\frac{1}{2}} \frac{\partial M}{\partial X_k}\mathrm{d}B_k(t).\end{aligned} \tag{7.2.20}$$

取集合平均, 得

$$\frac{\mathrm{d}}{\mathrm{d}t}E[M] = E\left[\sum_{j=1}^{n}\left(f_j + \sum_{k=1}^{n}\sum_{l,s=1}^{m} \pi K_{ls} g_{ks} \frac{\partial g_{jl}}{\partial X_k}\right)\frac{\partial M}{\partial X_j}\right.$$

$$+E\left[\sum_{l,s=1}^{m}\sum_{k=1}^{n}\pi K_{ls}g_{kl}g_{ks}\frac{\partial^2 M}{\partial X_k^2}\right]. \tag{7.2.21}$$

类似于单自由度情形, 由于函数 f_i 与 g_{jk} 的非线性, 对一定阶数 $N=k_1+k_2+\cdots+k_n$, (7.2.21) 的所有方程构成一个无穷序列链. 如果函数 f_i 与 g_{jk} 是 X 的多项式, 可用忽略高阶累积量截断法求得近似结果.

7.2.2 响应相关函数与谱密度

对一些类型的非线性随机系统, 可用忽略高阶累积量截断法得到响应的近似相关函数与谱密度. 为说明这一点, 考虑含非线性恢复力系统

$$\ddot{X}+\alpha\dot{X}+u(X)=W(t), \tag{7.2.22}$$

式中 $\alpha>0$, 并假定 $u(X)$ 为 X 的奇多项式. 记 $X_1=X$, $X_2=\dot{X}$, 随机过程 $X_1(t)$ 与 $X_2(t)$ 具有平稳概率密度

$$p(x_1,x_2)=C\exp\left\{-\frac{\alpha}{\pi K}\left[\frac{1}{2}x_2^2+\int u(x_1)\mathrm{d}x_1\right]\right\}. \tag{7.2.23}$$

联合统计矩可按下式计算

$$m_{ij}=E[X_1^iX_2^j]=\int_{-\infty}^{\infty}\int_{-\infty}^{\infty}x_1^ix_2^jp(x_1,x_2)\mathrm{d}x_1\mathrm{d}x_2. \tag{7.2.24}$$

从 (7.2.23) 与 (7.2.24) 得

$$\begin{aligned}
&m_{ij}=0,\quad i\text{ 或 }j\text{ 其中一个为奇数},\\
&m_{i0}=C\pi\sqrt{\frac{2K}{\alpha}}\int_{-\infty}^{\infty}x_1^i\exp\left[-\frac{\alpha}{\pi K}\int u(x_1)\mathrm{d}x_1\right]\mathrm{d}x_1,\quad i\text{ 为偶数},\\
&m_{0j}=\left(\frac{\pi K}{\alpha}\right)^{\frac{j}{2}}(j-1)(j-3)\cdots 1,\quad j\text{ 为偶数},\\
&m_{ij}=m_{i0}m_{0j},\quad i\text{ 与 }j\text{ 都为偶数}.
\end{aligned} \tag{7.2.25}$$

虽然可确定一阶性质, 但二阶性质, 如相关函数与谱密度是得不到的.

用伊藤微分规则, 得下列方程

$$\begin{aligned}
&\mathrm{d}X_1=X_2\mathrm{d}t,\\
&\mathrm{d}X_2=[-\alpha X_2-u(X_1)]\mathrm{d}t+\sqrt{2\pi K}\mathrm{d}B(t),
\end{aligned} \tag{7.2.26}$$

$$\mathrm{d}X_1^3=3X_1^2X_2\mathrm{d}t,$$

$$
\begin{aligned}
&\mathrm{d}X_1^2X_2=[-\alpha X_1^2X_2-X_1^2u(X_1)+2X_1X_2^2]\mathrm{d}t+\sqrt{2\pi K}X_1^2\mathrm{d}B(t),\\
&\mathrm{d}X_1X_2^2=[-2\alpha X_1X_2^2-2X_1X_2u(X_1)+2\pi KX_1+X_2^3]\mathrm{d}t+2\sqrt{2\pi K}X_1X_2\mathrm{d}B(t),\\
&\mathrm{d}X_2^3=[-3\alpha X_2^3-3X_2^2u(X_1)+6\pi KX_2]\mathrm{d}t+3\sqrt{2\pi K}X_2^2\mathrm{d}B(t).
\end{aligned}\tag{7.2.27}
$$

将 (7.2.26) 与 (7.2.27) 中每一方程乘以 $X_1(t_0)$, 并作集合平均, 得

$$
\begin{aligned}
&\frac{\mathrm{d}Q_{10}}{\mathrm{d}\tau}=Q_{01},\\
&\frac{\mathrm{d}Q_{01}}{\mathrm{d}\tau}=-E\{u[X_1(t)]X_1(t-\tau)]-\alpha Q_{01},
\end{aligned}\tag{7.2.28}
$$

$$
\begin{aligned}
&\frac{\mathrm{d}Q_{30}}{\mathrm{d}\tau}=3Q_{21},\\
&\frac{\mathrm{d}Q_{21}}{\mathrm{d}\tau}=-E\{u[X_1(t)]X_1^2(t)X_1(t-\tau)]-\alpha Q_{21}+2Q_{12},\\
&\frac{\mathrm{d}Q_{12}}{\mathrm{d}\tau}=2\pi KQ_{10}-2E\{u[X_1(t)]X_1(t)X_2(t)X_1(t-\tau)]-2\alpha Q_{12}+Q_{03},\\
&\frac{\mathrm{d}Q_{03}}{\mathrm{d}\tau}=6\pi KQ_{01}-3E\{u[X_1(t)]X_2^2(t)X_1(t-\tau)]-3\alpha Q_{03},
\end{aligned}\tag{7.2.29}
$$

式中 $\tau=t-t_0$,

$$
Q_{ij}=E[X_1^i(t)X_2^j(t)X_1(t-\tau)].\tag{7.2.30}
$$

方程组 (7.2.28) 与 (7.2.29) 的初始条件为

$$
Q_{ij}(0)=m_{i+1,j},\tag{7.2.31}
$$

这可从 (7.2.25) 算出. 显然, $X_1(t)$ 的自相关函数为

$$
R_{11}(\tau)=E[X_1(t)X_1(t-\tau)]=Q_{10}(\tau),\tag{7.2.32}
$$

而 $X_1(t)$ 与 $X_2(t)$ 的互相关函数为

$$
R_{12}(\tau)=E[X_1(t-\tau)X_2(t)]=Q_{01}(\tau).\tag{7.2.33}
$$

方程组 (7.2.28) 与 (7.2.29) 不能求解, 因为它们构成无穷序列链. 但它们可用适当的截断法近似求解. 最简单情形是高斯截断, 即令所有高于二阶的累积量为零. 为得到更精确的结果, 可用忽略高阶累积量截断法.

若只对谱密度函数感兴趣, 可用 4.5.2 节与 5.5.2 节中描述的变换法得到谱密度的代数方程并解得所需结果.

例 7.2.2　考虑类似于例 7.2.1 中的方程

$$
\ddot{X}+\alpha\dot{X}+kX+\delta X^3=W(t).\tag{7.2.34}
$$

方程 (7.2.22) 中的非线性函数现在是 $u(X) = kX + \delta X^3$. 对本例, (7.2.28) 变成

$$\begin{aligned}\frac{\mathrm{d}Q_{10}}{\mathrm{d}\tau} &= Q_{01},\\ \frac{\mathrm{d}Q_{01}}{\mathrm{d}\tau} &= -kQ_{10} - \delta Q_{30} - \alpha Q_{01}.\end{aligned} \tag{7.2.35}$$

按 4.5.2 节描述的积分变换法, 得

$$\begin{aligned}&\mathrm{i}\omega\bar{Q}_{10} - \bar{Q}_{01} = \frac{1}{\pi}m_{20},\\ &\delta\bar{Q}_{30} + k\bar{Q}_{10} + (\mathrm{i}\omega + \alpha)\bar{Q}_{01} = 0,\end{aligned} \tag{7.2.36}$$

式中

$$\bar{Q}_{ij}(\omega) = \Im[Q_{ij}(\tau)] = \frac{1}{\pi}\int_0^{\infty} Q_{ij}(\tau)\mathrm{e}^{-\mathrm{i}\omega\tau}\mathrm{d}\tau. \tag{7.2.37}$$

于是 $X_1(t)$ 的谱密度为

$$\Phi_{XX}(\omega) = \mathrm{Re}[\bar{Q}_{10}(\omega)]. \tag{7.2.38}$$

高斯截断 (忽略二阶以上累积量截断)

令四阶累积量为零, 从 (2.6.27) 得

$$Q_{30} = E[X_1^3(t)X_1(t-\tau)] = 3E[X_1^2(t)]E[X_1(t)X_1(t-\tau)] = 3m_{20}Q_{10}. \tag{7.2.39}$$

将 (7.2.39) 代入 (7.2.35), 给出一组封闭方程

$$\begin{aligned}\frac{\mathrm{d}Q_{10}}{\mathrm{d}\tau} &= Q_{01},\\ \frac{\mathrm{d}Q_{01}}{\mathrm{d}\tau} &= -(k + 3\delta m_{20})Q_{10} - \alpha Q_{01}.\end{aligned} \tag{7.2.40}$$

有了初始条件

$$Q_{10}(0) = m_{20}, \quad Q_{01}(0) = m_{11} = 0, \tag{7.2.41}$$

即可解得相关函数 $R_{11}(\tau)$

$$R_{11}(\tau) = Q_{10}(\tau) = m_{20}\mathrm{e}^{-\frac{\alpha\tau}{2}}\left[\cos(\omega_d\tau) + \frac{\alpha}{2\omega_d}\sin(\omega_d\tau)\right], \tag{7.2.42}$$

式中

$$\omega_d = \sqrt{k + 3\delta m_{20} - \alpha^2/4}. \tag{7.2.43}$$

应用积分变换 (7.2.37)~(7.2.40) 导致

$$\begin{aligned}&\mathrm{i}\omega\bar{Q}_{10} - \bar{Q}_{01} = \frac{1}{\pi}m_{20},\\ &(k + 3\delta m_{20})\bar{Q}_{10} + (\mathrm{i}\omega + \alpha)\bar{Q}_{01} = 0.\end{aligned} \tag{7.2.44}$$

从 (7.2.44) 解出 X_1 的谱密度为

$$\Phi_{XX}(\omega)=\mathrm{Re}[\bar{Q}_{10}(\omega)]=\frac{\eta(k+3\delta m_{20})m_{20}}{\pi[(k+3\delta m_{20}-\omega^2)^2+\alpha^2\omega^2]}. \tag{7.2.45}$$

忽略四阶以上累积量截断

用 (2.6.27) 得

$$\begin{aligned}
Q_{50}&=E[X_1^5(t)X_1(t-\tau)]=10m_{20}Q_{30}+5cQ_{10},\\
Q_{41}&=E[X_1^4(t)X_2(t)X_1(t-\tau)]=6m_{20}Q_{21}+cQ_{01},\\
Q_{32}&=E[X_1^3(t)X_2^2(t)X_1(t-\tau)]=m_{02}Q_{30}+3m_{20}Q_{12}-3m_{22}Q_{10},
\end{aligned}\tag{7.2.46}$$

式中

$$c=m_{40}-6m_{20}^2. \tag{7.2.47}$$

将 (7.2.46) 代入 (7.2.29), 得

$$\begin{aligned}
\frac{\mathrm{d}Q_{30}}{\mathrm{d}\tau}&=3Q_{21},\\
\frac{\mathrm{d}Q_{21}}{\mathrm{d}\tau}&=-(k+10\delta m_{20})Q_{30}-\alpha Q_{21}+2Q_{12}-5\delta cQ_{10},\\
\frac{\mathrm{d}Q_{12}}{\mathrm{d}\tau}&=-(2k+12\delta m_{20})Q_{21}-2\alpha Q_{12}+Q_{03}+2\pi KQ_{10}-2\delta cQ_{01},\\
\frac{\mathrm{d}Q_{03}}{\mathrm{d}\tau}&=-3\delta m_{02}Q_{30}-(3k+9\delta m_{20})Q_{12}-3\alpha Q_{03}+9\delta m_{22}Q_{10}+6\pi KQ_{01}.
\end{aligned}\tag{7.2.48}$$

(7.2.35) 与 (7.2.48) 构成一组关于 $Q_{ij}(\tau),\ i+j=1,3$ 的常系数线性微分方程组. 有了 (7.2.31) 给出的初始条件, 它们至少可数值求解. 按 (7.2.32) 与 (7.2.33), $Q_{10}(\tau)$ 与 $Q_{01}(\tau)$ 分别是自相关函数 $R_{11}(\tau)$ 与互相关函数 $R_{12}(\tau)$.

方程组 (7.2.48) 可变换成如下频域方程:

$$\begin{aligned}
&\mathrm{i}\omega\bar{Q}_{30}-3\bar{Q}_{21}=\frac{m_{40}}{\pi},\\
&(k+10\delta m_{20})\bar{Q}_{30}+(\mathrm{i}\omega+\alpha)\bar{Q}_{21}-2\bar{Q}_{12}+5\delta c\bar{Q}_{10}=0,\\
&(2k+12\delta m_{20})\bar{Q}_{21}+(\mathrm{i}\omega+2\alpha)\bar{Q}_{12}-\bar{Q}_{03}-2\pi K\bar{Q}_{10}+2\delta c\bar{Q}_{01}=\frac{m_{22}}{\pi},\\
&3\delta m_{02}\bar{Q}_{30}+(3k+9\delta m_{20})\bar{Q}_{12}+(\mathrm{i}\omega+3\alpha)\bar{Q}_{03}-9\delta m_{22}\bar{Q}_{10}-6\pi K\bar{Q}_{01}=0.
\end{aligned}\tag{7.2.49}$$

(7.2.36) 与 (7.2.49) 构成关于 $\bar{Q}_{ij}(\omega), i+j=1,3$ 的复线性代数方程组. X_1 的谱密度就是 $\bar{Q}_{10}(\omega)$ 的实部.

对上述系统, 对高斯截断、忽略四阶以上累积量截断及忽略六阶以上累积量截断导出的方程进行了数值计算 (Cai 与 Lin, 1997). 对 $k=1$, $\alpha=0.08$, $K=0.01$ 的

系统 (7.2.34), 用不同阶数截断的计算结果示于图 7.2.2. 为作比较图中还示出了蒙特卡罗模拟结果. 该图表明, 对强非线性 ($\delta = 0.5$ 或 1) 的情况, 即使忽略四阶以上累积量截断法也不能给出精确结果, 要得更精确的结果, 需要用忽略六阶以上累积量的截断法.

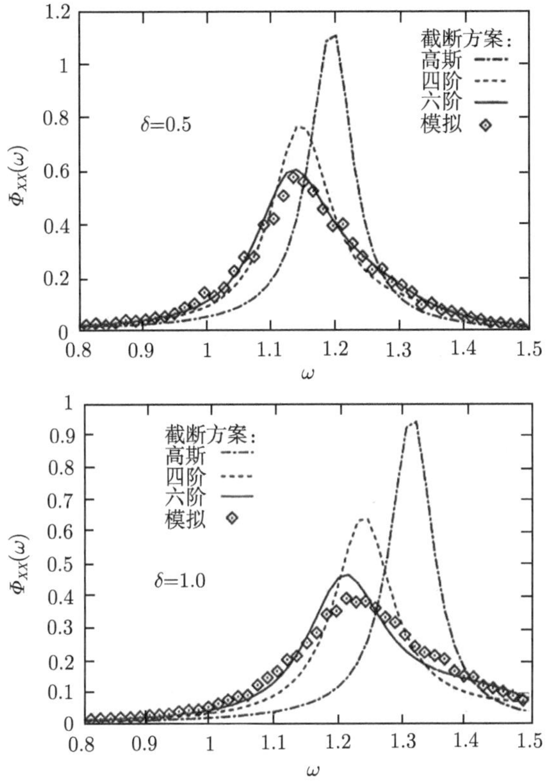

图 7.2.2　系统 (7.2.34) 中 $X(t)$ 的谱密度 (Cai 与 Lin, 1997)

原则上, 忽略高阶累积量截断法可应用于多自由度非线性随机系统. 然而, 推导步骤将十分冗长, 可能不实用.

7.3　等效非线性系统法

7.1.1 节与 7.1.2 节叙述的等效线性化与部分线性化中, 原非线性系统代之以可得精确概率解的系统. 尽管如此, 这些方法中的替代系统是广义平稳势精确可解非线性系统的子类. 若扩大可供选择的替代系统使之包括所有广义平稳势可解系统, 可能会改善近似解的精度. 而且, 用等效线性化与部分线性化得近似概率解只适用于外激系统. 7.1.3 节中方法允许出现参激, 但只能求解响应的统计量, 而非概率分布. 因此, 希望发展求同时受外激与参激的系统的近似概率解的方法.

7.3.1 加权残数法

考虑非线性随机系统

$$\frac{\mathrm{d}}{\mathrm{d}t}X_j = F_j(\boldsymbol{X}) + \sum_{l=1}^{m} g_{jl}(\boldsymbol{X})W_l(t), \quad j = 1, 2, \cdots, n, \tag{7.3.1}$$

式中 $W_l(t)$ 是高斯白噪声. 假定不可求得系统 (7.3.1) 的精确平稳解, 希望在广义平稳势类里找到一个某种统计意义上的替代系统

$$\frac{\mathrm{d}}{\mathrm{d}t}X_j = f_j(\boldsymbol{X}) + \sum_{l=1}^{m} g_{jl}(\boldsymbol{X})W_l(t), \quad j = 1, 2, \cdots, n. \tag{7.3.2}$$

注意, 原系统 (7.3.1) 中只有函数 $F_j(\boldsymbol{X})$ 代之以 $f_j(\boldsymbol{X})$, 激励项保持不变. 令 $p(\boldsymbol{x})$ 为系统 (7.3.2) 的响应 $\boldsymbol{X}$ 的精确平稳概率密度, 即 $p(\boldsymbol{x})$ 满足下列简化 FPK 方程:

$$\begin{aligned}&\sum_{j=1}^{n} \frac{\partial}{\partial x_j}\left[\left(f_j(\boldsymbol{x}) + \pi \sum_{k=1}^{n}\sum_{l,s=1}^{m} K_{ls} g_{ks}(\boldsymbol{x}) \frac{\partial}{\partial x_k} g_{jl}(\boldsymbol{x})\right) p\right] \\ &\quad - \pi \sum_{j,k=1}^{n} \frac{\partial^2}{\partial x_j \partial x_k}\left[\left(\sum_{l,s=1}^{m} K_{ls} g_{jl}(\boldsymbol{x}) g_{ks}(\boldsymbol{x})\right) p\right] = 0.\end{aligned} \tag{7.3.3}$$

目的是选取一组函数 $f_j(\boldsymbol{X})$ 使系统 (7.3.2) 在某种统计意义上最接近原系统 (7.3.1). 由于 $p(\boldsymbol{x})$ 不是系统 (7.3.1) 的真解, 它不满足该系统的 FPK 方程, 因此, 出现如下误差:

$$\begin{aligned}\delta(\boldsymbol{x}) = &\sum_{j=1}^{n} \frac{\partial}{\partial x_j}\left[\left(F_j(\boldsymbol{x}) + \pi \sum_{k=1}^{n}\sum_{l,s=1}^{m} K_{ls} g_{ks}(\boldsymbol{x}) \frac{\partial}{\partial x_k} g_{jl}(\boldsymbol{x})\right) p\right] \\ &- \pi \sum_{j,k=1}^{n} \frac{\partial^2}{\partial x_j \partial x_k}\left[\left(\sum_{l,s=1}^{m} K_{ls} g_{jl}(\boldsymbol{x}) g_{ks}(\boldsymbol{x})\right) p\right].\end{aligned} \tag{7.3.4}$$

(7.3.3) 与 (7.3.4) 之差称为残差

$$\delta(\boldsymbol{x}) = \sum_{j=1}^{n} \frac{\partial}{\partial x_j}\{[F_j(\boldsymbol{x}) - f_j(\boldsymbol{x})]\, p(\boldsymbol{x})\}. \tag{7.3.5}$$

$\delta(\boldsymbol{x})$ 是近似解 $p(\boldsymbol{x})$ 与系统 (7.3.1) 真解之差的度量, 因此, 需要使它在某种意义上最小. 为此, 提出了加权残数法 (Finlayson, 1972), 选取 $f_j(\boldsymbol{X})$, 从而 $p(\boldsymbol{x})$ 已知,

使得

$$\Delta_M=\int M(\boldsymbol{x})\delta(\boldsymbol{x})\mathrm{d}\boldsymbol{x}=\int M(\boldsymbol{x})\sum_{j=1}^{n}\frac{\partial}{\partial x_j}\left\{[F_j(\boldsymbol{x})-f_j(\boldsymbol{x})]\,p(\boldsymbol{x})\right\}\mathrm{d}\boldsymbol{x}=0, \quad (7.3.6)$$

式中 $M(\boldsymbol{x})$ 是特选的加权函数. 积分 Δ 的下标 M 表明 Δ 之值取决于加权函数 $M(\boldsymbol{x})$ 的选取. 为继续进行下去, 对 M 函数施加一般性限制条件, 即 M 对 x_i 可微, 在 $\boldsymbol{x}$ 域边界上

$$M(\boldsymbol{x})[F_j(\boldsymbol{x})-f_j(\boldsymbol{x})]p(\boldsymbol{x})=0, \quad \boldsymbol{x}\text{ 在边界上}. \quad (7.3.7)$$

对每个 x_i 进行分部积分, 并应用 (7.3.7), 从 (7.3.6) 得

$$\Delta_M=E\left\{\sum_{j=1}^{n}[F_j(\boldsymbol{X})-f_j(\boldsymbol{X})]\,\frac{\partial M(\boldsymbol{X})}{\partial X_j}\right\}=0, \quad (7.3.8)$$

式中的集合平均用近似概率密度 $p(\boldsymbol{x})$ 完成. 通过适当选取一组 M 函数, 从 (7.3.8) 得到一组相应约束. 然后可从这组约束确定替代系统的函数 $f_j(\boldsymbol{x})$. 所需要的约束数, 以及所需要的权函数的数目, 取决于函数 $f_j(\boldsymbol{x})$ 中待定参数的个数.

7.3.2 耗散能量平衡

现将上述加权残数法应用于下述单自由度非线性随机系统

$$\ddot{X}+H(X,\dot{X})+v(X)=\sum_{l=1}^{m}g_l(X,\dot{X})W_l(t), \quad (7.3.9)$$

式中 $H(X,\dot{X})$ 是阻尼力, $v(X)$ 是恢复力. 假定这一系统不属于广义平稳势可解类. 现用下列可解系统代替 (7.3.9):

$$\ddot{X}+h(X,\dot{X})+v(X)=\sum_{l=1}^{m}g_l(X,\dot{X})W_l(t). \quad (7.3.10)$$

在替代系统 (7.3.10) 中, 恢复力与激励项保持不变. 因此, 代替的本质是改变阻尼力使 (7.3.9) 成为广义平稳势可解类. 令 $X_1=X$, $X_2=\dot{X}$, 使 (7.3.9) 与 (7.3.10) 成为一阶微分方程组, 并分别与 (7.3.1), (7.3.2) 比较, 于是从 (7.3.8) 得

$$\Delta_M=E\left\{[H(X_1,X_2)-h(X_1,X_2)]\,\frac{\partial M(X_1,X_2)}{\partial X_2}\right\}=0. \quad (7.3.11)$$

通过选取适当的加权函数 $M(X_1,X_2)$, 可建立所需要的约束以得到近似解.

首先要根据 (6.3.16), 即下式, 识别出附加恢复力 $u^*(X_1)$ 与附加阻尼力 $h^*(X_1, X_2)$

$$\pi\sum_{l,s=1}^{m}K_{ls}g_l\frac{\partial g_s}{\partial X_2}=h^*(X_1,X_2)+u^*(X_1), \quad (7.3.12)$$

于是有效恢复力与有效总能量为

$$u(X_1)=v(X_1)+u^*(X_1),\quad \Lambda=\frac{1}{2}X_2^2+\int u(X_1)\mathrm{d}X_1. \tag{7.3.13}$$

由于假定 (7.3.10) 有精确平稳解, 函数 $h(X_1,X_2)$ 可表示为 (6.3.22) 形式, 即

$$h(X_1,X_2)=\pi X_2\phi'(\Lambda)\sum_{l,s=1}^{m}K_{ls}g_lg_s-h^*(X_1,X_2). \tag{7.3.14}$$

将 (7.3.14) 代入 (7.3.11) 给出

$$\Delta_M=E\left\{\left[H(X_1,X_2)+h^*(X_1,X_2)-\pi X_2\phi'(\Lambda)\sum_{l,s=1}^{m}K_{ls}g_lg_s\right]\frac{\partial M}{\partial X_2}\right\}=0. \tag{7.3.15}$$

注意 $H(X_1,X_2)+h^*(X_1,X_2)$ 是原系统在计及 Wong-Zakai 修正项之后的有效阻尼力. 系统响应的平稳概率密度为

$$p(x_1,x_2)=C\exp\left\{-\phi[\lambda(x_1,x_2)]\right\}, \tag{7.3.16}$$

式中概率势函数 $\phi[\lambda(x_1,x_2)]$ 通过选取适当权函数 $M(X_1,X_2)$ 由 (7.3.15) 确定.

令 $M=X_2^2$, 从 (7.3.15) 得

$$E\left\{X_2\left[H(X_2,X_2)+h^*(X_2,X_2)-\pi X_2\phi'(\Lambda)\sum_{l,s=1}^{m}K_{ls}g_lg_s\right]\right\}=0. \tag{7.3.17}$$

用 (7.3.16) 中近似概率密度计算 (7.3.17) 中的集合平均, 得

$$\int_{-\infty}^{\infty}\int_{-\infty}^{\infty}\mathrm{e}^{-\phi(\lambda)}x_2\left[H(x_1,x_2)+h^*(x_1,x_2)-\pi x_2\phi'(\lambda)\sum_{l,s=1}^{m}K_{ls}g_lg_s\right]\mathrm{d}x_1\mathrm{d}x_2=0. \tag{7.3.18}$$

假定有效恢复力 $u(x_1)$ 为奇函数, 并记有效势能为

$$U(x_1)=\int u(x_1)\mathrm{d}x_1. \tag{7.3.19}$$

结合 (7.3.13) 与 (7.3.19), 得

$$x_2=\begin{cases}\sqrt{2\lambda-2U(x_1)}, & x_2\geqslant 0\\ -\sqrt{2\lambda-2U(x_1)}, & x_2<0\end{cases}. \tag{7.3.20}$$

(7.3.18) 中对 x_1 与 x_2 的积分可变换成如下对 x_1 与 λ 的积分

$$\int_{-\infty}^{\infty}\mathrm{e}^{-\phi(\lambda)}\mathrm{d}\lambda\int_0^{a(\lambda)}\left[H(x_1,x_2)+h^*(x_1,x_2)\right.$$

$$-\pi x_2\phi'(\lambda)\sum_{l,s=1}^{m}K_{ls}g_lg_s\Bigg]_{x_2=\sqrt{2\lambda-2U(x_1)}}\mathrm{d}x_1=0, \tag{7.3.21}$$

式中 $a(\lambda)$ 是相应于能量水平 λ 的幅值, 即 a 由 $U(a)=\lambda$ 确定. 如 (7.3.20) 所示, x_2 被当作 x_1 与 λ 的函数. 由于 $\phi(\lambda)$ 仍未知, 将 (7.3.21) 代之以更严厉的条件, 即要求对每个 λ, 对 x_1 的积分为零, 即

$$\int_0^{a(\lambda)}\left[H(x_1,x_2)+h^*(x_1,x_2)-\pi x_2\phi'(\lambda)\sum_{l,s=1}^{m}K_{ls}g_lg_s\right]_{x_2=\sqrt{2\lambda-2U(x_1)}}\mathrm{d}x_1=0. \tag{7.3.22}$$

此导致 $\phi'(\lambda)$ 的以下表达式:

$$\phi'(\lambda)=\frac{\displaystyle\int_0^{a(\lambda)}[H(x_1,x_2)+h^*(x_1,x_2)]_{x_2=\sqrt{2\lambda-2U(x_1)}}\mathrm{d}x_1}{\displaystyle\pi\int_0^{a(\lambda)}\left[x_2\sum_{l,s=1}^{m}K_{ls}g_lg_s\right]_{x_2=\sqrt{2\lambda-2U(x_1)}}\mathrm{d}x_1}. \tag{7.3.23}$$

总结以上知, 求解步骤为: ① 从 (7.3.12) 识别附加恢复力 $u^*(x_1)$ 与附加阻尼力 $h^*(x_1,x_2)$; ②按 (7.3.13) 构造有效总能量 λ; ③由 (7.3.23) 计算 $\phi'(\lambda)$ 并积分得 $\phi(\lambda)$; ④ 由 (7.3.16) 得平稳概率密度 $p(x_1,x_2)$.

用 (7.3.23) 直接找出概率势的一个重要优点是不再需要替代系统 (7.3.10) 中函数 $h(X_1,X_2)$ 的知识. 这样, 避免了选取 $h(X_1,X_2)$ 形式带来的误差. 此外, 考虑到在替代系统中恢复力与激励项保持不变, 可以认为所得的近似解确实是在广义平稳势类内最好的.

在约束 (7.3.11) 中取 $M=X_2^2$, 所得到的 (7.3.17) 的物理含义是单位时间的平均耗能对替代系统与原系统是相同的, 而更强的条件 (7.3.22) 表示在每一能量水平上平均耗能相等. 所以, 该法称为耗散能量平衡 (Cai 与 Lin, 1988).

式 (7.3.23) 至少可数值计算. 若恢复力为线性, 则常可得封闭解析解. 此时, 可写为

$$u(x_1)=k_ex_1,\quad U(x_1)=\frac{1}{2}k_ex_1^2,\quad \lambda=\frac{1}{2}k_ex_1^2+\frac{1}{2}x_2^2. \tag{7.3.24}$$

令

$$x_1=\frac{\sqrt{2\lambda}}{\sqrt{k_e}}\cos\theta,\quad x_2=\sqrt{2\lambda}\sin\theta, \tag{7.3.25}$$

(7.3.23) 可变换为

$$\phi'(\lambda)=\frac{\displaystyle\int_0^{2\pi}\sin\theta\,[H(x_1,x_2)+h^*(x_1,x_2)]_{x_1,x_2\to\lambda,\theta}\,\mathrm{d}\theta}{\displaystyle\pi\sqrt{2\lambda}\int_0^{2\pi}\sin^2\theta\left[\sum_{l,s=1}^{m}K_{ls}g_lg_s\right]_{x_1,x_2\to\lambda,\theta}\mathrm{d}\theta},\tag{7.3.26}$$

式中记号 $x_1, x_2\to\lambda, \theta$, 表示 x_1 与 x_2 按 (7.3.25) 用 λ 与 θ 表示. 若 $H(x_1, x_2)$ 与 $g_l(x_1, x_2)$ 是 x_1 与 x_2 的多项式, (7.3.26) 中积分可解析地完成.

若无参激, 即所有 g_l 为常数, 则 (7.3.23) 简化为

$$\phi'(\lambda)=\frac{\displaystyle\int_0^{a(\lambda)}\left[H(x_1,\sqrt{2\lambda-2U(x_1)}\right]\mathrm{d}x_1}{\displaystyle\pi\sum_{l,s=1}^{m}K_{ls}g_lg_s\int_0^{a(\lambda)}\sqrt{2\lambda-2U(x_1)}\mathrm{d}x_1}.\tag{7.3.27}$$

以及 (7.3.26) 简化为

$$\phi'(\lambda)=\frac{\displaystyle\int_0^{2\pi}H(\lambda,\theta)\sin\theta\mathrm{d}\theta}{\displaystyle\pi^2\sum_{l,s=1}^{m}K_{ls}g_lg_s\sqrt{2\lambda}}.\tag{7.3.28}$$

式中 $H(\lambda, \theta)$ 乃按 (7.3.25) 从 $H(x_1,x_2)$ 通过变量代换 $x_1,x_2\to\lambda,\theta$ 得到.

例 7.3.1　考虑非线性随机系统

$$\ddot{X}+\alpha\dot{X}+\beta\dot{X}^3+\delta X^3=W(t),\quad \beta,\ \delta>0.\tag{7.3.29}$$

其恢复力、势能及总能量为

$$u(x_1)=\delta x_1^3,\quad U(x_1)=\frac{1}{4}\delta x_1^4,\quad \lambda=\frac{1}{4}\delta x_1^4+\frac{1}{2}x_2^2.\tag{7.3.30}$$

等效线性化导致近似的高斯分布

$$p(x_1,x_2)=C\exp\left[-\frac{\alpha_e}{2\pi K}(k_ex_1^2+x_2^2)\right],\tag{7.3.31}$$

式中线性化系数从 (7.1.18) 算出为

$$\alpha_e=\frac{1}{2}\left(\alpha+\sqrt{\alpha^2+12\pi\beta K}\right),\quad k_e=\sqrt{\frac{3\pi\delta K}{\alpha_e}}.\tag{7.3.32}$$

若用部分线性化法, 则有

$$p(x_1,x_2)=C\exp\left[-\frac{\alpha_e}{2\pi K}\left(\frac{1}{2}\delta x_1^4+x_2^2\right)\right],\tag{7.3.33}$$

式中 α_e 由 (7.3.32) 给出. 用耗散能量平衡法, 方程 (7.3.28) 给出

$$p(x_1,x_2)=C\exp\left\{-\frac{1}{2\pi K}\left[\alpha\left(\frac{1}{2}\delta x_1^4+x_2^2\right)+\frac{3\beta}{7}\left(\frac{1}{2}\delta x_1^4+x_2^2\right)^2\right]\right\}. \qquad (7.3.34)$$

(7.3.34) 的推导留给读者作为习题 7.8.

对 $\alpha=0.1$ 与 $K=1$ 的系统 (7.3.29), 进行了数值计算 (Lin 与 Cai, 1995) 以得到位移 $X(t)$ 的均方值. 图 7.3.1 中示出了平稳均方位移值随非线性阻尼参数的变化. 图中也示出了用 7.1.1 节中等效线性化与 7.1.2 节中部分线性化法的计算结果. 该图表明与蒙特卡罗模拟结果相比, 用耗散能量平衡法计算的结果最精确, 用等效线性化的计算结果最不精确.

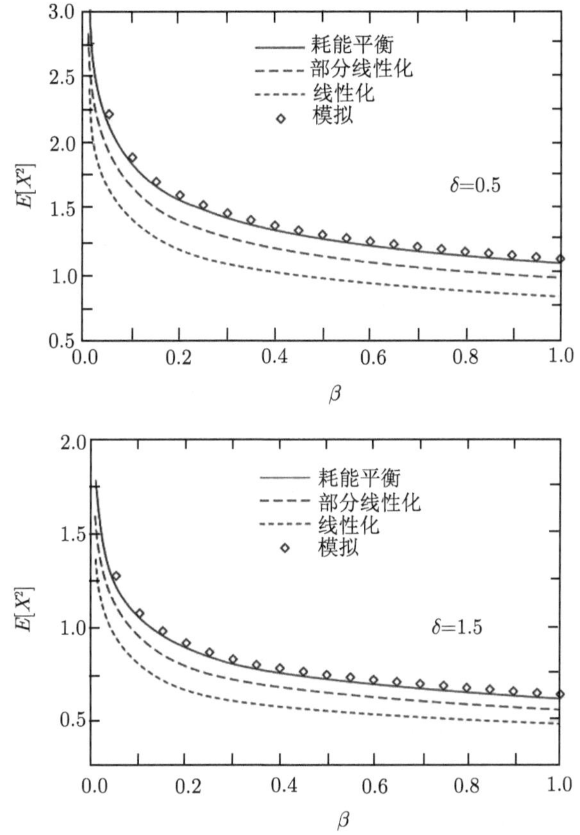

图 7.3.1 系统 (7.3.29) 中 $X(t)$ 的平稳均方值 (Lin 与 Cai, 1995)

例 7.3.2 考虑下列范德坡–瑞利型振子

$$\ddot{X}+\alpha\dot{X}+\beta X^2\dot{X}+\gamma\dot{X}^3+\omega_0^2X=XW_1(t)+\dot{X}W_2(t)+W_3(t), \qquad (7.3.35)$$

式中 $W_1(t)$, $W_2(t)$ 及 $W_3(t)$ 是具有谱密度 K_{ij} $(i,\ j=1,\ 2,\ 3)$ 的高斯白噪声. 假定 $K_{23}=0$. 比较 (7.3.35) 与标准形式 (7.3.9), 可知

$$\begin{aligned}&H(X_1,X_2)=\alpha X_2+\beta X_1^2X_2+\gamma X_2^3,\quad v(X_1)=\omega_0^2X_1,\\&g_1(X_1,X_2)=X_1,\quad g_2(X_1,X_2)=X_2,\quad g_3(X_1,X_2)=1.\end{aligned}\tag{7.3.36}$$

为应用耗散能量平衡法, 需按 (7.3.12) 识别附加恢复力 $u^*(x_1)$ 与附加阻尼力 $h^*(x_1,x_2)$. 由于

$$\pi\sum_{l,s=1}^{m}K_{ls}g_l(x_1,x_2)\frac{\partial}{\partial x_2}g_s(x_1,x_2)=\pi K_{12}x_1+\pi K_{22}x_2,\tag{7.3.37}$$

可知

$$u^*(x_1)=\pi K_{12}x_1,\quad h^*(x_1,x_2)=\pi K_{22}x_2.\tag{7.3.38}$$

因此, 有效恢复力、有效势能及有效总能量由 (7.3.24) 给出, 其中

$$k_e=\omega_0^2+\pi K_{12}.\tag{7.3.39}$$

由于恢复力是线性的, 可用 (7.3.28) 得

$$\phi'(\lambda)=\frac{2k_e(\alpha+\pi K_{22})+(\beta+3k_e\gamma)\lambda}{\pi\left[2k_eK_{33}+(K_{11}+3k_eK_{22})\lambda\right]}.\tag{7.3.40}$$

下面讨论几种不同情形. 首先, 考虑无参激情形. 令 $K_{11}=0$, $K_{22}=0$ 及 $K_{12}=0$, (7.3.40) 简化为

$$\phi'(\lambda)=\frac{2\alpha\omega_0^2+(\beta+3\omega_0^2\gamma)\lambda}{2\pi\omega_0^2K_{33}}.\tag{7.3.41}$$

得到概率密度为

$$p(x_1,x_2)=C\exp\left\{-\frac{1}{2\pi K_{33}}\left[\alpha(\omega_0^2x_1^2+x_2^2)+\frac{1}{8}\left(\frac{\beta}{\omega_0^2}+3\gamma\right)(\omega_0^2x_1^2+x_2^2)^2\right]\right\}.\tag{7.3.42}$$

另外, 若至少有一个参激存在使 $K_{11}+3k_eK_{22}\neq0$, 从 (7.3.40) 得

$$\begin{aligned}\phi(\lambda)=&\frac{\beta+3k_e\gamma}{\pi(K_{11}+3k_eK_{22})}\lambda\\&-\ln\left[(K_{11}+3k_eK_{22})\lambda+2k_eK_{33}\right]^{\delta}+\text{常数},\end{aligned}\tag{7.3.43}$$

式中

$$\delta=\frac{2k_e[K_{33}(\beta+3k_e\gamma)-(\alpha+\pi K_{22})(K_{11}+3k_eK_{22})]}{\pi(K_{11}+3k_eK_{22})^2}.\tag{7.3.44}$$

于是概率密度为

$$p(x_1,x_2)=C\left[(K_{11}+3k_eK_{22})\lambda+2k_eK_{33}\right]^{\delta}\exp\left[-\frac{\beta+3k_e\gamma}{\pi(K_{11}+3k_eK_{22})}\lambda\right]. \tag{7.3.45}$$

另一个特殊情形是系统的阻尼力与恢复力是线性的, 即 $\beta=0$, $\gamma=0$. (7.3.45) 化为

$$p(x_1,x_2)=C\left[(K_{11}+3k_eK_{22})\lambda+2k_eK_{33}\right]^{\delta} \tag{7.3.46}$$

从 (7.3.46) 可计算出如下二阶矩 (习题 2.22)

$$\begin{aligned}E[X_1^2]&=\frac{\pi K_{33}}{k_e(\alpha-2\pi K_{22})-\pi K_{11}},\quad E[X_1X_2]=0,\\E[X_2^2]&=\frac{\pi k_eK_{33}}{k_e(\alpha-2\pi K_{22})-\pi K_{11}}.\end{aligned} \tag{7.3.47}$$

虽然 (7.3.46) 的概率密度是近似的, 但 (7.3.47) 中的二阶矩是精确的, 这可从原参激线性系统推导证实 (习题 6.12). 表达式 (7.3.47) 意味着二阶矩存在的条件为

$$\alpha>\frac{\pi K_{11}}{k_e}+2\pi K_{22}. \tag{7.3.48}$$

下列特殊情形满足广义平稳势条件, 本法给出精确结果:

(1) $K_{11}=0,\quad K_{22}=0,\quad K_{33}\neq 0,\quad \beta=\gamma\omega_0^2$,

$$p(x_1,x_2)=C\exp\left\{-\frac{1}{2\pi K_{33}}\left[\alpha(\omega_0^2x_1^2+x_2^2)+\frac{1}{4}\gamma(\omega_0^2x_1^2+x_2^2)^2\right]\right\}. \tag{7.3.49}$$

(2) $K_{12}=0,\quad K_{13}=0,\quad K_{33}\neq 0,\quad K_{11}=\dfrac{\beta K_{33}}{\alpha+\pi K_{22}},\quad K_{22}=\dfrac{\gamma K_{33}}{\alpha+\pi K_{22}}$,

$$p(x_1,x_2)=C\exp\left[-\frac{\alpha+\pi K_{22}}{2\pi K_{33}}(\omega_0^2x_1^2+x_2^2)\right]. \tag{7.3.50}$$

(3) $K_{12}=0,\quad K_{13}=0,\quad K_{11}=0,\quad K_{33}=0,\quad \beta=0,\quad \alpha=-\pi K_{22}\neq 0$,

$$p(x_1,x_2)=C\exp\left[-\frac{\gamma}{2\pi K_{22}}(\omega_0^2x_1^2+x_2^2)^2\right]. \tag{7.3.51}$$

(4) $K_{12}=0,\quad K_{13}=0,\quad K_{22}=0,\quad K_{33}=0,\quad K_{11}\neq 0,\quad \alpha=0,\quad \gamma=0$,

$$p(x_1,x_2)=C\exp\left[-\frac{\beta}{2\pi K_{11}}(\omega_0^2x_1^2+x_2^2)\right]. \tag{7.3.52}$$

(5) $K_{12}=0,\quad K_{13}=0,\quad K_{33}\neq 0,\quad K_{11}=\omega_0^2K_{22},\quad \beta=\gamma\omega_0^2$,

$$p(x_1,x_2)=C\left[K_{33}+K_{22}(\omega_0^2x_1^2+x_2^2)\right]^{\delta}\exp\left[-\frac{\gamma}{2\pi K_{22}}(\omega_0^2x_1^2+x_2^2)\right], \tag{7.3.53}$$

式中

$$\delta=\frac{\gamma K_{33}-K_{22}(\alpha+\pi K_{22})}{2\pi K_{22}^2}. \tag{7.3.54}$$

本例中, 假定 $K_{23}=0$ 使 X_1 的均值为零. 更复杂的 $K_{23}\neq 0$ 情形在专著 (Lin 与 Cai, 1995) 中讨论.

现将加权残数法与耗散能量平衡法用于多自由度非线性随机系统. 考虑下列多自由度非线性随机系统:

$$\ddot{Z}_j+H_j(\boldsymbol{Z},\dot{\boldsymbol{Z}})+u_j(\boldsymbol{Z})=\sum_{l=1}^{m}g_{jl}(\boldsymbol{Z},\dot{\boldsymbol{Z}})W_l(t),\quad j=1,2,\cdots,n. \tag{7.3.55}$$

假定该系统不属广义平稳势可解类. 现将系统 (7.3.55) 代之以可解系统

$$\ddot{Z}_j+h_j(\boldsymbol{Z},\dot{\boldsymbol{Z}})+u_j(\boldsymbol{Z})=\sum_{l=1}^{m}g_{jl}(\boldsymbol{Z},\dot{\boldsymbol{Z}})W_l(t),\quad j=1,2,\cdots,n. \tag{7.3.56}$$

令 $X_{2j-1}=Z_j$, $X_{2j}=\dot{Z}_j$, 以及 $p(\boldsymbol{x})$ 为 (7.3.56) 的精确平稳概率密度, 即 $p(\boldsymbol{x})$ 满足下列简化 FPK 方程:

$$\begin{aligned}&\sum_{j=1}^{n}\frac{x_{2j}\partial p}{\partial x_{2j-1}}+\sum_{j=1}^{n}\frac{\partial}{\partial x_{2j}}\left[\left(-h_j-u_j+\pi\sum_{k=1}^{n}\sum_{l,s=1}^{m}K_{ls}g_{ks}\frac{\partial}{\partial x_k}g_{jl}\right)p\right]\\&-\pi\sum_{j,k=1}^{n}\sum_{l,s=1}^{m}K_{ls}\frac{\partial^2}{\partial x_{2j}\partial x_{2k}}(g_{jl}g_{ks}p)=0.\end{aligned} \tag{7.3.57}$$

目的是选取一组函数 h_j 使得系统 (7.3.56) 在某种统计意义上最接近系统 (7.3.55). 由于 $p(\boldsymbol{x})$ 不是系统 (7.3.55) 的真解, $p(\boldsymbol{x})$ 不满足该系统的 FPK 方程, 所以出现下列残差:

$$\begin{aligned}\delta=&\sum_{j=1}^{n}\frac{x_{2j}\partial p}{\partial x_{2j-1}}+\sum_{j=1}^{n}\frac{\partial}{\partial x_{2j}}\left[\left(-H_j-u_j+\pi\sum_{k=1}^{n}\sum_{l,s=1}^{m}K_{ls}g_{ks}\frac{\partial}{\partial x_k}g_{jl}\right)p\right]\\&-\pi\sum_{j,k=1}^{n}\sum_{l,s=1}^{m}K_{ls}\frac{\partial^2}{\partial x_{2j}\partial x_{2k}}(g_{jl}g_{ks}p).\end{aligned} \tag{7.3.58}$$

结合 (7.3.57) 与 (7.3.58), 有

$$\delta(\boldsymbol{x})=\sum_{j=1}^{n}\frac{\partial}{\partial x_{2j}}\left\{\left[H_j(\boldsymbol{x})-h_j(\boldsymbol{x})\right]p(\boldsymbol{x})\right\}. \tag{7.3.59}$$

此残差是近似解 $p(\boldsymbol{x})$ 偏离 (7.3.55) 的真解的误差的一个度量. 为使 $\delta(\boldsymbol{x})$ 在某种意义上最小, 应用加权残数法得到

$$\Delta_M = E\left\{\sum_{j=1}^{n}[H_j(\boldsymbol{X})-h_j(\boldsymbol{X})]\frac{\partial M(\boldsymbol{X})}{\partial X_{2j}}\right\}=0. \tag{7.3.60}$$

若选取 $M=X_2^2, X_4^2, \cdots, X_{2n}^2$, 则可得下列约束:

$$E\left\{X_{2j}[H_j(\boldsymbol{X})-h_j(\boldsymbol{X})]\right\}=0, \quad j=1,2,\cdots,n \tag{7.3.61}$$

这可以解出函数 h_j 中 n 个未知参数, 方程组 (7.3.61) 意味着, 原系统与替代系统在每个坐标上的平均能耗相同.

应指出如下三个要点: ① (7.3.61) 中的集合平均要用替代系统 (7.3.56) 的概率密度计算; ② 函数 h_j 形式的选取要使系统 (7.3.56) 具有精确平稳解; ③ 替代系统 (7.3.56) 的精确平稳概率密度 $p(\boldsymbol{x})$ 要按广义平稳势构造. 考虑到这三点, 系统 (7.3.55) 的近似概率密度可直接从方程组 (7.3.61) 迭代求解得到. 现用下面的例子说明该法.

例 7.3.3 考虑下列阻尼耦合的两自由度非线性随机系统

$$\begin{aligned}
&\ddot{Z}_1+\alpha_1\dot{Z}_1+\beta_1\dot{Z}_1(Z_1^2+Z_2^2)+\omega_1^2(Z_1+\gamma_1 Z_1^3)=W_1(t),\\
&\ddot{Z}_2+\alpha_2\dot{Z}_2+\beta_2\dot{Z}_2(Z_1^2+Z_2^2)+\omega_2^2(Z_2+\gamma_2 Z_2^3)=W_2(t).
\end{aligned} \tag{7.3.62}$$

式中 $W_1(t)$ 与 $W_2(t)$ 是相关高斯白噪声, 其相关函数为

$$E[W_i(t)W_j(t+\tau)]=2\pi K_{ij}\delta(\tau). \tag{7.3.63}$$

比较 (7.3.62) 与标准形式 (7.3.55), 有

$$\begin{aligned}
&H_j=\alpha_j X_{2j}+\beta_j X_{2j}(X_1^2+X_3^2),\\
&v_j=\omega_j^2(X_{2j-1}+\gamma_j X_{2j-1}^3), \quad j=1,2.
\end{aligned} \tag{7.3.64}$$

由于没有参激, 无 Wong-Zakai 修正项. 要使替代系统 (7.1.56) 属于广义平稳势类, 由 (6.3.49) 知概率势的形式应为

$$\phi(\boldsymbol{x})=\phi(\lambda_1,\lambda_2), \quad \lambda_j=\frac{1}{2}x_{2j}^2+\frac{1}{2}\omega_j^2\left(x_{2j-1}^2+\frac{1}{2}\gamma_j x_{2j-1}^4\right), \quad j=1,2. \tag{7.3.65}$$

而函数 h_j 由 (6.3.48) 给出

$$h_j=\sum_{k=1}^{2}\left[b_{2j,2k}^{(2j)}\frac{\partial\phi}{\partial x_{2k}}\right], \quad j=1,2. \tag{7.3.66}$$

二阶导数矩可由 (7.3.60) 得到, 它们可划分如下:

$$b_{22}^{(2)}=\frac{1}{2}b_{22}=\pi K_{11},\quad b_{44}^{(4)}=\frac{1}{2}b_{44}=\pi K_{22},$$

$$b_{24}^{(2)}=b_{42}^{(4)}=\frac{1}{2}b_{24}=\pi K_{12}. \tag{7.3.67}$$

将 (7.3.67) 代入 (7.3.66), 有

$$\bar{h}_1=\pi K_{11}x_2\frac{\partial\phi}{\partial\lambda_1}+\pi K_{12}x_4\frac{\partial\phi}{\partial\lambda_2},$$

$$\bar{h}_2=\pi K_{12}x_2\frac{\partial\phi}{\partial\lambda_1}+\pi K_{22}x_4\frac{\partial\phi}{\partial\lambda_2}. \tag{7.3.68}$$

要进行下去, 必须选取概率势 ϕ 的函数形式. 考虑简单线性形式

$$\phi=c_{10}\lambda_1+c_{01}\lambda_2, \tag{7.3.69}$$

式中 c_{10} 与 c_{01} 为待定参数. 这意味着近似概率密度形式为

$$\begin{aligned}p(\boldsymbol{x})=C\mathrm{e}^{-\phi(\boldsymbol{x})}=C\exp\Bigg\{&-c_{10}\left[\frac{1}{2}x_2^2+\frac{1}{2}\omega_1^2\left(x_1^2+\frac{1}{2}\gamma_1x_1^4\right)\right]\\&-c_{01}\left[\frac{1}{2}x_4^2+\frac{1}{2}\omega_2^2\left(x_3^2+\frac{1}{2}\gamma_2x_3^4\right)\right]\Bigg\}.\end{aligned} \tag{7.3.70}$$

将 (7.3.64) 中的 H_j 与 (7.3.66) 中的 h_j 代入约束 (7.3.61), 并考虑 (7.3.70), 有

$$\begin{aligned}&E[\alpha_1X_2^2+\beta_1X_2^2(X_1^2+X_3^2)-\pi K_{11}c_{10}X_2^2-\pi K_{12}c_{01}X_2X_4]=0,\\&E[\alpha_2X_4^2+\beta_2X_4^2(X_1^2+X_3^2)-\pi K_{12}c_{10}X_2X_4-\pi K_{22}c_{01}X_4^2]=0.\end{aligned} \tag{7.3.71}$$

鉴于 (7.3.70) 中给出的概率密度形式, 从 (7.3.71) 得一组 c_{10} 与 c_{01} 的形式解:

$$c_{10}=\frac{1}{\pi K_{11}}\left\{\alpha_1+\beta_1(E[X_1^2]+E[X_3^2])\right\},$$

$$c_{01}=\frac{1}{\pi K_{22}}\left\{\alpha_2+\beta_2(E[X_1^2]+E[X_3^2])\right\}. \tag{7.3.72}$$

由于 (7.3.72) 中的集合平均依赖于概率密度 (7.3.70), 而它是 c_{10} 与 c_{01} 的函数, 方程组 (7.3.72) 必须迭代求解. 对参数为 $\alpha_1=0.02$, $\alpha_2=0.05$, $\beta_1=0.01$, $\beta_2=0.01$, $\omega_1=1$, $\omega_2=1.5$, $\gamma_2=1$, $K_{11}=4$, $K_{12}=2$, $K_{22}=1$ 及三个不同非线性强度 γ_1 之系统 (7.3.62) 进行了数值计算 (Cai 与 Lin, 1996). 计算所得 $Z_1(t)$ 与 $Z_2(t)$ 的平稳概率密度分别示于图 7.3.2 与图 7.3.3. 可见, 与模拟结果相比, 近似结果的精度颇好.

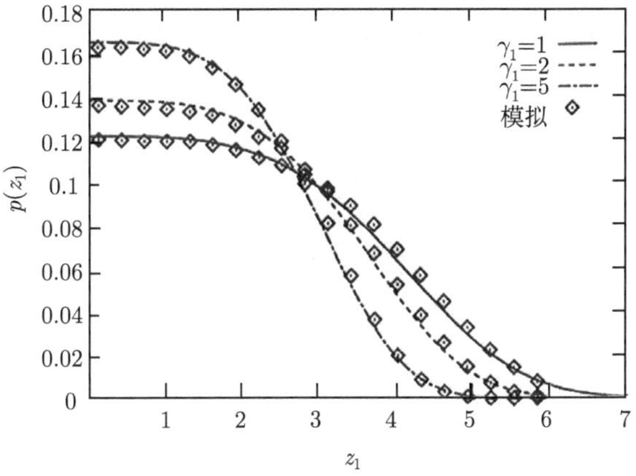

图 7.3.2 系统 (7.3.62) 中 $Z_1(t)$ 的平稳概率密度 (Cai 与 Lin, 1996)

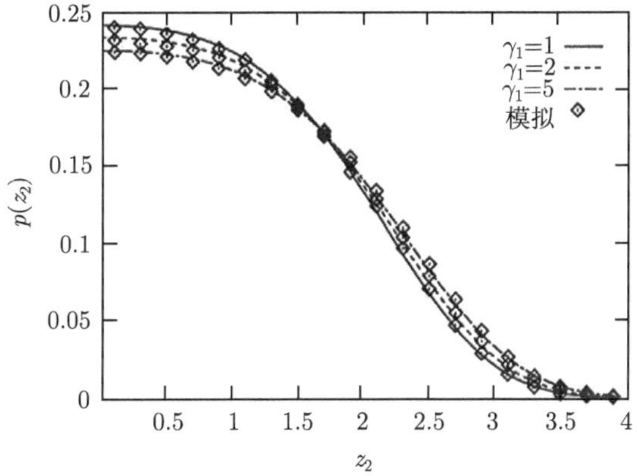

图 7.3.3 系统 (7.3.62) 中 $Z_2(t)$ 的平稳概率密度 (Cai 与 Lin, 1996)

顺便指出, 本例中选取的势函数 ϕ 为简单的线性函数. 若取含更多参数的更复杂势函数, 精度可改善, 但此时准则 (7.3.60) 中要求更多的 M 函数, 产生更多的约束. 如 (7.3.23) 及例 7.3.1 与例 7.3.2 所示, 在应用耗散能量平衡法于单自由度非线性随机系统时不必选择函数 ϕ 的形式.

7.4 随机平均法

如第 4 章和第 5 章及本章前几节所述大多数情形, 要求激励为高斯白噪声, 这样系统响应是马尔可夫扩散过程, 可以获得其精确或近似解. 由于白噪声是其相关函数为 δ 函数的数学理想化过程, 对实际物理过程此要求不能满足. 下面要发展一种方法用白噪声近似非白噪声, 并研究这种近似可行的条件.

令系统的运动方程为

$$\frac{\mathrm{d}}{\mathrm{d}t}X_j(t)=f_j(\boldsymbol{X},t)+\sum_{l=1}^{m}g_{jl}(\boldsymbol{X},t)\xi_l(t),\quad j=1,2,\cdots,n, \tag{7.4.1}$$

式中 $\xi_l(t)$ 是零均值联合平稳过程, 具有下列相关函数

$$E[\xi_l(u)\xi_s(v)]=R_{ls}(\tau),\quad \tau=v-u. \tag{7.4.2}$$

定义 $\xi_l(t)$ 与 $\xi_s(t)$ 的相关时间为

$$\tau_{ls}=\frac{1}{\sqrt{R_{ll}(0)R_{ss}(0)}}\int_{-\infty}^{0}|R_{ls}(\tau)|\,\mathrm{d}\tau. \tag{7.4.3}$$

它是现在的 $\xi_s(t)$ 对于过去的 $\xi_l(t-\tau)$ 的记忆的度量. 对白噪声, 它为零. 若所有激励 $\xi_l(t)$ 可近似为高斯白噪声, 系统响应 $\boldsymbol{X}$ 的概率密度就满足 FPK 方程. 这样, 近似的主要目标就是由原系统方程 (7.4.1) 确定一、二阶导数矩 a_j 与 b_{jk}. 记两次相近测量的时间区间 Δt, 为按 (4.2.11) 确定 a_j, 计算如下增量:

$$X_j(t+\Delta t)-X_j(t)=\int_t^{t+\Delta t}f_j(\boldsymbol{X}_u,u)\mathrm{d}u+\sum_{l=1}^{m}\int_t^{t+\Delta t}g_{jl}(\boldsymbol{X}_u,u)\xi_l(u)\mathrm{d}u, \tag{7.4.4}$$

式中 $\boldsymbol{X}_u$ 是 $\boldsymbol{X}(u)$ 的简写. 在时刻 t 展开 (7.4.4) 中 f_j 与 g_{jl}

$$\begin{aligned}f_j(\boldsymbol{X}_u,u)=&f_j(\boldsymbol{X}_t,t)+(u-t)\frac{\partial}{\partial t}f_j(\boldsymbol{X}_t,t)\\&+\sum_{r=1}^{n}[X_r(u)-X_r(t)]\frac{\partial}{\partial X_r}f_j(\boldsymbol{X}_t,t)+\cdots,\end{aligned} \tag{7.4.5}$$

$$\begin{aligned}g_{jl}(\boldsymbol{X}_u,u)=&g_{jl}(\boldsymbol{X}_t,t)+(u-t)\frac{\partial}{\partial t}g_{jl}(\boldsymbol{X}_t,t)\\&+\sum_{r=1}^{n}[X_r(u)-X_r(t)]\frac{\partial}{\partial X_r}g_{jl}(\boldsymbol{X}_t,t)+\cdots.\end{aligned} \tag{7.4.6}$$

在 (7.4.5) 与 (7.4.6) 中, 将 $X_r(u)-X_r(t)$ 代之以

$$X_r(u)-X_r(t)=\int_t^{u}f_r(\boldsymbol{X}_v,v)\mathrm{d}v+\sum_{s=1}^{m}\int_t^{u}g_{rs}(\boldsymbol{X}_v,v)\xi_s(v)\mathrm{d}v \tag{7.4.7}$$

结合 (7.4.4)~(7.4.7), 并保留主要项, 得

$$X_j(t+\Delta t)-X_j(t)$$

$$
\begin{aligned}
&= \int_t^{t+\Delta t} f_j(\boldsymbol{X}_t, t)\mathrm{d}u + \sum_{l=1}^{m} \int_t^{t+\Delta t} g_{jl}(\boldsymbol{X}_t, t)\xi_l(u)\mathrm{d}u \\
&\quad + \sum_{l=1}^{m} \int_t^{t+\Delta t} (u-t)\left[\frac{\partial}{\partial t} g_{jl}(\boldsymbol{X}_t, t)\right]\xi_l(u)\mathrm{d}u \\
&\quad + \sum_{l,s=1}^{m} \int_t^{t+\Delta t} \xi_l(u)\mathrm{d}u \sum_{r=1}^{n} \frac{\partial}{\partial X_r} g_{jl}(\boldsymbol{X}_t, t) \int_t^u g_{rs}(\boldsymbol{X}_v, v)\xi_s(v)\mathrm{d}v.
\end{aligned} \tag{7.4.8}
$$

将 (7.4.8) 代入 (4.2.11) 给出

$$
\begin{aligned}
a_j(\boldsymbol{x}_t, t) =& f_j(\boldsymbol{x}_t, t) + \frac{1}{\Delta t}\sum_{l,s=1}^{m}\sum_{r=1}^{n} \int_t^{t+\Delta t} \mathrm{d}u \int_t^u \left[\frac{\partial}{\partial x_r} g_{jl}(\boldsymbol{x}_t, t)\right] \\
& \times g_{rs}(\boldsymbol{x}_v, v)E[\xi_l(u)\xi_s(v)]\mathrm{d}v + O(\Delta t),
\end{aligned} \tag{7.4.9}
$$

式中 $O(\Delta t)$ 表示 Δt 阶的余项. 在推导 (7.4.9) 中, 假定在 Δt 时间区间内 f_j 与 g_{jl} 函数的变化基本不受 $\boldsymbol{X}(t)$ 的随机性的影响, 因此在集合平均中不包括它们. 将 (7.4.2) 代入 (7.4.9), 并将积分变量从 v 变成 $\tau = v - u$, 得

$$
\begin{aligned}
a_j(\boldsymbol{x}_t, t) =& f_j(\boldsymbol{x}_t, t) + \frac{1}{\Delta t}\sum_{l,s=1}^{m}\sum_{r=1}^{n} \int_t^{t+\Delta t} \mathrm{d}u \int_{t-u}^{0} \left[\frac{\partial}{\partial x_r} g_{jl}(\boldsymbol{x}_t, t)\right] \\
& \times g_{rs}(\boldsymbol{x}_{u+\tau}, u+\tau)R_{ls}(\tau)\mathrm{d}\tau + O(\Delta t).
\end{aligned} \tag{7.4.10}
$$

若取 Δt 比相关时间 τ_{ls} 长得多, 即对 $\tau > \Delta t$, $R_{ls}(\tau) \approx 0$, 然后交换积分次序, 即先对 u 积分, (7.4.10) 可写为

$$
a_j(\boldsymbol{x}_t, t) = f_j(\boldsymbol{x}_t, t) + \sum_{l,s=1}^{m}\sum_{r=1}^{n} \int_{-\Delta t}^{0} \left[\frac{\partial}{\partial x_r} g_{jl}(x_t, t)\right] g_{rs}(x_{t+\tau}, t+\tau)R_{ls}(\tau)\mathrm{d}\tau. \tag{7.4.11}
$$

对二阶导数矩, 将 (7.4.4) 代入 (4.2.11), 再用类似步骤, 得

$$
b_{jk}(\boldsymbol{x}_t, t) = \sum_{l,s=1}^{m} \int_{-\Delta t}^{\Delta t} g_{jl}(\boldsymbol{x}_t, t) g_{ks}(\boldsymbol{x}_{t+\tau}, t+\tau)R_{ls}(\tau)\mathrm{d}\tau. \tag{7.4.12}
$$

在上述推导中, 假定函数 f_j 与 g_{jl} 在区间 Δt 内慢变. 为满足这一条件, 要求 Δt 不大于系统的松弛时间, 它是无激励时系统运动的变化率的度量. 振荡与非振荡系统松弛时间 τ_{rel} 的定义不同. 对振荡系统, τ_{rel} 是振动幅值减小到 e^{-1} 或增大到 e 倍所需的时间. 对非振荡系统, 幅值代之以运动本身. 若 Δt 大于 τ_{rel}, 则函数 f_j 与 g_{jl} 的变化不可忽略, 会导致太多细节的流失.

从推导 (7.4.11) 与 (7.4.12) 过程中知, 时间区间 Δt 必须比相关时间长得多, 同时比松弛时间短. 因此, (7.4.11) 与 (7.4.12) 成立的条件是系统的松弛时间比所有激励的相关时间长得多. 在此条件下, 系统的响应可近似为马尔可夫扩散过程.

由于 Δt 比激励相关时间长得多, 相关函数只在 $\tau=0$ 的一个小邻域上为非零. 因此, (7.4.11) 与 (7.4.12) 中的积分下限可扩展至 $-\infty$, 而 (7.4.12) 中的积分上限可扩展至 ∞, 即

$$a_j(\boldsymbol{x}_t,t)=f_j(\boldsymbol{x}_t,t)+\sum_{l,s=1}^{m}\sum_{r=1}^{n}\int_{-\infty}^{0}\left[\frac{\partial}{\partial x_r}g_{jl}(\boldsymbol{x}_t,t)\right]g_{rs}(\boldsymbol{x}_{t+\tau},t+\tau)R_{ls}(\tau)\mathrm{d}\tau, \tag{7.4.13}$$

$$b_{jk}(\boldsymbol{x}_t,t)=\sum_{l,s=1}^{m}\int_{-\infty}^{\infty}g_{jl}(\boldsymbol{x}_t,t)g_{ks}(\boldsymbol{x}_{t+\tau},t+\tau)R_{ls}(\tau)\mathrm{d}\tau. \tag{7.4.14}$$

这两个方程可用于计算 FPK 方程中近似的一、二阶导数矩. 它们将用于各种随机平均法, 以白噪声近似非白噪声, 使系统响应近似为马尔可夫扩散过程.

在激励为 δ 相关的平稳随机过程, 即白噪声的特殊情形

$$E[\xi_l(u)\xi_s(v)]=R_{ls}(v-u)=2\pi K_{ls}\delta(v-u), \tag{7.4.15}$$

式中 K_{ls} 为常数谱密度, (7.4.13) 与 (7.4.14) 简化为 (4.3.18) 与 (4.3.19), 即

$$a_j(\boldsymbol{x}_t,t)=f_j(\boldsymbol{x}_t,t)+\sum_{l,s=1}^{m}\sum_{r=1}^{n}\pi K_{ls}g_{rs}(\boldsymbol{x}_t,t)\frac{\partial}{\partial x_r}g_{jl}(\boldsymbol{x}_t,t), \tag{7.4.16}$$

$$b_{jk}(\boldsymbol{x}_t,t)=\sum_{l,s=1}^{m}2\pi K_{ls}g_{jl}(\boldsymbol{x}_t,t)g_{ks}(\boldsymbol{x}_t,t). \tag{7.4.17}$$

(7.4.16) 右边第二项为 Wong-Zakai 修正项.

随机平均法的另一步骤是时间平均, 两种情形用到时间平均. 一是 (7.4.13) 和 (7.4.14) 或 (7.4.16) 与 (7.4.17) 中函数 f_j 与 g_{jl} 是以 T_p 为周期的时间 t 的周期函数, 此时, 可在一周期上作时间平均

$$\langle[\cdot]\rangle_t=\lim_{T\to\infty}\frac{1}{2T}\int_{-T}^{T}[\cdot]\mathrm{d}t=\frac{1}{T_p}\int_{0}^{T_p}[\cdot]\mathrm{d}t. \tag{7.4.18}$$

在分析马尔可夫扩散过程时, 用伊藤随机微分方程是方便的. 平均伊藤方程由 (4.2.53) 给出, 其漂移与扩散系数由 (7.4.13) 与 (7.4.14) 作时间平均得到如下:

$$m_j(\boldsymbol{X})=\langle f_j(\boldsymbol{X}_t,t)\rangle_t+\sum_{l,s=1}^{m}\sum_{r=1}^{n}\int_{-\infty}^{0}\left\langle g_{rs}(\boldsymbol{X}_{t+\tau},t+\tau)\frac{\partial}{\partial X_r}g_{jl}(\boldsymbol{X}_t,t)\right\rangle_t R_{ls}(\tau)\mathrm{d}\tau, \tag{7.4.19}$$

$$\left(\boldsymbol{\sigma}\boldsymbol{\sigma}^{\mathrm{T}}\right)_{jk}=\sum_{r=1}^{n}\sigma_{jr}(\boldsymbol{X})\sigma_{kr}(\boldsymbol{X})=\sum_{l,s=1}^{m}\int_{-\infty}^{\infty}\left\langle g_{jl}(\boldsymbol{X}_t,t)g_{ks}(\boldsymbol{X}_{t+\tau},t+\tau)\right\rangle_t R_{ls}(\tau)\mathrm{d}\tau. \tag{7.4.20}$$

在 (7.4.19) 与 (7.4.20) 中, 平均漂移与扩散系统已光滑化, 不再显含时间. 时间平均后, 平均随机系统的总响应矢量仍是矢量扩散过程, 其维数与原系统的维数相同. 然而, 也可能时间平均后单个响应 (或响应矢量的子矢量) 本身也为扩散过程 (或矢量扩散过程). 此时, 系统的维数降低.

得到 (7.4.19) 与 (7.4.20) 的方法由斯特拉多诺维奇 (Stratonovich, 1963) 提出, 在文献中称为随机平均. 它是著名的波哥留波夫与米特拉波尔斯基 (Bogoliubov 与 Mitrapolski, 1961) 的平均法从确定性问题引申到随机问题. 它的严格数学证明由哈斯敏斯基 (Khasminskii, 1966) 在一极限定理中提供, 该定理说, 随 (7.4.13) 与 (7.4.14) 右边趋近于零, $\boldsymbol{X}$ 依概率趋近于马尔可夫扩散过程.

对高斯白噪声激励情形, 平均漂移与扩散系数 (7.4.19) 与 (7.4.20) 化为

$$m_j(\boldsymbol{X})=\left\langle f_j(\boldsymbol{X}_t,t)\right\rangle_t+\sum_{l,s=1}^{m}\sum_{r=1}^{n}\pi K_{ls}\left\langle g_{rs}(\boldsymbol{X}_t,t)\frac{\partial}{\partial x_r}g_{jl}(\boldsymbol{X}_t,t)\right\rangle_t, \tag{7.4.21}$$

$$\left(\boldsymbol{\sigma}\boldsymbol{\sigma}^{\mathrm{T}}\right)_{jk}=\sum_{l,s=1}^{m}2\pi K_{ls}\left\langle g_{jl}(\boldsymbol{X}_t,t)g_{ks}(\boldsymbol{X}_t,t)\right\rangle_t. \tag{7.4.22}$$

另一情形需要作时间平均的是系统状态按时间尺度可分成快变与慢变两类. 不失一般性, 假定系统 (7.4.1) 中前 $n_1(n_1<n)$ 状态变量为慢变, 所有其他状态变量为快变. 于是, 可将前 n_1 个方程写成

$$\frac{\mathrm{d}}{\mathrm{d}t}X_j(t)=\varepsilon f_j(\boldsymbol{X},t)+\varepsilon^{\frac{1}{2}}\sum_{l=1}^{m}g_{jl}(\boldsymbol{X},t)\xi_l(t),\quad j=1,\cdots,n_1, \tag{7.4.23}$$

以代替 (7.4.1) 中前 n_1 个方程. (7.4.23) 中, 引入参数 $\varepsilon\ll 1$ 以表明右边第一、二项分别为 ε 与 $\varepsilon^{\frac{1}{2}}$ 阶小量, 从而 $X_j(t)$, $j=1, 2, \cdots, n_1$ 为慢变量. 很快就会知道, 这等于假定 (7.4.23) 右边两项对系统响应的贡献为同阶量. 完成随机平均与时间平均后, 从 (7.4.23) 与 (7.4.1) 得到如下关于 $X_j(t)$ $(j=1, 2, \cdots, n_1)$ 的方程:

$$\mathrm{d}X_j(t)=m_j(\tilde{\boldsymbol{X}})\mathrm{d}t+\sum_{l=1}^{m}\sigma_{jl}(\tilde{\boldsymbol{X}})\mathrm{d}B_l(t), \tag{7.4.24}$$

式中, $\tilde{\boldsymbol{X}}=[X_1,X_2,\cdots X_{n_1}]^{\mathrm{T}}$,

$$m_j(\tilde{\boldsymbol{X}})=\varepsilon\Big[\left\langle f_j(\boldsymbol{X}_t,t)\right\rangle_t$$

$$
+\sum_{l,s=1}^{m}\sum_{r=1}^{n_1}\int_{-\infty}^{0}\left\langle g_{rs}(\boldsymbol{X}_{t+\tau},t+\tau)\frac{\partial}{\partial X_r}g_{jl}(\boldsymbol{X}_t,t)\right\rangle_t R_{ls}(\tau)\mathrm{d}\tau\Bigg], \quad (7.4.25)
$$

$$
\begin{aligned}
\left(\boldsymbol{\sigma}\boldsymbol{\sigma}^{\mathrm{T}}\right)_{jk} &= \sum_{r=1}^{n_1}\sigma_{jr}(\tilde{\boldsymbol{X}})\sigma_{kr}(\tilde{\boldsymbol{X}}) \\
&= \varepsilon\sum_{l,s=1}^{m}\int_{-\infty}^{\infty}\langle g_{jl}(\boldsymbol{X}_t,t)g_{ks}(\boldsymbol{X}_{t+\tau},t+\tau)\rangle_t R_{ls}(\tau)\mathrm{d}\tau.
\end{aligned}\quad (7.4.26)
$$

在作时间平均时, 把慢变量当作常数, 所有快变量平均掉, 只留下慢变量, 它们本身构成马尔可夫扩散过程. 慢变量反映了系统运动的总趋势. 作为结果, 系统的维数降为慢变量的维数, 问题得到简化.

得到 (7.4.24)~(7.4.26) 的方法乃基于由哈斯敏斯基 (Khasminskii, 1968) 提出的含快变量与慢变量的伊藤方程的随机平均原理.

很清楚, 在推导 (7.4.19)~(7.4.22) 或 (7.4.24)~(7.4.26) 中包含了两个步骤, 第一步以高斯白噪声近似激励过程, 使系统的响应成为马尔可夫扩散过程. 得到的方程 (7.4.13) 和 (7.4.14) 称为非光滑型随机平均, 所有变量都被保留. 第二步作时间平均, 分两种情形: 第一种情形消除周期函数, 保留所有变量, 第二种情形则消除快变量, 从而降低系统维数. 两个步骤合起来称为光滑型随机平均. 随机平均可指光滑型 (7.4.19)~(7.4.22) 或 (7.4.24)~(7.4.26), 也可指非光滑型 (7.4.13)~(7.4.14).

下面几节将随机平均法应用于不同情况.

7.4.1 幅值包线随机平均

如上所述, 当系统方程同时含慢变与快变量时才用时间平均降低方程维数. 通常的原始状态变量与相应运动方程并非这种情况. 但是若能识别出系统的某类慢变量, 则可将系统方程变换成以慢变量与快变量为系统状态变量的方程. 考虑下列线性恢复力、弱非线性阻尼及弱激励的振子:

$$
\ddot{X}+\varepsilon h(X,\dot{X})+\omega_0^2X=\varepsilon^{\frac{1}{2}}\sum_{l=1}^{m}g_l(X,\dot{X})\xi_l(t), \quad (7.4.27)
$$

式中 $\xi_l(t)$ 为平稳宽带过程. 显然 X 与 $\dot{X}$ 均非慢变量. 假定 Wong-Zakai 修正项不产生附加恢复力. 令

$$
X=A(t)\cos\theta, \quad \dot{X}=-A(t)\omega_0\sin\theta, \quad \theta=\omega_0t+\phi(t), \quad (7.4.28)
$$

式中 $A(t)$ 是幅值过程, 可表示为

$$
A(t)=\sqrt{X^2+\frac{\dot{X}^2}{\omega_0^2}}. \quad (7.4.29)
$$

用 (7.4.27) 与 (7.4.28), 得 (习题 7.16)

$$\dot{A}\cos\theta - A\dot{\phi}\sin\theta = 0, \tag{7.4.30}$$

$$\begin{aligned}\dot{A}\sin\theta + A\dot{\phi}\cos\theta &= \frac{1}{\omega_0}\varepsilon h(A\cos\theta, -A\omega_0\sin\theta) \\ &\quad - \frac{1}{\omega_0}\varepsilon^{\frac{1}{2}}\sum_{l=1}^{m} g_l(A\cos\theta, -A\omega_0\sin\theta)\xi_l(t).\end{aligned} \tag{7.4.31}$$

从 (7.4.30) 与 (7.4.31) 解出 $\dot{A}$ 与 $\dot{\phi}$, 得

$$\dot{A} = \frac{\sin\theta}{\omega_0}\left[\varepsilon h(A\cos\theta, -A\omega_0\sin\theta) - \varepsilon^{\frac{1}{2}}\sum_{l=1}^{m} g_l(A\cos\theta, -A\omega_0\sin\theta)\xi_l(t)\right], \tag{7.4.32}$$

$$\dot{\phi} = \frac{\cos\theta}{\omega_0 A}\left[\varepsilon h(A\cos\theta, -A\omega_0\sin\theta) - \varepsilon^{\frac{1}{2}}\sum_{l=1}^{m} g_l(A\cos\theta, -A\omega_0\sin\theta)\xi_l(t)\right]. \tag{7.4.33}$$

方程 (7.4.32) 与 (7.4.33) 右边为小量, 表明 $A(t)$ 与 $\phi(t)$ 同为慢变过程. 物理上讲, 它们表示受小非线性阻尼与弱激励扰动的拟线性振子的幅值与相位.

将 $A(t)$ 当作 $X_1(t)$, $\phi(t)$ 当作 $X_2(t)$, 将 (7.4.32) 和 (7.4.33) 与标准形式 (7.4.1) 作比较, 得

$$\begin{aligned}f_1(A,\phi) &= \frac{\sin\theta}{\omega_0}h(A\cos\theta, -A\omega_0\sin\theta), \\ f_2(A,\phi) &= \frac{\cos\theta}{\omega_0 A}h(A\cos\theta, -A\omega_0\sin\theta),\end{aligned} \tag{7.4.34}$$

$$\begin{aligned}g_{1l} &= -\frac{\sin\theta}{\omega_0}g_l(A\cos\theta, -A\omega_0\sin\theta), \\ g_{2l} &= -\frac{\cos\theta}{\omega_0 A}g_l(A\cos\theta, -A\omega_0\sin\theta).\end{aligned} \tag{7.4.35}$$

应用随机平均法, 即以白噪声近似宽带激励并完成时间平均, $A(t)$ 与 $\phi(t)$ 构成一个矢量马尔可夫扩散过程, 可从 (7.4.19) 与 (7.4.20) 中找到漂移与扩散系数. 因为系统为拟线性, 运动是拟周期的, 其拟周期为 $2\pi/\omega_0$. 时间平均 (7.4.18) 可在一个拟周期上进行

$$\langle[\cdot]\rangle_t = \frac{1}{2\pi}\int_0^{2\pi}[\cdot]\mathrm{d}\theta. \tag{7.4.36}$$

由于平均后的 $A(t)$ 方程不含 $\phi(t)$, 光滑后的幅值过程 $A(t)$ 本身为马尔可夫扩散过程, 受下列伊藤方程支配:

$$\mathrm{d}A = m(A)\mathrm{d}t + \sigma(A)\mathrm{d}B(t). \tag{7.4.37}$$

(7.4.37) 是一维伊藤方程, 如 4.4 节所述, 其分析要简单得多.

虽然幅值过程 $A(t)$ 是重要的运动量, 在分析中可能需要 $X(t)$ 与 $\dot{X}(t)$ 的联合平稳概率密度及边缘概率密度. 联合分布函数 $F_{XA}(x,a)$ 可写为

$$\begin{aligned}
F_{XA}(x,a) =&\text{Prob}[(X \leqslant x) \cap (A \leqslant a)] \\
=&\text{Prob}\left[(X \leqslant x) \cap \left(\sqrt{X^2 + \dot{X}^2/\omega_0^2} \leqslant a\right)\right] \\
=&\text{Prob}[(X \leqslant x) \cap (-y \leqslant \dot{X} \leqslant y)] \\
=&\text{Prob}[(X \leqslant x) \cap (\dot{X} \leqslant y)] - \text{Prob}[(X \leqslant x) \cap (\dot{X} \leqslant -y)] \\
=&F_{X\dot{X}}(x,y) - F_{X\dot{X}}(x,-y),
\end{aligned} \tag{7.4.38}$$

式中

$$y = \omega_0\sqrt{a^2 - x^2}. \tag{7.4.39}$$

于是, 由 (7.4.38) 有

$$\begin{aligned}
p_{XA}(x,a) &= \frac{\partial^2}{\partial x \partial a}F_{XA}(x,a) \\
&= \left[\frac{\partial^2}{\partial x \partial y}F_{X\dot{X}}(x,y)\right]\frac{\partial y}{\partial a} - \left[\frac{\partial^2}{\partial x \partial y}F_{X\dot{X}}(x,-y)\right]\frac{\partial(-y)}{\partial a} \\
&= p_{X\dot{X}}(x,\dot{x})\frac{2\omega_0 a}{\sqrt{a^2 - x^2}}.
\end{aligned} \tag{7.4.40}$$

在推导 (7.4.40) 中用到了 $\dot{X}$ 的对称性, 即 $p_{X\dot{X}}(x,-\dot{x}) = p_{X\dot{X}}(x,\dot{x})$. 忽略下标, (7.4.40) 可写成

$$p(x,\dot{x}) = \frac{\sqrt{a^2 - x^2}}{2\omega_0 a}p(x,a) = \frac{\sqrt{a^2 - x^2}}{2\omega_0 a}p(x|a)p(a), \tag{7.4.41}$$

式中 $p(x|a)$ 为条件概率密度. 对一固定 a, X 在邻近 x 的区域内的概率反比于速度, 因此, $p(x|a)$ 可表示为

$$p(x|a) = \frac{C}{|\dot{x}|} = \frac{C}{\omega_0\sqrt{a^2 - x^2}}. \tag{7.4.42}$$

两边对 x 从 $-a$ 积分到 a, 得

$$C = \left[\int_{-a}^{a}\frac{\mathrm{d}x}{\omega_0\sqrt{a^2 - x^2}}\right]^{-1} = \frac{\omega_0}{\pi}. \tag{7.4.43}$$

将 (7.4.43) 代入 (7.4.42), 再代入 (7.4.41), 得

$$p(x,\dot{x})=\frac{1}{2\pi\omega_0 a}p(a),\quad a=\sqrt{x^2+\frac{\dot{x}^2}{\omega_0^2}}. \tag{7.4.44}$$

如 (2.6.6) 与 (2.6.7) 所示, 边缘概率密度 $p(x)$ 与 $p(\dot{x})$ 可从 (7.4.44) 分别对 $\dot{x}$ 或 x 积分得到.

例 7.4.1 考虑下列方程描述的系统:

$$\ddot{X}+2\zeta\omega_0\dot{X}+\omega_0^2[1+\xi_1(t)]X=\xi_2(t), \tag{7.4.45}$$

式中 $\xi_1(t)$ 与 $\xi_2(t)$ 是分别具有谱密度 $\Phi_{11}(\omega)$ 与 $\Phi_{22}(\omega)$ 的两个独立平稳宽带过程, 方程 (7.4.45) 可用于描述同时受随机轴向与侧向载荷的柱的第一模态运动 (Lin 与 Cai, 1995). 用变换 (7.4.28), 按 (7.4.32) 与 (7.4.33) 得 $A(t)$ 与 $\phi(t)$ 的方程

$$\dot{A}=-2\zeta\omega_0 A\sin^2\theta+\omega_0 A\sin\theta\cos\theta\xi_1(t)-\frac{1}{\omega_0}\sin\theta\xi_2(t), \tag{7.4.46}$$

$$\dot{\phi}=-2\zeta\omega_0\sin\theta\cos\theta+\omega_0\cos^2\theta\xi_1(t)-\frac{1}{A\omega_0}\cos\theta\xi_2(t). \tag{7.4.47}$$

假定 $\xi_1(t)$ 与 $\xi_2(t)$ 的相关时间比 $(\zeta\omega_0)^{-1}$ 阶的松弛时间短得多. 再假定阻尼是小的, 激励是弱的. 在这些假定下, $A(t)$ 与 $\phi(t)$ 为慢变过程, 随机平均法适用.

与标准形式 (7.4.1) 相比, 此处 $A(t)$ 与 $\phi(t)$ 分别起 $X_1(t)$ 与 $X_2(t)$ 的作用, 而

$$\begin{aligned}
&f_1=-2\zeta\omega_0 A\sin^2\theta,\quad f_2=-2\zeta\omega_0\sin\theta\cos\theta,\\
&g_{11}=\omega_0 A\sin\theta\cos\theta,\quad g_{12}=-\frac{1}{\omega_0}\sin\theta,\\
&g_{21}=\omega_0\cos^2\theta,\quad g_{22}=-\frac{1}{A\omega_0}\cos\theta.
\end{aligned} \tag{7.4.48}$$

完成 (7.4.25) 与 (7.4.26) 中时间平均, 得

$$\begin{aligned}
m_1&=-\zeta\omega_0 A+\int_{-\infty}^{0}\left[\frac{3}{8}\omega_0^2 A\cos(2\omega_0\tau)R_{11}(\tau)+\frac{1}{2\omega_0^2 A}\cos(\omega_0\tau)R_{22}(\tau)\right]\mathrm{d}\tau\\
&=-\left[\zeta\omega_0-\frac{3\pi}{8}\omega_0^2\Phi_{11}(2\omega_0)\right]A+\frac{\pi}{2\omega_0^2 A}\Phi_{22}(\omega_0),
\end{aligned} \tag{7.4.49}$$

$$\begin{aligned}
\sigma_{11}\sigma_{11}&=\int_{-\infty}^{\infty}\left[\frac{1}{8}\omega_0^2 A^2\cos(2\omega_0\tau)R_{11}(\tau)+\frac{1}{2\omega_0^2}\cos(\omega_0\tau)R_{22}(\tau)\right]\mathrm{d}\tau\\
&=\frac{\pi}{4}\omega_0^2\Phi_{11}(2\omega_0)A^2+\frac{\pi}{\omega_0^2}\Phi_{22}(\omega_0),
\end{aligned} \tag{7.4.50}$$

$$\sigma_{12}\sigma_{12}=0. \tag{7.4.51}$$

式中用到了相关函数与谱密度函数之间的关系 (3.6.1), 即

$$\begin{aligned}\int_{-\infty}^{\infty} R_{XX}(\tau)\mathrm{e}^{-\mathrm{i}\omega\tau}\mathrm{d}\tau &= \int_{-\infty}^{\infty} R_{XX}(\tau)\cos(\omega\tau)\mathrm{d}\tau \\ &= 2\int_{-\infty}^{0} R_{XX}(\tau)\cos(\omega\tau)\mathrm{d}\tau = 2\pi\Phi_{XX}(\omega). \end{aligned} \tag{7.4.52}$$

在作上述拟周期上时间平均时, A 被认为是一个常数, 光滑的漂移与扩散系数只是幅值的函数. 幅值过程本身是一维马尔可夫扩散过程, 受下列伊藤方程支配:

$$\begin{aligned}\mathrm{d}A = &\left\{-\left[\zeta\omega_0 - \frac{3\pi}{8}\omega_0^2\Phi_{11}(2\omega_0)\right]A + \frac{\pi}{2\omega_0^2 A}\Phi_{22}(\omega_0)\right\}\mathrm{d}t \\ &+ \left[\frac{\pi}{4}\omega_0^2\Phi_{11}(2\omega_0)A^2 + \frac{\pi}{\omega_0^2}\Phi_{22}(\omega_0)\right]^{\frac{1}{2}}\mathrm{d}B(t). \end{aligned} \tag{7.4.53}$$

(7.4.53) 表明, 系统的性态依赖于参激 $\xi_1(t)$ 在频率 $2\omega_0$ 上与外激 $\xi_2(t)$ 在频率 ω_0 上的谱值.

如 4.4 节中讨论的, 一维马尔可夫扩散过程 $A(t)$ 的性质可用其边界上的性态来研究, 而这取决于是否有随机外激 $\xi_2(t)$. 首先考虑存在 $\xi_2(t)$ 的情形. $a=0$ 上左边界漂移系数为无穷, 它是第二类奇异边界. 扩散指数, 漂移指数及特征标值可按 (4.4.15)~(4.4.17) 计算如下:

$$\alpha = 0, \quad \beta = 1, \quad c = 1, \quad \text{在 } a = 0. \tag{7.4.54}$$

按表 4.4.3, $a=0$ 为进入边界. 右边界在无穷远处, 也是第二类奇异边界. 它的扩散指数、漂移指数及特征标值按 (4.4.18)~(4.4.20) 得到如下:

$$\alpha = 2, \quad \beta = 1, \quad c = \frac{8\zeta - 3\pi\omega_0\Phi_{11}(2\omega_0)}{\pi\omega_0\Phi_{11}(2\omega_0)}, \quad \text{在 } a = \infty. \tag{7.4.55}$$

从表 4.4.4 知, 若 $c > -1$, 即

$$\zeta > \frac{\pi}{4}\omega_0\Phi_{11}(2\omega_0), \tag{7.4.56}$$

边界为排斥自然. 否则, 它是严格自然或吸引自然. 在条件 (7.4.56) 下平稳概率密度函数存在, 从 (4.4.7) 得

$$p(a) = Ca(a^2 + D)^{-\delta}, \tag{7.4.57}$$

式中

$$D = \frac{4\Phi_{22}(\omega_0)}{\omega_0^4\Phi_{11}(2\omega_0)}, \quad \delta = \frac{4\zeta}{\pi\omega_0\Phi_{11}(2\omega_0)}, \quad C = 2(\delta-1)D^{\delta-1}. \tag{7.4.58}$$

概率密度 $p(a)$ 的可积性或归一化常数 C 为正要求 $\delta > 1$, 即满足条件 (7.4.56). $X(t)$ 与 $\dot{X}(t)$ 的联合平稳概率密度可按 (7.4.44) 得到.

注意, 系统响应只依赖于外激 $\xi_2(t)$ 在系统固有频率 ω_0 上的谱密度值与参激 $\xi_1(t)$ 在 $2\omega_0$ 上的谱密度值, 这可从随机平均性质去理解. 应用本方法要求激励的相关时间比系统的松弛时间短得多, 谱比 ω_0 宽得多. 因此, 谱在 ω_0 与 $2\omega_0$ 附近的值几乎保持不变, $\Phi_{11}(2\omega_0)$ 与 $\Phi_{22}(\omega_0)$ 分别表示近 $2\omega_0$ 与 ω_0 处的谱值. 系统响应在 ω_0 附近有一尖峰, $\Phi_{22}(\omega_0)$ 的重要性是明显的. $\Phi_{11}(2\omega_0)$ 所起重要作用也与确定性分析一致. 若 $\xi_1(t)$ 代之以简谐激励, 系统方程变成阻尼马休方程, 而 $2\omega_0$ 是主共振频率.

顺便说明, 若随机参激加在速度 $\dot{X}$ 项, 而不是位移 X 项, 将用到 $\omega = 0$ 上的谱值, 证见习题 7.20.

若无参激 $\xi_1(t)$, 平稳概率密度为

$$p(a) = \frac{2\zeta\omega_0^3}{\pi\Phi_{22}(\omega_0)} a \exp\left[-\frac{\zeta\omega_0^3}{\pi\Phi_{22}(\omega_0)} a^2\right], \tag{7.4.59}$$

$$p(x, \dot{x}) = \frac{\zeta\omega_0^2}{\pi^2\Phi_{22}(\omega_0)} \exp\left[-\frac{\zeta\omega_0^3}{\pi\Phi_{22}(\omega_0)}\left(x^2 + \frac{\dot{x}^2}{\omega_0^2}\right)\right]. \tag{7.4.60}$$

这表明, 对宽带随机外激下的线性振子, 幅值 $A(t)$ 服从瑞利分布, 位移 $X(t)$ 与速度 $\dot{X}(t)$ 服从高斯分布, 这是众所周知的结果.

若无外激 $\xi_2(t)$, 则从 (7.4.49) 知, 在左边界 $a = 0$ 上, 漂移与扩散系数皆为零, 扩散指数、漂移系数及特征标值按 (4.4.12)~(4.4.14) 算出为

$$\alpha = 2, \quad \beta = 1, \quad c = \frac{-8\zeta + 3\pi\omega_0\Phi_{11}(2\omega_0)}{\pi\omega_0\Phi_{11}(2\omega_0)}. \tag{7.4.61}$$

从表 (4.4.2) 知

$$\text{左边界 } a = 0 \text{是} \begin{cases} \text{吸引自然}, & \text{若 } \zeta > \dfrac{\pi}{4}\omega_0\Phi_{11}(2\omega_0) \\ \text{严格自然}, & \text{若 } \zeta = \dfrac{\pi}{4}\omega_0\Phi_{11}(2\omega_0) \\ \text{排斥自然}, & \text{若 } \zeta < \dfrac{\pi}{4}\omega_0\Phi_{11}(2\omega_0) \end{cases}. \tag{7.4.62}$$

右边界在无穷远处, 边界类别和同时存在外激与参激相同, 即

$$\text{右边界 } a = \infty \text{是} \begin{cases} \text{排斥自然}, & \text{若 } \zeta > \dfrac{\pi}{4}\omega_0\Phi_{11}(2\omega_0) \\ \text{严格自然}, & \text{若 } \zeta = \dfrac{\pi}{4}\omega_0\Phi_{11}(2\omega_0) \\ \text{吸引自然}, & \text{若 } \zeta < \dfrac{\pi}{4}\omega_0\Phi_{11}(2\omega_0) \end{cases}. \tag{7.4.63}$$

通过考察两边界性态可得出结论：无外激时不存在非平凡平稳概率密度. 该结论也可从 $D=0$ 时概率密度 (7.4.57) 的不可积性得出. 物理上, 若阻尼强, 响应被吸引到零. 相反, 若阻尼弱, 响应将无界增长.

例 7.4.2　考虑下述方程描述的非线性随机系统

$$\ddot{X}+\alpha\dot{X}+\beta X^2\dot{X}+\gamma\dot{X}^3+\omega_0^2X=XW_1(t)+\dot{X}W_2(t)+W_3(t), \tag{7.4.64}$$

式中 $W_1(t)$, $W_2(t)$ 及 $W_3(t)$ 为具有谱密度为 K_{ii} $(i=1,\ 2,\ 3)$ 的独立高斯白噪声. 令 $X=X_1$, $\dot{X}=X_2$, (7.4.64) 代之以下列两个一阶方程：

$$\dot{X}_1=X_2 \tag{7.4.65}$$

$$\dot{X}_2=-\omega_0^2X_1-\alpha X_2-\beta X_1^2X_2-\gamma X_2^3+X_1W_1(t)+X_2W_2(t)+W_3(t) \tag{7.4.66}$$

它们可转换成伊藤随机微分方程

$$\mathrm{d}X_1=X_2\mathrm{d}t \tag{7.4.67}$$

$$\begin{aligned}\mathrm{d}X_2=&\left[-\omega_0^2X_1-\alpha X_2-\beta X_1^2X_2-\gamma X_2^3+\pi K_{22}X_2\right]\mathrm{d}t\\&+\left[2\pi(K_{11}X_1^2+K_{22}X_2^2+K_{33}\right]^{\frac{1}{2}}\mathrm{d}B(t).\end{aligned} \tag{7.4.68}$$

令

$$X_1=A(t)\cos\theta,\quad X_2=-A(t)\omega_0\sin\theta,\quad \theta=\omega_0t+\phi(t). \tag{7.4.69}$$

幅值 $A(t)$ 可表示为

$$A(t)=\sqrt{X_1^2+\frac{X_2^2}{\omega_0^2}}, \tag{7.4.70}$$

可得下列偏导数：

$$\frac{\partial A}{\partial X_1}=\cos\theta,\quad \frac{\partial A}{\partial X_2}=-\frac{\sin\theta}{\omega_0},\quad \frac{\partial^2 A}{\partial X_2^2}=\frac{\cos^2\theta}{A\omega_0^2}. \tag{7.4.71}$$

运用 (7.4.71) 与伊藤微分规则 (4.2.56) 得幅值 $A(t)$ 的伊藤方程, 然后对漂移与扩散系数作时间平均, 得到光滑的伊藤方程

$$\mathrm{d}A=\frac{\partial A}{\partial X_1}\mathrm{d}X_1+\frac{\partial A}{\partial X_2}\mathrm{d}X_2+\frac{1}{2}\frac{\partial^2A}{\partial X_2^2}(\mathrm{d}X_2)^2=m(A)\mathrm{d}t+\sigma(A)\mathrm{d}B(t), \tag{7.4.72}$$

式中

$$m(A)=\left(-\frac{\alpha}{2}+\frac{3\pi}{8\omega_0^2}K_{11}+\frac{5\pi}{8}K_{22}\right)A$$

$$-\frac{1}{8}(\beta+3\gamma\omega_0^2)A^3+\frac{\pi}{2A\omega_0^2}K_{33}, \tag{7.4.73}$$

$$\sigma^2(A)=\frac{\pi}{4\omega_0^2}(K_{11}+3\omega_0^2K_{22})A^2+\frac{\pi}{\omega_0^2}K_{33} \tag{7.4.74}$$

可按 (4.4.7) 得 $A(t)$ 的平稳概率密度

$$p(a)=Ca\left[(K_{11}+3\omega_0^2K_{22})a^2+4K_{33}\right]^{\delta}\times\exp\left[-\frac{\omega_0^2(\beta+3\omega_0^2\gamma)}{2\pi(K_{11}+3\omega_0^2K_{22})}a^2\right], \tag{7.4.75}$$

式中

$$\delta=\frac{2\omega_0^2[K_{33}(\beta+3\omega_0^2\gamma)-(\alpha+\pi K_{22})(K_{11}+3\omega_0^2K_{22})]}{\pi(K_{11}+3\omega_0^2K_{22})^2}. \tag{7.4.76}$$

注意, 当响应很大时 ($a\to\infty$), 非线性阻尼足以将系统拉回来. 若出现外激, 它将使系统离开左边界 $a=0$, 所以非平凡平稳概率密度存在. 然而, 若无外激, 线性阻尼在 $a=0$ 附近起关键作用. 若线性阻尼小, 满足条件

$$\alpha<\frac{\pi}{2}\left(\frac{K_{11}}{\omega_0^2}+K_{22}\right), \tag{7.4.77}$$

则左边界 $a=0$ 是排斥自然, 非平凡平稳概率密度存在. 否则 $a=0$ 是吸引自然, 非平凡平稳概率密度不存在.

$X_1(t)$ 与 $X_2(t)$ 的联合平稳概率密度可按 (7.4.44) 从 (7.4.75) 得到为

$$p(x_1,x_2)=C_1\left[(K_{11}+3\omega_0^2K_{22})\left(x_1^2+\frac{x_2^2}{\omega_0^2}\right)+4K_{33}\right]^{\delta}\times\exp\left[-\frac{\omega_0^2(\beta+3\omega_0^2\gamma)}{2\pi(K_{11}+3K_{22})}\left(x_1^2+\frac{x_2^2}{\omega_0^2}\right)\right]. \tag{7.4.78}$$

考虑到 $\lambda=\frac{1}{2}\omega_0^2a^2$ 与 $\omega_0^2=k_e$, 可证由随机平均法得到的 (7.4.78) 与用耗散能量平衡法得到的 (7.3.45) 完全相同.

在此例中, 激励是高斯白噪声, 因此, 不需用白噪声近似非白噪声. 此处主要任务是鉴别出慢变量与完成时间平均. 注意, 此处假定系统线性恢复力不随 Wong-Zakai 修正项而变, 若 Wong-Zakai 修正项产生附加恢复力, 变换 (7.4.28) 中 ω_0 需作相应改变.

7.4.2 能量包线随机平均

若恢复力不是线性, 而是强非线性, 变换 (7.4.28) 不适用, 因为相应无阻尼的自由振动的频率随幅值变化. 考虑由下列方程支配的系统:

$$\ddot{X}+\varepsilon h(X,\dot{X})+u(X)=\varepsilon^{\frac{1}{2}}\sum_{l=1}^{m}g_l(X,\dot{X})\xi_l(t), \tag{7.4.79}$$

式中 $u(X)$ 是强非线性恢复力, 假定它是 X 的奇函数, 还假定 Wong-Zakai 修正项不会引起非线性恢复力的改变.

首先考虑系统的无阻尼自由振动

$$\ddot{X}+u(X)=0. \tag{7.4.80}$$

由于 $\ddot{X}=\dfrac{\mathrm{d}\dot{X}}{\mathrm{d}t}=\dfrac{\mathrm{d}\dot{X}}{\mathrm{d}X}\dfrac{\mathrm{d}X}{\mathrm{d}t}=\dot{X}\dfrac{\mathrm{d}\dot{X}}{\mathrm{d}X}$, (7.4.80) 可改写为

$$\dot{X}\frac{\mathrm{d}\dot{X}}{\mathrm{d}X}+u(X)=0. \tag{7.4.81}$$

对 (7.4.81) 积分得

$$\frac{1}{2}\dot{X}^2+U(X)=\Lambda, \tag{7.4.82}$$

式中

$$U(X)=\int_0^X u(z)\mathrm{d}z. \tag{7.4.83}$$

已知 $U(X)$ 是势能, Λ 是总能量, 对无阻尼自由振动它是常数. 假定 $u(X)$ 是一单调函数, 当动能为零而总能量全部转到势能上时, 振动达到幅值, 即

$$\Lambda=U(A)\ \text{或}\ A=U^{-1}(\Lambda). \tag{7.4.84}$$

自由振动的周期为

$$T=4T_{\frac{1}{4}}=4\int_0^A\frac{1}{\sqrt{2\Lambda-2U(X)}}\mathrm{d}X. \tag{7.4.85}$$

显然, 自由振动周期依赖于能量水平. 令

$$\begin{aligned}&\operatorname{sgn}(X)\sqrt{U(X)}=\sqrt{\Lambda}\cos\theta,\\&\dot{X}=-\sqrt{2\Lambda}\sin\theta,\end{aligned} \tag{7.4.86}$$

(7.4.80) 变换为

$$\begin{aligned}&\dot{\Lambda}=0,\\&\dot{\theta}=\frac{u}{\sqrt{2\Lambda}\cos\theta}\end{aligned} \tag{7.4.87}$$

(7.4.87) 第一个方程再次表明总能量守恒. 若恢复力 u 为线性, 第二个方程右边化为常数, 即自由振动的固有频率. 因此, 有理由将方程重写为

$$\omega=\frac{u}{\sqrt{2\Lambda}\cos\theta}, \tag{7.4.88}$$

这是非线性系统瞬时频率的定义. 相位角可写为

$$\theta(t)=\int_0^t \omega(s)\mathrm{d}s. \tag{7.4.89}$$

频率 $\omega(t)$ 在一周期上的平均值记为 ω_Λ, 由下式给出:

$$\omega_\Lambda=\frac{1}{T}\int_0^T \omega(t)\mathrm{d}t=\frac{1}{T}\int_0^T \frac{u}{\sqrt{2\Lambda}\cos\theta}\mathrm{d}t=\frac{1}{T}\int_0^{2\pi}\mathrm{d}\theta=\frac{2\pi}{T}. \tag{7.4.90}$$

上述分析表明, 无阻尼自由振动是周期运动, 其周期 T 依赖于能量水平 Λ, 这种运动的频率 $\omega(t)$ 随时间变化, 所以不是谐和振动, 但有时称为广义谐和振动.

现回到 (7.4.79), 对 (7.4.82) 求导并用 (7.4.79), 得

$$\dot{\Lambda}=-\varepsilon\dot{X}h(X,\dot{X})+\varepsilon^{\frac{1}{2}}\dot{X}\sum_{l=1}^{m}g_l(X,\dot{X})\xi_l(t). \tag{7.4.91}$$

与能量过程 $\Lambda(t)$ 一起的另一个状态变量可选为位移过程 $X(t)$, 其运动方程为

$$\dot{X}=\pm\sqrt{2\Lambda-2U(X)}, \tag{7.4.92}$$

式中正负号分别相应于 X 增加与减小, 代替原系统方程 (7.4.79), (7.4.91) 与 (7.4.92) 构成支配系统的方程. (7.4.91) 表明, 若阻尼与激励是小的, 总能量 $\Lambda(t)$ 是慢变过程. 此外, 假定激励 $\xi_l(t)$ 的相关时间比 ε^{-1} 量级的系统松弛时间短, 则随机平均法适用, 能量过程可近似为扩散过程, 由下列伊藤方程支配:

$$\mathrm{d}\Lambda=m(\Lambda)\mathrm{d}t+\sigma(\Lambda)\mathrm{d}B(t), \tag{7.4.93}$$

式中漂移与扩散系数从 (7.4.19) 与 (7.4.20) 求得为

$$\begin{aligned}m(\Lambda)=&-\varepsilon\left\langle\dot{X}h(X,\dot{X})\right\rangle_t\\&+\varepsilon\int_{-\infty}^{0}\left\langle\sum_{l,s=1}^{m}[\dot{X}g_s(X,\dot{X})]_{t+\tau}\frac{\partial}{\partial\Lambda}[\dot{X}g_l(X,\dot{X})]_t\right\rangle_t R_{ls}(\tau)\mathrm{d}\tau,\end{aligned} \tag{7.4.94}$$

$$\sigma^2(\Lambda)=\varepsilon\int_{-\infty}^{\infty}\left\langle\sum_{l,s=1}^{m}[\dot{X}g_s(X,\dot{X})]_{t+\tau}[\dot{X}g_l(X,\dot{X})]_t\right\rangle_t R_{ls}(\tau)\mathrm{d}\tau. \tag{7.4.95}$$

在 (7.4.94) 与 (7.4.95) 中, 按 (7.4.92)$\dot{X}$ 被作为 Λ 与 X 的函数, 时间平均按下式计算:

$$\langle[\cdot]\rangle_t=\frac{1}{T}\int_0^T[\cdot]\mathrm{d}t=\frac{1}{T}\int_0^A\frac{[\cdot]}{\dot{X}}\mathrm{d}X=\frac{1}{T_{\frac{1}{4}}}\int_0^A\frac{[\cdot]_{\dot{X}=\sqrt{2\Lambda-2U(X)}}}{\sqrt{2\Lambda-2U(X)}}\mathrm{d}X. \tag{7.4.96}$$

在求积分时, 根据 (7.4.84) 积分限 A 是能量水平 Λ 的函数.

若所有激励是高斯白噪声, (7.4.94) 与 (7.4.95) 可简化为

$$m(\Lambda) = -\varepsilon\left\langle \dot{X}h(X,\dot{X})\right\rangle_t + \varepsilon\pi\left\langle \sum_{l,s=1}^{m} K_{ls}[\dot{X}g_s(X,\dot{X})]\frac{\partial}{\partial\Lambda}[\dot{X}g_l(X,\dot{X})]\right\rangle_t, \tag{7.4.97}$$

$$\sigma^2(\Lambda) = \varepsilon 2\pi\left\langle \sum_{l,s=1}^{m} K_{ls}\dot{X}^2 g_l(X,\dot{X})g_s(X,\dot{X})\right\rangle_t. \tag{7.4.98}$$

上述能量包线随机平均亦称为拟保守平均 (Landa 与 Stratonovich, 1962; Khasminskii, 1964).

$\Lambda(t)$ 的平稳概率密度可求得为

$$p(\lambda) = \frac{C}{\sigma^2(\lambda)}\exp\left[\int \frac{2m(\lambda)}{\sigma^2(\lambda)}\mathrm{d}\lambda\right]. \tag{7.4.99}$$

$X(t)$ 与 $\dot{X}(t)$ 的联合平稳概率密度可用类似于 7.4.1 节中的方法计算. 对本情形, (7.4.41) 变为

$$p(x,\dot{x}) = \frac{1}{2}\sqrt{2\lambda - 2U(x)}p(x,\lambda) = \frac{1}{2}\sqrt{2\lambda - 2U(x)}p(x|\lambda)p(\lambda), \tag{7.4.100}$$

式中 $p(x|\lambda)$ 为条件概率密度. 对一定的能量水平, $X(t)$ 的概率密度在接近 x 的邻域内反比于速度. 因此, $p(x|\lambda)$ 可表示为

$$p(x|\lambda) = \frac{C}{|\dot{x}|} = \frac{C}{\sqrt{2\lambda - 2U(x)}}. \tag{7.4.101}$$

两边对 x 从 $-a$ 到 a 积分, 得

$$C(\lambda) = \left[\int_{-a}^{a}\frac{\mathrm{d}x}{\sqrt{2\lambda - 2U(x)}}\right]^{-1} = \frac{2}{T(\lambda)}. \tag{7.4.102}$$

将 (7.4.102) 代入 (7.4.101), 再代入 (7.4.100), 得

$$p(x,\dot{x}) = \frac{p(\lambda)}{T(\lambda)},\quad \lambda = \frac{1}{2}\dot{x}^2 + U(x). \tag{7.4.103}$$

例 7.4.3　考虑非线性随机系统

$$\ddot{X} + \alpha\dot{X} + \beta\dot{X}^3 + \delta X^3 = W(t),\quad \beta,\delta > 0. \tag{7.4.104}$$

相应于 (7.4.104) 的无阻尼自由振动方程为

$$\ddot{X} + \delta X^3 = 0. \tag{7.4.105}$$

势能与总能量为

$$U=\frac{1}{4}\delta X^4,\quad \varLambda=\frac{1}{2}\dot{X}^2+\frac{1}{4}\delta X^4, \tag{7.4.106}$$

周期为

$$T=4T_{\frac{1}{4}}=4\int_0^A\frac{\mathrm{d}X}{\sqrt{2\varLambda-\dfrac{1}{2}\delta X^4}}, \tag{7.4.107}$$

式中积分限 A 由 $A=(4\varLambda/\delta)^{\frac{1}{4}}$ 确定. 按下式改变积分变量:

$$X=\left(\frac{4\varLambda}{\delta}\sin^2\theta\right)^{\frac{1}{4}}, \tag{7.4.108}$$

得

$$T_{\frac{1}{4}}=\frac{1}{4}\delta^{-\frac{1}{4}}\lambda^{-\frac{1}{4}}B\left(\frac{1}{4},\frac{1}{2}\right), \tag{7.4.109}$$

式中 $B(\cdot,\cdot)$ 是贝塔函数. 在计算积分时, 用到了下列公式 (Gradshteyn 与 Ryzhik, 1980)

$$\int_0^{\frac{\pi}{2}}\sin^{m-1}\theta\cos^{n-1}\theta\mathrm{d}\theta=\frac{1}{2}B\left(\frac{m}{2},\frac{n}{2}\right). \tag{7.4.110}$$

由于激励是高斯白噪声, 可用 (7.4.97) 与 (7.4.98) 得

$$m(\varLambda)=-\alpha\left\langle\dot{X}^2\right\rangle_t-\beta\left\langle\dot{X}^4\right\rangle_t+\pi K\left\langle\dot{X}\frac{\partial\dot{X}}{\partial\varLambda}\right\rangle_t, \tag{7.4.111}$$

$$\sigma^2(\varLambda)=2\pi K\left\langle\dot{X}^2\right\rangle_t. \tag{7.4.112}$$

时间平均按 (7.4.96) 进行. 注意, 由于 (7.4.82), $\partial\dot{X}/\partial\varLambda=1/\dot{X}$, 所以有

$$\left\langle\dot{X}^2\right\rangle_t==\frac{1}{T_{\frac{1}{4}}}\int_0^A\left[2\varLambda-\frac{1}{2}\delta X^4\right]^{\frac{1}{2}}\mathrm{d}X=\frac{4}{3}\varLambda, \tag{7.4.113}$$

$$\left\langle\dot{X}^4\right\rangle_t==\frac{1}{T_{\frac{1}{4}}}\int_0^A\left[2\varLambda-\frac{1}{2}\delta X^4\right]^{\frac{3}{2}}\mathrm{d}X=\frac{32}{7}\varLambda^2, \tag{7.4.114}$$

$$\left\langle\dot{X}\frac{\partial\dot{X}}{\partial\varLambda}\right\rangle_t==\frac{1}{T_{\frac{1}{4}}}\int_0^A\left[2\varLambda-\frac{1}{2}\delta X^4\right]^{-\frac{1}{2}}\mathrm{d}X=1. \tag{7.4.115}$$

于是, 支配能量 $\varLambda(t)$ 的伊藤方程为

$$\mathrm{d}\varLambda=\left(-\frac{4}{3}\alpha\varLambda-\frac{32}{7}\beta\varLambda^2+\pi K\right)\mathrm{d}t+\sqrt{\frac{8\pi K}{3}}\varLambda\mathrm{d}B(t). \tag{7.4.116}$$

可从 (4.4.7) 算出 $\Lambda(t)$ 的平稳概率密度为

$$p(\lambda)=C\lambda^{-\frac{1}{4}}\exp\left[-\frac{1}{\pi K}\left(\alpha\lambda+\frac{12}{7}\beta\lambda^2\right)\right]. \tag{7.4.117}$$

用 (7.4.103) 求得平稳概率密度 $p(x,\dot{x})$

$$\begin{aligned}p(x,\dot{x})&=\frac{p(\lambda)}{T(\lambda)}\\&=C\exp\left\{-\frac{1}{2\pi K}\left[\alpha\left(\frac{1}{2}\delta x^4+\dot{x}^2\right)+\frac{6\beta}{7}\left(\frac{1}{2}\delta x^4+\dot{x}^2\right)^2\right]\right\}.\end{aligned} \tag{7.4.118}$$

可证, (7.4.118) 与用耗散能量平衡法得到的相同 (习题 7.8).

例 7.4.4 作为另一个例子, 考虑系统

$$\ddot{X}+2\zeta\omega_0\dot{X}+\omega_0^2X+\delta X^3=X\xi_1(t)+\xi_2(t), \tag{7.4.119}$$

式中假定阻尼力与激励分别为 ε 与 $\varepsilon^{\frac{1}{2}}$ 阶. 相应于 (7.4.119) 的无阻尼自由振动方程为

$$\ddot{X}+\omega_0^2X+\delta X^3=0. \tag{7.4.120}$$

系统总能量为

$$\Lambda=\frac{1}{2}\dot{X}^2+\frac{1}{2}\omega_0^2X^2+\frac{1}{4}\delta X^4=\frac{1}{2}\omega_0^2A^2+\frac{1}{4}\delta A^4, \tag{7.4.121}$$

周期为

$$T=4T_{\frac{1}{4}}=4\int_0^A\frac{\mathrm{d}X}{\sqrt{2\Lambda-(\omega_0^2X^2+\delta X^4/2)}}=\frac{4K(k)}{\sqrt{\omega_0^2+\delta A^2}}, \tag{7.4.122}$$

式中 $K(k)$ 是模为 $k=\sqrt{\delta A^2/(2\omega_0^2+2\gamma A^2)}$ 的完全椭圆积分.

比较 (7.4.119) 与一般形式 (7.4.79) 知, $g_1=X$, $g_2=1$. 先考虑两激励为高斯白噪声的特殊情形, 应用 (7.4.97) 与 (7.4.98), 得

$$\begin{aligned}m(\Lambda)&=-2\zeta\omega_0\left\langle\dot{X}^2\right\rangle_t+\pi K_{11}\left\langle X^2\right\rangle_t+\pi K_{22},\\\sigma^2(\Lambda)&=2\pi K_{11}\left\langle X^2\dot{X}^2\right\rangle_t+2\pi K_{22}\left\langle\dot{X}^2\right\rangle_t.\end{aligned} \tag{7.4.123}$$

这里用了来自 (7.4.92) 的式子 $\partial\dot{X}/\partial\Lambda=1/\dot{X}$. (7.4.123) 中的时间平均可按 (7.4.96) 数值计算. 然后平稳概率密度 $p(\lambda)$ 及联合平稳概率密度 $p(x,\dot{x})$ 可分别由 (7.4.99) 与 (7.4.103) 算出.

若激励为平稳宽带过程, 其相关时间比 $(\zeta\omega_0)^{-1}$ 短得多, 能量可近似为马尔可夫扩散过程, 需用 (7.4.94) 与 (7.4.95) 计算漂移与扩散系数. 用 (7.4.96) 进行平均时, 并作下列近似:

$$\theta(t+\tau)=\int_0^{t+\tau}\omega(s)\mathrm{d}s=\int_0^{t}\omega(s)\mathrm{d}s+\int_t^{t+\tau}\omega(s)\mathrm{d}s\approx\theta_t+\omega_\Lambda\tau, \tag{7.4.124}$$

$$\begin{aligned}X(t+\tau)=&X(t)+\int_t^{t+\tau}\dot{X}(s)\mathrm{d}s\\ \approx&X(t)+\frac{\sqrt{2\Lambda}}{\omega_\Lambda}\{\cos[\theta(t)+\omega_\Lambda\tau]-\cos\theta(t)\}\\ =&X_t+\frac{\mathrm{sgn}(X_t)\sqrt{2U_t}}{\omega_\Lambda}[\cos(\omega_\Lambda\tau)-1]+\frac{\dot{X}_t}{\omega_\Lambda}\sin(\omega_\Lambda\tau),\end{aligned} \tag{7.4.125}$$

$$\begin{aligned}\dot{X}(t+\tau)=&-\sqrt{2\Lambda}\sin[\theta(t+\tau)]\approx-\sqrt{2\Lambda}\sin[\theta(t)+\omega_\Lambda\tau]\\ =&\dot{X}_t\cos(\omega_\Lambda\tau)-\mathrm{sgn}(X_t)\sqrt{2U_t}\sin(\omega_\Lambda\tau),\end{aligned} \tag{7.4.126}$$

其中变量的下标 t 表示该变量取 t 时刻之值. 应用 (7.4.124)~(7.4.126) 中的近似计算 (7.4.94) 与 (7.4.98) 中下列项

$$\begin{aligned}&\left\langle[\dot{X}g_1(X,\dot{X})]_{t+\tau}\frac{\partial}{\partial\Lambda}[\dot{X}g_1(X,\dot{X})]_t\right\rangle_t\\ =&\left\langle X^2-\frac{X\mathrm{sgn}(X)\sqrt{2U}}{\omega_\Lambda}\right\rangle_t\cos(\omega_\Lambda\tau)+\left\langle\frac{X\mathrm{sgn}(X)\sqrt{2U}}{\omega_\Lambda}\right\rangle_t\cos(2\omega_\Lambda\tau),\end{aligned} \tag{7.4.127}$$

$$\left\langle[\dot{X}g_2(X,\dot{X})]_{t+\tau}\frac{\partial}{\partial\Lambda}[\dot{X}g_2(X,\dot{X})]_t\right\rangle_t=\cos(\omega_\Lambda\tau), \tag{7.4.128}$$

$$\begin{aligned}&\left\langle[\dot{X}g_1(X,\dot{X})]_{t+\tau}\frac{\partial}{\partial\Lambda}[\dot{X}g_2(X,\dot{X})]_t\right\rangle_t\\ =&\left\langle\dot{X}[g_2(X,\dot{X})]_{t+\tau}\frac{\partial}{\partial\Lambda}[\dot{X}g_1(X,\dot{X})]_t\right\rangle_t=0,\end{aligned} \tag{7.4.129}$$

$$\begin{aligned}&\left\langle[\dot{X}g_1(X,\dot{X})]_{t+\tau}[\dot{X}g_1(X,\dot{X})]_t\right\rangle_t\\ =&\left\langle X^2\dot{X}^2-\frac{\dot{X}^2(X)\mathrm{sgn}(X)\sqrt{2U}}{\omega_\Lambda}\right\rangle_t\cos(\omega_\Lambda\tau)+\left\langle\frac{\dot{X}^2(X)\mathrm{sgn}(X)\sqrt{2U}}{\omega_\Lambda}\right\rangle_t\cos(2\omega_\Lambda\tau),\end{aligned} \tag{7.4.130}$$

$$\left\langle[\dot{X}g_2(X,\dot{X})]_{t+\tau}[\dot{X}g_2(X,\dot{X})]_t\right\rangle_t=\left\langle\dot{X}^2\right\rangle_t\cos(\omega_\Lambda\tau), \tag{7.4.131}$$

$$\begin{aligned}&\left\langle[\dot{X}g_1(X,\dot{X})]_{t+\tau}[\dot{X}g_2(X,\dot{X})]_t\right\rangle_t\\ =&\left\langle[\dot{X}g_2(X,\dot{X})]_{t+\tau}[\dot{X}g_1(X,\dot{X})]_t\right\rangle_t=0.\end{aligned} \tag{7.4.132}$$

将 (7.4.127)~(7.4.129) 代入 (7.4.97), 将 (7.4.130)~(7.4.132) 代入 (7.4.95), 得

$$m(\Lambda) = -2\zeta\omega_0 u_2 + \pi(u_1 - u_3)\Phi_{11}(\omega_\Lambda) + \pi u_3 \Phi_{11}(2\omega_\Lambda) + \pi\Phi_{22}(\omega_\Lambda),$$
$$\sigma^2(\Lambda) = 2\pi(u_4 - u_5)\Phi_{11}(\omega_\Lambda) + 2\pi u_5 \Phi_{11}(2\omega_\Lambda) + 2\pi u_2 \Phi_{22}(\omega_\Lambda), \tag{7.4.133}$$

式中

$$u_1 = \langle X^2 \rangle_t = \frac{1}{T_{\frac{1}{4}}} \int_0^A \frac{X^2}{\sqrt{2\Lambda - 2U(X)}} \mathrm{d}X, \tag{7.4.134}$$

$$u_2 = \left\langle \dot{X}^2 \right\rangle_t = \frac{1}{T_{\frac{1}{4}}} \int_0^A \sqrt{2\Lambda - 2U(X)} \mathrm{d}X, \tag{7.4.135}$$

$$u_3 = \left\langle \frac{X \mathrm{sgn}(X) \sqrt{2U(X)}}{\omega_\Lambda} \right\rangle_t = \frac{2}{\pi} \int_0^A \frac{X\sqrt{2U(X)}}{\sqrt{2\Lambda - 2U(X)}} \mathrm{d}X, \tag{7.4.136}$$

$$u_4 = \left\langle X^2 \dot{X}^2 \right\rangle_t = \frac{1}{T_{\frac{1}{4}}} \int_0^A X^2 \sqrt{2\Lambda - 2U(X)} \mathrm{d}X, \tag{7.4.137}$$

$$u_5 = \left\langle \frac{X\dot{X}^2 \mathrm{sgn}(X)\sqrt{2U(X)}}{\omega_\Lambda} \right\rangle_t = \frac{4}{\pi} \int_0^A X\sqrt{U(X)[\Lambda - U(X)]} \mathrm{d}X. \tag{7.4.138}$$

在推导 (7.4.133) 时用到了

$$2\int_{-\infty}^0 \cos(\omega\tau) R_{ii}(\tau)\mathrm{d}\tau = \int_{-\infty}^{\infty} \cos(\omega\tau) R_{ii}(\tau)\mathrm{d}\tau = 2\pi\Phi_{ii}(\omega),$$
$$\int_{-\infty}^0 \sin(\omega\tau) R_{ii}(\tau)\mathrm{d}\tau \approx 0, \quad \int_{-\infty}^{\infty} \sin(\omega\tau) R_{ii}(\tau)\mathrm{d}\tau \approx 0. \tag{7.4.139}$$

(7.4.139) 中近似的正当性乃基于激励的短相关时间.

下面讨论两种特殊情形. 先考虑 $\xi_1(t)$ 与 $\xi_2(t)$ 同为高斯白噪声情形. 令 $\Phi_{11}(\omega_\Lambda) = \Phi_{11}(2\omega_\Lambda) = K_{11}$ 与 $\Phi_{22}(\omega_\Lambda) = K_{22}$, (7.4.133) 简化为 (7.4.123). 另一种情形是系统的恢复力是线性的. 由 (7.4.134)~(7.4.139) 可知, $u_1 = u_3$ 与 $u_4 = u_5$, 这导致

$$m(\Lambda) = -2\zeta\omega_0 u_2 + \pi u_3 \Phi_{11}(2\omega_\Lambda) + \pi\Phi_{22}(\omega_\Lambda),$$
$$\sigma^2(\Lambda) = 2\pi u_5 \Phi_{11}(2\omega_\Lambda) + 2\pi u_2 \Phi_{22}(\omega_\Lambda). \tag{7.4.140}$$

可证, 此时, 具有由 (7.4.140) 给出的漂移与扩散系数的能量 $\Lambda(t)$ 的伊藤方程 (7.4.93) 等价于幅值 $A(t)$ 的伊藤方程 (7.4.53).

在本节中, 随机平均法主要应用于单自由度非线性随机系统. 它也可用于多自由度非线性随机系统, 但步骤更复杂. 7.5 节中将引入拟哈密顿系统随机平均法, 它可应用于多自由度强非线性随机系统.

随机平均法不仅可用于机械与结构系统, 也可用于其他领域. 7.4.3 节将用随机平均法研究一类非线性随机生态系统.

7.4.3 在非线性随机生态系统中的应用

生态或生物物种的进化在多种领域都很重要. 对不同情形的物种群体已作定性研究. 一个典型的情形是被捕食者–捕食者类型, 被捕食物种 (或主物种) 与捕食物种 (或寄生物种) 相互作用, 同时受环境的影响. 由于在环境变化中总存在不确定性, 系统本质上是随机的. 近来发现随机平均法是研究被捕食者–捕食者系统动力学的有效手段.

确定性模型

描述被捕食者–捕食者型生态系统动力学的最早数学模型是洛特卡–沃尔泰拉 (Lotka-Volterra) 模型 (Lotka, 1925; Volterra, 1926), 由下列方程支配:

$$\begin{aligned}\dot{x}_1 &= x_1(a - bx_2),\\ \dot{x}_2 &= x_2(-c + fx_1),\end{aligned} \tag{7.4.141}$$

式中 x_1 与 x_2 分别是被捕食者与捕食者群体密度, a, b, c, f 是正常数. 第一个方程右边的 ax_1 项表明, 若无捕食者, 被捕食者数量将指数地增长, 而第二个方程中的 $-cx_2$ 项表明, 若无被捕食者, 捕食者数量将指数衰减. 两方程中的相互作用项 x_1x_2 提供了这两个群体间的某种平衡.

系统 (7.4.141) 有一个不稳定的平衡状态 (0, 0) 和一个稳定而非渐近稳定的平衡状态

$$x_{10} = \frac{c}{f}, \quad x_{20} = \frac{a}{b}. \tag{7.4.142}$$

此外, 系统有一个首次积分

$$r(x_1, x_2) = fx_1 - c - c\ln\frac{fx_1}{c} + bx_2 - a - a\ln\frac{bx_2}{a}. \tag{7.4.143}$$

可证, $r(x_{10}, x_{20}) = 0$, 而对任意 x_1 与 x_2, $r(x_1, x_2) \geqslant 0$. 对任一正常数 R, $r(x_1, x_2) = R$ 代表一个周期轨线. 其周期可由下式确定:

$$T(R) = \oint \mathrm{d}t = \oint \frac{\mathrm{d}x_2}{x_2(fx_1 - c)} = \oint \frac{\mathrm{d}x_1}{x_1(a - bx_2)}, \tag{7.4.144}$$

式中 x_1 与 x_2 由 $r(x_1, x_2) = R$ 相关联.

图 7.4.1 描述了相应于 $R = 0$ 的平衡点 O, 相应于三个 R 值的三个周期轨线, 系统参数为 a=0.9, b=1, c=0.5, f=0.5. 这表明被捕食者与捕食者群体的数量随时间周期性地变化, 其在相平面 (x_1-x_2 平面) 上的周期轨线由 x_1 与 x_2 初始条件决定. 这也表明, 即使在不变的环境里, 被捕食者群体与/或捕食者群体密度的初始高水平可导致两者的低水平.

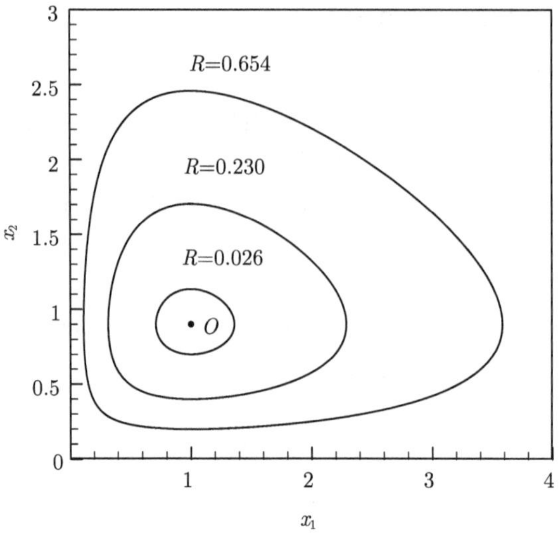

图 7.4.1 系统 (7.4.141) 的平衡点与周期轨线 (Cai 与 Lin, 2004)

系统 (7.4.141) 表明, 被捕食者群体在无捕食者时将无限增长, 与实际的被捕食者–捕食者生态系统所预期的相反. 为改善古典洛特卡–沃尔泰拉模型, 可在 (7.4.141) 的被捕食者方程中加一自竞争项 $-sx_1^2$ (Volterra, 1931; May 与 Verga, 1973), 即

$$\begin{aligned}\dot{x}_1 &= x_1(a_1 - sx_1 - bx_2),\\ \dot{x}_2 &= x_2(-c + fx_1).\end{aligned} \tag{7.4.145}$$

系统 (7.4.145) 有一渐近稳定平衡点 $x_1 = c/f$ 与 $x_2 = (a_1 - sc/f)/b$. 注意, 若

$$a = a_1 - \frac{sc}{f}, \tag{7.4.146}$$

系统 (7.4.141) 与 (7.4.145) 有相同的平衡状态 $(c/f,\ a/b)$. 所以 (7.4.145) 可改写成

$$\begin{aligned}\dot{x}_1 &= x_1\left[a - bx_2 - \frac{s}{f}(-c + fx_1)\right],\\ \dot{x}_2 &= x_2(-c + fx_1).\end{aligned} \tag{7.4.147}$$

在无捕食者时, 被捕食者密度达到平衡状态 a_1/s, 正如所预期的和 s 成反比. 然而, 在捕食者出现时, 被捕食者与捕食者群体间的相互作用是更重要的因素, 而 s 的值只影响捕食者群体在平衡状态的密度.

图 7.4.2 描述了系统 (7.4.145) 的两条轨线, 分别对应于两个不同的 s 值, 即 $s = 0.1$ 与 0.02, 而系统参数 $a_1 = 1$, $b = 1$, $c = 0.5$, $f = 0.5$ 则相同. 系统从点 (3.5, 0.5) 开始, 以减小幅值地趋向平衡状态, 最后到达稳定平衡状态. $-sx_1^2$ 反映物种内部竞

争的效应. 对较大的 $s = 0.1$, 系统较快到达平衡状态, 而对较小的 $s = 0.02$, 系统缓慢地绕稳定的平衡点运动. 通过图 7.4.1 与图 7.4.2 的比较可知, 被捕食者自我竞争对原系统 (7.4.141) 起耗散作用. 它将周期轨线最后变成单个稳定点状态.

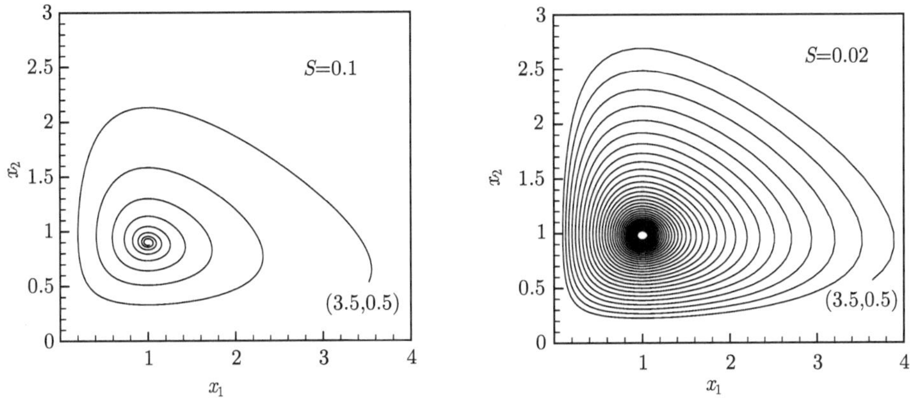

图 7.4.2 两个不同 s 值的系统 (7.4.145) 的轨线 (Cai 与 Lin, 2004)

随机模型

方程 (7.4.147) 描述的生态模型不能描述自然生态系统的基本现象, 即环境的变化可能引起被捕食者增长率与捕食者死亡率的随机变化. 于是, 类比于确定性模型 (7.4.147), 提出了如下随机模型:

$$\dot{X}_1 = X_1\left[a - bX_2 - \frac{s}{f}(-c + fX_1) + W_1(t)\right],$$
$$\dot{X}_2 = X_2[-c + fX_1 + W_2(t)], \tag{7.4.148}$$

式中 $X_1(t)$ 与 $X_2(t)$ 是两个随机过程, 分别表示被捕食者与捕食者的密度, $W_1(t)$ 与 $W_2(t)$ 是独立高斯白噪声. 引入它们以分别反映被捕食者的出生率与捕食者的死亡率的随机变化.

方程组 (7.4.148) 可重写为如下伊藤随机微分方程:

$$\mathrm{d}X_1 = X_1\left[a - bX_2 - \frac{s}{f}(-c + fX_1) + \pi K_1\right]\mathrm{d}t + \sqrt{2\pi K_1}X_1\mathrm{d}B_1(t),$$
$$\mathrm{d}X_2 = X_2[-c + fX_1 + \pi K_2]\mathrm{d}t + \sqrt{2\pi K_2}X_2\mathrm{d}B_2(t), \tag{7.4.149}$$

式中 $B_1(t)$ 与 $B_2(t)$ 是独立的单位维纳过程. K_1 与 K_2 分别是 $W_1(t)$ 与 $W_2(t)$ 的谱密度. 与 (7.4.148) 相比, (7.4.149) 中的附加项 $\pi K_1X_1\mathrm{d}t$ 与 $\pi K_2X_2\mathrm{d}t$ 是 Wong-Zakai 修正项.

考虑如下随机过程:

$$R(X_1, X_2) = fX_1 - c - c\ln\frac{fX_1}{c} + bX_2 - a - a\ln\frac{bX_2}{a}. \tag{7.4.150}$$

它是首次积分 (7.4.143) 的随机形式. $R(X_1, X_2)$ 的伊藤方程可应用伊藤微分规则导得如下

$$\begin{aligned}\mathrm{d}R = &\left[-\frac{s}{f}(fX_1 - c)^2 + \pi f K_1 X_1 + \pi b K_2 X_2\right]\mathrm{d}t \\ &+ \sqrt{2\pi K_1}(fX_1 - c)\mathrm{d}B_1(t) + \sqrt{2\pi K_2}(bX_2 - a)\mathrm{d}B_2(t).\end{aligned} \tag{7.4.151}$$

假定自竞争系数 s 是小的, 表示当被捕食者密度为小时, 该项只有小的影响. 还假定 K_1 与 K_2 是小的, 即随机扰动是小的. 在这些假定下, (7.4.151) 的右边为小, 所以 $R(t)$ 是慢变过程. 在此情形下, 随机平均法可用于得到 R 的平均伊藤随机微分方程

$$\mathrm{d}R = m(R)\mathrm{d}t + \sigma(R)\mathrm{d}B(t), \tag{7.4.152}$$

式中漂移系数 m 与扩散系数 σ 为

$$m(R) = \pi f K_1 \langle X_1 \rangle_t + \pi b K_2 \langle X_2 \rangle_t - \frac{s}{f}\left\langle (fX_1 - c)^2 \right\rangle_t, \tag{7.4.153}$$

$$\sigma^2(R) = 2\pi K_1 \left\langle (fX_1 - c)^2 \right\rangle_t + 2\pi K_2 \left\langle (bX_2 - a_1)^2 \right\rangle_t, \tag{7.4.154}$$

其中 $\langle [\cdot] \rangle_t$ 表示在一个拟周期上的时间平均, 定义为

$$\langle [\cdot] \rangle_t = \frac{1}{T}\oint [\cdot]\,\mathrm{d}t = \frac{1}{T}\oint \frac{[\cdot]\,\mathrm{d}X_2}{X_2(fX_1 - c)} = \frac{1}{T}\oint \frac{[\cdot]\,\mathrm{d}X_1}{X_1(a - bX_2)}. \tag{7.4.155}$$

(7.4.155) 中的拟周期在 (7.4.144) 中给出, 只是以 X_1 与 X_2 分别替代 x_1 与 x_2. 每个时间平均得到的结果是 R 的函数. 下述时间平均可直接从 (7.4.141) 与 (7.4.142) 得到

$$\langle X_1 \rangle_t = \frac{c}{f}, \quad \langle X_2 \rangle_t = \frac{a}{b}, \quad \langle X_1 X_2 \rangle_t = \frac{ac}{bf}, \tag{7.4.156}$$

$$a\left\langle (fX_1 - c)^2 \right\rangle_t = c\left\langle (bX_2 - a)^2 \right\rangle_t. \tag{7.4.157}$$

定义

$$g(R) = a\oint \frac{(fX_1 - c)\mathrm{d}X_2}{X_2}, \tag{7.4.158}$$

得

$$\left\langle (fX_1 - c)^2 \right\rangle_t = \frac{g(R)}{aT(R)}, \quad \left\langle (bX_2 - a)^2 \right\rangle_t = \frac{g(R)}{cT(R)}. \tag{7.4.159}$$

从 (7.4.156)~(7.4.159) 得

$$m(R) = \pi c K_1 + \pi a K_2 - \frac{s}{af}\frac{g(R)}{T(R)}, \tag{7.4.160}$$

$$\sigma^2(R) = \frac{2\pi}{ac}(cK_1 + aK_2)\frac{g(R)}{T(R)}. \tag{7.4.161}$$

(7.4.152), (7.4.160) 及 (7.4.161) 构成了一维马尔可夫扩散过程 $R(t)$ 的支配方程.

(7.4.151) 定义的随机过程 $R(t)$ 可认为是系统状态的一种表示, 它是两个随机过程, 即被捕食者密度 X_1 与捕食者密度 X_2 的函数.

渐近性态

由伊藤随机微分方程 (7.4.152) 支配的一维马尔可夫扩散过程 $R(t)$ 在两个边界 $R=0$ 与 $R=\infty$ 上的性态可用 4.4 节描述的理论进行研究.

从 (7.4.148) 可推出, 当 X_1 与 X_2 分别趋于 c/f 与 a/b 时, R 趋于零. 于是有

$$\ln\frac{fX_1}{c}=\ln\left(1+\frac{fX_1-c}{c}\right)\approx\frac{fX_1-c}{c}-\frac{1}{2}\left(\frac{fX_1-c}{c}\right)^2, \tag{7.4.162}$$

$$\ln\frac{bX_2}{a}=\ln\left(1+\frac{bX_2-a}{a}\right)\approx\frac{bX_2-a}{a}-\frac{1}{2}\left(\frac{bX_2-a}{a}\right)^2. \tag{7.4.163}$$

将 (7.4.162) 与 (7.4.163) 代入 (7.4.150), 得

$$a(fX_1-c)^2+c(bX_2-a)^2\approx 2acR. \tag{7.4.164}$$

应用 (7.4.157) 与 (7.4.164), 得

$$\left\langle(fX_1-c)^2\right\rangle_t\approx cR,\quad \left\langle(bX_2-a)^2\right\rangle_t\approx aR. \tag{7.4.165}$$

从 (7.4.160) 与 (7.4.161) 得

$$m(R)\to\pi(cK_1+aK_2),\quad \sigma^2(R)\to 2\pi(cK_1+aK_2)R,\quad \text{随 } R\to 0. \tag{7.4.166}$$

由于 $\sigma(0)=0$, 左边界 $R=0$ 是第一类奇异边界. 扩散指数、漂移指数及特征标值为

$$\alpha=1,\quad \beta=0,\quad c=1. \tag{7.4.167}$$

按表 4.4.2, 只要 $a>0$ 与 $c>0$, 左边界为进入. 当概率流接近该边界时, 排斥力变大, 使系统回到定义区间. 这表明当被捕食者的出生率与/或捕食者的死亡率有了随机变化, 系统将不会像确定性模型预测那样终止于单个状态, 而是不断动态地进化下去.

随 $R\to\infty$, 已证 (Khasminskii 与 Klebaner, 2001)

$$\left\langle(fX_1-c)^2\right\rangle_t\approx\frac{1}{2}cR,\quad \left\langle(bX_2-a)^2\right\rangle_t\approx\frac{1}{2}aR. \tag{7.4.168}$$

按 (7.4.160) 与 (7.4.161),

$$m(R)\to-\frac{sc}{2f}R,\quad \sigma^2(R)\to\pi(cK_1+aK_2)R,\quad \text{随 } R\to\infty. \tag{7.4.169}$$

这表明右边界 $R=\infty$ 是第二类奇异边界. 扩散指数、漂移指数及特征标值为

$$\alpha=1,\quad \beta=1,\quad c=\frac{sc}{2\pi f(cK_1+aK_2)}. \tag{7.4.170}$$

因此, 按表 4.4.4, 在条件 $s>0$ 下, 右边界 $R=\infty$ 为排斥自然. 对大的 R 值, 自竞争机理引起负向漂移. 它保证了被捕食者与捕食者群体不能无限制地增长.

注意, (7.4.148) 中没有 $-sX_1^2$ 项时, 右边界 $R=\infty$ 将是吸引自然, 这意味着被捕食者可无限地增长, 这与自然界的预期相反. 所以, 在模型中包含自竞争项是必要的.

由于左边界 $R=0$ 为进入，右边界 $R=\infty$ 为排斥自然，存在 $R(t)$ 的非平凡平稳概率密度。

平稳概率密度

简化 FPK 方程为

$$\frac{\mathrm{d}}{\mathrm{d}r}[m(r)p(r)]-\frac{1}{2}\frac{\mathrm{d}^2}{\mathrm{d}r^2}[\sigma^2(r)p(r)]=0. \tag{7.4.171}$$

由此解得

$$\begin{aligned}p(r)&=\frac{C_1}{\sigma^2(r)}\exp\int\frac{2m(r)}{\sigma^2(r)}\mathrm{d}r\\&=C\frac{T(r)}{g(r)}\exp\int\frac{\pi ac(cK_1+aK_2)T(r)-\dfrac{sc}{f}g(r)}{\pi(cK_1+aK_2)g(r)}\mathrm{d}r,\end{aligned} \tag{7.4.172}$$

式中 C 与 C_1 为两个归一化常数. 注意到

$$\frac{\mathrm{d}g(r)}{\mathrm{d}r}=a\oint\frac{f}{x_2}\frac{\partial x_1}{\partial r}\mathrm{d}x_2=a\oint\frac{fx_1\mathrm{d}x_2}{x_2(fx_1-c)}=afT(r)\left\langle x_1\right\rangle_t=acT(r), \tag{7.4.173}$$

(7.4.172) 简化为

$$p(r)=CT(r)\exp(-\beta r), \tag{7.4.174}$$

式中常数 β 为

$$\beta=\frac{sc}{\pi f(cK_1+aK_2)}. \tag{7.4.175}$$

$R(t)$ 与 $X_1(t)$ 的联合概率密度可表示为

$$p(r,x_1)=p(r)p(x_1|r), \tag{7.4.176}$$

式中 $p(x_1|r)$ 是给定 $R(t)=r$ 条件下 $X_1(t)$ 的概率密度. 它可得如下:

$$p(x_1|r)\mathrm{d}x_1=\frac{\mathrm{d}t}{T(r)}=\frac{\mathrm{d}x_1}{|\dot{x}_1|\,T(r)}=\frac{\mathrm{d}x_1}{|x_1(a-bx_2)|\,T(r)}. \tag{7.4.177}$$

将 (7.4.177) 代入 (7.4.176)

$$p(r,x_1)=\frac{p(r)}{|x_1(a-bx_2)|\,T(r)},\tag{7.4.178}$$

式中 x_2 为 x_1 与 r 的函数. 于是, 平稳概率密度 $p(x_1,x_2)$ 为

$$p(x_1,x_2)=p(r,x_1)\left|\frac{\partial(r,x_1)}{\partial(x_1,x_2)}\right|=\frac{p(r)}{x_1x_2T(r)}=\frac{C}{x_1x_2}\exp\left[-\beta r(x_1,x_2)\right],\tag{7.4.179}$$

式中 $\dfrac{\partial(r,x_1)}{\partial(x_1,x_2)}$ 是变换的雅可比矩阵. 将 (7.4.143) 代入 (7.4.179), 得

$$p(x_1,x_2)=p(x_1)p(x_2),\tag{7.4.180}$$

式中

$$p(x_1)=\frac{(\beta f)^{\beta c}}{\varGamma(\beta c)}x_1^{\beta c-1}\exp(-\beta fx_1),\tag{7.4.181}$$

$$p(x_2)=\frac{(\beta b)^{\beta a}}{\varGamma(\beta a)}x_2^{\beta a-1}\exp(-\beta bx_2),\tag{7.4.182}$$

式中 $\varGamma(\cdot)$ 是伽马函数. (7.4.180) 意味着 $X_1(t)$ 与 $X_2(t)$ 达到平稳状态时, 它们是独立的, 这对 X_1 与 X_2 之间有非线性耦合项的系统 (7.4.148) 是一个没有预料到的结果. (7.4.181) 与 (7.4.182) 表明, 若 $\beta>0$ 与 $a>0$, 非平凡平稳概率密度 $p(x_1)$ 与 $p(x_2)$ 存在. 这些条件导致

$$0<s<\frac{fa_1}{c}.\tag{7.4.183}$$

如没有自竞争项, 即 $s=0$, 由于没有对被捕食者群体的增长施加任何限制, 系统将发散. 另外, 若 $s>\dfrac{fa_1}{c}$, 被捕食者群体增长过于受限制, 将导致捕食者灭绝.

在条件 (7.4.183) 下, 被捕食者与捕食者存在平稳概率密度表明: ① 生态系统是动态的, 被捕食者与捕食者群体将不再是趋于群体数量固定的状态; ② 被捕食者与捕食者都不会灭绝, 除非出现模型中未考虑的不可预测事件; ③ 不可能预测被捕食者与捕食者群体的精确值, 只能估计它们的概率.

对此问题进行了数值计算 (Cai 与 Lin, 2004). 图 7.4.3 示出了按 (7.4.181) 计算的随机系统 (7.4.148) 中被捕食者群体 X_1 的概率密度 $p(x_1)$, 系统的参数为 $a_1=1$, $b=1$, $c=0.5$, $f=0.5$, $\pi K_1=\pi K_2=0.01$, $s=0.1$ 与 0.02. 图 7.4.3 也示出了从蒙特卡罗模拟得到的结果. 对较大的自竞争系数 $s=0.1$, 被捕食者的密度集中在 $x_1=c/f=1$ 附近, 它是被捕食者出生率与捕食者的死亡率无随机变化的确定性情形的平衡点. 对小 $s=0.02$, 被捕食者概率密度峰移向小于平衡点 $x_1=1$ 的值, 而且被捕食者群体数量较大的概率增大, 表示系统较不稳定.

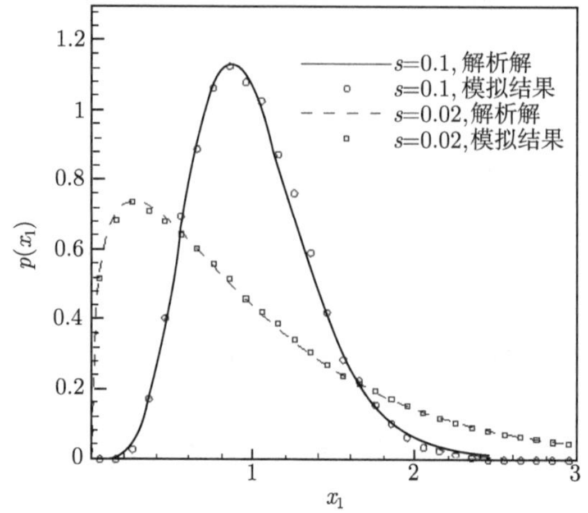

图 7.4.3 被捕食者群体 $X_1(t)$ 的平稳概率密度 (Cai 与 Lin, 2004)

对随机的被捕食者–捕食者专题曾进行过更多的研究 (Dimentberg, 2002, 2003; Cai 与 Lin, 2004, 2007; Wu 与 Zhu, 2008; Qi 与 Cai, 2013).

7.5 随机激励的耗散的哈密顿系统

如 6.4 节所述, 若满足一定条件, (6.4.4) 支配的随机激励的耗散的哈密顿系统有精确平稳解. 这些条件很严苛, 实际中一般不满足. 因此, 需要求近似解的方法. 又如 6.4 节所述, 对五种不同类型：完全不可积, 完全可积非共振, 完全可积共振, 部分可积非共振, 部分可积共振, 随机激励的耗散的哈密顿系统的精确平稳解的泛函形式是不同的. 类似地, 对不同类型系统, 得到近似解的步骤也有所不同. 为清楚说明, 此处只考虑完全不可积情形, 介绍等效非线性系统法与拟哈密顿系统随机平均法, 以求得多自由度非线性随机动力学系统的近似解.

7.5.1 等效非线性系统法

考虑一个高斯白噪声激励的耗散的完全不可积哈密顿系统. 假定该系统不存在精确平稳解, 要用等效非线性系统法得近似平稳解. 为说明方法, 考虑如下系统：

$$\begin{aligned} \dot{Q}_j &= \frac{\partial H}{\partial P_j}, \\ \dot{P}_j &= -\frac{\partial H}{\partial Q_j} - \sum_{k=1}^{n} c_{jk}(\boldsymbol{Q},\boldsymbol{P})\frac{\partial H}{\partial P_k} + \sum_{l=1}^{m} g_{jl}(\boldsymbol{Q})W_l(t). \end{aligned} \tag{7.5.1}$$

(7.5.1) 表明, 参激只加在位移函数项上, 从而没有 Wong-Zakai 修正项. 假定具有精

确平稳解的等效非线性系统有如下形式运动方程:

$$\dot{Q}_j = \frac{\partial H}{\partial P_j},$$
$$\dot{P}_j = -\frac{\partial H}{\partial Q_j} - \sum_{k=1}^{n} c'_{jk}(\boldsymbol{Q},\boldsymbol{P})\frac{\partial H}{\partial P_k} + \sum_{l=1}^{m} g_{jl}(\boldsymbol{Q})W_l(t). \tag{7.5.2}$$

比较原系统 (7.5.1) 与替代系统 (7.5.2) 知, 两系统只有阻尼项不同. 如 6.4.3 节所示, 若下列条件满足:

$$c'_{jk}(\boldsymbol{Q},\boldsymbol{P}) = \lambda(H)B_{jk}(\boldsymbol{Q}), \quad B_{jk}(\boldsymbol{Q}) = 2\pi\sum_{l,s=1}^{m} K_{ls}g_{jl}(\boldsymbol{Q})g_{ks}(\boldsymbol{Q}), \tag{7.5.3}$$

则替代系统 (7.5.2) 有精确平稳解, 平稳概率密度为

$$p(\boldsymbol{q},\boldsymbol{p}) = C\exp[-\phi(H)] = C\exp\left[-\int_0^{H(\boldsymbol{q},\boldsymbol{p})} \lambda(u)\mathrm{d}u\right], \tag{7.5.4}$$

式中 $\lambda(H) = \mathrm{d}\phi(H)/\mathrm{d}H$, $\phi(H)$ 为概率势函数. (7.5.1) 与 (7.5.2) 之差为

$$\delta_j = \sum_{k=1}^{n}[c_{jk}(\boldsymbol{Q},\boldsymbol{P}) - \lambda(H)B_{jk}(\boldsymbol{Q})]\frac{\partial H}{\partial P_k}, \quad j = 1,2,\cdots,n, \tag{7.5.5}$$

δ_j 表示两系统第 j 个坐标上阻尼力之差. 要有更精确的结果, 需在某种统计意义上对所有 $\delta_j(\boldsymbol{Q},\boldsymbol{P})$ 最小化. 朱位秋等曾提出若干最小化的准则 (Zhu, Soong 与 Lei, 1994). 其中之一是令原系统与替代系统的平均能量耗散速率相同, 这导致

$$E\left(\sum_{j=1}^{n}\delta_j\frac{\partial H}{\partial P_j}\right) = E\left\{\sum_{j,k=1}^{n}[c_{jk}(\boldsymbol{Q},\boldsymbol{P}) - \lambda(H)B_{jk}(\boldsymbol{Q})]\frac{\partial H}{\partial P_k}\frac{\partial H}{\partial P_j}\right\} = 0. \tag{7.5.6}$$

用近似平稳概率密度 (7.5.4) 重写 (7.5.6) 为

$$\int \mathrm{e}^{-\phi(H)}\sum_{j,k=1}^{n}[c_{jk}(\boldsymbol{q},\boldsymbol{p}) - \lambda(H)B_{jk}(\boldsymbol{q})]\frac{\partial H}{\partial p_k}\frac{\partial H}{\partial p_j}\mathrm{d}\boldsymbol{q}\mathrm{d}\boldsymbol{p} = 0. \tag{7.5.7}$$

(7.5.7) 左边是对 $\boldsymbol{q} = (q_1, q_2, \cdots, q_n)$ 与 $\boldsymbol{p} = (p_1, p_2, \cdots, p_n)$ 的 $2n$ 重积分. 现将变量 p_1 改成 H, (7.5.7) 变成

$$\int_0^{\infty}\mathrm{e}^{-\phi(H)}\mathrm{d}H\int_{\Omega}\sum_{j,k=1}^{n}[c_{jk}(\boldsymbol{q},\boldsymbol{p}) - \lambda(H)B_{jk}(\boldsymbol{q})]$$
$$\times\frac{\partial H}{\partial p_k}\frac{\partial H}{\partial p_j}\left(\frac{\partial H}{\partial p_1}\right)^{-1}\mathrm{d}\boldsymbol{q}\mathrm{d}p_2\cdots\mathrm{d}p_n = 0. \tag{7.5.8}$$

在 (7.5.8) 中, p_1 按 $H=H(\boldsymbol{q},\boldsymbol{p})$, 代之以 $\boldsymbol{q},p_2,\cdots,p_n$ 及 H, 而积分域 Ω 由不等式 $H(\boldsymbol{q},p_1=0,\ p_2,\ \cdots,\ p_n)\leqslant H$ 确定. 用 7.3.2 节中相同的想法, 要求一个更加严苛的准则, 即对每个 H, 能量耗散速率相同, 这导致

$$\int_{\Omega}\sum_{j,k=1}^{n}[c_{jk}(\boldsymbol{q},\boldsymbol{p})-\lambda(H)B_{jk}(\boldsymbol{q})]\frac{\partial H}{\partial p_k}\frac{\partial H}{\partial p_j}\left(\frac{\partial H}{\partial p_1}\right)^{-1}\mathrm{d}\boldsymbol{q}\mathrm{d}p_2\cdots\mathrm{d}p_n=0. \tag{7.5.9}$$

由此得 $\lambda(H)$ 的如下表达式:

$$\lambda(H)=\frac{\displaystyle\int_{\Omega}\sum_{j,k=1}^{n}c_{jk}(\boldsymbol{q},\boldsymbol{p})\frac{\partial H}{\partial p_k}\frac{\partial H}{\partial p_j}\left(\frac{\partial H}{\partial p_1}\right)^{-1}\mathrm{d}\boldsymbol{q}\mathrm{d}p_2\cdots\mathrm{d}p_n}{\displaystyle\int_{\Omega}\sum_{j,k=1}^{n}B_{jk}(\boldsymbol{q})\frac{\partial H}{\partial p_k}\frac{\partial H}{\partial p_j}\left(\frac{\partial H}{\partial p_1}\right)^{-1}\mathrm{d}\boldsymbol{q}\mathrm{d}p_2\cdots\mathrm{d}p_n}. \tag{7.5.10}$$

可用 (7.5.10) 找到 $\lambda(H)$, 从而 $\phi(H)$, 再按 (7.5.4) 得到 $p(\boldsymbol{q},\boldsymbol{p})$, 若得不到解析解, 则可数值求解. 上述方法将用下例说明.

例 7.5.1　考虑下列方程组支配的两自由度非线性随机系统:

$$\begin{aligned}&\ddot{X}-\alpha_1\dot{X}+\beta_1X^2\dot{X}+\omega_1^2X+aY+b(X-Y)^3=c_1XW_1(t),\\&\ddot{Y}-(\alpha_1-\alpha_2)\dot{Y}+\beta_2Y^2\dot{Y}+\omega_2^2Y+aX+b(Y-X)^3=c_2YW_2(t),\end{aligned} \tag{7.5.11}$$

式中 $W_1(t)$ 与 $W_2(t)$ 是谱密度分别为 K_1 与 K_2 的独立高斯白噪声. 令 $\boldsymbol{Q}=[X,Y]^{\mathrm{T}}$ 和 $\boldsymbol{P}=[\dot{X},\dot{Y}]^{\mathrm{T}}$, 哈密顿函数为

$$H=\frac{1}{2}\dot{X}^2+\frac{1}{2}\dot{Y}^2+U(X,Y), \tag{7.5.12}$$

式中 $U(X,\ Y)$ 是由下式给出的系统势能:

$$U(X,Y)=\frac{1}{2}\omega_1^2X^2+\frac{1}{2}\omega_2^2Y^2+aXY+\frac{1}{4}b(X-Y)^4. \tag{7.5.13}$$

按 (7.5.3), 等效非线性系统形式为

$$\begin{aligned}&\ddot{X}+b_{11}\lambda(H)\dot{X}+\frac{\partial U}{\partial X}=c_1XW_1(t),\\&\ddot{Y}+b_{22}\lambda(H)\dot{Y}+\frac{\partial U}{\partial Y}=c_2YW_2(t),\end{aligned} \tag{7.5.14}$$

式中

$$b_{11}=2\pi K_1c_1^2X^2,\quad b_{22}=2\pi K_2c_2^2Y^2. \tag{7.5.15}$$

系统 (7.5.14) 具有形式为 (7.5.4) 的精确平稳概率密度, 由 (7.5.10) 确定其中的 $\lambda(H)$ 为

$$\lambda(H)=\frac{\displaystyle\int_{\Omega}\left[-\alpha_1\dot{x}+\beta_1x^2\dot{x}-(\alpha_1-\alpha_2)\frac{\dot{y}^2}{\dot{x}}+\frac{\beta_2y^2\dot{y}^2}{\dot{x}}\right]_{\dot{x}=\pm\sqrt{2H-2U(x,y)-\dot{y}^2}}\mathrm{d}x\mathrm{d}y\mathrm{d}\dot{y}}{\displaystyle\int_{\Omega}\left(b_{11}\dot{x}+b_{22}\frac{\dot{y}^2}{\dot{x}}\right)_{\dot{x}=\pm\sqrt{2H-2U(x,y)-\dot{y}^2}}\mathrm{d}x\mathrm{d}y\mathrm{d}\dot{y}}. \tag{7.5.16}$$

对每个 H 可从 (7.5.16) 计算 $\lambda(H)$, 然后由 (7.5.4) 得 $p(x,y,\dot{x},\dot{y})$. 令 $x=r\cos\theta$ 与 $y=r\sin\theta$, (7.5.16) 三重积分可简化为对 θ 的单重积分, 从而可算出 $\lambda(H)$.

在文献 (Zhu, Soong 与 Lei, 1994) 中给出了一些数值计算结果, 示于图 7.5.1 中. 系统参数选为 $\beta_1=0.01$, $\beta_2=0.02$, $\omega_1=1$, $\omega_2=2$, $a=0.01$, $b=1$, $c_1=c_2=0.2$. 假定两个激励的谱密度 $K_1=K_2=K$, K 值在计算中是变化的. 图中, 实线得自上述提出的耗能率相等准则, 符号 "△" 表示蒙特卡罗模拟结果. 该图表明, 所提出的方法给出颇为精确的结果.

除了耗能率平衡, 还可用其他准则 (Zhu, Soong 与 Lei, 1994).

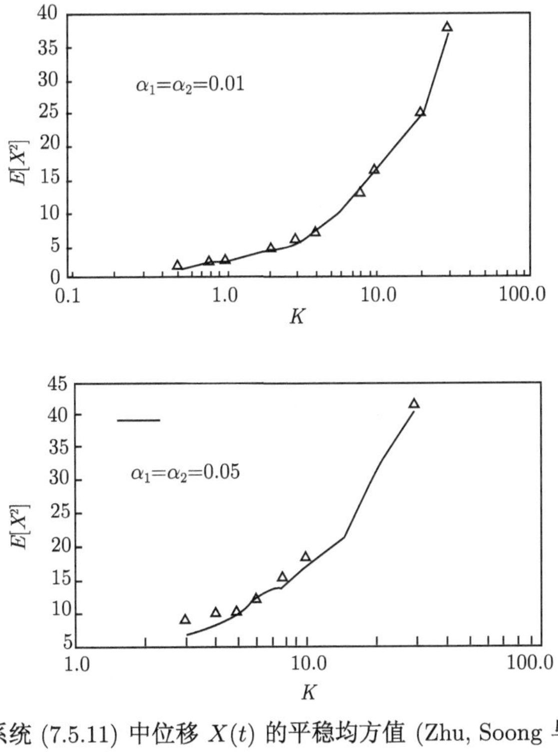

图 7.5.1 系统 (7.5.11) 中位移 $X(t)$ 的平稳均方值 (Zhu, Soong 与 Lei, 1994)

7.5.2 拟哈密顿系统随机平均法

考虑由下列方程支配的随机激励的耗散的哈密顿系统：

$$
\begin{aligned}
\dot{Q}_j &= \frac{\partial H'}{\partial P_j},\\
\dot{P}_j &= -\frac{\partial H'}{\partial Q_j} - \varepsilon\sum_{k=1}^{n} c_{jk}(\boldsymbol{Q},\boldsymbol{P})\frac{\partial H'}{\partial P_k} + \varepsilon^{\frac{1}{2}}\sum_{l=1}^{m} g_{jl}(\boldsymbol{Q},\boldsymbol{P})W_l(t),
\end{aligned}
\tag{7.5.17}
$$

式中 ε 是小参数, $W_l(t)$ 是具有下列相关函数的高斯白噪声：

$$
E[W_l(t)W_s(t+\tau)] = 2\pi K_{ls}\delta(\tau), \quad l,s=1,2,\cdots,m. \tag{7.5.18}
$$

如 (7.5.17) 所示, 阻尼力与激励均小, 称这种系统为拟哈密顿系统. 此处仍只考虑拟完全不可积哈密顿系统.

运动方程 (7.5.17) 可先模型化为斯特拉多诺维奇随机微分方程, 然后转化为下列伊藤随机微分方程

$$
\begin{aligned}
\mathrm{d}Q_j &= \frac{\partial H'}{\partial P_j}\mathrm{d}t,\\
\mathrm{d}P_j &= \left[-\frac{\partial H'}{\partial Q_j} - \varepsilon\sum_{k=1}^{n} c_{jk}\frac{\partial H'}{\partial P_k} + \varepsilon\pi\sum_{k=1}^{n}\sum_{l,s=1}^{m} K_{js}g_{ks}\frac{\partial g_{jl}}{\partial P_k}\right]\mathrm{d}t\\
&\quad + \varepsilon^{\frac{1}{2}}\sum_{l=1}^{m} g_{jl}\mathrm{d}B_l(t),
\end{aligned}
\tag{7.5.19}
$$

式中 $B_l(t)$ 是维纳过程, 其增量的相关函数为

$$
E[\mathrm{d}B_l(t)\mathrm{d}B_s(t+\tau)] = 2\pi K_{ls}\delta(\tau)\mathrm{d}t, \quad l,s=1,2,\cdots,m. \tag{7.5.20}
$$

(7.5.19) 中右边的三重求和项为 Wong-Zakai 修正项. 如 7.3.2 节所述, 这些项可能影响恢复力与阻尼力. 考虑到这些影响, 原哈密顿函数 H' 可能变成 H, 阻尼系数可能从 c_{jk} 变成 m_{jk}, 而系统方程 (7.5.19) 变成

$$
\begin{aligned}
\mathrm{d}Q_j &= \frac{\partial H}{\partial P_j}\mathrm{d}t,\\
\mathrm{d}P_j &= -\left(\frac{\partial H}{\partial Q_j} + \varepsilon\sum_{k=1}^{n} m_{jk}\frac{\partial H}{\partial P_k}\right)\mathrm{d}t + \varepsilon^{\frac{1}{2}}\sum_{l=1}^{m} g_{jl}\mathrm{d}B_l(t).
\end{aligned}
\tag{7.5.21}
$$

假定以 H 为哈密顿函数的哈密顿系统完全不可积. 由于哈密顿函数 H 是 $\boldsymbol{Q}$ 与 $\boldsymbol{P}$ 的函数, $H(t)$ 的伊藤随机微分方程可用伊藤微分规则从 (7.5.21) 得到如下：

$$
\mathrm{d}H = \sum_{j=1}^{n}\frac{\partial H}{\partial Q_j}\mathrm{d}Q_j + \sum_{j=1}^{n}\frac{\partial H}{\partial P_j}\mathrm{d}P_j + \frac{1}{2}\sum_{j,k=1}^{n}\frac{\partial^2 H}{\partial P_j\partial P_k}(\mathrm{d}P_j)(\mathrm{d}P_k)
$$

$$= \varepsilon\left(-\sum_{j,k=1}^{n} m_{jk}\frac{\partial H}{\partial P_j}\frac{\partial H}{\partial P_k} + \sum_{j,k=1}^{n}\sum_{l,s=1}^{m} \pi K_{ls} g_{jl} g_{ks}\frac{\partial^2 H}{\partial P_j \partial P_k}\right)\mathrm{d}t$$
$$+ \varepsilon^{\frac{1}{2}}\sum_{j=1}^{n}\sum_{l=1}^{m} g_{jl}\frac{\partial H}{\partial P_j}\mathrm{d}B_l(t). \tag{7.5.22}$$

(7.5.22) 的右边为小量, 所以哈密顿函数 $H(t)$ 是一慢变过程. 以 H 代替 P_1, 系统方程由 (7.5.22) 与除 P_1 方程外的 (7.5.21) 组成. 由于 H 为慢变过程, 而 $Q_1, Q_2, \cdots, Q_n, P_2, \cdots, P_n$ 为快变过程, 可应用哈斯敏斯基的随机平均原理 (Khasminskii, 1968), 以马尔可夫扩散过程近似 H, 由下列伊藤随机微分方程支配:

$$\mathrm{d}H = m(H)\mathrm{d}t + \sigma(H)\mathrm{d}B(t), \tag{7.5.23}$$

式中 $B(t)$ 为单位维纳过程, 漂移系数 $m(H)$ 与扩散系数 $\sigma(H)$ 可从 (7.5.22) 经时间平均得到, 即

$$m(H) = \varepsilon\left\langle -\sum_{j,k=1}^{n} m_{jk}\frac{\partial H}{\partial P_j}\frac{\partial H}{\partial P_k} + \sum_{j,k=1}^{n}\sum_{l,s=1}^{m} \pi K_{ls} g_{jl} g_{ks}\frac{\partial^2 H}{\partial P_j \partial P_k}\right\rangle_t, \tag{7.5.24}$$

$$\sigma^2(H) = \varepsilon 2\pi\left\langle \sum_{j,k=1}^{n}\sum_{l,s=1}^{m} K_{ls} g_{jl} g_{ks}\frac{\partial H}{\partial P_j}\frac{\partial H}{\partial P_k}\right\rangle_t. \tag{7.5.25}$$

注意, 完全不可积哈密顿系统在 $(2n-1)$ 维等能量面上遍历. 这样时间平均可代之以对快变量 Q_1, Q_2, $\cdots$, Q_n, P_2, $\cdots$, P_n 的空间平均. 具体地说, 一个函数 $F(\boldsymbol{q},\boldsymbol{p})$ 的时间平均可计算如下:

$$\langle F(\boldsymbol{q},\boldsymbol{p})\rangle_t = \frac{1}{T(H)}\int_{\Omega} F(\boldsymbol{q},\boldsymbol{p})\left(\frac{\partial H}{\partial p_1}\right)^{-1}\mathrm{d}q_1\mathrm{d}q_2\cdots\mathrm{d}q_n\mathrm{d}p_2\cdots\mathrm{d}p_n, \tag{7.5.26}$$

式中

$$T(H) = \int_{\Omega}\left(\frac{\partial H}{\partial p_1}\right)^{-1}\mathrm{d}q_1\mathrm{d}q_2\cdots\mathrm{d}q_n\mathrm{d}p_2\cdots\mathrm{d}p_n, \tag{7.5.27}$$

而积分域 Ω 定义为 $H(q_1, q_2, \cdots, q_n, p_1 = 0, p_2, \cdots, p_n) \leqslant H$.

平均后, 得到漂移系数 $m(H)$ 与扩散系数 $\sigma(H)$, 通过求解与 (7.5.23) 相应的简化 FPK 方程得到哈密顿函数 H 的平稳概率密度

$$p(h) = \frac{C}{\sigma^2(h)}\exp\left[\int \frac{2m(h)}{\sigma^2(h)}\mathrm{d}h\right]. \tag{7.5.28}$$

而广义位移 $\boldsymbol{Q}$ 与广义动量 $\boldsymbol{P}$ 的联合平稳概率密度可按下式计算:

$$p(\boldsymbol{q},\boldsymbol{p}) = p(\boldsymbol{q}, p_2, \cdots, p_n, h)\left|\frac{\partial h}{\partial p_1}\right| = p(\boldsymbol{q}, p_2, \cdots, p_n|h)p(h)\left|\frac{\partial h}{\partial p_1}\right|. \tag{7.5.29}$$

对一固定哈密顿函数值 $H(\boldsymbol{q},\boldsymbol{p})=h$, 条件概率密度 $p(\boldsymbol{q},p_2,\cdots,p_n|h)$ 反比于 $\left|\dfrac{\partial h}{\partial p_1}\right|$, 所以 $p(\boldsymbol{q},p_2,\cdots,p_n|h)$ 可表示为

$$p(\boldsymbol{q},p_2,\cdots,p_n|h)=C_1\left|\frac{\partial h}{\partial p_1}\right|^{-1}. \tag{7.5.30}$$

在 Ω 域上积分上式两边, 并用 (7.5.27), 得

$$C_1=\left[\int_\Omega\left(\frac{\partial h}{\partial p_1}\right)^{-1}\mathrm{d}q_1\mathrm{d}q_2\cdots\mathrm{d}q_n\mathrm{d}p_2\cdots\mathrm{d}p_n\right]^{-1}=[T(h)]^{-1}. \tag{7.5.31}$$

将 (7.5.30) 与 (7.5.31) 代入 (7.5.29), 得

$$p(\boldsymbol{q},\boldsymbol{p})=\left[\frac{p(h)}{T(h)}\right]_{h=H(\boldsymbol{q},\boldsymbol{p})}. \tag{7.5.32}$$

例 7.5.2　在例 7.5.1 的系统 (7.5.11) 中, 将阻尼系数乘以 ε, 激励乘以 $\varepsilon^{\frac{1}{2}}$, 则 (7.5.13) 成为拟不可积哈密顿系统, 可应用上述随机平均法. 哈密顿函数 H 与势能 U 分别由 (7.5.12) 与 (7.5.13) 给出. 漂移系数与扩散系数从 (7.5.24) 与 (7.5.25) 得到如下:

$$m(H)=\varepsilon\left\langle(\alpha_1-\beta_1x^2)\dot{x}^2+(\alpha_1-\alpha_2-\beta_2y^2)\dot{y}^2+\pi K_1c_1^2x^2+\pi K_2c_2^2y^2\right\rangle_t, \tag{7.5.33}$$

$$\sigma^2(H)=\varepsilon 2\pi\left\langle K_1c_1^2x^2\dot{x}^2+K_2c_2^2y^2\dot{y}^2\right\rangle_t. \tag{7.5.34}$$

(7.5.26) 与 (7.5.27) 中的时间平均转化为对 x,y 及 $\dot{y}$ 的空间平均, 得

$$\begin{aligned}m(H)=&\frac{\varepsilon}{T(H)}\int_\Omega\left[(\alpha_1-\beta_1x^2)\dot{x}+(\alpha_1-\alpha_2-\beta_2y^2)\frac{\dot{y}^2}{\dot{x}}\right.\\&\left.+\pi K_1c_1^2\frac{x^2}{\dot{x}}+\pi K_2c_2^2\frac{y^2}{\dot{x}}\right]\mathrm{d}x\mathrm{d}y\mathrm{d}\dot{y},\end{aligned} \tag{7.5.35}$$

$$\sigma^2(H)=\frac{\varepsilon 2\pi}{T(H)}\int_\Omega\left(K_1c_1^2x^2\dot{x}+K_2c_2^2\frac{y^2\dot{y}^2}{\dot{x}}\right)\mathrm{d}x\mathrm{d}y\mathrm{d}\dot{y}, \tag{7.5.36}$$

式中

$$T(H)=\int_\Omega\frac{1}{\dot{x}}\mathrm{d}x\mathrm{d}y\mathrm{d}\dot{y}, \tag{7.5.37}$$

积分域 Ω 由 $H(x,y,\dot{x}=0,\dot{y})=\dfrac{1}{2}\dot{y}^2+U(x,y)\leqslant H$ 确定.

类似于例 7.5.1, (7.5.35)~(7.5.37) 中的多重积分可通过变换 $x=r\cos\theta$ 与 $y=r\sin\theta$ 简化为对 θ 的单重积分. 在文献 (Zhu 与 Yang, 1997) 中给出了一些数值结果, 示于图 7.5.2 与图 7.5.3. 对参数为 $\alpha_1=\alpha_2=0.01$, $\beta_1=0.01$, $\beta_2=0.02$, $\omega_1=$

$1, \omega_2 = 2, a = 0.01, b = 1, c_1 = c_2 = 0.2$ 及 $K_1 = K_2 = 3$ 的系统 (7.5.11), 用拟哈密顿系统随机平均法计算了系统哈密顿函数 $H(t)$ 的平稳概率密度, 结果用实线示于图 7.5.2, 还计算了 $X(t)$ 的平稳均方值, 用实线示于图 7.5.3, 系统参数为 $\alpha_1 = \alpha_2 = 0.03, \beta_1 = 0.03, \beta_2 = 0.04, \omega_1 = 1, \omega_2 = 2, a = 0.01, b = 1$ 及 $c_1 = c_2 = 0.2$, 谱密度 $K_1 = K_2 = K$ 变化. 图 7.5.3 中还用虚线示出了 7.5.1 节中引入的基于平均能量耗散率相等的等效非线性系统法计算的结果. 两图中也给出了蒙特卡罗模拟的结果. 从图可知, 随机平均法给出颇为精确的结果.

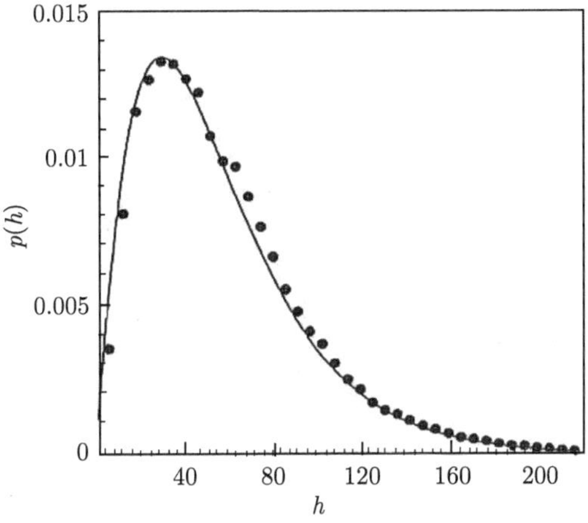

图 7.5.2 系统 (7.5.11) 中哈密顿函数 $H(t)$ 的平稳概率密度

实线表示平均法结果, 符号 "•" 表示模拟结果 (Zhu 与 Yang, 1997)

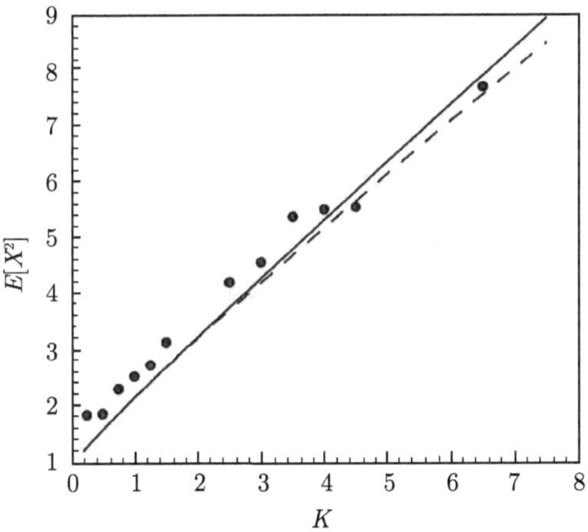

图 7.5.3 系统 (7.5.11) 中位移 $X(t)$ 的平稳均方值

实线表示平均法结果, 虚线表示平均能量耗散率相等法结果, 符号 "•" 表示模拟结果

(Zhu 与 Yang, 1997)

对不同类型拟哈密顿系统, 随机平均法的步骤颇不相同. 更多信息可参阅文献 (Zhu 与 Yang, 1997; Zhu, Huang 与 Yang, 1997; Zhu, Huang 与 Suzuki, 2002). 拟哈密顿系统随机平均法已引申于多类系统与多种随机激励 (Zhu, 2006).

习　题　7

7.1　考虑一非线性系统

$$\ddot{X}+\alpha\dot{X}+\beta\dot{X}^3+X=W(t),$$

式中 $W(t)$ 是具有谱密度为 K 的高斯白噪声, 用下列两种方法计算 $X(t)$ 的近似平稳均方值:

(1) 线性化法;

(2) 高斯截断法.

7.2　考虑习题 7.1 中的系统, 导出基于忽略四阶累积量截断的一组平稳矩方程.

7.3　考虑一非线性系统

$$\ddot{X}+\alpha\dot{X}+\gamma X^2\dot{X}+\beta\dot{X}^3+\omega_0^2X=W(t),$$

式中 $W(t)$ 是具有谱密度为 K 的高斯白噪声, 运用等效线性化法计算 $X(t)$ 与 $\dot{X}(t)$ 近似均方值.

7.4　用等效线性化和部分线性化法求下列系统近似平稳解并作比较.

(1) $\ddot{X}+\alpha\dot{X}+\gamma X^2\dot{X}+X^3=W(t)$;

(2) $\ddot{X}+\alpha\dot{X}+\beta\dot{X}^3+\omega_0^2X+\delta X^3=W(t)$.

式中 $W(t)$ 是具有谱密度为 K 的高斯白噪声.

7.5　考虑一受随机激励的单自由度非线性系

$$\ddot{X}+2\zeta\omega_0\dot{X}+\beta\dot{X}^3+\omega_0^2X+\delta X^3=F(t),$$

式中 $F(t)$ 由下列一阶滤波器产生:

$$\dot{F}+\alpha F=W(t),$$

其中 $W(t)$ 是高斯白噪声. 用下列两种方法求近似平稳二阶矩:

(1) 对该单自由度系统直接应用等效线性化;

(2) 对扩大的三维系统应用等效线性化法.

7.6　考虑同时受外激和参激作用下的非线性系统

$$\ddot{X}+\alpha\dot{X}+\beta\dot{X}^3+kX+\delta X^3=XW_1(t)+W_2(t),$$

式中 $W_1(t)$ 和 $W_2(t)$ 是分别具有谱密度 K_{11} 与 K_{22} 的独立高斯白噪声. 应用 7.1.3 节中的线性化法求:

(1) 平稳二阶矩和四阶矩;

(2) 平稳相关函数和功率谱密度.

7.7　考虑习题 7.1 中系统

$$\ddot{X}+\alpha\dot{X}+\beta\dot{X}^3+X=W(t).$$

用耗散能量平衡法求 $X(t)$ 的近似平稳概率密度.

7.8　用耗散能量平衡法求解非线性系统

$$\ddot{X}+\alpha\dot{X}+\beta\dot{X}^3+\delta X^3=W(t),\quad \beta,\delta>0.$$

7.9　考虑习题 7.3 中的系统, 即

$$\ddot{X}+\alpha\dot{X}+\gamma X^2\dot{X}+\beta\dot{X}^3+\omega_0^2X=W(t).$$

(1) 用耗散能量平衡法求 $X(t)$ 与 $\dot{X}(t)$ 的近似平稳概率密度 $p(x,\dot{x})$;

(2) 从 (1) 中得到的 $p(x,\dot{x})$ 推导出幅值过程 $A(t)=[X^2(t)+\dot{X}^2(t)/\omega_0^2]^{\frac{1}{2}}$ 的平稳概率密度.

7.10　用耗散能量平衡法求下列两个系统响应的近似平稳概率密度

(1) $\ddot{X}+\alpha\dot{X}+\gamma X^2\dot{X}+X^3=W(t)$;

(2) $\ddot{X}+\alpha\dot{X}+\beta\dot{X}^3+\omega_0^2X+\delta X^3=W(t)$.

7.11　考虑受高斯白噪声参激的非线性系统

$$\ddot{X}+\alpha\dot{X}+\beta\dot{X}^3+X=XW(t).$$

(1) 用耗散能量平衡法求 $X(t)$ 与 $\dot{X}(t)$ 的近似平稳概率密度 $p(x,\dot{x})$;

(2) 求 $p(x,\dot{x})$ 可归一化的条件.

7.12　考虑下列系统:

$$\ddot{X}+f(X,\dot{X})+X=XW(t),$$

式中

$$f(X,\dot{X})=\dot{X}\sum_{i+j=0}^{N}d_{ij}\left|X^i\dot{X}^j\right|.$$

(1) 用耗散能量平衡法求 $X(t)$ 与 $\dot{X}(t)$ 的近似平稳概率密度 $p(x,\dot{x})$;

(2) 求 $p(x,\dot{x})$ 可归一化的条件.

7.13　用耗散能量平衡法求下列系统 $X(t)$ 与 $\dot{X}(t)$ 的近似平稳概率密度 $p(x,\dot{x})$.

$$\ddot{X}+f(X,\dot{X})+X=XW(t),$$

式中

$$f(X,\dot{X})=\sum_{m=0}^{M}a_m\dot{X}X^2(X^2+\dot{X}^2)^m.$$

证明得到的 $p(x,\dot{x})$ 是精确解.

7.14 考虑下列系统:

$$\ddot{X}+f(X,\dot{X})+X=XW_1(t)+W_2(t),$$

式中 $W_1(t)$ 和 $W_2(t)$ 是具有谱密度 K_{kl}, $k,l=1,2$ 的高斯白噪声,

$$f(X,\dot{X})=\dot{X}\sum_{i+j=0}^{N}d_{ij}\left|X^i\dot{X}^j\right|.$$

(1) 用耗散能量平衡法求 $X(t)$ 与 $\dot{X}(t)$ 的近似平稳概率密度 $p(x,\dot{x})$;

(2) 求 $p(x,\dot{x})$ 可归一化的条件;

(3) 在特殊情形, $d_{00}=\alpha$, $d_{20}=\alpha K_{11}/K_{22}$, $d_{ij}=0$, 即

$$f(X,\dot{X})=\alpha\dot{X}\left(1+\frac{K_{11}}{K_{22}}X^2\right),$$

证明用耗散能量平衡法得到的解是精确解.

7.15 考虑系统

$$\ddot{X}+f(X,\dot{X})+u(X)=XW_1(t)+W_2(t),$$

式中 $W_1(t)$ 和 $W_2(t)$ 是分别具有谱密度 K_{11} 和 K_{22} 的独立高斯白噪声,

$$f(X,\dot{X})=\dot{X}\sum_{i+j=0}^{N}d_{ij}\left|X^i\dot{X}^j\right|.$$

(1) 用耗散能量平衡法求 $X(t)$ 与 $\dot{X}(t)$ 的近似平稳概率密度 $p(x,\dot{x})$;

(2) 在特殊情形, $d_{00}=\alpha$, $d_{20}=\alpha K_{11}/K_{22}$, $d_{ij}=0$, 即

$$f(X,\dot{X})=\alpha\dot{X}\left(1+\frac{K_{11}}{K_{22}}X^2\right).$$

证明用耗散能量平衡法得到的解是精确解.

7.16 考虑式 (7.4.27) 中的系统, 即

$$\ddot{X}+\varepsilon h(X,\dot{X})+\omega_0^2X=\varepsilon^{\frac{1}{2}}\sum_{l=1}^{m}g_l(X,\dot{X})\xi_l(t).$$

应用下列变换, 导出幅值过程 $A(t)$ 和相位过程 $\phi(t)$ 的微分方程

$$X=A(t)\cos\theta,\quad \dot{X}=-A(t)\omega_0\sin\theta,\quad \theta=\omega_0t+\phi(t).$$

7.17 考虑习题 7.9 中的系统, 即

$$\ddot{X}+\alpha\dot{X}+\gamma X^2\dot{X}+\beta\dot{X}^3+\omega_0^2X=W(t),$$

式中 $W(t)$ 是具有谱密度 K 的高斯白噪声. 应用下列变换:

$$X=A(t)\cos\theta,\quad \dot{X}=-A(t)\omega_0\sin\theta,\quad \theta=\omega_0t+\phi(t).$$

(1) 导出幅值过程 $A(t)$ 和相位过程 $\phi(t)$ 的微分方程;

(2) 用随机平均法导出马科夫过程 $[A(t), \phi(t)]$ 的伊藤随机微分方程和 FPK 方程;

(3) 求出 $A(t)$ 的平稳概率密度 $p(a)$, 并与习题 7.9 得到的结果作比较;

(4) 用式 (7.4.44) 得到原始变量 $X(t)$ 与 $\dot{X}(t)$ 的平稳概率密度 $p(x, \dot{x})$.

7.18 考虑一个受参激作用含非线性阻尼的振子, 其运动方程为

$$\ddot{X} + 2\zeta\omega_0\dot{X} + \eta\left|\dot{X}\right|^{\delta}\mathrm{sgn}(\dot{X}) + \omega_0^2[1 + W(t)]X = 0, \quad \zeta, \eta > 0, \quad 0 \leqslant \delta < 1,$$

式中 $W(t)$ 是具有谱密度 K 的高斯白噪声. 应用下列变换:

$$X = A(t)\cos\theta, \quad \dot{X} = -A(t)\omega_0\sin\theta, \quad \theta = \omega_0 t + \phi(t).$$

(1) 导出幅值过程 $A(t)$ 和相位过程 $\phi(t)$ 的微分方程;

(2) 应用随机平均法导出 $A(t)$ 的平均伊藤方程;

(3) 分析 $A(t)$ 的边界行为, 并判断非平凡平稳概率密度是否存在, 若存在, 求出它.

7.19 在 $\delta > 1$ 条件下, 重新求解习题 7.18 中问题 (3).

7.20 考虑如下系统:

$$\ddot{X} + [2\zeta\omega_0\dot{X} + \xi_2(t)]\dot{X} + \omega_0^2 X = \xi_1(t),$$

式中 $\xi_1(t)$ 和 $\xi_2(t)$ 是具有宽带谱密度 $\Phi_{ii}(\omega)$, $i = 1, 2$ 的独立平稳噪声.

(1) 应用下列变换, 导出幅值过程 $A(t)$ 和相位过程 $\phi(t)$ 的微分方程;

$$X = A(t)\cos\theta, \quad \dot{X} = -A(t)\omega_0\sin\theta, \quad \theta = \omega_0 t + \phi(t);$$

(2) 应用随机平均法导出 $A(t)$ 的平均伊藤方程;

(3) 求解平均幅值过程 $A(t)$ 的平稳概率密度, 并求出其可积的条件;

(4) 应用伊藤微分规则导出 $A^n(t)$ 的伊藤微分方程, 并导出求解平稳矩 $E[A^n(t)]$ 的迭代公式.

7.21 一个含有线性阻尼和非线性恢复力的振子, 其运动方程为

$$\ddot{X} + \alpha\dot{X} + k|X^\rho|\mathrm{sgn}(X) = W(t), \quad \alpha, k, \rho > 0,$$

式中 $W(t)$ 是具有谱密度 K 的高斯白噪声.

(1) 用随机平均法导出能量过程的平均伊藤方程

$$\Lambda = \frac{1}{2}\dot{X}^2 + k\int |X^\rho|\mathrm{sgn}(X)\mathrm{d}X;$$

(2) 求出能量过程 $\Lambda(t)$ 的平稳概率密度.

7.22 用随机平均法求习题 7.4 和习题 7.10 中系统即下列系统响应的近似平稳概率密度

(1) $\ddot{X} + \alpha\dot{X} + \gamma X^2\dot{X} + X^3 = W(t)$;

(2) $\ddot{X} + \alpha\dot{X} + \beta\dot{X}^3 + \omega_0^2 X + \delta X^3 = W(t)$.

7.23　求下列系统的近似平稳解:

$$\ddot{X}+\alpha\dot{X}+X^3=XW_1(t)+W_2(t),$$

式中 $W_1(t)$ 和 $W_2(t)$ 是分别具有谱密度 K_{11} 和 K_{22} 的独立高斯白噪声.

(1) 用耗散能量平衡法;

(2) 用随机平均法.

7.24　对于广义非线性系统

$$\ddot{X}+f(X,\dot{X})+u(X)=\sum_{l=1}^{m}g_l(X,\dot{X})W_l(t),$$

式中 $W_l(t)$ 是高斯白噪声, 其相关函数为

$$R[W_l(t)W_s(t+\tau)]=2\pi K_{ls}\delta(\tau).$$

证明用随机平均法和耗散能量平衡法得到的结果相同.

7.25　考虑如下同时受谐和与随机激励的线性系统:

$$\ddot{X}+2\zeta\omega_0\dot{X}+\omega_0^2X=\lambda\sin(\nu t)+W(t),$$

式中 $W(t)$ 是具有谱密度 K 的高斯白噪声. 对于共振情形 $\omega_0\approx\nu$, 作变换

$$X=A(t)\cos\theta,\quad \dot{X}=-A(t)\nu\sin\theta,\quad \theta=\nu t+\phi(t),$$

导出幅值过程 $A(t)$ 和相位过程 $\phi(t)$ 的伊藤方程以及相应的 FPK 方程.

7.26　考虑如下同时受谐和与随机激励的线性系统:

$$\ddot{X}+2\zeta\omega_0\dot{X}+\gamma X^2\dot{X}+\omega_0^2X=\lambda\sin(\nu t)+W(t),$$

式中 $W(t)$ 是具有谱密度 K 的高斯白噪声.

(1) 用两个 X_s 和 X_c 的一阶矩方程代替原方程, 其变换为

$$\begin{aligned}X&=X_s\sin(\nu t)+X_c\cos(\nu t),\\ \dot{X}&=\nu[-X_c\sin(\nu t)+X_s\cos(\nu t)].\end{aligned}$$

(2) 共振情形下, $\nu\approx\omega_0$, 应用随机平均法得到 X_s 和 X_c 的伊藤随机微分方程.

第 8 章　随机激励系统的稳定性与分岔

第 5~7 章描述获得随机激励系统的概率与统计解的方法与技术. 许多情况下, 这种系统的定性或拓扑性态可以不必求解系统运动方程就能获得. 尽管如此, 动力学系统的定性性态是重要而有用的, 稳定性与分岔的概念乃为此而引入. 类似于确定性系统, 对随机激励系统已发展了稳定性与分岔分析的方法. 本章中, 首先根据随机过程在概率或统计意义上的收敛给出不同随机稳定性的定义, 然后分析参激线性系统、非线性系统及拟哈密顿系统的稳定性. 与稳定性分析不同, 分岔理论研究当系统参数通过某临界值时系统定性性态的突然改变. 对随机激励的非线性系统, 定性性态变化的描述与确定性系统颇不相同. 本章中, 首先引入确定性分岔理论以便读者理解分岔概念, 然后将确定性分岔引申于随机系统.

8.1　随机稳定性

动态稳定性始终是一个重要的研究课题. 当系统为随机时, 稳定性条件若存在, 必须以概率或统计形式给出. 为说明随机稳定性的基本概念, 需先简要回顾一下确定性系统的动态稳定性.

研究动态稳定性的一个典型系统是由下列方程支配的著名的马休–希尔 (Mathieu-Hill) 系统

$$\ddot{x} + 2\zeta\omega_0\dot{x} + [\omega_0^2 + \varepsilon\cos(\omega\, t)]x = 0. \tag{8.1.1}$$

方程中 $\varepsilon\cos(\omega\, t)$ 起参激作用, 它使刚度随时间谐和地变化. 对系统 (8.1.1), $x = 0$ 与 $\dot{x} = 0$ 是平凡解, 它表示平衡状态. 一般地, 稳定性分析的目的是确定: ①如初始状态很接近平衡状态, 系统是否最终趋于平衡状态; ②从非平衡状态开始的系统, 最终是否有界; ③系统是否有其他平衡状态, 以及系统在这些平衡状态附近的性态如何. 这些问题关系到系统的定性性态, 而非详细的定量解.

一般地, 一个动力学系统的状态可用一个 n 维矢量 $\boldsymbol{x}(t)$ 表示. $\boldsymbol{x}(t)$ 的有界性与收敛性可用 $\boldsymbol{x}(t)$ 适当的模 (记以 $||\boldsymbol{x}(t)||$) 来研究. 这种模的例子为

$$\|\boldsymbol{x}(t)\| = \sum_{i=1}^{n} |x_i(t)|, \quad \|\boldsymbol{x}(t)\| = \left[\boldsymbol{x}^{\mathrm{T}}(t)\boldsymbol{x}(t)\right]^{\frac{1}{2}} = \left[\sum_{i=1}^{n} x_i^2(t)\right]^{\frac{1}{2}},$$

$$\|\boldsymbol{x}(t)\| = \left[\boldsymbol{x}^{\mathrm{T}}(t)\boldsymbol{A}\boldsymbol{x}(t)\right]^{\frac{1}{2}} = \left[\sum_{i,j=1}^{n} a_{ij}x_i(t)x_j(t)\right]^{\frac{1}{2}}, \tag{8.1.2}$$

式中 $\boldsymbol{A}$ 是正定矩阵, a_{ij} 是它的元素. (8.1.2) 中的模称为欧几里得 (Euclid) 模. 注意, 欧几里得模为非负, 具有一阶齐次性. 由李雅普诺夫 (Lyapunov, 1892) 引入的下述概念在动态稳定性的研究中被普遍采用.

李雅普诺夫稳定性

称平凡解稳定, 若对每一个 $\varepsilon > 0$, 存在一个 $\delta(\varepsilon, t_0) > 0$, 使得

$$\sup_{t \geqslant t_0} \|\boldsymbol{x}(t; \boldsymbol{x}_0, t_0)\| < \varepsilon, \tag{8.1.3}$$

只要 $\|\boldsymbol{x}_0\| \leqslant \delta$, 式中 $\boldsymbol{x}_0 = \boldsymbol{x}(0)$, 记号 "sup" 是术语 "上确界 (最小上界)" 的缩写.

李雅普诺夫渐近稳定性

称平凡解渐近稳定, 若它是稳定的, 且存在 $\delta(t_0) > 0$, 使得

$$\lim_{t \to \infty} \|\boldsymbol{x}(t; \boldsymbol{x}_0, t_0)\| = 0, \tag{8.1.4}$$

只要 $\|\boldsymbol{x}_0\| \leqslant \delta$.

李雅普诺夫稳定性表明, 系统可非常接近平凡解, 而渐近稳定性表明, 系统最终将到达平凡解. 为说明这些概念, 考虑线性振子

$$\ddot{x} + 2\zeta\omega_0\dot{x} + \omega_0^2 x = 0. \tag{8.1.5}$$

当无阻尼, 即 $\zeta = 0$ 时, 平凡解 $x = 0$ 与 $\dot{x} = 0$ 稳定, 但非渐近稳定. 然而, 只要 $\zeta > 0$, 它就渐近稳定.

8.1.1 随机稳定性的概念与分类

动力学系统对随机激励的响应 $\boldsymbol{X}(t)$ 是随机过程. 这样一个系统的稳定性也应根据 $\boldsymbol{X}(t)$ 的模, 即 n 维随机过程 $\|\boldsymbol{X}(t)\|$ 的有界性与收敛性来定义. 如 3.5.1 节所描述的, 随机过程的收敛性可在不同意义上定义, 因此, 随机稳定性也可用不同方式定义. 一组常用的定义总结在综述文献 (Kozin, 1969) 中, 本书将采用这些定义.

概率为 1 李雅普诺夫稳定性

平凡解称为概率为 1 李雅普诺夫稳定, 若对每对 ε_1, $\varepsilon_2 > 0$, 存在 $\delta(\varepsilon_1, \varepsilon_2, t_0) > 0$, 有

$$\mathrm{Prob}\left\{\bigcup_{\|\boldsymbol{x}_0\| \leqslant \delta}\left[\sup_{t \geqslant t_0}\|\boldsymbol{X}(t; \boldsymbol{x}_0, t_0)\| \geqslant \varepsilon_1\right]\right\} \leqslant \varepsilon_2, \tag{8.1.6}$$

式中 $\boldsymbol{x}_0 = \boldsymbol{x}(0)$ 是确定性的. 定义 (8.1.6) 意味着, 除任意小概率 ε_2 的样本函数外, 几乎所有样本函数在李雅普诺夫意义上稳定. 由于 ε_1 与 ε_2 可任意小, 这种稳定性也称几乎肯定稳定性, 或简单地, 样本稳定性. 它涉及在时间区间 $[t_0, t]$ 上的所有样本函数.

概率为 1 李雅普诺夫渐近稳定性

平凡解称为概率为 1 李雅普诺夫渐近稳定, 若 (8.1.6) 成立, 且对每一个 $\varepsilon > 0$, 存在一个 $\delta(\varepsilon, t_0) > 0$, 使得

$$\lim_{t_1\to\infty} \mathrm{Prob}\left[\sup_{t\geqslant t_1} \|\boldsymbol{X}(t;\boldsymbol{x}_0,t_0)\| \geqslant \varepsilon\right] = 0, \tag{8.1.7}$$

只要 $||\boldsymbol{x}_0|| \leqslant \delta$. 由于 ε 任意小, 它也称为几乎肯定渐近稳定, 或简单地, 样本渐近稳定.

概率稳定性

平凡解称为概率稳定, 若对每对 $\varepsilon_1, \varepsilon_2 > 0$, 存在一个 $\delta(\varepsilon_1, \varepsilon_2, t_0) > 0$, 使得

$$\mathrm{Prob}\left[\|\boldsymbol{X}(t;\boldsymbol{x}_0,t_0)\| \geqslant \varepsilon_1\right] \leqslant \varepsilon_2, \quad t \geqslant t_0, \tag{8.1.8}$$

只要 $||\boldsymbol{x}_0|| \leqslant \delta$.

概率渐近稳定

平凡解称为概率渐近稳定, 若 (8.1.8) 成立, 且对每一个 $\varepsilon > 0$, 存在一个 $\delta(\varepsilon, t_0) > 0$, 使得

$$\lim_{t\to\infty} \mathrm{Prob}\left[\|\boldsymbol{X}(t;\boldsymbol{x}_0,t_0)\| \geqslant \varepsilon\right] = 0, \tag{8.1.9}$$

只要 $||\boldsymbol{x}_0|| \leqslant \delta$.

***m*阶矩稳定**

平凡解称为 m 阶矩稳定, 若对每一个 $\varepsilon > 0$, 存在一个 $\delta(\varepsilon, t_0) > 0$, 使得

$$E\left[\|\boldsymbol{X}(t;\boldsymbol{x}_0,t_0)\|^m\right] \leqslant \varepsilon, \quad m > 0, \quad t \geqslant t_0, \tag{8.1.10}$$

只要 $||\boldsymbol{x}_0|| \leqslant \delta$.

***m*阶矩渐近稳定**

平凡解称为 m 阶矩渐近稳定, 若 (8.1.10) 成立, 且对每一 $\varepsilon > 0$, 存在 $\delta(\varepsilon, t_0) > 0$, 使得

$$\lim_{t\to\infty} E\left[\|\boldsymbol{X}(t;\boldsymbol{x}_0,t_0)\|^m\right] = 0, \quad m > 0, \tag{8.1.11}$$

只要 $||\boldsymbol{x}_0|| \leqslant \delta$.

原则上, 样本稳定性与样本渐近稳定性更精确地描述了随机系统的定性性态, 因为它们揭示所有样本函数在整个时间域 $t \geqslant t_0$ 上的性态. 然而, 对实际动力学系统, 常难以得到这类稳定性条件.

如图 3.5.1 所示, 概率为 1 收敛意味着概率收敛, 表明 (8.1.6) 意味着 (8.1.8), (8.1.7) 意味着 (8.1.9). 所以, 样本稳定性严于概率稳定性. 但对参激线性系统, 这两类稳定性等价.

仍如图 3.5.1 所示, 均方收敛意味着概率收敛. 因此, 二阶矩稳定严于概率稳定. 对参激线性系统, 二阶矩稳定是最严的, 其他两类稳定性等价.

8.1.2 参激线性系统渐近样本稳定性

本节中的讨论将限于参激线性系统的稳定性, 即具有线性性质的系统, 而参激加在状态变量的线性函数项上. 假定激励可模型化或近似为高斯白噪声, 从而系统响应为马尔可夫扩散过程. 按哈斯敏斯基 (Khasminskii, 1967), 可得样本渐近稳定的充要条件.

从下述 n 维马尔可夫扩散过程 $\boldsymbol{X}(t)$ 的伊藤随机微分方程出发

$$\mathrm{d}X_j = \sum_{k=1}^{n} \alpha_{jk} X_k \mathrm{d}t + \sum_{k=1}^{n}\sum_{r=1}^{m} \gamma_{jkr} X_k \mathrm{d}B_r(t), \quad j = 1, 2, \cdots, n. \tag{8.1.12}$$

系统的样本稳定性可用下述模来研究:

$$\|\boldsymbol{X}(t)\| = \left[\boldsymbol{X}^{\mathrm{T}}(t)\boldsymbol{X}(t)\right]^{\frac{1}{2}} = \left[\sum_{i=1}^{n} X_i^2(t)\right]^{\frac{1}{2}}. \tag{8.1.13}$$

以 U_j 记归一化的 X_j, 它定义为

$$U_j(t) = \frac{X_j}{\|\boldsymbol{X}(t)\|}. \tag{8.1.14}$$

由于 $\boldsymbol{U}(t)$ 的 n 个分量受下列约束:

$$\|\boldsymbol{U}(t)\| = 1, \tag{8.1.15}$$

方程 (8.1.15) 定义了一个 n 维单位球. 因为 $\boldsymbol{X}(t)$ 是 n 维矢量马尔可夫扩散过程, 所以 $\boldsymbol{U}(t)$ 是 $(n-1)$ 维矢量马尔可夫扩散过程. 模 $\|\boldsymbol{X}(t)\|$ 的增大与衰减可用其对数来表征

$$Y(t) = \ln\|\boldsymbol{X}(t)\|. \tag{8.1.16}$$

应用伊藤微分规则, $Y(t)$ 的伊藤方程可从 (8.1.12)~(8.1.16) 导出为

$$\mathrm{d}Y = Q(\boldsymbol{U})\mathrm{d}t + \sum_{r=1}^{m} P_r(\boldsymbol{U})\mathrm{d}B_r(t), \tag{8.1.17}$$

式中 $Q(\boldsymbol{U})$ 与 $P_r(\boldsymbol{U})$ 可根据具体系统得到. 它们的一般表达式可在专著 (Lin 与 Cai, 1995) 中找到. 对 (8.1.17) 从 0 积分到 t, 得

$$Y(t)-Y(0)=\ln\|\boldsymbol{X}(t)\|-\ln\|\boldsymbol{X}(0)\|=\int_0^t Q[\boldsymbol{U}(\tau)]\mathrm{d}\tau+\sum_{r=1}^m\int_0^t P_r[\boldsymbol{U}(\tau)]\mathrm{d}B_r(\tau). \tag{8.1.18}$$

将 (8.1.18) 除以 t, 得

$$\frac{1}{t}\ln\|\boldsymbol{X}(t)\|=\frac{1}{t}\ln\|\boldsymbol{X}(0)\|+\frac{1}{t}\int_0^t Q[\boldsymbol{U}(\tau)]\mathrm{d}\tau+\sum_{r=1}^m\frac{1}{t}\int_0^t P_r[\boldsymbol{U}(\tau)]\mathrm{d}B_r(\tau). \tag{8.1.19}$$

随着 $t\to\infty$, 右边第一项为零. 因为 $\boldsymbol{U}(\tau)$ 有界, 而维纳过程 $B_r(\tau)$ 按 $[\tau\ln(\ln\tau)]^{1/2}$ 增长 (Lin 与 Cai, 1995), 所以最后一项也为零. 于是 (8.1.19) 化为

$$\lim_{t\to\infty}\frac{1}{t}\ln\|\boldsymbol{X}(t)\|=\lim_{t\to\infty}\frac{1}{t}\int_0^t Q[\boldsymbol{U}(\tau)]\mathrm{d}\tau. \tag{8.1.20}$$

若 $\boldsymbol{U}(t)$ 平稳且遍历, 时间平均可代之以集合平均, 从 (8.1.20) 得

$$\lambda=\lim_{t\to\infty}\frac{1}{t}\ln\|\boldsymbol{X}(t)\|=E[Q[\boldsymbol{U}(\tau)]]. \tag{8.1.21}$$

(8.1.21) 意味着

$$\|\boldsymbol{X}(t)\|\sim\mathrm{e}^{\lambda t},\quad t\to\infty. \tag{8.1.22}$$

这表明集合平均 λ 表征了动力学系统随时间 t 的指数增长 ($\lambda>0$) 或衰减 ($\lambda<0$). (8.1.21) 给出的常数 λ 称为李雅普诺夫指数. 一般地, 李雅普诺夫指数规定了一个量如 (8.1.22) 中 $\boldsymbol{X}(t)$ 的模的指数增长或衰减. 对 n 维随机动力学系统, 对应于 n 个状态变量有 n 个李雅普诺夫指数. 它们可按大小排列为 $\lambda_1\leqslant\lambda_2\leqslant\cdots\leqslant\lambda_n=\lambda_{\mathrm{T}}$. 随机动力学系统的稳定性取决于这些李雅普诺夫指数. 然而, 对系统 (8.1.12), 只要归一化过程 $\boldsymbol{U}(t)$ 在整个单位球上遍历, 由 (8.1.21) 给出的模 $\|\boldsymbol{X}(t)\|$ 的李雅普诺夫指数收敛于最大李雅普诺夫指数 λ_{T} (Oseledes, 1968). 非线性随机动力学系统 (8.1.12) 的样本渐近稳定性只取决于最大李雅普诺夫指数 λ_{T}. 因此, 样本渐近稳定的充要条件为

$$\lambda_{\mathrm{T}}=E[Q[\boldsymbol{U}(\tau)]]<0. \tag{8.1.23}$$

为确定样本渐近稳定性的条件, 需找到归一化过程 $\boldsymbol{U}(t)$ 的平稳概率密度. 若整个单位球上无奇异边界, $\boldsymbol{U}(t)$ 遍历, 它在整个单位球上平稳概率密度存在. 若单位球被奇异边界分成若干区域, 问题就变得更复杂. 此时, 某些区域中可能无遍历

解, 而其他某些区域可能相互不沟通, 有不同的遍历解. 下面用二维系统的例子说明这种复杂性.

考虑由下列伊藤方程支配的系统:

$$
\begin{aligned}
\mathrm{d}X_1 &= (\alpha_{11}X_1 + \alpha_{12}X_2)\mathrm{d}t + \sum_{k=1}^{2}\sum_{r=1}^{m}\gamma_{1kr}X_k\mathrm{d}B_r(t),\\
\mathrm{d}X_2 &= (\alpha_{21}X_1 + \alpha_{22}X_2)\mathrm{d}t + \sum_{k=1}^{2}\sum_{r=1}^{m}\gamma_{2kr}X_k\mathrm{d}B_r(t).
\end{aligned}
\tag{8.1.24}
$$

令

$$
U_1(t) = \frac{X_1}{\|\boldsymbol{X}(t)\|} = \cos\Theta, \quad U_2(t) = \frac{X_2}{\|\boldsymbol{X}(t)\|} = \sin\Theta. \tag{8.1.25}
$$

对 $\Theta = \arctan(X_2/X_1)$ 应用伊藤微分规则, 得到过程 $\Theta(t)$ 的伊藤方程

$$
\mathrm{d}\Theta = m(\Theta)\mathrm{d}t + \sigma(\Theta)\mathrm{d}B(t). \tag{8.1.26}
$$

一维过程 $\Theta(t)$ 的平稳概率密度, 若存在, 则由下列简化 FPK 方程支配:

$$
\frac{\mathrm{d}}{\mathrm{d}\theta}[m(\theta)p(\theta)] - \frac{1}{2}\frac{\mathrm{d}^2}{\mathrm{d}\theta^2}[\sigma^2(\theta)p(\theta)] = 0. \tag{8.1.27}
$$

将 (8.1.27) 对 θ 积分

$$
\frac{1}{2}\frac{\mathrm{d}}{\mathrm{d}\theta}[\sigma^2(\theta)p(\theta)] - m(\theta)p(\theta) = G_c, \tag{8.1.28}
$$

式中 G_c 为常数, 称为概率流 (见 4.2.2 节). (8.1.28) 之解 $p(\theta)$ 取决于在 $[0, 2\pi)$ 上是否有奇点, 如果有, 取决于按漂移与扩散系数确定的这些奇点性质如何 (见 4.4 节).

用于研究样本渐近稳定的模 (8.1.16) 的对数为

$$
Y(t) = \frac{1}{2}\ln(X_1^2 + X_2^2). \tag{8.1.29}
$$

可证, $Y(t)$ 的漂移系数形式为

$$
m_Y = Q(\cos(2\theta), \sin(2\theta)). \tag{8.1.30}
$$

样本渐近稳定的条件可在得到平稳概率密度 $p(\theta)$ 后从 (8.1.23) 得到.

例 8.1.1 考虑下列方程支配的系统:

$$
\ddot{Z} + 2\zeta\dot{Z} + [1 + W(t)]Z = 0. \tag{8.1.31}
$$

令

$$Z = X\mathrm{e}^{-\zeta t}. \tag{8.1.32}$$

(8.1.31) 简化为

$$\ddot{X} + [1 - \zeta^2 + W(t)]X = 0. \tag{8.1.33}$$

系统 (8.1.33) 的李雅普诺夫指数 λ_X 与 (8.1.31) 的 λ_Z 之间关系为

$$\lambda_Z = \lambda_X - \zeta. \tag{8.1.34}$$

记 $X_1 = X$, $X_2 = \dot{X}$. 将 (8.1.33) 转换成两个一阶方程, 得到相应的伊藤随机微分方程

$$\begin{aligned}
&\mathrm{d}X_1 = X_2\mathrm{d}t,\\
&\mathrm{d}X_2 = -(1-\zeta^2)X_1\mathrm{d}t - \sqrt{2\pi K}X_1\mathrm{d}B(t),
\end{aligned} \tag{8.1.35}$$

式中 K 为 $W(t)$ 的谱密度. 现将状态变量 X_1 与 X_2 按下式变换为 Y 与 Θ:

$$Y(t) = \frac{1}{2}\ln(X_1^2 + X_2^2), \quad \Theta = \arctan\frac{X_2}{X_1}. \tag{8.1.36}$$

$Y(t)$ 与 $\Theta(t)$ 的伊藤方程从 (8.1.35) 与 (8.1.36) 应用伊藤微分规则得到如下:

$$\begin{aligned}
&\mathrm{d}Y = m_Y\mathrm{d}t + \sigma_Y\mathrm{d}B(t),\\
&\mathrm{d}\Theta = m_\Theta\mathrm{d}t + \sigma_\Theta\mathrm{d}B(t),
\end{aligned} \tag{8.1.37}$$

式中

$$\begin{aligned}
&m_Y = \frac{1}{2}\zeta^2\sin(2\Theta) + \pi K\cos(2\Theta)\cos^2\Theta,\\
&\sigma_Y = -\sqrt{\frac{\pi K}{2}}\sin(2\Theta),\\
&m_\Theta = -1 + \zeta^2\cos^2\Theta - \pi K\sin(2\Theta)\cos^2\Theta,\\
&\sigma_\Theta = -\sqrt{2\pi K}\cos^2\Theta.
\end{aligned} \tag{8.1.38}$$

注意, m_Θ 与 σ_Θ 都只是 Θ 的函数, 因此, $\Theta(t)$ 本身是定义在单位圆上的马尔可夫扩散过程. 为用 (8.1.23) 研究系统的样本渐近稳定性, 必须首先找到平稳概率密度 $p(\theta)$. 为此, 需考察 m_Θ 与 σ_Θ 的性态. 在 $\Theta = \pi/2$ 与 $3\pi/2$ 上, $\sigma_\Theta = 0$ 与 $m_\Theta = -1$, 这两个点是第一类奇异点, 是分流点, 概率流可从区域 $(-\pi/2, \pi/2)$ 到另一区域 $(\pi/2, 3\pi/2)$, 所以过程 $\Theta(t)$ 在整个域 $[0, 2\pi)$ 上遍历.

过程 $\Theta(t)$ 的平稳概率密度 $p(\theta)$ 由简化 FPK 方程 (8.1.27) 支配. 考虑到 m_Θ 与 σ_Θ 都是 $\sin(2\Theta)$ 与 $\cos(2\Theta)$ 的函数, 具有周期 π, 所以 $p(\theta)$ 也是周期为 π 的周期函数. 利用这一性质, 可得到 (8.1.27) 的解为 (Nishioka, 1976; Xie, 1990)

$$p(\theta) = \begin{cases} Cf(\theta), & -\dfrac{\pi}{2} < \theta < \dfrac{\pi}{2}, \\ Cf(\theta - \pi), & \dfrac{\pi}{2} < \theta < \dfrac{3\pi}{2}, \end{cases} \tag{8.1.39}$$

式中 C 为归一化常数,

$$f(\theta) = \frac{\psi(\theta)}{\sigma_\Theta^2(\theta)} \int_{-\pi/2}^{\theta} \psi^{-1}(\phi)\mathrm{d}\phi, \quad \psi(\theta) = \exp\left[\int \frac{2m_\Theta(\theta)}{\sigma_\Theta^2(\theta)}\mathrm{d}\theta\right]. \tag{8.1.40}$$

将 (8.1.38) 中 m_Θ 与 σ_Θ 代入 (8.1.40) 并完成积分得

$$f(\theta) = C\mathrm{e}^{-g(\theta)} \sec^2\theta \int_{-\pi/2}^{\theta} \mathrm{e}^{-g(\phi)} \sec^2\phi \mathrm{d}\phi, \quad -\frac{\pi}{2} < \theta < \frac{\pi}{2}, \tag{8.1.41}$$

式中

$$g(\theta) = \frac{1}{3\pi K}(3 - 3\zeta^2 + \tan^2\theta)\tan\theta. \tag{8.1.42}$$

从而过程 $X(t)$ 的最大李雅普诺夫指数由下式算出:

$$\lambda_X = 2\int_{-\pi/2}^{\pi/2} \left[\frac{1}{2}\zeta^2 \sin(2\theta) + \pi K\cos(2\theta)\cos^2\theta\right] p(\theta)\mathrm{d}\theta. \tag{8.1.43}$$

精确的 λ_X 可从 (8.1.43) 数值地得到. Xie (1990) 得到的一个近似表达式为

$$\lambda_X = \frac{\pi K}{\left(1 + \sqrt{1-\zeta^2}\right)^2}. \tag{8.1.44}$$

于是系统 (8.1.31) 的最大李雅普诺夫指数由 (8.1.34) 得到, 为

$$\lambda_Z = -\zeta + \frac{\pi K}{\left(1 + \sqrt{1-\zeta^2}\right)^2}. \tag{8.1.45}$$

样本渐近稳定的充要条件为 $\lambda_Z < 0$. 对足够小阻尼 $\zeta \ll 1$, 近似条件为

$$\zeta > \frac{\pi K}{4}. \tag{8.1.46}$$

例 8.1.2　考虑受宽带随机激励的类似于 (8.1.31) 的系统

$$\ddot{X} + 2\zeta\omega_0\dot{X} + \omega_0^2[1 + \xi(t)]X = 0. \tag{8.1.47}$$

按以下变换, 将状态变量 X 与 $\dot{X}$ 变换成幅值 A 与相位 ϕ

$$X=A(t)\cos\theta,\quad \dot{X}=-A(t)\omega_0\sin\theta,\quad \theta=\omega_0 t+\phi(t). \tag{8.1.48}$$

A 与 ϕ 的运动方程为

$$\begin{aligned}\dot{A}&=-2\zeta\omega_0 A\sin^2\theta+A\omega_0\sin\theta\cos\theta\xi(t),\\ \dot{\phi}&=-2\zeta\omega_0\sin\theta\cos\theta+\omega_0\cos^2\theta\xi(t).\end{aligned} \tag{8.1.49}$$

进行随机平均, 得幅值过程的伊藤方程为

$$\mathrm{d}A=\left[-\zeta\omega_0+\frac{3}{8}\pi\omega_0^2\Phi(2\omega_0)\right]A\mathrm{d}t+\sqrt{\frac{\pi}{4}\omega_0^2\Phi(2\omega_0)}A\mathrm{d}B(t). \tag{8.1.50}$$

应用伊藤微分规则, 从 (8.1.50) 得

$$\mathrm{d}(\ln A)=\left[-\zeta\omega_0+\frac{1}{4}\pi\omega_0^2\Phi(2\omega_0)\right]\mathrm{d}t+\sqrt{\frac{\pi}{4}\omega_0^2\Phi(2\omega_0)}\mathrm{d}B(t). \tag{8.1.51}$$

由此得到样本渐近稳定的条件为

$$\zeta>\frac{1}{4}\pi\omega_0\Phi(2\omega_0). \tag{8.1.52}$$

对高斯白噪声特殊情形, (8.1.52) 化为

$$\zeta>\frac{1}{4}\pi\omega_0 K. \tag{8.1.53}$$

注意到 $A=\sqrt{X^2+\dot{X}^2/\omega_0^2}$, 按 (8.1.2) 它是合适的模. 因此, 系统 (8.1.50) 的样本渐近稳定的条件是系统 (8.1.47) 样本渐近稳定的近似条件.

研究一下 $A(t)$ 在两边界 0 与 ∞ 上的样本性态是值得的. 在左边界 0 上, 漂移指数、扩散指数及特征标值由 (4.4.18)~(4.4.20) 确定, 为

$$\beta=1,\quad \alpha=2,\quad c=\frac{-8\zeta+3\pi\omega_0 K}{\pi\omega_0 K}. \tag{8.1.54}$$

按表 4.4.2, $c<1$ 时为吸引自然, $c=1$ 为严格自然, $c>1$ 时为排斥自然. 在右无穷边界上, 漂移指数、扩散指数及特征标值为

$$\beta=1,\quad \alpha=2,\quad c=\frac{8\zeta-3\pi\omega_0 K}{\pi\omega_0 K}. \tag{8.1.55}$$

按表 4.4.4, 若 $c<-1$ 为吸引自然, $c=-1$ 为严格自然, $c>-1$ 为排斥自然. 两边界上样本性态表示在图 8.1.1 上.

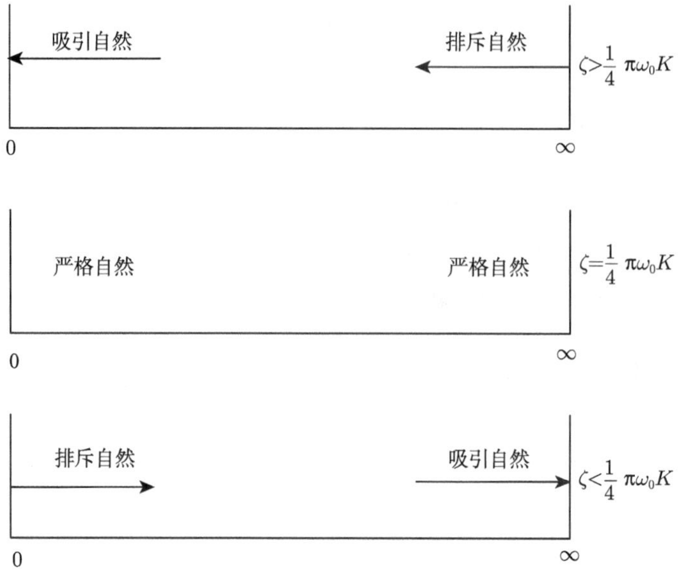

图 8.1.1　幅值过程 $A(t)$ 在两边界上的样本性态

由图 8.1.1 可推断如下系统性态

$$\text{幅值过程}A(t)\text{是}\begin{cases}\text{概率渐近稳定}, & \text{若 } \zeta>\dfrac{1}{4}\pi\omega_0K\\ \text{不确定}, & \text{若 } \zeta=\dfrac{1}{4}\pi\omega_0K\\ \text{无界}, & \text{若 } \zeta<\dfrac{1}{4}\pi\omega_0K\end{cases}$$

对本线性系统, 概率渐近稳定等价于样本渐近稳定.

比较 (8.1.31) 与 (8.1.47) 发现, 两个近似稳定性条件 (8.1.46) 与 (8.1.53) 是一致的. 当然, 随机平均法可应用于受宽带激励的系统 (8.1.47), 激励不必为白噪声.

8.1.3　参激线性系统的矩渐近稳定性

对实际随机系统, 矩稳定性也十分有用. 如果激励可模型化为高斯白噪声, 或可借助于高斯白噪声产生, 则矩稳定性比样本稳定性更容易确定. 此时, 系统运动方程可转换成伊藤随机微分方程.

令 n 维系统的伊藤方程为

$$\mathrm{d}X_j(t)=m_j(\boldsymbol{X},t)\mathrm{d}t+\sum_{l=1}^{m}\sigma_{jl}(\boldsymbol{X},t)\mathrm{d}B_l(t),\quad j=1,2,\cdots,n. \tag{8.1.56}$$

标量函数 $F(\boldsymbol{X})$ 的伊藤方程可应用伊藤微分规则 (4.2.56) 从 (8.1.56) 得到如下:

$$\begin{aligned}\mathrm{d}F(\boldsymbol{X}) &= \sum_{j=1}^{n}\frac{\partial F}{\partial X_j}\mathrm{d}X_j + \frac{1}{2}\sum_{j,k=1}^{n}\frac{\partial^2 F}{\partial X_j \partial X_k}\mathrm{d}X_j\mathrm{d}X_k \\ &= \left(\sum_{j=1}^{n} m_j\frac{\partial F}{\partial X_j} + \frac{1}{2}\sum_{l=1}^{m}\sum_{j,k=1}^{n}\sigma_{jl}\sigma_{kl}\frac{\partial^2 F}{\partial X_j \partial X_k}\right)\mathrm{d}t + \sum_{l=1}^{m}\sum_{j=1}^{n}\sigma_{jl}\frac{\partial F}{\partial X_j}\mathrm{d}B_l(t).\end{aligned} \tag{8.1.57}$$

取 (8.1.57) 的期望, 得

$$\frac{\mathrm{d}}{\mathrm{d}t}E[F(\boldsymbol{X})] = E\left(\sum_{j=1}^{n} m_j\frac{\partial F}{\partial X_j} + \frac{1}{2}\sum_{l=1}^{m}\sum_{j,k=1}^{n}\sigma_{jl}\sigma_{kl}\frac{\partial^2 F}{\partial X_j \partial X_k}\right). \tag{8.1.58}$$

为推导矩方程, 令

$$F(\boldsymbol{X}) = X_1^{k_1}X_2^{k_2}\cdots X_n^{k_n}, \tag{8.1.59}$$

式中 $k_1, k_2, \cdots, k_n$ 为非负整数, 记 $N = k_1 + k_2 + \cdots + k_n$, 排除 $N = 0$ 的情形. 保持 N 不变而改变 $k_1, k_2, \cdots, k_n$, 推导出一组关于 N 阶矩的确定性常微分方程. 如前所述, 对给定 N, 矩方程组是闭合的, 即所有方程只含 N 阶与低于 N 阶的矩. 从而, 令 $N = 1, 2, \cdots$, 矩稳定性条件可逐步从低阶到高阶确定.

对宽带激励, 若满足某些条件, 原运动方程可应用随机平均法用伊藤方程来近似. 由于维数降低, 问题可简化. 但可能由随机平均带来误差.

应指出, 矩稳定性实际上是确定性稳定性.

例 8.1.3 现研究与例 8.1.1 相同系统的矩稳定性. 系统方程为

$$\ddot{X} + 2\zeta\dot{X} + [1 + W(t)]X = 0. \tag{8.1.60}$$

令 $X_1 = X$, $X_2 = \dot{X}$, 系统 (8.1.60) 转换成两个一阶方程, 进而得下列伊藤方程:

$$\begin{aligned}&\mathrm{d}X_1 = X_2\mathrm{d}t, \\ &\mathrm{d}X_2 = (-2\zeta X_2 - X_1)\mathrm{d}t - \sqrt{2\pi K}X_1\mathrm{d}B(t),\end{aligned} \tag{8.1.61}$$

式中 K 为 $W(t)$ 的谱密度. 记 $m_{ij} = E[X_1^i X_2^j]$. 一阶矩 m_{10} 与 m_{01} 的方程可从对 (8.1.61) 取集合平均得到

$$\frac{\mathrm{d}}{\mathrm{d}t}\begin{Bmatrix} m_{10} \\ m_{01}\end{Bmatrix} = \begin{bmatrix} 0 & 1 \\ -1 & -2\zeta\end{bmatrix}\begin{Bmatrix} m_{10} \\ m_{01}\end{Bmatrix}. \tag{8.1.62}$$

方程组 (8.1.62) 右边系数矩阵的特征值为

$$\lambda_{1,2}=-\zeta\pm\mathrm{i}\sqrt{1-\zeta^2}. \tag{8.1.63}$$

若两个特征值的实部为负, 平凡解一阶矩渐近稳定. 该条件为

$$\zeta>0. \tag{8.1.64}$$

用伊藤微分规则可从 (8.1.61) 得 X_1^2, X_1X_2 及 X_2^2 的伊藤方程

$$\begin{aligned}
&\mathrm{d}X_1^2=2X_1X_2\mathrm{d}t,\\
&\mathrm{d}(X_1X_2)=(-X_1^2-2\zeta X_1X_2+X_2^2)\mathrm{d}t-\sqrt{2\pi K}X_1^2\mathrm{d}B(t),\\
&\mathrm{d}X_2^2=(-2\pi KX_1^2-2X_1X_2-4\zeta X_2^2)\mathrm{d}t-2\sqrt{2\pi K}X_1X_2\mathrm{d}B(t).
\end{aligned} \tag{8.1.65}$$

对 (8.1.65) 取集合平均, 得二阶矩 m_{20}, m_{11} 及 m_{02} 的方程

$$\frac{\mathrm{d}}{\mathrm{d}t}\begin{Bmatrix}m_{20}\\m_{11}\\m_{02}\end{Bmatrix}=\begin{bmatrix}0&2&0\\-1&-2\zeta&1\\2\pi K&-2&-4\zeta\end{bmatrix}\begin{Bmatrix}m_{20}\\m_{11}\\m_{02}\end{Bmatrix}. \tag{8.1.66}$$

方程组 (8.1.66) 右边系数矩阵的特征方程为

$$\begin{aligned}
&\begin{vmatrix}\lambda&-2&0\\1&\lambda+2\zeta&-1\\-2\pi K&2&\lambda+4\zeta\end{vmatrix}\\
&=\lambda^3+6\zeta\lambda^2+4\lambda(1+2\zeta^2)+4(2\zeta-\pi K)=0.
\end{aligned} \tag{8.1.67}$$

按著名的劳斯–赫尔维茨 (Routh-Hurwitz) 准则 (Chetayev, 1961), 若下列条件满足, 则所有特征值实部为负

$$\varDelta_1=6\zeta>0, \tag{8.1.68}$$

$$\varDelta_2=\begin{bmatrix}6\zeta&1\\4(2\zeta-\pi K)&4(1+2\zeta^2)\end{bmatrix}>0, \tag{8.1.69}$$

$$\varDelta_3=\begin{bmatrix}6\zeta&1&0\\4(2\zeta-\pi K)&4(1+2\zeta^2)&6\zeta\\0&0&4(2\zeta-\pi K)\end{bmatrix}>0. \tag{8.1.70}$$

若

$$\zeta > \frac{1}{2}\pi K, \tag{8.1.71}$$

则所有不等式 (8.1.68)~(8.1.70) 皆满足. 所以 (8.1.71) 是平凡解二阶矩渐近稳定的充要条件. 与样本渐近稳定性条件 (8.1.46) 相比, 二阶矩稳定性条件更严苛.

例 8.1.4 考虑与例 8.1.2 相同的系统. 根据 (8.1.50), 应用随机平均法可得到幅值的伊藤方程如下:

$$\mathrm{d}A = \left[-\zeta\omega_0 + \frac{3}{8}\pi\omega_0^2\varPhi(2\omega_0)\right]A\mathrm{d}t + \sqrt{\frac{\pi}{4}\omega_0^2\varPhi(2\omega_0)}A\mathrm{d}B(t), \tag{8.1.72}$$

式中幅值过程 $A(t)$ 定义为

$$A = \sqrt{X^2 + \frac{\dot{X}^2}{\omega_0^2}}. \tag{8.1.73}$$

应用伊藤微分规则, 可从 (8.1.72) 得函数 A^n 的伊藤方程

$$\begin{aligned}\mathrm{d}A^n =& n\left[-\zeta\omega_0 + \frac{\pi}{8}(n+2)\omega_0^2\varPhi(2\omega_0)\right]A^n\mathrm{d}t \\ &+ n\sqrt{\frac{\pi}{4}\omega_0^2\varPhi(2\omega_0)}A^n\mathrm{d}B(t).\end{aligned} \tag{8.1.74}$$

取其集合平均, 得

$$\frac{\mathrm{d}}{\mathrm{d}t}E[A^n] = n\left[-\zeta\omega_0 + \frac{\pi}{8}(n+2)\omega_0^2\varPhi(2\omega_0)\right]E[A^n]. \tag{8.1.75}$$

于是平凡解 n 阶矩渐近稳定的条件为

$$\zeta > \frac{\pi}{8}(n+2)\omega_0\varPhi(2\omega_0). \tag{8.1.76}$$

这表明, n 越大, 条件越严苛. 正如所预期的, 由于关系 (8.1.73), (8.1.76) 中 $n=2$ 的情况与例 8.1.3 中 (8.1.71) 一致.

按 8.1.1 节中随机稳定性定义, 只考虑平凡解的收敛性. 这排除了外激, 因为任何外激必使平凡解不稳定. 尽管如此, 加上外激提供了通过考察平稳概率密度来研究矩稳定的新方法. 见例 8.1.5 说明.

例 8.1.5 在例 8.1.2 的系统中加上外激, 即

$$\ddot{X} + 2\zeta\omega_0\dot{X} + \omega_0^2[1+\xi(t)]X = \xi_1(t), \tag{8.1.77}$$

式中 $\xi_1(t)$ 是谱密度为 $\varPhi_{11}(\omega)$ 的宽带平稳过程, 与 $\xi(t)$ 独立. 应用随机平均法, 导出如下幅值过程的伊藤方程:

$$\mathrm{d}A = m(A)\mathrm{d}t + \sigma(A)\mathrm{d}B(t), \tag{8.1.78}$$

式中漂移与扩散系数为 (例 7.4.1)

$$m(A) = -\left[\zeta\omega_0 - \frac{3\pi}{8}\omega_0^2\Phi(2\omega_0)\right]A + \frac{\pi}{2\omega_0^2 A}\Phi_{11}(\omega_0), \tag{8.1.79}$$

$$\sigma(A) = \left[\frac{\pi}{4}\omega_0^2\Phi(2\omega_0)A^2 + \frac{\pi}{\omega_0^2}\Phi_{11}(\omega_0)\right]^{\frac{1}{2}}. \tag{8.1.80}$$

若存在平稳概率密度, 可从 (4.4.7) 得到为

$$p(a) = \frac{C_1}{\sigma^2(a)}\exp\left[\int\frac{2m(a)}{\sigma^2(a)}\mathrm{d}a\right] = Ca(a^2+D)^{-\delta}, \tag{8.1.81}$$

式中

$$D = \frac{4\Phi_{11}(\omega_0)}{\omega_0^4\Phi(2\omega_0)}, \quad \delta = \frac{4\zeta}{\pi\omega_0\Phi(2\omega_0)}, \quad C = 2(\delta-1)D^{\delta-1}. \tag{8.1.82}$$

$A(t)$ 的 n 阶平稳矩为

$$E[A^n] = \int_0^\infty a^n p(a)\mathrm{d}a = \frac{(\delta-1)}{\Gamma(\delta)}\Gamma\left(\frac{n}{2}+1\right)\Gamma\left(\delta-\frac{n}{2}-1\right)D^{-\frac{n}{2}}. \tag{8.1.83}$$

$E[A^n]$ 为正且有意义的条件为

$$\delta > \frac{n}{2}+1, \quad 即\ \zeta > \frac{\pi}{8}(n+2)\omega_0\Phi(2\omega_0). \tag{8.1.84}$$

在此条件下

$$\lim_{\Phi_{11}(\omega_0)\to 0} E[A^n] = 0. \tag{8.1.85}$$

若 (8.1.84) 满足, 则 n 阶矩有界. 考虑到 (8.1.85), (8.1.84) 是无外激 $\xi_1(t)$ 时平凡解 n 阶矩渐近稳定的条件. 如所预期的, (8.1.84) 与 (8.1.76) 相同.

对 $n=0$ 情形, 条件变成

$$\zeta > \frac{\pi}{4}\omega_0\Phi(2\omega_0). \tag{8.1.86}$$

这是平凡解概率渐近稳定的条件. 由于系统是线性的, 概率渐近稳定条件 (8.1.86) 和例 8.1.2 中 (8.1.52) 给出的样本渐近稳定条件相同.

8.1.4　非线性随机系统的渐近稳定性

如 8.1.2 节所述, 可用哈斯敏斯基提出的方法 (Khasminskii, 1967) 研究在高斯白噪声参激下线性系统的样本渐近稳定性. 对非线性随机系统, 样本渐近稳定性更难确定. 然而, 若系统为一维或可化为一维, 则有若干方法可用于稳定性分析, 包括样本稳定、概率稳定及矩稳定.

考虑一维非线性随机系统

$$\dot{X}=f(X)+g(X)W(t), \tag{8.1.87}$$

式中 $W(t)$ 是谱密度为 K 的高斯白噪声. 相应的伊藤方程为

$$\mathrm{d}X=m(X)\mathrm{d}t+\sigma(X)\mathrm{d}B(t), \tag{8.1.88}$$

式中漂移与扩散系数为

$$\begin{aligned}m(X)&=f(X)+\pi Kg(X)g'(X),\\ \sigma(X)&=\sqrt{2\pi K}g(X).\end{aligned} \tag{8.1.89}$$

假定系统具有平衡点. 对每一平衡点 x^*, 其李雅普诺夫指数可从该点的线性化方程求得 (Arnold, 1998).

$$\mathrm{d}V=m'(x^*)V\mathrm{d}t+\sigma'(x^*)V\mathrm{d}B(t), \tag{8.1.90}$$

式中 $V(t)$ 是线性化过程. 用伊藤微分规则可得如下 $\ln[V(t)]$ 的伊藤方程:

$$\mathrm{d}(\ln V)=\left\{m'(x^*)-\frac{1}{2}[\sigma'(x^*)]^2\right\}\mathrm{d}t+\sigma'(x^*)\mathrm{d}B(t). \tag{8.1.91}$$

方程 (8.1.91) 的形式解为

$$\ln V=\ln V_0+\int_0^t\left\{m'(x^*)-\frac{1}{2}[\sigma'(x^*)]^2\right\}\mathrm{d}t+\int_0^t\sigma'(x^*)\mathrm{d}B(t). \tag{8.1.92}$$

于是得李雅普诺夫指数

$$\begin{aligned}\lambda&=\lim_{t\to\infty}\frac{1}{t}\ln V=\lim_{t\to\infty}\frac{1}{t}\int_0^t\left\{m'(x^*)-\frac{1}{2}[\sigma'(x^*)]^2\right\}\mathrm{d}t\\&=m'(x^*)-\frac{1}{2}[\sigma'(x^*)]^2.\end{aligned} \tag{8.1.93}$$

对原系统 (8.1.87), (8.1.93) 导致

$$\lambda=f'(x^*)+\pi Kg(x^*)g''(x^*). \tag{8.1.94}$$

λ 的正负决定了平衡点 x^* 的性质, 即

$$\begin{cases}\lambda<0, & x^* \text{ 局部样本渐近稳定},\\ \lambda\geqslant 0, & x^* \text{ 不稳定}.\end{cases} \tag{8.1.95}$$

李雅普诺夫指数法只能鉴别局部稳定性, 即很接近于平衡点的系统性态. 系统动态性质也包括另外边界处的性态, 以及是否存在非平凡平稳概率分布. 这些性质并不能只从一个边界上的李雅普诺夫指数得到. 一个能分析全局稳定性的方法是下面描述的边界分类法.

对高斯白噪声激励下的一维非线性系统, 如 4.4 节所述, 边界一般是奇异的, 它们可分成不同类别. 若一个边界是平凡解, 只要①它是越出或吸引自然; ②另一边界是进入或排斥自然, 它就是全局概率渐近稳定的.

8.1.3 节表明, 参激线性系统的矩渐近稳定性可用矩方程来研究. 对非线性随机系统, 矩方程形成无穷序列链, 它们不能直接用于稳定性分析. 虽然可用截断方案, 但基于截断的矩方程的稳定性分析常常是不可靠的 (Ariaratnam, 1980; Bruckner 与 Lin, 1987). 若存在非平凡平稳概率密度, 则平凡解在所有阶统计矩意义上是不稳定的. 另一方面, 若不存在非平凡平稳概率密度, 则有两种可能: 系统趋于平衡状态或系统响应无界. 基于这一知识, 可用例 8.1.5 中所示的方法. 首先, 加上一个外激以得到非平凡平稳概率密度及统计矩, 然后确定统计矩有界的条件. 最后, 让外激为零, 得到矩的极限, 看它是否为零.

上述分析非线性随机系统稳定性的步骤将用下例说明.

例 8.1.6 考虑受下列方程支配的参激非线性阻尼振子:

$$\ddot{X}+2\zeta\omega_0\dot{X}+\eta\left|\dot{X}\right|^{\delta}\operatorname{sgn}\dot{X}+\omega_0^2[1+W(t)]X=0,\quad \delta\geqslant 0,\quad \delta\neq 1. \tag{8.1.96}$$

假定阻尼与激励皆小, 可用随机平均法. 按下式将状态变量 X 与 $\dot{X}$ 变换为幅值 A 与相位 ϕ 如下:

$$X=A(t)\cos\theta,\quad \dot{X}=-A(t)\omega_0\sin\theta,\quad \theta=\omega_0 t+\phi(t). \tag{8.1.97}$$

得变换后方程

$$\begin{aligned}\dot{A}=&-2\zeta\omega_0 A\sin^2\theta-\eta\omega_0^{\delta-1}\left|\sin\theta\right|^{\delta+1}A^{\delta}+A\omega_0\sin\theta\cos\theta W(t),\\ \dot{\phi}=&-2\zeta\omega_0\sin\theta\cos\theta-\eta\omega_0^{\delta-1}\left|\sin\theta\right|^{\delta}\cos\theta\operatorname{sgn}(\sin\theta)A^{\delta-1}+\omega_0\cos^2\theta\xi(t).\end{aligned} \tag{8.1.98}$$

应用随机平均法, 得幅值过程的平均伊藤方程

$$\mathrm{d}A=m(A)\mathrm{d}t+\sigma(A)\mathrm{d}B(t), \tag{8.1.99}$$

式中

$$m(A)=\left(-\zeta\omega_0+\frac{3}{8}\pi\omega_0^2K\right)A-DA^{\delta}, \tag{8.1.100}$$

$$\sigma(A)=\sqrt{\frac{\pi}{4}\omega_0^2KA}, \tag{8.1.101}$$

$$D=\frac{\eta\omega_0^{\delta-1}\Gamma\left(\dfrac{\delta}{2}+1\right)}{\sqrt{\pi}\Gamma\left(\dfrac{\delta+3}{2}\right)}. \tag{8.1.102}$$

如例 8.1.2 中所述, 幅值过程 $A(t)$ 对系统 (8.1.96) 是合适的模, 而在平衡点 $a=0$ (也是左边界) 的李雅普诺夫指数是系统 (8.1.96) 的近似的最大李雅普诺夫指数, 它决定平凡解的样本渐近稳定性. 从 (8.1.93) 计算得

$$\lambda=m'(a=0)-\frac{1}{2}[\sigma'(a=0)]^2=-\zeta\omega_0+\frac{1}{4}\pi\omega_0^2K-D\delta\lim_{a\to 0}a^{\delta-1}. \tag{8.1.103}$$

由此发现: ①若 $0\leqslant\delta<1$ 或 $\delta>1$ 且 $\zeta>\pi\omega_0K/4$, 平衡点 $a=0$ 以概率 1 局部渐近稳定; ② 若 $\delta>1$ 及 $\zeta\leqslant\pi\omega_0K/4$, 平衡点 $a=0$ 不稳定. 然而, 系统的全局定性性态不能只由 $a=0$ 上的李雅普诺夫指数推定.

现试用在 $a=0$ 与 $a=\infty$ 上边界分类法获得系统的全局动力学性质. 方程 (8.1.100) 与 (8.1.101) 表明, 由于 $\sigma(0)=0$, 左边界 $a=0$ 是第一类奇异边界, 由于 $m(\infty)=\infty$, 右边界是第二类奇异边界. $0\leqslant\delta<1$ 与 $\delta>1$ 两种情形需分开讨论.

情形 1: $0\leqslant\delta<1$. 对左边界 $a=0$, 漂移与扩散指数由 (4.4.12) 与 (4.4.13) 确定为

$$\beta=\delta<1,\quad \alpha=2. \tag{8.1.104}$$

由于 $m(0^+)<0$, 按表 4.4.2, 左边界为越出.

右边界 $a=\infty$ 上, 漂移与扩散指数及特征标值由 (4.4.18)~ (4.4.20) 确定为

$$\beta=1,\quad \alpha=2,\quad c=\frac{8\zeta-3\pi\omega_0K}{\pi\omega_0K}. \tag{8.1.105}$$

按表 4.4.4, 若 $c<-1$, 右边界为吸引自然, 若 $c=-1$, 它为严格自然, 若 $c>-\beta=-1$, 它为排斥自然.

图 8.1.2 示出了样本在近两个边界时的性态, 不管 ζ 为何值, 左边界总是越出. 只要右边界为排斥自然, 平凡解就全局概率渐近稳定. 因此, 平凡解为概率渐近稳定的充要条件是

$$\zeta>\frac{1}{4}\pi\omega_0K. \tag{8.1.106}$$

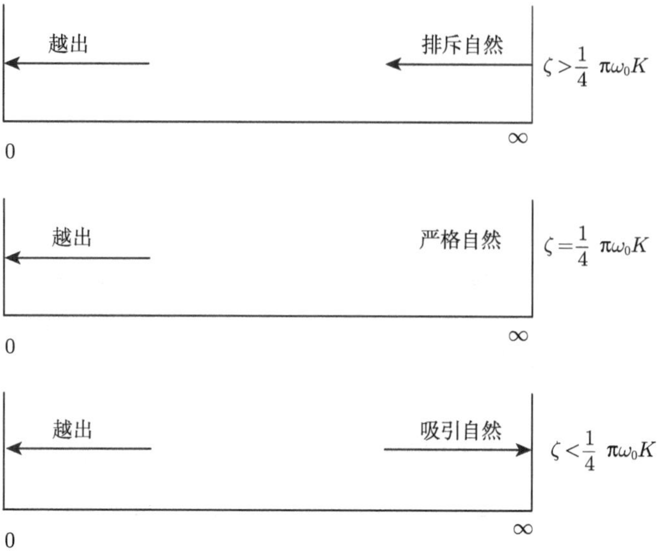

图 8.1.2　$0 \leqslant \delta < 1$ 情形下样本在两边界处性态

在条件 (8.1.106) 下, 平稳概率密度为函数 $\delta(a)$. 若 $\zeta < \pi\omega_0 K/4$, 右边界 $a = \infty$ 是吸引自然, 即使左边界为越出, 也不存在平稳概率密度. 此时, 样本或趋于左边界, 也可趋于无穷. 对 $\zeta = \pi\omega_0 K/4$ 特殊情形, 右边界为严格自然, 样本趋于边界时性态不稳定. 因此, 平稳概率密度也不存在.

注意, 在 $\zeta < \pi\omega_0 K/4$ 情形, 平凡解的李雅普诺夫指数为负, 左边界为越出, 表明平凡解局部渐近稳定. 然而, 它不是全局渐进稳定, 因为无穷远处右边界为吸引自然, 从非 $a = 0$ 出发的样本可能会无限地增大.

为研究矩渐近稳定性, 在系统 (8.1.96) 上加一外激

$$\ddot{X} + 2\zeta\omega_0\dot{X} + \eta\left|\dot{X}\right|^{\delta}\operatorname{sgn}(\dot{X}) + \omega_0^2[1 + W(t)]X = W_1(t). \tag{8.1.107}$$

式中 $W_1(t)$ 是谱密度为 K_1 的另一个高斯白噪声, 它与 $W(t)$ 独立. 幅值过程的平均漂移与扩散系数为

$$m_1(A) = \left[-\zeta\omega_0 + \frac{3}{8}\pi\omega_0^2 K\right]A - DA^{\delta} + \frac{\pi K_1}{2\omega_0^2 A}, \tag{8.1.108}$$

$$\sigma_1(A) = \sqrt{\frac{\pi K_1}{\omega_0^2} + \frac{\pi}{4}\omega_0^2 K A^2}. \tag{8.1.109}$$

从 (4.4.7) 得平稳概率密度

$$p(a) = \frac{C}{4\pi K_1 + \pi\omega_0^4 K a^2}$$

$$\times \exp\left[-\int \frac{(8\zeta - 3\pi\omega_0 K)\omega_0^3 a + 8\omega_0^2 D a^\delta - 4\pi K_1/a}{4\pi K_1 + \pi\omega_0^4 K a^2} \mathrm{d}a\right]. \quad (8.1.110)$$

可按下式算出 $A(t)$ 的 n 阶矩:

$$E[A^n] = \int_0^\infty a^n p(a) \mathrm{d}a. \quad (8.1.111)$$

(8.1.111) 的可积性取决于被积函数 $a^n p(a)$ 在两边界上的极限性态, 这可从 $p(a)$ 的表达式 (8.1.110) 推断如下:

$$a^n p(a) \to \begin{cases} \dfrac{C}{\pi\omega_0^4 K} a^{-\frac{8\zeta}{\pi\omega_0 K}+n+1}, & \text{随 } a \to \infty, \\ \dfrac{C}{4\pi K_1} a^{n+1}, & \text{随 } a \to 0. \end{cases} \quad (8.1.112)$$

(8.1.112) 式表明, 在右边界上 $a^n p(a)$ 的极限性态控制了 (8.1.111) 的可积性, 由此得 n 阶平稳矩 $E[A^n]$ 存在条件为

$$\zeta > \frac{\pi}{8}(n+2)\omega_0 K. \quad (8.1.113)$$

对 $n > 0$, 条件 (8.1.113) 强于条件 (8.1.106). 若条件 (8.1.113) 满足, 而且外激 $W(t)$ 为零, 平稳概率密度为 δ 函数, 统计矩亦为零. 所以, (8.1.113) 是系统 (8.1.96) 的平凡解 n 阶矩渐近稳定的条件.

注意, 对线性系统, (8.1.113) 与 (8.1.76) 相同, 说明额外加的非线性阻尼项 $\eta\left|\dot{X}\right|^\delta \mathrm{sgn}(\dot{X})$ 在 $0 \leqslant \delta < 1$ 时对系统矩稳定性无影响.

情形 2: $\boldsymbol{\delta>1}$. 对无穷远处右边界, 漂移与扩散指数为

$$\beta = \delta > 1, \quad \alpha = 2. \quad (8.1.114)$$

由于 $m(\infty) < 0$, 按表 4.4.4, 右边界为进入.

在左边界 $a = 0$ 上, 漂移与扩散指数及特征标值为

$$\beta = 1, \quad \alpha = 2, \quad c = \frac{-8\zeta + 3\pi\omega_0 K}{\pi\omega_0 K}. \quad (8.1.115)$$

按表 4.4.2, 若 $c < 1$, 左边界为吸引自然, 若 $c = 1$, 为严格自然, 若 $c > 1$, 为排斥自然.

图 8.1.3 示出了接近两个边界处的样本性态. 不管 ζ 为何值, 右边界为进入. 平凡解概率渐近稳定的充要条件是左边界为吸引自然, 即 $\zeta > \pi\omega_0 K/4$, 与 (8.1.106) 给出的条件相同.

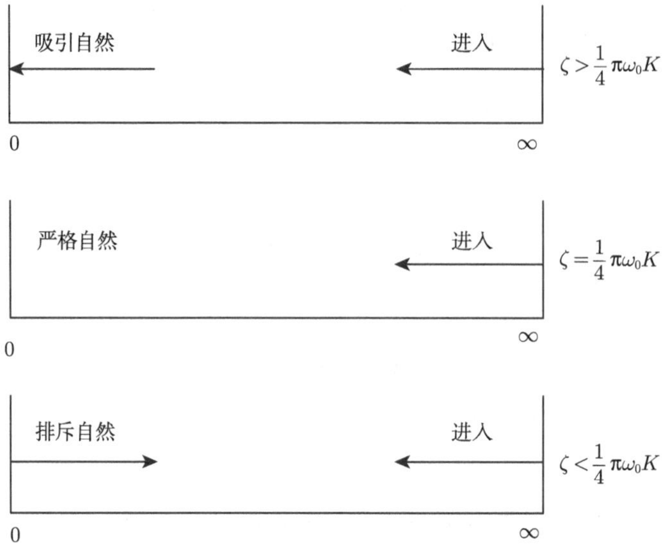

图 8.1.3　$\delta>1$ 情形下样本在两边界处的性态

若 $\zeta<\pi\omega_0K/4$, 左边界 $a=0$ 是排斥自然, 平凡解概率不稳定, 非平凡平稳概率密度存在. 由 (8.1.100) 与 (8.1.101) 给出的漂移与扩散系数, 可得平稳概率密度为

$$p(a)=Ca^{-\frac{8\zeta}{\pi\omega_0K}+1}\exp\left[-\frac{8D}{\pi(\delta-1)\omega_0^2K}a^{\delta-1}\right],\quad \delta>1. \tag{8.1.116}$$

可证, (8.1.116) 中平稳概率密度有效, 即 $p(a)$ 可积的条件是 $\zeta<\pi\omega_0K/4$.

从概率密度算出的 n 阶矩为

$$E[A^n]=\int_0^\infty a^n p(a)\mathrm{d}a=\left[\frac{1}{8D}\pi(\delta-1)\omega_0^2K\right]^{\frac{n}{\delta-1}}\frac{\Gamma\left(\gamma+\dfrac{n}{\delta-1}\right)}{\Gamma(\gamma)}, \tag{8.1.117}$$

式中

$$\gamma=\frac{2}{\delta-1}\left(-\frac{4\zeta}{\pi\omega_0K}+1\right). \tag{8.1.118}$$

非平凡 $E[A^n]$ 存在的条件是 $\gamma>0$, 即 $\zeta<\pi\omega_0K/4$, 与存在非平凡概率密度的条件相同. 随 $\zeta\to\pi\omega_0K/4$, 即 $\gamma\to0^+$, 有

$$\lim_{\gamma\to0^+}\Gamma(\gamma)=\infty,\qquad \lim_{\zeta\to\frac{1}{4}\pi\omega_0K}E[A^n]=0. \tag{8.1.119}$$

因此, 概率渐近稳定的条件 $\zeta>\pi\omega_0K/4$ 与 n 阶矩渐近稳定的条件相同, 与矩的阶数无关.

比较图 8.1.2 与图 8.1.3 表明, ①额外加的阻尼项 $\eta\left|\dot{X}\right|^{\delta}\operatorname{sgn}\dot{X}$ 在 $0\leqslant\delta<1$ 时对左边界上样本性态有影响, 因为在 $A\to 0$ 时它增加了阻尼; ②$\delta>1$ 时, 外加非线性阻尼项在 $A\to\infty$ 时增加阻尼, 影响右边界上样本性态. 如上所述, 这些效应改变了系统的拓扑性态.

8.1.5 拟哈密顿系统的渐近稳定性

考虑 (7.5.17) 支配的拟完全不可积哈密顿系统. 假定只有参激而无外激, 从而可作平凡解的稳定性分析. 如 7.5.2 节所述, 应用拟哈密顿系统随机平均法后, 系统的哈密顿函数可近似为一维马尔可夫扩散过程, 支配哈密顿函数的平均伊藤随机微分方程为

$$\mathrm{d}H=m(H)\mathrm{d}t+\sigma(H)\mathrm{d}B(t),\tag{8.1.120}$$

式中漂移系数 $m(H)$ 与扩散系统 $\sigma(H)$ 可从 (7.5.24) 与 (7.5.25) 经 (7.5.26) 中定义的平均得到. $m(H)$ 与 $\sigma(H)$ 一般是 H 的非线性函数, (8.1.120) 是非线性伊藤方程. 按 (8.1.93), $H(t)$ 在平凡解 $H=0$ 处的李雅普诺夫指数为

$$\lambda_H=m'(0)-\frac{1}{2}[\sigma'(0)]^2.\tag{8.1.121}$$

李雅普诺夫指数法是分析平凡解样本渐近稳定性的最简单方法 (Zhu, 2004). 另一种分析平凡解稳定性的方法是通过鉴别样本在两边界上的性态 (Zhu 与 Huang, 1998). 如前所述, 后一方法的优点是能获得系统 (8.1.120) 全局定性性态.

注意, 哈密顿函数 $H(t)$, 虽为非负, 但非 (8.1.2) 中定义的欧几里得模. 于是产生疑问：(8.1.120) 的稳定性分析是否适用于原拟不可积哈密顿系统 (7.5.17). 为解这一难题, 考虑新过程 $H^{1/2}$(Zhu 与 Huang, 1998; Zhu, 2004). 若与拟哈密顿系统 (7.5.17) 相应的保守哈密顿系统为线性, $H^{1/2}$ 就是 (8.1.2) 中定义的欧几里得模. 然而, 若该保守哈密顿系统为非线性, 则 $H^{1/2}$ 不是齐一次欧几里得模. 尽管如此, H 表示系统的总能量 (可能是广义的), $H^{1/2}$ 可用于度量相空间中系统状态与平凡解之间的距离. 况且, 在平凡解邻域, 哈密顿函数中的二次部分占优势, 因此, 在稳定性分析中将 $H^{1/2}$ 作模是合理的. 过程 $Y(t)=H^{1/2}$ 在平凡解 $Y=0$ 处的李雅普诺夫指数由下式得到:

$$\begin{aligned}\lambda_Y&=\lim_{t\to\infty}\frac{1}{t}\ln H^{1/2}=\frac{1}{2}\lim_{t\to\infty}\frac{1}{t}\ln H\\&=\frac{1}{2}\lambda_H=\frac{1}{2}\left\{m'(0)-\frac{1}{2}[\sigma'(0)]^2\right\}.\end{aligned}\tag{8.1.122}$$

比较 (8.1.121) 与 (8.1.122) 知, $\lambda_H=2\lambda_Y$. 由于稳定性分析中只关心李雅普诺夫指数的正负, 用 λ_H 与 λ_Y 导致相同稳定性条件.

上述两种稳定性分析方法将用下例说明.

例 8.1.7　考虑下列拟不可积哈密顿系统:

$$\begin{aligned}&\ddot{X}+\alpha_1\dot{X}+\beta_1X^2\dot{X}+\omega_1^2X+aY+b\left|X-Y\right|^{\delta}\operatorname{sgn}(X-Y)=C_1XW_1(t),\\&\ddot{Y}+\alpha_2\dot{Y}+\beta_2Y^2\dot{Y}+\omega_2^2Y+aX+b\left|X-Y\right|^{\delta}\operatorname{sgn}(Y-X)=C_2YW_2(t),\end{aligned} \tag{8.1.123}$$

式中 $\alpha_1\neq0$, $\alpha_2\neq0$, β_1,β_2,a,b 及 $\delta>0$ 是常数, $W_1(t)$ 与 $W_2(t)$ 是谱密度分别为 K_1 和 K_2 的独立高斯白噪声. 系统的哈密顿函数为系统总能量

$$H=\frac{1}{2}(\dot{X}^2+\dot{Y}^2)+U(X,Y), \tag{8.1.124}$$

式中

$$U(X,Y)=\frac{1}{2}(\omega_1^2X^2+\omega_2^2Y^2)+aXY+\frac{b}{1+\delta}\left|X-Y\right|^{\delta+1}. \tag{8.1.125}$$

假定阻尼力与激励是小的, 可用随机平均法得到 (8.1.120) 给出的 $H(t)$ 的平均伊藤方程, 其平均漂移与扩散系统为 (Zhu, 2004)

$$\begin{aligned}m(H)=&\frac{1}{T(H)}\int_{\Omega}\frac{1}{\dot{x}}\bigg[(-\alpha_1-\beta_1x^2)\dot{x}^2+(-\alpha_2-\beta_2y^2)\dot{y}^2\\&+\pi K_1C_1^2x^2+\pi K_2C_2^2y^2\bigg]\mathrm{d}x\mathrm{d}y\mathrm{d}\dot{y},\end{aligned} \tag{8.1.126}$$

$$\sigma^2(H)=\frac{2\pi}{T(H)}\int_{\Omega}\frac{1}{\dot{x}}\left(K_1C_1^2x^2\dot{x}^2+K_2c_2^2y^2\dot{y}^2\right)\mathrm{d}x\mathrm{d}y\mathrm{d}\dot{y}, \tag{8.1.127}$$

式中

$$T(H)=\int_{\Omega}\frac{1}{\dot{x}}\mathrm{d}x\mathrm{d}y\mathrm{d}\dot{y}. \tag{8.1.128}$$

其中积分域 Ω 定义为 $H(x,y,\dot{x}=0,\dot{y})=\dfrac{1}{2}\dot{y}^2+U(x,y)\leqslant H$.

平凡解 $H=0$ 的稳定性分 $0<\delta<1$ 与 $\delta>1$ 两种情形确定.

情形 1: $0<\delta<1$. 首先应用李雅普诺夫指数方法. 在平凡解 $H=0$ 处的线性化伊藤方程为

$$\mathrm{d}H=\mu_1H\mathrm{d}t+\sqrt{\mu_2}H\mathrm{d}B(t), \tag{8.1.129}$$

式中

$$\mu_1=-\frac{1}{3}(\alpha_1+\alpha_2)\eta_1+\frac{7\pi(C_1^2K_1+C_2^2K_2)}{9(2a+\omega_1^2+\omega_2^2)}, \tag{8.1.130}$$

$$\mu_2 = \frac{2\pi(C_1^2K_1 + C_2^2K_2)}{3(2a+\omega_1^2+\omega_2^2)}\eta_2, \tag{8.1.131}$$

$$\eta_1 = \frac{6}{11} - \frac{1+\delta}{4(4+\delta)} - \frac{2(2-\delta)}{(2+\delta)(3+\delta)} + \frac{\delta^2-1}{48(5+\delta)}, \tag{8.1.132}$$

$$\eta_2 = \frac{13}{12} - \frac{16}{(2+\delta)(5+\delta)} + \frac{4}{3+\delta} - \frac{3+\delta}{2(4+\delta)} + \frac{(1+\delta)(3+\delta)}{24(5+\delta)}. \tag{8.1.133}$$

应用 (8.1.122), 得李雅普诺夫指数

$$\begin{aligned}\lambda &= \frac{1}{2}\mu_1 - \frac{1}{4}\mu_2\\ &= -\frac{1}{6}(\alpha_1+\alpha_2)\eta_1 + \frac{1}{18}(7-3\eta_2)\frac{\pi(C_1^2K_1+C_2^2K_2)}{(2a+\omega_1^2+\omega_2^2)}.\end{aligned} \tag{8.1.134}$$

因此, 平凡解局部样本渐近稳定的条件为 $\lambda < 0$, 即

$$\alpha_1+\alpha_2 > D = \frac{1}{3\eta_1}(7-3\eta_2)\frac{\pi(C_1^2K_1+C_2^2K_2)}{(2a+\omega_1^2+\omega_2^2)}. \tag{8.1.135}$$

其次, 用鉴别两边界上样本性态方法作稳定性分析. 发现 (Zhu 与 Huang, 1998) 两边界上样本性态如图 8.1.4 所示.

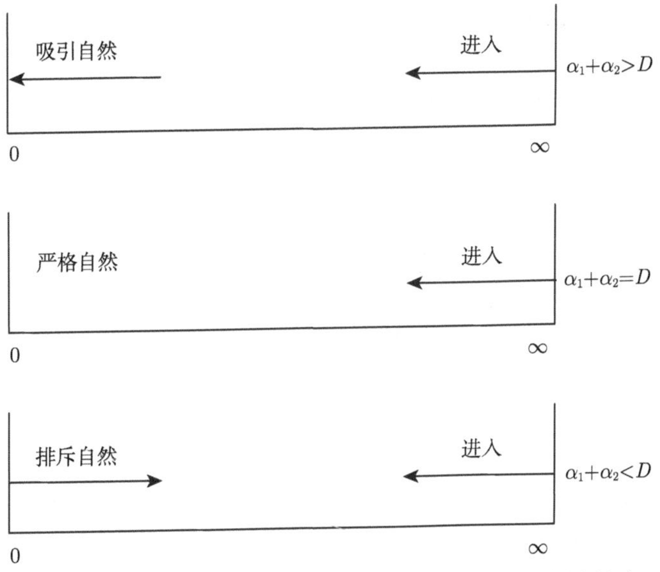

图 8.1.4 $0<\delta<1$ 情形系统 (8.1.123) 在两边界上样本性态

从图 8.1.4 知, 若条件 (8.1.135) 满足, 即 $\alpha_1+\alpha_2>D$, 左边界 $h=0$ 是吸引自然, 而 $h=\infty$ 是进入. 在此条件下, 平凡解 $H=0$ 概率渐近稳定. 另外, 若 $\alpha_1+\alpha_2<D$, 平凡解 $H=0$ 不稳定, 非平凡平稳概率密度存在.

情形 2: $\boldsymbol{\delta>1}$. 此时, H 在平凡解 $H=0$ 处的线性化方程为

$$\mathrm{d}H=\mu_3H\mathrm{d}t+\sqrt{\mu_4}H\mathrm{d}B(t), \tag{8.1.136}$$

式中 (Zhu, 2004)

$$\mu_3=-\frac{1}{2}(\alpha_1+\alpha_2)+\pi\eta\left(\frac{C_1^2K_1}{\omega_1^2}+\frac{C_2^2K_2}{\omega_2^2}\right), \tag{8.1.137}$$

$$\mu_4=\frac{1}{3}\pi\eta\left(\frac{C_1^2K_1}{\omega_1^2}+\frac{C_2^2K_2}{\omega_2^2}\right), \tag{8.1.138}$$

$$\eta=\int_0^{\pi}\left[1+\frac{a}{\omega_1\omega_2\sin(2\theta)}\right]^{-2}\mathrm{d}\theta\bigg/\int_0^{\pi}\left[1+\frac{a}{\omega_1\omega_2\sin(2\theta)}\right]^{-2}\mathrm{d}\theta. \tag{8.1.139}$$

于是李雅普诺夫指数为

$$\lambda=\frac{1}{2}\mu_3-\frac{1}{4}\mu_4=-\frac{1}{4}(\alpha_1+\alpha_2)+\frac{1}{6}\pi\eta\left(\frac{C_1^2K_1}{\omega_1^2}+\frac{C_2^2K_2}{\omega_2^2}\right). \tag{8.1.140}$$

从而, 平凡解局部样本渐近稳定的条件为 $\lambda<0$, 即

$$\alpha_1+\alpha_2>G=\frac{2}{3}\pi\eta\left(\frac{C_1^2K_1}{\omega_1^2}+\frac{C_2^2K_2}{\omega_2^2}\right). \tag{8.1.141}$$

只要将第 1 种情形中常数 D 代之以常数 G, 此情形的边界性态与第 1 种情形的相同.

可以证明, 两种方法导致相同的平凡解稳定性结果.

关于随机稳定性的更多信息, 可参阅文献 (Kozin, 1969; Ariaratnam 与 Tam, 1979; Khasminskii, 1980; Arnold, 1974, 1998; Lin 与 Cai, 1995; Zhu, 2004).

8.2 随机分岔

分岔理论研究的是当系统性质光滑地变化而通过某一临界阈值时, 系统动态性态的定性或拓扑结构的变化. 对微分方程描述的系统, 分岔出现在系统参数 (分岔参数) 值的一个小光滑变化引起系统性态的突然 “定性” 改变时. “分岔” 这一名词首次由庞加莱 (Poincare, 1885) 提出. 分岔现象只发生在非线性系统中.

分岔通常分成两大类: ①局部分岔, 它完全可通过平衡点 (固定点), 周期轨道或其他不变集在参数越过临界阈值时局部稳定性的变化来分析; ②全局分叉, 它常在系统较大的不变集之间或不变集与平衡点相互碰撞时发生, 它不能仅仅通过平衡点的稳定性分析推得. 本书中只考虑局部分岔.

过去几十年中, 分岔理论已从确定性系统引申到随机系统 (Meunier 与 Verga, 1988; Namachchivaya, 1990; Ariaratnam, 1980, 1993; Arnold, 1998; Zhu 与 Huang, 1999). 本节中, 首先介绍确定性分岔的基本知识, 然后论述随机分岔的分类与分析方法.

8.2.1 确定性分岔

首先考虑一维系统. 典型的一维常微分方程为

$$\dot{x} = f(x), \tag{8.2.1}$$

式中 x 是时间 t 的函数. 假定 (8.2.1) 是自治系统, 即 $f(x)$ 不明显依赖于 t. 如果已知 $x(t)$ 的初值, (8.2.1) 可解出, 系统如何演化可以精确地知道.

系统 (8.2.1) 的固定点 (平衡点) x^* 是方程 $f(x) = 0$ 的根, 即 $f(x^*) = 0$. 若 f 与其导数 $f' = \mathrm{d}f/\mathrm{d}x$ 在点 x^* 连续, 平衡点 x^* 的稳定性可用 (8.2.1) 在点 x^* 的线性化系统来鉴别, 即

$$\dot{z} = f'(x^*)z, \tag{8.2.2}$$

式中 $z = x - x^*$. 方程 (8.2.2) 的解为

$$z = z(0)\exp[f'(x^*)t]. \tag{8.2.3}$$

假定 $z(0) \neq 0$, (8.2.3) 表明, ①若 $f'(x^*) < 0$, 则随 $t \to \infty$, $z \to 0$, $x \to x^*$, x^* 是稳定的平衡点; ②若 $f'(x^*) > 0$, 则随 $t \to \infty$, $z,x \to \infty$, 平衡点 x^* 不稳定; ③若 $f'(x^*) = 0$, 则关于 x^* 的稳定性无法用线性化系统来鉴别. 所以, 固定点的稳定性在描述系统拓扑性态中是关键的. 现假定在一维常微分方程中有一个系统参数 α. 固定点的特性, 如固定点的数目及其稳定性, 取决于参数 α. 当 α 变化时, 系统的定性性态可能改变也可能不改变. 若参数 α 通过某值时系统定性性态发生突然变化, 就说发生分岔了. 按变化的性质, 分岔可分为如下几类.

超临界分岔 当参数通过一分岔点时, 固定点的稳定性从不稳定变成稳定, 或反之, 称为超临界分岔. 超临界分岔的规范型为

$$\dot{x} = \alpha x - x^2. \tag{8.2.4}$$

该系统有一个 ($\alpha = 0$) 或两个 ($\alpha \neq 0$) 固定点. 当 $\alpha = 0$ 时唯一的固定点是 $x = 0$, 它是半稳定的, 即从右边稳定而从左边不稳定. 当 $\alpha \neq 0$ 时有两个固定点, $x = 0$ 与

$x=\alpha$. 在 $x=0$ 处, 线性化系统为

$$\dot{z}=\alpha z, \tag{8.2.5}$$

式中 $z=x$. 因此, $x=0$ 在 $\alpha<0$ 时稳定, 在 $\alpha>0$ 时不稳定. 对固定点 $x=\alpha$, 线性化系统为

$$\dot{z}=-\alpha z, \tag{8.2.6}$$

式中 $z=x-\alpha$. 因此, $x=\alpha$ 在 $\alpha<0$ 时不稳定, 在 $\alpha>0$ 时稳定. 由于参数通过零时两个固定点的稳定性都改变, 在 $\alpha=0$ 上发生分岔. 系统的稳定性特征如图 8.2.1 所示.

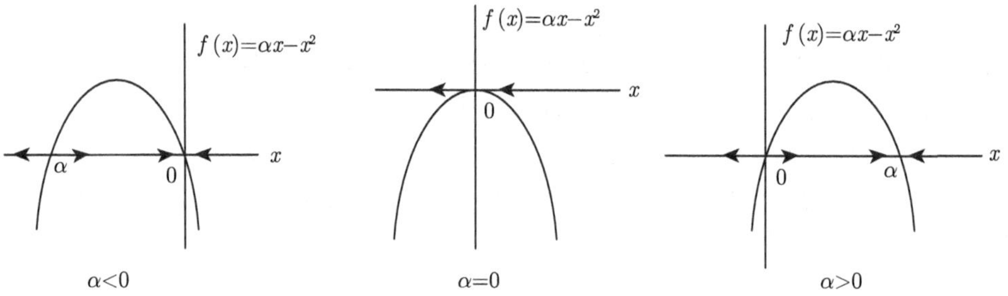

图 8.2.1 系统 (8.2.4) 超临界分岔中固定点的稳定性

图 8.2.2 所示为分岔图, 其中稳定与不稳定固定点分别用实线与虚线表示, 而箭头表示系统状态的运动趋势.

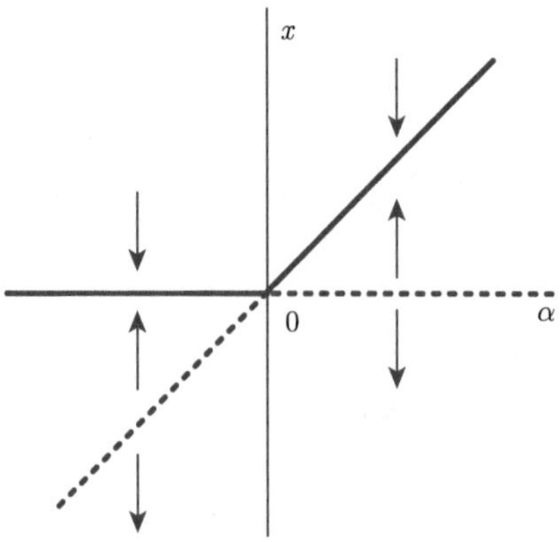

图 8.2.2 系统 (8.2.4) 超临界分岔图

鞍结分岔 在这类分岔中，当参数通过分岔点时，固定点产生或消失. 鞍结分岔的规范型为

$$\dot{x} = \alpha - x^2. \tag{8.2.7}$$

当 $\alpha > 0$ 时，有两个固定点 $x = \pm\sqrt{\alpha}$. 易证，平衡点 $x = -\sqrt{\alpha}$ 不稳定，$x = \sqrt{\alpha}$ 稳定. 当 $\alpha = 0$ 时，只有一个固定点 $x = 0$，半稳定，称为鞍结固定点. 最后，当 $\alpha < 0$ 时，无固定点. 因此，当参数 α 从正值减小通过零时，两个固定点合并成一个然后消失. 系统的稳定性在图 8.2.3 中说明，而分岔图在图 8.2.4 中给出.

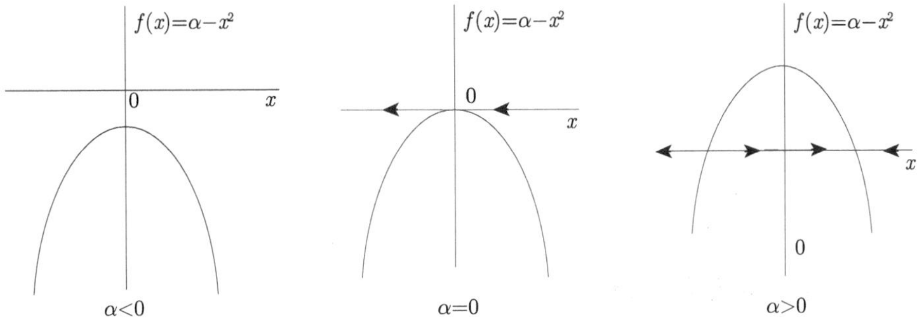

图 8.2.3 系统 (8.2.7) 鞍结分岔中固定点的稳定性

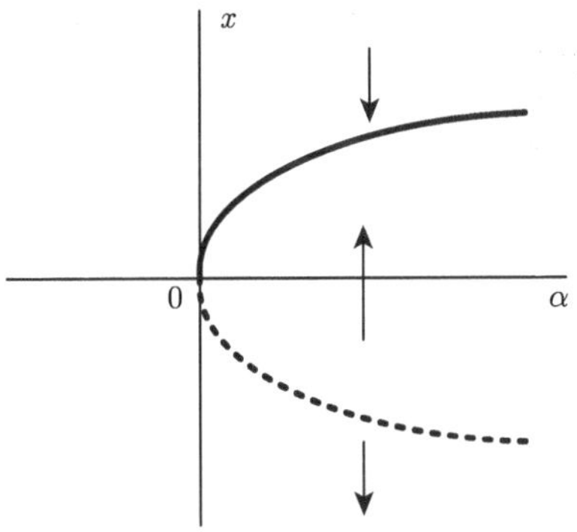

图 8.2.4 系统 (8.2.7) 鞍结分岔图

叉型分岔 叉型分岔有两类：超临界与亚临界. 超临界叉型分岔的规范型为

$$\dot{x} = \alpha x - x^3. \tag{8.2.8}$$

$\alpha \leqslant 0$ 与 $\alpha > 0$ 给出很不相同的动力学性质. 若 $\alpha \leqslant 0$，只有一个固定点 $x = 0$，它是稳定的. 当 $\alpha > 0$ 时，出现三个固定点，其中 $x = 0$ 不稳定，$x = \pm\sqrt{\alpha}$ 稳定. 稳定性图在图 8.2.5 中给出. 分岔图在图 8.2.6 中给出. 名词 “叉型” 源于分岔图形. 形容词 “超临界” 表示非线性项 $-x^3$ 使系统稳定化.

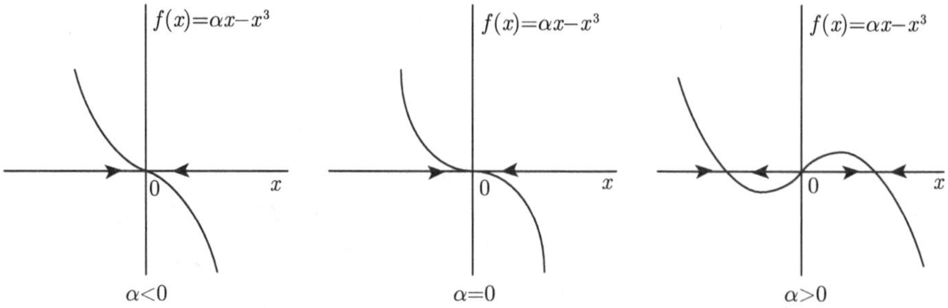

图 8.2.5　系统 (8.2.8) 超临界叉型分岔中固定点稳定性

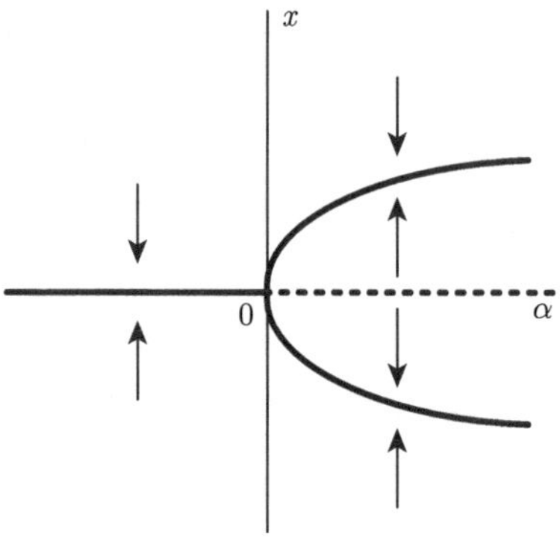

图 8.2.6　系统 (8.2.8) 超临界叉型分岔图

亚临界叉型分岔的规范形为

$$\dot{x} = \alpha x + x^3. \tag{8.2.9}$$

图 8.2.7 与图 8.2.8 表示了固定点的稳定性与分岔图, 与超临界情形相反, 非线性项 x^3 使系统不稳定.

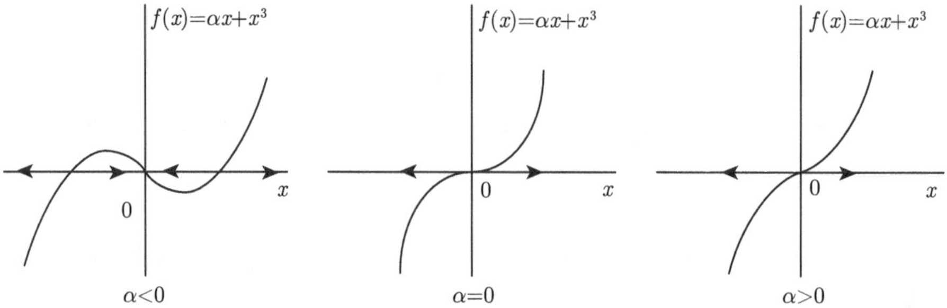

图 8.2.7　系统 (8.2.9) 亚临界叉型分岔中固定点稳定性

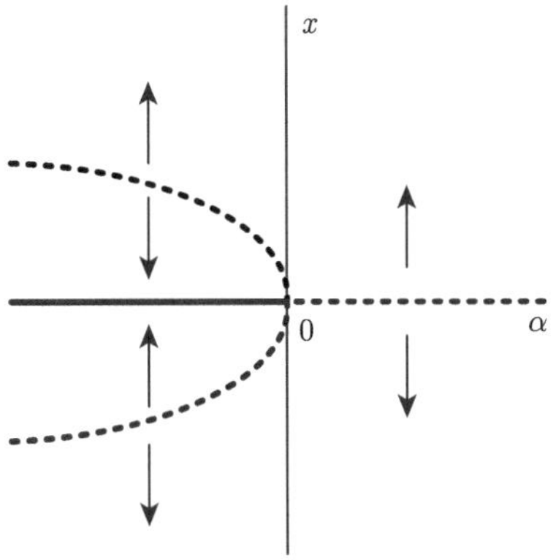

图 8.2.8 系统 (8.2.9) 亚临界叉型分岔图

二维系统分岔 以上三类分岔发生在一维系统中. 现考虑二维自治系统, 其支配方程为

$$\dot{x} = f(x, y),$$
$$\dot{y} = g(x, y). \tag{8.2.10}$$

平衡点可从解下列方程中找到:

$$f(x, y) = 0,$$
$$g(x, y) = 0. \tag{8.2.11}$$

在 x-y 相平面上, (8.2.11) 定义了两条线, 称为零线. 固定点是两条零线的交点. 为确定一个平衡点 (x^*, y^*) 的稳定性, 也可用线性化分析. 首先计算系统的雅可比矩阵

$$\boldsymbol{J} = \begin{bmatrix} \dfrac{\partial f}{\partial x} & \dfrac{\partial f}{\partial y} \\ \dfrac{\partial g}{\partial x} & \dfrac{\partial g}{\partial y} \end{bmatrix}_{x=x^*, y=y^*}. \tag{8.2.12}$$

对此矩阵, 可从下述特征方程确定特征值:

$$\det(\boldsymbol{J} - \lambda \boldsymbol{I}) = 0. \tag{8.2.13}$$

对二维系统, 有两个特征值, 它们可为实数或复数. 若两个特征值实部皆为负, 固定点是稳定的, 吸引两个方向的运动. 若两个实部皆为正, 固定点不稳定, 排斥两个方向运动. 若一个为正一个为负, 固定点是鞍点, 一个方向吸引运动, 另一个方向排斥运动. 鞍点本质上是不稳定的.

当两个特征值皆不为零时, 线性化分析一般很成功. 若至少一个实部为零, 线性化分析可能不适用.

对二维非线性系统, 平衡点是稳态的一种形式. 对保守系统, 还可能有周期解. 数学上, 周期解是系统方程相应于一定能量 (广义地) 水平的首次积分, 每一周期解取决于初始条件. 对耗散系统, 除平衡点外, 可能的稳态形式还有极限环. 稳定的极限环是相平面上的闭合轨道, 与初始条件无关. 随时间趋于无穷, 所有内外相邻轨道都将趋向于它. 极限环, 作为一闭合轨道, 也描述系统的周期运动, 是耗散非线性系统的重要特性. 注意, 虽然极限环也是周期轨道, 但此处 “周期解” 和 “极限环” 有不同含义. 在同一系统中它们不能共存, 对保守系统, 周期解可有无穷个, 但对耗散系统, 极限环只能有有限个.

例 8.2.1　在 7.4.3 节中, 确定性的被捕食者–捕食者系统由下述古典洛特卡–沃尔泰拉模型 (7.4.141) 描述

$$
\begin{aligned}
\dot{x}_1 &= x_1(a - bx_2),\\
\dot{x}_2 &= x_2(-c + fx_1).
\end{aligned}
\tag{8.2.14}
$$

式中 x_1 和 x_2 分别是被捕食者与捕食者群体密度, a, b, c 及 f 为正常数, 对系统 (8.2.14), 存在两个固定点 (0, 0) 和 $(c/f,\ a/b)$ 及周期解

$$
r(x_1, x_2) = fx_1 - c - c\ln\frac{fx_1}{c} + bx_2 - a - a\ln\frac{bx_2}{a} = R, \tag{8.2.15}
$$

式中 R 是取决于初始条件的常数. 可证, 固定点 (0, 0) 为鞍点, 有一个正特征值和一个负特征值, 而固定点 $(c/f,\ a/b)$ 的特征值实部都为零. 对任意正常数 R, 式 (8.2.15) 表示一周期轨道, 对任一非零初始状态 $x_1 \neq c/f$, $x_2 \neq a/b$, 系统将沿一周期轨道运动, 如图 7.4.1 所示.

例 8.2.2　系统 (8.2.14) 表明, 在无捕食者时, 被捕食者群体将无限增长, 与现实的被捕食者–捕食者生态系统预期的相反. 通过加上自竞争项 $-sx_1^2$, 改进的洛特卡–沃尔泰拉模型由方程 (7.4.145) 描述, 即

$$
\begin{aligned}
\dot{x}_1 &= x_1(a_1 - sx_1 - bx_2),\\
\dot{x}_2 &= x_2(-c + fx_1).
\end{aligned}
\tag{8.2.16}
$$

令方程组 (8.2.16) 右边为零, 找到三个平衡点:

(1) 平凡平衡点 E_0, $x_1 = 0$, $x_2 = 0$;

(2) 无捕食者平衡点 E_1, $x_1 = a_1/s$, $x_2 = 0$;

(3) 共存平衡点 E^*,

$$
x_1^* = c/f, \quad x_2^* = \left(a_1 - \frac{sc}{f}\right) \Big/ b. \tag{8.2.17}
$$

(8.2.17) 表明, E^* 的存在要求

$$a_1 f - sc > 0. \tag{8.2.18}$$

在本例中假定条件 (8.2.18) 满足. 记固定点为 $(\tilde{x}_1, \tilde{x}_2)$, 为求固定点的线性化系统, 令

$$z_1 = x_1 - \tilde{x}_1, \quad z_2 = x_2 - \tilde{x}_2. \tag{8.2.19}$$

关于 z_1 与 z_2 的线性化方程可从 (8.2.16) 导出如下:

$$\begin{aligned} \dot{z}_1 &= Az_1 + Bz_2, \\ \dot{z}_2 &= Cz_1 + Dz_2, \end{aligned} \tag{8.2.20}$$

式中

$$\begin{aligned} &A = a_1 - 2s\tilde{x}_1 - b\tilde{x}_2, \quad B = -b\tilde{x}_1, \\ &C = f\tilde{x}_2, \quad D = -c + f\tilde{x}_1. \end{aligned} \tag{8.2.21}$$

系统 (8.2.20) 的特征方程为

$$\begin{vmatrix} A-\lambda & B \\ C & D-\lambda \end{vmatrix} = 0. \tag{8.2.22}$$

得到两个特征值为

$$\begin{aligned} \lambda_1 &= \frac{A+D}{2} + \frac{\sqrt{(A-D)^2+4BC}}{2}, \\ \lambda_2 &= \frac{A+D}{2} - \frac{\sqrt{(A-D)^2+4BC}}{2}. \end{aligned} \tag{8.2.23}$$

各个平衡点的稳定性可按 λ_1 与 λ_2 实部的正负确定.

首先考虑平凡平衡点 E_0. 将 $\tilde{x}_1 = 0$ 与 $\tilde{x}_2 = 0$ 代入 (8.2.21) 与 (8.2.23) 得 $\lambda_1 = a_1$ 与 $\lambda_2 = -c$. 因此, 这是一个鞍点. 对无捕食者平衡点 E_1, 有

$$\lambda_1 = \frac{1}{s}(a_1 f - cs) > 0, \quad \lambda_2 = -a_1 < 0. \tag{8.2.24}$$

所以 E_1 也是鞍点. 对共存平衡点 E^*

$$A = -\frac{sc}{f}, \quad B = -\frac{bc}{f}, \quad C = \frac{a_1 f - sc}{b}, \quad D = 0. \tag{8.2.25}$$

按 (8.2.23), 两个特征值皆有负实部, 所以 E^* 稳定. 若系统初始状态 (x_1, x_2) 处于第一象限内, 即 $x_1 > 0$ 与 $x_2 > 0$, 系统将趋近于稳定固定点 E^*, 如图 7.4.2 所示.

例 8.2.3 考虑另一个非线性系统

$$\begin{aligned}\dot{x}_1 &= -x_2 + x_1(1 - x_1^2 - x_2^2),\\ \dot{x}_2 &= x_1 + x_2(1 - x_1^2 - x_2^2).\end{aligned} \tag{8.2.26}$$

为研究 (8.2.26) 的稳定性, 将它变换到极坐标, 即令

$$x_1 = \rho\cos\phi, \quad x_2 = \rho\sin\phi. \tag{8.2.27}$$

将 (8.2.27) 对 t 求导, 再应用 (8.2.26), 得

$$\begin{aligned}\dot{\rho}\cos\phi - \rho\dot{\phi}\sin\phi &= -\rho\sin\phi + \rho\cos\phi(1-\rho^2),\\ \dot{\rho}\sin\phi + \rho\dot{\phi}\cos\phi &= \rho\cos\phi + \rho\sin\phi(1-\rho^2).\end{aligned} \tag{8.2.28}$$

由 (8.2.28), 可得极坐标形式的系统方程

$$\begin{aligned}\dot{\rho} &= \rho(1-\rho^2),\\ \dot{\phi} &= 1.\end{aligned} \tag{8.2.29}$$

由于函数 $\rho(t)$ 与 $\phi(t)$ 非耦合, 所以容易分析. 系统 (8.2.29) 有一个不稳定固定点 $\rho = 0$, 相应于 $(x_1 = 0, x_2 = 0)$, 与一个稳定的平衡点 $\rho = 1$, 相应于稳定的极限环

$$x_1^2 + x_2^2 = 1. \tag{8.2.30}$$

只要系统从非原点 (0, 0) 开始, 最后将沿极限环运动, 如图 8.2.9 所示. (8.2.29) 中第二个方程表明, 系统圆形运动的速度是常数.

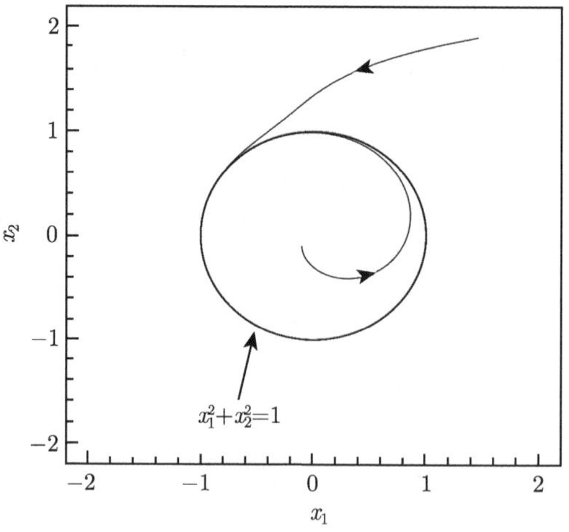

图 8.2.9 系统 (8.2.26) 的极限环

类似于一维系统, 二维系统的分岔定义为当系统参数变化时系统稳态性态的任何定性或拓扑变化. 定性变化可为从一种类型到另一种类型, 一种类型的出现与消失, 或稳定性的变化 (从稳定到不稳定, 或反之). 不考虑全局分岔, 二维系统中有两类分岔: 类似于一维的分岔与霍普夫 (Hopf) 分岔. 霍普夫分岔是一种只发生在二维系统中的新分岔, 为发生霍普夫分岔, 固定点的特征值必须为复共轭对. 当特征值实部改变正负号时, 所涉及平衡点的稳定性改变, 发生所谓霍普夫分岔. 当一个稳定平衡点变为不稳定时, 产生一个稳定的极限环, 这叫超临界霍普夫分岔. 另外, 当不稳定平衡点变成稳定而极限环消失时, 称之为亚临界霍普夫分岔.

例 8.2.4 在例 8.2.3 的系统 (8.2.26) 中引入一个参数 α, 即

$$\begin{aligned}\dot{x}_1 &= -x_2 + x_1(\alpha - x_1^2 - x_2^2),\\ \dot{x}_2 &= x_1 + x_2(\alpha - x_1^2 - x_2^2).\end{aligned} \tag{8.2.31}$$

应用变换 (8.2.27), 得系统方程的极坐标形式

$$\begin{aligned}\dot{\rho} &= \rho(\alpha - \rho^2),\\ \dot{\phi} &= 1.\end{aligned} \tag{8.2.32}$$

若 $\alpha < 0$, 系统具有一个稳定平衡点 $\rho = 0$, 相应于相平面上原点 $(x_1 = 0, x_2 = 0)$. 当 $\alpha = 0$ 时此平衡点仍稳定, 但是非线性地稳定. 当 $\alpha > 0$ 时, 平衡点 $\rho = 0$ 变成不稳定, 而出现稳定的平衡点 $\rho = \sqrt{\alpha}$, 相应于稳定极限环 $x_1^2 + x_2^2 = \alpha$, 除原点外、所有从极限环内外的点出发的轨道随 $t \to +\infty$ 而趋于该环. 所以, $\alpha = 0$ 是分岔点, 在此点上, 系统发生超临界霍普夫分岔. 为证明霍普夫分岔现象, 找到平衡点 (0, 0) 的两个特征值为 $\lambda_{1,2} = \alpha \pm \mathrm{i}$. 当 α 通过零时实部确实改变正负号. 在相平面上系统运动轨迹示于图 8.2.10 中. 在 (x, y, α) 中的分岔图示于图 8.2.11. 极限环族形成一个抛物面.

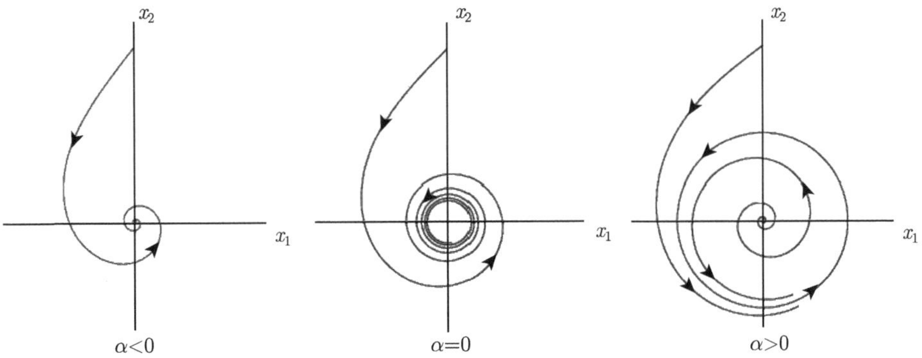

图 8.2.10 系统 (8.2.31) 在相平面上的固定点与极限环及其稳定性

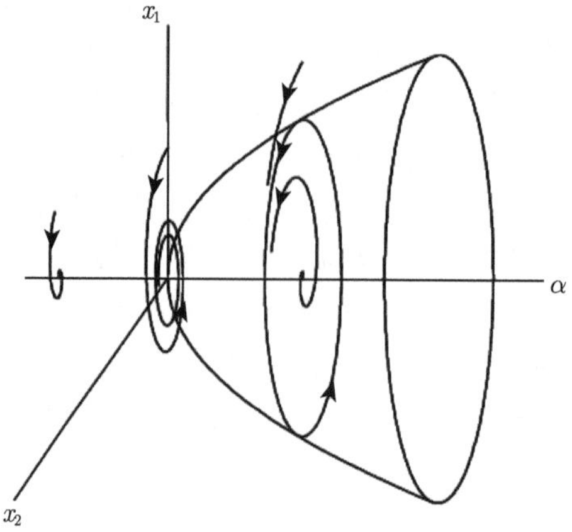

图 8.2.11　系统 (8.2.31) 的超临界霍普夫分岔图

8.2.2　随机分岔

类似于确定性分岔, 随机分岔是随机激励系统在系统参数发生微小光滑变化时它的性态发生突然定性变化的现象. 对确定性系统, 只考虑稳态, 对二维系统, 定性性态的特征为: ①平衡点 (固定点), 稳定或不稳定, ②周期轨道, ③极限环. 类比于确定性系统的稳态, 对随机系统只考虑平稳状态. 确定性系统中周期轨道与极限环在随机系统中不再出现, 系统的定性性态根据所谓的不变测度来分析, 包括稳定或不稳定固定点, 以及平稳概率密度. 事实上固定点相应于狄拉克 δ 函数形式的概率密度, 所以, 对本情况, 不变测度等价于平稳概率密度. 于是平稳概率密度的定性变化可用于定义随机分岔现象.

两类随机分岔　有两类随机分岔: 动态分岔 (D 分岔) 与唯象分岔 (P 分岔). D 分岔定义为当系统参数通过一个分岔点时平稳概率密度性质发生改变, 如从固定点 (δ 概率密度) 变成非平凡概率密度, 从非平凡概率密度变成无界响应等. 另外, P 分岔描述平稳概率密度形状的改变, 如从下降形 (无峰) 到单模态 (单峰), 从单模态到双模态 (双峰) 等. 两类分岔之间无联系, 但一个分岔点可为 D 分岔, P 分岔, 或同时为 D 分岔与 P 分岔. D 分岔点精确数学定义在专著 (Arnold, 1998) 中给出.

确定一维系统 D 分岔与 P 分岔点是容易的. 可用的若干方法叙述如下.

李雅普诺夫指数法　已经知道, 平衡点的李雅普诺夫指数的正负决定了该点的局部稳定性. 当参数值使李雅普诺夫指数为零时, 系统的定性性态发生变化, 从稳定到不稳定或反之. 因此, 在李雅普诺夫指数为零点上发生 D 分岔.

边界分类法　一维响应过程一般有两个边界. 不失一般性, 假定两个边界为零与无穷, 并且都是奇异的. 按 4.4 节, 边界可根据漂移与扩散系数分成不同类. 粗略地可分成两类: ① 稳定边界, 包括越出与吸引自然; ②不稳定边界, 包括严格自然, 排斥自然及进入. 当边界从稳定变成不稳定, 或反之时, 系统定性性态发生改变, 就出现 D 分岔.

平稳概率密度法 对由下列伊藤方程支配的一维系统:

$$\mathrm{d}X = m(X)\mathrm{d}t + \sigma(X)\mathrm{d}B(t), \tag{8.2.33}$$

平稳概率密度的表达式为 (4.4.7), 即

$$p(x) = \frac{C}{\sigma^2(x)}\exp\left[\int \frac{2m(x)}{\sigma^2(x)}\mathrm{d}x\right]. \tag{8.2.34}$$

在 (8.2.34) 可积性变化点上发生 D 分岔. 在 $p(x)$ 的形状变化点上发生 P 分岔. 若能得 $p(x)$ 的解析表达式, 该方法十分简单. 另外, 若 $p(x)$ 只能数值得到, 则该法可能不适用.

三指数法 假定无穷边界为进入或排斥自然, 则系统性态仅取决于零点处左边界. 三指数法只为这一情形提出 (Zhu 与 Huang, 1999). 三指数为 4.4 节中定义的扩散指数, 漂移指数及特征标值.

情形 1 边界 $x = 0$ 是第一类奇异, 即 $\sigma(x) = 0$. 从 (4.4.12)~(4.4.14) 得

$$\sigma^2(x) = O\left|x\right|^{\alpha}, \quad m(x) = O\left|x\right|^{\beta}, \quad c = \lim_{x\to 0}\frac{2m(x)x^{\alpha-\beta}}{\sigma^2(x)}, \quad \text{随 } x \to 0, \tag{8.2.35}$$

(8.2.35) 表明, $\alpha > 0$ 与 $\beta \geqslant 0$. 将 (8.2.35) 代入 (8.2.34), 得

$$p(x) = O\left[x^{-\alpha}\exp\left(c\int x^{\beta-\alpha}\mathrm{d}x\right)\right], \quad x \to 0. \tag{8.2.36}$$

需分两种情形进行分析. 若 $\beta - \alpha = -1$, 则 (8.2.36) 简化为

$$p(x) = O(x^{c-\alpha}), \quad x \to 0. \tag{8.2.37}$$

然后可推断

$$\begin{cases} p(x)\ \text{不可积}, & c \leqslant \alpha - 1, \\ p(x)\ \text{存在},\ p(0) = \infty, & \alpha - 1 < c < \alpha, \\ p(x)\ \text{存在},\ \text{在 } x = 0 \text{有有限最大值}, & c = \alpha, \\ p(x)\ \text{存在},\ p(0) = 0, & c > \alpha. \end{cases} \tag{8.2.38}$$

从 (8.2.38) 可得结论, D 分岔发生在 $c = \alpha - 1$, 而 P 分岔发生在 $c = \alpha$.

若 $\beta-\alpha\neq-1$, (8.2.36) 化为

$$p(x)=O\left[x^{-\alpha}\exp\left(\frac{c}{\beta-\alpha+1}x^{\beta-\alpha+1}\right)\right],\quad x\to 0 \tag{8.2.39}$$

由于 $\alpha>0$ 与 $\beta\geqslant 0$, 从 (8.2.39) 知

$$\begin{cases} p(x)\ \text{存在},\ p(0)=\infty, & 0<\alpha<1,\\ p(x)\ \text{不可积}, & 1\leqslant\alpha<\beta+1,\\ p(x)\ \text{存在},\ p(0)=0, & \alpha>\beta+1. \end{cases} \tag{8.2.40}$$

因此, D 分岔发生在 $\alpha=1$ 与 $\alpha=\beta+1$, 不会发生 P 分岔.

情形 2 边界 $x=0$ 为第二类奇异, 即 $|m(0)|=\infty$. 从 (4.4.15)~(4.4.17) 得三个指数为

$$\sigma^2(x)=O\,|x|^{-\alpha},\quad m(x)=O\,|x|^{-\beta},\quad c=\lim_{x\to 0}\frac{2m(x)x^{\beta-\alpha}}{\sigma^2(x)},\quad \text{随}\ x\to 0. \tag{8.2.41}$$

(8.2.41) 表明 $\alpha>0,\beta>0$. 将 (8.2.41) 代入 (8.2.34), 得

$$p(x)=O\left[x^{\alpha}\exp\left(c\int x^{\alpha-\beta}\mathrm{d}x\right)\right],\quad x\to 0. \tag{8.2.42}$$

可作类似于情形 1 的分析.

上述四种方法的每一种有其优点与应用局限. 对一具体系统, 一个或多个方法可用, 但用不同方法所得结果应相同.

下面, 确定性的超临界与叉型分岔引申于加上噪声参激的系统, 即例 8.2.5 和例 8.2.6. 对随机激励的二维或高维系统, 可用随机平均法或其他方法化为一维系统, 然后用上述分析一维系统分叉的方法. 例 8.2.7 与例 8.2.8 属这一种情形. 对多自由度系统分岔问题, 分析变得更为复杂. 例 8.2.9 分析了两自由度系统的分岔.

例 8.2.5 随机超临界分岔. 加一参激于 (8.2.4), 得

$$\dot{X}=\alpha X-X^2+XW(t), \tag{8.2.43}$$

式中 $W(t)$ 是谱密度为 K 的高斯白噪声. 为使问题有意义, 将随机过程 $X(t)$ 限制于 $[0,\infty)$. 边界 $x=0$ 是固定点, 用 (8.1.93) 计算出 $x=0$ 处李雅普诺夫指数为

$$\lambda=\alpha. \tag{8.2.44}$$

于是, $\alpha<0$ 时固定点 $x=0$ 稳定. 若 $\alpha>0$, $x=0$ 不稳定, 存在非平凡平稳概率密度, 可从 (4.4.7) 得到为

$$p(x)=Cx^{\frac{\alpha}{\pi K}-1}\exp\left(-\frac{x}{\pi K}\right). \tag{8.2.45}$$

因此, $\alpha=0$ 是一个 D 分岔点, 记以 $\alpha_{\mathrm{D}}=0$. 通过分析平稳概率密度 (8.2.45) 知, ①当 $0<\alpha<\pi K$ 时, $p(x)$ 在 $x=0$ 为无穷, 然后随 x 增大而减小; ②若 $\alpha=\pi K$, $p(x)$ 在 $x=0$ 为有限, 然后随 x 增大而减小; ③若 $\alpha>\pi K$, $p(x)$ 为单模态函数, $p(0)=0$. 由此得出结论, P 分岔发生在 $\alpha_{\mathrm{P}}=\pi K$. 系统 (8.2.43) 的分岔图示于图 8.2.12, 图中实线与虚线分别表示稳定与不稳定平凡解.

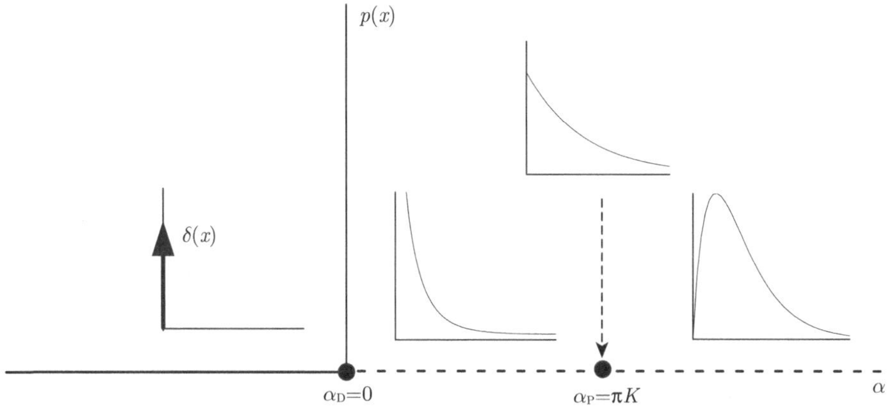

图 8.2.12 系统 (8.2.43) 随机超临界分岔图

固定点 $x=0$ 是左边界, 它的性质可用 4.4 节中方法分析. 发现

$$x=0\ 是\begin{cases}吸引自然, & \alpha<0,\\ 严格自然, & \alpha=0,\\ 排斥自然, & \alpha>0.\end{cases}$$

右边界为进入. 样本定性性态在 $\alpha=0$ 上发生变化, 它是一个 D 分岔点, 与李雅普诺夫指数法所得结果一致.

例 8.2.6 随机叉型分岔, 对应于叉型分岔问题的随机系统由下式给出:

$$\dot{X}=\alpha X-X^3+XW(t). \tag{8.2.46}$$

随机过程 $X(t)$ 仍限制于 $[0,\infty)$. 类似于超临界分岔情形, $x=0$ 处的李雅普诺夫指数 $\lambda=\alpha$. 若 $\alpha<0$, 平凡解稳定, 若 $\alpha>0$, 不稳定, $\alpha=0$ 是 D 分岔点. 在 $\alpha>0$ 情形下, 可得到非平凡平稳概率密度为

$$p(x)=Cx^{\frac{\alpha}{\pi K}-1}\exp\left(-\frac{x^2}{2\pi K}\right). \tag{8.2.47}$$

虽然 (8.2.47) 不同于 (8.2.45), P 分岔却完全相同, 即, ①若 $0<\alpha<\pi K$, $p(x)$ 在 $x=0$ 上为无穷大, 然后随 x 增大而减小; ②若 $\alpha=\pi K$, $p(x)$ 在 $x=0$ 上有限, 然

后随 x 增大而减小; ③若 $\alpha > \pi K$, $p(x)$ 是单模态函数. 系统 (8.2.46) 的分岔图与图 8.2.12 中给出的完全相同.

例 8.2.7　受高斯白噪声参激的非线性阻尼振子的随机霍普夫分岔. 支配系统的方程为

$$\ddot{X} + \alpha\dot{X} + \gamma X^2\dot{X} + \beta\dot{X}^3 + \omega_0^2 X = XW(t). \tag{8.2.48}$$

线性阻尼系数 α 作为分岔参数. 令 $X = X_1$, $\dot{X} = X_2$, (8.2.48) 代之以两个一阶方程

$$\begin{aligned}\dot{X}_1 &= X_2,\\ \dot{X}_2 &= -\omega_0^2 X_1 - \alpha X_2 - \gamma X_1^2 X_2 - \beta X_2^3 + X_1 W(t).\end{aligned} \tag{8.2.49}$$

如没有激励, 从特征方程得到两个特征值为 $\lambda = (-\alpha \pm \sqrt{\alpha^2 - 4\omega_0^2})/2$. 假定系统是亚阻尼的, 即 $\alpha^2 - 4\omega_0^2 < 0$. 当 α 通过零时, 两个特征值的实部改变符号, 发生亚临界霍普夫分岔. 若 $\alpha < 0$, 固定点 (0, 0) 不稳定, 极限环存在. 若 $\alpha > 0$, 固定点 (0, 0) 稳定.

对随机激励存在的情况, 作变换

$$X_1 = A(t)\cos\theta, \quad X_2 = -A(t)\omega_0\sin\theta, \quad \theta = \omega_0 t + \phi(t). \tag{8.2.50}$$

应用随机平均法, 得到幅值 $A(t)$ 的平均伊藤方程

$$\mathrm{d}A = m(A)\mathrm{d}t + \sigma(A)\mathrm{d}B(t), \tag{8.2.51}$$

式中

$$m(A) = \left(-\frac{\alpha}{2} + \frac{3\pi}{8\omega_0^2}K\right)A - \frac{1}{8}(\gamma + 3\beta\omega_0^2)A^3, \tag{8.2.52}$$

$$\sigma(A) = \sqrt{\frac{\pi K}{4\omega_0^2}}A. \tag{8.2.53}$$

左边界 $a = 0$ 是一固定点, 用 (8.1.93) 计算出李雅普诺夫指数为

$$\lambda = -\frac{\alpha}{2} + \frac{\pi K}{4\omega_0^2}. \tag{8.2.54}$$

因此, D 分岔发生在 $\lambda = 0$, 即

$$\alpha_{\mathrm{D}} = \frac{\pi K}{2\omega_0^2}. \tag{8.2.55}$$

若 $\alpha > \alpha_{\rm D}$, 固定点 $a = 0$ 稳定, 若 $\alpha < \alpha_{\rm D}$, $a = 0$ 不稳定. 通过分析两个边界上的样本性态, 发现存在非平凡平稳概率密度

$$p(a) = Ca^{2\delta+1}\exp\left[-\frac{\omega_0^2(\gamma + 3\omega_0^2\beta)}{2\pi K}a^2\right], \tag{8.2.56}$$

式中

$$\delta = -\frac{2\alpha\omega_0^2}{\pi K}. \tag{8.2.57}$$

(8.2.56) 的形式显示 P 分岔点为

$$\alpha_{\rm P} = \frac{\pi K}{4\omega_0^2}. \tag{8.2.58}$$

若 $\alpha_{\rm P} < \alpha < \alpha_{\rm D}$, $p(a)$ 在 $a = 0$ 上为无穷大, 然后随 a 增加而减小. 若 $\alpha = \alpha_{\rm P}$, $p(x)$ 在 $x = 0$ 上为有限, 然后随 a 增加而减小. 而若 $\alpha < \alpha_{\rm P}$, 则 $p(x)$ 为单模态函数.

现试用三指数法. 右边界 $a = \infty$ 是进入, 左边界 $a = 0$ 是第一类奇异. 发现三个指数为

$$\alpha^* = 2, \quad \beta = 1, \quad c = \frac{-4\alpha\omega_0^2 + 3\pi K}{\pi K}. \tag{8.2.59}$$

根据 (8.2.38),

$$\begin{cases} p(a)\ \text{不可积}, & c \leqslant 1, \\ p(a)\ \text{存在},\ p(0) = \infty, & 1 < c < 2, \\ p(a)\ \text{存在},\ \text{峰值在}\ a = 0, & c = 2, \\ p(a)\ \text{存在},\ p(0) = 0, & c > 2. \end{cases} \tag{8.2.60}$$

(8.2.60) 给出相同结果, 但更简单. 分岔图示于图 8.2.13.

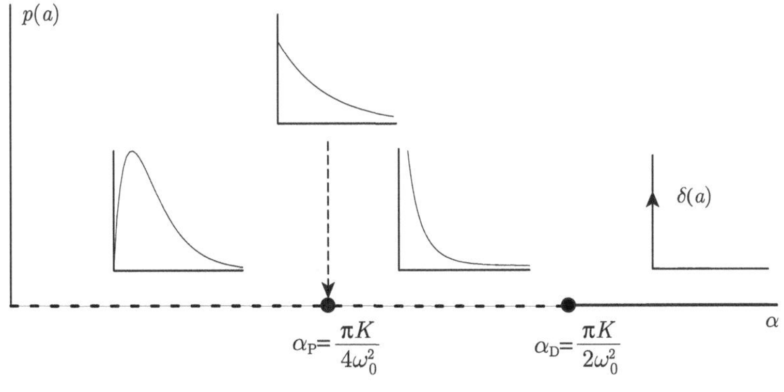

图 8.2.13 系统 (8.2.48) 之幅值过程的随机分岔图

现试用下式定义的能量过程

$$\Lambda(t)=\frac{1}{2}\omega_0^2X_1^2+\frac{1}{2}X_2^2=\frac{1}{2}\omega_0^2A^2. \tag{8.2.61}$$

将 Λ 当作 A 的函数, 应用 (2.7.4), Λ 的平稳概率密度从 (8.2.56) 得到如下：

$$p(\lambda)=C\lambda^{\delta}\exp\left(-\frac{\gamma+3\omega_0^2\beta}{\pi K}\lambda\right). \tag{8.2.62}$$

从 (8.2.62) 可得结论, ①D 分岔点为 $\alpha_{\rm D}=\pi K/(2\omega_0^2)$; ②P 分岔点为 $\alpha_{\rm P}=0$. 图 8.2.14 示出了能量过程分岔图. 所以, D 分岔点对幅值与能量过程相同, 但 P 分岔点对两过程不同, 这是因为幅值概率密度形状与能量概率密度形状变化并不完全一致.

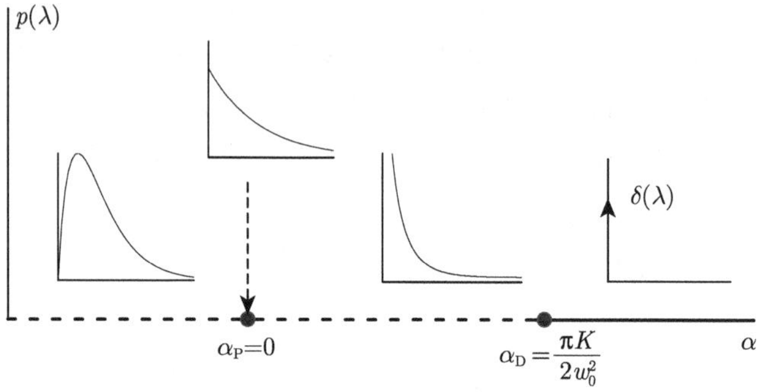

图 8.2.14　系统 (8.2.48) 之能量过程的随机分岔图

上述分析表明, 随机霍普夫分岔由一个 D 分岔与一个 P 分岔组成, 这与确定性系统的霍普夫分岔不同, 随机激励强度的减小, D 分岔点趋于相应确定性系统的霍普夫分岔点 $\alpha=0$.

例 8.2.8　范德坡系统的随机霍普夫分岔. 高斯白噪声参激的范德坡振子由下列方程支配：

$$\ddot{X}+\alpha\dot{X}+X^2\dot{X}+\omega_0^2X=XW(t). \tag{8.2.63}$$

线性阻尼系数 α 为分岔参数. 令 $X=X_1$, $\dot{X}=X_2$, (8.2.63) 代之以两个一阶方程

$$\begin{aligned}\dot{X}_1&=X_2,\\ \dot{X}_2&=-\omega_0^2X_1-\alpha X_2-X_1^2X_2+X_1W(t).\end{aligned} \tag{8.2.64}$$

无噪声时, 确定性系统有一固定点 (0, 0), 在该固定点的线性化系统有两个特征值

$$\lambda_{1,2}=\frac{1}{2}\left(-\alpha\pm\sqrt{\alpha^2-4\omega_0^2}\right). \tag{8.2.65}$$

当 $\alpha>0$ 时, 两个特征值都有负实部, 因此, 固定点 (0, 0) 稳定. 另外, 若 $\alpha<0$, 两个特征值都有正实部, 于是, 固定点不稳定, 出现一个极限环. 所以 $\alpha=0$ 是霍普夫

分岔点, 当 α 通过零时, 发生霍普夫分岔, 图 8.2.15(a) 与 (b) 分别示出了 $\alpha > 0$ 与 $\alpha < 0$ 情形系统的运动.

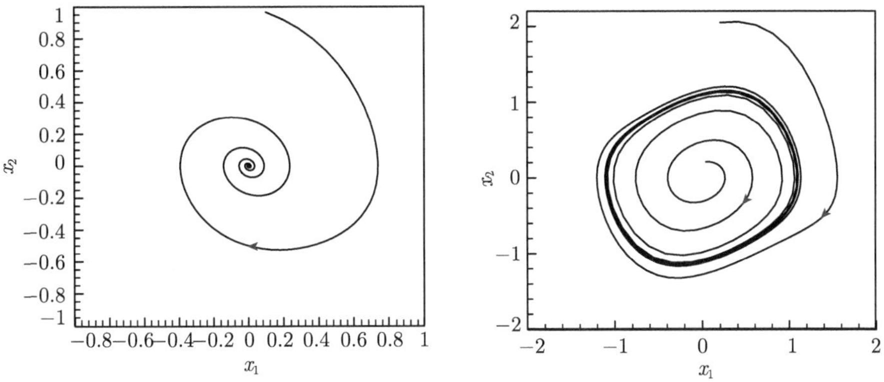

(a) 稳定固定点(0,0), α=0.3　　(b) 极限环, α=−0.3

图 8.2.15　确定性范德坡系统的运动轨道

对随机系统 (8.2.63), 不能找到精确李雅普诺夫指数. 若噪声弱 (K 小), 找到两个近似李雅普诺夫指数为 (Pardoux 与 Wihstutz, 1988)

$$\lambda_{1,2} = -\frac{\alpha}{2} \pm \frac{\pi K}{4\omega_0^2 - \alpha^2}. \tag{8.2.66}$$

假定 α_1 是下列方程之根:

$$\lambda_1 = -\frac{\alpha}{2} + \frac{\pi K}{4\omega_0^2 - \alpha^2} = 0, \tag{8.2.67}$$

而 α_2 为下列方程之解:

$$\lambda_2 = -\frac{\alpha}{2} - \frac{\pi K}{4\omega_0^2 - \alpha^2} = 0. \tag{8.2.68}$$

若线性阻尼为小, 即 $\alpha^2 \ll 4\omega_0^2$, α_1 与 α_2 可近似表达为

$$\alpha_1 = \frac{\pi K}{2\omega_0^2}\left(1 + \frac{\alpha_1^2}{4\omega_0^2}\right), \quad \alpha_2 = -\frac{\pi K}{2\omega_0^2}\left(1 + \frac{\alpha_2^2}{4\omega_0^2}\right). \tag{8.2.69}$$

可证, 最大李雅普诺夫指数 λ_1 在 α_1 处变符号, 第二个李雅普诺夫指数 λ_2 在 α_2 处变符号, 于是有

$$\begin{cases} \lambda_1 < 0, \lambda_2 < 0, & 若\ \alpha > \alpha_1, \\ \lambda_1 > 0, \lambda_2 < 0, & 若\ \alpha_2 < \alpha < \alpha_1, \\ \lambda_1 > 0, \lambda_2 > 0, & 若\ \alpha < \alpha_2. \end{cases} \tag{8.2.70}$$

在确定性系统, 两个特征值在分岔点 $\alpha = 0$ 同时变号. 但在有噪声时, 两个李雅普诺夫指数在两个不同 α 值上变号. 显然, $\alpha_{\mathrm{D}} = \alpha_1$ 是 D 分岔点. 当 $\alpha > \alpha_{\mathrm{D}}$ 时, 固

定点 (0, 0) 以概率 1 渐近稳定, 而不变测度为 $\delta(x)$. $\alpha < \alpha_{\mathrm{D}}$ 时, 固定点 (0, 0) 不稳定, 存在非平凡平稳概率密度. 在 $\alpha = \alpha_2$ 上, 固定点的稳定性与系统的动态性态不变, 所以, 它不是 D 分岔. 注意, 由于噪声 $W(t)$ 的存在, D 分岔点的位置对确定性情形和随机情形不同.

对 P 分岔, 需分析非平凡平稳概率密度的形状, 由于没有精确解, 作了数字模拟以得到系统响应 $X(t)$ 在 $\omega_0 = 1$ 与四个不同 α 值时的平稳概率密度函数, 如图 8.2.16 所示. 此时 D 分岔点 $\alpha_{\mathrm{D}} = 0.0786$. 在 $\alpha = -0.1$ 与 -0.01 情形, 概率密度像火山口, 虽然一个小、一个大. $\alpha = 0.01$ 情形, 火山口形消失, 概率密度在 $x = 0$ 有一个峰. 对 $\alpha = 0.1$, 概率密度为 δ 函数. 于是得出结论, D 分岔点在 $\alpha = \alpha_{\mathrm{D}}$, P 分岔点为 $\alpha = \alpha_{\mathrm{P}} = 0$. 分岔图示于图 8.2.17.

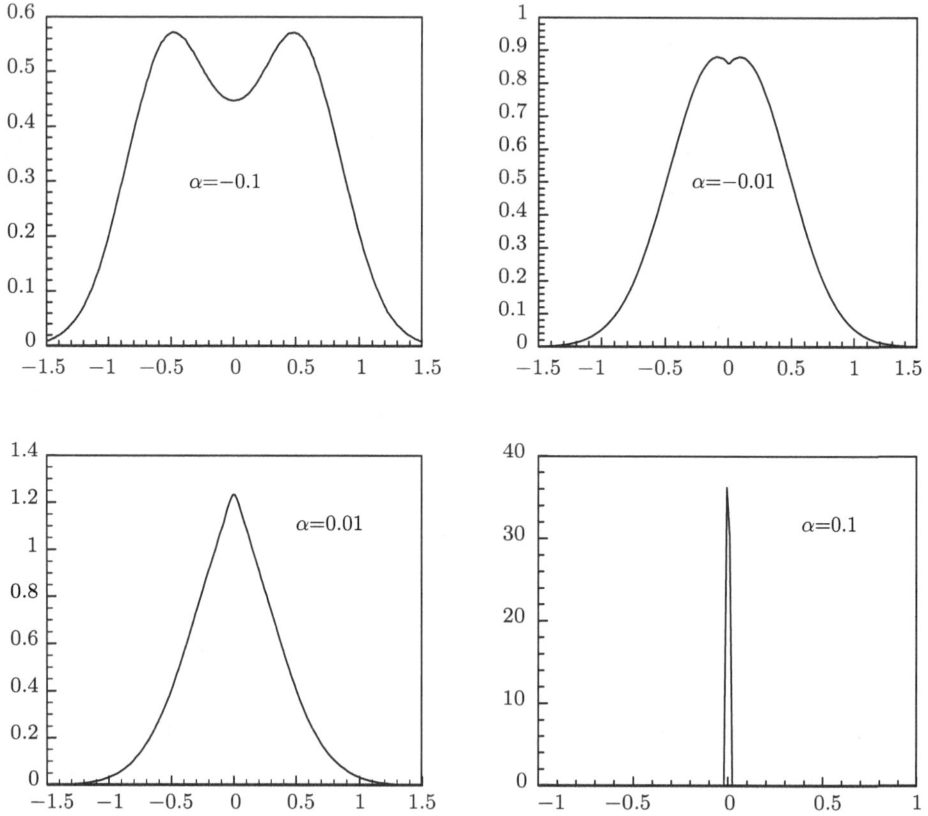

图 8.2.16　系统 (8.2.63) 在不同参数 α 值时响应过程 $X(t)$ 的平稳概率密度

若噪声弱、阻尼小, 系统 (8.2.63) 可用随机平均法分析随机分岔. 比较 (8.2.63) 与 (8.2.48), 发现 (8.2.63) 是 (8.2.48) 在 $\gamma = 1$ 与 $\beta = 0$ 的特殊情形. 因此, 从 (8.2.48) 导出的结果也适用于 (8.2.63), 它们是

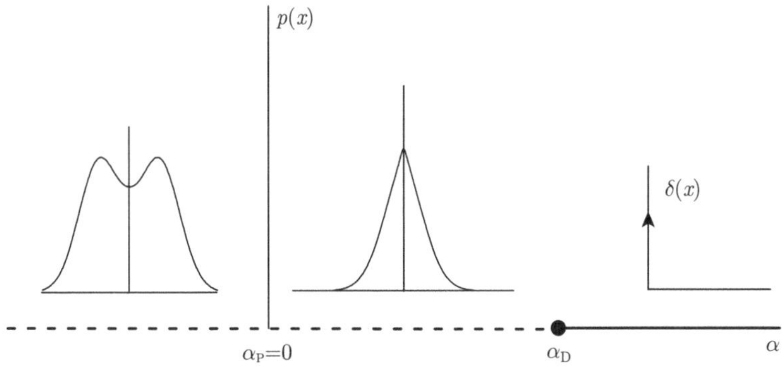

图 8.2.17　系统 (8.2.63) 随机霍普夫分岔图

(1) 对幅值过程 $A(t)$, 分岔图如图 8.2.13 所示

$$\alpha_{\rm D}=\frac{\pi K}{2\omega_0^2},\quad \alpha_{\rm P}=\frac{\pi K}{4\omega_0^2}. \tag{8.2.71}$$

(2) 对能量过程 $\Lambda(t)$, 分岔图如图 8.2.14 所示

$$\alpha_{\rm D}=\frac{\pi K}{2\omega_0^2},\quad \alpha_{\rm P}=0. \tag{8.2.72}$$

比较 (8.2.71), (8.2.72) 及 (8.2.69), 发现作为最重要的分岔现象的 D 分岔点几乎相同, 差别在随机平均法精度范围之内. 对 P 分岔, 二维分析与能量包线随机平均法给出相同分岔点, 而幅值包线随机平均法给出不同分岔点.

例 8.2.9　多自由度拟不可积哈密顿系统的随机霍普夫分岔. 考虑由 (7.5.17) 支配的拟完全不可积哈密顿系统. 哈密顿函数由下列平均伊藤方程支配:

$$\mathrm{d}H=m(H)\mathrm{d}t+\sigma(H)\mathrm{d}B(t), \tag{8.2.73}$$

式中漂移系数 $m(H)$ 与扩散系数 $\sigma(H)$ 可从 (7.5.24) 与 (7.5.25) 得到. $m(H)$ 与 $\sigma(H)$ 一般为非线性函数, 只能数值计算. D 分岔可由分析边界性态来判别, 而 P 分岔难以确定, 因为平稳概率密度的解析表达式即使存在, 也不能得到. 为克服这一困难与简化分析, 提出了三指数法 (Zhu 与 Huang, 1999).

考虑例 8.1.7 中的系统 (8.1.123). 经随机平均, 哈密顿函数近似为一维马尔可夫扩散过程, 其漂移与扩散系数分别由 (8.1.126) 与 (8.1.127) 给出. 不管 δ 为何值, 无穷远处右边界为进入. $H=0$ 的左边界有不同性态, 取决于 δ 值.

对 $0<\delta<1$ 情形, 有

$$m(H)\to\mu_1 H,\quad \sigma^2(H)\to\mu_2 H^2,\quad H\to 0, \tag{8.2.74}$$

式中 μ_1 与 μ_2 分别由 (8.1.130) 与 (8.1.131) 给出. 按 (8.2.35), 边界 $H=0$ 上三指数为

$$\alpha=2,\quad \beta=1,\quad c=\frac{2\mu_1}{\mu_2}. \tag{8.2.75}$$

按 (8.2.38) 用三指数法, D 分岔发生在 $c=\alpha-1=1$, 这导致 $\alpha_1+\alpha_2=D$, 其中 D 在 (8.1.135) 中给出, 即

$$\alpha_1+\alpha_2=D=\frac{1}{3\eta_1}(7-3\eta_2)\frac{\pi(C_1^2K_1+C_2^2K_2)}{(2a+\omega_1^2+\omega_2^2)}, \tag{8.2.76}$$

式中 η_1 与 η_2 分别在 (8.1.132) 与 (8.1.133) 中给出. P 分岔发生在 $c=\alpha=2$, 这导致

$$\alpha_1+\alpha_2=P=\frac{1}{3\eta_1}(7-6\eta_2)\frac{\pi(C_1^2K_1+C_2^2K_2)}{(2a+\omega_1^2+\omega_2^2)}. \tag{8.2.77}$$

分岔图如图 8.2.18 所示.

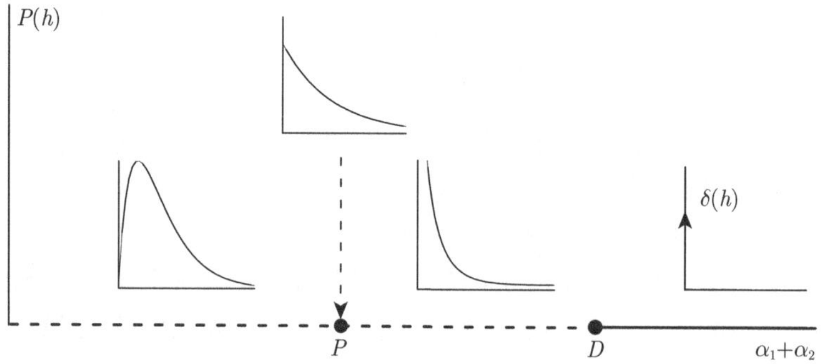

图 8.2.18　拟完全不可积哈密顿系统 (8.1.123) 的随机霍普夫分岔图

对 $\delta>1$ 的情况, 可作类似分析. D 分岔发生在

$$\alpha_1+\alpha_2=G=\frac{2}{3}\pi\eta\left(\frac{C_1^2K_1}{\omega_1^2}+\frac{C_2^2K_2}{\omega_2^2}\right), \tag{8.2.78}$$

式中 η 由 (8.1.139) 给出. P 分岔发生在

$$\alpha_1+\alpha_2=\frac{1}{3}\pi\eta\left(\frac{C_1^2K_1}{\omega_1^2}+\frac{C_2^2K_2}{\omega_2^2}\right). \tag{8.2.79}$$

用于确定拟完全不可积哈密顿系统随机霍普分岔的三指数法已引申于拟完全可积哈密顿系统 (Liu 与 Zhu, 2008).

关于随机分岔更多专题与更详细分析可参阅文献 (Meunier 与 Verga, 1988; Namachchivaya, 1990; Arnold, 1998; Zhu 与 Huang, 1999; Liu 与 Zhu, 2008).

习 题 8

8.1 考虑如下系统:

$$\ddot{X} + [2\zeta + W(t)]\dot{X} + X = 0,$$

式中 $W(t)$ 是高斯白噪声, 其谱密度为 K. 定义:

$$Y(t) = \frac{1}{2}\ln(X^2 + \dot{X}^2), \quad \Theta = \arctan\frac{\dot{X}}{X};$$

(1) 导出 $Y(t)$ 和 $\Theta(t)$ 的伊藤随机微分方程;

(2) 证明 $\Theta(t)$ 是一个马科夫扩散过程, 并导出相应 FPK 方程;

(3) 找出 $\Theta(t)$ 在 $[0, 2\pi)$ 内的奇点, 并求出 $\theta(t)$ 的平稳概率密度;

(4) 导出该系统最大李雅普诺夫指数的表达式.

8.2 考虑如下系统:

$$\ddot{X} + [2\zeta\omega_0 + W(t)]\dot{X} + \omega_0^2 X = 0,$$

式中 $W(t)$ 是高斯白噪声, 其谱密度为 K.

(1) 分别导出 $X(t)$ 和 $\dot{X}(t)$ 的一阶矩与二阶矩;

(2) 求得一阶矩与二阶矩稳定的条件.

8.3 考虑如下系统:

$$\ddot{X} + [2\zeta\omega_0 + \xi_2(t)]\dot{X} + \omega_0^2 X = \xi_1(t),$$

式中 $\xi_1(t)$ 和 $\xi_2(t)$ 是两个相关的平稳激励, 并有宽带谱密度 $\Phi_{ij}(\omega)$, i, $j = 1, 2$. 作变换

$$X = A(t)\cos\theta, \quad \dot{X} = -A(t)\omega_0\sin\theta, \quad \theta = \omega_0 t + \phi(t);$$

(1) 用随机平均法导出幅值 $A(t)$ 的伊藤方程;

(2) 求出 $A(t)$ 的平稳概率密度并确定 $E[A^n(t)]$ 可积的条件;

(3) 导出 $A^n(t)$ 的伊藤方程, 并求得 $E[A^n(t)]$ 的表达式及 $E[A^n(t)]$ 存在的条件;

(4) 比较 (2) 和 (3) 得到的结果.

8.4 考虑如下系统:

$$\ddot{X} + [2\zeta\omega_0 + \xi_2(t)]\dot{X} + \omega_0^2[1 + \xi_1(t)]X = 0,$$

式中 $\xi_1(t)$ 和 $\xi_2(t)$ 是两个相关的平稳激励, 并有宽带谱密度 $\Phi_{ij}(\omega)$, i, $j = 1, 2$.

(1) 用随机平均法导出幅值过程 $A(t)$ 的伊藤方程;

(2) 确定一阶矩和二阶矩稳定的条件.

8.5 考虑一个非线性阻尼系统

$$\ddot{X} + \eta\left|\dot{X}\right|^{\delta}\operatorname{sgn}(\dot{X}) + \omega_0^2[1 + W(t)]X = 0, \quad \delta > 0.$$

(1) 用例 8.1.6 的结果, 写出幅值过程 $A(t)$ 的平均伊藤方程;

(2) 研究 $A(t)$ 的稳定性性态;

(3) 求得平凡解 $A(t)=0$ 的 n 阶矩稳定的条件.

8.6 考虑含有非线性恢复力的系统

$$\ddot{X}+2\eta\dot{X}+k\left|X\right|^{\delta}\operatorname{sgn}(X)=XW(t),\quad k,\ \delta>0.$$

(1) 导出能量过程 $\Lambda(t)$ 的平均伊藤方程;

(2) 研究 $\Lambda(t)$ 的稳定性性态.

8.7 考虑非线性阻尼系统

$$\ddot{X}+\alpha\dot{X}+\beta\dot{X}^3+X=\dot{X}W(t),\quad \beta>0,$$

式中 $W(t)$ 是具有谱密度 K 的高斯白噪声.

(1) 用随机平均法导出幅值过程 $A(t)$ 的平均伊藤方程;

(2) 求出 $A(t)$ 的平稳概率密度. 并确定其可积的条件;

(3) 用边界性态分析系统的稳定性;

(4) 比较 (2) 和 (3) 得到的结果.

8.8 考虑非线性阻尼系统

$$\ddot{X}+\eta\left|\dot{X}\right|^{\delta}\operatorname{sgn}(\dot{X})+\omega_0^2X=\dot{X}W(t),\quad \eta>0,\quad \delta\geqslant 0,$$

式中 $W(t)$ 是具有谱密度 K 的高斯白噪声.

(1) 用随机平均法推导习题 8.3 中的变换导出的幅值过程 $A(t)$ 的伊藤方程;

(2) 研究 $A(t)$ 在两个边界上样本行为;

(3) 求平凡解 $A(t)=0$ 稳定的条件;

(4) 求平凡解 $A(t)=0$ 的 n 阶矩稳定的条件.

8.9 考虑一个含有非线性刚度和受白噪声参数激励的系统

$$\ddot{X}+2\eta\dot{X}+k\left|X\right|^{\delta}\operatorname{sgn}(X)=\dot{X}W(t),\quad k,\ \delta>0,$$

式中 $W(t)$ 是具有谱密度 K 的高斯白噪声. 定义 $\Lambda(t)$ 为

$$\Lambda(t)=\frac{1}{2}\dot{X}^2+\frac{k}{\delta+1}\left|X\right|^{\delta+1};$$

(1) 用随机平均法导出能量过程 $\Lambda(t)$ 的平均伊藤方程.

(2) 研究 $\Lambda(t)$ 在两个边界上的样本行为;

(3) 求平凡解 $\Lambda(t)=0$ 稳定的条件;

(4) 求平凡解 $\Lambda(t)=0$ 的 n 阶矩稳定的条件.

8.10 考虑习题 6.10 中的非线性系统, 即

$$\ddot{X}+X^2\left[\beta+\frac{4\alpha}{X^2+\dot{X}^2}\right]\dot{X}+[1+W(t)]X=0,\quad \beta>0.$$

(1) 根据习题 6.10 得出的精确平稳概率密度, 求得平凡解 (0, 0) 在概率和统计矩意义上渐近稳定的条件;

(2) 导出幅值过程 $A=\sqrt{X^2+\dot{X}^2}$ 的平均伊藤随机微分方程, 研究其在两个边界上的样本行为, 并求得平凡解 $A=0$ 在概率和统计矩意义上渐近稳定的条件.

8.11 超临界分岔在实际生活中的一个典型例子是消费者和生产者问题, 消耗量正比于资源的数量. 以 $x(t)$ 表示资源的数量, 系统可表示为

$$\dot{x}=ax-bx^2-\alpha x, \quad x\geqslant 0,$$

式中 a, b, α 是正的参数, a 是资源的增长率, α 是消耗率, $-bx^2$ 表示资源增长有一极限. 把 α 作为分岔参数

(1) 求固定点并确定其稳定性;

(2) 分析系统的分岔.

8.12 习题 8.11 系统的消耗率上加一个随机噪声, 即

$$\dot{X}=aX-bX^2-[\alpha+W(t)]X, \quad X\geqslant 0.$$

试作

(1) 稳定性分析;

(2) 分岔分析.

8.13 作为叉型分岔的一个例子, 考虑系统

$$\dot{x}=(\alpha-a)x-bx^3,$$

式中 b 是正的参数, 把 α 当作分岔参数.

(1) 求固定点并确定其稳定性;

(2) 分析系统的分岔.

8.14 对习题 8.13 中的系统加随机项, 即如下系统

$$\dot{X}=[\alpha-a+W(t)]X-bX^3.$$

作 (1) 稳定性分析; (2) 分岔分析.

8.15 考虑习题 8.10 中的系统, 即

$$\ddot{X}+X^2\left(\beta+\frac{4\alpha}{X^2+\dot{X}^2}\right)\dot{X}+[1+W(t)]X=0, \quad \beta>0.$$

以 α 为分岔参数, 分别分析幅值过程 $A=\sqrt{X^2+\dot{X}^2}$ 和能量过程 $\Lambda=(X^2+\dot{X}^2)/2$ 的分岔现象.

8.16 以阻尼比 ζ 为分岔参数, 作下列系统幅值过程 $A(t)$ 的分岔图

(1) 习题 8.3 中的系统

$$\ddot{X}+[2\zeta\omega_0+\xi_2(t)]\dot{X}+\omega_0^2X=\xi_1(t).$$

(2) 习题 8.4 中的系统

$$\ddot{X}+[2\zeta\omega_0+\xi_2(t)]\dot{X}+\omega_0^2[1+\xi_1(t)]X=0.$$

8.17　取 δ 和 η 作为分岔参数, 作下列系统能量过程 $\varLambda(t)$ 的分岔图形

(1) 习题 8.6 中的系统

$$\ddot{X}+2\eta\dot{X}+k\left|X\right|^{\delta}\operatorname{sgn}(X)=XW(t),\quad k,\ \delta>0.$$

(2) 习题 8.9 中的系统

$$\ddot{X}+2\eta\dot{X}+k\left|X\right|^{\delta}\operatorname{sgn}(X)=\dot{X}W(t),\quad k,\ \delta>0.$$

8.18　研究下列系统幅值过程和能量过程的分岔

(1) 习题 8.7 中以 α 为分岔参数

$$\ddot{X}+\alpha\dot{X}+\beta\dot{X}^3+X=\dot{X}W(t),\quad \beta>0;$$

(2) 习题 8.8 中以 δ 和 η 为分岔参数

$$\ddot{X}+\eta\left|\dot{X}\right|^{\delta}\operatorname{sgn}(\dot{X})+\omega_0^2X=\dot{X}W(t),\quad \eta,\ \delta>0.$$

8.19　以自我竞争系数 s 为分岔参数. 分析 7.4.3 节中随机捕食者和被捕食者生态系统的分岔, 系统的运动方程为

$$\begin{aligned}\dot{X}_1&=X_1\left[a-bX_2-\frac{s}{f}(-c+fX_1)+W_1(t)\right],\\ \dot{X}_2&=X_2[-c+fX_1+W_2(t)],\end{aligned}$$

式中

$$a=a_1-\frac{sc}{f},$$

其中 a_1, b, c, f 是正常数.

8.20　用能量包线随机平均法分析如下非线性系统的稳定性和分岔

$$\ddot{X}+2\zeta\omega_0\dot{X}+\omega_0^2[1+W(t)]X+\eta\left|X\right|^{\delta}\operatorname{sgn}(X)=0,\quad \delta\neq1.$$

(1) $0\leqslant\delta<1$;

(2) $\delta>1$.

第 9 章　随机激励系统的首次穿越

随机激励的动力学系统的损坏有两种主要类型. 一种是所谓的首次穿越损坏. 它发生在一旦系统的关键物理量超过规定的安全边界时. 用概率语言可陈述为随机过程首次超越规定的临界值. 发生的时间称为首次穿越时间, 所关心的是它的概率密度与矩, 以及不发生首次穿越的概率即可靠性.

另一类损坏是以某一物理量表示的疲劳损伤的累积所致 (Zhu 与 Lei, 1991). 当载荷与环境存在不确定性时, 疲劳损伤累积是一个随机现象, 受多种因素影响. 当它超过一个临界阈限时, 损坏就发生了. 所以可作为一个首次穿越损坏问题处理. 本章中将研究材料中的主要裂纹超过一临界尺寸这种疲劳损坏模式. 这是确定性断裂力学向随机加载情形的引申, 此时主要裂纹的传播是一随机现象. 关键部位的主要裂纹长度可作为累积的材料损伤的标志.

除了研究系统损坏, 首次穿越分析也可应用于系统的响应达到一定的重要阈限情形. 首次穿越问题是随机动力学现象中的难题之一. 目前, 只有当问题中的随机量可当作马尔可夫扩散过程时才可能有解析解. 而且, 已知的精确解只限于一维情形. 由于实际问题中的状态空间一般是二维或更高维, 为得到首次穿越问题的解析解, 降维是必要的. 如 7.4 节与 7.5 节所示, 随机平均法提供了一种有效的降维方法.

9.1　可靠性函数

令一维扩散过程 $X(t)$ 由下列伊藤随机微分方程支配:

$$\mathrm{d}X(t)=m(X)\mathrm{d}t+\sigma(X)\mathrm{d}B(t). \tag{9.1.1}$$

此处只考虑漂移系数 m 与扩散系数 σ 不明显依赖于时间的情形. 在初始条件 $X(t_0)=x_0$ 下, 当过程 $X(t)$ 首次到达临界值 x_c $(x_0<x_c)$ 时, 就说首次穿越发生了. 显然, 首次穿越时间 T 是一个依赖于系统、激励及初始状态的随机变量. 以 $p(x,t|x_0,t_0)$ 记过程 $X(t)$ 的转移概率密度. 可靠性函数, 记以 $R(t,t_0,x_0)$, 可定义为给定初始状态 $x_0\in[x_l,x_c)$ 下, 在 t 时刻系统处于 $x_l\leqslant X(t)<x_c$ 的概率, 即

$$R(t,t_0,x_0)=\int_{x_l}^{x_c}p(x,t|x_0,t_0)\mathrm{d}x, \tag{9.1.2}$$

式中 x_l 是过程 $X(t)$ 的左边界. 注意, (9.1.2) 中的 $p(x,t|x_0,t_0)$ 是过程 $X(t)$ 在超越 x_c 之前的转移概率密度. 显然, 临界状态 x_c 为吸收边界, 因为一旦一个样本函数到达边界, 它就被从样本集合中除去. 有了一个吸收边界, 过程 $X(t)$ 就不可能达到平稳了. 此外, 在区域 $[x_l,x_c]$ 内的总概率也不再守恒; 否则, (9.1.2) 的积分将为 1.

从 4.2.3 节知, 转移概率密度 $p(x,t|x_0,t_0)$ 满足后向科尔莫戈罗夫方程 (4.2.21). 将 (4.2.21) 对 x 在 $[x_l,x_c)$ 上积分得

$$\frac{\partial R}{\partial t_0}+m(x_0)\frac{\partial R}{\partial x_0}+\frac{1}{2}\sigma^2(x_0)\frac{\partial^2 R}{\partial x_0^2}=0. \tag{9.1.3}$$

在 (9.1.3) 中, R 被看作为 t_0 与 x_0 的函数, 而把 t 与 x_c 看成参数. 记 $\tau=t-t_0$, 方程 (9.1.3) 可重写为

$$-\frac{\partial R}{\partial \tau}+m(x_0)\frac{\partial R}{\partial x_0}+\frac{1}{2}\sigma^2(x_0)\frac{\partial^2 R}{\partial x_0^2}=0. \tag{9.1.4}$$

因此, 可靠性函数可重记为 $R(\tau,x_0)$. 与 (9.1.4) 相应的初始与边界条件为

$$R(\tau,x_0)\big|_{\tau=0}=1,\quad x_l\leqslant x_0<x_c, \tag{9.1.5}$$

$$R(\tau,x_0)\big|_{x_0=x_c}=0. \tag{9.1.6}$$

(9.1.5) 与 (9.1.6) 的物理意义是显然的. 因为 (9.1.4) 对空间变量 x_0 是二阶的, 尚需另一个边界条件. 下面将按 x_l 的性质作分析.

如 4.4 节中所讨论的, 一维马尔可夫扩散过程, 其边界可分为奇异与非奇异. 若 x_l 非奇异, 即 $m(x_l)$ 有限, $\sigma(x_l)$ 非零, 则它是规则边界. 原则上, 在一规则边界上可按所涉及物理问题施加任何条件. 假定 x_l 不是临界的, 在给定条件 $x_0=x_l$ 下, 穿越临界值 x_c 终将发生. 为了进行首次穿越分析, 一个保守的假定是左边界为反射, 于是第二个定量边界条件为

$$\frac{\partial R}{\partial x_0}\bigg|_{x_0=x_l}=0. \tag{9.1.7}$$

另一方面, 奇异边界可为下列类型之一：规则、进入、越出、排斥自然、严格自然、吸引自然. 若 x_l 为奇异且为规则、进入或排斥自然, 则以 x_l 或近 x_l 开始的样本可向内达到右边的临界状态. 此时, 也可用 (9.1.7) 作边界条件. 然而, 若它是越出、吸引自然或严格自然, 则不是每个从 x_l 或近 x_l 开始的样本都能到达临界状态, 于是首次穿越问题变成无意义.

支配可靠性函数的方程 (9.1.4)～(9.1.7) 定义了一个特征值问题. 虽有求数值解的算法, 封闭的解析解只存在于极少数情形, 见以下例子.

例 9.1.1 考虑一个受外激的线性系统, 其运动方程为

$$\ddot{X}+2\zeta\omega_0\dot{X}+\omega_0^2X=\xi(t), \tag{9.1.8}$$

式中 $\xi(t)$ 是一个均值为零、谱密度为 $\Phi(\omega)$ 的宽带平稳过程. 假定阻尼是小的, 激励是弱的. 定义幅值过程 $A(t)=\sqrt{X^2(t)+\dot{X}^2(t)/\omega_0^2}$, 考虑到: ① 幅值是最大位移; ② 幅值的平方表示系统的总能量, 首次穿越问题可处理为幅值过程 $A(t)$ 首次达到临界值 a_c. 应用随机平均法, 幅值过程可近似为马尔可夫扩散过程, 由以下方程支配

$$\mathrm{d}A(t)=m(A)\mathrm{d}t+\sigma(A)\mathrm{d}B(t), \tag{9.1.9}$$

其中平均漂移与扩散系数为

$$m(A)=\frac{\delta}{2A}-\zeta\omega_0A,\quad \sigma^2(A)=\delta,\quad \delta=\frac{\pi}{\omega_0^2}\Phi(\omega_0). \tag{9.1.10}$$

可靠性函数 $R(\tau,a_0)$ 所满足的方程可从 (9.1.4) 得到, 为

$$-\frac{\partial R}{\partial\tau}+\left(\frac{\delta}{2a_0}-\zeta\omega_0a_0\right)\frac{\partial R}{\partial a_0}+\frac{1}{2}\delta\frac{\partial^2R}{\partial a_0^2}=0. \tag{9.1.11}$$

(9.1.5) 与 (9.1.6) 中的初始与边界条件为

$$R(\tau,a_0)\big|_{\tau=0}=1,\quad a_0<a_c, \tag{9.1.12}$$

$$R(\tau,a_0)\big|_{a_0=a_c}=0. \tag{9.1.13}$$

第二个边界条件可直接从 (9.1.11) 导出. 注意为使 (9.1.11) 有意义, 该方程三项中的每一项都必须有限. 从第二项, 有

$$\frac{\partial R(\tau,a_0)}{\partial a_0}\sim O(a_0),\qquad 随 a_0\to 0. \tag{9.1.14}$$

注意, 条件 (9.1.14) 与 (9.1.7) 一致, 但比后者更准确. 假定 (9.1.11) 之解形为

$$R(\tau,a_0)=\mathrm{e}^{-\lambda\tau}P_\lambda(a_0), \tag{9.1.15}$$

式中 $P_\lambda(a_0)$ 的下标 λ 表示它是该函数的一个参数. 将 (9.1.15) 代入 (9.1.11), 得函数 P 所满足的常微分方程

$$\frac{1}{2}\delta\frac{\mathrm{d}^2P}{\mathrm{d}a_0^2}+\left(\frac{\delta}{2a_0}-\zeta\omega_0a_0\right)\frac{\mathrm{d}P}{\mathrm{d}a_0}+\lambda P=0. \tag{9.1.16}$$

方程 (9.1.16) 在下列边界条件下求解:

$$P\big|_{a_0=a_c}=0,\quad \frac{\mathrm{d}P}{\mathrm{d}a_0}\sim O(a_0),\qquad 随 a_0\to 0. \tag{9.1.17}$$

为简化 (9.1.16), 作变量代换

$$z=\frac{\zeta\omega_0a_0^2}{\delta}=\frac{\zeta\omega_0^3a_0^2}{\pi\Phi(\omega_0)}. \tag{9.1.18}$$

(9.1.16) 变换为

$$z\frac{\mathrm{d}^2P}{\mathrm{d}z^2}+(1-z)\frac{\mathrm{d}P}{\mathrm{d}z}+\frac{\lambda}{2\zeta\omega_0}P=0. \tag{9.1.19}$$

而边界条件 (9.1.17) 变为

$$P|_{z=z_c}=0, \tag{9.1.20}$$

$$\left.\frac{\mathrm{d}P}{\mathrm{d}z}\right|_{z=0}=\left[\frac{\mathrm{d}P}{\mathrm{d}a_0}\frac{\mathrm{d}a_0}{\mathrm{d}z}\right]_{a_0=0}=\text{ 有限值}, \tag{9.1.21}$$

式中 $z_c=\zeta\omega_0a_c^2/\delta$. (9.1.19) 是一个退化的超几何方程 (Whittaker 与 Watson, 1952), 它只有一个满足边界条件 (9.1.21) 的解 (特征函数)

$$P=M\left(-\frac{\lambda}{2\zeta\omega_0},1;z\right), \tag{9.1.22}$$

式中 M 是合流或退化超几何函数. 利用边界条件 (9.1.20), 特征值 λ_n 为下列方程之解:

$$M\left(-\frac{\lambda_n}{2\zeta\omega_0},1;z_c\right)=0. \tag{9.1.23}$$

然后可靠性函数 R 可表为级数

$$R(\tau,a_0)=\sum_{n=1}^{\infty}C_nM\left(-\frac{\lambda_n}{2\zeta\omega_0},1;\frac{\zeta\omega_0}{\delta}a_0^2\right)\mathrm{e}^{-\lambda_n\tau}, \tag{9.1.24}$$

式中常数 C_n 由初始条件 (9.1.12) 确定. 将 (9.1.24) 代入 (9.1.12), 得

$$\sum_{n=1}^{\infty}C_nM\left(-\frac{\lambda_n}{2\zeta\omega_0},1;\frac{\zeta\omega_0}{\delta}a_0^2\right)=1. \tag{9.1.25}$$

应用特征函数的正交性

$$\int_0^{z_c}\mathrm{e}^{-z}M\left(-\frac{\lambda_m}{2\zeta\omega_0},1;z\right)M\left(-\frac{\lambda_n}{2\zeta\omega_0},1;z\right)\mathrm{d}z\begin{cases}=0, & m\neq n,\\ \neq 0, & m=n,\end{cases} \tag{9.1.26}$$

得

$$C_n=\frac{\displaystyle\int_0^{z_c}\mathrm{e}^{-z}M\left(-\frac{\lambda_n}{2\zeta\omega_0},1;z\right)\mathrm{d}z}{\displaystyle\int_0^{z_c}\mathrm{e}^{-z}M^2\left(-\frac{\lambda_n}{2\zeta\omega_0},1;z\right)\mathrm{d}z}. \tag{9.1.27}$$

此结果乃由 Lennox 与 Fraser (Lennox 与 Fraser, 1974) 得到.

例 9.1.2 例 9.1.1 中增加一个参激, 得到如下系统:

$$\ddot{X}+\omega_0[2\zeta+\xi_2(t)]\dot{X}+\omega_0^2[1+\xi_1(t)]X=\xi_3(t), \tag{9.1.28}$$

式中 $\xi_1(t)$, $\xi_2(t)$ 及 $\xi_3(t)$ 是零均值、谱密度分别为 $\Phi_{ii}(\omega)$, i =1, 2, 3 的独立宽带平稳过程. 假定阻尼是小的, 激励是弱的, 应用幅值包线随机平均法得到平均方程 (9.1.9), 其漂移与扩散系数为

$$m(A)=\frac{\delta}{2A}-\alpha A,\quad \sigma^2(A)=(\delta+\gamma A^2), \tag{9.1.29}$$

式中

$$\begin{aligned}
\alpha&=\zeta\omega_0-\frac{\pi\omega_0^2}{8}[2\Phi_{22}(0)+3\Phi_{22}(2\omega_0)+3\Phi_{11}(2\omega_0)],\\
\delta&=\frac{\pi}{\omega_0^2}\Phi_{33}(\omega_0),\\
\gamma&=\frac{\pi\omega_0^2}{4}[2\Phi_{22}(0)+\Phi_{22}(2\omega_0)+\Phi_{11}(2\omega_0)].
\end{aligned} \tag{9.1.30}$$

可靠性函数 $R(\tau,a_0)$ 由下列方程支配:

$$-\frac{\partial R}{\partial\tau}+\left(\frac{\delta}{2a_0}-\alpha a_0\right)\frac{\partial R}{\partial a_0}+\frac{1}{2}(\delta+\gamma a_0^2)\frac{\partial^2 R}{\partial a_0^2}=0. \tag{9.1.31}$$

相应的初始与边界条件为

$$R(\tau,a_0)|_{\tau=0}=1,\quad a_0<a_c, \tag{9.1.32}$$

$$R(\tau,a_0)|_{a_0=a_c}=0, \tag{9.1.33}$$

$$\frac{\partial R(\tau,a_0)}{\partial a_0}\sim O(a_0),\qquad 随 a_0\to 0. \tag{9.1.34}$$

类似于上例, 令 (9.1.31) 的解为

$$R(\tau,a_0)=\mathrm{e}^{-\lambda\tau}P_\lambda(a_0), \tag{9.1.35}$$

得

$$\frac{1}{2}(\delta+\gamma a_0^2)\frac{\mathrm{d}^2P}{\mathrm{d}a_0^2}+\left(\frac{\delta}{2a_0}-\alpha a_0\right)\frac{\mathrm{d}P}{\mathrm{d}a_0}+\lambda P=0. \tag{9.1.36}$$

(9.1.36) 的边界条件为

$$P|_{a_0=a_c}=0,\quad \frac{\mathrm{d}P}{\mathrm{d}a_0}\sim O(a_0),\qquad 随 a_0\to 0. \tag{9.1.37}$$

将变量 a_0 变换为 z

$$z=-\frac{\gamma}{\delta}a_0^2, \tag{9.1.38}$$

方程 (9.1.36) 与边界条件 (9.1.37) 变为

$$z(1-z)\frac{\mathrm{d}^2P}{\mathrm{d}z^2}+\left[1-\left(\frac{1}{2}-\frac{\alpha}{\gamma}\right)z\right]\frac{\mathrm{d}P}{\mathrm{d}z}-\frac{\lambda}{2\gamma}P=0, \tag{9.1.39}$$

$$P|_{z=z_c}=0,\quad \left.\frac{\mathrm{d}P}{\mathrm{d}z}\right|_{z=0}=\text{有限值}, \tag{9.1.40}$$

式中 $z_c=-\gamma a_c^2/\delta$. (9.1.39) 是一个超几何方程 (Whittaker 与 Watson, 1952). 满足边界条件 (9.1.40) 的一个解为

$$P(\lambda,z)=\begin{cases}F(c,d,1,z), & -1\leqslant z\leqslant 0,\\ \dfrac{\Gamma(c-d)}{(-z)^c\Gamma(d)\Gamma(c-1)}F(c,c,c+1-d,z^{-1}) & \\ +\dfrac{\Gamma(d-c)}{(-z)^d\Gamma(c)\Gamma(d-1)}F(d,d,d+1-c,z^{-1}), & z<-1,\end{cases} \tag{9.1.41}$$

式中 F 是一个超几何函数, 参数 c 与 d 由下式给出:

$$c=-\frac{1}{2}\eta+\frac{1}{2}\sqrt{\eta^2-\frac{2\lambda}{\gamma}},\quad d=-\frac{1}{2}\eta-\frac{1}{2}\sqrt{\eta^2-\frac{2\lambda}{\gamma}},\quad \eta=\frac{1}{2}+\frac{\alpha}{\gamma}. \tag{9.1.42}$$

施加 (9.1.40) 中的第一个边界条件后, 得特征值 λ_n 为下列方程之解:

$$P(\lambda_n,z_c)=0. \tag{9.1.43}$$

而可靠性函数 R 为

$$R(\tau,a_0)=\sum_{n=1}^{\infty}C_nP\left(\lambda_n,-\frac{\gamma}{\delta}a_0^2\right)\mathrm{e}^{-\lambda_n\tau}, \tag{9.1.44}$$

式中常数 C_n 由初始条件 (9.1.32) 以及特征函数 P 的正交性条件

$$\int_0^{z_c}(1-z)^{\eta-1}P(\lambda_m,z)P(\lambda_n,z)\mathrm{d}z\begin{cases}=0, & m\neq n,\\ \neq 0, & m=n\end{cases} \tag{9.1.45}$$

确定为

$$C_n=\frac{\displaystyle\int_0^{z_c}(1-z)^{\eta-1}P(\lambda_n,z)\mathrm{d}z}{\displaystyle\int_0^{z_c}(1-z)^{\eta-1}P^2(\lambda_n,z)\mathrm{d}z}. \tag{9.1.46}$$

此结果乃由 Ariaratnam 与 Tam (1979) 得到.

9.2 广义庞德辽金方程

求可靠性函数是不容易的, 而求首次穿越时间的统计量则较为简单, 也更实际. 作为随机变量的首次穿越时间 T 依赖于系统性质、激励及初始状态. 其概率分布与概率密度函数由下式给出:

$$F_T(\tau, x_0) = \text{Prob}[T < \tau | X(t_0) = x_0] = 1 - R(\tau, x_0), \tag{9.2.1}$$

$$p_T(\tau, x_0) = \frac{\partial F_T(\tau, x_0)}{\partial \tau} = -\frac{\partial R(\tau, x_0)}{\partial \tau}, \tag{9.2.2}$$

式中 τ 是随机变量 T 的状态变量. T 的 n 阶矩可用下式计算:

$$\mu_n(x_0) = E[T^n] = -\int_0^\infty \tau^n \frac{\partial R(\tau, x_0)}{\partial \tau} \mathrm{d}\tau = n \int_0^\infty \tau^{n-1} R(\tau, x_0) \mathrm{d}\tau. \tag{9.2.3}$$

在推导 (9.2.3) 中合理地假定了

$$\lim_{\tau \to \infty} \tau^n R(\tau, x_0) = 0. \tag{9.2.4}$$

将 (9.1.4) 乘以 τ^n, 对 τ 积分, 再用 (9.2.3), 得

$$(n+1)\mu_n + m(x_0)\frac{\mathrm{d}}{\mathrm{d}x_0}\mu_{n+1} + \frac{1}{2}\sigma^2(x_0)\frac{\mathrm{d}^2}{\mathrm{d}x_0^2}\mu_{n+1} = 0. \tag{9.2.5}$$

相应的边界条件为

$$\mu_{n+1}(x_0)|_{x_0=x_c} = 0, \tag{9.2.6}$$

$$\mu_{n+1}(x_0)|_{x_0=x_l} = \text{有限值}. \tag{9.2.7}$$

条件 (9.2.7) 是基于首次穿越终将发生的假定. 这对分析首次穿越问题是必要的. 方程 (9.2.5) 可从 $n = 0$ 开始依次求解.

对 $n = 0$ 情形, (9.2.5) 是关于 T 的均值 μ_1 的方程,

$$1 + m(x_0)\frac{\mathrm{d}}{\mathrm{d}x_0}\mu_1 + \frac{1}{2}\sigma^2(x_0)\frac{\mathrm{d}^2}{\mathrm{d}x_0^2}\mu_1 = 0. \tag{9.2.8}$$

(9.2.8) 是著名的古典庞德辽金方程 (Andrnov et al., 1933). 而 (9.2.5) 称为广义庞德辽金方程 (Ariaratnam 与 Tam, 1979). 由于首次穿越时间是非负的, 它的不同阶的矩具有相同的趋势; 因此, 一阶矩 μ_1 是最重要的.

边界条件 (9.2.7) 是定性的, 对得到封闭解析解可能有用. 然而, 对许多实际非线性系统, 必须用数值方法求解 (9.2.5) 或 (9.2.8), 这就要求定量的边界条件. 如

上所述, 边界可分为奇异与非奇异. 若 x_l 非奇异, 可假定左边界 x_l 为反射的. 从 (9.2.3) 与 (9.1.7), 有

$$\left.\frac{\mathrm{d}\mu_{n+1}}{\mathrm{d}x_0}\right|_{x_0=x_l}=(n+1)\int_0^{\infty}\tau^n\left[\frac{\partial R(\tau,x_0)}{\partial x_0}\right]_{x_0=x_l}\mathrm{d}\tau=0. \tag{9.2.9}$$

若 x_l 奇异, 它必须为规则、进入或排斥自然, 以便所有样本最终达到临界状态, 使首次穿越问题有意义. 有三种可能. 若 x_l 为规则分流点或进入分流点, 即 $\sigma(x_l)=0$ 而 $m(x_l)>0$, 直接从 (9.2.5) 可得第二个边界条件 (Zhu 与 Lei, 1989)

$$\left.\frac{\mathrm{d}\mu_{n+1}}{\mathrm{d}x_0}\right|_{x_0=x_l}=-\left.\frac{(n+1)\mu_n}{m(x_0)}\right|_{x_0=x_l}. \tag{9.2.10}$$

若 x_l 为规则奇点、进入奇点或排斥自然奇点, 即 $\sigma(x_l)=0$, $m(x_l)=0$, 则可加的第二个边界条件为

$$O\left|m(x_0)\frac{\mathrm{d}\mu_{n+1}}{\mathrm{d}x_0}\right|\sim O\left|\mu_n\right|,\quad x_0\to x_l. \tag{9.2.11}$$

特别地, 对 $n=0$,

$$m(x_0)\frac{\mathrm{d}\mu_1(x_0)}{\mathrm{d}x_0}=\text{有限值},\quad x_0\to x_l. \tag{9.2.12}$$

最后, 若 x_l 为第二类奇异边界, 即 $m(x_l)=\infty$, 由于 (9.2.5) 的每一项必须有限, 于是

$$\left.\frac{\mathrm{d}\mu_{n+1}}{\mathrm{d}x_0}\right|_{x_0=x_l}=0. \tag{9.2.13}$$

(9.2.13) 与 (9.2.9) 相同, 表示 x_l 为反射边界.

为解方程 (9.2.5), 令

$$y(x_0)=\frac{\mathrm{d}}{\mathrm{d}x_0}\mu_{n+1}, \tag{9.2.14}$$

(9.2.5) 重写为

$$y'+\frac{2m(x_0)}{\sigma^2(x_0)}y=-\frac{2(n+1)\mu_n(x_0)}{\sigma^2(x_0)}. \tag{9.2.15}$$

(9.2.15) 是一阶线性常微分方程, 可解得

$$y=\frac{\mathrm{d}\mu_{n+1}}{\mathrm{d}x_0}=-2(n+1)\psi^{-1}(x_0)\left[\int_{x_l}^{x_0}\frac{\mu_n(v)}{\sigma^2(v)}\psi(v)\mathrm{d}v+C_{n+1}\right], \tag{9.2.16}$$

式中 C_{n+1} 为积分常数, 函数 ψ 定义为

$$\psi(v)=\exp\left[\int\frac{2m(v)}{\sigma^2(v)}\mathrm{d}v\right]. \tag{9.2.17}$$

常数 C_{n+1} 可由边界条件 (9.2.9)~(9.2.11) 确定. 通过积分 (9.2.16) 和施加边界条件 (9.2.6), 得

$$\begin{aligned}\mu_{n+1}(x_0) &= -\int_{x_0}^{x_c} \mu'_{n+1}(u)\mathrm{d}u \\ &= 2(n+1)\int_{x_0}^{x_c} \psi^{-1}(u)\left[\int_{x_l}^{u} \frac{\mu_n(v)}{\sigma^2(v)}\psi(v)\mathrm{d}v + C_{n+1}\right]\mathrm{d}u. \qquad (9.2.18)\end{aligned}$$

由此可见, 广义庞德辽金方程的封闭解析解是可能的, 将在 9.3 节说明.

9.3 首次穿越时间的矩

9.3.1 响应幅值首次穿越时间的矩

考虑一个有线性恢复力、小非线性阻尼力及弱激励的振子, 由下列方程支配:

$$\ddot{X} + \varepsilon h(X,\dot{X}) + \omega_0^2 X = \varepsilon^{\frac{1}{2}} \sum_{l=1}^{m} g_l(X,\dot{X})\xi_l(t), \qquad (9.3.1)$$

式中函数 h 与 g_l 可为非线性, $\xi_l(t)$ 表示具有宽带谱的平稳随机过程. 从 7.4.1 节知, 应用随机平均法, 幅值$A = \sqrt{X^2 + \dot{X}^2/\omega_0^2}$ 可近似为马尔可夫扩散过程, 由下列伊藤随机微分方程描述:

$$\mathrm{d}A = m(A)\mathrm{d}t + \sigma(A)\mathrm{d}B(t), \qquad (9.3.2)$$

式中漂移系数 $m(A)$ 与扩散系数 $\sigma(A)$ 可按 7.4 节中方法计算.

以幅值过程表示的广义庞德辽金方程为

$$(n+1)\mu_n + m(a_0)\frac{\mathrm{d}}{\mathrm{d}a_0}\mu_{n+1} + \frac{1}{2}\sigma^2(a_0)\frac{\mathrm{d}^2}{\mathrm{d}a_0^2}\mu_{n+1} = 0. \qquad (9.3.3)$$

连同 9.2 节讨论的适当边界条件, 首次通过时间的矩可解析或数值地求得.

例 9.3.1 考虑与例 9.1.2 相同的系统, 即一个随机外激与参激的线性振子

$$\ddot{X} + \omega_0[2\zeta + \xi_2(t)]\dot{X} + \omega_0^2[1 + \xi_1(t)]X = \xi_3(t), \qquad (9.3.4)$$

式中 $\xi_1(t)$, $\xi_2(t)$ 及 $\xi_3(t)$ 是零均值与谱密度分别为 $\Phi_{ii}(\omega)$, i =1, 2, 3 的独立宽带平稳过程. 假定阻尼是小的, 外激是弱的. 应用幅值包线随机平均法, 得到幅值过程的漂移与扩散系数 (9.1.29), 而广义庞德辽金方程为

$$\frac{1}{2}(\delta + \gamma a_0^2)\frac{\mathrm{d}^2}{\mathrm{d}a_0^2}\mu_{n+1} + \left(\frac{\delta}{2a_0} - \alpha a_0\right)\frac{\mathrm{d}}{\mathrm{d}a_0}\mu_{n+1} = -(n+1)\mu_n, \qquad (9.3.5)$$

式中参数 α, δ 及 γ 由 (9.1.30) 给出. 由于存在外激, 左边界 $a_0 = 0$ 不稳定, 可当作反射边界处理. 于是两边界条件为

$$\mu_{n+1}\big|_{a_0=a_c} = 0, \tag{9.3.6}$$

$$\left.\frac{\mathrm{d}\mu_{n+1}}{\mathrm{d}a_0}\right|_{a_0=0} = 0. \tag{9.3.7}$$

用 (9.2.16), 得

$$\mu'_{n+1}(a_0) = -2(n+1)\frac{(\delta+\gamma a_0^2)^\eta}{a_0}\left[\int_0^{a_0}\frac{v\mu_n(v)}{(\delta+\gamma v^2)^{\eta+1}}\mathrm{d}v + C_{n+1}\right]. \tag{9.3.8}$$

根据边界条件 (9.3.7), $C_{n+1} = 0$. 积分 (9.3.8) 在施加边界条件 (9.3.6) 后得到

$$\mu_{n+1}(a_0) = 2(n+1)\int_{a_0}^{a_c}\frac{(\delta+\gamma u^2)^\eta}{u}\left[\int_0^u \frac{v\mu_n(v)}{(\delta+\gamma v^2)^{\eta+1}}\mathrm{d}v\right]\mathrm{d}u. \tag{9.3.9}$$

令 $n = 0$ 与 $\mu_0(v) = 1$, 从 (9.3.9) 得首次穿越时间的均值

$$\mu_1(a_0) = \begin{cases} \dfrac{1}{\eta\gamma}\displaystyle\int_{a_0}^{a_c}\frac{1}{u}\left[\left(1+\frac{\gamma}{\delta}u^2\right)^\eta - 1\right]\mathrm{d}u, & \eta = \dfrac{\alpha}{\gamma}+\dfrac{1}{2} \neq 0, \\ \dfrac{1}{\gamma}\displaystyle\int_{a_0}^{a_c}\frac{1}{u}\ln\left(1+\frac{\gamma}{\delta}u^2\right)\mathrm{d}u, & \eta = \dfrac{\alpha}{\gamma}+\dfrac{1}{2} = 0. \end{cases} \tag{9.3.10}$$

此结果由 Ariaratnam 与 Tam (1979) 得到.

例 9.3.2　考虑一个只受外激的线性系统, 即令 (9.3.4) 中 $\xi_1(t)$ 与 $\xi_2(t)$ 为零. 此时, 根据 (9.1.30), $\gamma = 0$, (9.3.9) 与 (9.3.10) 中的结果不再适用. 此时广义庞德辽金方程为

$$\frac{\delta}{2}\frac{\mathrm{d}^2}{\mathrm{d}a_0^2}\mu_{n+1} + \left(\frac{\delta}{2a_0} - \zeta\omega_0 a_0\right)\frac{\mathrm{d}}{\mathrm{d}a_0}\mu_{n+1} = -(n+1)\mu_n. \tag{9.3.11}$$

边界条件为 (9.3.6) 与 (9.3.7). 类似于例 9.3.1, $C_{n+1} = 0$, 方程 (9.2.18) 导致

$$\begin{aligned}\mu_{n+1}(a_0) =& \frac{2(n+1)}{\delta}\int_{a_0}^{a_c}\frac{1}{u}\exp\left(\frac{\zeta\omega_0}{\delta}u^2\right) \\ &\times\left[\int_0^u v\mu_n(v)\exp\left(-\frac{\zeta\omega_0}{\delta}v^2\right)\mathrm{d}v\right]\mathrm{d}u.\end{aligned} \tag{9.3.12}$$

于是均值为

$$\mu_1(a_0) = \frac{1}{2\zeta\omega_0}\left[\bar{E}i\left(\frac{\zeta\omega_0}{\delta}a_c^2\right) - \bar{E}i\left(\frac{\zeta\omega_0}{\delta}a_0^2\right) - 2\ln\left(\frac{a_c}{a_0}\right)\right], \tag{9.3.13}$$

式中 $\bar{E}i$ 是指数积分函数, 定义为

$$\bar{E}i(x) = -\int_{-x}^{\infty}\frac{1}{t}\mathrm{e}^{-t}\mathrm{d}t, \quad x > 0. \tag{9.3.14}$$

结果 (9.3.13) 乃由 Ariaratnam 与 Pi (1973) 得到.

例 9.3.3 回到无外激 $\xi_3(t)$ 的线性系统 (9.3.4). 于是 $\delta=0$, 而广义庞德辽金方程为

$$\frac{1}{2}\gamma a_0^2\frac{\mathrm{d}^2}{\mathrm{d}a_0^2}\mu_{n+1}-\alpha a_0\frac{\mathrm{d}}{\mathrm{d}a_0}\mu_{n+1}=-(n+1)\mu_n. \tag{9.3.15}$$

(9.3.6) 中第一个边界条件仍有效, 但另一个边界条件取决于系统参数. 在左边界 $a_0=0$ 上, 漂移系数 $-\alpha a_0$ 与扩散系数 γa_0^2 同为零, 因此它是第一类奇异边界, 是奇点. 由 (4.4.12)~(4.4.14) 得, $a_0=0$ 上漂移与扩散指数分别为 1 与 2, 而特征标值 $c=-2\alpha/\gamma$. 按表 4.4.2, 若 $c<1$, 它是吸引自然边界. 此时, 系统方程的平凡解 $A(t)=0$ 以概率 1 渐近稳定, 所有样本将终止于左边界, 首次穿越不能发生. 在 $c=1$ 情形, $a_0=0$ 为严格自然边界, 平凡解 $A(t)=0$ 既不稳定也非不稳定. 这两种情形都不存在首次穿越问题. 另外, 若 $c=-2\alpha/\gamma>1$, 则按 (9.1.30)

$$\zeta<\frac{\pi\omega_0}{4}[\varPhi_{22}(2\omega_0)+\varPhi_{11}(2\omega_0)]. \tag{9.3.16}$$

此时左边界 $a_0=0$ 为排斥自然, 平凡解 $a_0=0$ 概率不稳定; 因此, 样本将最终到达临界状态 a_c, 首次穿越问题有意义. 此时, 两边界条件由 (9.2.6) 与 (9.2.11) 给出, 即

$$\mu_{n+1}|_{a_0=a_c}=0, \tag{9.3.17}$$

$$O\left|a_0\frac{\mathrm{d}\mu_{n+1}}{\mathrm{d}a_0}\right|\sim O\left|\mu_n\right|,\quad a_0\to 0. \tag{9.3.18}$$

根据 (9.2.16), 从 (9.3.15) 得

$$\frac{\mathrm{d}\mu_{n+1}(a_0)}{\mathrm{d}a_0}=a_0^{2\eta-1}\left[-\frac{2(n+1)}{\gamma}\int_0^{a_0}\mu_n(v)v^{-(2\eta+1)}\mathrm{d}v+C_{n+1}\right], \tag{9.3.19}$$

式中

$$\eta=\frac{1}{2}+\frac{\alpha}{\gamma}. \tag{9.3.20}$$

由于 $c=-2\alpha/\gamma>1$, $\eta<0$. 边界条件 (9.3.18) 要求 $C_{n+1}=0$, 由 (9.3.19) 得

$$\mu_{n+1}(a_0)=\frac{2(n+1)}{\gamma}\int_{a_0}^{a_c}u^{2\eta-1}\left[\int_0^u\mu_n(v)v^{-(2\eta+1)}\mathrm{d}v\right]\mathrm{d}u. \tag{9.3.21}$$

对 $n=0$ 与 1, 从 (9.3.21) 得

$$\mu_1(a_0)=-\frac{1}{\eta\gamma}\ln\frac{a_c}{a_0}, \tag{9.3.22}$$

$$\mu_2(a_0)=\frac{1}{\eta^2\gamma^2}\left(-\frac{1}{\eta}+\ln\frac{a_c}{a_0}\right)\ln\frac{a_c}{a_0}. \tag{9.3.23}$$

(9.3.21)~(9.3.23) 表明, $a_0 = 0$ 附近首次穿越时间的统计矩很大. 这是因为 $a_0 = 0$ 附近漂移与扩散系数很小, 运动很慢.

例 9.3.4　考虑范德坡型非线性系统

$$\ddot{X} + 2\zeta\omega_0(1 + \beta X^2)\dot{X} + \omega_0^2 X = \xi(t), \tag{9.3.24}$$

式中 $\xi(t)$ 是谱密度为 $\Phi(\omega)$ 的宽带激励. 假定阻尼是小的, 激励是弱的. 应用随机平均得到幅值过程的漂移与扩散系数为

$$m(A) = -\zeta\omega_0 A - \frac{1}{4}\beta\xi\omega_0 A^3 + \frac{\delta}{2A},$$

$$\sigma^2(A) = \delta, \quad \delta = \frac{\pi}{\omega_0^2}\Phi(\omega_0). \tag{9.3.25}$$

广义庞德辽金方程为

$$\frac{1}{2}\delta\frac{\mathrm{d}^2}{\mathrm{d}a_0^2}\mu_{n+1} + \left(-\zeta\omega_0 a_0 - \frac{1}{4}\beta\zeta\omega_0 a_0^3 + \frac{\delta}{2a_0}\right)\frac{\mathrm{d}}{\mathrm{d}a_0}\mu_{n+1} = -(n+1)\mu_n. \tag{9.3.26}$$

其边界条件由 (9.3.6) 与 (9.3.7) 给出. 由 (9.2.18) 得 (9.3.26) 之解为

$$\begin{aligned}\mu_{n+1}(a_0) =& \frac{2(n+1)}{\delta}\int_{a_0}^{a_c}\frac{1}{u}\exp\left[\frac{\zeta\omega_0}{\delta}\left(u^2 + \frac{\beta}{8}u^4\right)\right]\\ &\times\left\{\int_0^u v\mu_n(v)\exp\left[-\frac{\zeta\omega_0}{\delta}\left(v^2 + \frac{\beta}{8}v^4\right)\right]\mathrm{d}v\right\}\mathrm{d}u.\end{aligned} \tag{9.3.27}$$

注意, 由于存在外激, 幅值过程在零点处左边界为第二类奇异, 因为漂移系数为正且无界. 因此, 边界为反射, 表明近边界的样本将向内运动, 尽管存在阻尼机理与参激. 此时, 首次穿越终将出现.

在上述几个例子中, 得到了首次穿越时间矩的封闭解析解. 事实上, 广义庞德辽金方程, 作为二阶常微分方程, 在适当边界条件下求数值解也是容易的.

9.3.2　响应能量首次穿越时间的矩

若系统恢复力为强非线性, 必须用 7.4.2 节中的能量包线随机平均法. 考虑如下方程描述的系统:

$$\ddot{X} + \varepsilon h(X, \dot{X}) + u(X) = \varepsilon^{\frac{1}{2}}\sum_{l=1}^{m} g_l(X, \dot{X})\xi_l(t), \tag{9.3.28}$$

式中 $u(X)$ 表示强非线性恢复力, 假定它是 X 的奇函数, $\xi_l(t)$ 是宽带激励, 其相关函数为

$$R_{ls}(\tau) = E[\xi_l(t)\xi_s(t+\tau)]. \tag{9.3.29}$$

系统势能与总能量为

$$U(X)=\int_0^X u(z)\mathrm{d}z,\quad \varLambda=\frac{1}{2}\dot{X}^2+U(X). \tag{9.3.30}$$

如 7.4.2 节所示, 能量过程 $\varLambda(t)$ 可近似为马尔可夫扩散过程, 由下列伊藤方程描述:

$$\mathrm{d}\varLambda=m(\varLambda)\mathrm{d}t+\sigma(\varLambda)\mathrm{d}B(t), \tag{9.3.31}$$

式中漂移与扩散系数按 (7.4.94) 与 (7.4.95) 计算. 借助能量过程, 首次穿越时间的矩的广义庞德辽金方程为

$$m(\lambda_0)\frac{\mathrm{d}}{\mathrm{d}\lambda_0}\mu_{n+1}+\frac{1}{2}\sigma^2(\lambda_0)\frac{\mathrm{d}^2}{\mathrm{d}\lambda_0^2}\mu_{n+1}=-(n+1)\mu_n. \tag{9.3.32}$$

(9.2.6) 与 (9.2.7) 为两个一般边界条件, 定性边界条件 (9.2.7) 可代之以更具体定量条件 (9.2.9)~(9.2.11) 之一.

若宽带激励不是白噪声, 则漂移与扩散系数通常要数值算得, 而庞德辽金方程 (9.3.32) 也要数值求解. 然而, 若所有激励为高斯白噪声, 则可能从 (7.4.97) 与 (7.4.98) 得 $m(\varLambda)$ 与 $\sigma^2(\varLambda)$ 的封闭解析式. 从而也可从 (9.3.32) 得首次穿越时间矩的封闭形式解. 下面给出几个例子.

例 9.3.5 考虑一个具有非线性恢复力的振子

$$\ddot{X}+2\zeta\dot{X}+k\left|X\right|^{\rho}\operatorname{sgn}(X)=W(t), \tag{9.3.33}$$

式中 k, $\rho>0$, $W(t)$ 是具有谱密度 K 的高斯白噪声. 假定阻尼与激励都小, 可以应用随机平均法. 系统的总能量为

$$\varLambda=\frac{1}{2}\dot{X}^2+\frac{k}{\rho+1}\left|X\right|^{\rho+1}. \tag{9.3.34}$$

用 (7.4.97) 与 (7.4.98) 得

$$m(\varLambda)=-2\zeta\delta\varLambda+\pi K,\quad \sigma^2(\varLambda)=2\pi K\delta\varLambda,\quad \delta=\frac{2(\rho+1)}{(\rho+3)}. \tag{9.3.35}$$

于是广义庞德辽金方程为

$$\pi K\delta\lambda_0\frac{\mathrm{d}^2}{\mathrm{d}\lambda_0^2}\mu_{n+1}+(\pi K-2\zeta\delta\lambda_0)\frac{\mathrm{d}}{\mathrm{d}\lambda_0}\mu_{n+1}=-(n+1)\mu_n. \tag{9.3.36}$$

一个边界条件是 (9.2.6), 即

$$\mu_{n+1}(\lambda_0)\big|_{\lambda_0=\lambda_c}=0. \tag{9.3.37}$$

另一个边界条件, 若要定量的, 则需由左边界 $\lambda_0 = 0$ 的性质确定. 由于 $m(0) = \pi K$, $\sigma^2(0) = 0$, $\lambda_0 = 0$ 是第一类奇异边界, 按表 4.4.2 可为进入分流点, 也可为规则分流点. 所以, 第二个边界条件为 (9.2.10), 即

$$\left.\frac{\mathrm{d}\mu_{n+1}}{\mathrm{d}\lambda_0}\right|_{\lambda_0=0} = -\left.\frac{(n+1)\mu_n}{\pi K}\right|_{\lambda_0=0}. \tag{9.3.38}$$

(9.3.36) 连同两个边界条件可按 (9.2.18) 解出

$$\begin{aligned}\mu_{n+1}(\lambda_0) =& \frac{n+1}{\pi K\delta}\int_{\lambda_0}^{\lambda_c} u^{-\frac{1}{\delta}}\exp\left(\frac{2\zeta}{\pi K}u\right) \\ &\times\left[\int_0^u \mu_n(v)v^{\frac{1}{\delta}-1}\exp\left(-\frac{2\zeta}{\pi K}v\right)\mathrm{d}v\right]\mathrm{d}u.\end{aligned} \tag{9.3.39}$$

对线性系统, 即 $\rho = 1$, $\delta = 1$, 从 (9.3.39) 得

$$\mu_1(\lambda_0) = \frac{1}{2\zeta}\left[\bar{E}i\left(\frac{2\zeta}{\pi K}\lambda_c\right) - \bar{E}i\left(\frac{2\zeta}{\pi K}\lambda_0\right) - \ln\left(\frac{\lambda_c}{\lambda_0}\right)\right]. \tag{9.3.40}$$

系统 (9.3.33) 在 $\rho = 1$ 时是线性的, 若以 $2\zeta\omega_0$ 代 2ζ, 以 ω_0^2 代 k, 此时 (9.3.33) 与例 9.3.2 中系统相同. 正如所预期的, 注意到 $\varLambda = \frac{1}{2}kA^2$, 结果 (9.3.40) 与 (9.3.13) 相同.

例 9.3.6　考虑一个受高斯白噪声参激的杜芬振子

$$\ddot{X} + 2\zeta\dot{X} + X + \eta X^3 = XW(t). \tag{9.3.41}$$

系统的总能量为

$$\varLambda = \frac{1}{2}\dot{X}^2 + \frac{1}{2}X^2 + \frac{1}{4}\eta X^4. \tag{9.3.42}$$

应用 7.4.2 节中的随机平均法, 可从 (7.4.97) 与 (7.4.98) 得能量过程的漂移与扩散系数

$$m(\varLambda) = \frac{1}{\varDelta}A^2\left[\pi K\int_0^{\pi/2}\frac{\cos^2\phi}{k(A,\phi)}\mathrm{d}\phi - 2\zeta(1+\eta A^2)\int_0^{\pi/2}k(A,\phi)\sin^2\phi\mathrm{d}\phi\right], \tag{9.3.43}$$

$$\sigma^2(\varLambda) = \frac{2}{\varDelta}\pi K A^4(1+\eta A^2)\int_0^{\pi/2}k(A,\phi)\sin^2\phi\cos^2\phi\mathrm{d}\phi, \tag{9.3.44}$$

式中

$$k(A,\phi) = \sqrt{1 - \frac{\eta A^2\sin^2\phi}{2(1+\eta A^2)}}, \quad \varDelta = \int_0^{\pi/2}\frac{\mathrm{d}\phi}{k(A,\phi)}, \tag{9.3.45}$$

A 是能量 $\varLambda$ 的函数

$$\varLambda = \frac{1}{4}A^2(2+\eta A^2), \quad A = \sqrt{\frac{1}{\eta}(\sqrt{1+4\eta\varLambda}-1)}. \tag{9.3.46}$$

首先需考察左边界 $\lambda_0 = 0$ 以确定首次穿越问题有意义的条件. 随 $\lambda_0 \to 0$, $A \to \sqrt{2\varLambda}$, $k(A,\phi) \to 1$,

$$m(\varLambda) \to (\pi K - 2\zeta)\varLambda, \quad \sigma^2(\varLambda) \to \pi K \varLambda^2. \tag{9.3.47}$$

按 (4.4.12)~(4.4.14), 扩散指数 $\alpha = 2$, 漂移指数 $\beta = 1$, 特征标值 $c = 2 - 4\zeta/\pi K$. 类似于例 9.3.2 中分析, 只有当 $c > 1$ 时, 左边界为排斥自然, 首次穿越问题才有意义. 所以, 左边界允许有首次穿越问题的条件为

$$\zeta < \frac{1}{4}\pi K. \tag{9.3.48}$$

在此条件下, 广义庞德辽金方程的两个边界条件为

$$\mu_{n+1}|_{\lambda_0=\lambda_c} = 0, \tag{9.3.49}$$

$$O\left|m(\lambda_0)\frac{\mathrm{d}\mu_{n+1}(\lambda_0)}{\mathrm{d}\lambda_0}\right| \sim O\left|\mu_n(\lambda_0)\right|, \quad \lambda_0 \to 0. \tag{9.3.50}$$

由于漂移与扩散系数表达式 (9.3.43) 和 (9.3.44) 颇为复杂, 难以得到广义庞德辽金方程的解析解, 要用数值解法. 为此, 边界条件 (9.3.50) 不合适, 需要一个定量边界条件. 考虑小 λ_0 情形, 漂移与扩散系数可近似为

$$m(\lambda_0) \approx (\pi K - 2\zeta)\lambda_0, \quad \sigma^2(\lambda_0) \approx K\lambda_0^2. \tag{9.3.51}$$

于是, 得广义庞德辽金方程之解为

$$\mu'_{n+1}(\lambda_0) = -\frac{n+1}{\pi K}\lambda_0^{[(4\zeta/\pi K)-2]}\left[\int_0^{\lambda_0}\mu_n(v)v^{-4\zeta/\pi K}\mathrm{d}v + C_{n+1}\right], \quad \lambda_0 \ll 1. \tag{9.3.52}$$

利用边界条件 (9.3.50), 并考虑到条件 (9.3.48), 得 $C_{n+1} = 0$. 特别地, 对 $n = 0$,

$$\mu'_1(\lambda_0) = \frac{2}{(4\zeta - \pi K)\lambda_0}, \quad \lambda_0 \ll 1. \tag{9.3.53}$$

为数值求解广义庞德辽金方程, 考虑一个小的 $\lambda_l \ll 1$ 作左边界. 代替 (9.3.50) 的定量边界条件为

$$\mu'_1(\lambda_l) = \frac{2}{(4\zeta - \pi K)\lambda_l}. \tag{9.3.54}$$

在对 $\lambda_l \leqslant \lambda_0 \leqslant \lambda_c$ 数值解出 $\mu_1(\lambda_0)$ 之后, 可对同一 λ_0 范围依次解出高阶矩 $\mu_n(\lambda_0)$.

在文献 (Cai 与 Lin, 1994) 中, 对此曾进行数值计算, 得到了系统 (9.3.41) 的平均首次穿越时间 μ_1, 其参数为 $\delta = 0.1$, $\lambda_c = 10$ 及 ζ 和 K 值的若干不同组合. 当应用边界条件 (9.3.53) 时, 两个 λ_0 的试验值 0.01, 0.005 作为计算的初值, 得到的结

果几乎是一样的. 计算结果在图 9.3.1 和图 9.3.2 中以实线和虚线表示. 对原方程 (9.3.41) 和能量过程的平均伊藤方程的蒙特卡罗模拟在图中以符号表示. 正如预期的一样, 庞德辽金方程的解析结果和数值模拟结果吻合得很好. 原方程和平均方程模拟结果之间的误差也相当小, 这表明随机平均法引起的误差是很小的.

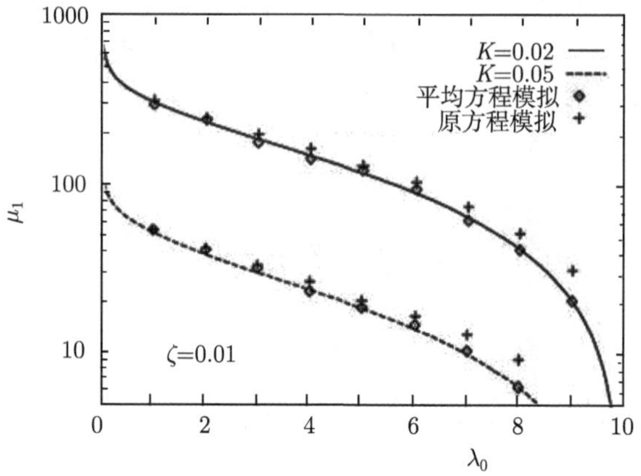

图 9.3.1　系统 (9.3.41) 在两个不同激励强度下的平均首次穿越时间 (Cai 与 Lin, 1994)

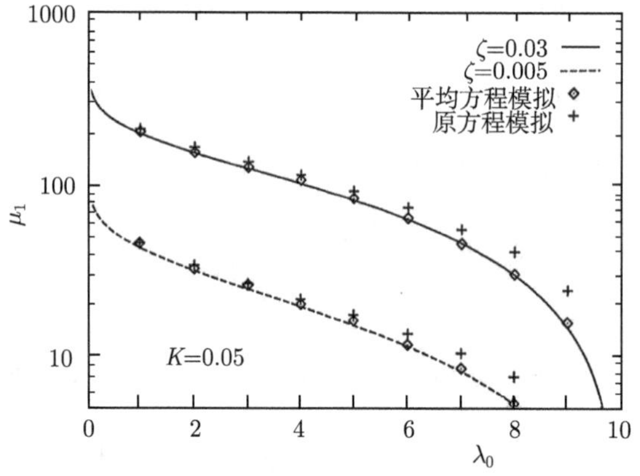

图 9.3.2　系统 (9.3.41) 在两个不同阻尼比下的平均首次穿越时间 (Cai 与 Lin, 1994)

例 9.3.7　考虑船舶在随机海浪中滚转运动的简化模型, 系统的运动方程为

$$\ddot{X} + \alpha\dot{X} + \beta\left|\dot{X}\right|\dot{X} + \gamma X - \delta X^3 = X\xi_1(t) + \xi_2(t), \tag{9.3.55}$$

式中 X 是滚转角, α, β, γ 及 δ 为正常数, $\xi_1(t)$ 与 $\xi_2(t)$ 为平稳宽带过程, 其相关函数为

$$E[\xi_j(t)\xi_k(t+\tau)] = R_{jk}(\tau), \quad j, k = 1, 2. \tag{9.3.56}$$

根据文献 (Dalzell, 1973; Roberts, 1985), (9.3.55) 中线性与二次阻尼组合是一个良好的阻尼模型. 右边的参激是由于恢复力矩依赖于相对于船的水位. 恢复力矩中立方软非线性项反映了问题的本质特性: 随滚转角增大, 恢复力矩增大直至一临界值, 此后出现倾覆.

首先考虑无阻尼自由滚转运动

$$\ddot{x} + \gamma x - \delta x^3 = 0. \tag{9.3.57}$$

其恢复力矩、势能及总能量为

$$u(x) = \gamma x - \delta x^3, \quad U(x) = \frac{1}{2}\gamma x - \frac{1}{4}\delta x^4, \quad \lambda = \frac{1}{2}\dot{x}^2 + U(x). \tag{9.3.58}$$

图 9.3.3 示出了自由滚转运动的恢复力矩与势能. 势能有一个势井. 在 $x = \pm\sqrt{\gamma/\delta}$ 处, 势能达最大值

$$U_{\max} = \frac{\gamma^2}{4\delta}. \tag{9.3.59}$$

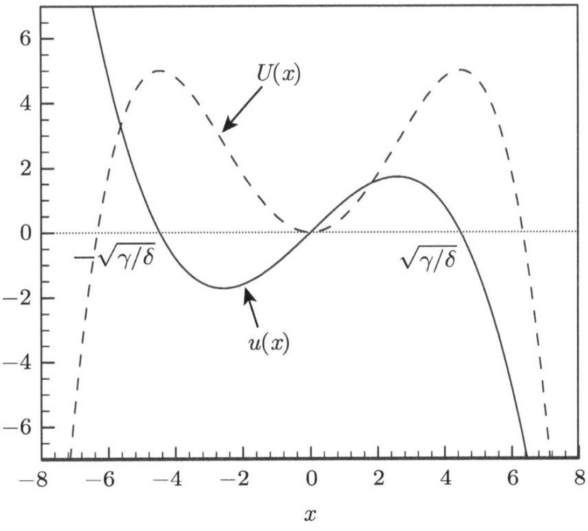

图 9.3.3 船舶滚转的恢复力矩与势能

当滚转角小于 $\sqrt{\gamma/\delta}$, 或等价地总能量小于 $U_{\max} = \gamma^2/(4\delta)$ 时, 滚转运动是周期的, 并限于势井内. 周期为

$$T = 4T_{\frac{1}{4}} = 4\int_0^a \frac{\mathrm{d}x}{\sqrt{2\lambda - 2U(x)}}, \tag{9.3.60}$$

式中积分上限 a 是由 $U(a) = \lambda$ 确定的幅值. 注意, (9.3.60) 在 $U(a) < U_{\max}$, 即 $a < \sqrt{\gamma/\delta}$ 条件下有效. 一旦滚转角超过 $\sqrt{\gamma/\delta}$, 恢复力矩变负, 使滚转角越来越大, 直至倾覆. 若用总能量研究首次穿越问题, $U_{\max}$ 就是临界值 λ_c.

回到随机系统 (9.3.55), 应用随机平均法于能量过程 $\Lambda(t)$. 依 7.4.2 节与例 7.4.3 的步骤, 得如下漂移与扩散系数:

$$m(\Lambda) = -\alpha u_2 - \beta u_6 + \pi(u_1 - u_3)\Phi_{11}(\omega_\Lambda) + \pi u_3 \Phi_{11}(2\omega_\Lambda) + \pi\Phi_{22}(\omega_\Lambda), \quad (9.3.61)$$

$$\sigma^2(\Lambda) = 2\pi(u_4 - u_5)\Phi_{11}(\omega_\Lambda) + 2\pi u_5 \Phi_{11}(2\omega_\Lambda) + 2\pi u_2 \Phi_{22}(\omega_\Lambda), \quad (9.3.62)$$

式中 $\Phi_{11}(\omega)$ 与 $\Phi_{22}(\omega)$ 分别是 $\xi_1(t)$ 与 $\xi_2(t)$ 的谱密度, u_i, $i = 1, 2, \cdots, 5$ 由 (7.4.134)~(7.4.138) 给出, 而 u_6 为

$$u_6 = \left\langle \left|\dot{X}\right|^2 \right\rangle_t = \frac{1}{T_{\frac{1}{4}}} \int_0^A [2\Lambda - 2U(X)]^{\frac{1}{2}} \mathrm{d}X. \quad (9.3.63)$$

在上述方程中, A 与 ω_Λ 是与能量 Λ 相应的幅值与频率, 即 $U(A) = \Lambda$, $\omega_\Lambda = 2\pi/T$.

为获得广义庞德辽金方程的边界条件, 必须研究左边界 $\lambda_0 = 0$ 的性质. 由方程 (9.3.61) 与 (9.3.62) 可证, $m(0) = \pi\Phi_{22}(\sqrt{\gamma})$, $\sigma(0) = 0$. 于是两个边界条件为

$$\mu_{n+1}(\lambda_c) = 0, \quad \mu'_{n+1}(0) = -\frac{(n+1)\mu_n(0)}{\pi\Phi_{22}(\sqrt{\gamma})}. \quad (9.3.64)$$

第二个边界条件可直接从广义庞德辽金方程 (9.3.32) 导得. 有了 (9.3.64) 中的两个边界条件, (9.3.32) 可数值求解.

9.4　拟哈密顿系统的首次穿越

考虑方程 (7.5.21) 描述的拟完全不可积哈密顿系统, 即

$$\begin{aligned} \mathrm{d}Q_j &= \frac{\partial H}{\partial P_j}\mathrm{d}t, \\ \mathrm{d}P_j &= -\left(\frac{\partial H}{\partial Q_j} + \varepsilon \sum_{k=1}^{n} m_{jk}\frac{\partial H}{\partial P_k}\right)\mathrm{d}t + \varepsilon^{\frac{1}{2}} \sum_{l=1}^{m} g_{jl}\mathrm{d}B_l(t). \end{aligned} \quad (9.4.1)$$

若系统阻尼小, 激励弱, 应用 7.5.2 节中随机平均法, 哈密顿过程 $H(t)$ 可近似为马尔可夫扩散过程. 从而, $H(t)$ 受如下平均伊藤随机微分方程支配:

$$\mathrm{d}H = m(H)\mathrm{d}t + \sigma(H)\mathrm{d}B(t), \quad (9.4.2)$$

式中漂移系数 $m(H)$ 与扩散系数 $\sigma(H)$ 分别从方程 (7.5.24) 与 (7.5.25) 得出如下:

$$m(H) = \varepsilon \left\langle -\sum_{j,k=1}^{n} m_{jk}\frac{\partial H}{\partial P_j}\frac{\partial H}{\partial P_k} + \sum_{j,k=1}^{n}\sum_{l,s=1}^{m} \pi K_{ls} g_{jl} g_{ks} \frac{\partial^2 H}{\partial P_j \partial P_k} \right\rangle_t, \quad (9.4.3)$$

$$\sigma^2(H) = \varepsilon^{\frac{1}{2}} 2\pi \left\langle \sum_{j,k=1}^{n} \sum_{l,s=1}^{m} K_{ls} g_{jl} g_{ks} \frac{\partial H}{\partial P_j} \frac{\partial H}{\partial P_k} \right\rangle_t , \tag{9.4.4}$$

式中时间平均可代之以空间平均

$$\langle [\cdot] \rangle_t = \frac{1}{T(H)} \int_{\Omega} [\cdot] \left(\frac{\partial H}{\partial p_1} \right)^{-1} \mathrm{d}q_1 \mathrm{d}q_2 \cdots \mathrm{d}q_n \mathrm{d}p_2 \cdots \mathrm{d}p_n, \tag{9.4.5}$$

$$T(H) = \int_{\Omega} \left(\frac{\partial H}{\partial p_1} \right)^{-1} \mathrm{d}q_1 \mathrm{d}q_2 \cdots \mathrm{d}q_n \mathrm{d}p_2 \cdots \mathrm{d}p_n, \tag{9.4.6}$$

其中积分域 Ω 为 $H(q_1, q_2, \cdots, q_n, p_1 = 0, p_2, \cdots, p_n) \leqslant H$.

对大多数动力学系统, H 表示狭义或广义意义上系统总能量, 因此, 它可作为系统的关键物理量作损坏分析. 假定 $H \geqslant 0$, 初始时刻 t_0 系统初始能量是 $H = h_0$. 一旦 H 达到临界值 h_c, 系统损坏. 可靠性函数, 记以 $R(\tau, h_0)$, $\tau = t - t_0$, 由方程 (9.1.4) 支配, 即

$$-\frac{\partial R}{\partial \tau} + m(h_0) \frac{\partial R}{\partial h_0} + \frac{1}{2} \sigma^2(h_0) \frac{\partial^2 R}{\partial h_0^2} = 0. \tag{9.4.7}$$

初始与边界条件为

$$R(\tau, h_0)|_{\tau=0} = 1, \quad h_0 < h_c, \tag{9.4.8}$$

$$R(\tau, h_0)|_{h_0=h_c} = 0, \tag{9.4.9}$$

$$R(\tau, h_0)|_{h_0=0} = \text{有限值}. \tag{9.4.10}$$

支配首次穿越时间矩的广义庞德辽金方程由 (9.2.5) 给出为

$$(n+1)\mu_n + m(h_0) \frac{\mathrm{d}}{\mathrm{d}h_0} \mu_{n+1} + \frac{1}{2} \sigma^2(h_0) \frac{\mathrm{d}^2}{\mathrm{d}h_0^2} \mu_{n+1} = 0. \tag{9.4.11}$$

相应的边界条件为

$$\mu_{n+1}(h_0)|_{h_0=h_c} = 0, \tag{9.4.12}$$

$$\mu_{n+1}(h_0)|_{h_0=0} = \text{有限值}. \tag{9.4.13}$$

可靠性边界条件 (9.4.10) 与矩边界条件 (9.4.13) 乃基于左边界 $h_0 = 0$ 不稳定, 最终会出现首次穿越的假定. 然而, 这些条件是定性的, 如 9.1 节与 9.3 节所述. 它们对得到封闭形式解可能有用. 但在许多实际非线性系统中, 必须用数值方法求解 (9.4.7) 或 (9.4.11), 这就要求定量的边界条件, 为此, 必须分析左边界 $h_0 = 0$. 对拟完全不可积哈密顿系统, $h_0 = 0$ 是第一类或第二类奇异边界. 为使首次穿越问题有意义, 左边界必须是规则、进入或排斥自然. 若是第一类奇异边界, 即 $m(0) > 0$, $\sigma(0) = 0$, 从 (9.4.7) 与 (9.4.11) 直接得

$$\left.\frac{\partial R}{\partial \tau}\right|_{h_0=0} = m(0) \left.\frac{\partial R}{\partial h_0}\right|_{h_0=0}, \tag{9.4.14}$$

$$\mu'_{n+1}(0) = -\frac{(n+1)\mu_n(0)}{m(0)}. \tag{9.4.15}$$

然后, (9.4.7) 与 (9.4.11) 可连同定量初始与边界条件数值求解. 另一方面, 若它为第二类奇异边界, 即 $m(0)=0$, $\sigma(0)=0$, 则有

$$\frac{\partial R}{\partial \tau} = 0\ , \quad h_0 \to 0, \tag{9.4.16}$$

$$\begin{aligned} &O[m(h_0)\mu'_{n+1}(h_0)] \sim O[\mu_n(h_0)], \quad n \neq 0, \quad h_0 \to 0, \\ &m(0)\mu'_1(0) = \text{有限值}. \end{aligned} \tag{9.4.17}$$

条件 (9.4.16) 是定量的, 而条件 (9.4.17) 仍是定性的, 需要进一步的近似方法以获得在或近 $h_0=0$ 的定量边界条件, 如下例所示.

例 9.4.1　考虑下列系统 (Gan 与 Zhu, 2001)

$$\begin{aligned} &\ddot{X} + \lambda_1\dot{X} + b\omega_1^2 X(\omega_1^2X^2+\omega_2^2Y^2) + \omega_1^2X + (a_1+b_1X)W_1(t) = 0, \\ &\ddot{Y} + \lambda_2\dot{Y} + b\omega_2^2 Y(\omega_1^2X^2+\omega_2^2Y^2) + \omega_2^2Y + (a_2+b_2Y)W_2(t) = 0, \end{aligned} \tag{9.4.18}$$

式中 $\lambda_1, \lambda_2, a_1, a_2, b_1, b_2, b, \omega_1, \omega_2\ (\neq\omega_1)$ 为常数, $W_1(t)$ 与 $W_2(t)$ 是分别具有谱密度 K_1, K_2 的高斯白噪声. 系统 (9.4.18) 的哈密顿函数为

$$H = \frac{1}{2}\dot{X}^2 + \frac{1}{2}\dot{Y}^2 + U(X,Y), \tag{9.4.19}$$

式中 $U(X,Y)$ 是势能函数

$$U(X,Y) = \frac{1}{2}\omega_1^2X^2 + \frac{1}{2}\omega_2^2Y^2 + \frac{1}{4}b(\omega_1^2X^2+\omega_2^2Y^2)^2. \tag{9.4.20}$$

假定所有阻尼是小的, 激励是弱的. 应用拟哈密顿系统随机平均法可将哈密顿函数近似为一维马尔可夫扩散过程, 由方程 (9.4.2) 支配. 其漂移与扩散系数为 (Gan 与 Zhu, 2001)

$$\begin{aligned} m(H) = {}& 2\pi(K_1a_1^2+K_2a_2^2) + \frac{\pi}{2}\left(\frac{K_1b_1^2}{\omega_1^2}+\frac{K_2b_2^2}{\omega_2^2}\right)R^2(H) \\ & -(\lambda_1+\lambda_2)H + \frac{1}{2}(\lambda_1+\lambda_2)bR^4(H), \end{aligned} \tag{9.4.21}$$

$$\begin{aligned} \sigma^2(H) = {}& 4\pi(K_1a_1^2+K_2a_2^2)H - \pi(K_1a_1^2+K_2a_2^2)R^2(H) \\ & -\frac{\pi}{3}\left[b(K_1a_1^2+K_2a_2^2)+\left(\frac{K_1b_1^2}{\omega_1^2}+\frac{K_2b_2^2}{\omega_2^2}\right)\right]R^4(H) \\ & +\pi\left(\frac{K_1b_1^2}{\omega_1^2}+\frac{K_2b_2^2}{\omega_2^2}\right)HR^2(H) - \frac{\pi b}{8}\left(\frac{K_1b_1^2}{\omega_1^2}+\frac{K_2b_2^2}{\omega_2^2}\right)R^6(H), \end{aligned} \tag{9.4.22}$$

式中 $R(H)$ 是下列方程的正根:

$$\frac{1}{4}R^4+\frac{1}{2}R^2=H. \tag{9.4.23}$$

由于 (9.4.21) 与 (9.4.22) 给出的漂移与扩散系数颇为复杂, 可靠性函数满足的方程 (9.4.7) 与首次穿越时间之矩满足的方程 (9.4.11) 难以得到解析解, 需要数值求解. 为此, 初始与边界条件必须是定量的. 下面讨论两种情形.

首先考虑 $a_1 \neq 0$ 与 $a_2 \neq 0$ 的情形, 即两个外激均存在. 随 $H \to 0$, $R^2 \to 2H$, 从 (9.4.21) 与 (9.4.22) 得

$$m(H) \longrightarrow 2\pi(K_1a_1^2+K_2a_2^2), \tag{9.4.24}$$

$$\sigma^2(H) \longrightarrow 2\pi(K_1a_1^2+K_2a_2^2)H. \tag{9.4.25}$$

由于 $m(0)>0$, $\sigma^2(0)\sim 0$, $h_0=0$ 是第一类奇异边界, 从 (4.4.12)~(4.4.14) 得扩散指数、漂移指数及特征标值为

$$\beta=0,\quad \alpha=1,\quad c=2. \tag{9.4.26}$$

按表 4.4.2, $h_0=0$ 为进入边界, 这是首次穿越问题允许的边界. 于是, 初始与边界条件 (9.4.8), (9.4.9) 及 (9.4.14) 可用于从 (9.4.7) 求可靠性函数, 边界条件 (9.4.12) 和 (9.4.15) 可用于从 (9.4.11) 求首次穿越时间之矩. 由于所有初始与边界条件都是定量的, 可进行数值计算 (Gan 与 Zhu, 2001).

若 $a_1=0$, $a_2=0$, 即只有参激, 则从 (9.4.21) 与 (9.4.22) 得

$$m(H)=\left[\pi\left(\frac{K_1b_1^2}{\omega_1^2}+\frac{K_2b_2^2}{\omega_2^2}\right)-\frac{1}{2}(\lambda_1+\lambda_2)\right]H,\quad H\to 0, \tag{9.4.27}$$

$$\sigma^2(H)=\frac{2\pi}{3}\left(\frac{K_1b_1^2}{\omega_1^2}+\frac{K_2b_2^2}{\omega_2^2}\right)H^2,\quad H\to 0. \tag{9.4.28}$$

此时, $h_0=0$ 是第二类奇异边界, 从 (4.4.15)~(4.4.17) 算出的扩散指数、漂移指数及特征标值为

$$\beta=1,\quad \alpha=2,\quad c=3-\frac{3(\lambda_1+\lambda_2)}{2\pi\left(\dfrac{K_1b_1^2}{\omega_1^2}+\dfrac{K_2b_2^2}{\omega_2^2}\right)}. \tag{9.4.29}$$

按表 4.4.3, 若 $c>\beta$, 即

$$\lambda_1+\lambda_2<\frac{4\pi}{3}\left(\frac{K_1b_1^2}{\omega_1^2}+\frac{K_2b_2^2}{\omega_2^2}\right). \tag{9.4.30}$$

则 $h_0=0$ 是排斥自然边界. 只有条件 (9.4.30) 满足, 即阻尼力不足以吸引系统运动到左边界, 首次穿越问题才有意义. 此时, 初始与边界条件 (9.4.8), (9.4.9) 及 (9.4.16)

可用于可靠性函数满足的方程 (9.4.7). 然而, 对首次穿越时间的矩, 需找到一个定量的边界条件代替 (9.4.13). 考虑一个小 h_0, 漂移与扩散系数可以根据 (9.4.27) 与 (9.4.28) 近似. 于是, 从广义庞德辽金方程得

$$\mu'_{n+1}(h_0) = -\frac{3(n+1)h_0^{-c}}{\pi\left(\dfrac{K_1 b_1^2}{\omega_1^2}+\dfrac{K_2 b_2^2}{\omega_2^2}\right)}\int_0^{h_0}\mu_n(v)v^{c-2}\mathrm{d}v, \quad h_0 \ll 1. \tag{9.4.31}$$

特别地, 对 $n=0$,

$$\mu'_1(h_0) = -\frac{3}{\pi(c-1)h_0\left(\dfrac{K_1 b_1^2}{\omega_1^2}+\dfrac{K_2 b_2^2}{\omega_2^2}\right)}, \quad h_0 \ll 1, \tag{9.4.32}$$

式中参数 c 由 (9.2.29) 给出. 类似于例 9.3.6, 取一个微小值 $h_l \ll 1$ 作为边界, 代替定性边界条件 (9.4.13) 的是

$$\mu'_1(h_l) = -\frac{3}{\pi(c-1)h_l\left(\dfrac{K_1 b_1^2}{\omega_1^2}+\dfrac{K_2 b_2^2}{\omega_2^2}\right)}. \tag{9.4.33}$$

有了边界条件 (9.4.12) 与 (9.4.33), 可对范围 $h_l \leqslant h_0 \leqslant h_c$ 内的 h_0 数值地解出 $\mu_1(h_0)$. 若必要, 可对同一范围依次解出高阶矩 $\mu_n(h_0)$. 在文献 (Gan 与 Zhu, 2001) 中, 对哈密顿过程的庞德辽金方程作了数值计算, 其系统参数为 $\omega_1=1$, $\omega_2=2$, $\lambda_1=0.005$, $\lambda_2=0.03$, $b=2$, $\pi K_1=0.6$, $\pi K_2=0.55$, $h_c=40$ 和两组 a_1, a_2, b_1 和 b_2 值. 计算结果在图 9.4.1 和图 9.4.2 中以实线表示. 原方程 (9.4.18) 和哈密顿过程的平均伊藤方程的蒙特卡罗模拟结果在图中分别以黑色方块和空白方块表示. 结果显示三种计算方法的结果都吻合得很好.

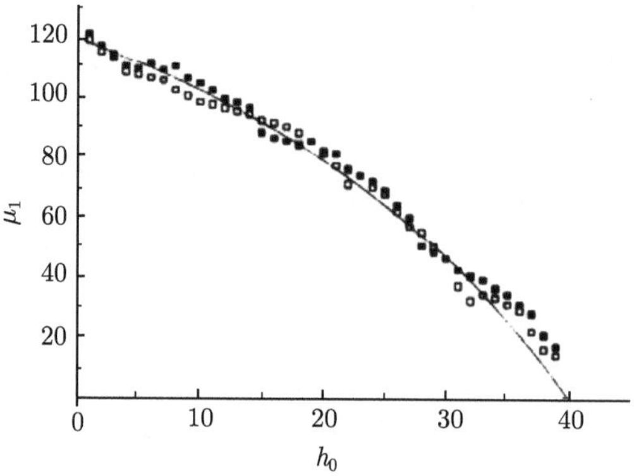

图 9.4.1　系统 (9.4.18) 的平均首次穿越时间, $a_1=0.6$, $a_2=0.8$, $b_1=0.6$, $b_2=0.8$ (Gan 与 Zhu, 2001)

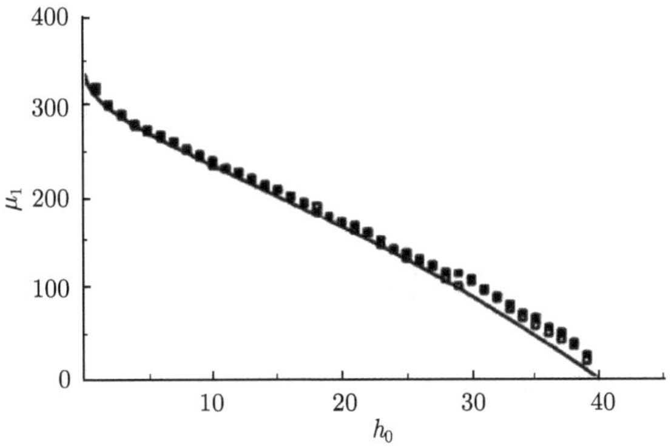

图 9.4.2 系统 (9.4.18) 的平均首次穿越时间, $a_1 = a_2 = 0$, $b_1 = 0.8$, $b_2 = 0.85$ (Gan 与 Zhu, 2001)

9.5 随机激励结构的疲劳损坏

如前所述, 本书只研究一类疲劳损坏, 即材料中主裂纹传播超过一临界尺寸. 对动态载荷作用下的结构与机器元件, 这种疲劳损坏乃从初始裂纹开始. 材料中的初始裂纹可在制造过程中产生, 或在其后动态载荷作用下产生. 在工作期间, 初始裂纹逐渐传播, 当裂纹达到一临界尺寸时出现损坏. 即使在控制得很好的实验室环境中, 裂纹增长实验的结果也呈现各种程度的不确定性, 如图 9.5.1 所示. 因此, 将疲劳裂纹增长当作一随机现象, 而将疲劳损坏看作裂纹尺寸首次超过规定的临界长度的首次穿越问题, 是合理的.

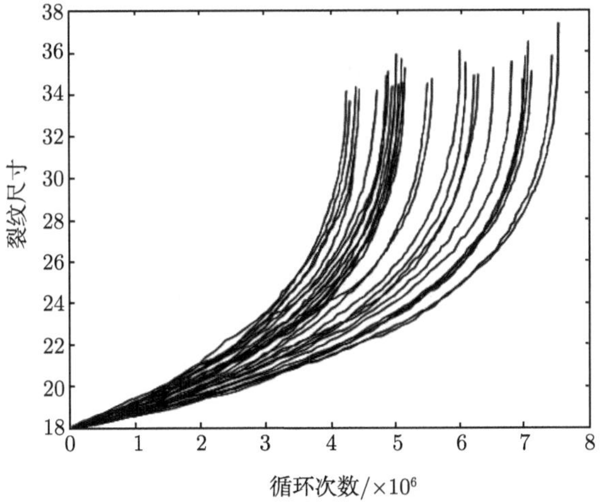

图 9.5.1 裂纹扩展的时间历程

9.5.1 确定性模型

在循环加载下疲劳裂纹扩展的一个典型确定性模型是 (Hoeppner 与 Krupp, 1974; Miller 与 Gallagher, 1981)

$$\Delta a_n = a_{n+1} - a_n = f(k, \Delta k, a_n, R), \tag{9.5.1}$$

式中 a_n 是第 n 个应力循环终结时的裂纹长度, n 是循环次数, f 是一个非负函数, k 是应力强度因子, Δk 是应力强度因子范围, R 是应力比. 为便于数学处理, 将离散变量 n 变换成连续时间变量 t, 得

$$\frac{\mathrm{d}a}{\mathrm{d}t} = \eta f(k, \Delta k, a, R), \tag{9.5.2}$$

式中 η 是单位时间内的循环次数. 一般认为, 应力强度因子范围 Δk 的影响占主导. 于是在 (9.5.2) 中忽略较不重要的 k 与 R, 得

$$\frac{\mathrm{d}a}{\mathrm{d}t} = \eta g(a, \Delta k), \tag{9.5.3}$$

式中 g 仍是一非负函数. 注意到 Δk 对裂纹长度 a 与应力范围 Δx 的依赖, (9.5.3) 可写为

$$\frac{\mathrm{d}a}{\mathrm{d}t} = \eta g(a, \Delta x). \tag{9.5.4}$$

实验数据显示了裂纹扩展的一些一般特点. 存在两个阈限: ① 较低的一个是 Δk_0, 低于它裂纹扩展可忽略; ② 较高的一个是 Δk_{ft}, 超过它裂纹扩展率很大, 立即出现疲劳损坏. 在此两阈限之间, a 与 Δk 之间的关系在对数–对数图上为一直线, 表明为一幂律函数. 基于这一论述, 有著名的 Paris-Erdogan 模型 (Paris 与 Erdogan, 1963)

$$\frac{\mathrm{d}a}{\mathrm{d}t} = \eta\alpha(\Delta k)^{\beta} = \eta\alpha[h(a)\Delta x]^{\beta}, \tag{9.5.5}$$

式中 α 与 β 是非负的材料常数, $h(a)$ 是一个依赖于裂纹长度与元件的几何形状的非负函数.

9.5.2 随机模型与分析

为处理疲劳裂纹的随机扩展曾提出若干随机模型与求解方法, 下面的分析乃基于文献 (Zhu et al., 1992; Cai et al., 1995).

以 $X(t)$ 记引起裂纹增长的随机应力过程. 在循环加载情形下的应力范围的定义在此不再有意义. 对随机加载情形, 定义应力范围 ΔX 为一个局部最小值与紧接着的一个局部最大值之差

$$\Delta X(t) = |X(t_n) - X(t_{n+1})|, \quad t_n \leqslant t < t_{n+1}, \tag{9.5.6}$$

式中 t_n 与 t_{n+1} 是相邻两个极值出现的时刻, 基于确定性模型 (9.5.4), 提出了随机模型

$$\frac{\mathrm{d}A}{\mathrm{d}t} = \eta g[A(t), \Delta X(t)]\psi(t), \tag{9.5.7}$$

式中 $\psi(t)$ 是一个随机过程, 计及温度扰动、腐蚀等环境的影响. 我们假定 $\psi(t)$ 与应力过程 $X(t)$ 互相独立, 并将裂纹长度与应力范围的符号改成大写 A 与 ΔX 以表明它们是随机过程.

一般地说, 结构或机械元件的寿命, 即裂纹增长到临界尺寸所需时间, 相对于应力范围过程 $\Delta X(t)$, 是一个慢变随机过程. 按 7.4 节, 随机平均法可用于 $A(t)$, 使之近似为一个马尔可夫扩散过程, 由下式伊藤方程支配:

$$\mathrm{d}A = m(A)\mathrm{d}t + \sigma(A)\mathrm{d}B(t), \tag{9.5.8}$$

式中

$$m(A) = \eta E[g]E[\psi] + \eta^2 \int_{-\infty}^{0} \operatorname{cov}\left[g(t+\tau), \frac{\partial g(t)}{\partial A}\right] \operatorname{cov}\left[\psi(t+\tau), \psi(t)\right] \mathrm{d}\tau, \tag{9.5.9}$$

$$\sigma^2(A) = \eta^2 \int_{-\infty}^{\infty} \operatorname{cov}\left[g(t+\tau), g(t)\right] \operatorname{cov}\left[\psi(t+\tau), \psi(t)\right] \mathrm{d}\tau. \tag{9.5.10}$$

在推导 (9.5.9) 与 (9.5.10) 中, 考虑到了 g 与 ψ 有非零均值, 而且没有作 (7.4.19) 与 (7.4.20) 中的时间平均. 此处, 随机平均的目的只是将所研究的过程近似为马尔可夫扩散过程, 这在 7.4 节中称为非光滑随机平均.

注意, (9.5.8) 中维纳过程 $B(t)$ 有无界变化; 因此马尔可夫扩散模型 (9.5.8) 不能保证 $A(t)$ 是一个非减过程. 然而, 若漂移系数 $m(A)$ 为正, 与扩散系数 $\sigma(A)$ 相比足够大, 则 $A(t)$ 增长的趋势占优势. 以 a_i 记开始裂纹长度, 如裂纹长度小于 a_i, 可认为裂纹不扩展. 在开始裂纹长度 a_i 上设置一个反射边界, 以消除 $A(t)$ 小于 a_i 的概率.

如 9.1 节所述, 可靠性函数定义为

$$R(\tau, a_0) = \int_{a_i}^{a_c} p(a, t|a_0, t_0)\mathrm{d}a, \tag{9.5.11}$$

式中 a_c 为临界裂纹长度, $\tau = t - t_0$. $R(\tau, a_0)$ 受下列方程支配:

$$-\frac{\partial R}{\partial \tau} + m(a_0)\frac{\partial R}{\partial a_0} + \frac{1}{2}\sigma^2(a_0)\frac{\partial^2 R}{\partial a_0^2} = 0. \tag{9.5.12}$$

相应的初始与边界条件为

$$[R(\tau, a_0)]_{\tau=0} = 1, \quad a_i \leqslant a_0 < a_c, \tag{9.5.13}$$

$$[R(\tau,a_0)]_{a_0=a_c}=0, \tag{9.5.14}$$

$$\left[\frac{\partial}{\partial a_0}R(\tau,a_0)\right]_{a_0=a_i}=0. \tag{9.5.15}$$

T 是裂纹长度达到临界长度 a_c 的时间, 称为首次穿越时间, 它是一个随机变量, 如 9.2 节所述, 随机时间 T 的 n 阶矩受下列广义庞德辽金方程支配

$$(n+1)\mu_n+m(a_0)\frac{\mathrm{d}}{\mathrm{d}a_0}\mu_{n+1}+\frac{1}{2}\sigma^2(a_0)\frac{\mathrm{d}^2}{\mathrm{d}a_0^2}\mu_{n+1}=0. \tag{9.5.16}$$

相应的边界条件为

$$\mu_{n+1}(a_c)=0, \tag{9.5.17}$$

$$\mu'_{n+1}(a_i)=0. \tag{9.5.18}$$

条件 (9.8.18) 乃由左边界 a_i 为反射边界所得. (9.5.16) 可从 $n=0$ 开始依次求解.

为求上述疲劳损坏问题, 需要下列信息: ① $g[A(t),\Delta X(t)]$ 的函数形式; ② 随机过程 $\psi(t)$ 与应力强度因子范围 $\Delta X(t)$ 的统计性质; ③ 开始裂纹长度 a_i 与临界裂纹长度 a_c.

为简化分析, 采用如下随机化 Paris-Erdogan 疲劳模型:

$$\frac{\mathrm{d}A}{\mathrm{d}t}=\eta Q(A)(\Delta X)^{\beta}\psi(t). \tag{9.5.19}$$

比较 (9.5.19) 同 (9.5.7) 与 (9.5.5), 得

$$g(A,\Delta X)=Q(A)(\Delta X)^{\beta},\quad Q(A)=\alpha[h(A)]^{\beta}. \tag{9.5.20}$$

引入下列随机过程以进一步简化分析

$$Z[A(t)]=\int_{a_i}^{A}\frac{\mathrm{d}u}{Q(u)}. \tag{9.5.21}$$

由于 $Q(A)$ 是一个非负函数, $Z[A(t)]$ 是 $A(t)$ 的单调增函数. 利用变换 (9.5.21), (9.5.19) 变成

$$\frac{\mathrm{d}Z}{\mathrm{d}t}=\eta(\Delta X)^{\beta}\psi(t). \tag{9.5.22}$$

此处右边不是 Z 的函数, 因此 $\psi(t)$ 是外激.

类似于裂纹长度 $A(t)$, $Z(t)$ 也可用马尔可夫扩散过程近似. 遵循与推导 (9.5.9) 与 (9.5.10) 类似的步骤, 过程 $Z(t)$ 的漂移与扩散系数为

$$m(Z)=\eta E[(\Delta X)^{\beta}]E[\psi], \tag{9.5.23}$$

$$\sigma^2(Z)=\eta^2\int_{-\infty}^{\infty}\mathrm{cov}\left[(\Delta X_{t+\tau})^{\beta},(\Delta X_t)^{\beta}\right]\mathrm{cov}\left[\psi(t+\tau),\psi(t)\right]\mathrm{d}\tau. \tag{9.5.24}$$

假定应力过程 $X(t)$ 与环境过程 $\psi(t)$ 是平稳的, 则 $m(Z)$ 与 $\sigma^2(Z)$ 为常数, 分别记以 m_Z 与 σ_Z^2.

现可用新过程 $Z(t)$ 而非原裂纹长度过程 $A(t)$ 研究疲劳损坏. 支配可靠性函数 $R(\tau, z_0)$ 的方程为

$$-\frac{\partial R}{\partial \tau} + m_Z \frac{\partial R}{\partial z_0} + \frac{1}{2}\sigma_Z^2 \frac{\partial^2 R}{\partial z_0^2} = 0. \tag{9.5.25}$$

初始与边界条件为

$$[R(\tau, z_0)]_{\tau=0} = 1, \quad 0 \leqslant z_0 < z_c, \tag{9.5.26}$$

$$[R(\tau, z_0)]_{z_0=z_c} = 0, \tag{9.5.27}$$

$$\left[\frac{\partial}{\partial z_0} R(\tau, z_0)\right]_{z_0=0} = 0, \tag{9.5.28}$$

其中, 按 (9.5.21), $z_i = 0$,

$$z_0 = \int_{a_i}^{a_0} \frac{\mathrm{d}u}{Q(u)}, \quad z_c = \int_{a_i}^{a_c} \frac{\mathrm{d}u}{Q(u)}. \tag{9.5.29}$$

注意, z_c 取决于 a_i 与 a_c. 用分离变量法解偏微分方程 (9.5.25), 即令

$$R(\tau, z_0) = T(\tau)P(z_0), \tag{9.5.30}$$

得两组常微分方程

$$\frac{1}{2}\sigma_Z^2 \frac{\mathrm{d}^2 P}{\mathrm{d}z_0^2} + m_Z \frac{\mathrm{d}P}{\mathrm{d}z_0} + \lambda P = 0, \quad P(z_c) = 0, \quad P'(0) = 0, \tag{9.5.31}$$

$$\frac{\mathrm{d}T}{\mathrm{d}\tau} + \lambda T = 0. \tag{9.5.32}$$

方程 (9.5.31) 与 (9.5.32) 构成了一个特征值问题, 特征值与特征函数为

$$\lambda_n = \frac{1}{2\sigma_Z^2}(m_Z^2 + \sigma_Z^4 \omega_n^2), \quad n = 1,\ 2, \cdots, \tag{9.5.33}$$

$$P_n = \mathrm{e}^{-m_Z z_0/\sigma_Z^2}\left[\sin(\omega_n z_0) + \frac{\sigma_Z^2}{m_Z}\cos(\omega_n z_0)\right], \tag{9.5.34}$$

式中 ω_n 由下列非线性方程确定

$$\tan(\omega_n z_c) = -\frac{\sigma_Z^2}{m_Z}\omega_n. \tag{9.5.35}$$

可证, 特征函数具有下列正交性

$$\int_0^{z_c} \mathrm{e}^{m_Z z_0/\sigma_Z^2} P_n(z_0) P_m(z_0) \mathrm{d}z_0 = \begin{cases} \neq 0, & m = n, \\ = 0, & m \neq n. \end{cases} \tag{9.5.36}$$

于是 (9.5.25) 的一般解为下列和式：

$$R(\tau, z_0) = \mathrm{e}^{-m_Z z_0/\sigma_Z^2} \sum_{n=1}^{\infty} d_n \left[\sin(\omega_n z_0) + \frac{\sigma_Z^2}{m_Z}\omega_n \cos(\omega_n z_0)\right] \mathrm{e}^{-\lambda_n \tau}. \tag{9.5.37}$$

应用初始条件 (9.5.26) 与正交性条件 (9.5.36), (9.5.37) 中的常数 d_n 可确定如下：

$$d_n = \frac{2m_Z\sigma_Z^2 \mathrm{e}^{m_Z z_c/\sigma_Z^2} \sin(\omega_n z_c)}{z_c(m_Z^2 + \sigma_Z^4\omega_n^2) + m_Z\sigma_Z^2}. \tag{9.5.38}$$

于是首次穿越时间的概率密度为

$$\begin{aligned} p(\tau, z_0) &= -\frac{\partial R(\tau, z_0)}{\partial \tau} \\ &= \mathrm{e}^{-m_Z z_0/\sigma_Z^2} \sum_{n=1}^{\infty} d_n\lambda_n \left[\sin(\omega_n z_0) + \frac{\sigma_Z^2}{m_Z}\omega_n \cos(\omega_n z_0)\right] \mathrm{e}^{-\lambda_n \tau}. \end{aligned} \tag{9.5.39}$$

首次穿越时间的统计矩, $\mu_n = E[T^n]$, 可应用 (9.5.39) 算出. 它们也可直接从下列广义庞德辽金方程解得：

$$\frac{1}{2}\sigma_Z^2 \frac{\mathrm{d}^2}{\mathrm{d}z_0^2}\mu_{n+1} + m_Z \frac{\mathrm{d}}{\mathrm{d}z_0}\mu_{n+1} = -(n+1)\mu_n. \tag{9.5.40}$$

相应的边界条件为

$$\mu_{n+1}(z_c) = 0, \tag{9.5.41}$$

$$\mu'_{n+1}(0) = 0. \tag{9.5.42}$$

将 μ_n 当作已知函数, 利用两个边界条件, (9.5.40) 的解可用 (9.2.18) 得出

$$\mu_{n+1}(z_0) = \frac{2(n+1)}{\sigma_Z^2} \int_{z_0}^{z_c} \exp\left(-\frac{2m_z}{\sigma_Z^2}u\right) \mathrm{d}u \int_0^u \mu_n(v) \exp\left(\frac{2m_z}{\sigma_Z^2}v\right) \mathrm{d}v. \tag{9.5.43}$$

特别是, 首次穿越时间的均值 $(n=0)$ 为

$$\mu_1(z_0) = \frac{1}{m_Z}(z_c - z_0) + \frac{\sigma_Z^2}{2m_Z^2}\left(\mathrm{e}^{-2m_z z_c/\sigma_Z^2} - \mathrm{e}^{-2m_z z_0/\sigma_Z^2}\right). \tag{9.5.44}$$

上述分析乃基于随机化 Paris-Erdogan 模型 (9.5.19). 如 (9.5.23) 与 (9.5.24) 所示, 为计算 m_Z 与 σ_Z^2 还需要单位时间循环次数 η, 应力范围过程 $\Delta X(t)$ 和环境过程 $\psi(t)$ 的均值与协方差函数.

9.5.3 平稳高斯应力过程情形

现考虑一特殊类型应力过程, 零均值平稳高斯过程. 若它为窄带过程, 几乎所有极大值都是正的, 所有极小值都是负的, 零穿越出现在两个相邻极值之间, (9.5.23) 与 (9.5.24) 中单位时间的循环次数可用向上零穿越的平均数近似. 已知窄带应力过程 $X(t)$ 的向上零穿越的平均数为 (Rice, 1944, 1945)

$$\eta=\frac{1}{2\pi}\left[\frac{\displaystyle\int_0^{\infty}\omega^2\Phi_{XX}(\omega)\mathrm{d}\omega}{\displaystyle\int_0^{\infty}\Phi_{XX}(\omega)\mathrm{d}\omega}\right]^{\frac{1}{2}},\tag{9.5.45}$$

式中 $\Phi_{XX}(\omega)$ 是 $X(t)$ 的谱密度. 另外, 若应力过程不是窄带的, 用下列单位时间的平均峰数代替参数 η 是合理的

$$\eta=\frac{1}{2\pi}\left[\frac{\displaystyle\int_0^{\infty}\omega^4\Phi_{XX}(\omega)\mathrm{d}\omega}{\displaystyle\int_0^{\infty}\omega^2\Phi_{XX}(\omega)\mathrm{d}\omega}\right]^{\frac{1}{2}}.\tag{9.5.46}$$

注意, 用 (9.5.45) 忽略了那些不经中间零穿越而由峰到下一个谷或由谷到下一个峰引起的裂纹增长, 从而以工程设计观点来说较不保守.

应力范围过程 $\Delta X(t)$ 可用 2 倍包线过程近似. 这种代替较为保守, 因为应力范围总是小于包线的 2 倍. 按 3.9.1 节, 平稳应力过程 $X(t)$ 可表示为

$$X(t)=\int_{-\infty}^{\infty}\mathrm{e}^{\mathrm{i}\omega t}\mathrm{d}Z(\omega),\tag{9.5.47}$$

式中 $Z(\omega)$ 是正交增量过程, 具有性质

$$E[\mathrm{d}Z(\omega)\mathrm{d}Z^*(\omega')]=\begin{cases}\Phi_{XX}(\omega)\mathrm{d}\omega, & \omega=\omega',\\ 0, & \omega\neq\omega'.\end{cases}\tag{9.5.48}$$

定义另一个平稳过程 $\hat{X}(t)$

$$\hat{X}(t)=\int_{-\infty}^{\infty}h(\omega)\mathrm{e}^{\mathrm{i}\omega t}\mathrm{d}Z(\omega),\tag{9.5.49}$$

式中

$$h(\omega)=\begin{cases}\mathrm{i}, & \omega>0,\\ 0, & \omega=0,\\ -\mathrm{i}, & \omega<0.\end{cases}\tag{9.5.50}$$

可证

$$R_{XX}(\tau)=R_{\hat{X}\hat{X}}(\tau)=\int_{-\infty}^{\infty}\mathrm{e}^{\mathrm{i}\omega\tau}\varPhi_{XX}(\omega)\mathrm{d}\omega$$
$$=2\int_{0}^{\infty}\varPhi_{XX}(\omega)\cos(\omega\tau)\mathrm{d}\omega, \tag{9.5.51}$$

$$R_{X\hat{X}}(\tau)=-R_{\hat{X}X}(\tau)=\int_{-\infty}^{\infty}h^{*}(\omega)\mathrm{e}^{\mathrm{i}\omega\tau}\varPhi_{XX}(\omega)\mathrm{d}\omega$$
$$=2\int_{0}^{\infty}\varPhi_{XX}(\omega)\sin(\omega\tau)\mathrm{d}\omega. \tag{9.5.52}$$

作变换

$$X(t)=A_e(t)\cos\varTheta(t),\quad \hat{X}(t)=A_e(t)\sin\varTheta(t), \tag{9.5.53}$$

式中 $A_e(t)$ 为包线过程, $A_e(t)$ 的一维与二维概率密度函数为 (Rice, 1944, 1945)

$$p(a_e)=\frac{a_e}{\sigma_X^2}\exp\left(-\frac{a_e^2}{2\sigma_X^2}\right), \tag{9.5.54}$$

$$p(a_{e1},a_{e2},\tau)=\frac{a_{e1}a_{e2}}{\sigma_X^2(1-\rho^2)}I_0\left[\frac{a_{e1}a_{e2}\rho}{\sigma_X^2(1-\rho^2)}\right]\exp\left[-\frac{a_{e1}^2+a_{e2}^2}{2\sigma_X^2(1-\rho^2)}\right], \tag{9.5.55}$$

式中 $I_0[\cdot]$ 为零阶修正贝塞尔函数, σ_X^2 是 $X(t)$ 的方差, $\rho=\rho(\tau)$ 是 $A_e(t)$ 的相关系数. σ_X^2 与 $\rho(\tau)$ 可按下式算出:

$$\sigma_X^2=\int_{-\infty}^{\infty}\varPhi_{XX}(\omega)\mathrm{d}\omega, \tag{9.5.56}$$

$$\rho(\tau)=\frac{[R_{XX}^2(\tau)+R_{X\hat{X}}^2(\tau)]^{\frac{1}{2}}}{\sigma_X^2}. \tag{9.5.57}$$

给定应力过程 $X(t)$ 的谱密度 $\varPhi_{XX}(\omega)$, σ_X^2 与 $\rho(\tau)$ 可从 (9.5.51), (9.5.52), (9.5.56) 及 (9.5.57) 算出.

如上所述, 应力范围过程 $\Delta X(t)$ 可用 2 倍包线过程近似, 即 $\Delta X(t)=2A_e(t)$, 于是对应力范围过程, 有

$$p(\Delta x)=\frac{\Delta x}{2\sigma_X^2}\exp\left(-\frac{\Delta x^2}{8\sigma_X^2}\right), \tag{9.5.58}$$

$$p(\Delta x_1,\Delta x_2,\tau)=\frac{\Delta x_1\Delta x_2}{16\sigma_X^2(1-\rho^2)}I_0\left[\frac{\Delta x_1\Delta x_2\rho}{4\sigma_X^2(1-\rho^2)}\right]$$
$$\times\exp\left[-\frac{\Delta x_1^2+\Delta x_2^2}{8\sigma_X^2(1-\rho^2)}\right]. \tag{9.5.59}$$

用 (9.5.58) 与 (9.5.59), 得

$$E[(\Delta X)^\beta]=\int_0^\infty(\Delta x)^\beta p(\Delta x)\mathrm{d}(\Delta x)=(2\sqrt{2}\sigma_X)^\beta\Gamma\left(1+\frac{\beta}{2}\right),\tag{9.5.60}$$

$$\begin{aligned}\operatorname{cov}[(\Delta X_t)^\beta,(\Delta X_{t+\tau})^\beta]&=\int_0^\infty\int_0^\infty(\Delta x_1)^\beta(\Delta x_2)^\beta p(\Delta x_1,\Delta x_2,\tau)\mathrm{d}(\Delta x_1)\mathrm{d}(\Delta x_1)\\&=(8\sigma_X^2)^\beta\sum_{n=1}^\infty c_n^2\rho^{2n}(\tau),\end{aligned}\tag{9.5.61}$$

式中

$$c_n=\sum_{j=0}^n\frac{(-1)^j n!}{(n-j)!(j!)^2}\Gamma\left(1+\frac{j}{2}+\frac{\beta}{2}\right).\tag{9.5.62}$$

有了从 (9.5.45) 或 (9.5.46) 算出的 η, 从 (9.5.60) 算得的 $E[(\Delta X)^\beta]$, 及从 (9.5.61) 算得的 $\operatorname{cov}[(\Delta X_t)^\beta,(\Delta X_{t+\tau})^\beta]$, 在给定环境过程 $\psi(t)$ 的知识下, 漂移系数 $m(Z)$ 与扩散系数 $\sigma(Z)$ 可从 (9.5.23) 与 (9.5.24) 得到. 于是, 可解决疲劳损坏问题.

例 9.5.1 如图 9.5.2 所示, 考虑一块尺寸为 $l\times l$, 含长度为 a_0 的初始裂纹薄方板. 该板下端悬挂一重物 m, 它承受宽带高斯随机激励 $\xi(t)$ 作用. 以 a_c 记临界裂纹长度. 假定 a_c 远比 l 小, 使得在损坏之前板刚度的退化可忽略不计. 还忽略上述分析中以函数 $\psi(t)$ 表示的环境引起的随机性.

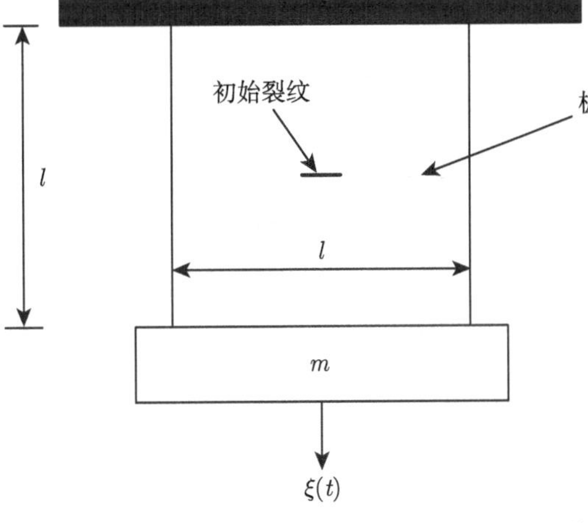

图 9.5.2 具有初始裂纹的板受随机载荷 $\xi(t)$ 的作用

令 $Y(t)$ 为板的位移, 支配方程为

$$m\ddot{Y}+c\dot{Y}+kY=\xi(t),\tag{9.5.63}$$

假定式中阻尼力与恢复力为线性. 若应力过程 $X(t)$ 是位移的线性函数, 则它也受方程 (9.5.63) 支配, 只要所有项采用适当比尺, 即

$$\ddot{X}+2\zeta\omega_0\dot{X}+\omega_0^2X=\xi_1(t). \tag{9.5.64}$$

$X(t)$ 的谱密度为

$$\Phi_{XX}(\omega)=\frac{\Phi_{\xi_1\xi_1}(\omega)}{(\omega^2-\omega_0^2)+4\zeta^2\omega^2\omega_0^2}. \tag{9.5.65}$$

由于阻尼比通常是小的, $X(t)$ 是窄带平稳高斯过程.

用随机 Paris-Erdogan 模型处理该问题. 假定 (9.5.19) 与 (9.5.20) 中 $h(A)$ 与 $Q(A)$ 为

$$h(A)=\gamma\sqrt{A},\quad Q(A)=\alpha[h(A)]^\beta=\alpha\gamma^\beta A^{\beta/2}. \tag{9.5.66}$$

给定① 材料参数 α, β 及 γ; ② 开始、初始及与临界裂纹长度 a_i、a_0 与 a_c; ③ 应力过程 $X(t)$ 的谱密度 $\Phi_{XX}(\omega)$, 疲劳问题就可按如下步骤求解.

(1) 用 (9.5.29) 从 a_i, a_0 及 a_c 确定 z_0 与 z_c.

(2) 用 (9.5.45) 从 $\Phi_{XX}(\omega)$ 计算 η.

(3) 用 (9.5.51), (9.5.52), (9.5.56) 及 (9.5.57) 计算 σ_X^2 与 $\rho(\tau)$.

(4) 用 (9.5.60) 与 (9.5.61) 找出 $E[(\Delta X)^\beta]$ 与 $\mathrm{cov}[(\Delta X_t)^\beta,(\Delta X_{t+\tau})^\beta]$.

(5) 用 (9.5.23) 与 (9.5.24) 确定 m_Z 与 σ_Z^2.

(6) 用 (9.5.33), (9.5.35) 及 (9.5.38) 计算 λ_n, ω_n 及 d_n.

(7) 用 (9.5.37) 与 (9.5.39) 确定 $R(\tau, z_0)$ 与 $p(\tau, z_0)$.

(8) 用 (9.5.43) 与 (9.5.44) 计算 $\mu_{n+1}(z_0)$, $n=0, 1, \cdots$.

数值结果在 (Cai et al., 1994) 中给出.

例 9.5.2　另一个例子是一单自由度线性结构受随机激励, 该激励谱峰所在的频率不靠近结构的固有频率. 作为例子, 令激励是一个具有下列 Jonswap 谱的平稳高斯过程 (Hasselmann et al., 1976)

$$\Phi(\omega)=\frac{a_1g^2}{\omega^5}a_3^{\beta(\omega)}\exp\left(-\frac{a_2\omega_m^4}{\omega^4}\right), \tag{9.5.67}$$

式中

$$\beta(\omega)=\exp\left[-\frac{(\omega-\omega_m)^2}{2\sigma^2\omega_m^2}\right],\quad \sigma=\begin{cases}\sigma_a, & |\omega|\leqslant\omega_m,\\ \sigma_b, & |\omega|>\omega_m,\end{cases} \tag{9.5.68}$$

a_1, a_2, a_3, g, ω_m, σ_a 及 σ_b 为常数. Jonswap 谱常用于海洋结构分析. 图 9.5.3 示出了该谱.

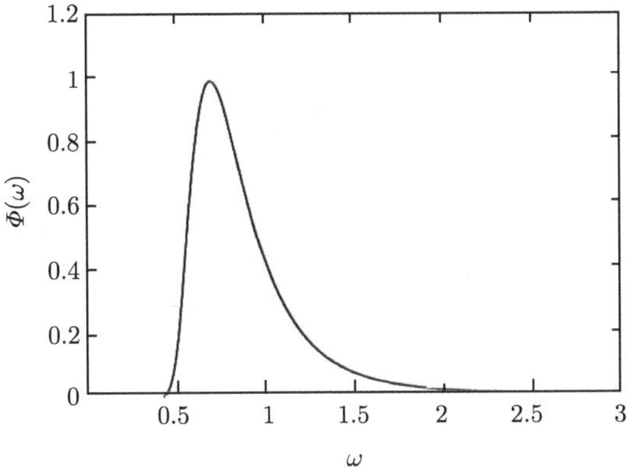

图 9.5.3 Jonswap 谱密度

单自由度结构中应力过程 $X(t)$ 的谱密度为

$$\Phi_{XX}(\omega)=\frac{B}{(\omega^2-\omega_0^2)+4\zeta^2\omega^2\omega_0^2}\Phi(\omega), \tag{9.5.69}$$

式中 B 是一个适当的正常数. 图 9.5.4 示出了受到具有 Jonswap 谱的海浪激励下结构应力 $X(t)$ 的谱密度. 在 $\Phi_{XX}(\omega)$ 中出现两个峰: 一个对应于 Jonswap 谱峰, 另一个靠近结构固有频率.

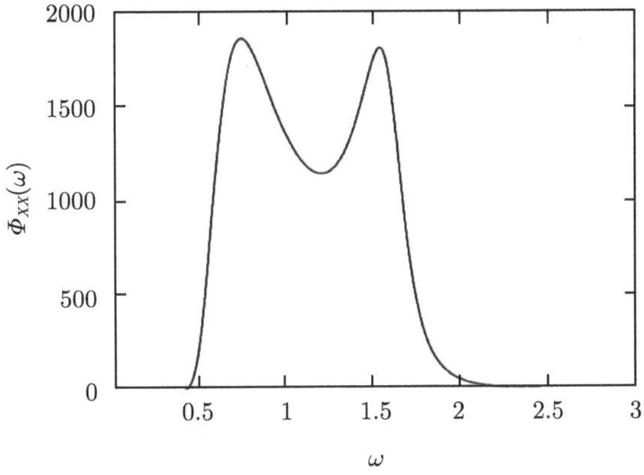

图 9.5.4 结构响应谱密度

图 9.5.5 是 $X(t)$ 的一个模拟样本函数, 可见, 确实有中间无零穿越的相邻的峰–谷对. 此时应用 (9.5.46) 计算参数 η.

例 9.5.1 所列步骤可用于求解疲劳问题. 数值算例在文献 (Cai et al., 1995) 中给出.

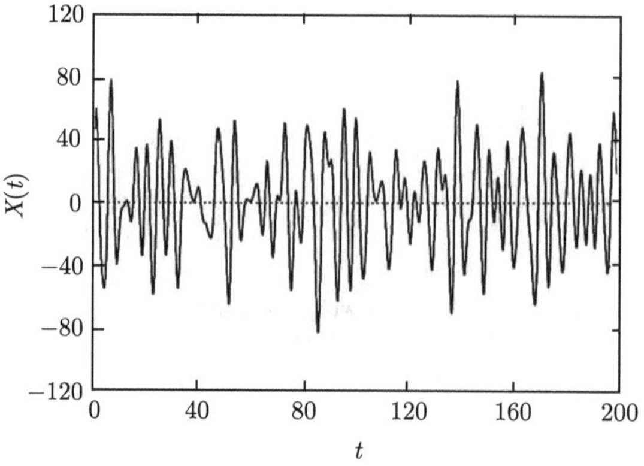

图 9.5.5　结构响应的样本函数

习　题　9

9.1　考虑线性系统

$$\ddot{X}+2\zeta\omega_0\dot{X}+\omega_0^2X=W(t),$$

式中 $W(t)$ 是具有谱密度为 K 的高斯白噪声. 用能量过程

$$\Lambda=\frac{1}{2}\dot{X}^2+\frac{1}{2}\omega_0^2X^2$$

求可靠性函数

$$R(\tau,\lambda_0)=\mathrm{Prob}[T>\tau|\Lambda(0)=\lambda_0],$$

式中 T 是能量过程 $\Lambda(t)$ 到达临界值 λ_c 的首次穿越时间.

9.2　问题与习题 9.1 相同, 但系统换成有参激的线性系统

$$\ddot{X}+\omega_0[2\zeta+W_2(t)]\dot{X}+\omega_0^2[1+W_1(t)]X=W_3(t),$$

式中 $W_l(t)$ 是高斯白噪声, 其相关函数为

$$E[W_l(t)W_s(t+\tau)]=2\pi K_{js}\delta(\tau),\quad l,s=1,2,3.$$

9.3　一个人口动力学模型可用如下伊藤方程描述:

$$\mathrm{d}X=(1+X)\mathrm{d}t+X\mathrm{d}B(t),\quad X\geqslant 0.$$

(1) 确定该系统首次穿越问题是否有意义;

(2) 若有意义, 求出首次穿越时间的统计矩.

9.4　考虑习题 9.1 中的系统, 用能量过程求出首次穿越时间的统计矩.

9.5　考虑受参激的线性系统

$$\ddot{X}+\omega_0[2\zeta+W_2(t)]\dot{X}+\omega_0^2[1+W_1(t)]X=0,$$

式中 $W_l(t)$ 是高斯白噪声, 其相关函数为

$$E[W_l(t)W_s(t+\tau)] = 2\pi K_{ls}\delta(\tau), \quad l,s=1,2,3.$$

(1) 确定该系统首次穿越问题是否有意义;

(2) 若有意义, 求出首次穿越时间的统计矩.

9.6 考虑习题 9.2 中的系统, 用能量过程求出首次穿越时间的统计矩.

9.7 考虑范德坡型的非线性系统

$$\ddot{X} + 2\zeta\omega_0(1+\beta X^2)\dot{X} + \omega_0^2 X = \xi(t),$$

式中 $\xi(t)$ 是具有谱密度 $\Phi(\omega)$ 的宽带激励, 用随机平均法求出能量过程首次穿越时间的统计矩.

9.8 考虑一个非线性阻尼系统

$$\ddot{X} + 2\zeta\omega_0\dot{X} + \beta\dot{X}^2 + \omega_0^2[1+W_1(t)]X = W_2(t),$$

式中 $W_1(t)$ 和 $W_2(t)$ 是高斯白噪声, 其相关函数为

$$E[W_l(t)W_s(t+\tau)] = 2\pi K_{js}\delta(\tau), \quad l,s=1,2.$$

(1) 用随机平均法导出幅值过程的伊藤方程;

(2) 假定 $W_1(t)=0$ 和 $W_2(t)\neq 0$, 求出首次穿越时间的统计矩;

(3) 假定 $W_2(t)=0$ 和 $W_1(t)\neq 0$, 确定首次穿越问题有意义的条件; 当这一条件满足时, 求出首次穿越时间的统计矩.

9.9 给出一非线性系统

$$\ddot{X} + \eta\left|\dot{X}\right|^{\delta}\operatorname{sgn}(\dot{X}) + \omega_0^2 X = \dot{X}W(t), \quad \eta>0, \quad \delta \geqslant 0.$$

(1) 用随机平均法导出幅值过程的伊藤方程;

(2) 确定首次穿越问题有意义的条件;

(3) 当该条件满足时, 求出首次穿越时间的统计矩.

9.10 考虑一含有非线性恢复力的系统

$$\ddot{X} + 2\eta\dot{X} + k\left|X\right|^{\delta}\operatorname{sgn}(X) = \dot{X}W(t), \quad k>0, \quad \delta \geqslant 0.$$

(1) 用随机平均法导出能量过程的伊藤方程;

(2) 确定首次穿越问题有意义的条件;

(3) 当该条件满足时, 求出首次穿越时间的统计矩.

参考文献

朱位秋. 1992. 随机振动. 北京: 科学出版社.

朱位秋. 2003. 非线性随机动力学和控制——Hamiltonian 理论体系框架. 北京: 科学出版社.

Andrnov A, Pontryagin L, Witt A. 1933. On the statistical investigation of dynamical systems. Zh. Eksp. Teor. Fiz., 3: 165–180.

Ariaratnam S T. 1980. Bifurcation in nonlinear stochastic systems//New Approaches to Nonlinear Problems in Dynamics. Philadelphia: SIAM Publications, 470–473.

Ariaratnam S T. 1993. Stochastic bifurcation: an illustrate example//Proceedings of the 2nd International Conference of Nonlinear Mechanics. Beijing:Peking University Press.

Ariaratnam S T, Pi H N. 1973. On the first-passage time for envelope crossing for a linear oscillator. International Journal of Control, 18: 89–96.

Ariaratnam S T, Srikantaiah T K. 1978. Parametric instability in elastic structures under stochastic loading. Journal of Structural Mechanics, 6: 349–365.

Ariaratnam S T, Tam D S F. 1979. Random vibration and stability of a linear parametrically excited oscillator. Journal of Applied Mathematics and Mechanics, 59: 79–84.

Arnold L. 1974. Stochastic Differential Equations: Theory and Application. New York: Wiley.

Arnold L. 1998. Random Dynamical Systems. Berlin: Springer.

Arnold V I. 1989. Mathematical Methods of Classical Mechanics. New York: Spring-Verlag.

Bochner S. 1959. Lectures on Fourier Integrals. Princeton: Princeton.

Bogliubov N N, Mitropolski Y A. 1961. Asymptotic Methods in the Theory of Nonlinear Oscillations. New York: Gorden and Breach.

Bolotin V V. 1969. Statistical Methods in Structural Mechanics. San Fransicco: Holden-Day.

Bruckner A, Lin Y K. 1987. Generalization of equivalent linearization method for non-linear random vibration problems. International Journal of Non-Linear Mechanics, 22: 227–235.

Cai G Q, 2003. Response spectral densities of systems under both additive and multiplicative excitations//Proceedings of the IUTAM Symposium on Nonlinear Stochastic Dynamics. Norwell: Kluwer Academic Publishers, 299–306.

Cai G Q, 2004. Non-linear systems of multiple degrees of freedom under both additive and multiplicative random excitations. Journal of Sound and Vibration, 278: 889–901.

Cai G Q, Lin Y K. 1988. A new approximation solution technique for randomly excited non-linear oscillators. International Journal of Non-Linear Mechanics, 23: 409–420.

Cai G Q, Lin Y K. 1994. On statistics of first-passage failure. Journal of Applied Mechanics, 61: 93–99.

Cai G Q, Lin Y K. 1996. Exact and approximate solutions for randomly excited MDOF non-linear systems. International Journal of Non-Linear Mechanics, 31: 647–655.

Cai G Q, Lin Y K. 1997. Response spectral densities of strongly nonlinear systems under random excitation. Probabilistic Engineering Mechanics, 12: 41–47.

Cai G Q, Lin Y K. 2004. Stochastic analysis of the Lotka-Volterra model for ecosystems. Physical Review E, 70: 041910.

Cai G Q, Lin Y K. 2007. Stochastic analysis of time-delayed ecosystems. Physical Review E, 76: 041913.

Cai G Q, Suzuki Y. 2005. On statistical quasi-linearization. International Journal of Non-Linear Mechanics, 40: 1139–1147.

Cai G Q, Yu J S, Lin Y K. 1994. Fatigue crack growth of randomly excited structures. In Computational Stochastic Mechanics, Proceedings of the 2nd International Conference on Computational Stochastic Mechanics, Balkema, 673–679.

Cai G Q, Yu J S, Lin Y K. 1995. Fatigue life and reliability of randomly excited structures. Journal of Ship Research, 39(1): 62–69.

Caughey T K, Dienes J K. 1961. Analysis of a nonlinear first-order system with a white noise input. Journal of Applied Physics, 23: 2476–2479.

Chetayev N G. 1961. The Stability of Motion. New York: Pergamon Press.

Crandall S H. 1958. Random Vibration. MA: The MIT Press.

Crandall S H. 1978. Heuristic and equivalent linearization techniques for random vibration of non-linear oscillators//Proceedings of the 8th international Conference on Non-Linear Oscillation, Vol. 1, Academia, Prague, 211–226.

Crandall S H, Mark W D. 1963. Random Vibration in Mechanical Systems. New York: Academic Press.

Crandall S H, Zhu W Q. 1983. Random vibration: A survey of recent developments. Journal of Applied Mechanics, 50(4b): 953–962.

Dalzell J F. 1973. A note on the distribution of maxima of ship rolling. Journal of Ship Research, 17: 217–226.

Deodatis G, Micaletti R C. 2001. Simulation of highly skewed non-Gaussian stochastic processes. Journal of Engineering Mechanics, 127(12): 1284–1295.

Dimentberg M F. 1988. Statistical Dynamics of Nonlinear and Time-Varying Systems. New York: Wiley.

Dimentberg M F. 2002. Lotka-Volterra system in a random environment. Physical Review E, 65: 036204.

Dimentberg M F. 2003. Stochastic Lotka-Volterra system. In Proceedings of IUTAM Symposium on Nonlinear Stochastic Dynamics. Dordrecht, The Netherlands: Kluwer Academic Publishers: 307–317.

Einstein A. 1956. Investigation on the theory of Brownian movement. In English Translation of Einstein Papers, Dover Publications.

Elishakoff I. 1983. Probabilistic Methods in Theory of Structures. New York: John Wiley and Sons.

Elishakoff I, Cai G Q. 1992. Approximate solution for nonlinear random vibration problems by partial stochastic linearization//Nonlinear Vibrations, ASME Winter Annual Meeting AMD. New York: ASME, 144: 117–121.

Feller W. 1952. The parabolic differential equation and the associated semigroups of transformations. Annals of Mathematics, 55(3): 468–519.

Feller W. 1954. Diffusion process in one dimension. Transactions of American Mathematical Society, 77: 1–31.

Finlayson B A. 1972. The Method of Weighted Residuals and Variational Principles. New York: Academic Press.

Gardiner C W. 1986. Handbook of Stochastic Methods: For Physics, Chemistry, and the Natural Sciences. Berlin: Springer-Verlag.

Gan C B, Zhu W Q. 2001. First-passage failure of quasi-non-integrable-Hamiltonian systems. International Journal of Non-Linear Mechanics, 36(2): 209–220.

Gradshteyn I S, Ryzhik I M. 1980. Table of Integrals, Series, and Products: New York: Academic Press.

Graham R, Haken H. 1971. Generalized Thermo-dynamic potential for Markoff systems in detailed balance and far from thermal equilibrium. Zeitschrift fur Physik, 243: 289–302.

Grigoriu M. 1998. Simulation of stationary non-Gaussian translation processes. Journal of Engineering Mechanics, 124(2): 121–126.

Hasselmann K, Ross D B, Muller P, et al. 1976. A parametric wave prediction model. Journal of Physical Oceanography, 6: 200–228.

Hoeppner D W, Krupp W E. 1974. Prediction of component life by application of fatigue crack growth knowledge. Engineering Fracture Mechanics, 6(1): 47–70.

Hou Z, Zhou M F, Dimentberg M, et al. 1996. A stationary model for periodic excitation with uncorrelated random disturbance. Probabilistic Engineering Mechanics, 11: 191–203.

Huang Z L, Zhu W Q. 2000. Exact stationary solutions of stochastically and harmonically excited and dissipated Hamiltonian systems. Journal of Sound and Vibration, 230(3): 709–720.

Ibrahim R A. 1985. Parametric Random Vibration. New York: John Wiley and Sons.

Ibrahim R A, Soundararajan A, Heo H. 1985. Stochastic response of non-linear dynamic systems based on non-Gaussian closure. Journal of Applied Mechanics, 52(4): 965–970.

Ito K. 1951a. On stochastic differential equations. Memoirs of the American Mathematical Society, 4: 289–302.

Ito K. 1951b. On a formula concerning stochastic differentials. Nagoya Mathematical Journal, 3: 55–65.

Ito K, McKean H P. 1965. Diffusion Processes and Their Sample Paths. New York: Academic Press.

Karlin S, Taylor H M. 1975. A First Course in Stochastic Processes. New York: Academic Press.

Karlin S, Taylor H M. 1981. A Second Course in Stochastic Processes. New York: Academic Press.

Khasminskii R Z. 1964. On the behavior of a conservative system with small friction and small random noise. Prikladnaya Mathematika (Applied Mathematics and Mechanics), 28(5): 1126–1130 (in Russian).

Khasminskii R Z. 1966. A limit theorem for the solution of differential equations with random right hand sides. Theory of Probability and Application, 11(3): 390–405.

Khasminskii R Z. 1967. Sufficient and necessary conditions of almost sure asymptotic stability of a linear stochastic system. Theory of Probability and Application, 12(1): 144–147.

Khasminskii R Z. 1968. On the averaging principle for Ito stochastic differential equations. Kibernetika, 3(4): 260–279 (in Russian).

Khasminskii R Z. 1980. Stochastic Stability of Differential Equations. Norwell, MA: Kluwer Academic Publications.

Khasminskii R Z, Klebaner F C. 2001. Long term behavior of solutions of the Lotka-Volterra system under small random perturbations. The Annals of Applied Probability, 11: 952–963.

Kozin F. 1969. A survey of stability of stochastic systems. Automatica, 5(1): 95–112.

Kozin F, Zhang Z Y. 1990. On almost sure sample stability of nonlinear Ito differential equations//Stochastic Structural Dynamics 1 - New Theoretical Developments. Berlin, Heidelberg: Spring-Verlag, 147–154.

Landa P S, Stratonovoch R L. 1962. Theory of stochastic transition in various systems between different states. Vestnik MGU (Proceedings of Moscow University), Series III(1), 33–45 (in Russian).

Lennox W C, Fraser D A. 1974. On the first-passage distribution for the envelope of a non-stationary narrow-band stochastic process. Journal of Applied Mechanics, 41(3): 793–797.

Lévy P. 1948. Processus Stochastiqueset Mouvement Brownien. Paris: Gauthier-Villas.

Lin Y K. 1967. Probabilistic Theory of Structural Dynamics. New York: McGraw Hill.

Reprint Krieger R E, Melbourne, FL, 1976.

Lin Y K, Cai G Q. 1988. Exact stationary-response solutions for second-order nonlinear systems under parametric and external white-noise excitations: Part II. Journal of Applied Mechanics, 55: 702–705.

Lin Y K, Cai G Q. 1995. Probabilistic Structural Dynamics. New York: McGraw Hill, Reprint, 2004.

Lord Rayleigh. 1919. On the problem of random vibration and of random flights in one, two, or three dimensions. Philos. Mag., VI, Ser. 37: 321–347.

Lotka A J. 1925. Elements of Physical Biology. Baltimore, NJ: William and Wilkins.

Liu Z H, Zhu W Q. 2008. Stochastic Hopf bifurcation of quasi-integrable Hamiltonian systems with time-delayed feedback control. Journal of Theoretical and Applied Mechanics, 46: 531–550.

Lyapunov A M. 1892. problemegenerale de la stabilite du movement. Comm. Soc. Math. Kharkov, 2: 265–272. Reprinted in Annals of Mathematical Studies, Vol. 17. Princeton: Princeton University Press, 1947.

May R M, Verga A D. 1973. Stability and Complexity in Model Ecosystems. Princeton, NJ: Princeton University Press.

Meunier C, Verga A D. 1988. Noise and bifurcations. Journal of Statistical Physics, 50(1/2): 345–375.

Miller M S, Gallagher J P. 1981. An analysis of several fatigue growth rate (FCGR) descriptions// Fatigue Crack Growth Measurement and Data Analysis: ASTM-STP, 738: 205–251.

Namachchivaya N S. 1990. Stochastic bifurcation. Applied Mathematics and Computation, 38: 101–159.

Nishioka K. 1976. On the stability of two-dimensional linear stochastic systems. Kodai Mathematics Seminar Reports, 27: 211–230.

Oseledec V I. 1968. A multiplicative ergodic theorem: Lyapunov characteristic number for dynamical systems. Transactions of the Moscow Mathematical Society, 19: 197–231.

Pardoux E, Wihstutz V. 1988. Lyapunov exponent and rotation number of two-dimensional linear stochastic system with small diffusion. SIAM Journal of Applied Mathematics, 48: 442–457.

Paris P C, Erdogan F. 1963. A critical analysis of crack propagation laws. Journal of Basic Engineering, 85: 528–534.

Priestly M B. 1965. Evolutionary spectra and non-stationary processes. Journal of Royal Statistical Society, Series B, 27: 204–237.

Poincaré H. 1885. L'Équilibred'une masse fluideanimée d'un mouvement de rotation. ActaMathematica, 7: 259–380.

Qi L, Cai G Q. 2013. Dynamics of nonlinear ecosystems under colored noise disturbances.

Nonlinear Dynamics, 73(73): 463–474.

Rice S O. 1944, 1945. Mathematical analysis of random noise. Bell System Technical Journal, 23: 282–332; 24: 46–156. Reprinted in Selected Papers on Noise and Stochastic Processes, Dover, New York, 1954.

Roberts J B. 1985. Estimation of nonlinear ship roll damping from free-decay data. Journal of Ship Research, 29: 127–138.

Roberts J B, Spanos P D. 1999. Random Vibration and Statistical Linearization. New York: Dover Publications.

Soong T T. 1973. Random Differential Equations in Science and Engineering. New York: Academic Press.

Soong T T, Grigoriu M. 1993. Random Vibration of Mechanical and Structural Systems. New Jersey: Prentice Hall.

Stratonovich R L. 1963. Topics in the Theory of Random Noise. Vol. 1. New York: Gordon and Breach.

Stratonovich R L. 1967. Topics in the Theory of Random Noise. Vol. 2. New York: Gordon and Breach.

Sun J Q. 2006. Stochastic Dynamics and Control. Netherlands: Elsevier.

Sun J Q, Hsu C S. 1987. Cumulant-neglect closure for nonlinear systems under random excitations. Journal of Applied Mechanics, 54(3): 649–655.

Tabor M. 1989. Chaos and Integrability in Nonlinear Dynamics. New York: John Wiley and Sons.

van Kampen N G. 1957. Derivation of the phenomenological equations from the master equation. II: Even and odd variables. Physica, 23(1): 41–57.

Volterra V. 1926. Variazioni e fluttuazioni del numero d'individui in specie d'animani conviventi. Mem. Acad. Lincei, 2: 31–113.

Volterra V. 1931. Leconssur la theoriemathematique de la lutte pour la vie. Paris: Gauthiers-Vilars.

Wedig W V. 1989. Analysis and simulation of nonlinear stochastic systems// Nonlinear Dynamics in Engineering Systems. Berlin: Spring-Verlag, 337–344.

Whittaker E T, Watson G N. 1952. A Course of Modern Analysis. Cambridge: University Press.

Winterstein S R. 1988. Nonlinear vibration models for extremes and fatigue. Journal of Engineering Mechanics. 114(10): 1772–1790.

Wong E, Zakai M. 1965. On the relation between ordinary and stochastic equations. International Journal of Engineering Sciences, 47(1): 150–154.

Wu C, Cai G Q. 2004. Effects of excitation probability distribution on system response. International Journal of Non-Linear Mechanics, 39(9): 1463–1472.

Wu W F, Lin Y K. 1984. Cumulant-neglect closure for non-linear oscillators under random parametric and external excitations. International Journal of Non-Linear Mechanics, 19: 349–362.

Wu Y, Zhu W Q. 2008. Stochastic analysis of a pulse-type prey-predator model. Physical Review E, 77: 041911.

Xie W C. 1990. Lyapunov exponents and their applications in structural dynamics. Ph. D. Thesis, University of Waterloo, Waterloo, Ontario, Canada.

Ying Z G, Zhu W Q. 2000. Exact stationary solutions of stochastically excited and dissipated gyroscopic systems. International Journal of Non-Linear Mechanics, 35: 837–848.

Yong Y, Lin Y K. 1987. Exact stationary-response solution for second-order nonlinear systems under parametric and external white-noise excitations. Journal of Applied Mechanics, 54(2): 414–418.

Zhu W Q. 2004. Lyapunov exponent and stochastic stability of quasi non-integrable- Hamiltonian systems. International Journal of Non-Linear Mechanics, 39(4): 569–579.

Zhu W Q. 2006. Nonlinear stochastic dynamics and control in Hamiltonian formulation. Applied Mechanics Reviews, 59(4): 230–248.

Zhu W Q, Cai G Q. 2013. On bounded stochastic processes//Bounded Noises in Physics, Biology and Engineering, Series: Modeling and Simulation in Science, Engineering and Technology. New York: Springer Science+Business Media, 3–24.

Zhu W Q, Cai G Q, Lin Y K. 1990.On exact stationary solution of stochastically perturbed Hamiltonian systems. Probabilistic Engineering Mechanics, 5(2): 84–87.

Zhu W Q, Huang Z L. 1998. Stochastic stability of quasi-non-integrable- Hamiltonian systems. Journal of Sound and Vibration, 218(5): 769–789.

Zhu W Q, Huang Z L. 1999. Stochastic Hopf bifurcation of quasi-nonintegrable- Hamiltonian systems. International Journal of Non-Linear Mechanics, 34(3): 437–447.

Zhu W Q, Huang Z L. 2001. Exact stationary solutions of stochastically excited and dissipated partially integrable Hamiltonian systems. International Journal of Non-Linear Mechanics, 36: 39–48.

Zhu W Q, Huang Z L, Suzuki Y. 2002. Stochastic averaging and Lyapunov exponent of quasi-partially-integrable-Hamiltonian system. International Journal of Nonlinear Mechanics, 37(3): 419–437.

Zhu W Q, Huang Z L, Yang Y Q. 1997. Stochastic averaging of quasi-integrable-Hamiltonian systems. Journal of Applied Mechanics, 64(4): 975–984.

Zhu W Q, Lei Y. 1989. First-passage time for state transition of randomly excited systems//Proceedings of the 47th International Statistical Institute Meeting, Paris, 517–531.

Zhu W Q, Lei Y. 1991. A stochastic theory of cumulative fatigue damage. Probabilistic Engineering Mechanics, 6: 222–227.

Zhu W Q, Lin Y K, Lei Y. 1992. On fatigue crack growth under random loading. Engineering Fracture Mechanics, 43(1): 1–12.

Zhu W Q, Soong T T, Lei Y. 1994. Equivalent nonlinear system method for stochastically excited Hamiltonian systems. Journal of Applied Mechanics, 61: 618–623.

Zhu W Q, Yang Y Q. 1996. Exact stationary solutions of stochastically excited and dissipated integrable Hamiltonian systems. Journal of Applied Mechanics, 63: 493–500.

Zhu W Q, Yang Y Q. 1997. Stochastic averaging of quasi-nonintegrable-Hamiltonian systems. Journal of Applied Mechanics, 64: 157–164.

索　引

E

F

J

K

O

P

Q